Andreas Weglage (Hrsg.)

**Energieausweis –
Das große Kompendium**

SUCHEN IST WOANDERS.

Wählen Sie aus dem umfassenden und aktuellen Fachprogramm und sparen Sie dabei wertvolle Zeit.

Sie suchen eine Lösung für ein fachliches Problem? Warum im Labyrinth der 1000 Möglichkeiten herumirren? Profitieren Sie von der geballten Kompetenz des führenden Technik-Verlages und sparen Sie Zeit! Leseproben und Autoreninformationen erleichtern Ihnen die richtige Entscheidung. Bestellen Sie direkt und ohne Umwege bei uns. Willkommen bei **vieweg.de**

www.vieweg.de   Vorsprung in Sachen Technik

Andreas Weglage (Hrsg.)

Energieausweis – Das große Kompendium

Grundlagen – Erstellung – Haftung

Mit 83 Abbildungen und 47 Tabellen

Die Autoren:
Andreas Weglage, Thomas Gramlich,
Bernd Pauls, Stefan Pauls, Iris Pawliczek,
Ralf Schmelich

Bibliografische Information Der Deutschen Nationalbibliothek
Die Deutsche Nationalbibliothek verzeichnet diese Publikation in der
Deutschen Nationalbibliografie; detaillierte bibliografische Daten sind im Internet über
<http://dnb.d-nb.de> abrufbar.

1. Auflage Mai 2007

Alle Rechte vorbehalten
© Friedr. Vieweg & Sohn Verlag | GWV Fachverlage GmbH, Wiesbaden 2007

Lektorat: Günter Schulz / Karina Danulat

Der Vieweg Verlag ist ein Unternehmen von Springer Science+Business Media
www.vieweg.de

Das Werk einschließlich aller seiner Teile ist urheberrechtlich geschützt. Jede Verwertung außerhalb der engen Grenzen des Urheberrechtsgesetzes ist ohne Zustimmung des Verlages unzulässig und strafbar. Das gilt insbesondere für Vervielfältigungen, Übersetzungen, Mikroverfilmungen und die Einspeicherung und Verarbeitung in elektronischen Systemen.

Technische Redaktion: Annette Prenzer
Umschlaggestaltung: Ulrike Weigel, www.CorporateDesignGroup.de
Druck und buchbinderische Verarbeitung: Wilhelm & Adam, Heußenstamm
Gedruckt auf säurefreiem und chlorfrei gebleichtem Papier.
Printed in Germany

ISBN 978-3-8348-0127-2

Vorwort

Es ist seit Jahren bekannt, dass die sog. Treibhausgase für die globalen Klimaveränderungen maßgeblich mitverantwortlich sind. Sie entstehen durch die Verbrennung fossiler Brennstoffe (z. B. Gas, Öl und Kohle), da diese auf Grund der Freisetzung von Kohlendioxid in einem hohen Maße zu einem Anstieg der Treibhausgaskonzentration in der Atmosphäre führen.

Die verursachten Klimaveränderungen wirken sich in erheblichem Umfang negativ auf die natürliche Lebenswelt aus und machen keinen Halt vor Staatsgrenzen und sind Kontinente übergreifend. Und das bedeutet schlicht, dass Klimaschutz eine globale Aufgabe ist.

Bereits 1992 wurde deshalb auf dem Umweltgipfel in Rio de Janeiro eine Klima-Rahmenkonvention verabschiedet, mit dem Ziel der Stabilisierung der Treibhauskonzentrationen auf einem Niveau, dass sich Ökosysteme auf natürliche Weise den Klimaänderungen anpassen können, ohne das die Nahrungsmittelerzeugung bedroht wird und die wirtschaftliche Entwicklung auf nachhaltige Weise fortgeführt werden kann (aus: Klimarahmenkonvention 1992) und seit 1995 treffen sich die wichtigsten Emissionsländer einmal pro Jahr zu einer internationalen Klimaschutzkonferenz.

Bei der Klimaschutzkonferenz 1997 in Kyoto wurde im so genannten Kyoto-Protokoll (internationales Abkommen der UN-Organisation) dann folgendes festgelegt: Bis zum Jahr 2012 sollen 35 Industrieländer die CO_2-Emissionen insgesamt um 5,2 % im Vergleich zum Referenzjahr 1990 senken. Das Kyoto-Protokoll hat zu diesem Zweck für die teilnehmenden Länder unterschiedliche Reduktionszahlen festgelegt, da die Beiträge zu den weltweiten Emissionen unterschiedlich sind. So wurde für die damaligen 15 EU-Staaten eine Reduktionsverpflichtung von 8 % im Kyoto-Protokoll festgesetzt.

Im Rahmen einer EU-internen Lastenverteilung haben die EU-Umweltminister für Deutschland schließlich eine Reduktionsquote von 21 % festgelegt.

Mit der Ratifizierung des Kyoto-Protokolls auch durch Russland im Oktober 2004 wurden dann endlich die Voraussetzungen für das Inkrafttreten des Klimaschutz-Abkommens erfüllt und somit konnte das Protokoll am 16. Februar 2005 völkerrechtlich in Kraft treten mit der Folge, dass alle Industriestaaten, die das Kyoto-Protokoll ratifiziert haben, die zugesagten Treibhausgasreduktionen in der ersten Verpflichtungsperiode von 2008 bis 2012 völkerrechtlich verbindlich umsetzen müssen.

Das Europäische Parlament und der Rat der Europäischen Union hatten bereits am 16. Dezember 2002 die Richtlinie 2002/91/EG über die Gesamtenergieeffizienz von Gebäuden verabschiedet. Die darin festgelegte Steigerung der Energieeffizienz sollte so wesentlicher Bestandteil der politischen Strategien und Maßnahmen werden, die zur Erfüllung der im Rahmen des Kyoto-Protokolls eingegangenen Verpflichtungen erforderlich sind, und sollte in jedes politische Konzept zur Erfüllung weiterer Verpflichtungen einbezogen werden. (Zitat aus: Richtlinie 2002/91/EG)

Das Ziel dieser Richtlinie ist die Verbesserung der Gesamtenergieeffizienz von Gebäuden unter Achtung der jeweiligen äußeren klimatischen und lokalen Bedingungen und der Anforderungen an das Innenraumklima sowie der Kostenwirksamkeit zu unterstützen.

Und dabei ist die Erstellung von Energieausweisen eine der Anforderungen der Richtlinie.

Die Mitgliedstaaten werden zudem verpflichtet, die erforderlichen Rechts- und Verwaltungsvorschriften so in Kraft zu setzen, dass die Umsetzung der Richtlinie spätestens am 4. Januar 2006 erfolgen kann.

Auf nationaler Ebene hat die Bundesregierung mit der Neufassung des Energieeinsparungsgesetzes (EnEG) vom 1. September 2005 die gesetzliche Grundlage zur Umsetzung der EU-Richtlinie geschaffen. Diese trat am 8. September 2005 in Kraft.

Das Energieeinsparungsgesetz ermächtigt die Bundesregierung, mit Zustimmung des Bundesrates, Anforderungen an den baulichen Wärmeschutz und an die Technischen Anlagen (z. B. Heizungsanlagen, Kühlung) zu stellen, um so auch für Gebäude und nicht nur - wie bisher - für Elektrogeräte, einen Ausweis über den Energieverbrauch zu erhalten.

Dabei finden sich im Laufe der Jahre und bei den nationalen und europäischen Regelungen verschiedene Bezeichnungen für einen solchen Ausweis für Gebäude. Die Gesellschaft für Rationelle Energieverwendung e.V. (GRE) benutzte 1989 den Begriff „Energiepass". Die Richtlinie 2002/91/EG des Europäischen Parlaments und des Rates vom 16. Dezember 2002 über die Gesamtenergieeffizienz von Gebäuden (GBl. EG 2003 Nr. L 1 S. 65) spricht dagegen von einer Dokumentation der Energieeffizienz in „Energieausweisen". In der (bisherigen) Energieeinsparverordnung EnEV von 2004 werden die Begriffe „Energiebedarfsausweis" und „Wärmebedarfsausweis" verwendet. Die Deutsche Energie-Agentur GmbH (dena) hat in einem Feldversuch in Deutschland von November 2003 bis Dezember 2004 einen „Prototypen" den sog. „Energiepass" getestet.

Um diese entstandene Begriffsvielfalt wieder einzudämmen, werden wir im Folgenden ausschließlich den Begriff „Energieausweis" – als die zukünftige offizielle deutschsprachige Bezeichnung – verwenden um den Blick auch sprachlich wieder frei zu machen für das eigentliche Ziel all dieser Reformen und Bemühungen: die energetische Einordnung von Gebäuden.

Ursprünglich sollte die Richtlinie 2002/91/EG des Europäischen Parlaments und des Rates vom 16. Dezember 2002 über die Gesamtenergieeffizienz von Gebäuden bis spätestens 4. Januar 2006 in nationales Recht umgesetzt sein. Diese zeitliche Vorgabe der europäischen Union konnte oder wollte die neue Bundesregierung nicht erfüllen. Mit dem nun vorliegenden Referentenentwurf zur neu zu fassenden EnEV 2007, der am 16.11.2006 der Öffentlichkeit erstmals offiziell vorgestellt wurde, liegt nun erstmalig ein durch die Bundesregierung autorisierter und mit allen betroffenen Fachministerien vorab abgestimmter Entwurf des zuständigen Bundesministeriums für Wirtschaft und Technologie zur zukünftigen EnEV 2007 vor. Derzeit findet nun eine Prüfung und Anhörung des Referentenentwurfs zur EnEV 2007 durch die betroffenen Berufskammern, Verbände, Interessensgemeinschaften und natürlich aller Bundesländer statt. Erst mit Abschluss dieses Meinungsbildungsprozesses und der daraus u. U. resultierenden Nachbearbeitung des Entwurfes durch das zuständige Bundesministerium, wird voraussichtlich bis zum Ende des Jahres eine neue EnEV 2007 veröffentlicht werden.

Einige Verlage und Fachbuchautoren indes haben bereits im Jahre 2006 – also noch vor dem offiziellen Referentenentwurf EnEV 2007 – versucht, den Markt potentieller Interessenten an fachkompetenten Darlegungen zu diesem Thema zu überschwemmen, vielleicht getreu dem Motto „Der frühe Vogel fängt den Wurm". Uns ist es entsprechend schwer gefallen- quasi gegen den Trend zu diesem Thema – den offiziellen Referentenentwurf EnEV 2007 als Grundlage unseres Buches abzuwarten und unsere Veröffentlichung des Großen Kompendiums zum Energieausweis solange aufzuschieben.

Mit der jetzigen Veröffentlichung unseres Buches machen wir deshalb auch deutlich, dass mit dem vorliegenden offiziellen Referentenentwurf zur EnEV 2007 nun eine wohl in wesentlichen Teilen bereits endgültige Fassung der neuen EnEV 2007 vorliegt. Wir weisen aber zugleich ausdrücklich darauf hin, dass selbstverständlich sämtliche noch erfolgenden relevanten Änderungen in der neuen EnEV 2007 in Zukunft jederzeit im Internet unter www.rechtsanwaltskanzlei-weglage.de und dort unter „EnEV 2007" eingesehen werden können. Dort finden sie auch alle daraus resultierenden und von uns persönlich bearbeiteten Ergänzungen/Änderungen zu diesem Buch bis zum Erscheinen der nächsten Auflage.

Ostbevern, Mai 2007   Andreas Weglage

Inhaltsverzeichnis

1 Der Gebäudeenergieausweis 1
   1.1 Geschichtliche und rechtliche Entwicklung des Gebäudeenergieausweises .. 1
   1.2 Erläuterungen der fachlichen Teile der Rechtsvorschriften 3
   1.3 Der dena Gebäudeenergiepass 12
   1.4 Der Gebäudeenergieausweis nach EnEV – Stand Nov. 2006 24
   1.5 Der Gebäudeenergieausweis nach DIN V 18599 26
   1.6 Ziele des Gebäudeenergieausweises 27

2 Praktische Erstellung des Gebäudeenergieausweises 29
   2.1 Maßeinheiten und Kenngrößen 29
   2.2 Datenaufnahme 32
   2.3 Flächenermittlung, Systemgrenzen, Hüllflächen und das beheizte Gebäudevolumen 38
      2.3.1 Gebäudeabschluss nach oben 46
      2.3.2 Glasvorbauten 53
   2.4 Berechnungsverfahren 56
      2.4.1 Allgemeines 56
      2.4.2 Wohngebäude bedarfsorientiert 56
      2.4.3 Wohngebäude verbrauchsorientiert 58
      2.4.4 Nichtwohngebäude 59
   2.5 Klimadaten 65
   2.6 Modernisierungshinweise 65

3 Berechnungsbeispiel 69
   3.1 Bedarfsausweis 69
   3.2 Verbrauchsausweis 84

4 Baukonstruktive Grundlagen – Wärmeumfassende Gebäudehüllflächen 89
   4.1 Dächer 89
   4.2 Decken 98

	4.3 Wände	108
	4.4 Fenster und Türen	116
5	**Gebäudetechnik**	**121**
	5.1 Energienutzung und Energieverbrauch	121
	5.2 CO_2-Problematik	125
	5.3 Kennwerte des Wärmeenergieverbrauchs	126
	5.4 Heizungstechnische Anlagen	127
	5.5 Energetische Bewertung von Heizungs- und Raumlufttechnischen Anlagen	141
	5.6 Lüftungstechnik	147
6	**Bauwerkskenndaten und Typologien**	**153**
	6.1 Gebäudetypologien, Bauteiltabellen und Materialkenndaten	153
	6.2 Energetische Modernisierung	168
7	**Qualitätssicherung**	**171**
	7.1 Luftdichtheit	171
	7.1.1 Luftdichtigkeit und Winddichtigkeit	172
	7.1.2 Bezugsgrößen	176
	7.2 Thermografie	186
	7.3 Transmissionen durch die Wärmebrücken	188
8	**Rechtliche Grundlagen**	**191**
	8.1 Richtlinie 2002/91/EG	191
	8.1.1 Das Verhältnis des europäischen Rechts zum nationalen Recht	191
	8.1.2 Die EU-Gebäuderichtlinie	201
	8.2 Energieeinsparungsgesetz – EnEG (2005)	207
	8.2.1 Gesetzgebungsverfahren	207
	8.2.2 Inhalt des EnEG	208
	8.3 Referentenentwurf Energieeinsparverordnung 2007 – EnEV 2007	212
	8.3.1 Das Verhältnis von Rechtsverordnungen zu Bundesgesetzen	212
	8.3.2 Rechtgrundlage für den Erlass der EnEV 2007	218
	8.3.3 Inhalt des Referentenentwurfs EnEV 2007	219

8.4 Haftung des Energieausweisausstellers für Wohngebäude oder Nichtwohngebäude 227
    8.4.1 Vertragliche Haftung des Ausstellers 228
    8.4.2 Vertrag mit Schutzwirkung für Dritte 252
    8.4.3 Deliktische Haftung 253

8.5 Haftung des Verwenders des Energieausweises für Wohngebäude oder Nichtwohngebäude 258
    8.5.1 Vertragliche Haftung des Verwenders 259
    8.5.2 Deliktische Haftung des Verwenders 271

8.6 Haftung des Sachverständigen für die Wertermittlung von bebauten Grundstücken (Wohngebäude und Nichtwohngebäude) 273
    8.6.1 Bedeutung des Energieausweises für Wohngebäude oder Nichtwohngebäude im Rahmen der Wertermittlung von bebauten Grundstücken 273
    8.6.2 Haftung des Sachverständigen für die Wertermittlung von bebauten Grundstücken (Wohngebäude und Nichtwohngebäude) im Rahmen der Erstellung eines Gerichtsgutachtens 274
    8.6.3 Haftung des Sachverständigen für die Wertermittlung von bebauten Grundstücken (Wohngebäude und Nichtwohngebäude) im Rahmen der Erstellung eines Privatgutachtens 275

9 Anhang 277

9.1 Gebäudetypologie 277
9.2 Tabelle Bauteiltypologie 309
9.3 Nachträgliche Wärmeschutzmaßnahmen 324
9.4 Einheiten und Größen 327
9.5 Einheiten und Symbole 329
9.6 Lexikon wichtiger Begriffe des energiesparenden Bauens 331
9.7 Gesetzestexte 345
    9.7.1 Richtlinie 2002/91/EG 345
    9.7.2 Energieeinsparungsgesetz (EnEG) 350
    9.7.3 Entwurf zur Energieeinsparverordnung 355

Literatur- und Quellenverzeichnis 415

Sachwortverzeichnis 423

1 Der Gebäudeenergieausweis

1.1 Geschichtliche und rechtliche Entwicklung des Gebäudeenergieausweises

Um den Gebäudebestand beurteilen zu können, ist es unabdingbar sich der geschichtlichen Entwicklung der Bautechniken und der Entwicklung der Dämmung von Gebäuden zu widmen. Nur so kann ein geübter Blick für Bausubstanzen erarbeitet werden und damit die vorhandenen Sanierungen im Bestand richtig bbewertet und eingeordnet werden.

Das Thema Energieeffizienz von Gebäuden ist in der Baugeschichtet ein eher neuer Aspekt. Der Schimmelbefall und damit die Gesundheitsgefährdung der Bewohner wird dagegen schon in der Bibel im 3. Buch Moses (14. Vers) mit „Aussatz der Häuser" beschrieben. In der hiesigen Bauforschung nahm das Thema erstmals 1920 breiteren Einzug. Damaliger Standart waren ungedämmte Bauteile mit U-Werten über 1,0 W/(m²K), kombiniert mit undicht verbauten einscheibenverglasten Fenstern und Ofenheizung.

„Das Wärmeleitungsvermögen der Baumaterialien, d.h. ihre Fähigkeit, Wärme von der einen Fläche durch die Wanddicke hindurch zur gegenüberliegenden Fläche zu leiten, soll bei Baumaterialien möglichst gering sein.", wird schon in dem 1902 erschienen Buch „Das gesunde Haus" festgestellt.

Energetisch effiziente Gebäude sind also nicht nur positiv im Hinblick auf den Treibhauseffekt und die Umweltbelastung. Dichte, gut gedämmte Gebäude mit einer optimalen Haustechnik weisen auch entsprechend weniger wohnhygienische Probleme auf als Gebäude älterer Bautage. Schimmelschäden, als Resultat ungenügender Dichtheit und mangelnder, mangelhafter oder fehlender Dämmung sind also nicht allein ein Problem neuerer Bauten, wie oft behauptet.

Die ersten Bauordnungen entstanden Ende des 19. Jahrhunderts (z. B. „Die allgemeine Bauordnung für die Landesteile Bayerns rechts des Rheins mit Ausnahme der Haupt- und Residenzstadt München" vom 30. Aug. 1877). Die damaligen „allgemein anerkannten Regeln der Baukunst" setzten sich hauptsächlich mit der Bemessung tragender Wände und Brandwände auseinander. Die theoretischen Grundlagen zur Bemessung des neuen Baustoffs „Eisenbeton" wurden entwickelt. Die Bemessung von Ziegelaußenwänden wurde in Abhängigkeit von der Geschosszahl vorgegeben und waren in der Regel 1 1/2 Steine dick oder dicker. Erst im 20. Jahrhundert wurden die Wände rationeller und dünner gebaut, so dass rechnerische Nachweise für den Schall- und Wärmeschutz schrittweise entwickelt wurden.

Um 1920 entstand der Begriff „Mindestwärmeschutz". Die üblichen Mängel in den Bauweisen mit den bekannten Folgen wie geringe Behaglichkeit, Gefahr von Gesundheitsschäden durch Feuchte und Schimmel und in deren Folge Bauschäden sowie hoher Energieverbrauch wurden damit jedoch nicht wesentlich abgestellt. Der Begriff „Mindestwärmeschutz" ist seit 1952 in der DIN 4108 „Wärmeschutz im Hochbau" festgeschrieben.

Nachdem die erste normative Forderung nach Wärmedämmung hygienisch begründet wurde, rückte durch die Energiepreiskrise 1974 der Energieeinsparungseffekt in den Focus der Gesetzgebung. Auf Grundlage des Energieeinsparungsgesetzes von 1976 wurden 1977 weitere Vorschriften erlassen, um eine wirtschaftlich sinnvolle Beschränkung des Energieverbrauchs zu erreichen. Die DIN 4108 von 1952 behielt weiter ihre Gültigkeit, da in dem „Gesetz zur Einsparung von Energie in Gebäuden" von 1976 (Wärmeschutzverordnung von 1977, WschVO 77) nur mittlere Wärmedurchgangskoeffizienten (k-Werte) festgeschrieben waren. Erst 1981 wurde die DIN 4108 „Wärmeschutz im Hochbau" überarbeitet, von 1996 bis 2001 folgten weiter Überarbeitungen und es wurden neu erarbeitete Teile hinzugenommen. Dabei ist für den Gebäudeenergieausweis-Ersteller wichtig zu wissen, dass rund 80% aller Wohngebäude in Deutschland vor 1979 erstellt wurden, auf Grundlage der beschriebenen Erkenntnisse, Technikstände und Vorschriften.

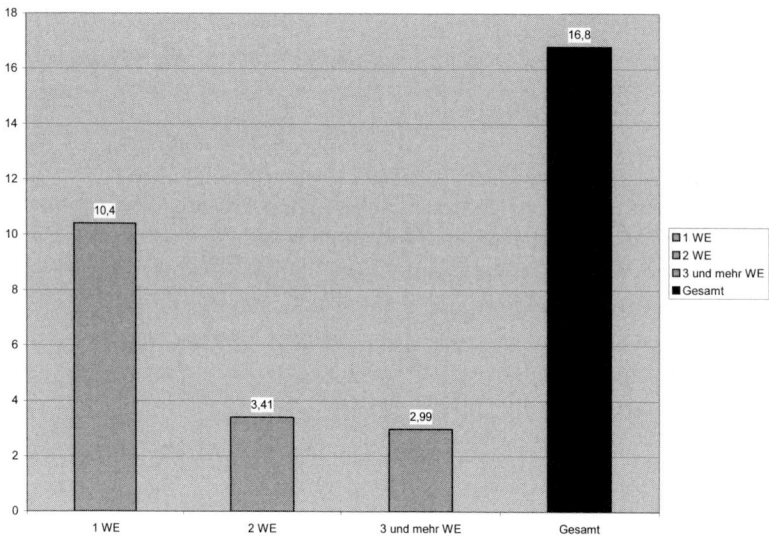

Abb. 1-1 Gebäudebestand in der BRD, Stand 2005

Im Jahre 1982 wurde die 1. Wärmeschutzverordnung novelliert. Neben den Anforderungen für Neubauten an den Wärmeschutz, wurden erstmals die Anforderungen an einen erhöhten Wärmeschutz bei baulichen Veränderungen an bestehenden Gebäuden erhoben. Diese 2. Wärmeschutzverordnung trat 1984 in Kraft und galt bis einschließlich 1994.

Mit der 1995 eingeführten 3. Wärmeschutzverordnung (WschVO 95) wurden nun nicht mehr nur die abstrakten Größen des Wärmedurchgangskoeffizienten begrenzt, sondern Forderungen an den maximalen Jahres-Heizwärmebedarf von neu zu errichtenden Gebäude sowie bei Erweiterungen an bestehenden Gebäuden gestellt. Neu daran war, dass neben der Begrenzung der Transmissionswärmeverluste erstmals auch Lüftungswärmeverluste, solare und interne Wärmegewinnung in den Nachweisen berücksichtigt wurden.

Seit Februar 2002 gilt die Energieeinsparverordnung (EnEV), sie ist damit die 3. Novellierung der Wärmeschutzverordnung. Sie hat als vordringlichstes Ziel, den Energiebedarf von Gebäuden nochmals um durchschnittlich 30% zu senken und damit auch den CO_2-Ausstoß weiter zu reduzieren. Die Energieeinsparungsverordnung (EnEV) fasste die Wärmeschutzverordnung und die Heizungsanlagenverordnung zusammen. Damit wurde eine ganzheitliche Betrachtung der Wärmeverluste und Wärmegewinnung der Gebäudehülle und Anlagentechnik ermöglicht. Wie bei den Wärmeschutzverordnungen ist das „Gesetz zur Einsparung von Energie" aus dem Jahre 1976 weiterhin Grundlage der neuen Verordnung.

Mit der Einführung der Energieeinsparverordnung hatte der k-Wert als Wärmedurchgangskoeffizient ausgedient, dieser wird nun als U-Wert bezeichnet.

1.2 Erläuterungen der fachlichen Teile der Rechtsvorschriften

EU-Richtlinie

In der EU entfallen 40% des gesamten Endenergieverbrauchs auf den Wohn- und Tertiärbereich. Beide Bereiche, die zum größten Teil aus Gebäuden bestehen, expandieren. Ziel der EU Richtlinien ist es, mit Schaffung einheitlicher Kriterien das wirtschaftliche Energieeinsparpotenzial in den nächsten 10 Jahren um 22% zu steigern. Der Gebäudeenergieausweis soll dabei die Basis und den Anreiz für Bauherren, Mieter und Investoren bilden, um über die Offenlegung der unterschiedlichen Betriebskosten bei Gebäuden die Investitionsbereitschaft zu fördern und so auf indirektem Weg die Gesamtenergieeffizienz der Gebäude im angestrebten Maß zu steigern. Der Gebäudeenergieausweis an sich führt natürlich noch nicht zu Einsparungen.

Artikel 1

Ziel ist, die Verbesserung der Gesamtenergieeffizienz von Gebäuden unter Berücksichtigung der äußeren klimatischen, lokalen Bedingungen den Anforderungen an das Innenraumklima und der Kostenwirksamkeit zu unterstützen.

Dies soll erreicht werden durch

– Rahmen für eine Methode zur Berechnung der integrierten Gesamtenergieeffizienz,
– Mindestanforderungen an die Gesamtenergieeffizienz neuer Gebäude,

- Mindestanforderungen an die Gesamtenergieeffizienz bestehender großer Gebäude, die einer größeren Renovierung unterzogen werden,
- Energieausweis für Gebäude und
- Regelmäßige Inspektionen von Heizkesseln und Klimaanlagen in Gebäuden und Überprüfung der gesamten Heizungsanlage, wenn deren Kessel älter als 15 Jahre sind.

Artikel 2

Begriffsbestimmungen

Im Sinne dieser Richtlinie bezeichnet der Ausdruck

1. „Gebäude" eine Konstruktion mit Dach und Wänden, deren Innenraumklima unter Einsatz von Energie konditioniert wird; mit „Gebäude" können ein Gebäude als Ganzes oder Teile des Gebäudes, die als eigene Nutzungseinheiten konzipiert oder umgebaut wurden, bezeichnet werden;
2. „Gesamtenergieeffizienz eines Gebäudes" die Energiemenge, die tatsächlich verbraucht oder veranschlagt wird, um den unterschiedlichen Erfordernissen im Rahmen der Standardnutzung des Gebäudes (u. a. etwa Heizung, Warmwasserbereitung, Kühlung, Lüftung und Beleuchtung) gerecht zu werden.
Diese Energiemenge ist durch einen oder mehrere numerische Indikatoren darzustellen, die unter Berücksichtigung von Wärmedämmung, technischen Merkmalen und Installationskennwerten, Bauart und Lage in Bezug auf klimatische Aspekte, Sonnenexposition und Einwirkung der benachbarten Strukturen, Eigenenergieerzeugung und anderer Faktoren, einschließlich Innenraumklima, die den Energiebedarf beeinflussen, berechnet wurden;
3. „Ausweis über die Gesamtenergieeffizienz eines Gebäudes" einen von dem Mitgliedstaat oder einer von ihm benannten juristischen Person anerkannten Ausweis, der die Gesamtenergieeffizienz eines Gebäudes, berechnet nach einer Methode auf der Grundlage des im Anhang festgelegten allgemeinen Rahmens, angibt;
4. „KWK (Kraft-Wärme-Kopplung)" die gleichzeitige Umwandlung von Primärenergie in mechanische oder elektrische und thermische Energie unter Einhaltung bestimmter Qualitätskriterien hinsichtlich der Energieeffizienz;
5. „Klimaanlage" eine Kombination sämtlicher Bauteile, die für eine Form der Luftbehandlung erforderlich sind, bei der die Temperatur, eventuell gemeinsam mit der Belüftung, der Feuchtigkeit und der Luftreinheit, geregelt wird oder gesenkt werden kann;
6. „Heizkessel" die kombinierte Einheit aus Gehäuse und Brenner zur Abgabe der Verbrennungswärme an Wasser;
7. „Nennleistung (in kW)" die maximale Wärmeleistung, die vom Hersteller für den kontinuierlichen Betrieb angegeben und garantiert wird, bei Einhaltung des von ihm angegebenen Wirkungsgrads;

8. „Wärmepumpe" eine Einrichtung oder Anlage, die der Luft, dem Wasser oder dem Boden bei niedriger Temperatur Wärmeenergie entzieht und diese dem Gebäude zuführt.

...

Artikel 7

Ausweis über die Gesamtenergieeffizienz

Die Mitgliedstaaten stellen sicher, dass beim Bau, beim Verkauf oder bei der Vermietung von Gebäuden dem Eigentümer, dem potenziellen Käufer oder Mieter vom Eigentümer ein Ausweis über die Gesamtenergieeffizienz vorgelegt wird. Die Gültigkeitsdauer des Energieausweises darf 10 Jahre nicht überschreiten. In Gebäudekomplexen kann der Energieausweis für Wohnungen oder Einheiten, die für eine gesonderte Nutzung ausgelegt sind,

- im Fall von Gebäudekomplexen mit einer gemeinsamen Heizungsanlage auf der Grundlage eines gemeinsamen Energieausweises für das gesamte Gebäude oder
- auf der Grundlage der Bewertung einer anderen vergleichbaren Wohnung in demselben Gebäudekomplex ausgestellt werden.

Energieeinspar-Gesetz

Das Energieeinspar-Gesetz (EnEG) schreibt eindeutig vor, dass vermeidbare Energieverluste bei Neubauten unterbleiben müssen. Dieses Ziel gilt auch für Bestandsgebäude, mit der Einschränkung, dass – da die zu ergreifenden energiesparenden Maßnahmen auch wirtschaftlich vertretbar sein müssen – die noch zu erwartende Nutzungsdauer mit berücksichtigt werden muss, um den erforderlichen Aufwendungen die real zu erwartenden wirtschaftlichen Einsparungen gegenüber stellen zu können.

Nachfolgend werden die einschlägigen Vorschriften des EnEG dargestellt und die wichtigsten Passagen kurz kommentiert:

§ 1 EnEG Energiesparender Wärmeschutz bei zu errichtenden Gebäuden

Erläuterung:

Im § 1.Abs 1 wird klargestellt, dass die Anforderungen sich an diejenigen richtet, die ein Gebäude neu bauen, es umbauen, erneuern, oder verändern.

Der Abs. 2 ermächtigt die Bundesregierung, bei der Reduzierung des Energiebedarfs die Tatbestände „Heizen" und "Kühlen" mittels einer Rechtsverordnung zu regeln. Es werden aber ausschließlich die Tatbestände Heizen und Kühlen betrachtet, das heißt, dass nicht alle Energieverbräuche im Gebäude von der Regelung erfasst sind. Von den Regelungen werden die einzusetzenden Energien für Beleuchtung, Fahrstühle, Rolltreppen oder für andere Funktionen, die für eine bestimmungsgemäße Nutzung des Gebäudes erforderlich sind, aber nicht der Beheizung oder Kühlung dienen, ausgenommen.

Genauso wenig wird dem Energiebedarf für die Produktion, den Transport, den Einbau und Abbruch sowie der Entsorgung von Baustoffen und -produkten Beachtung geschenkt. Es wäre jedoch zu begrüßen, wenn generell eine nachhaltige Planung beim Einsatz von Baustoffen und Bauprodukten stattfinden würde. Weiterhin ist anzumerken, dass bei den üblichen Baustoffen für die Energieeinsparung die Nutzungszeit immer noch die hauptsächliche Rolle spielt. Der für die Produktion normal gebräuchlicher Dämmstoffe benötigte Energieeinsatz amortisiert sich durch die Energiekostensenkung in der Regel bereits nach einigen Monaten.

Es werden im Gesetz die Tatbestände „Heizen" und „Kühlen" nicht detailliert definiert. Das bedeutet, die Festlegung geeigneter Parameter obliegt der Bundesregierung. Im § 1 Abs. 2 EnEG werden nur die Anforderungen, die sich auf die Begrenzung des Wärmedurchgangs und der Lüftungswärmeverluste sowie auf ausreichende raumklimatische Verhältnisse beziehen können, geregelt. Eine weitere Einbeziehung zweckmäßiger Parameter bzw. die Trennung einzelner Anforderungen zu einzelnen Sachverhalten oder die Verknüpfung der Sachverhalte zu einer umfassenden Anforderung bleiben offen.

Der § 1 Abs. 3 EnEG erklärt weiter, dass die Bundesländer eine Bevollmächtigung für den Erlass weitergehender Anforderungen über die Energieeinsparverordnung (Kurzform EnEV – Rechtsverordnung zur Umsetzung der Anforderungen aus dem EnEG mit Zustimmung des Bundesrates) hinaus haben.

§ 2 EnEG Energiesparende Anlagentechnik bei Gebäuden

Erläuterung:

Im §2 der EnEG wird die Ermächtigungsgrundlage für die Anforderungen an die Anlagentechnik präzisiert.

Die Vorläufer der Energieeinsparungsverordnung 2002, die so genannte Heizungsanlagen-Verordnung und die Wärmeschutzverordnung, haben nur ansatzweise einige Sachverhalte regeln können. Insbesondere sind dies der Wirkungsgrad von Wärmeerzeugern, die Rohrleitungsnetzverluste oder auch die Wirksamkeit von Wärmerückgewinnungsanlagen. Mittels technischer Regeln zur Ermittlung der Effizienz von Anlagensystemen können nunmehr diese Tatbestände beschrieben und in die Anforderungssystematik eingearbeitet werden.

Das Zusammenspiel zwischen dem Gebäude (bauliche Maßnahmen) und der zugehörigen Anlagentechnik (technische Maßnahmen) erhält zunehmend größere Bedeutung. In der EnEV werden deshalb Mindestanforderungen an die Effizienz der Gebäudetechnik im Verbund mit den baulichen Anforderungen gestellt. Die Planungsfreiheit von Bauherren und Planern wird – anders als bei Einzelanforderungen – durch diese Betrachtungsweise kaum eingeschränkt. Die Berücksichtigung der Anlagentechnik mit Blick auf eine wirtschaftliche Vertretbarkeit (§ 5 EnEG) des Energieeinsparungsgesetzes ist sinnvoll, da ein übergreifender, an das Bauwerk ganzheitlich gerichteter, energiebezogener Sachverhalt in der Regel einfacher und wirtschaftlicher zu erfüllen ist, als Einzelanforderungen auf entsprechendem Niveau. Die Gestaltungsspielräume des Planers werden somit nicht unnötig eingeengt.

§3 EnEG Energiesparender Betrieb von Anlagen

Erläuterung:

Der § 3 EnEG behandelt die Vermeidung von Energieverlusten technischer Anlagen inklusive ihrer Instandhaltung und Wartung durch einen geeigneten Betrieb.

Separate Anforderungen auf dieser Rechtsgrundlage sind vor Inkrafttreten der Energieeinsparverordnung in den Heizungsanlagen-Verordnungen verankert gewesen. Auch hier gilt der § 5 Abs. 1 EnEG für die wirtschaftliche Vertretbarkeit der Maßnahmen.

Bestimmungen für die Energieeinsparung sind ebenso wichtig wie Anforderungen an die technische Ausstattung von Anlagen, da heizungs-, raumlufttechnische und Warmwasseranlagen noch sehr häufig so betrieben werden, dass ein höherer Energieverbrauch als zur bestimmungsgemäßen Nutzung notwendig ist. Es soll grundsätzlich verstärkt auf energetisch vorteilhafte Sollwerteinstellungen geachtet werden, dies gilt vor allem bei Wartungs- und Instandhaltungsarbeiten.

Gemäß diesem Sachverhalt trifft nach § 3 Abs. 1 EnEG die Verantwortung für die Erfüllung denjenigen, der Anlagen oder Einrichtungen im Sinne der Vorschrift selbst betreibt oder von Dritten betreiben lässt. Mieter sollen einer derartigen Verpflichtung nicht unterliegen.

§ 3 a EnEG Verteilung der Betriebskosten

Erläuterung:

Der § 3 a EnEG regelt Anforderungen, die eine Aufnahme und Abrechnung der Heiz- und Warmwasserkosten zulassen.

Die Verordnung der Heizkostenabrechnung vom 20.01.1989 baut auf der Grundlage dieser Anforderungen aus dem EnEG auf.

§ 4 EnEG Sonderregelungen und Anforderungen an bestehende Gebäude

Erläuterung:

Der § 4 EnEG Abs. 1 EnEG regelt, das die Bundesregierung Ausnahmen und gesonderte Anforderungen für Gebäude und Gebäudeteile erlassen kann. Vor Erlass einer Verordnung muss ein vorliegender Sachverhalt nach § 4 Abs. 1 EnEG überprüft werden und eventuell notwendige Ausnahmen geregelt werden.

Die Gebäude können in eine oder gegebenenfalls in mehrere Fallgruppen eingestuft werden.

Durch den § 4 Abs. 2 EnEG wird dem Aufsteller der Verordnung die Möglichkeit gegeben, derartige Ausnahmeregelungen auch auf die Festsetzungen zum Gebäudebestand zu beziehen. Die Möglichkeiten der Bundesregierung, den Energieverbrauch im Gebäudebereich zu minimieren, müssen wirtschaftlich vertretbar sein und die Bedingung der sozialen Verträglichkeit erfüllen. Eine radikale und rasche Veränderung kann deshalb nicht erwartet werden.

§ 5 EnEG Gemeinsame Voraussetzungen für Rechtsverordnungen

Erläuterung:

Mit dem § 5 EnEG wird der Verordnungsgeber gezwungen, die Verordnungen zur Umsetzung des EnEG so auszubilden, dass erstens

- der „Stand der Technik" eingehalten wird

und zweitens

- die Wirtschaftlichkeit der eingesetzten Mehraufwendungen für die Energieeinsparung am Gebäude möglich ist.

Der „Stand der Technik" beschreibt Techniken, Technologien und Produkte, die flächendeckend am Markt frei verfügbar sind. Der „Stand der Wissenschaft und Technik" hat noch keine flächendeckende Einführung am Markt erfahren. Diese Anforderung zwingt den Verordnungsgeber, die Verordnungen jeweils an den neusten Stand der Technik anzupassen.

Das Argument der wirtschaftlichen Vertretbarkeit zwingt den Verordnungsgeber dazu, die Ansprüche so zu stellen, dass mittels der eintretenden Energiekosteneinsparungen die erforderlichen Aufwendungen während der üblichen Nutzungsdauer wiedererwirtschaftet werden können.

Der § 5 Abs. 2 EnEG bildet eine Möglichkeit für den Verordnungsgeber eine „Härtefallklausel" einzuführen.

§ 5a EnEG Energieausweise

Erläuterung:

Der § 5a EnEG ist erstmals genannt und verschafft der Bundesregierung die Möglichkeit, Inhalte und Verwendung für Energieausweise vorzugeben. Es wird darauf hingewiesen, dass die Energieausweise aber lediglich einen informativen Charakter haben.

§ 6 EnEG Maßgebender Zeitpunkt

Für die Unterscheidung zwischen zu errichtenden und bestehenden Gebäuden im Sinne dieses Gesetzes ist der Zeitpunkt der Baugenehmigung oder der bauaufsichtlichen Zustimmung, im Übrigen der Zeitpunkt maßgeblich, zudem nach Maßgabe des Bauordnungsrechts mit der Bauausführung begonnen werden durfte.

Erläuterung:

Da in der EnEG zwischen bestehenden und neu zu errichtenden Gebäuden unterschieden wird, ist es notwendig, beide Möglichkeiten im Hinblick auf die Anforderungen voneinander abzugrenzen. Ein sinnvolles Kriterium scheint dafür der Zeitpunkt für die Erteilung der Baugenehmigung zu sein, da ab diesem Zeitpunkt der Bauherr darauf vertrauen darf, dass eine bestimmte Ausführung bezüglich der Bauausführung und der Gebäudetechnik zugelassenen ist.

Da die Genehmigungspflichten auf Grund der Deregulierung der Länder weiter zurückgenommen werden, muss ein angebrachter Tatbestand für den maßgeblichen Zeitpunkt greifen. Dies ist aus Sicht der Praxis der Zeitpunkt des Beginns der Bauphase, da in der Regel eine Mitteilungspflicht gegenüber der zuständigen Behörde besteht Es wird zwar in der EnEG festgelegt, dass von einer Überwachung der Vorschriften auszugehen ist, aber im Gesetz werden keine einzelnen Stellen, die hier tätig werden sollen, genannt.

§ 7 EnEG Überwachung

Erläuterung:

Der §7 EnEG regelt die Möglichkeit der Länder, möglichst unbürokratische und effiziente Vollzuglösungen zu finden. Insbesondere kann dies mit dem Einsatz sachverständiger Stellen (z. B. Prüfstatiker) oder sonstiger Sachverständiger (z. B. Sachverständiger für Schall- und Wärmeschutz im Land Nordrhein-Westfalen) erfolgen. Diese Aufgabe muss nicht zwingend einer Behörde zugeordnet werden.

Es wird aber zugleich die Möglichkeit geschaffen, dass sich die Überwachung auf das Vorhandensein von schriftlichen Anzeigen oder Nachweisen beschränkt.

§ 8 EnEG Bußgeldvorschriften

Erläuterung:

Der § 8 EnEG listet gemäß ihrer Bedeutung eine Auswahl von Verstößen auf, die geahndet werden sollen. Die Auswahl ist im Wesentlichen auf den Bereich der Anlagentechnik begrenzt, da mögliche Verstöße beim baulichen Wärmeschutz mit den Möglichkeiten des bauaufsichtlichen Verfahrens geahndet werden können.

Energieeinsparverordnung

Zur Umsetzung des Energieeinspargesetzes hat die Bundesregierung die Energieeinsparverordnung (EnEV) geschaffen.

Erstmals trat die Energieeinsparverordnung in der Fassung vom 16. November 2001 am 1. Februar 2002 in Kraft. Derzeit hat die Neufassung der Energieeinsparverordnung vom 2. Dezember 2004 Gültigkeit. Zurzeit arbeiten die beteiligten Bundesministerien für Verkehr, Bau- und Wohnungswesen (BMVBW) und für Wirtschaft und Arbeit (BMWA) an einem entsprechenden Referentenentwurf, um die Änderungen aus dem Energieeinspargesetz einzuarbeiten.

Die Senkung des Energiebedarfs neu zu errichtender Gebäude und die Weiterentwicklung der energiesparrechtlichen Anforderungen an den Gebäudebestand sind das grundsätzliche Ziel der Energieeinsparverordnung. Ein weiteres Ziel ist die Einführung aussagekräftiger Energieausweise inklusive einer Bewertung der Energieverbrauchskennwerte.

Im Rahmen des öffentlich-rechtlichen Nachweises werden Anforderungen an zu errichtende Gebäude mit normalen und niedrigen Innentemperaturen einschließlich ihrer Heizungs-, raumlufttechnischen und zur Warmwasserbereitung dienenden Anlagen gestellt, genauso an bestehende Gebäude und ihre Anlagen.

In der EnEV wird auf eine Vielzahl mit geltender Normen verwiesen. Nachfolgend werden einige dieser Normen in einer kurzen Übersicht zusammengestellt:

- DIN 4108-2: 2003-07

Wärmeschutz und Energie-Einsparung in Gebäuden

Teil 2: Mindestanforderungen an den Wärmeschutz

- DIN 4108 Bbl 2: 2004-01

Wärmeschutz und Energie-Einsparung in Gebäuden
Wärmebrücken

Planungs- und Ausführungsbeispiele

- DIN V 4108-4: 2002-02

Wärmeschutz und Energie-Einsparung in Gebäuden

Wärme- und feuchteschutztechnische Bemessungswerte

1.2 Erläuterungen der fachlichen Teile der Rechtsvorschriften

- DIN V 4108-6: 2003-6

Wärmeschutz und Energie-Einsparung in Gebäuden

Teil 6: Berechnung des Jahresheizwärme- und des Jahresheizenergiebedarfs

- DIN V 4701- 10: 2001-02, Stand Juni 2003

Energetische Bewertung heiz- und raumlufttechnischer Anlagen, Teil 10: Heizung, Trinkwarmwassererwärmung, Lüftung

- DIN V 4701-10: 2002-02, Beiblatt 1

Energetische Bewertung heiz- und raumlufttechnischer Anlagen, Teil 10: Diagramme und Planungshilfen für ausgewählte Anlagensysteme und Standardkomponenten

- DIN EN 410: 1998- 12

Glas im Bauwesen

Bestimmung der lichttechnischen und strahlungsphysikalischen Kenngrößen von Verglasungen

- DIN EN 673: 2000-01

Glas im Bauwesen

Bestimmung des Wärmedurchgangskoeffizienten (U-Wert)

Berechnungsverfahren

- DIN EN 832: 2003-06

Wärmetechnisches Verhalten von Gebäuden

Berechnung des Heizenergiebedarfs, Wohngebäude

- DIN EN ISO 6946: 2003-10

Bauteile

Wärmedurchlasswiderstand und Wärmedurchgangskoeffizient

Berechnungsverfahren

- DIN EN ISO 10 077-1: 2000-11

Wärmetechnisches Verhalten von Fenstern, Türen und Abschlüssen – Berechnung des Wärmedurchgangskoeffizienten – Teil 1: Vereinfachtes Verfahren

- (Norm-Entwurf) DIN EN ISO 10 077-2: 1999-02

Wärmetechnisches Verhalten von Fenstern, Türen und Abschlüssen – Berechnung des Wärmedurchgangskoeffizienten – Teil 2: Numerisches Verfahren für Rahmen

- DIN EN ISO 13 370: 1998-12

Wärmetechnisches Verhalten von Gebäuden.

Wärmeübertragung über das Erdreich Berechnungsverfahren

- DIN EN ISO 13 789: 1999-10

Wärmetechnisches Verhalten von Gebäuden.

Spezifischer Transmissionswärmeverlustkoeffizient

Berechnungsverfahren

- DIN EN ISO 13 829: 2001-02

Wärmetechnisches Verhalten von Gebäuden – Bestimmung der Luftdurchlässigkeit von Gebäuden – Differenzdruckverfahren (ISO 9972: 1996, modifiziert)

1.3 Der dena Gebäudeenergiepass

Wer ist die dena?

Die Deutsche Energie-Agentur GmbH (dena) wurde im Herbst 2000 in Berlin gegründet und hat den Geschäftsbetrieb im Januar 2001 aufgenommen. Neben dem Geschäftsführer Stephan Kohler arbeiten z. Zt. 80 Mitarbeiter bei der Energie-Agentur. Dem Aufsichtsrat gehören folgende Personen an:

- Michael Glos, Bundesminister für Wirtschaft und Technologie (Aufsichtsratvorsitzender)
- Detlef Leinberger, Vorstandsmitglied der KfW Bankengruppe (Stellv. Aufsichtsratsvorsitzender)
- Wolfgang Tiefensee, Bundesminister für Verkehr, Bau und Stadtentwicklung
- Sigmar Gabriel, Bundesminister für Umwelt, Naturschutz und Reaktorsicherheit
- Dr. Tessen von Heydebreck, Mitglied des Konzernvorstandes der Deutschen Bank AG
- Wolfgang Kroh, Vorstandsmitglied der KfW Bankengruppe

Als Gesellschafter sind die Bundesrepublik Deutschland (50 %) vertreten durch:

- Bundesministerium für Wirtschaft und Technologie (BMWi) im Einvernehmen mit
- Bundesministerium für Verkehr, Bau und Stadtentwicklung (BMVBS)
- Bundesministerium für Umwelt, Naturschutz und Reaktorsicherheit (BMU)

und die KfW Bankengruppe (50 %) zu nennen.

Die genannten Mitglieder des Aufsichtsrates und die Gesellschafter verdeutlichen, dass die dena ein bundesweites Kompetenzzentrum für Themen wie Energieeffizienz und regenerative Energien ist. Der Endverbraucher kann sich über rationelle und somit umweltschonende Gewinnung, Umwandlung bzw. Anwendung von Energie informieren. Zusätzlich gibt die dena Auskunft über die Entwicklung zukunftsfähiger Energiesysteme, wo

1.3 Der dena Gebäudeenergiepass

verstärkt regenerative Energien genutzt werden. Hierfür werden Projekte und Kampagnen auf nationaler und internationaler Ebene koordiniert, beispielsweise die *Initiative EnergieEffizienz*, die sich an private Haushalte richtet oder die bundesweite Kampagne *zukunft haus* für Bauherren.

Ein weiterer Schwerpunkt liegt bei der Entwicklung und Einführung eines bundeseinheitlichen Energieausweises für Gebäude. Der von der dena benutzte Begriff „Energiepass" wurde im Referentenentwurf zur neuen EnEV durch den Begriff Gebäudeenergieausweis ersetzt.

Was ist ein Gebäudeenergieausweis?

Der Gebäudeenergieausweis dient zur Beurteilung der Energieeffizienz von Gebäuden.

Er soll dem Interessenten eine Aussage über die Höhe des Energiebedarfs eines Gebäudes liefern, ähnlich wie es bei Kühlschränken oder dem Durchschnittsverbrauch von Autos schon lange Praxis ist.

Der Gebäudeenergieausweis soll einen reinen informativen Charakter haben. Die Grundlagen für die Berechnung von Neubauten bilden die Energieeinsparverordnung (EnEV) und die mitgeltenden DIN-Normen. Durch das einheitliche Berechnungsverfahren wird es ermöglicht, dass alle Gebäude in Deutschland miteinander vergleichbar sind.

Die endgültigen gesetzlichen Rahmenbedingungen soll die Energieeinsparverordnung 2006 regeln.

Der Feldversuch

Der von der Deutschen Energie Agentur entwickelte Prototyp für einen bundeseinheitlichen Energiepass für Wohngebäude wurde im Zeitraum November 2003 bis Dezember 2004 am Markt getestet.

Der Feldversuch wurde mit dem Ziel durchgeführt, Erkenntnisse für die Umsetzbarkeit des Energiepasses in der Praxis zu erhalten.

Schwerpunkte waren hierbei:
- Marktakzeptanz und Marktwirkung
- Bilanzierung (Praxistauglichkeit der Randbedingungen und Berechnungsverfahren)
- Durchführung

Hierzu wurden mehr als 4.100 Energiepässe in über 30 Regionen Deutschlands erstellt.

Ein weiterer Schwerpunkt war die Fragestellung nach der Höhe des Kosten und des Zeitaufwandes für die Erstellung eines qualitativ guten Energiepass.

Aufbau eines dena-Energiepasses

Grundsätzlich soll der Gebäudeenergieausweis dem Interessenten eine Aussage über die energetische Qualität eines Gebäudes liefern.

Der Gebäudeenergieausweis klärt außerdem über die Ursachen möglicher Energieverluste in Bereich der Gebäudehülle und im Bereich der Anlagentechnik und die daraus entstehenden CO_2–Emissionen auf. Er unterrichtet den Nutzer ferner über den Energiebedarf, der zur Erzeugung von Wärme in seinem Gebäude zu erwarten ist.

Für die Erstellung des Gebäudeenergieausweises unterscheidet die dena zwischen den folgenden Verfahren:

– **Ausführliches Verfahren** (empfehlenswert bei umfassender Modernisierung)
– **Kurzverfahren**

Die Verfahren unterscheiden sich im Hinblick auf die Datenermittlung und Berechnungsverfahren. Bei der Datenerhebung im Kurzverfahren sind verschiedene Vereinfachungen für die Gebäudeaufnahme zulässig. Es wird zwischen geometrischen und anlagentechnischen Vereinfachungen unterschieden. Bei den geometrischen Vereinfachungen werden zum Beispiel

- Vor- und Rücksprünge in der Fassade bis zur einer Tiefe von 20 cm
- Gauben, die weniger als ein Drittel der gesamten Dachfläche bedecken
- zusätzliche Flächen im Bereich von Kellerabgängen
- beheizbare Räume im Keller oder Dachgeschoss, wenn die Grundfläche weniger als ein Drittel der Grundfläche Keller oder Dachgeschoss beträgt

vernachlässigt.

Bei der anlagentechnischen Vereinfachung

- dürfen die Rohrleitungslängen nach DIN 4701-10 aus der Gebäudenutzfläche berechnet werden
- und der Wärmeschutz der Rohrleitungen lässt sich unterscheiden „nach Heizanlagenverordnung" oder in „mäßig"

Je undetaillierter die Datenerhebung erfolgt und je mehr Vereinfachungen angesetzt werden, umso größer sind die Abweichungen zwischen den Verfahren. Umso kleiner die Gebäude sind, desto stärker wirken sich die Vereinfachungen aus.

Nachfolgend wird ein dena Gebäudeenergiepass vorgestellt. Er besteht aus 10 Seiten inkl. Deckblatt.

1.3 Der dena Gebäudeenergiepass

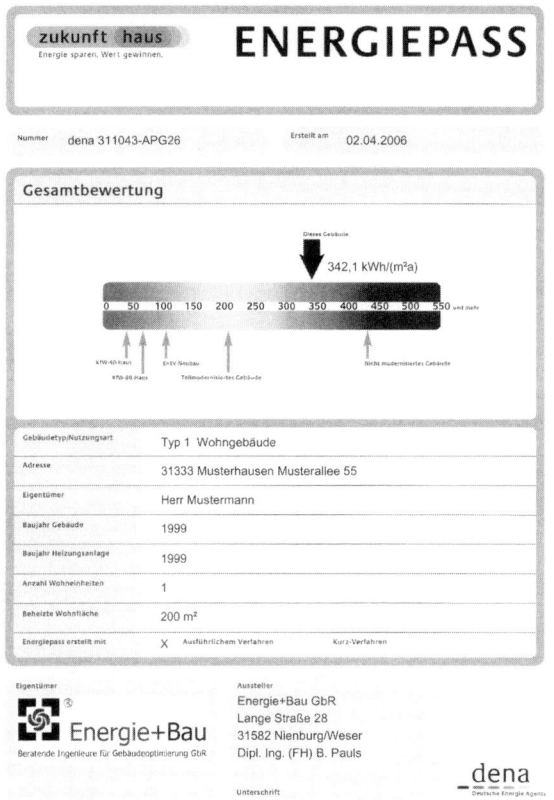

Abb. 1-2 Deckblatt eines dena-Energiepasses

Auf dem Deckblatt findet man die Gesamtbewertung des vorhandenen Gebäudes und die allgemeinen Gebäudedaten.

Die Hauptaussage soll die so genannte Energiekennzahl treffen. Sie wird auf Basis der vor Ort durchgeführten Datenerhebung errechnet und anschließend in ein Bewertungsschema eingeordnet.

Derzeit gibt es zwei Möglichkeiten für die Darstellung der Gesamtbewertung. Die erste Darstellung ist in Form einer Skala und die zweite Form ist ein Label, welches von Kühlschränken oder Waschmaschinen bekannt ist.

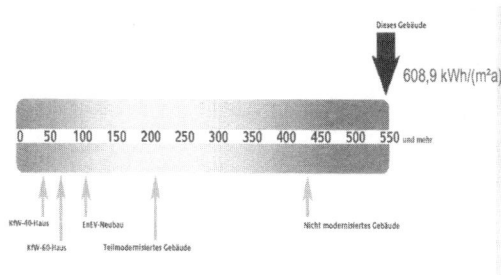

Abb. 1-3 Darstellung in Skalaform [Quelle: Deutsche Energie-Agentur GmbH (dena)]

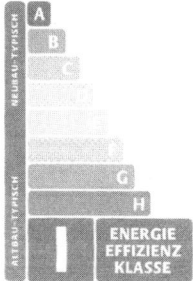

Abb. 1-4 Darstellung in Labelform [Quelle: Deutsche Energie-Agentur GmbH (dena)]

Auf Seite eins wird der Energiebedarf des Gebäudes numerisch ausgewiesen und es kann bei Bedarf ein Objektfoto ausgewiesen werden.

1.3 Der dena Gebäudeenergiepass

Abb. 1-5 Seite eins eines dena-Energiepassses

Die Seite zwei gibt Auskunft über die Energieverluste der Gebäudehülle und Anlagentechnik.

Sie enthält weiterhin Angaben zu den CO_2-Emissionen und dem Energiebedarf für Heizung, Warmwasser und Hilfsgeräte.

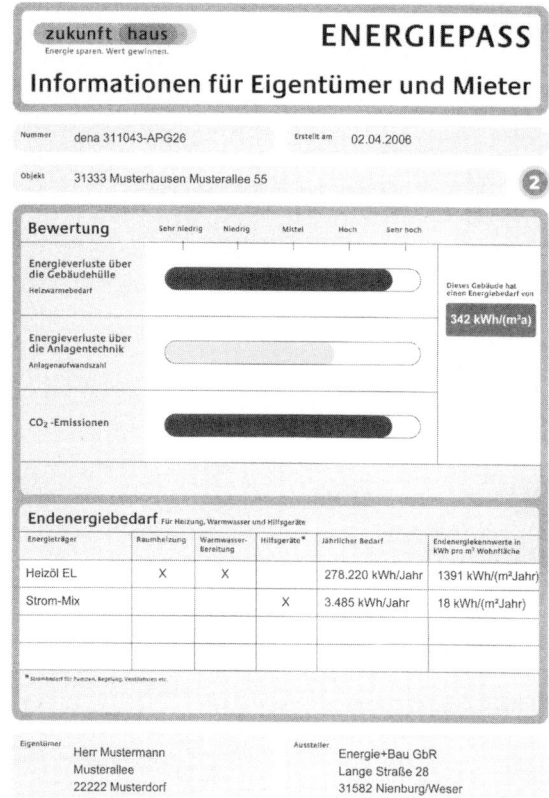

Abb. 1-6 Seite zwei eines dena-Energiepasses

Mit den zwei vorgeschlagenen Modernisierungstipps auf Seite drei gibt der Gebäudeenergiepass Hinweise zu möglichen Einsparungen im Bereich des Primärenergiebedarfs und der CO_2-Emission.

1.3 Der dena Gebäudeenergiepass

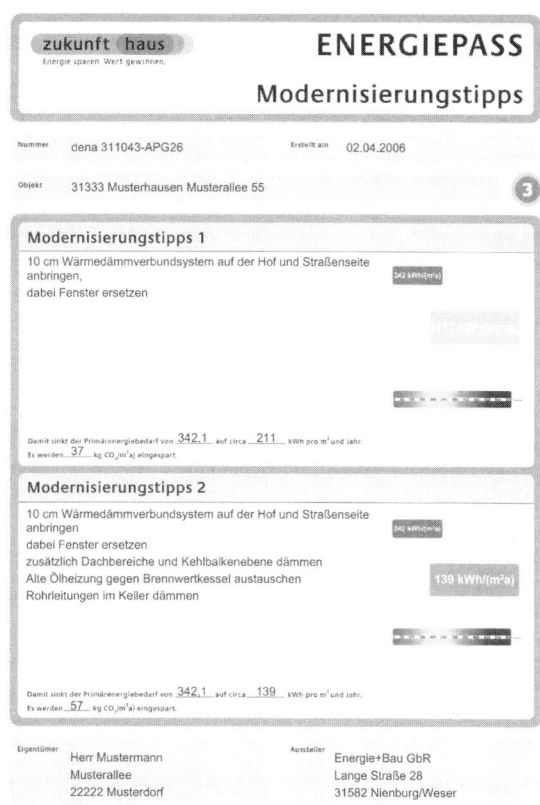

Abb. 1-7 Seite drei eines dena-Energiepasses

Die Seiten vier bis neun enthalten folgende Angaben:
- Verbrauchserfassung
- Erläuterungen für Eigentümer und Mieter
- Informationen für Fachleute
- Erläuterungen für Fachleute
- Anlagenverzeichnis

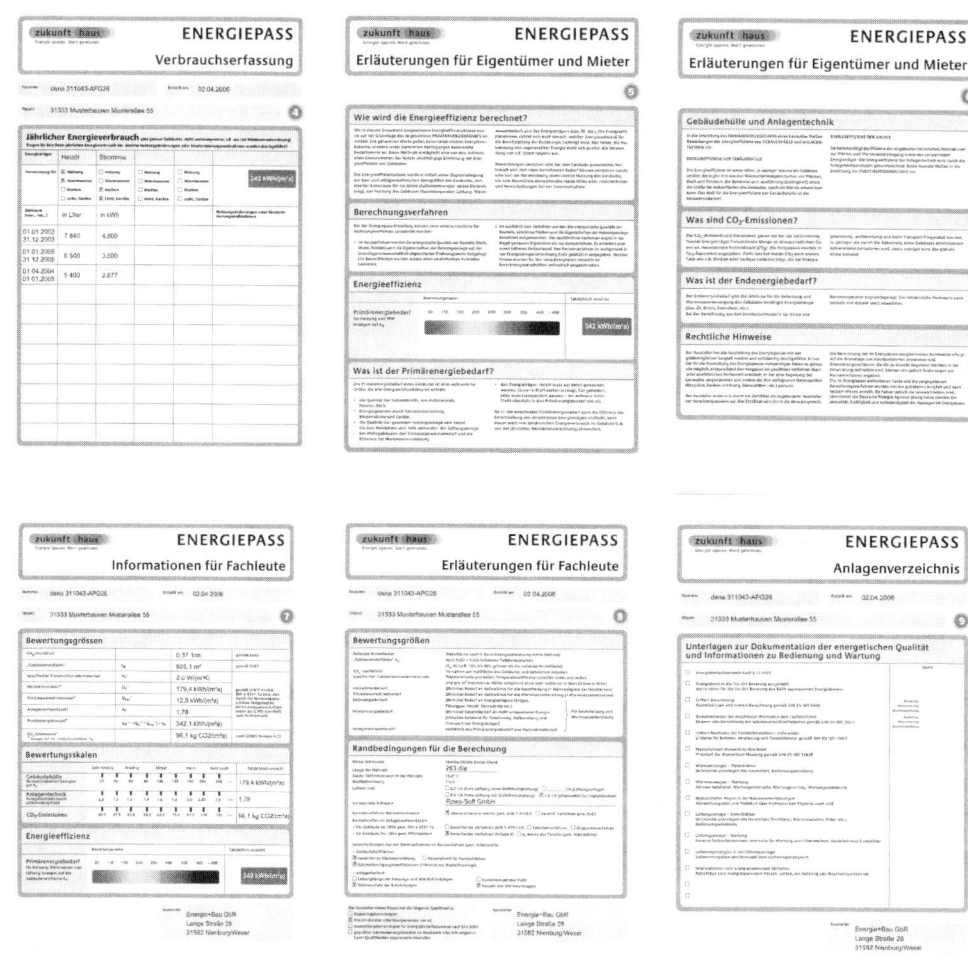

Abb. 1-8 dena-Energiepass Seiten 4 bis 9

Berechnungsverfahren

Die Berechnungen für Neubauten (ab Baujahr 1995) müssen entsprechend EnEV und deren zugehörigen Normen erfolgen.

Für alle anderen Gebäude liefert die Broschüre „Energetische Bewertung von Bestandsgebäuden – Arbeitshilfe für die Ausstellung von Energiepässen" der dena die Grundlage für die Berechnungen.

Die erforderlichen Randbedingungen für die Berechnungen orientieren sich zum größten Teil an den Randbedingungen der Energieeinsparverordnung.

1.3 Der dena Gebäudeenergiepass

Bei der Handhabung der Kennwerte ist darauf zu achten, ob diese sich auf die „Gebäudenutzfläche A_N" gemäß EnEV oder auf die beheizte Wohnfläche beziehen.

Der Energiepass weist zusätzlich einen so genannten Endenergiebedarf (bezogen auf die beheizte Wohnfläche) aus. Damit wird ein Vergleich von Verbrauchskennwerten, die zum Beispiel im Rahmen einer Heizkostenabrechnung ermittelt wurden, ermöglicht.

Schema der Energiebilanz

Die Berechnung des Gebäudeenergiebedarfs (für Heizung und Warmwasser) erfolgt in verschiedenen Stufen.

Im ersten Schritt wird die benötigte Nutzwärme ermittelt. Der Heizwärmebedarf des Gebäudes (Abb. 1-9 „H") errechnet sich aus der Differenz der Transmissions- und Lüftungswärmeverluste sowie der solaren und internen Wärmegewinne.

Die Nutzwärme ist die Summe des Heizwärmebedarfs und dem Anteil des Wärmebedarfs für die Warmwasserbereitung (Abb. 1-9 „W"). Der Wärmebedarf Warmwasser entspricht in diesem Fall dem Wärmeinhalt des an den Warmwasser-Zapfstellen entnommenen Wassers.

Der Endenergiebedarf (Abb. 1-9 „E" inkl. Hilfsenergiebedarf „HE"), der für die Verbraucher am interessantesten ist (man kann mit den Energiepreisen direkte Schlüsse auf die Kosten für Heizung und Warmwasser ziehen), wird bestimmt durch die Nutzwärme zuzüglich der Verluste für die Bereitstellung der Wärme im Gebäude (Wärmeerzeugung, -speicherung und -verteilung) und abzüglich der Wärmemengen aus der Umwelt (z. B. durch Solaranlagen, Wärmepumpen).

Der Primärenergiebedarf (Abb. 1-9 „P") berücksichtigt die Verluste für Gewinnung, Umwandlung und Transport. Gemäß DIN V 4701-10 umfasst der Primärenergiebedarf keine Anteile aus regenerativen Energieträgern.

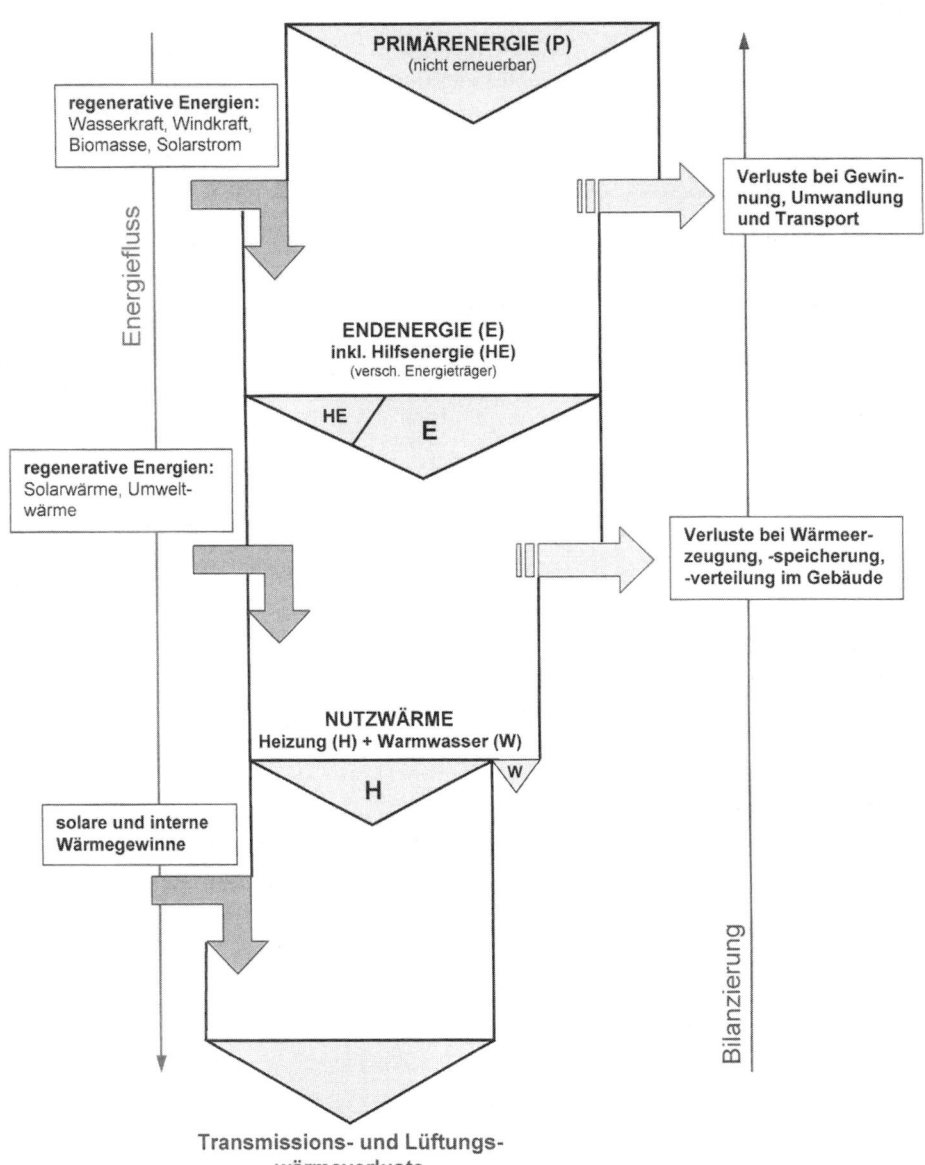

Abb. 1-9 Schema der Energiebilanz

1.3 Der dena Gebäudeenergiepass

Bilanzverfahren

Zur Bestimmung des Heizwärmebedarfs kann zwischen dem Heizperioden- oder Monatsbilanzverfahren nach DIN V 4108-6 gewählt werden.

Das Heizperiodenverfahren ist ausführlich in der Broschüre „Energetische Bewertung von Bestandsgebäuden – Arbeitshilfe für die Ausstellung von Energiepässen" der dena beschrieben und wird an dieser Stelle nicht näher erläutert.

Das Monatsbilanzverfahren darf ohne weiteres für Bestandsgebäude angewendet werden, da für die Berechnung keine Heizgrenztemperaturen gebraucht werden. Somit gelten für den EnEV-Nachweis die im Anhang D der DIN V 4108-6 fixierten Rechenregeln mit folgenden Ergänzungen

- bei einer Innendämmung der Außenwände ist ein Wärmebrückenzuschlag von 0,2 W/(m²K) anzuwenden
- bei offensichtlichen Undichtigkeiten ist ein Luftwechsel von 1,0 h^{-1} zu berücksichtigen

Es stehen für die Bilanzierung der Anlagentechnik folgende drei Auswahlmöglichkeiten zur Verfügung:

- detaillierte Berechnung mit detaillierten Eingabedaten
- detaillierte Berechnung mit reduzierten Eingabedaten (Pauschalansätze)
- vereinfachte Berechnung mit tabellierten Aufwandszahlen

Auf die Rechenschemen wird im Folgenden aber nicht weiter eingegangen.

Nutzungsdaten

Die zu verwendenden Standardwerte für die Nutzungsdaten werden in der nachfolgenden Tabelle zusammengestellt:

Tab. 1-1 Standardwerte für die Nutzungsdaten

Mittlere Raumtemperatur während des Heizbetriebs	ϑ_i = 19°C
Nachtabsenkung	
Reduktionsfaktor Nachtabsenkung (für Berechnung Q_H mit Heizperiodenbilanz)	f_{NA} = 0,95
Dauer der Nachtabsenkung (für Berechnung Q_H mit Monatsbilanz)	t_u = 7 h/d
Mittlere Betriebsunterbrechung Verteilnetz* (für Berechnung Verluste Heizwärmeverteilung)	$t_{u/H,d}$ = 4 h/d
Luftwechsel	
Standardwert	n = 0,7 h^{-1}
Bei Luftdichtheitsprüfung mit $n_{50} \leq 3$ h^{-1}	n = 0,6 h^{-1}
Bei offensichtlichen Undichtigkeiten **	n = 1,0 h^{-1}
Innere Wärmequellen	q_i = 5 W/m² (A_N)
Verschattungsfaktor	F_s = 0,9

Anmerkungen zu Tabelle 1-1
Für Neubauten gelten grundsätzlich alle Vorgaben der EnEV
*) verkürzt wegen Frostschutzbetrieb bei tiefen Außentemperaturen
**) z.B. Fenster ohne funktionstüchtige Lippendichtungen, Dachflächen ohne luftdichte Ebene bei beheizten Dachgeschossen
Für die Berechnung gemäß EU-Gebäuderichtlinie werden verbindliche Festlegungen der Nutzungsdaten zukünftig in der DIN 18599 erfolgen.

Klimadaten

Das in der DIN V 4108-6 definierte Standardklima Deutschland ist als meteorologische Randbedingung anzuwenden. Für das Monatsbilanzverfahren sind die Klimadaten mit denen des EnEV-Nachweises für Neubauten übereinstimmend.

Bei der Heizperiodenbilanz ist zu berücksichtigen, dass im Gebäudebestand sehr unterschiedliche Heizgrenztemperaturen und Heizperiodendauern vorhanden sind.

Was geschieht nach Veröffentlichung des Referentenentwurfs (Stand 21.04.2006)

Der dena-Energiepass wird nach Veröffentlichung des Referentenentwurfes an die Regelungen der neuen EnEV angepasst. Die Neuerungen betreffen vor allem Änderungen der Formulare, das Berechnungsverfahren und die Zulassung der Aussteller. Zugelassene und registrierte Aussteller der dena, die nach den Regelungen des Referentenentwurfs nicht zugelassen wären, dürfen Energiepässe noch bis zum Inkrafttreten der neuen EnEV ausstellen. Danach werden alle Regelungen der EnEV 2006 für den dena-Energiepass übernommen.

1.4 Der Gebäudeenergieausweis nach EnEV – Stand Nov. 2006

Im Rahmen des öffentlich-rechtlichen Nachweises stellt die Energieeinsparverordnung nicht nur Anforderungen an die zu errichtenden Gebäude, sondern auch an bestehende Gebäude und deren technische Anlagen. In der Verordnung werden die energetischen Mindestanforderungen für Neubauten, Modernisierungen, Um- und Ausbauten sowie Erweiterungen bestehender Gebäude mit den Mindestanforderungen für Heizungs-, Kühl- und Raumlufttechnik sowie Warmwasserversorgung zusammengeführt. Zusätzlich wird der Energieausweis für bestehende Gebäude eingeführt und die energetische Inspektion von Klimaanlagen vorgesehen.

Der Verordnungstext des Entwurfs zur Verordnung über energiesparenden Wärmeschutz und energiesparende Anlagentechnik bei Gebäuden (Energieeinsparverordnung-EnEV, Stand 16. November 2006) gliedert sich in 7 Abschnitten und insgesamt 11 Anhängen (vorher 5 Anhänge). Insgesamt steigert sich damit die Anzahl der Paragraphen in der EnEV von 20 auf 31 Paragraphen. Die EnEV 2002/2004 nahm direkten Bezug auf 10 Normen oder Normteilen, dies erweitert sich nunmehr auf 28 und damit auf 1500 Seiten Normtext. Hinzu kommen noch Richtlinien des Bundes zu Rechenrandbedingungen.

Prinzipiell hat die EnEV Gültigkeit für alle Gebäude, die zum Zwecke ihrer Nutzung beheizt werden müssen.

Der § 1 EnEV 2007 legt den Anwendungsbereich fest:

– *„für Gebäude, deren Räume unter Einsatz von Energie beheizt oder gekühlt werden und*
– *für Anlagen und Einrichtungen der Heizungs-, Kühl-, Raumluft- und Beleuchtungstechnik sowie der Warmwasserversorgung in Gebäuden."*

[Referentenentwurf zur EnEV - Stand 16. November 2006, §1 (1)]

Diese Begriffsbestimmung von Gebäuden stellt ebenfalls klar, dass die Beheizung der Gebäude Pflicht ist und keine zur Verfügung stehende Fremdwärme nutzen. Das bedeutet, dass betriebliche Gebäude, die auf Grund ihrer Nutzung im Inneren Wärme durch Produktionsprozesse freisetzen, die nicht zur Nutzung des Gebäudes notwendig ist, nicht in den Geltungsbereich der Verordnung fallen. Beispiele hierfür sind Hochofenanlagen, Heizhäuser oder dergleichen.

Auf der Grundlage des Energieeinsparungsgesetzes werden Allgemeine Ausnahmen vom Geltungsbereich der Verordnung gewährt.

Gemäß § 1 Abs. 2 gilt diese Verordnung mit Ausnahme des §§ 12 und 13 unter anderem nicht für

1. Betriebsgebäude, die überwiegend zur Aufzucht oder zur Haltung von Tieren genutzt werden

2. Betriebsgebäude soweit sie nach ihrem Verwendungszweck großflächig und lang anhaltend offen gehalten werden müssen

3. unterirdische Bauten

4. Unterglasanlagen und Kulturräume für Aufzucht, Vermehrung und Verkauf von Pflanzen

5. Traglufthallen, Zelte und sonstige Gebäude, die dazu bestimmt sind, wiederholt aufgestellt und zerlegt zu werden

…

Der in der EnEV unter §17 beschriebene Energieausweis kann auf Grundlage des berechneten Energiebedarfs oder des gemessenen Energieverbrauchs ausgestellt werden. Bedarfsausweis und Verbrauchsausweis sind generell gleichgestellt, es gilt Wahlfreiheit. Ausnahme bilden logischer Weise Neubauten und Wohngebäude mit bis zu vier Wohneinheiten, wenn deren energetischer Stand unter den Forderungen der 1. Wärmeschutzverordnung liegt, in der Regel also vor November 1977 der Bauantrag gestellt wurde.

Eine Einschränkung erfährt der Verbrauchsausweis bei der Genehmigung von Fördergeldern. Um an Bundesgelder zur Gebäudemodernisierung zu gelangen, muss ein Bedarfsausweis vorgelegt werden. Hier scheinen den Ministerien die Aussagekraft der Energieausweise auf Grundlage des Nutzerverbrauchs nicht aussagekräftig genug für eine Förderung zu sein.

Der Energieausweis stellt auf vier Seiten die wesentlichen Gebäudedaten, die Skalen für die Gesamtenergieeffizienz, Heizenergieverbrauchs- und Stromverbrauchskennwert sowie Erläuterungen dar (Anhang 6 bis 9 des Referentenentwurfes zur EnEV 2007). Außerdem enthält der Ausweis gebäudespezifische Modernisierungsempfehlungen, soweit diese möglich und wirtschaftlich vertretbar sind (Anhang 10 des Referentenentwurfes zur EnEV 2007).

Bei Maßnahmen, die eine Berechnung nach aktueller EnEV benötigen, werden die Energieausweise wie gehabt nach dem damit berechneten Energiebedarf ausgestellt. Für den Verbrauchsausweis sind mindestens drei aufeinander folgende Abrechnungsperioden witterungsbereinigt auszuwerten. Der Bedarfsausweis ist nach den Berechnungsvorschriften der EnEV zu ermitteln. Zusätzlich kommen Regeln zur Vereinfachung der Berechnung und Datenaufnahme zur Anwendung. Die notwendigen Daten müssen nicht zwingend selbst erhoben werden, sondern können vom Eigentümer bereit gestellt werden. Hat der Aussteller Anlass zu Zweifeln an den zur Verfügung gestellten Daten, darf er diese allerdings nicht seinen Berechnungen zu Grunde legen.

Energieausweise werden nicht für einzelne Wohnungen sondern für das gesamte Gebäude erstellt. Ist ein nicht unerheblicher Teil des Gebäudes nicht für Wohnzwecke genutzt, bekommt dieser separat einen Energieausweis für Nichtwohngebäude. Bei Nichtwohngebäuden fließt zusätzlich zur Energiebilanz der Heizung, Warmwasserbereitung und Lüftung, die Klimatechnik und Beleuchtung mit ein. Die Berechnungsverfahren dazu regelt die neue DIN V 18599.

1.5 Der Gebäudeenergieausweis nach DIN V 18599

Im Rahmen der energetischen Bewertung von Gebäuden stellt die DIN V 18599 „Energetische Bewertung von Gebäuden – Berechnung des Nutz-, End- und Primärenergiebedarfs für Heizung, Kühlung, Lüftung, Trinkwarmwasser und Beleuchtung" nicht nur Anforderungen an die zu errichtenden Gebäude, sondern auch an bestehende Gebäude und deren technische Anlagen.

Diese Vornormreihe wurde vom

- Normenausschuss Bauwesen (NABau) im DIN,
- Normenausschuss Heiz- und Raumlufttechnik (NHRS) im DIN und vom
- Normenausschuss Lichttechnik (FNL) im DIN

erarbeitet.

Der Vornormtext der derzeit gültigen DIN V 18599 gliedert sich in folgende 10 Teile.

Teil 1: Allgemeine Bilanzierungsverfahren, Begriffe, Zonierung und Bewertung der Energieträger

Teil 2: Nutzenergiebedarf für Heizen und Kühlen von Gebäudezonen

Teil 3: Nutzenergiebedarf für die energetische Luftaufbereitung

Teil 4:	Nutz- und Endenergiebedarf für Beleuchtung
Teil 5:	Endenergiebedarf von Heizsystemen
Teil 6:	Endenergiebedarf von Wohnungslüftungsanlagen und Luftheizungsanlagen für den Wohnungsbau
Teil 7:	Endenergiebedarf von Raumlufttechnik- und Klimakältesystemen für den Nichtwohnungsbau
Teil 8:	Nutz- und Endenergiebedarf von Warmwasserbereitungssystemen
Teil 9:	End- und Primärenergiebedarf von Kraft-Wärme-Kopplungsanlagen
Teil 10:	Nutzungsrandbedingungen, Klimadaten

Prinzipiell ist die DIN V 18599 anwendbar für die energetische Bilanzierung von:
- Wohn- und Nichtwohngebäuden
- Neubauten und Bestandsbauten

Die Berechnungen ermöglichen die Beurteilung aller Energiemengen, die zur Bestimmung der Haustechnik (Heizung, Warmwasserbereitung, Raumlufttechnik und Beleuchtung) von Gebäuden notwendig sind. Dabei werden in der Vornormreihe auch die gegenseitigen Beeinflussungen von Energieströmen und den dadurch entstehenden planerischen Konsequenzen berücksichtigt. Des weiteren werden in der DIN V 18599 neben dem Berechungsverfahren auch nutzungsbezogene Randbedingungen zur neutralen Bewertung und Ermittlung des Energiebedarfs angegeben. Örtliche Klimadaten und das individuelle Nutzerverhalten werden nicht berücksichtigt.

Durch die Vornormreihe soll gewährleistet werden, dass der langfristige Energiebedarf für Gebäudeteile oder Gebäude ermittelt wird und die Bewertung der erneuerbaren Energien ermöglicht. Durch die Anwendung der DIN V 18599 wird eine Gesamtbetrachtung der Gebäudehülle, der Nutzung und der Anlagentechnik unter Berücksichtigung der gegenseitigen Wechselwirkungen ermöglicht.

1.6 Ziele des Gebäudeenergieausweises

In den letzten Jahrzehnten sind die Energiepreise für Heizkosten kontinuierlich gestiegen, insbesondere für Öl, Gas oder Fernwärme. Die Heizkosten verursachen den größten Anteil an Betriebskosten. Ein Drittel der Primärenergie wird für Raumheizung und Warmwasserbereitung verbraucht. Dieser Energieverbrauch ist jedoch bei Mietern bzw. Wohnungs- oder Hauseigentümern oftmals unbekannt, wohingegen der Energieverbrauch beispielsweise für Autos eine bekannte Größe ist.

Ein Ziel des Energieausweises ist es, die Energiekennzahl als Gütesiegel für Wohnungen und Gebäude einzuführen. Somit wird die Energieeffizienz, ähnlich wie bei Autos, zu einem Qualitätsmerkmal und bietet dem Verbraucher eine objektive Information über den Zustand des Gebäudes bzw. der Wohnung. Somit wird dem Verbraucher auch ohne große

Vorkenntnisse eine schnelle Beurteilung der energetischen Qualität des Objektes ermöglicht.

Zugleich wird eine Markttransparenz im Gebäudebereich geschaffen, der Energiebedarf wird bundesweit vergleichbar.

Der Energieausweis soll als neues Wettbewerbsinstrument Innovations- und Investitionsanreize für den Gebäudebestand schaffen. Auf diese Weise wird der Markt auf die Umsetzung der EU-Gebäuderichtlinie vorbereitet.

Erhofft werden ebenfalls Impulse aufgrund der Empfehlungen zur energetischen Gebäudesanierung, die für einen Konjunkturaufschwung für die Bauwirtschaft und das Baugewerbe sehr nützlich wären.

2 Praktische Erstellung des Gebäudeenergieausweises

2.1 Maßeinheiten und Kenngrößen

Ältere Berechnungen zum Wärmeschutz arbeiten mit der in Europa gebräuchlichen Einheit Grad Celsius. In der Norm DIN 1345 (Ausgabe Dezember 1993) des DIN wird eine besondere Größen-Benennung "Celsius-Temperatur" eingeführt; sie ist demnach die Differenz der jeweiligen thermodynamischen Temperatur und der festen Bezugstemperatur 273,15 K. Weil diese Norm für Temperaturdifferenzen die Verwendung des Kelvin empfiehlt, legt sie weiterhin fest: "Bei Angabe der Celsius-Temperatur wird der Einheitenname Grad Celsius (Einheitenzeichen: °C) als besonderer Name für das Kelvin benutzt."

Für heutige Rechnungen wird daher bei der Angabe von Temperaturdifferenzen Grad Kelvin (K) verwendet. Ein Umrechnungsfaktor ist nicht erforderlich.

Die Einheit Kilokalorie (kcal) wurde für die Wärmemenge verwendet. Während die SI Einheit Joule stets denselben, eindeutigen Wert besitzt, wurden unterschiedliche Werte für den Betrag einer Kalorie festgelegt. Diese sind teilweise als Messergebnis definiert, wie zum Beispiel:

- die Wärmemenge, die bei normalem atmosphärischen Druck von 1013 hPa benötigt wird, um 1 Gramm Wasser von 14,5 °C auf 15,5 °C zu erwärmen,
- die Wärmemenge, die benötigt wird, um 1 Gramm Wasser von 4 °C auf 5 °C zu erwärmen,
- die Wärmemenge, die benötigt wird, um 1 Gramm Wasser von 19,5 °C auf 20,5 °C zu erwärmen,
- die durchschnittliche Wärmemenge, die benötigt wird, um 1 Gramm Wasser zwischen 0 °C und 100 °C um 1 Kelvin zu erwärmen.

Umrechnungen

Wärmemenge

1 cal_{th} (thermochemisch) = 4,184 J; 1 J = 0,23901 cal_{th}

1 J = 1 W * s = 1 N * m

Wärmestrom

1 cal/s = 4,184 W

1 kcal/h = 1,163 W

Wärmeleitzahl

1 kcal/(m*h*°) = 1,163 W / (m*K)

Wärmedurchgangskoeffizient

1 kcal/(m²*h*°) = 1,163 W / (m²*K)

Wärmedurchlasswiderstand

m² * h * °/kcal = 0,860 m² * K/W

Kenngrößenbezeichnungen

Durch die Anpassung der deutschen Normen und Verordnungen an europäische Richtlinien wurden auch die Bezeichnungen der Kenngrößen im europäischen Rahmen angeglichen. Daher sind einige bekannte Bezeichnungen weggefallen und neue Bezeichnungen und Kenngrößen hinzugekommen.

Tab. 2-1 Kenngrößen

Bisher gültiges System	Einheit	Gültige deutsche Norm	Physikalische Größe	Genormtes Symbol
s	m	DIN EN ISO 6946 [7]	Dicke	d
A	m²	DIN EN ISO 7345 [8]	Fläche	A
V	m³		Volumen	V
m	kg		Masse	m
ρ	kg/m³		(Roh) Dichte	ρ
t	h		Zeit	t
θ	°C		Celsius-Temperatur	θ
T	K		thermodynamische Temperatur	T
Q̇	W		Wärmestrom	Φ
Q	Wh		Wärmemenge	Q
q	W/m²		Wärmestromdichte	q
	W/K	DIN EN 832 [9]	spezifischer Transmissionswärmeverlust	H_T
z			Abminderungsfaktor einer Sonnenschutzvorrichtung	F_C

2.1 Maßeinheiten und Kenngrößen

Bisher gültiges System	Einheit	Gültige deutsche Norm	Physikalische Größe	Genormtes Symbol
λ_R	W/(m*K)	DIN EN 4108-4 [10]	Bemessungswert der Wärmeleitfähigkeit	λ
Λ	W/(m²*K)		Wärmedurchlasskoeffizient	Λ
$1/\Lambda$	m²*K/W		Wärmedurchlasswiderstand	R
α	W/(m²*K)		Wärmeübergangskoeffizient	h
	W/(m*K)	DIN EN 13164 [11]	Nennwert der Wärmeleitfähigkeit	λ_D
	m²*K/W		Nennwert des Wärmedurchlasswiderstands	R_D
$1/\alpha_i$	m²*K/W	DIN EN ISO 6946 [7]	Wärmeübergangswiderstand, innen	Rs_i
$1/a$	m²*K/W		Wärmeübergangswiderstand, außen	R_{se}
k	W/(m²*K)		Wärmedurchgangskoeffizient	U
$1/k$	m²*K/W		Wärmedurchgangswiderstand	R_T
WBV	W/(m*K)		längenbezogener Wärmebrückenverlustkoeffizient	ψ
WBV_P	W/K		punktbezogener Wärmebrückenverlustkoeffizient	χ
Θ			Temperaturfaktor	f
φ	%		relative Luftfeuchtigkeit	Φ

Legende: Θ (θ) Theta, Λ (λ) Lambda, P(ϱ) Rho, Φ (ϕ) Phi, X(χ) Chi, Ψ (ψ) Psi

2.2 Datenaufnahme

Eine möglichst detaillierte Bestandsaufnahme des Ist-Zustandes des zu beurteilenden Gebäudes und eine exakte Bewertung der Anlagentechnik sind die Voraussetzung für einen aussagekräftigen Gebäudeenergieausweis.

Das Kapitel geht daher etwas ausführlicher auf die Ermittlung geometrischer Daten aus Plänen oder mit Hilfe eines örtlichen Aufmasses; Feststellung der U- und g-Werten der Bauteile aus den Bauunterlagen oder individuell ermittelt, zum Beispiel unter zu Hilfenahme von Gebäudetypologien sowie Bauteilkatalogen; Anlagenerfassung, Anlagenkennwerte aus Plänen, Unterlagen und Detailaufnahme sowie Pauschalwerte ergänzen, unbekannte Daten oder Aufwandszahlen aus Tabellen; Anlagenaufwandszahlen nach DIN 4701-12 oder Aufwandszahlen aus Tabellen ein.

Aufnahme geometrische Daten

Die Grundlage für einen Gebäudeenergieausweis bilden die folgenden Unterlagen:
1. Die ausgehändigten Bestandspläne des Gebäudes
2. Die Datenerfassung und Bestandsaufnahme (örtliche Untersuchung)
3. Die Angaben aus den persönlichen Gesprächen

Vor dem Ortstermin sollte man sich vorhandene Grundrisszeichnungen, Schnittzeichnungen und Ansichten, Energieabrechnungen der letzten drei Jahre (Öl, Gas, Strom, Fernwärme, Holz, usw.) sowie die letzten Schornsteinfegerprotokolle zum zu beurteilenden Gebäude aushändigen lassen. Aus eventuell vorhandenen Baubeschreibungen kann man Angaben zu den einzelnen Bauteilen entnehmen. Eine Vor-Ort-Besichtigung ist zwingend erforderlich. Die erhaltenen Zeichnungen sollten auf Übereinstimmung mit dem tatsächlichen Gebäude überprüft werden. Unstimmigkeiten sind entsprechend zu berücksichtigen. Gleichzeitig sollten Bauschäden oder andere Besonderheiten (z. B. Denkmalschutz, Entsorgung) protokolliert werden.

Der Zeitaufwand wird wesentlich größer, falls keine Bauzeichnungen des zu untersuchenden Objektes vorliegen. Dann müssen die Flächen einzelner Bauteile vor Ort ermittelt werden. wobei sich der Zeitaufwand vor allem dadurch erhöht, dass Bauteile mitunter durch Bewuchs nur schwer zugänglich sind, in nahezu jedem Gebäude Fenster unterschiedlicher Größen anzutreffen sind oder aber einige Bereiche nur über Leitern erreicht werden können. Gerade auch Dachflächen lassen sich schwer ausmessen.

Folgende Daten sind für ein Gebäude aufzunehmen:
– Grunddaten (Ort, Haustyp, Baujahr)
– Zahl der Wohneinheiten
– beheizbare Wohnflächen
– wesentliche Investitionen für wärmetechnische Maßnahmen
– Daten für die wärmeschutztechnische Einstufung der Gebäudehülle
– Außenwand-, Dach- und Fensterflächen

- Flächen von Decken unter nicht ausgebauten Dachgeschossen
- Kellerdeckenflächen
- Außenflächen beheizter Dach- und Kellerräume
- Innenwandflächen zu nicht beheizten Gebäudebereichen
- offensichtliche Wärmebrücken (Art, Längen)
- Gebäudevolumen, Lüftungswärmebedarf

Außenwand

Darunter ist die Fläche der an die Außenluft grenzenden Wände ohne Fenster und Türen zu verstehen. Diese Flächen werden mit Gebäudeaußenmaßen ermittelt.

Gerechnet wird ab Oberkante des Geländes oder, falls die unterste Decke über der Oberkante des Geländes liegt, von der Oberkante dieser Decke bis zur Oberkante der obersten Decke oder der Oberkante der wirksamen Dämmschicht.

Mit einzubeziehen sind Deckenflächen, die das Gebäude nach unten gegen die Außenluft abgrenzen, zum Beispiel bei Auskragungen oder Fahrzeugdurchfahrten.

Dach

Hierzu zählt die nach außen abgrenzende wärmegedämmte Dach- oder Dachdeckenfläche. Die Dachflächen bilden den oberen Abschluss der Gebäudehülle. Auch Dachschrägen und Decken zählen mit.

Oberste Geschossdecke

Hiermit bezeichnet man die Decken zum nicht ausgebauten Dachraum. Hierbei sind die Dachschräge – der Teil des Daches im ausgebauten Dachgeschoss, der an die Außenluft grenzt – und die Dachgeschossdecke – die an den ungeheizten Spitzboden angrenzende obere Geschossdecke – mit zu berücksichtigen, wenn auch mit unterschiedlichen Abminderungsfaktoren.

Abseitenwand

Dies ist im ausgebauten Dachgeschoss die Fläche der Abseitenwände zum nicht wärmegedämmten Dachraum.

Fenster

Hier muss die Fläche der Fenster, Fenstertüren, Türen und Dachfenster ermittelt werden, die beheizte Räume nach außen abgrenzen. Ermittelt wird diese aus den lichten Rohbaumaßen.

Unterer Gebäudeabschluss

Dies beinhaltet die Grundflächen des Gebäudes. Entweder wird sie auf dem Erdreich, oder bei unbeheizten Kellern, auf der Kellerdecke berechnet. Auch in diesen Fällen müssen jeweils unterschiedliche Abminderungsfaktoren angesetzt werden.

Wände:

Diese umfassen die beheizten Bereiche, die ans Erdreich grenzen.

Wände und Decken zu unbeheizten Räumen

Dabei handelt es sich um Innenwände, wenn sie an Räume mit niedrigen Innentemperaturen grenzen. Dies können zum Beispiel Kellerräume oder unbeheizte Treppenhäuser sein.

Das beheizte Gebäudevolumen V umfasst alle beheizten Räume eines Gebäudes. Die Räume werden von der wärmeübertragenden Hüllfläche eingeschlossen.

Unsicherheiten sind bei der Bestimmung von geometrischen Daten (Flächen und Volumen) zu erwarten. Die Ursachen dafür sind unterschiedlich. Eher von untergeordneter Bedeutung sind beim Einsatz entsprechender Messgeräte dabei Messfehler der einzelnen Maße selbst. Somit liegt der für ein Gebäude akkumulierte reine Messfehler in der Regel bei weniger als 1%.

Wesentlich mehr ins Gewicht fallen Fehler wie zum Beispiel:

- falsche Annahmen zum Verlauf der wärmeübertragenden Hüllflache
- falsche Ansätze bei der Bestimmung der Grundmaße
- Vergessen von einzelnen wärmetauschenden Flächen

Für die Beurteilung der Haustechnik ist eine Sicht- und Funktionskontrolle aller im Gebäude vorhandenen Anlagen erforderlich, um einen entsprechenden Überblick über die Funktionsfähigkeit oder die Einstellungen der Anlagen zu erhalten. Von den Bewohnern sind Angaben über unterschiedliche Temperaturzonen sowie Nutzung und Belegung einzelner Räume zu machen.

Bezüglich der Heizungs-, Mess- und Regeltechnik sind Angaben über den Brennstoff, die Leistung, die Verteilung, die Dämmung der Anlage und Anlageteile, die Thermostate etc festzuhalten

Hinzu kommt die Dokumentation der Warmwasserversorgung:

- Erfolgt die Versorgung zentral oder dezentral?
- Was für ein Speicher ist vorhanden?
- Existieren Zirkulationsleitungen?

usw.

In einem Gespräch muss das Nutzerverhalten der Bewohner herausgestellt werden. Hierzu zählen die Anzahl und Anwesenheitsdauer der Nutzer sowie ihr Heiz- und Lüftungsverhalten.

2.2 Datenaufnahme

Im Folgenden werden Möglichkeiten für den Energieberater bei der Maß- und Flächenermittlung und verschiedene Werkzeuge vorgestellt.

Bauzeichnungen

Erfahrungsgemäß verfügt der Hauseigentümer fast immer über Bauzeichnungen des Gebäudes. Sollten bei ihm jedoch wider Erwarten keine Planungsunterlagen mehr vorliegen, besteht gegebenenfalls die Möglichkeit, auf Archive des zuständigen Bauamtes zurückzugreifen, die Zeichnungen enthalten können. Sind Bauzeichnungen vorhanden, was in der Praxis eher die Regel ist, lassen sich die Flächen der einzelnen Bauteile leicht bestimmen. Allerdings sollten die Maße stets am Objekt selbst überprüft werden. Stehen keine Zeichnungen zur Verfügung, muss man alle in Frage kommenden Maße neu ermitteln.

Gliedermaßstab und Bandmaß

„Klassische" Messwerkzeuge beim Ausmessen von Flächen und Längenmessung sind Gliedermaßstab und Bandmaß. Auch wenn diese in den Anschaffungskosten sehr gering sind, ist der Zeitaufwand bei der Ermittlung damit jedoch recht hoch.

Dieses Messverfahren stößt jedoch schnell an seine Grenzen. Manche Dachbereiche oder Fassaden sind zu hoch oder nur schwer zugänglich, so dass diese Messung nur schwer möglich ist. In einigen Bereichen ist es gar nicht möglich, mit Bandmaß oder Gliedermaßstab zu messen.

Hinzu kommt eine gewisse Ungenauigkeit, die bei größeren Längen durch die Gliedermaßstab-Messung mit ihren zahlreichen 2m-Segmenten entsteht. Somit ist der Gliedermaßstab eher ein adäquates Hilfsmittel, wenn es um das schnelle Messen kleinen Maße, wie etwa Fensterlaibungen oder anderen geht. Bei Messungen mit dem Bandmaß benötigt man einen Messgehilfen.

Eine Alternative zu beiden Messwerkzeugen bieten Teleskop-Messstäbe, die es in unterschiedlichen Längen gibt (ca. 5 m–15 m). Modelle mit integriertem Maßband sind für schnelle und präzise Messungen von Vorteil.

Laser-Entfernungsmessgerät

Weitaus bequemer und schneller als die o. g. Messmethoden sind die Längenmessungen mit Laser-Entfernungsmessgeräten.

Nachdem man mit einem sichtbaren roten Laserpunkt den Messort angezielt hat, wird die Streckenlänge zwischen dem Laser-Entfernungsmessgerät und dem Punkt per Knopfdruck in Sekundenbruchteilen gemessen und digital angezeigt. Handelsübliche Geräte umfassen einen Messbereich zwischen ca. 0,30 m–100 m. Ein Helfer ist hierbei in der Regel nicht notwendig.

Neben der Streckenmessung haben Laser-Entfernungsmessgeräte oft zusätzliche nützliche Funktionen. Diese beinhalten u. a.:

- Höhenermittlung (Breite) aus 3 Messungen
- Erstellung eines Detailmaßes aus der Fassade (wie etwa Stockwerkshöhe)
- Dauermessung, Minimumwert (zum rechtwinkligen Messen) Höhe (Breite) aus 2 Messungen
- Mittelwert aus mehreren Messungen (für eine größere Übertragungsgenauigkeit) Dauermessung, Maximalwert (zum Ermitteln der Raumdiagonalen).
- Gruppenbildung innerhalb des zur Verfügung stehenden Speichers.

Auf jeden Fall sollte das Laser-Handmessgerät mehrere Messwerte speichern können und über eine Schnittstelle zu einem PC verfügen.

Photogrammetrie

Unter Photogrammetrie versteht man ein computerunterstütztes Verfahren, das die Längenmessung von Fassaden auf der Basis von Photographien ermöglicht. Über eine spezielle Software werden von einer oder mehreren photograhischen Aufnahmen von Fassaden eines Gebäudes die Längen einzelner Fassadenbauteile (Fenster, Mauerwerk etc.) sowie der Gebäudekanten ermittelt. Zuerst ist es hierbei notwendig, die Photos anhand bereits bekannter eingemessener Punkte zu entzerren. Im Anschluss werden die entzerrten, maßstabsgerechten Bilder in der Regel in ein CAD-System eingelesen und damit entsprechend weiterverarbeitet. Sowohl zwei- als auch dreidimensionale Systeme sind vorhanden.

Um eine möglichst hohe Maßgenauigkeit zu erlangen, muss man mehrere Strecken bzw. Punkte messen und markieren. Sicherlich ist der Nutzen der Photogrammetrie eher bei großen Gebäuden gegeben. Bei Einfamilienhäusern dürfte der Aufwand kaum lohnenswert sein, wenn zur Vorbereitung ohnehin mehrere Punkte von Hand gemessen werden müssen.

Allgemeine Systemvoraussetzungen für das Verfahren der Photogrammetrie:

- Fotoapparat, besser: Digitalkamera
- Gut ausgestatteter Computer
- Photogrammetrie-Software
- Scanner zum Einlesen (bei nichtdigitalen Bildern)
- CAD-Programm zur Bearbeitung der Photos

Der zusätzliche Einsatz eines Laser-Entfernungsmessgerätes ist durchaus empfehlenswert, um die notwendigen Grundmaße eines Objekts zu ermitteln bzw. charakteristische Punkte einzumessen.

Insgesamt betrachtet, ist die (2-D) Photogrammetrie bei der Energieausweiserstellung wohl eher nur bedingt als Instrument zur Flächenermittlung geeignet. Der Bearbeitungsaufwand und der hohe technische Aufwand stehen häufig nicht in Relation zum gelieferten Ergebnis. Vielversprechender ist da die 3-D Photogrammetrie. Da sie aber aktuell in der Anwendung ebenfalls noch sehr aufwendig ist, kann sie (noch) nicht als Standardwerkzeug der Vorort-Energieberatung betrachtet werden.

Theodolit

Ein optisches Vermessungsgerät zur Bestimmung von horizontalen und vertikalen Winkeln ist der Theodolit. In der Regel enthalten moderne Theodoliten einen integrierten Tachymeter zur präzisen Entfernungsbestimmung.

Bei Theodoliten muss man zwischen einfachen Bautheodoliten und koaxial messenden Totalstationen (Kombination aus Theodolit und Distanzmess-Station) unterscheiden.

Einige Theodoliten enthalten Distanzmess-Stationen, die einen Reflektor benötigen, weshalb der Messpunkt zugänglich sein muss. Ein präzises Vorgehen ist bei der Arbeit mit dem Theodolit unerlässlich, da die Messung polar am Horizontalkreis (360°oder 400^{gon}) durchgeführt werden, und man danach die gesuchten Punkte einschneidet. Die genaue Dokumentation der Messpunkte ist auch bei einem Theodoliten eine absolute Notwendigkeit.

Bei möblierten Räumen ist Theodolit in Verbindung mit einer Entfernungsmessung durchaus eine geeignete Lösung, da viele Wandabschnitte nicht direkt messbar sind, ohne dass damit ein Mehraufwand verbunden wäre.

Akustische Mikroskopie

Tiefenaufgelöste Schnittbilder werden durch die Einkopplung hochfrequenter Ultraschall- oder Mikrowellen in einen Probekörper und die Messung der Reflexions- und Rückstreusignale erzeugt. Die angewendeten Frequenzen liegen dabei zwischen 20 MHz und 2 GHz für Ultraschallwellen. Be Mikrowellen liegen diese zwischen 1 und 90 GHz.

Wie tief Mikrowellen in Materialien eindringen, hängt von der der Streuung im Material, der Wellenlänge und der Intensität der Strahlung ab. Mit größerer Frequenz erhöht sich die Auflösung, dadurch verringert sich aber die Eindringtiefe. Typische Frequenzen liegen im Bereich 6 GHz. Anwendungsbereiche für derartige Messverfahren sind zum Beispiel die Ermittlung des Schalenabstands bei zweischaligem Mauerwerk oder die Bestimmung der Dicke eines WDV-Systems.

Ist die Datenaufnahme abgeschlossen, erfolgt nun die Berechnung des Energiebedarfs des Gebäudes. Hierzu werden in der Praxis normalerweise EDV-Programme eingesetzt.

Ermittelt werden alle Hüllflächen des Gebäudes sowie das beheizte Bauvolumen und die beheizte Wohnfläche. Anschließend werden alle erforderlichen U-Werte der Bauteile berechnet.

Zusammen mit der eingegebenen Anlagetechnik sowie den individuellen Nutzerangaben kann nun der Energiebedarf berechnet werden.

2.3 Flächenermittlung, Systemgrenzen, Hüllflächen und das beheizte Gebäudevolumen

Getrennte Berechnungen für Teile eines Gebäudes (Zonierung)

Im § 14 der Energieeinsparverordnung (EnEV) heißt es:

„Teile eines Gebäudes dürfen wie eigenständige Gebäude behandelt werden, insbesondere wenn sie sich hinsichtlich der Nutzung, der Innentemperatur oder des Fensterflächenanteils unterscheiden. Für die Trennwände zwischen den Gebäudeteilen gelten Anhang 1 Nr. 2.7 und Anhang 2 Nr. 2 Satz 3 entsprechend. Soweit im Einzelfall nach Satz 1 verfahren wird, ist dies für dieses Gebäude in den Ausweisen § 13 Abs.1 bis 3 (Ausweise über Energie- und Wärmebedarf, Energieverbrauchskennwerte) deutlich zu machen."

Bezüglich der Nutzung unterscheidet man hier zwischen Gebäuden mit:

a) Wohnnutzung
b) Nichtwohnnutzung

Zu a):

Im § 2 Nr. 2 der EnEV werden Wohngebäude wie folgt definiert:

„Im Sinne dieser Verordnung sind Wohngebäude solche Gebäude im Sinne von Nummer 1 (Gebäude mit normalen Innentemperaturen), die ganz oder deutlich überwiegend zum Wohnen genutzt werden."

Dominieren muss also in solch einem Gebäude die Wohnnutzung. Sie prägt das Gebäude von seiner Ausstattung und Konstruktion her. Werden in Teilen von Gebäuden zum Beispiel Büros oder Arztpraxen betrieben, ist dies regelmäßig der Fall. Ein Hinweis darauf, dass das Gebäude der Wohnnutzung zuzuordnen ist kann neben gleicher Fassadengestaltung und ähnlicher Grundrisse wie im Wohnbereich auch die Bereitstellung von Warmwasser sein.

Wird ein Gebäude der Wohnnutzung zugeordnet, muss die Warmwasserbereitung in der Energiebilanz berücksichtigt werden. Die Anforderungen an den Jahres- Primärenergiebedarf unterscheiden sich erheblich im Vergleich zu Gebäuden mit Nichtwohnnutzung (EnEV Anhang 1, Tabelle 1).

Liegen Gebäude vor, in denen zum Teil nicht mit Warmwasser geheizt wird, müssen diese Gebäude in Zonen eingeteilt werden.

Auch in Bezug auf die Innentemperatur kann ein Gebäude in Zonen eingeteilt werden. Die Temperaturunterschiede der einzelnen Zonen werden in DIN V 4108-6 definiert. Hier heißt es:

„Unterscheiden sich die durchschnittlichen Innentemperaturen in Teilbereichen (Zonen) eines Gebäudes um weniger als 4 Kelvin, kann den Bereichen die mittlere, flächengewichtete Innentemperatur des Gebäudes zugrunde gelegt werden. Bei größeren Unterschieden ist das Gebäude in zwei

2.3 Flächenermittlung, Systemgrenzen, Hüllflächen und das beheizte Gebäudevolumen

oder mehr Temperaturzonen aufzuteilen, wobei die Wärmebilanz für jede Temperaturzone aufzustellen ist und am Ende die Ergebnisse der Zone zu addieren ist."

Die DIN EN 832 merkt hierzu allerdings an, dass die Unterteilung in Temperaturzonen nicht erforderlich ist, wenn

a) *„die Solltemperaturen der Temperaturzonen nicht um mehr als 4 K voneinander abweichen und angenommen werden kann, dass die Wärmegewinn-/-verlustbeträge um weniger als 0,4 voneinander abweichen (z. B. zwischen Süd- und Nordzonen), oder*

b) *Türen zwischen den Temperaturzonen wahrscheinlich offen sind oder*

c) *eine Zone klein ist und angenommen werden kann, dass der gesamte Heizenergiebedarf des Gebäudes sich um nicht mehr als 5% ändert, wenn sie mit der angrenzenden größeren Zone zusammen veranschlagt wird."*

Zusätzlich können die Gebäude auch in Hinsicht auf ihre Fensterflächen in Zonen eingeteilt werden. Die einzuhaltenden Höchstwerte für den spezifischen, auf die wärmeübertragende Umfassungsfläche bezogenen Transmissionswärmeverlust kann man der Tabelle 1 im Anhang 1 der EnEV entnehmen. Hier wird unterschieden zwischen Nichtwohngebäuden mit einem Fensterflächenanteil ≤ 30% und Wohngebäuden (Spalte 5) und Nichtwohngebäuden mit einem Fensterflächenanteil > 30% (Spalte 6).

In DIN V 4108-6 heißt es allerdings:

„Mehrzonige Modelle führen zu einer erhöhten Komplexität der Berechnung und sollten nur in begründeten Fällen angewendet werden. Die Berechnungsgenauigkeit wird im Rahmen der angewendeten Verfahrensweise nur unwesentlich verbessert."

Aus diesem Grund verlangt die Energieeinsparverordnung im Anhang 1 nur die Festlegung eines Ein-Zonen-Modells wie in DIN EN 832:2003-06 beschrieben. Dieses Modell muss mindestens alle beheizten Räume mit einschließen.

Die Genauigkeit der Berechnung nach dem Ein-Zonen-Modell ist für die Mehrzahl der zu berechnenden Gebäude völlig hinreichend.

Da eine komplexe Energiebilanz nur für Gebäude mit normalen Innentemperaturen verlangt wird, wird hierbei eine Soll-Temperatur zugrunde gelegt, die in Verbindung mit Anhang D der DIN V 4108-6 genau 19°C für Gebäude mit normalen Innentemperaturen beträgt.

Gebäude mit normalen Innentemperaturen werden im § 2 Nr. 1 der EnEV wie folgt definiert:

Im Sinne dieser Verordnung sind Gebäude mit normalen Innentemperaturen solche Gebäude, die nach ihrem Verwendungszweck auf eine Innentemperatur von 19°C und mehr und jährlich mehr als vier Monate beheizt werden.

Im Vergleich dazu werden Gebäude mit niedrigen Innentemperaturen im § 2 Nr. 3 der EnEV wie folgt definiert:

„Im Sinne dieser Verordnung sind Gebäude mit niedrigen Innentemperaturen solche Gebäude, die nach ihrem Verwendungszweck auf eine Innentemperatur von mehr als 12°C und weniger als 19°C und jährlich mehr als vier Monate beheizt werden."

Für solche Gebäude muss ebenfalls ein Ein-Zonen-Modell gebildet werden. Hierbei muss allerdings nur der Transmissionswärmeverlust ermittelt werden.

Grenzen die beiden Modelle aneinander, ist zu beachten, dass der Wärmeübergang an den Grenzflächen reduziert ist und gesondert berechnet werden muss.

Die EnEV legt zur Berechnung von Gebäudetrennwänden aneinander gereihter Bebauung im Anhang 1, Nr. 2.7 Folgendes fest:

„Bei der Berechnung von aneinander gereihten Gebäuden werden Gebäudetrennwände

a) zwischen Gebäuden mit normalen Innentemperaturen als nicht wärmedurchlässig angenommen und bei der Ermittlung der Werte A und A/Ve nicht berücksichtigt,

b) zwischen Gebäuden mit normalen Innentemperaturen und Gebäuden mit niedrigen Innentemperaturen bei der Berechnung des Wärmedurchgangskoeffizienten mit einem Temperatur-Korrekturfaktor Fnb nach DIN V 4108-6: 2003-06 gewichtet und

c) zwischen Gebäuden mit normalen Gebäuden und Gebäuden mit wesentlich niedrigeren Innentemperaturen im Sinne von DIN 4108-2: 2003-07 bei der Berechnung des Wärmedurchgangskoeffizienten mit einem Temperatur-Korrekturfaktor Fu=0,5 gewichtet."

Räume mit gleichem Temperaturniveau sind also in einer Zone zusammenzufassen. Das bedeutet, dass Räume gleicher Zone nicht in einzelne kleinere Zonen zerschnitten werden dürfen (z. B. Wohnungen im Mehrfamilienhaus).

Zusammenfassend ist zu sagen, dass in vielen Fällen eine Teilung nach § 14 der EnEV zwingend sein kann. In Grenzfällen hat der Planer zu entscheiden, ob er das Gebäude in Zonen einteilt oder nicht.

Die Abgrenzung und Bestimmung von Zonen erfolgt durch die Festlegung von Systemgrenzen.

Systemgrenzen

Bei Festlegung der Systemgrenze wird gleichzeitig planerisch die beheizte Zone und somit die Dämmebene eines Gebäudes festgelegt. Hierbei sollte wirtschaftlich und energetisch gehandelt werden.

In DIN V 4108-6 wird der Begriff Systemgrenze wie folgt definiert:

„Gesamte Außenoberfläche des Gebäudes bzw. der beheizten Zone eines Gebäudes, über die der Heizwärmebedarf mit einer bestimmten Innentemperatur ermittelt wird. Darin sind inbegriffen alle Räume, die direkt oder indirekt durch Raumverbund (wie zum Beispiel Hausflure und Dielen) beheizt werden. Räume, die bestimmungsgemäß nicht zur Beheizung vorgesehen sind, liegen außerhalb der Systemgrenze."

2.3 Flächenermittlung, Systemgrenzen, Hüllflächen und das beheizte Gebäudevolumen

In der DIN EN ISO 13789: 1999-10 werden drei verschiedene Systeme zur Bauteildimensionierung angewandt. Hierbei wird die Gebäudehülle zunächst in Bauteile unterteilt. Anschließend wird nach einem der drei Systeme berechnet:
- Innenabmessung
- Außenabmessung
- Innere Gesamtabmessung

Die EnEV legt im Anhang 1, Nr. 1.3.1 fest:

„Die wärmeübertragende Umfassungsfläche A eines Gebäudes in m^2 ist nach Anhang B der DIN EN ISO 13789: 1999-10, Fall „Außenabmessung", zu ermitteln. Die zu berücksichtigenden Flächen sind die äußere Begrenzung einer abgeschlossenen beheizten Zone."

Für das entstehende Modell sind daher die Dicken der Bauteile ohne Bedeutung. Für die Flächenbestimmung des Bauteils wird die Systemgrenze auf die äußere Schicht des Bauteils, welche an Außenluft, Erdreich oder an andere Zonen grenzt, gelegt. Die Abgrenzungen der Bauteile werden durch die Schnittkanten der Einzelflächen gebildet.

Die Systemgrenze betrifft außerdem Festlegungen für das Heizungs- und Lüftungssystem. Festzulegen ist, ob die Anlage oder Teile der Anlage innerhalb oder außerhalb der thermischen Hülle liegen. Das gleiche gilt für die Übergabe der Endenergie, die für die beheizte Zone benötigt wird.

Die Höhe der Energieverluste wird dadurch beeinflusst. Verluste innerhalb der thermischen Hülle sind kleiner als Verluste außerhalb der thermischen Hülle. Sie tragen außerdem teilweise zur Beheizung bei, während Verluste außerhalb der thermischen Hülle vollständig für die Nutzung verloren sind.

Treppenhäuser

Treppenhäuser in mehrgeschossigen Wohnhäusern können in verschiedenen Varianten geplant werden. Handelt es sich um ein innenliegendes Treppenhaus oder ein dreiseitig eingebundenes Treppenhaus mit Außenwandfläche wird das Treppenhaus in die wärmetauschende Hüllfläche mit eingerechnet. In den Fällen des teilweise eingebundenen oder des vorgelagerten Treppenhauses gibt es zwei Möglichkeiten. Man kann das Treppenhaus in den beheizten Gebäudeteil mit einbeziehen oder ausschließen.

Bezieht man es mit ein, liegt die Systemgrenze an der außenliegenden Ebene des Treppenhauses. Sie unterliegt jetzt den Anforderungen nach EnEV und ist entsprechend zu dämmen.

Schließt man das Treppenhaus aus, liegt die Systemgrenze an der innenliegenden Seite des Treppenhauses. Diese Bauteile unterliegen dann den Anforderungen nach EnEV.

Bei vorgelagerten Treppenhäusern ist diese Variante sinnvoll. Das A/V_e- Verhältnis wird nicht ungünstig beeinflusst und der Dämmaufwand ist geringer und dadurch wirtschaftlicher.

Die Systemgrenze bei Treppenhäusern in verschiedenen Varianten:

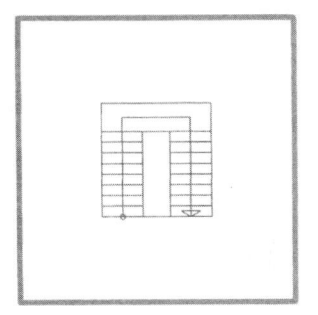

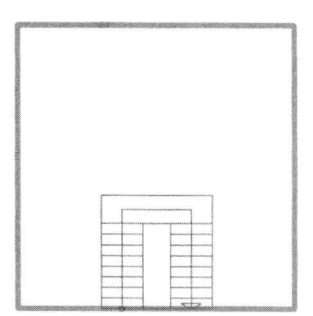

Abb. 2-1 Innenliegendes Treppenhaus

Abb. 2-2 Dreiseitig eingebundenes Treppenhaus mit einer Außenwandfläche

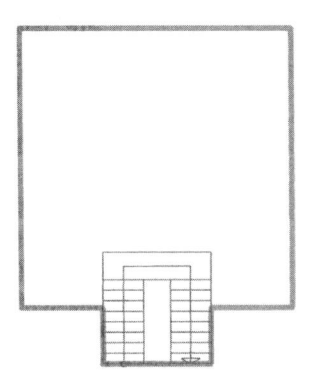

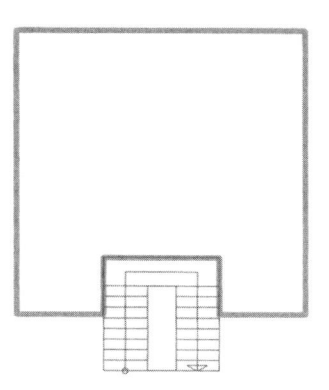

Abb. 2-3 Teilweise eingebundenes Treppenhaus (beheizt)

Abb. 2-4 Teilweise eingebundenes Treppenhaus (unbeheizt)

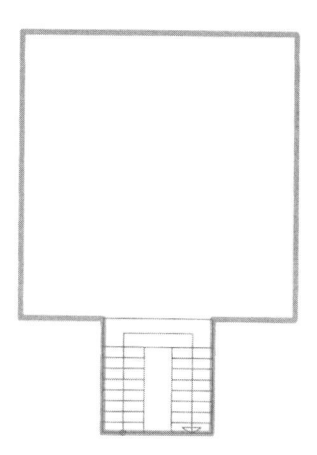

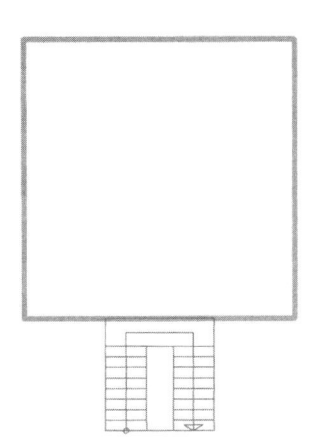

2.3 Flächenermittlung, Systemgrenzen, Hüllflächen und das beheizte Gebäudevolumen

Abb. 2-5 Vorgelagertes Treppenhaus (beheizt)

Abb. 2-6 Vorgelagertes Treppenhaus (unbeheizt)

Gebäudeabschluss nach unten

Der untere Gebäudeabschluss kann unterschiedlich aussehen.

Nach EnEV wird nur der beheizte Gebäudeteil berücksichtigt.

Gebäude ohne Unterkellerung

Die Systemlinie liegt unterhalb der Bodenplatte bzw., falls vorhanden, unterhalb der Sohlplattendämmung. Begrenzt wird die Fläche durch den Schnittpunkt mit der Systemlinie der aufsteigenden Wände.

Nicht mit einzubeziehen sind

– Sauberkeitsschichten
– Kiesbettungen
– Streifenfundamente
– Punktförmige Fundamente.

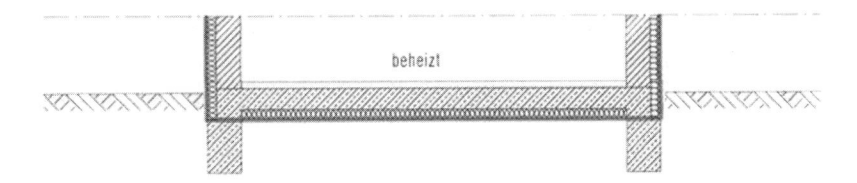

Abb. 2-7 Systemgrenze bei Gebäuden ohne Unterkellerung

Gebäude mit beheiztem Keller

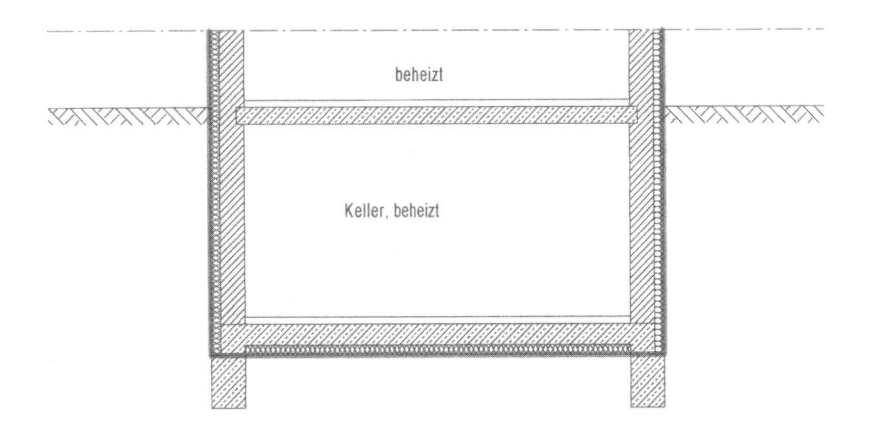

Abb. 2-8 Systemgrenze bei Gebäuden mit beheiztem Keller

Die Systemlinie liegt unterhalb der Grundplatte bzw., falls vorhanden, unterhalb der Perimeterdämmung. Im Bereich der Wände liegt die Systemlinie entlang der Außenkante. Der Schnittpunkt beider Linien bildet die Begrenzung der Flächen.

Teilunterkellerung (Keller beheizt)

Die Systemlinie liegt im Bereich Keller unterhalb der Grundplatte bzw., falls vorhanden, unterhalb der Perimeterdämmung, im Bereich der Wände entlang der Außenkante und im nicht unterkellerten Bereich unterhalb der Bodenplatte bzw., falls vorhanden, unterhalb der Sohlplattendämmung.

Bei der vereinfachten Berechnung können die an das Erdreich grenzenden Flächen addiert werden.

Bei folgenden Berechnungen müssen die Wand- und Fußbodenflächen des beheizten Kellers gesondert ausgewiesen werden:

2.3 Flächenermittlung, Systemgrenzen, Hüllflächen und das beheizte Gebäudevolumen 45

- Berechnung nach DIN V 4108-6
- Annahme der Temperatur-Korrekturfaktoren nach Anhang 1, Tabelle 3 der EnEV
- Genaue Berechnung nach DIN EN ISO 13 370

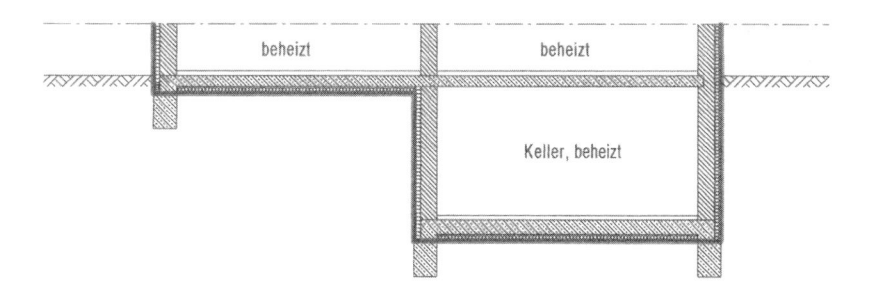

Abb. 2-9 Systemgrenze bei Teilunterkellerung (Keller beheizt)

Gebäude mit unbeheiztem Keller

Die Systemlinie liegt auf der Oberkante der untersten Decke. Die Lage der Dämmschicht (egal ob auf, innerhalb oder unterhalb der Decke) ist hier völlig uninteressant. Die Begrenzung der Fläche liegt im Schnittpunkt mit der Systemlinie der aufsteigenden Wand.

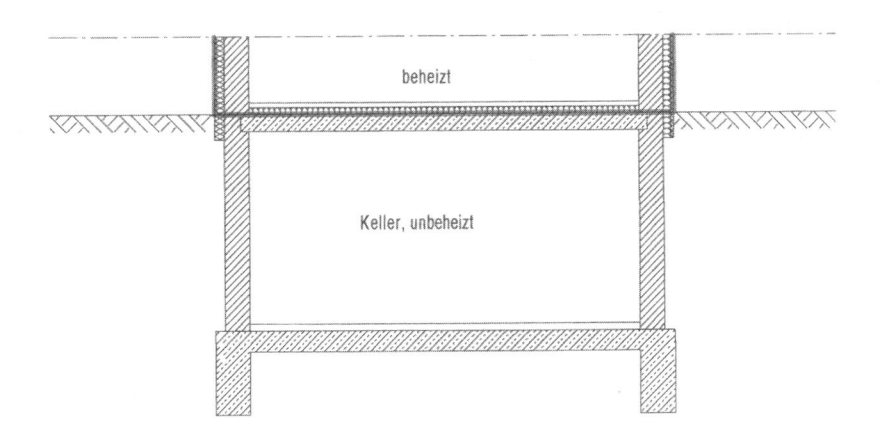

Abb. 2-10 Systemgrenze bei Gebäuden mit unbeheiztem Keller

Teilunterkellerung (Keller unbeheizt)

Die Systemlinie liegt im Bereich des Kellers auf der Oberkante der untersten Decke. Die Lage der Dämmschicht (egal ob auf, innerhalb oder unterhalb der Decke) ist hier völlig uninteressant. Im nichtunterkellerten Bereich liegt die Systemlinie unterhalb der Bodenplatte bzw., falls vorhanden, unterhalb der Sohlplattendämmung. Die Systemlinie verspringt von der Oberkante der untersten Decke im Bereich des Kellers auf die Unterkante der Bodenplatte im nicht unterkellerten Bereich.

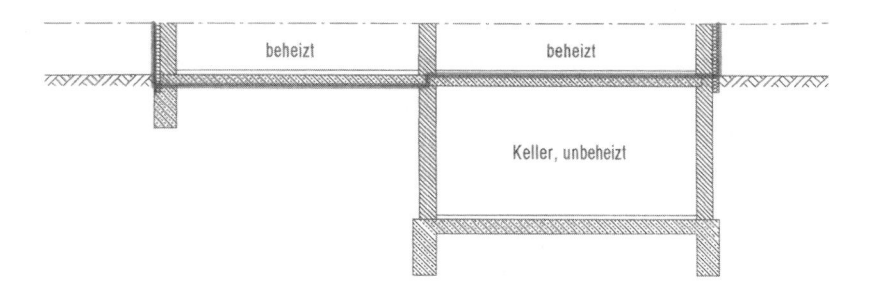

Abb. 2-11 Systemgrenze bei Teilunterkellerung (Keller unbehcizt)

Geländeneigung

Falls sich das Gebäude in geneigtem Gelände befindet, kann es sein, dass im unteren Gebäudebereich Bauteile zum Teil mit Erde in Berührung kommen, zu Teil nicht. Die Flächen sind dann unterschiedlich auszuweisen.

2.3.1 Gebäudeabschluss nach oben

Ausgebautes Steildach (nicht belüftete Zwischensparrendämmung)

Die Systemlinie liegt auf der Oberkante der Dämmschicht (unterhalb der Deckung und Lattung). Da bei der nichtbelüfteten Dachkonstruktion der gesamte Zwischensparrenraum ausgefüllt ist, liegt die Systemlinie also auf der Oberkante des Sparrens.

Begrenzt wird die Fläche durch die Systemlinie der Wand, die an der Traufe endet.

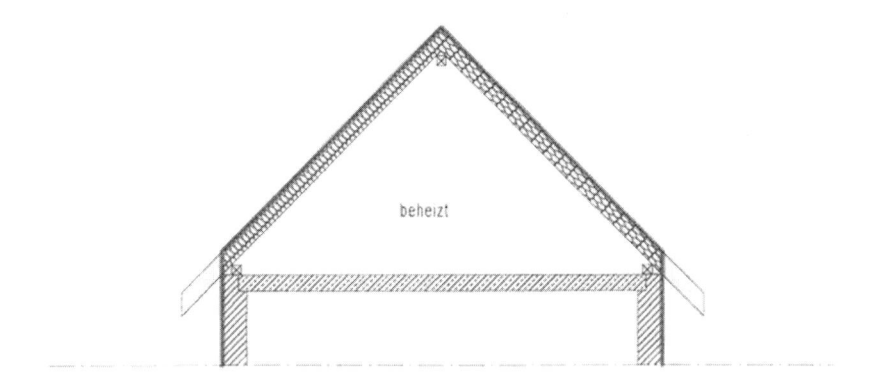

2.3 Flächenermittlung, Systemgrenzen, Hüllflächen und das beheizte Gebäudevolumen

Abb. 2-12 Systemgrenze bei ausgebautem Steildach (Zwischensparrendämmung)

Ausgebautes Steildach (belüftete Zwischensparrendämmung)

Die Systemlinie liegt auf der Oberkante der Dämmschicht (unterhalb der Deckung und Lattung). Da bei der belüfteten Dachkonstruktion eine mindestens 2 cm hohe Hinterlüftungsebene zwischen Wärmedämmung und Unterspannbahn bzw. Dacheindeckung vorgesehen ist, liegt die Systemlinie also mindestens 2 cm unter Oberkante des Sparrens.

Begrenzt wird die Fläche durch die Systemlinie der Wand, die an der Traufe endet.

Ausgebautes Steildach (Aufsparrendämmung)

Auch hier liegt die Systemlinie auf der Oberkante der Dämmschicht. Diese liegt bei der Aufsparrendämmung oberhalb der Sparren. Begrenzt wird die Fläche durch die Systemlinie der Wand, die an der Traufe endet.

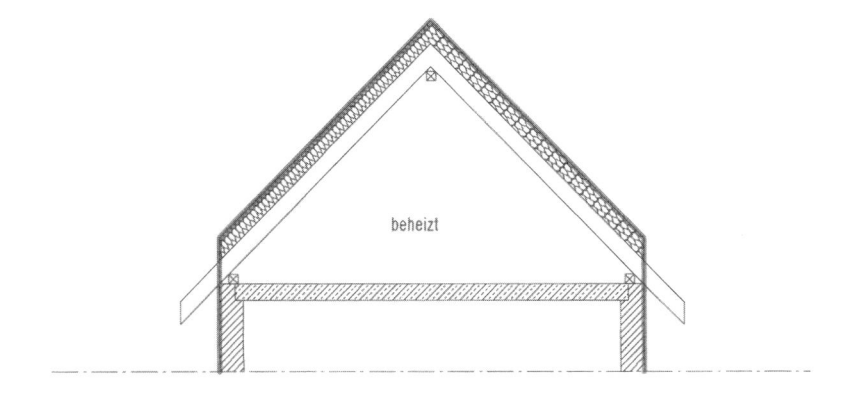

Abb. 2-13 Systemgrenze bei ausgebautem Steildach (Aufsparrendämmung)

Kombination verschiedener Dachdämmsystem im ausgebauten Steildach

Die Systemlinie liegt immer auf der Oberkante des nach außen hin liegenden Dämmstoffes.

Flachdach – Warmdach

Beim nichtbelüfteten einschaligen Flachdach (Warmdach) liegt die Dämmung unter einer Abdichtung. Da die Systemlinie auch hier auf der Oberkante der Dämmschicht liegt, fällt die Ebene der Abdichtung mit der Systemlinie zusammen. In Fällen, in denen der Dämmstoff als Keil ausgebildet ist, ist die Systemlinie zu „mitteln".

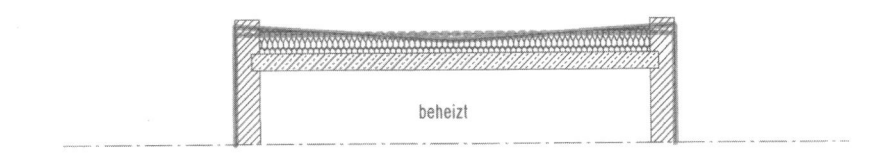

Abb. 2-14 Systemgrenze bei Flachdach – Warmdach

Flachdach – Umkehrdach

Beim Umkehrdach liegt die Dämmung oberhalb der Abdichtung. Die Systemlinie liegt aber auch hier auf der Oberkante der Dämmschicht.

Flachdach – Kaltdach

Beim belüfteten zweischaligen Flachdach (Kaltdach) liegt die Dämmung in einem belüfteten Drempelraum. Die Systemlinie liegt auch hier auf der Oberkante der Dämmschicht.

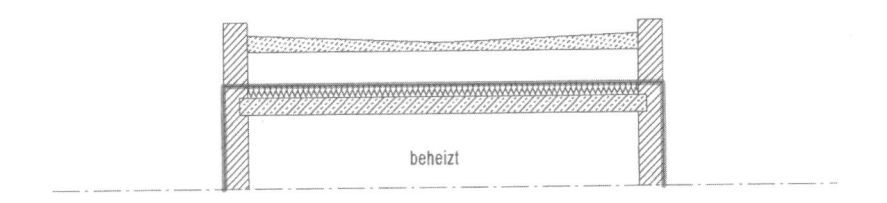

Abb. 2-15 Systemgrenze bei Flachdach – Kaltdach

Unbeheizter Dachraum

Beim unbeheizten Dachraum wird der beheizte Bereich durch eine Geschossdecke vom unbeheizten Bereich getrennt. Die Systemgrenze liegt auf der Oberkante dieser Decke bzw., falls vorhanden, auf der Oberseite einer auf der Kaltseite angebrachten Dämmung. Begrenzt wird die Fläche durch den Schnittpunkt mit der Systemlinie der Außenwand. Liegt die Geschossdecke unterhalb des Traufpunktes, so bleibt die Außenwandfläche oberhalb der Decke (Drempelraum) unberücksichtigt.

Außenwände

Die Systemlinie bei Außenwänden liegt auf der außenliegenden Schicht. Der Aufbau der Wand (Dicke, Lage der Dämmschicht, etc.) ist nicht zu berücksichtigen. Man geht von den Außenmaßen aus. Auch zu Außenwänden zählen

- Giebelwände bei beheizten Dachräumen
- Begrenzungswände von Dachgauben
- Außenwände von eingezogenen Balkonen
- Wände von Innenwänden, wenn nicht beheizte Räume, die im Gebäudekörper liegen, aus der beheizten Zone ausgegrenzt werden (Systemlinie liegt auf Kaltseite und grenzt an unbeheizten Raum)

Falls Außenwände an Erdreich grenzen (z. B. im geneigten Gelände), müssen diese gesondert ausgewiesen werden.

Deckenflächen, nach unten an Außenluft grenzend

Bei nach unten an Außenluft grenzenden Deckenflächen handelt es sich zum Beispiel um

- Tordurchfahrten
- auskragende Gebäudeteile
- aufgeständerte Bauteile

Deckenflächen nach unten mit Angrenzung an unbeheizten Keller

Die Systemlinie liegt hier auf der Deckenunterkante, also auch auf der außenliegenden Schicht.

Falls die Decke in eine Kellerdecke eines unbeheizten Kellers übergeht, verspringt die Systemlinie von der Unterkante der außenliegenden Decke auf die Oberkante der Kellerdecke.

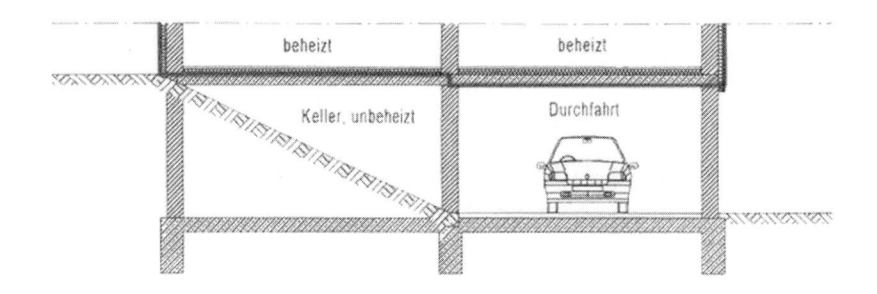

Abb. 2-16 Systemgrenze bei Deckenflächen nach unten mit Angrenzung an unbeheizten Keller

Deckenflächen nach unten mit Angrenzung an beheizten Keller

Falls die Decke an einen beheizten Keller grenzt, schneidet sich die Systemlinie der Deckenunterkante mit der Systemlinie der Außenwand des beheizten Kellers.

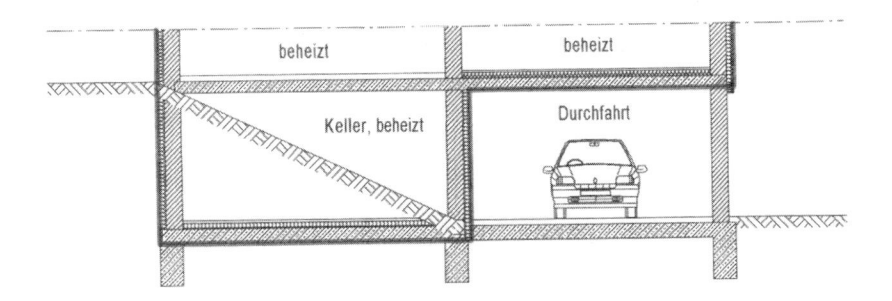

Abb. 2-17 Systemgrenze bei Deckenflächen nach unten mit Angrenzung an beheizten Keller

Abseitenwände

Sind Abseitenwände (Drempelwände) im beheizten Dachraum vorhanden, hat man zwei Möglichkeiten, die Systemlinien zu legen:

a) der Abseitenraum wird als quasi-beheizter Raum betrachtet; in diesem Fall wird die Dämmschicht des Steildaches bis zum Traufpunkt geführt und die Systemlinie liegt wie im Abschnitt „ausgebautes Steildach" beschrieben.

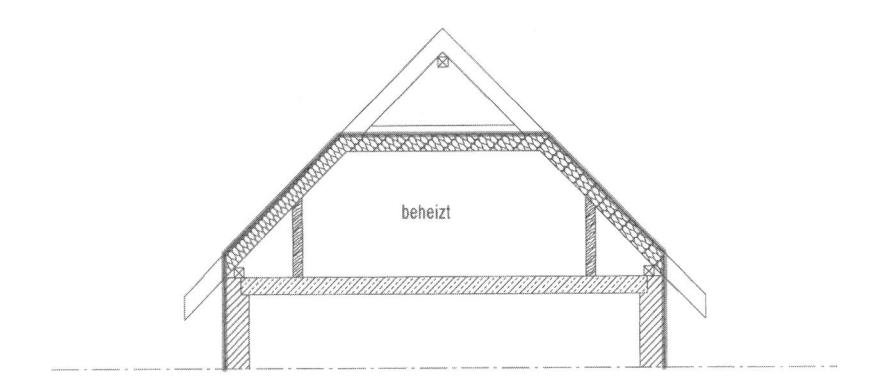

2.3 Flächenermittlung, Systemgrenzen, Hüllflächen und das beheizte Gebäudevolumen

Abb. 2-18 Systemgrenze bei Abseitenraum als quasi-beheizter Raum

b) der Abseitenraum wird als nicht beheizter Dachraum betrachtet; in diesem Fall wird die Abseitenwand und auch die Decke zum nicht ausgebauten Dachraum gedämmt. Bei der Systemlinie wird auch hier von den Gebäudeaußenmaßen ausgegangen. Da bei der Drempelwand von einem anderen Temperatur-Korrekturfaktor auszugehen ist, muss diese allerdings gesondert ausgewiesen werden.

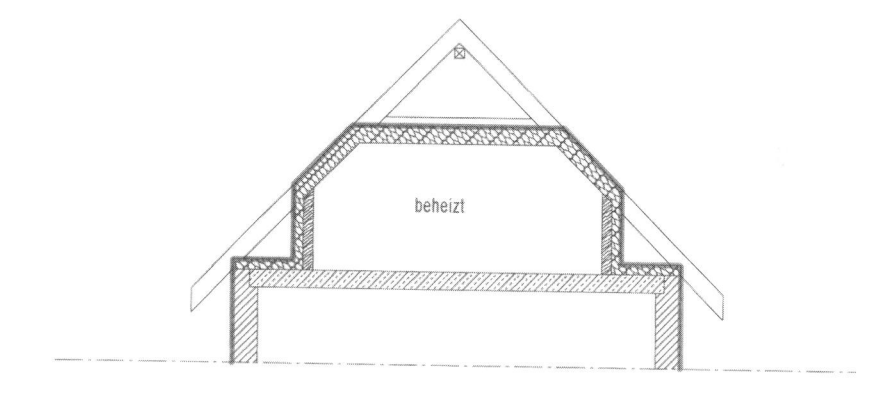

Abb. 2-19 Systemgrenze bei Abseitenraum als nicht beheizter Dachraum

Fenster, Fenstertüren und Außentüren

Die Systemgrenze für Fenster, Fenstertüren und Außentüren liegen im Bereich der Außenmaße der Wand, in der sie eingebaut sind. Sie verspringen also nicht. Der Aufbau der Fenster und Türen ist völlig unerheblich. Für die anzunehmenden Flächen gelten die lichten Rohbaumaße. Dieses ergibt sich immer aus dem Maueröffnungsmaß, bei dem das Fenster angeschlagen wird. Bei Dachflächenfenstern gilt als lichtes Rohbaumaß das Außenmaß des Blendrahmens.

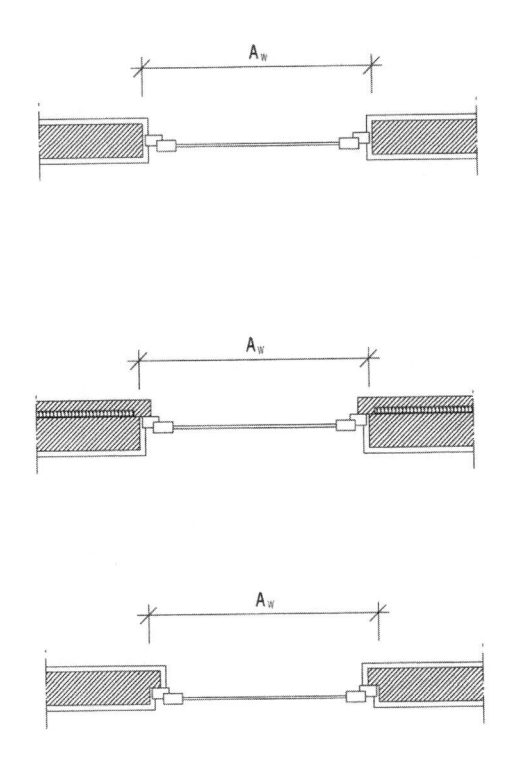

Abb. 2-20 Lichtes Rohbaumaß bei Fensteröffnungen

Die Fensterflächen müssen nach Himmelrichtungen orientiert werden, da sie Grundlage zur Ermittlung der solaren Gewinne sind. Sie gelten als sogenannte Kollektorfläche. Nach DIN V 4108-6 Nr. 6.4.2 wird die effektive Kollektorfläche ermittelt.

Falls Fenster in einem beheizten Dachgeschoss vorhanden sind, sind auch diese mit einzubeziehen. Auch ihnen wird eine Himmelrichtungen und zusätzlich eine Dachneigung zugeordnet.

Nichtebene Oberflächen (Vorsprünge)

Vorsprünge bis zu 20 cm

Vorsprünge (z. B. außenliegende Pfeiler, Dekoration) bis zu 20 cm können lt. DIN V 4108-6 Anhang D Tabelle D.3 bei der Festlegung der Systemgrenzen vernachlässigt werden.

2.3 Flächenermittlung, Systemgrenzen, Hüllflächen und das beheizte Gebäudevolumen

Vorsprünge > 20 cm

Vorsprünge, die größer als 20 cm sind, müssen nach DIN EN ISO 6946 bewertet werden. Sie sind mit einzubeziehen, wenn das Material des Vorsprungs eine Wärmeleitfähigkeit von mehr als 2 W/(m . K) besitzt. Die Systemlinie liegt in diesem Fall auf der ebenen Oberfläche der Außenwand.

Besitzt der Vorsprung eine Wärmeleitfähigkeit von weniger als 2 W/(m . K) und ist nicht gedämmt, ist der Wärmeübergangswiderstand durch das Verhältnis von Projektionsfläche zu tatsächlich vorspringender Oberfläche zu korrigieren.

Die Systemlinie bleibt in diesem Fall bestehen, jedoch muss die Projektionsfläche des Vorsprungs als gesonderte Fläche ausgewiesen und berechnet werden.

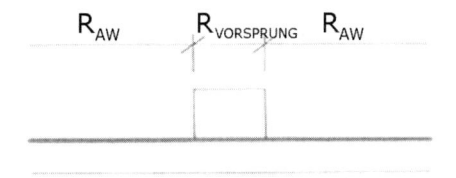

Abb. 2-21 Systemgrenze bei Vorsprüngen

2.3.2 Glasvorbauten

Glasvorbauten unbeheizt

Unbeheizte Glasvorbauten (z. B. Wintergärten) werden nur durch die solare Einstrahlung aufgeheizt. Die Systemlinie verläuft in diesem Fall auf der Außenfläche der angrenzenden Wand. Sie grenzt an unbeheizten Raum.

Glasvorbauten beheizt

Beheizte Glasvorbauten müssen in den beheizten Raum mit einbezogen werden. Die Systemlinie verläuft auch hier auf der Außenfläche und endet an der Schnittkante mit der Systemlinie der angrenzenden Außenfläche.

Wärmeübertragende Umfassungsfläche A / Hüllfläche

Als wärmeübertragende Umfassungsfläche bezeichnet man die Fläche, die durch die Zusammensetzung von aus Systemgrenzen entstandenen Teilflächen gebildet wird. Sie ist also nicht identisch mit der eigentlichen Oberfläche des Gebäudes.

Die Teilflächen werden nach gleichen energetischen Eigenschaften zusammengestellt.

Diese sind abhängig von folgenden Kriterien:

- konstruktive Ausführung der Bauteile (z. B. gleiche Schichtenfolge)
- Art der Grenzfläche (z. B. gegen unbeheizten Nebenraum, gegen Erdreich, gegen Außenluft)
- Orientierung der Fläche nach Himmelsrichtungen

Wie genau die Teilflächen nach o. g. Kriterien ausgewiesen werden müssen ist abhängig von den unterschiedlichen Berechnungsmethoden.

Vereinfachtes Verfahren nach EnEV:

- nur transparente Flächen müssen nach Himmelrichtungen geordnet werden
- hauptsächliche Unterscheidung der Bauteile nach konstruktiver Ausführung und Art der Grenzfläche (solare Gewinne über opake Bauteile bleiben unberücksichtigt; viele Flächen werden mit dem gleichen Temperatur-Korrekturfaktor gewichtet)

Ausführliches Monatsbilanzverfahren:

- solare Gewinne über opake Bauteile müssen berücksichtigt und nach ihrer Orientierung geordnet werden
- stärkere Differenzierung der Flächen notwendig

Zu beachten ist außerdem, dass Wärmeübergangswiderstände unterschiedlich in Ansatz zu bringen sind. Die Richtung des Wärmestroms kann unterschiedlich sein:

- aufwärts
- horizontal
- abwärts

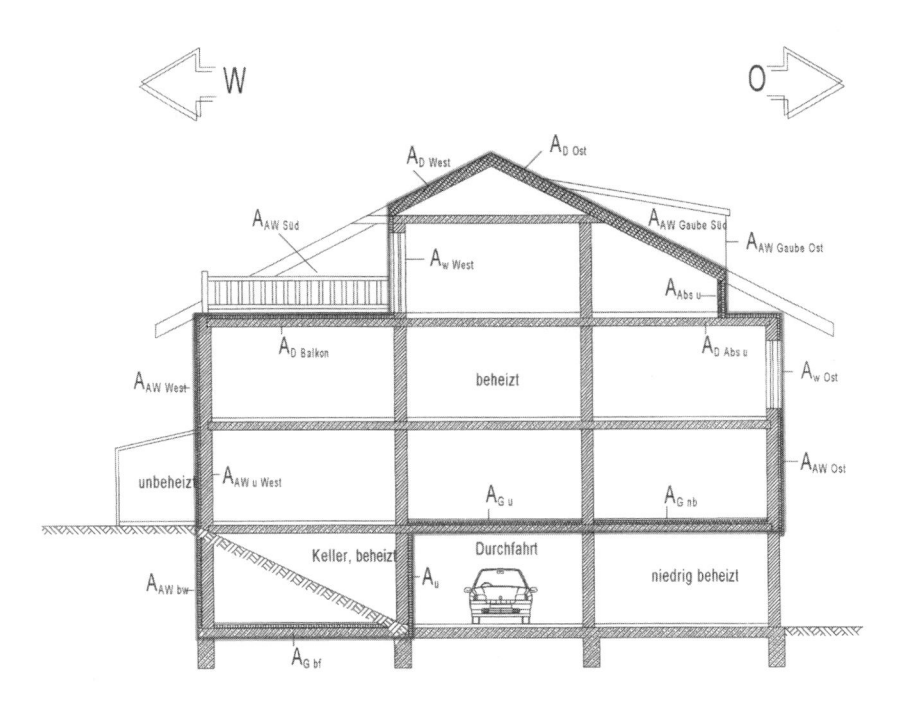

Abb. 2-22 Abgrenzung von Teilflächen auf Systemgrenzen an einem Gebäude

2.3 Flächenermittlung, Systemgrenzen, Hüllflächen und das beheizte Gebäudevolumen

Die Bezeichnung der Flächen ist nur eingeschränkt vorgegeben.
Als Richtschnur dienen folgende Kürzel:

Tab. 2-2 Kurzbezeichnung Systemgrenzen

Dach, oberste Geschossdecke	D
Außenwand	AW
Fenster (window)	w
Niedrig beheizte Räume	nb
Kellerdecke, unterer Gebäudeabschluss (ground)	G
unbeheizt	u
Wand des beheizten Kellers (basement wall)	bw
Fußboden auf dem Erdreich (basement floor)	bf

Beheiztes Gebäudevolumen Ve

Beim beheizten Gebäudevolumen handelt es sich um eine geometrische Definition für die energetische Berechnung von Gebäuden. Sie darf nicht mit dem „umbauten Raum" verwechselt werden. Der Rauminhalt, den die wärmeübertragende Umfassungsfläche A einschließt, ergibt das beheizte Gebäudevolumen.

A/Ve-Verhältnis

In Anhang 1 Nr. 1.3.3 der EnEV heißt es:

Das Verhältnis A/V_e ist die errechnete wärmeübertragende Umfassungsfläche nach Nr. 1.3.1 bezogen auf das beheizte Gebäudevolumen nach Nr. 1.3.2.

In Abhängigkeit vom A/V_e-Verhältnis sind nach EnEV Höchstwerte (Soll-Werte) zu ermitteln. Trotz Diskussionen hat man sich auf die Beibehaltung des A/V_e-Verhältnisses zur Festlegung von Anforderungen entschieden.

Planer und Bauherren muss allerdings klar sein, dass gegliederte Bauformen deutliche Nachteile gegenüber kompakten Bauformen aufweisen. Kompaktere Bauformen sind wirtschaftlicher. Ist die Hüllfläche geringer, verringern sich auch die Investitionskosten. Außerdem wird die Wärmebilanz über die gesamte Nutzdauer des Gebäudes positiv beeinflusst.

2.4 Berechnungsverfahren

2.4.1 Allgemeines

Neubauten sind gemäß EnEV zu berechnen und im Zuge dieser Berechnung wird der Energieausweis erstellt. Die Verordnung über energiesparenden Wärmeschutz und energiesparende Anlagentechnik bei Gebäuden (Energieeinsparverordnung-EnEV) legt die Grundlage zur Bilanzierung des Energiebedarfs fest. In der EnEV, den dazugehörigen Anlagen sowie Richtlinien des Bundes zu Rechenrandbedingungen findet der Energieausweisersteller die notwendigen Berechnungsverfahren, Formeln, Bezugsgrößen und Anforderungen sowie festgelegte Randbedingungen. Weiterhin sind im Anhang 6 bis 10 des Referentenentwurfs zur EnEV 2007 die Formularvorlagen für den Energieausweis und die Modernisierungsempfehlungen. Stand der EnEV zur Drucklegung des Kompendiums ist der Referentenentwurf vom 16. November 2006.

2.4.2 Wohngebäude Bedarfsorientiert

Beim bedarfsorientierten Energieausweis werden allgemeine Daten zum Gebäude und Angaben zur Gebäudehülle zur Berechnung der Energiekennzahl herangezogen. Der berechnete Energiebedarf gibt den Primärenergiebedarf des Gebäudes (Q_P) an.

Dazu wird der Primärenergiebedarf der durch die Wärmeverluste des Gebäudes entsteht und der Primärenergiebedarf der Anlagentechnik einzeln berechnet Der Primärenergiebedarf wird auf den Zeitraum eines Jahres berechnet und bezogen auf die Gebäudenutzfläche (in kWh/m²a).

Zusätzlich wird der Transmissionswärmeverlust in Bezug auf die Umfassungsfläche berechnet (H_T' in W/(m²K)). Die Umfassungsfläche ist die äußere Begrenzung des beheizten Gebäudes bzw. der beheizten Zone.

Das beheizte Gebäudevolumen V_e der wärmeübertragenden Umfassungsflächen wird zur Berechnung der Gebäudenutzfläche herangezogen, $A_n = 0{,}32\ V_e$. Siehe dazu Anhang 1 des Referentenentwurfs zur EnEV 2007, Anforderungen an Wohngebäuden.

Fehlende Abmessungen dürfen bei der Erfassung der Gebäudegeometrie geschätzt werden.

Der Primärenergiebedarf setzt sich wie folgt zusammen:

$Q_P = e_P\ (Q_h + Q_W)$

e_P ist die Anlagenaufwandszahl nach DIN V 4701-10:2003-08 Nr. 4.2.6

Q_h ist der Jahresheizwärmebedarf

Q_W ist der Zuschlag für Warmwasser. Als Nutzwärmebedarf für Warmwasserbereitung Q_W im Sinne der DIN V 4701-10:2003-08 sind 12,5 kWh pro Jahr anzusetzen.

2.4 Berechnungsverfahren

Zur Ermittlung des jährlichen Heizwärmebedarfs kommt das Monatsbilanzverfahren nach DIN V 4108-6 zur Anwendung. Mit dem Heizwärmebedarf (Q_h) wird der Wärmeverlust des Gebäudes erfasst. Die Differenz zwischen Wärmeverlust und Wärmegewinn ergibt Q_h.

„Heizwärmebedarf ist der rechnerisch ermittelte Wärmeeintrag über ein Heizsystem, der zur Aufrechterhaltung einer bestimmten mittleren Raumtemperatur in einem Gebäude oder einer Zone eines Gebäudes benötigt wird. Dieser Wert wird auch als Netto-Heizenergiebedarf bezeichnet"

[DIN V 4108-6]

Der Jahresheizwärmebedarf berechnet sich folgendermaßen:

$Q_H = 66 (H_T + H_V) - 0,95 (Q_s + Q_i)$

Die 66 steht für die Gradtagszahl nach DIN V 4108-6 Tabelle D.1 unter Berücksichtigung der Nachtabsenkung.

Der Wert 0,95 steht für den Ausnutzungsgrad solarer und innerer Gewinne nach DIN V 4108-6 Abschn. 6.5.3, Monatsbilanzverfahren.

H_T = spezifischer Transmissionswärmeverlust

H_V = spezifischer Lüftungswärmeverlust

Die Formel für den Transmissionswärmeverlust ist:

$H_T = \sum(F_{xi} U_i A_i) + A \cdot \Delta U_{WB}$

F_{xi} ist der Temperatur-Korrekturfaktor nach Tabelle 3 im Anhang 1 des Referentenentwurfs zur EnEV 2007.

U_i steht für den Wärmedurchgangskoeffizient der Bauteile des Gebäudes. Die Berechnung erfolgt nach DIN EN ISO 10077 für Fenster oder nach DIN EN ISO 6946 (für alle anderen Bauteile). Der Wert kann auch den technischen Produktspezifikationen entnommen werden bzw. aus gesicherten Erfahrungswerten für Bauteile bestehen (siehe Gebäude- und Bauteiltypologie im Anhang).

Zur Berücksichtigung von Wärmebrücken wird pauschal der Wärmebrückenzuschlag ΔU_{WB} von 0,1 W/(m²K) auf die gesamte thermische Hülle (A) summiert. Der Wärmebrückenzuschlag kann gemäß Anhang 8.1 des Referentenentwurfs zur EnEV 2007, angelehnt an DIN 4108 Beiblatt 2, auf 0,05 reduziert werden, wenn die in der DIN festgelegten Planungs- und Ausführungsbeispiele zur Ausführung kamen bzw. bei einer Sanierung der Außenwand mit innenliegender Dämmschicht (min. 50% der Fläche) muss der Wert auf 0,15 erhöht werden.

Der im Energieausweis berechnete Wert für den Transmissionswärmeverlust H_T' bezieht sich auf die wärmeübertragende Hüllfläche und berechnet sich demnach:

$H_T' = H_T / A$

Zur Einbeziehung der Luftdichtigkeit des Gebäudes wird der spezifische Lüftungswärmeverlust H_V bei offensichtlichen Undichtheiten mit

$H_V = 0{,}27\ V_E$ berücksichtigt.

Nach Anhang 4 Nr. 2 des Referentenentwurfs zur EnEV 2007 gilt ansonsten:

– Ohne Luftdichtigkeitsprüfung $H_V = 0{,}19\ V_E$
– Mit Luftdichtigkeitsprüfung $H_V = 0{,}163\ V_E$

Die Solaren Gewinne Q_S werden als Summe der einzelnen Außenwände nach ihrer Orientierung zur Himmelsrichtung gerechnet.

$Q_S = \sum (I_S)_{j,HP} \sum 0{,}567\ g_i\ A_i$

$I_{S,HP\ \text{steht}}$ für die solare Einstrahlung in der Heizperiode je Himmelsrichtung j. Der einzusetzende Wert ist dem Referentenentwurf zur EnEV 2007, Tabelle 2 Anhang 3 zu entnehmen.

Die Werte für den Gesamtenergiedurchlassgrad g_i für senkrechte Einstrahlung können technischen Produkt-Spezifikationen entnommen werden oder der Bauteiltypologie Fenster im Anhang. Wintergärten oder transparente Wärmedämmung finden im vereinfachten Verfahren für den Energieausweis keine Berücksichtigung. Dachflächenfenster mit Neigung $\geq 30°$ sind hinsichtlich der Orientierung wie senkrechte Fenster zu behandeln.

Bei baulichen Änderungen bestehender Gebäude dürfen die Anforderungen für Neubauten gemäß EnEV um höchstens 40% überschritten werden.

2.4.3 Wohngebäude verbrauchsorientiert

Im Folgenden wird die Vorgehensweise zur Erstellung von Energieausweisen für bestehende Gebäude auf der Grundlage des gemessenen Energieverbrauchs gemäß §19 des Referentenentwurfs zur EnEV 2007 erläutert.

Ermittelt wird der witterungsbereinigte Energieverbrauch (Energieverbrauchskennwert).

Witterungsbereinigung bedeutet, dass der angegebene Verbrauch durch die im gleichen Zeitraum ermittelte, benutzte Gradtagzahl (GTZ) dividiert wird. Das Ergebnis wird anschließend mit der Gradtagzahl des langjährigen Mittels multipliziert.

Die erforderlichen Gebäudedaten einschließlich Verbrauchsdaten sind durch den Eigentümer bereit zu stellen, dürfen aber vom Aussteller von Energieausweisen zur Berechnung nicht zugrunde gelegt werden, soweit begründeter Anlass zu Zweifeln an der Richtigkeit der Daten gegeben ist.

Bei Wohngebäuden versteht man unter witterungsbereinigten Energieverbräuchen die Verbräuche für Heizung und zentrale Warmwasserbereitung in Kilowattstunden pro Jahr und Quadratmeter Gebäudenutzfläche.

Bei Nichtwohngebäuden setzt sich der witterungsbereinigte Energieverbrauch aus dem Verbrauch für Heizung, Warmwasserbereitung, Kühlung, Lüftung und eingebaute Beleuchtung zusammen und wird in Kilowattstunden pro Jahr und Quadratmeter Nettogrundfläche angegeben.

2.4 Berechnungsverfahren

Bei Wohngebäuden mit bis zu zwei Wohneinheiten und beheiztem Keller errechnet sich die Gebäudenutzfläche mit dem 1,35–fachen Wert der Wohnfläche. Bei allen anderen Wohngebäuden wird der 1,2 –fache Wert der Wohnfläche.

Die Definition der Wohnfläche bezieht sich auf die Berechnung gemäß der Wohnflächenverordnung (WOFIV).

Sind jedoch Wohnflächenberechnungen auf Grundlage anderer Rechtsvorschriften (z. B. 2. Berechnungsverordnung) vorhanden, so dürfen diese auch Anwendung finden.

Die Energieverbrauchskennwerte werden aus Energieverbrauchsdaten ermittelt, die aus drei aufeinander folgenden Abrechnungsperioden im Rahmen einer Heizkostenabrechnung nach der Heizkostenverordnung für das gesamte Gebäude oder auf Grund anderer geeigneter Verbrauchsdaten z. B. Abrechnung der Energieversorger berechnet wurden.

Längere Leerstände sind rechnerisch angemessen zu berücksichtigen.

Aus dem Durchschnitt der einzelnen, witterungsbereinigten Abrechnungsperioden ergibt sich dann durch ein den anerkannten Regeln der Technik entsprechendes Verfahren schließlich der Energieverbrauchskennwert.

2.4.4 Nichtwohngebäude

Die Definition für Nichtwohngebäude ist im § 2 des Referentenentwurfs zur EnEV 2007 im Abs. 2 festgeschrieben.

Nichtwohngebäude sind Gebäude die gemäß Ihrer Zweckbestimmung nicht überwiegend zum Wohnen dienen. Wohn-, Alten-, und Pflegeheime oder ähnliche Einrichtungen werden als Wohngebäude eingestuft.

Energieausweise sind ausschließlich, nach § 16 des Referentenentwurfs zur EnEV 2006, für Nichtwohngebäude mit mehr als 1.000,00 m² Nettogrundfläche in denen Behörden oder sonstige Einrichtungen die von einer großen Anzahl Menschen häufig aufgesucht werden auszustellen.

Die Nettogrundfläche (NGF) wird in der DIN 277 als Summe nutzbarer, zwischen den aufgehenden Bauteilen gelegenen Grundflächen der gesamten Grundrissebenen eines Gebäudes bzw. Bauwerkes bezeichnet.

Die Grundlage für die Berechnung bzw. Energiebilanzierung bildet der § 4 Abs. 3 des Referentenentwurfs zur EnEV 2006. Der Referentenentwurf bezieht sich bei der Beschreibung des Rechenverfahrens auf die DIN V 18599: 2005-07 die neben den bisher betrachteten Einflussgrößen bei Wohngebäuden (Gebäudehülle, Heizung, Warmwasser und Lüftung) auch die Einflussgrößen Beleuchtung und Klimatisierung (einschließlich Kühlung und Befeuchtung) umfasst.

Im § 4 des Referentenentwurfs zur EnEV 2007 wird festgelegt, dass der Jahres-Primärenergiebedarf für Heizung, Kühlung, eingebaute Beleuchtung, Warmwasserbereitung und Lüftung einen Höchstwert nicht überschreitet. Anders als bei Wohngebäuden muss der Höchstwert bei Nichtwohngebäuden anhand eines Referenzgebäudes berechnet werden. Beim Referenzgebäude werden die energetische Qualität der Gebäudehülle und die verschiedenen Anlagenkomponenten für ein baugleiches Gebäude festgelegt. Daraus ergibt sich, dass jedes Gebäude sein eigenes Referenzgebäude hat. Die Ausführung des Referenzgebäudes ist detailliert im Anhang 2 des Referentenentwurfs zur EnEV 2006 beschrieben.

Der Begriff des Transmissionswärmeverlustes beschreibt im winterlichen Fall den Wärmeverlust von innen nach außen. Da bei nicht Wohngebäuden in der Regel aber Klimaanlagen eingebaut wurden, die das Gebäude im Sommer innen herunterkühlen, kann hier nicht nur vom winterlichen Fall ausgegangen werden. Hierbei muss ebenfalls der sommerliche Fall, ein Wärmestrom von außen nach innen, mit berücksichtigt werden. Diese Größe, die beide Fälle (winterlich und sommerlich) beschreibt, nennt man Transmissionswärmetransferkoeffizient. Die Höchstwerte sind im Anhang 2, Tabelle 2 des Referentenentwurfs zur EnEV 2007 angegeben.

2.4.4.1 Ablauf des Gebäudereferenzverfahrens

Bestimmung des max. zulässigen Jahres-Primärenergiebedarfs

Laut Anhang 2 des Referentenentwurfs zur EnEV 2007 berechnet sich der Jahres-Primärenergiebedarf Q_P aus der Summe der Jahres-Primärenergiebedarfe für Heizung $Q_{P,h}$, Kühlung $Q_{P,c}$, Dampfversorgung $Q_{P,m}$, Warmwasser $Q_{P,w}$ und Beleuchtung $Q_{P,l}$.

$$Q_P = Q_{P,h} + Q_{P,c} + Q_{P,m} + Q_{P,w} + Q_{P,l}$$

Flächenangaben

Die Nettogrundfläche, die nach den anerkannten Regeln der Technik zu ermitteln ist, bildet die Bezugsfläche für alle weiteren energiebezogenen Berechnungen.

Festlegung der Bezugsgrößen

Für die weitere Vorgehensweise müssen zunächst die folgenden Bezugsgrößen berechnet werden:

- Wärmeübertragende Umfassungsfläche A
- Gebäudevolumen V_e (bezogen auf A)
- Bestimmung des A/V_e –Verhältnis

Ausführung des Referenzgebäudes

Die Bestimmung des Referenzgebäudes erfolgt gemäß Tabelle 1 aus dem Anhang 2 des Referentenentwurfs zur EnEV 2007. Es müssen im einzelnen folgende Rechengrößen ermittelt werden:

1. spezifischer, auf die wärmeübertragende Umfassungsfläche bezogener Transmissionswärmetransferkoeffizient H_T'
2. Gesamtenergiedurchlassgrad $g_\perp$
3. Lichttransmissionsgrad der Verglasung τ_{D65}
4. Einstufung der Gebäudedichtheit, Bemessungswert n_{50}
5. Tageslichtversorgungsfaktor
6. Sonnenschutzvorrichtung
7. Beleuchtungsart
8. Regelung der Beleuchtung
9. Heizung
10. Warmwasser
11. Raumlufttechnik
12. Kühlbedarf für Gebäudezonen
13. Raumkühlung
14. Kälteerzeugung
15. Nutzungsrandbedingungen

Bestimmung des max. zulässigen spezifischen, auf die wärmeübertragende Umfassungsfläche bezogenen Transmissionswärmetransferkoeffizienten

Der maximal zulässige Höchstwert des spezifischen, auf die wärmeübertragende Umfassungsfläche bezogenen Transmissionswärmetransferkoeffizienten wird unter Beachtung der Fensterflächenanteile und der Soll-Innentemperatur ermittelt.

Die Höchstwerte sind der Tabelle 2 aus dem Anhang 2 des Referentenentwurfs zur EnEV 2007 zu entnehmen.

2.4.4.2 Energetische Bilanzierung

Der Umfang für die Bilanzierung des Energiebedarfs ist im Rahmen des öffentlich-rechtlichen Nachweises fest vorgegeben.

Aufgrund der Komplexität, kann nur nachfolgend die allgemeine Vorgehensweise vorgestellt werden.

Berechnung des Jahres-Primärenergiebedarfs

Der Jahres-Primärenergiebedarf Q_P für Nichtwohngebäude wird DIN V 18599-1: 2005-07 ermittelt. Die Ermittlung des Jahres-Primärenergiebedarfs ist im Wesentlichen abhängig von den Primärenergiefaktoren, die in Tabelle A1 der DIN V 18599-1:2005-07 Spalte B entnommen werden müssen.

Zonierung

Eine Einteilung des Gebäudes in verschiedene Zonen ist nur dann erforderlich, wenn sich die Zonen hinsichtlich ihrer technischen Ausstattung, Nutzung, Versorgung mit Tageslicht und inneren Lasten unterscheiden.

Randbedingungen

Feststellung der Randbedingungen der Nutzung unter Anwendung der Nutzungsrandbedingungen und Klimadaten aus der DIN V 18599-10:2005-07 Tabellen 4 bis 8.

Eingangsdaten

Für die Bilanzierung der Gebäudezonen müssen die notwendigen Eingangsdaten (z. B. Flächen, bauphysikalische und anlagentechnische Kennwerte, Luftwechsel usw.) zusammengestellt werden.

Nutz- und Endenergiebedarf Beleuchtung

Bestimmung des Nutz- und Endenergiebedarfs für die Beleuchtung sowie der Wärmequellen in der Zone durch die Beleuchtung nach DIN V 18599-4.

Wärmequellen/-senken durch mechanische Lüftung

Bestimmung der Wärmequellen/-senken durch mechanische Lüftung in der Zone nach DIN V 18599-6 und DIN V 18599-7.

Wärmequellen/-senken aus Personen, Geräten

Bestimmung der Wärmequellen/-senken aus Personen, Geräten usw. (ohne Anlagentechnik) nach DIN V 18599-2.

Nutzwärme/-kältebedarf der Zone

Erste überschlägige Bilanzierung des Nutzwärme/-kältebedarfs der Zone (getrennt für Nutzungstage und Nichtnutzungstage) nach DIN V 18599-2 unter Berücksichtigung der bereits bekannten Wärmequellen/-senken.

Aufteilung der Nutzenergie

Vorläufige Aufteilung der bilanzierten Nutzenergie auf die Versorgungssysteme (RLT-System nach DIN V 18599-3 und DIN V 18599-7, Wohnungslüftung nach DIN V 18599-6, Heiz- und Kühlsystem nach DIN V 18599-5 und DIN V 18599-7).

2.4 Berechnungsverfahren

Wärmequellen durch Heizung

Bestimmung der Wärmequellen durch die Heizung in der Zone (Verteilung, Speicherung, gegebenenfalls Erzeugung in der Zone) nach DIN V 18599-5 anhand des überschlägigen Nutzwärmebedarfs.

Wärmequellen/-senken durch Kühlung in der Zone

Ermittlung der Wärmequellen/-senken durch die Kühlung in der Zone (Verteilung, Speicherung, gegebenenfalls Erzeugung in der Zone) nach DIN V 18599-7 anhand des überschlägigen Nutzkältebedarfs.

Wärmequellen durch Trinkwasserbereitung

Ermittlung der Wärmequellen durch die Trinkwasserbereitung (Verteilung, Speicherung, gegebenenfalls Erzeugung in der Zone) nach DIN V 18599-8.

Bilanzierung Nutzwärme/-kältebedarf

Zweite endgültige Bilanzierung des Nutzwärme/-kältebedarfs der Zone (Nutzenergiebedarf, getrennt für Nutzungstage und Nichtnutzungstage) nach DIN V 18599-2.

Nutzenergiebedarf Luftaufbereitung

Ermittlung des Nutzenergiebedarfs für die Luftaufbereitung und gegebenenfalls Saldierung des Nutzkühlbedarfs der Zonen (VVS-Anlagen) nach DIN V 18599-3.

Bilanzierte Nutzenergie

Endgültige Aufteilung der bilanzierten Nutzenergie auf die Versorgungssysteme (RLT-Sytem nach DIN V 18599-3 und DIN V 18599-7, Wohnungslüftung nach DIN V 18599-6, Heiz- und Kühlsystem nach DIN V 18599-5 und DIN V 18599-7).

Ermittlung Verluste Heizung

Bestimmung der Verluste der Übergabe, Verteilung und Speicherung für die Heizung (Nutzwärmeabgabe des Erzeugers) nach DIN V 18599-5.

Ermittlung Verluste luftführender Systeme

Ermittlung der Verluste für Übergabe und Verteilung für die luftführenden Systeme nach DIN V 18599-7 und nach DIN V 18599-6.

Ermittlung Verluste RLT-Anlage

Ermittlung der Verluste der Übergabe, Verteilung und Speicherung für die Wärmeversorgung einer RLT-Anlage (Nutzwärmeabgabe des Erzeugers) nach DIN V 18599-7.

Ermittlung Verluste Kälteversorgung

Ermittlung der Verluste der Übergabe, Verteilung und Speicherung für die Kälteversorgung (Nutzkälteabgabe des Erzeugers) nach DIN V 18599-7.

Ermittlung Verluste Trinkwasserbereitung

Ermittlung der Verluste der Übergabe, Verteilung und Speicherung für die Trinkwasserbereitung (Nutzwärmeabgabe des Erzeugers) nach DIN V 18599-8.

Nutzwärmeabgabe

Aufteilung der notwendigen Nutzwärmeabgabe aller Erzeuger auf die unterschiedlichen Erzeugungssysteme nach DIN V 18599-5.

Nutzkälteabgabe

Aufteilung der notwendigen Nutzkälteabgabe aller Erzeuger auf die unterschiedlichen Erzeugungssysteme nach DIN V 18599-7.

Verluste von Kälte

Ermittlung der Verluste bei der Erzeugung von Kälte nach DIN V 18599-7.

Verluste von Dampf

Ermittlung der Verluste bei der Erzeugung von Dampf nach DIN V 18599-7.

Verluste bei Erzeugung

Ermittlung der Verluste bei der Erzeugung von Wärme nach DIN V 18599-5 (Heizwärmeerzeuger),

nach DIN V 18599-6 (Wohnungslüftungsanlagen), nach DIN V 18599-8 (Trinkwasserwärmeerzeuger), nach DIN V 18599-9 (BHKW u. ä.) und gegebenenfalls nach DIN V 18599-7 (Abwärme Kältemaschine).

Hilfsenergien

Zusammenstellung der ermittelten Hilfsenergien (z. B. Aufwand für Lufttransport nach DIN V 18599-3 und nach DIN V 18599-6).

Endenergien

Zusammenstellung der Endenergien und Energieträger nach DIN V 18599-1.

Bewertung

Primärenergetische Bewertung nach DIN V 18599-1.

2.5 Klimadaten

Die europäische Norm DIN EN 832 trifft im Hinblick auf die klimatischen Randbedingungen keine Aussage. Die europäische Union hat für alle einen einheitlichen Rechenweg vorgegeben. Lediglich die Randbedingungen werden gemäß der nationalen Besonderheiten angepasst. Dies gilt besonders für die klimatischen Bedingungen.

Für die einheitliche und bundesweite Beurteilung sowie den Vergleich des Anforderungsniveaus der Gebäude sind für den Nachweis die durchschnittlichen Klimadaten für einen mittleren Standort als Grundlage gewählt worden.

Innerhalb des öffentlich-rechtlichen Nachweises wird nicht mit standortgenauen Klimadaten gerechnet, sondern man verwendet das so genannte Referenzklima für den Standort Deutschland.

Der Vorteil bei der Verwendung eines Referenzklimas ist die Vergleichbarkeit der energetischen Qualität von Gebäudeentwürfen.

Für die Ermittlung der Klimadaten ist der Deutsche Wetterdienst zuständig. Die DIN 4108-6 liefert Daten für mehrere Klimaregionen in Deutschland.

2.6 Modernisierungshinweise

Der Referentenentwurf zur EnEV 2007 sieht, wie der Gebäudeenergiepass der dena, Modernisierungsempfehlungen vor. Dies wird im §20 des Referentenentwurfs geregelt. Gefordert sind kurze fachliche Hinweise, wenn wirtschaftliche Maßnahmen für energetische Verbesserungen möglich sind. Die genaue Berechnung der Wirtschaftlichkeit ist nicht gefordert. Die Modernisierungshinweise müssen auf dem Formblatt im Anhang 10 des Referentenentwurfs zur EnEV 2007 lediglich benannt werden. Auf freiwilliger Basis ist ein Variantenvergleich mit Primär-, Endenergiebedarf und CO_2 – Einsparungen möglich.

Modernisierungsempfehlungen zum Energieausweis
gemäß § 20 Energieeinsparverordnung

Gebäude

Adresse		Hauptnutzung / Gebäudekategorie	

Empfehlungen zur kostengünstigen Modernisierung ☐ sind möglich ☐ sind nicht möglich

Empfohlene Modernisierungsmaßnahmen

Nr.	Bau- oder Anlagenteile	Maßnahmenbeschreibung
☐	weitere Empfehlungen auf gesondertem Blatt	

Hinweis: Modernisierungsempfehlungen für das Gebäude dienen lediglich der Information. Sie sind nur kurz gefasste Hinweise und kein Ersatz für eine Energieberatung.

Beispielhafter Variantenvergleich (Angaben freiwillig)

	Ist-Zustand	Modernisierungsvariante 1	Modernisierungsvariante 2
Modernisierung gemäß Nummern:			
Primärenergiebedarf [kWh/(m²·a)]			
Einsparung gegenüber Ist-Zustand [%]			
Endenergiebedarf [kWh/(m²·a)]			
Einsparung gegenüber Ist-Zustand [%]			
CO_2-Emissionen [kg/(m²·a)]			
Einsparung gegenüber Ist-Zustand [%]			

Aussteller	Unterschrift des Ausstellers
	.... Datum .... Unterschrift

Abb. 2-23 Muster Modernisierungsempfehlungen, Anhang 10

Auch für die Datenerfassung der Modernisierungsempfehlungen sieht der Referentenentwurf zur EnEV 2007 vor, dass die vom Bauherren zur Verfügung gestellten Unterlagen ausreichen können.

„Die erforderliche Beurteilung des Gebäudes kann der Aussteller ggf. anhand der vom Eigentümer zur Verfügung gestellten Gebäudedaten überschlägig mit Hilfe von Erfahrungssätzen vornehmen."

[Quelle: Begründung zu § 20 Absatz 1 des Referentenentwurfs zur EnEV 2007]

2.6 Modernisierungshinweise

Die Modernisierungsempfehlung oder die Erklärung des Ausstellers, dass eine Empfehlung zur Modernisierung nicht gegeben werden konnte, ist den Behörden auf Verlangen vorzulegen.

Die Modernisierungsempfehlung soll im wesentlichen folgende Zwecke erfüllen:

„Sie sollen übliche, im Allgemeinen rentable Maßnahmen zur energetischen Verbesserung des Gebäudes aufzeigen, dienen also nur der Information und verpflichten nicht zur Umsetzung der vorgeschlagenen Maßnahmen. Sie haben die Funktion eines fachlichen Ratschlags und sollen eine Energieberatung des Eigentümers nicht ersetzen, können dazu aber einen Anstoß geben."

[Quelle: Begründung zu § 20 des Referentenentwurfs zur EnEV 2007]

3 Berechnungsbeispiel

3.1 Bedarfsausweis

Im Folgenden wird der Nachweis des Primärenergiebedarfs auf Grundlage des berechneten Energiebedarfs am Beispiel eines Einfamilienhauses Schritt für Schritt erläutert. Hierbei wird nach Referentenentwurf zur EnEV 2007 §9 Abs. 2 vorgegangen. Dabei bezieht sich der Abs. 2 des §9 auf den §3 Abs. 2 in dem die Berechnung nach dem vereinfachten Verfahren möglich ist.

Gebäudebeschreibung

Bei dem zu berechnenden Gebäude (Baujahr 1995) handelt es sich um ein nichtunterkellertes Einfamilienhaus mit einem nicht ausgebautem Dachgeschoss. Zweischaliges Außenmauerwerk, gedämmte Bodenplatte und einer Holzbalkendecke.

Die Gebäudetechnik besteht aus einem Niedertemperaturkessel mit Trinkwassererwärmung, ohne Speicherung.

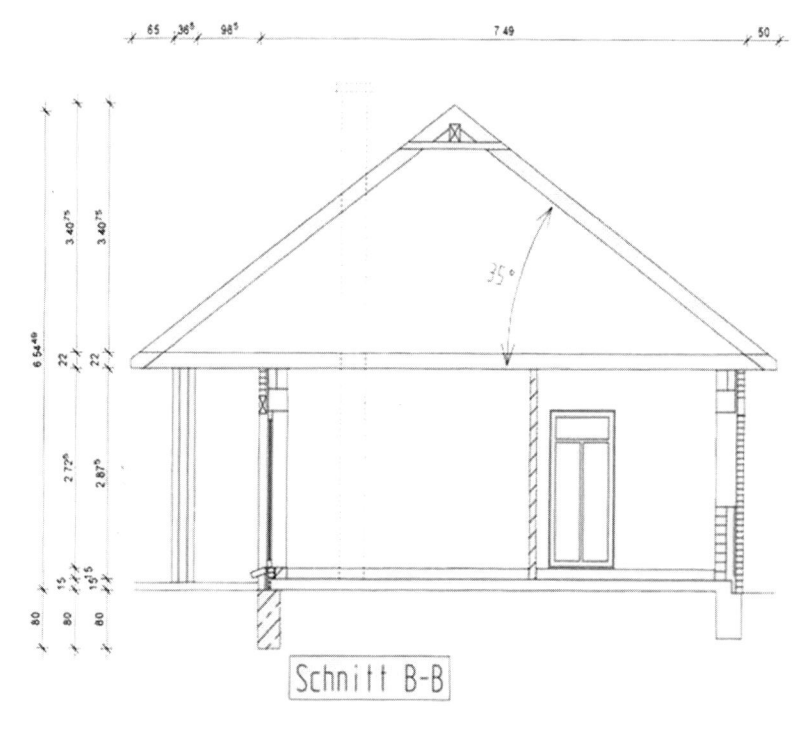

Abb. 3.1 Schnitt

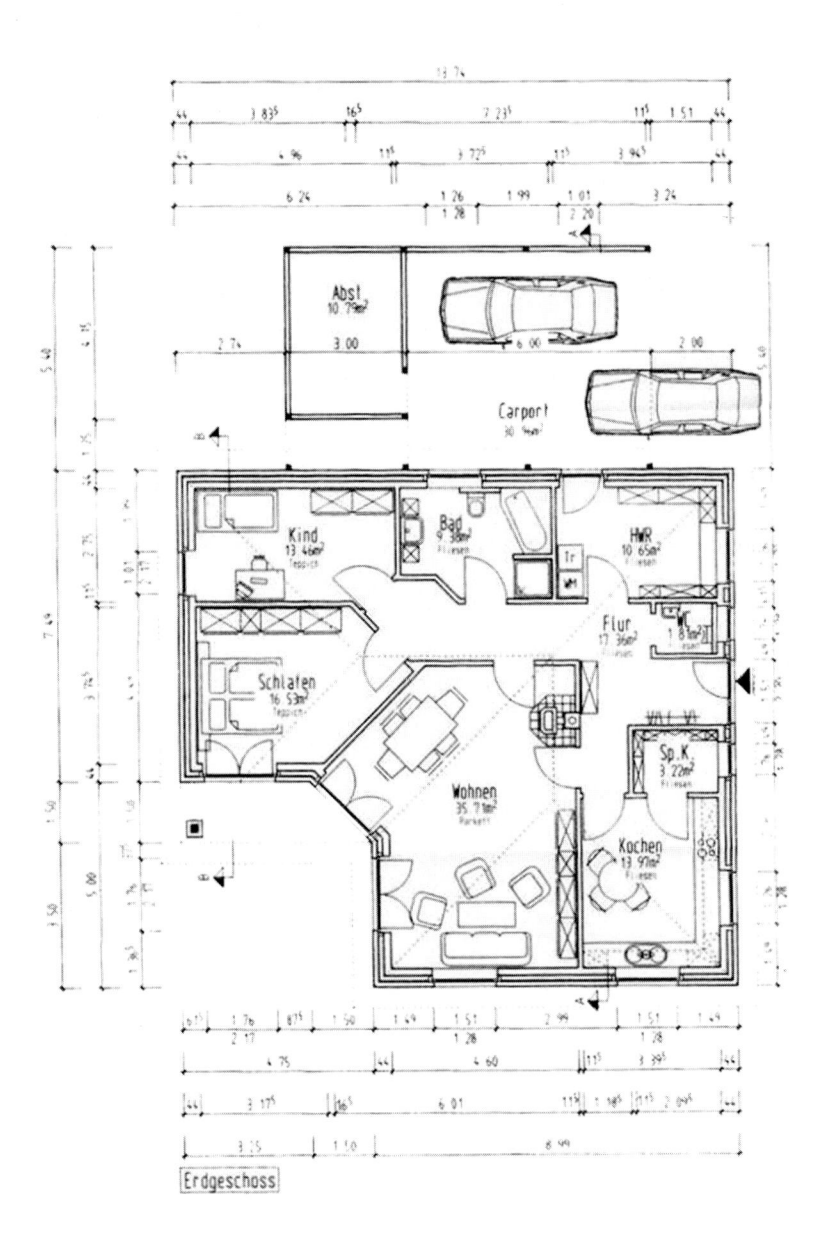

Abb. 3.2 Grundriss

3.1 Bedarfsausweis

Berechnung der Flächen und Volumina

Anmerkung: Werden vom Eigentümer keine Unterlagen (z. B. Zeichnungen, Angaben zur Gebäudetechnik und Bauteile) zur Verfügung gestellt oder keine Aussagen getroffen, so sind gemäß §9 Abs. 2 Satz 3 und 4 fehlende geometrische Abmessungen zu schätzen und nicht vorhandene energetische Kennwerte sind auf gesicherte Erfahrungswerte zurückzuführen.

Tab. 3-1 Flächenbezeichnungen
(Quelle: Energieeinsparverordnung EnEV – für die Praxis kommentiert; Hans-Dieter Hegner und Ingrid Vogler; Verlag Ernst & Sohn 2002)

Bezeichnung der Flächen:

Dach, oberste Geschossdecke als Systemgrenze	D
Außenwand	AW
Fenster (window)	w
Niedrig beheizte Räume	nb
Kellerdecke, unterer Gebäudeabschluss (ground)	G
unbeheizt	u
Wand des beheizten Kellers (basement wall)	bw
Fußboden auf dem Erdreich (basement floor)	bf

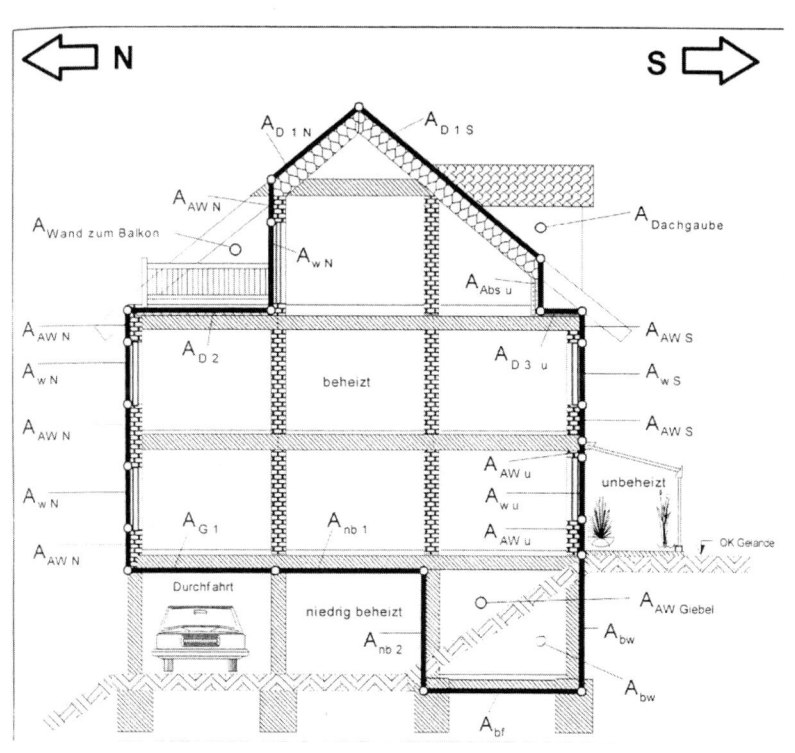

Wandfläche: Wand gegen Außenluft

Himmelsrichtung: Nord
AW

Länge [m]	Länge 2 [m]	Höhe [m]	Faktor	Anzahl	Fläche [m²]
13,74		3,250		1,00	44,66
				$A_{AW\ Nord}$	**44,66 m²**

Fenster

Länge [m]	Länge 2 [m]	Höhe [m]	Faktor	Anzahl	Fläche [m²]
1,76		1,26		1,00	2,22
1,26		1,26		1,00	1,59
1,01		2,26		1,00	2,28
				$A_{W\ Nord}$	**6,09 m²**
				Wandfläche abzgl. Fenster	**38,57 m²**

Himmelsrichtung: Ost
AW

Länge [m]	Länge 2 [m]	Höhe [m]	Faktor	Anzahl	Fläche [m²]
12,490		3,250		1,00	40,59
				$A_{AW\ Ost}$	**40,59 m²**

Fenster / Haustür

Länge [m]	Länge 2 [m]	Höhe [m]	Faktor	Anzahl	Fläche [m²]
1,26		1,39		2,00	3,49
0,64		1,01		2,00	1,28
1,51		2,26		1,00	3,41
				$A_{W\ Ost}$	**8,19 m²**
				Wandfläche abzgl. Fenster	**32,41 m²**

Himmelsrichtung: Süd
AW

Länge [m]	Länge 2 [m]	Höhe [m]	Faktor	Anzahl	Fläche [m²]
12,24		3,250		1,00	39,78
				$A_{AW\ Süd}$	**39,78 m²**

Fenster

Länge [m]	Länge 2 [m]	Höhe [m]	Faktor	Anzahl	Fläche [m²]
1,76		2,26		1,00	3,98
1,51		1,39		2,00	4,18
				$A_{W\ Süd}$	**8,16 m²**
				Wandfläche abzgl. Fenster	**31,62 m²**

3.1 Bedarfsausweis

Himmelsrichtung: West
AW

Länge [m]	Länge 2 [m]	Höhe [m]	Faktor	Anzahl	Fläche [m²]
10,990		3,250		1,00	35,72

$A_{AW\ West}$ **35,72 m²**

Fenster

Länge [m]	Länge 2 [m]	Höhe [m]	Faktor	Anzahl	Fläche [m²]
1,76		1,39		1,00	2,44
0,00		0,00		0,00	0,00

$A_{w\ West}$ **2,44 m²**

Wandfläche abzgl. Fenster **33,28 m²**

Himmelsrichtung: Süd-West
AW

Länge [m]	Länge 2 [m]	Höhe [m]	Faktor	Anzahl	Fläche [m²]
2,120		3,250		1,00	6,89

$A_{AW\ West}$ **6,89 m²**

Fenster

Länge [m]	Länge 2 [m]	Höhe [m]	Faktor	Anzahl	Fläche [m²]
1,76		2,26		1,00	3,98
0,00		0,00		0,00	0,00

$A_{w\ West}$ **3,98 m²**

Wandfläche abzgl. Fenster **2,91 m²**

Grundfläche: Sohlplatte gegen Erdreich

Länge [m]	Breite [m]	Höhe [m]	Faktor	Anzahl	Fläche [m²]
13,740	12,49			1,00	171,61
3,500	4,75			-1,00	-16,63
3,250	1,50			-1,00	-4,88
1,500	1,50			-0,50	-1,13

A_{bf} **148,99 m²**

Dachfläche: Decke EG gegen unbeheizten Raum

Länge [m]	Breite [m]	Höhe [m]	Faktor	Anzahl	Fläche [m²]
13,740	12,49			1,00	171,61
3,500	4,75			-1,00	-16,63
3,250	1,50			-1,00	-4,88
1,500	1,50			-0,50	-1,13

$A_{D\ u\ Decke\ EG}$ **148,99 m²**

Flächen: Wärmeübertragende Umfassungsflächen A_{ges} =   465,61 m²

Volumen: Volumen des beheizten Bereiches
(Bruttovolumen, inkl. Konstruktion)

Länge [m]	Breite [m]	Höhe [m]	Faktor	Anzahl	Volumen [m³]
148,988	1,00	3,250		1,00	484,21

V_e =   484,21 m³

A/V-Verhältnis:

A_{ges}/V_e =   0,96

A_{netto}:

$V_e \times 0{,}32$ =   154,95 m²

Tab. 3-2 Schichtaufbau der verwendeten Bauteile

Außenmauerwerk	140.28 m²		U-Wert = 0.244 W/m²K			
Material	Dichte [kg/m³]	Dicke s [mm]	λ [W/mK]	R [m²K/W]	Diff. - Wid.	
Luftübergang Warmseite R_{Si} 0.13						
1 Kalkgipsputz	1400.0	15.00	0.700	0.021	10	
2 Hochlochziegel A/B LM36	850.0	175.00	0.360	0.486	5 / 10	
3 Mineralwolle 035	50.0	120.00	0.035	3.429	1	
Luftübergang Kaltseite R_{Se} 0.04						

Bauteildicke = 310.00 mm   Flächengewicht = 175.8 kg/m²   R = 3.94 m²K/W

Sohlplatte	148.99 m²		U-Wert = 0.206 W/m²K			
Material	Dichte [kg/m³]	Dicke s [mm]	λ [W/mK]	R [m²K/W]	Diff. - Wid.	
Luftübergang Warmseite R_{Si} 0.17						
1 Zementestrich	2000.0	50.00	1.400	0.036	15 / 35	
2 Polystyrolhartschaum 035	0.0	100.00	0.035	2.857	35	
3 Bitumendachbahn	1200.0	2.00	0.170	0.012	10000	
4 Beton normal DIN 1045	2400.0	160.00	2.100	0.076	70 / 150	
5 Polystyrol Extruderschaum 035	25.0	60.00	0.035	1.714	80 / 250	
Luftübergang Kaltseite R_{Se} 0.00						

Bauteildicke = 372.00 mm   Flächengewicht = 487.9 kg/m²   R = 4.70 m²K/W

3.1 Bedarfsausweis

Holzbalkendecke	148.27 m²	U-Wert = 0.206 W/m²K			
		Das Bauteil besitzt 2 Schichtbereiche			
Material	Dichte [kg/m³]	Dicke s [mm]	λ [W/mK]	R [m²K/W]	Diff. - Wid.
Aufbau des Feldbereichs	90.0 %				
Luftübergang Warmseite R_{Si} 0.10					
F1 Gipskarton DIN 18180	900.0	15.00	0.210	0.071	8
F2 Luft schwach bel. horizontal	1.3	24.00	0.286	0.084	1
F3 Dampfbremse PE-Folie	1100.0	0.20	0.200	0.001	100000
F4 Mineralwolle 035	250.0	180.00	0.035	5.143	1
F5 Luftschicht waagr. 0.17	1.3	20.00	0.118	0.170	1
F6 Holz (Fichte, Kiefer, Tanne)	600.0	24.00	0.130	0.185	40
Luftübergang Kaltseite R_{Se} 0.08					
Aufbau des Balkenbereichs	10.0 %				
Luftübergang Warmseite R_{Si} 0.10					
B1 Gipskarton DIN 18180	900.0	15.00	0.210	0.071	8
B2 Holz (Fichte, Kiefer, Tanne)	600.0	24.00	0.130	0.185	40
B3 Dampfbremse PE-Folie	1100.0	0.20	0.200	0.001	100000
B4 Holz (Fichte, Kiefer, Tanne)	600.0	200.00	0.130	1.538	40
B5 Holz (Fichte, Kiefer, Tanne)	600.0	24.00	0.130	0.185	40
Luftübergang Kaltseite R_{Se} 0.08					

Bauteildicke	U-Wert	RT	RT'	RT"
263.20 mm	0.206 W/m²K	4.86 m²K/W	4.99 m²K/W	4.74 m²K/W

Anmerkung:

Können die Wärmedurchgangskoeffizienten (U-Werte) der einzelnen Bauteile (z. B. Dach, Wand, Fenster, usw.) aufgrund fehlender Angaben zu den Bauteilschichten nicht berechnet werden, so sind die U-Werte mittels Anhang „Tabelle Bauteiltypologie" zu entnehmen. Die Verwendung der Bauteiltypologie setzt aber umfangreiche Kenntnisse über Bauart und Baualtersklasse voraus. Ein Vor-Ort-Termin ist für die Bestimmung eines genauen Energiebedarfs unserer Meinung nach unabdingbar.

Tab. 3-3 Verwendete Bauteile

	Bauteil	Bezeichnung	Ri.	Fläche [m²]	U-Wert [W/m²K]	Fak	Gewinn [kWh/a]		Verlust [kWh/a]
1	Wand								
1.1	Außenmauerwerk	AW Nord	N	38.57	0.244	1.00	16		824
1.2	Außenmauerwerk	AW Ost	O	32.38	0.244	1.00	57		692
1.3	Außenmauerwerk	AW Süd	S	31.60	0.244	1.00	71		675
1.4	Außenmauerwerk	AW West	W	33.27	0.244	1.00	59		711
1.5	Außenmauerwerk	AW SüdWest	SW	4.44	0.244	1.00	10		95
				140.28	0.244		213		2997
2	Fenster, Fenstertüren						g		
2.1	Wärmeschutzglas	AW Nord	N	6.09	1.500	1.00	0.58	503	801
2.2	Wärmeschutzglas	AW OSt	O	4.80	1.500	1.00	0.58	598	631
2.3	Haustür	AW OSt	O	3.41	2.200	1.00	0.20	171	659
2.4	Wärmeschutzglas	AW Süd	S	8.18	1.500	1.00	0.58	155	1076
2.5	Wärmeschutzglas	AW West	W	2.45	1.500	1.00	0.58	2	322
2.6	Wärmeschutzglas	AW SüdWest	SW	2.45	1.500	1.00	0.58	356	322
2.7	Bodenluke	Decke	-	0.72	1.000	0.80		429	51
				28.08	1.567		3609		3860
3	Decke zum Dachge.,								
3.1	Dach Holzbalkendecke	Decke		148.27	0.206	0.80	---		2140
				148.27	0.165		------		2140
4	Grundfläche, Keller-								
4.1	decke Sohlplatte	Sohle		148.99	0.206	*0.65	---		2020
				148.99	0.134		------		2020
		Summe:		**465.62**	**0.263**		**3822**		**11017**

3.1 Bedarfsausweis

ENERGIEBILANZ

nutzbare Gewinne			[kWh/a]	Verluste			[kWh/a]
solare Gewinne ??Q_s	:		3692	Transmission Q_t		:	11017
interne Gewinne ??Q_i	:		5280	Wärmebrücken Q_{WB}		:	4084
				Lüftungsverluste Q_v		:	7682
				Nachtabsenkung Q_{NA}		:	-793
				solar opake Bauteile $Q_{S\,opak}$		:	-213
			8972				21777

==> Jahresheizwärmebedarf Q_h 12804 [kWh/a] + Trinkwassererwärmung Q_W 1937 [kWh/a]

eine Nachtabschaltung wurde	:	berücksichtigt
Anlagenaufwandszahl e_P	:	1.416
Nutzfläche	:	154.9 m²
Gebäudeart	:	Wohngebäude
Jahresheizwärmebedarf Q''_h	:	82.63 kWh/m²a

Endergebnis der EnEV-Berechnung

Jahres-Primärenergiebedarf Q''_P:
bezogen auf die Gebäudenutzfläche
maximal zulässiger Jahres-Primärenergiebedarf: 134.7 [kWh/m²a]
    187.0 [kWh/m²a]   (incl. 40% Altbauaufschlag)

spezifischer Transmissionswärmeverlust H'_T: 0.353 [W/m²K]
der Gebäudehüllfläche
maximal zulässiger spezifischer   0.638 [W/m²K]   (incl. 40% Altbauaufschlag)
Transmissionswärmeverlust:

die maximal zulässigen Grenzwerte werden eingehalten.

Randbedingungen

Die Randbedingungen für die Bewertung bestehender Wohngebäude (zu §9 Abs. 2) sind in Anhang 3 unter Punkt 8 zu entnehmen.

Nutzflächenberechnung

Geschoßanzahl	: 1	
Gebäudegrundfläche	: 149.0 m²	
Grundflächenumfang	: 46.7 m	
Gebäudenutzfläche	: 154.93 m²	0.32 * Ve – 0,12 * (h_G -2,5)

interne Wärmegewinne pauschaler Ansatz

in Wohngebäuden	24h/Tag	5W/m²	120 Wh/m² pro Tag
bei einer Nutzfläche von	155 m²	==>	19 kWh/Tag
Q_i = 6787 kWh/a	[558 kWh/Monat]		
davon nutzbare Wärmegewinne Q_i= 5280 kWh/a			

Abb. 3-3 Energiebilanz

Wärmebrücken pauschal ohne weiteren Nachweis

Bei der Berechnung des Verlustes durch die Wärmebrücken wurde bei jedem verwendeten Bauteil ein Aufschlag auf den U-Wert von 0,1 W/m²K, berücksichtigt.
Dabei wurden 0.0 m² Oberfläche ausgenommen (z.B.Vorhangfassade).

ursprünglicher mittlerer U-Wert   0.253 W/m²K   [Abminderungsfaktoren sind berücksichtigt]
neuer mittlere U-Wert   0.353 W/m²K
Transmisionsverlust erhöht sich um   39.50 %

Q_{wb} =   4084 kWh/a

Luftwechsel

Lüftungsverluste Q_v 7682 kWh/a

Luftvolumen: 368.0 m³
Luftwechselrate: 0.70 h⁻¹
Art der Lüftung: freie Lüftung

Klimaort

Die klimatischen Randbedingungen des Referenzklimas sind der DIN V 4108-6 2003-06 Anhang D.5 zu entnehmen

Warmwasser

Warmwasser pauschal (12,5KWh/m²a)
Energiebedarf für die Warmwasseraufbereitung Q_w 1937 kWh/a

Abb. 3-4 Wärmebrücken pauschal

3.1 Bedarfsausweis

Anlagenbewertung nach DIN 4701 Teil 10
für ein Gebäude mit normalen Innentemperaturen

I. Eingaben

A_N = 154.9 m² t_{HP} = 185 Tage

	Trinkwasser-Erwärmung	Heizung	Lüftung
absoluter Bedarf	Q_{tw} = 1936.8 kWh/a	Q_h = 12804.0 kWh/a	
bezogener Bedarf	q_{tw} = 12.50 kWh/m²a	q_h = 82.63 kWh/m²a	

II. Systembeschreibung

Details siehe Trinkwasser-, Heizungs- und Lüftungsbeschreibung

III. Ergebnisse

Deckung von Q_h	$q_{h,TW}$ = 3.55 kWh/m²a	$q_{h,H}$ = 79.08 kWh/m²a	$q_{h,L}$ = 0.00 kWh/m²a
? Wärme	$Q_{TW,E}$ = 3773.3 kWh/a	$Q_{H,E}$ = 14084.3 kWh/a	$Q_{L,E}$ = 0.0 kWh/a
? Hilfsenergie	49.0 kWh/a	360.9 kWh/a	0.0 kWh/a
? Primärenergie	$Q_{TW,P}$ = 4297.6 kWh/a	$Q_{H,P}$ = 16575.6 kWh/a	$Q_{L,P}$ = 0.0 kWh/a

Endenergie Q_E = 17858 kWh/a   Σ Wärme

    410 kWh/a   Σ Hilfsenergie

Primärenergie Q_P = 20873 kWh/a   Σ Primärenergie

Anlagenaufwandzahl e_P = 1.416

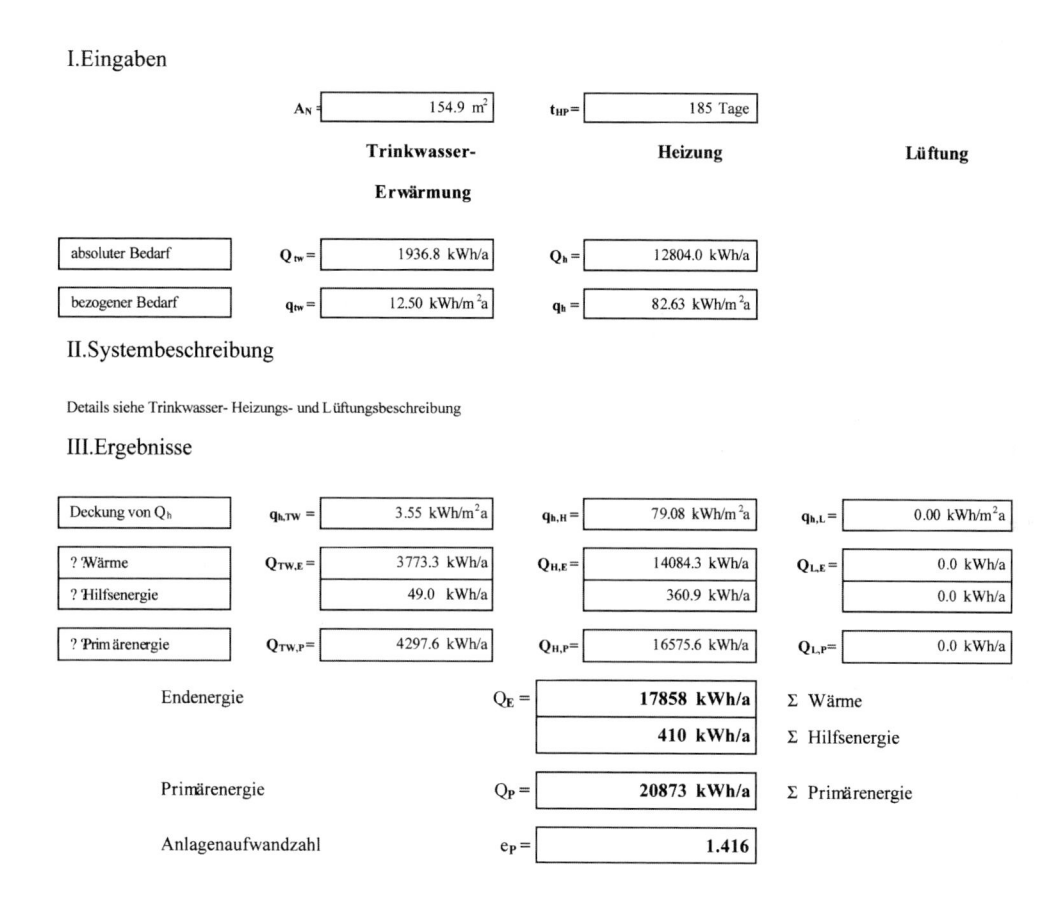

Abb. 3-5 Anlagenbewertung

TRINKWASSERERWÄRMUNG nach DIN 4701 TEIL 10

Bereich 1: Anteil 100.0 %   Nutzfläche 154.93 m²

	Wärmeverlust		Hilfsenergie		Heizwärmegutschriften

Verlust aus EnEV: q_{tw} = 12.50 kWh/m²a

Übergabe: $q_{TW,ce}$ = 0.00 kWh/m²a $q_{TW,ce,HE}$ = 0.00 kWh/m²a $q_{h,TW,ce}$ = 0.00 kWh/m²a

Verteilung: $q_{TW,d}$ = 4.16 kWh/m²a $q_{TW,d,HE}$ = 0.00 kWh/m²a $q_{h,TW,d}$ = 1.88 kWh/m²a
Verteilungsart: gebäudezentrale Trinkwasseraufbereitung ohne Zirkulation (max. 500 m² Nutzfläche)
Verteilung des Trinkwassers innerhalb thermischer Hülle
die Stichleitungen werden nicht von einer gemeinsamen Installationswand in benachbarte Räume geführt

Speicherung: $q_{TW,s}$ = 3.82 kWh/m²a $q_{TW,s,HE}$ = 0.08 kWh/m²a $q_{h,TW,s}$ = 1.67 kWh/m²a
Speicherart: indirekt beheizter Speicher (z.B. durch die Gebäudeheizanlage)
der Speicher steht innerhalb der thermischen Hülle

Wärmeerzeuger: ??= 20.48 kWh/m²a $q_{TW,g,HE}$ = 0.24 kWh/m²a
Wärmeerzeugerart: Niedertemperaturkessel
Energieträgerart: Erdgas H
Deckungsanteil? $\alpha_{TW,g}$: 100.0 %
Aufwandzahl Erzeuger $e_{TW,g}$: 1.189
Endenergie Erzeuger $q_{TW,E}$: 24.35 kWh/m²a
Primärenergiefaktor Erzeuger $f_{p,i}$: 1.10
Primärenergie Erzeuger $q_{TW,P}$: 26.79 kWh/m²a

Hilfsenergie: ? $q_{TW,HE,E}$ = 0.32 kWh/m²a
Primärenergiefaktor Hilfsenergie $f_{p,H}$: 3.00
Primärenergie Hilfsenergie $q_{TW,HE,P}$: 0.95 kWh/m²a

Endergebnis Heizwärmegutschrift pro m²: $q_{h,TW}$ = 3.55 kWh/m²a

Wärmeendenergie pro m² $q_{TW,E}$: 24.35 kWh/m²a

Hilfsendenergie pro m² $q_{TW,HE,E}$: 0.32 kWh/m²a

Primärenergie pro m² $q_{TW,P}$: 27.74 kWh/m²a

Wärmeendenergie $Q_{TW,E}$: 3773.3 kWh/a

Hilfsendenergie $Q_{TW,E}$: 49.0 kWh/a

Primärenergie $Q_{TW,P}$: 4297.6 kWh/a

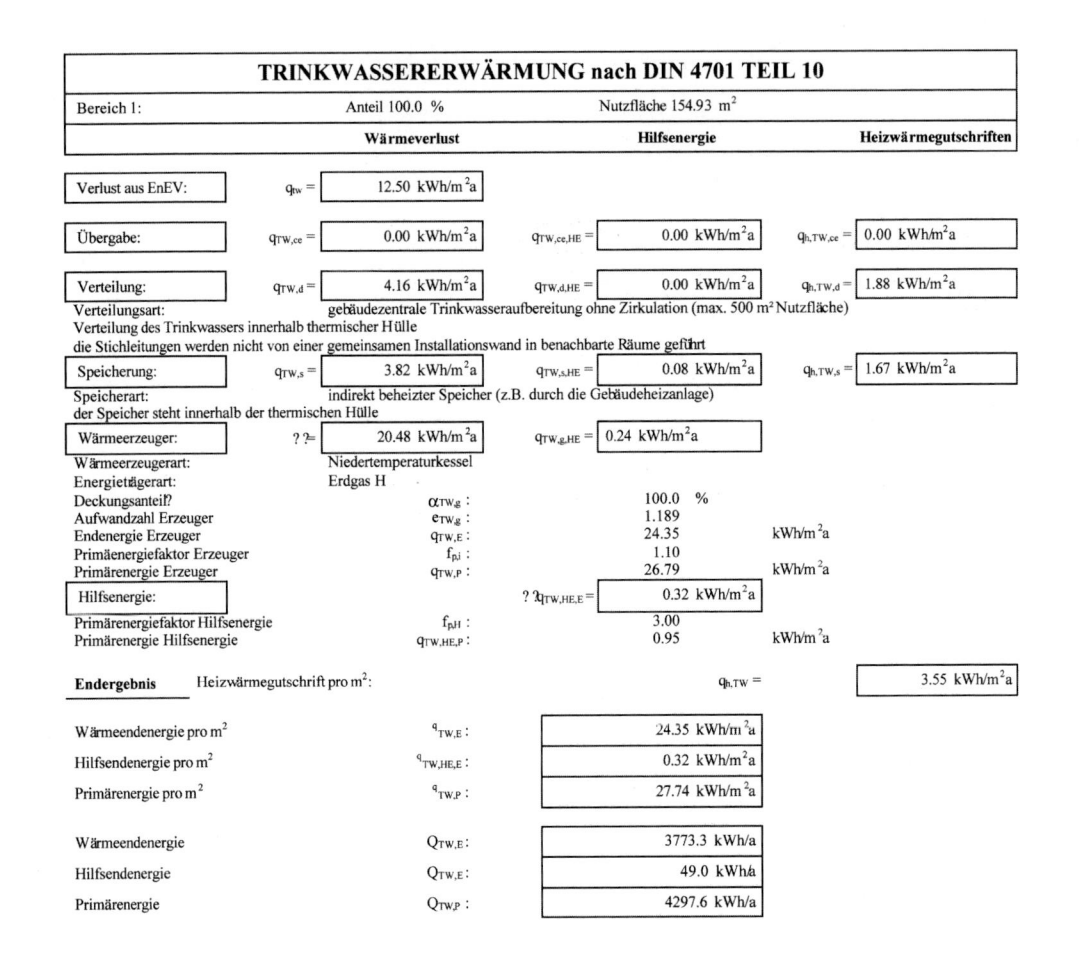

Abb. 3-6 Trinkwassererwärmung

3.1 Bedarfsausweis

	HEIZUNG nach DIN 4701 TEIL 10		
Bereich 1:	Anteil 100.0 %	Nutzfläche 154.93 m²	
	Wärmeverlust	**Hilfsenergie**	

Heizwärmebedarf	q_h =	82.63 kWh/m²a			
Heizwärmegutschriften	$q_{h,TW}$ =	3.55 kWh/m²a	vom Trinkwasser		
Heizwärmegutschriften	$q_{h,L}$ =	0.00 kWh/m²a	durch die Lüftungsanlage		
Übergabe:	q_{ce} =	3.30 kWh/m²a	$q_{ce,HE}$ =	0.00 kWh/m²a	

Übergabeart: Wasserheizung: freie Heizflächen, Thermostatregelventile, Auslegungsproportionalbereich 2°K
Anordnung der Heizelemente überwiegend im Außenwandbereich
Übergabe erfolgt ohne zusätzliche Luftumwälzung z.B. durch einen Ventilator

Verteilung:	q_d =	1.78 kWh/m²a	$q_{d,HE}$ =	1.68 kWh/m²a	

Verteilungsart: Heizkreistemperatur 55/45 °C
die horizontale Verteilung der Wärme erfolgt innerhalb der thermischen Hülle
Verteilungsstränge (vertikal) befinden sich innerhalb der thermischen Hülle
für die Verteilung der Heizungswärme wird eine ungeregelte Pumpe eingesetzt

Speicherung:	q_s =	0.00 kWh/m²a	$q_{s,HE}$ =	0.00 kWh/m²a	
Speicherart:	keine Speicherung				
Wärmeerzeuger:	? ?=	84.16 kWh/m²a	$q_{g,HE}$ =	0.65 kWh/m²a	

Wärmeerzeugerart: Niedertemperaturkessel
Energieträgerart: Erdgas H

Deckungsanteil?	$\alpha_{H,g}$:	100.0	%
Aufwandzahl Erzeuger	e_g :	1.080	
Endenergie Erzeuger	q_E :	90.90	kWh/m²a
Primäenergiefaktor Erzeuger	f_p :	1.10	
Primärenergie Erzeuger	q_P :	99.99	kWh/m²a

Wärmeerzeuger, der raumluftunabhängig betrieben werden kann, befindet sich innerhalb der thermischen Hülle

Hilfsenergie:	$\Sigma q_{HE,E}$ =	2.33 kWh/m²a	
Primärenergiefaktor Hilfsenergie	f_{pH} :	3.00	
Primärenergie Hilfsenergie	$q_{HE,P}$:	6.99	kWh/m²a

Endergebnis

Wärmeendenergie pro m²	$q_{H,E}$:	90.90 kWh/m²a	
Hilfsendenergie pro m²	$q_{H,HE,E}$:	2.33 kWh/m²a	
Primärenergie pro m²	$q_{H,HE,P}$:	106.98 kWh/m²a	
Wärmeendenergie	$Q_{H,E}$:	14084.3 kWh/a	
Hilfsendenergie	$Q_{H,E}$:	360.9 kWh/a	
Primärenergie	$Q_{H,P}$:	16575.6 kWh/a	

Abb. 3-7 Heizung nach DIN

ENERGIEAUSWEIS für Wohngebäude

gemäß den §§ 16 ff. Energieeinsparverordnung (EnEV)

Gültig bis:

1

Gebäude

Gebäudetyp	Einfamilienhaus	
Adresse	Musterstrasse 1, 2000 Musterstadt	
Gebäudeteil	EFH, nicht unterkellert	Gebäudefoto (freiwillig)
Baujahr Gebäude	1995	
Baujahr Anlagentechnik	1995	
Anzahl Wohnungen	I	
Gebäudenutzfläche (A_N)	154,9 m²	
Anlass der Ausstellung des Energieausweises	☐ Neubau ☒ Modernisierung (Änderung / Erweiterung) ☐ Vermietung / Verkauf	☐ Sonstiges (freiwillig)

Hinweise zu den Angaben über die energetische Qualität des Gebäudes

Die energetische Qualität eines Gebäudes kann durch die Berechnung des **Energiebedarfs** unter standardisierten Randbedingungen oder durch die Auswertung des **Energieverbrauchs** ermittelt werden. Als Bezugsfläche dient die energetische Gebäudenutzfläche nach der EnEV, die sich in der Regel von den allgemeinen Wohnflächenangaben unterscheidet. Die angegebenen Vergleichswerte sollen überschlägige Vergleiche ermöglichen (**Erläuterungen – siehe Seite 4**).

☒ Der Energieausweis wurde auf der Grundlage von Berechnungen des **Energiebedarfs** erstellt. Die Ergebnisse sind auf **Seite 2** dargestellt. Zusätzliche Informationen zum Verbrauch sind freiwillig.

☐ Der Energieausweis wurde auf der Grundlage von Auswertungen des **Energieverbrauchs** erstellt. Die Ergebnisse sind auf **Seite 3** dargestellt.

Datenerhebung Bedarf/Verbrauch durch   ☐ Eigentümer   ☒ Aussteller

☐ Dem Energieausweis sind zusätzliche Informationen zur energetischen Qualität beigefügt (freiwillige Angabe).

Hinweise zur Verwendung des Energieausweises

Der Energieausweis dient lediglich der Information. Die Angaben im Energieausweis beziehen sich auf das gesamte Wohngebäude oder den oben bezeichneten Gebäudeteil. Der Energieausweis ist lediglich dafür gedacht, einen überschlägigen Vergleich von Gebäuden zu ermöglichen.

Aussteller

Unterschrift des Ausstellers

....
Datum   Unterschrift

Abb. 3-8 Deckblatt Energieausweis

3.1 Bedarfsausweis

ENERGIEAUSWEIS für Wohngebäude
gemäß den §§ 16 ff. Energieeinsparverordnung (EnEV)

Berechneter Energiebedarf des Gebäudes (2)

Energiebedarf

Primärenergiebedarf „Gesamtenergieeffizienz"
134,7 kWh/(m²·a)

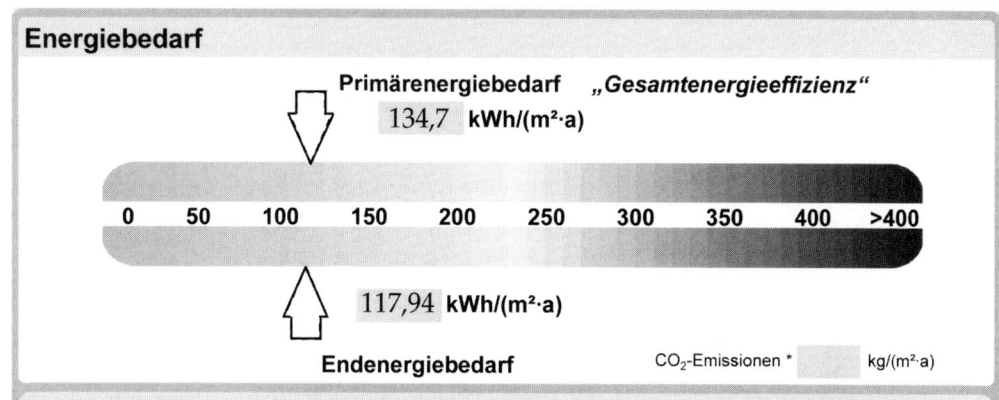

0   50   100   150   200   250   300   350   400   >400

117,94 kWh/(m²·a)
Endenergiebedarf   CO$_2$-Emissionen *   kg/(m²·a)

Nachweis der Einhaltung des § 3 oder § 9 Abs. 1 der EnEV (Vergleichswerte)

Primärenergiebedarf			Energetische Qualität der Gebäudehülle		
Gebäude Ist-Wert	134,7	kWh/(m²a)	Gebäude Ist-Wert H_T'	0,353	W/(m²K)
EnEV-Anforderungswert	187,0	kWh/(m²a)	EnEV-Anforderungswert H_T'	0,638	W/(m²K)

Endenergiebedarf   „Normverbrauch"

Energieträger	Jährlicher Endenergiebedarf in kWh/(m²a) für			Gesamt in kWh/(m²a)
	Heizung	Warmwasser	Hilfsgeräte	
Erdgas	90,93	24,36		
Strom			2,65	
				117,94

Erneuerbare Energien
☐ Einsetzbarkeit alternativer Energieversorgungssysteme nach § 5 EnEV vor Baubeginn berücksichtigt

Erneuerbare Energieträger werden genutzt für:
☐ Heizung   ☐ Warmwasser
☐ Lüftung

Lüftungskonzept
Die Lüftung erfolgt durch:
X Fensterlüftung   ☐ Schachtlüftung
☐ Lüftungsanlage ohne Wärmerückgewinnung
☐ Lüftungsanlage mit Wärmerückgewinnung

Vergleichswerte Endenergiebedarf

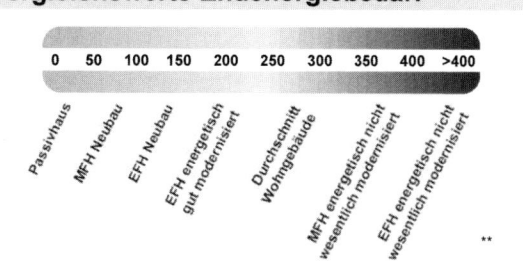

0   50   100   150   200   250   300   350   400   >400

Passivhaus | MFH Neubau | EFH Neubau | EFH energetisch gut modernisiert | Durchschnitt Wohngebäude | MFH energetisch nicht wesentlich modernisiert | EFH energetisch nicht wesentlich modernisiert **

Erläuterungen zum Berechnungsverfahren
Das verwendete Berechnungsverfahren ist durch die Energieeinsparverordnung vorgegeben. Insbesondere wegen standardisierter Randbedingungen erlauben die angegebenen Werte keine Rückschlüsse auf den tatsächlichen Energieverbrauch. Die ausgewiesenen Bedarfswerte sind spezifische Werte nach der EnEV pro Quadratmeter Gebäudenutzfläche (A_N).

* freiwillige Angabe ** EFH – Einfamilienhäuser, MFH – Mehrfamilienhäuser

Abb. 3-9 Energieausweis, berechneter Energiebedarf

3.2 Verbrauchsausweis

Im Folgenden wird die Vorgehensweise für die Ausstellung eines Energieausweises auf Grundlage des Energieverbrauchs am Beispiel eines Einfamilienhauses Schritt für Schritt erläutert. Hierbei wird nach Referentenentwurf zur EnEV 2007 §19 vorgegangen.

Gebäudebeschreibung

Bei dem zu berechnenden Gebäude (Baujahr 1999) handelt es sich um eine nichtunterkellerte Doppelhaushälfte mit einem ausgebautem Dachgeschoss. Zweischaliges Außenmauerwerk, gedämmte Bodenplatte und einer Holzbalkendecke.

Die Gebäudetechnik besteht aus einem Brennwertkessel (Erdgas) mit Trinkwassererwärmung, mit Speicherung.

Es sind keine längeren Leerstände vorhanden gewesen.

Verbrauchsdaten

Jahr	Jahresverbrauch
2003	10.926 kwh
2004	13.108 kwh
2005	13.290 kwh

Wohnfläche

Die Wohnfläche wurde mit 104,13 m² nach der 2. Berechnungsverordnung ermittelt.

Anmerkung: Gemäß §19 Abs. 2 wird die Gebäudenutzfläche zur Berechnung benötigt. In diesem Fall wird die Wohnfläche um 20% erhöht (Faktor 1,2).

Gebäudenutzfläche = 1,2 * Wohnfläche = 1,2 * 104,13 m² = **124,96 m²**

Witterungsbereinigung

Witterungsbereinigung bedeutet, dass der angegebene Verbrauch durch die im gleichen Zeitraum ermittelte benutzte Gradtagzahl (GTZ) dividiert wird. Das Ergebnis wird anschließend mit der Gradtagzahl des langjährigen Mittels multipliziert.

3.2 Verbrauchsausweis

Tab. 3-4 Verbrauch

Kalenderjahr	Jahresverbrauch [kwh]	GTZ	Langjährige GTZ	Witterungsbereinigter Verbrauch [kwh]
2003	10.926	3.343	3.470	11.341
2004	13.108	3.273	3.470	13.901
2005	13.290	3.241	3.470	14.229
			$\Sigma =$	**39.471**

Das arithmetische Mittel für den witterungsbereinigten Verbrauch beträgt
39.471/3 = **13.157 kwh/a**

Ermittlung des Energieverbrauchskennwert

Der Energieverbrauchskennwert wird aus dem Quotienten des arithmetischen Mittel des witterungsbereinigten Verbrauchs und der Gebäudenutzfläche errechnet.

13.157 kwh/a / 124,96 m² = **105,29 kwh/(m² a)**

ENERGIEAUSWEIS für Wohngebäude

gemäß den §§ 16 ff. Energieeinsparverordnung (EnEV)

Gemessener Energieverbrauch des Gebäudes

Energieverbrauchskennwert

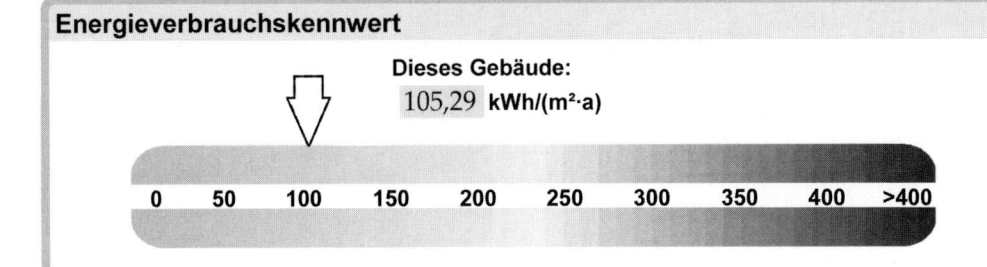

Dieses Gebäude: **105,29 kWh/(m²·a)**

Skala: 0 – 50 – 100 – 150 – 200 – 250 – 300 – 350 – 400 – >400

Energieverbrauch für Warmwasser: ☒ enthalten / ☐ nicht enthalten

Verbrauchserfassung – Heizung und Warmwasser

Energieträger	Abrechnungszeitraum von	bis	Brennstoffmenge [kWh]	Anteil Warmwasser [kWh]	Klimafaktor	Energieverbrauchskennwert in kWh/(m²·a) (zeitlich bereinigt, klimabereinigt)		
						Heizung	Warmwasser	Kennwert
Erdgas	Jan '03	Dez '03	10.926		3.47			90,76
	Jan '04	Dez '04	13.108		3.47			111,24
	Jan '05	Dez '05	13.290		3.47			113,87
							Durchschnitt	105,29

Vergleichswerte Endenergiebedarf

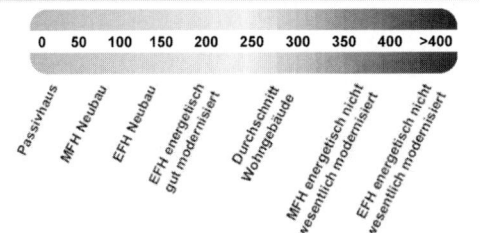

Skala: 0 – 50 – 100 – 150 – 200 – 250 – 300 – 350 – 400 – >400

Passivhaus · MFH Neubau · EFH Neubau · EFH energetisch gut modernisiert · Durchschnitt Wohngebäude · MFH energetisch nicht wesentlich modernisiert · EFH energetisch nicht wesentlich modernisiert

Die modellhaft ermittelten Vergleichswerte beziehen sich auf Gebäude, in denen die Wärme für Heizung und Warmwasser durch Heizkessel im Gebäude bereitgestellt wird.
Soll ein Energieverbrauchskennwert verglichen werden, der keinen Warmwasseranteil enthält, ist zu beachten, dass auf die Warmwasserbereitung je nach Gebäudegröße 20 – 40 kWh/(m²·a) entfallen können.
Soll ein Energieverbrauchskennwert eines mit Fern- oder Nahwärme beheizten Gebäudes verglichen werden, ist zu beachten, dass hier normalerweise ein um 15 – 30 % geringerer Energieverbrauch als bei vergleichbaren Gebäuden mit Kesselheizung zu erwarten ist.

Erläuterungen zum Verfahren

Das Verfahren zur Ermittlung von Energieverbrauchskennwerten ist durch die Energieeinsparverordnung vorgegeben. Die Werte sind spezifische Werte pro Quadratmeter Gebäudenutzfläche (A_N) nach Energieeinsparverordnung. Der tatsächlich gemessene Verbrauch einer Wohnung oder eines Gebäudes weicht insbesondere wegen des Witterungseinflusses und sich änderen Nutzerverhaltens vom angegebenen Energieverbrauchskennwert ab.

* EFH – Einfamilienhäuser, MFH – Mehrfamilienhäuser

Abb. 3-10 Energieausweis gemessener Energieverbrauch

3.2 Verbrauchsausweis

ENERGIEAUSWEIS für Wohngebäude
gemäß den §§ 16 ff. Energieeinsparverordnung (EnEV)

Erläuterungen · 4

Energiebedarf – Seite 2
Der Energiebedarf wird in diesem Energieausweis durch den Jahres-Primärenergiebedarf und den Endenergiebedarf dargestellt. Diese Angaben werden rechnerisch ermittelt. Die angegebenen Werte werden auf der Grundlage der Bauunterlagen bzw. gebäudebezogener Daten und unter Annahme von standardisierten Randbedingungen (z.B. standardisierte Klimadaten, definiertes Nutzerverhalten, standardisierte Innentemperatur und innere Wärmegewinne usw.) berechnet. So lässt sich die energetische Qualität des Gebäudes unabhängig vom Nutzerverhalten und der Wetterlage beurteilen. Insbesondere wegen standardisierter Randbedingungen erlauben die angegebenen Werte keine Rückschlüsse auf den tatsächlichen Energieverbrauch.

Primärenergiebedarf – Seite 2
Der Primärenergiebedarf bildet die Gesamtenergieeffizienz eines Gebäudes ab. Er berücksichtigt neben der Endenergie auch die so genannte „Vorkette" (Erkundung, Gewinnung, Verteilung, Umwandlung) der jeweils eingesetzten Energieträger (z. B. Heizöl, Gas, Strom, erneuerbare Energien etc.). Kleine Werte (grüner Bereich) signalisieren einen geringen Bedarf und damit eine hohe Energieeffizienz und Ressourcen und Umwelt schonende Energienutzung. Zusätzlich können die mit dem Energiebedarf verbundenen CO_2-Emissionen des Gebäudes freiwillig angegeben werden.

Endenergiebedarf – Seite 2
Der Endenergiebedarf gibt die nach technischen Regeln berechnete, jährlich benötigte Energiemenge für Heizung, Lüftung und Warmwasserbereitung an („Normverbrauch"). Er wird unter Standardklima und -nutzungsbedingungen errechnet und ist ein Maß für die Energieeffizienz eines Gebäudes und seiner Anlagentechnik. Der Endenergiebedarf ist die Energiemenge, die dem Gebäude bei standardisierten Bedingungen unter Berücksichtigung der Energieverluste zugeführt werden muss, damit die standardisierte Innentemperatur, der Warmwasserbedarf und die notwendige Lüftung sichergestellt werden können. Kleine Werte (grüner Bereich) signalisieren einen geringen Bedarf und damit eine hohe Energieeffizienz.
Die Vergleichswerte für den Energiebedarf sind modellhaft ermittelte Werte und sollen Anhaltspunkte für grobe Vergleiche der Werte dieses Gebäudes mit den Vergleichswerten ermöglichen. Es sind ungefähre Bereiche angegeben, in denen die Werte für die einzelnen Vergleichskategorien liegen. Im Einzelfall können diese Werte auch außerhalb der angegebenen Bereiche liegen.

Energetische Qualität der Gebäudehülle – Seite 2
Angegeben ist der spezifische, auf die wärmeübertragende Umfassungsfläche bezogene Transmissionswärmeverlust (Formelzeichen in der EnEV: H_T'). Er ist ein Maß für die durchschnittliche energetische Qualität aller wärmeübertragenden Umfassungsflächen (Außenwände, Decken, Fenster etc.) eines Gebäudes. Kleine Werte signalisieren einen guten baulichen Wärmeschutz.

Energieverbrauchskennwert – Seite 3
Der ausgewiesene Energieverbrauchskennwert wird für das Gebäude auf der Basis der Abrechnung von Heiz- und ggf. Warmwasserkosten nach der Heizkostenverordnung und auf Grund anderer geeigneter Verbrauchsdaten ermittelt. Dabei werden die Energieverbrauchsdaten des gesamten Gebäudes und nicht der einzelnen Wohn- oder Nutzeinheiten zugrunde gelegt. Über Klimafaktoren wird der gemessene Energieverbrauch für die Heizung hinsichtlich der konkreten örtlichen Wetterdaten auf einen deutschlandweiten Mittelwert umgerechnet. So führen beispielsweise hohe Verbräuche in einem einzelnen harten Winter nicht zu einer schlechteren Beurteilung des Gebäudes. Der Energieverbrauchskennwert gibt Hinweise auf die energetische Qualität des Gebäudes und seiner Heizungsanlage. Kleine Werte (grüner Bereich) signalisieren einen geringen Verbrauch. Ein Rückschluss auf den künftig zu erwartenden Verbrauch ist jedoch nicht möglich; insbesondere können die Verbrauchsdaten einzelner Wohneinheiten stark differieren, weil sie von deren Lage im Gebäude, von der jeweiligen Nutzung und vom individuellen Verhalten abhängen.

Gemischt genutzte Gebäude
Für Energieausweise bei gemischt genutzten Gebäuden enthält die Energieeinsparverordnung besondere Vorgaben. Danach sind - je nach Fallgestaltung - entweder ein gemeinsamer Energieausweis für alle Nutzungen oder für Wohnungen und für die übrigen Nutzungen zwei getrennte Energieausweise auszustellen; dies ist auf Seite 1 der Ausweise erkennbar.

Abb. 3-11 Energieausweis Erläuterungen

4 Baukonstruktive Grundlagen – Wärmeumfassende Gebäudehüllflächen

Um eine energetische Bewertung durchführen zu können, ist es unumgänglich, sich über die Gebäudehüllfläche und deren Aufbau zu informieren. Infolge der Wärmeleitung durch die Gebäudehülle, die an kalte Außenluft, an kältere Räume oder ans Erdreich grenzt, entsteht der Transmissionswärmeverlust. Gebäudeform und die Konstruktion einzelner Bauteile haben wesentlichen Einfluss auf die Transmissionswärmeverluste. Dieses Kapitel stellt alle wesentlichen Baukonstruktionen und Bauteile in kurzer Form da. Auf ausführliche Konstruktionszeichnungen und eine zu starke Untergliederung wurde aus Gründen der Übersichtlichkeit verzichtet und wird als bekannt vorrausgesetzt.

Da bei der Erstellung des Energieausweises sicherlich zerstörungsfrei vorgegangen werden soll, bleibt immer eine gewisse Unsicherheit über den absolut korrekten Aufbau der Gebäudehülle. Da laut § 9 Abs. 2 Satz 4 des Referentenentwurfs der EnEV 2007, nicht vorliegende energetische Kennwerte für bestehende Bauteile aus gesicherten Erfahrungswerten vergleichbarer Bauteile gleicher Altersklasse verwendet werden sollen, kann sich daraus eine große Fehleinschätzung ergeben. Diese Falschbeurteilung kann die Gebäudeenergieeffizienzklasse erheblich beeinflussen.

4.1 Dächer

Allgemeines

Als ein wichtiger Teil bei der energetischen Bewertung von Gebäuden ist sicherlich das Dach anzusehen. Das Dach steht als obere Begrenzung eines Gebäudes. Das Dach hat neben der raumbegrenzenden Aufgabe, die Aufgabe das Gebäude vor Regen, Schnee, Kälte, Hitze und Wind zu schützen.

Weiterhin kann das Dach auch, wenn wir einen ausreichend großen Dachüberstand haben, das Außenmauerwerk vor Regen, Schnee und Sonneneinstrahlung schützen. Hierbei spricht man dann von „konstruktivem Witterungsschutz".

Neben den oben genannten konstruktiven Aufgaben hat das Dach auch gestalterische Einflüsse auf das Gesamtbauwerk bzw. das komplette Erscheinungsbild einer Landschaft. Oft werden die gestalterischen Aspekte bei der Planung stärker berücksichtigt als die konstruktiven Aufgaben des Daches.

Es gibt eine Vielzahl an Konstruktionen für Dächer. Im Wohnungsbau kommen im Allgemeinen geneigte, zimmermannsmäßig erstellte Dachkonstruktionen zum Einsatz. Im Industriebau werden oft flach geneigte oder flache Dachkonstruktionen bevorzugt, da diese durch den Ingenieurholzbau wirtschaftlich erstellt werden können.

Je nach gewählter Dachkonstruktion und vor allem auch Dämmsituation und Dämmmaterial ergibt sich ein großer Unterschied bei der Berechnung der Energieeffizienz.

Diese verschiedenen Dachkonstruktionen allgemeinverständlich zu erläutern ist Ziel des folgenden Kapitels.

Dachformen

Dachform, Dachneigung, Dachüberstände und Material der Dachdeckung haben großen Einfluss auf die Gesamtwirkung des Bauwerks. Von der Gestaltung und der beabsichtigten Nutzung des Daches können Herstellungs- und Instandhaltungskosten stark beeinflusst werden. Komplizierte Dachformen, bei denen aufwendige Detaillösungen notwendig werden, erhöhen die Herstellungskosten durch den Mehraufwand an Planung, Konstruktion, Material und Bauüberwachung. Hierbei können schon kleinste Planungs- oder Ausführungsfehler zu beträchtlichen Bauschäden führen. Aus diesen Gründen sollten großzügige, zusammenhängende und einfach zu erstellende Dachflächen bei der Planung bevorzugt werden.

Diese Fehler bei der Bauausführung in der Erstellung des Energieausweises zu berücksichtigen, ist ein nicht einfach zu lösendes Problem und in der Regel ohne Ortstermin nicht durchführbar (Kostenerhöhung bei der Erstellung des Energieausweises). Bei ausgebauten Dachgeschossen ist eine nachträgliche Untersuchung der Dämmung in den Anschlussbereichen sehr aufwendig und von einer zerstörenden Untersuchung ist abzuraten.

Durch die Anzahl, Form und die Lage der einzelnen Dachflächen zueinander wird die Dachform bestimmt.

Einige der wichtigsten Dachformen sind:

Das **Pultdach** besteht aus einer Dachfläche, die zu einer Seite mit mehr als 5° geneigt ist. Ist diese Dachneigung zwischen 5° und 20° handelt es sich um ein „flach geneigtes Dach", bei mehr als 20° um ein Steildach.

Haben wir eine Neigung unter 5°, so handelt es sich um ein Flachdach. Hier müssen besonderer Anforderungen an die Dachabdichtung beachtet werden, die in Abschnitt 1.6 erläutert werden.

Das **Satteldach** hat im Allgemeinen zwei gleich große rechteckige Dachflächen. Die Dachflächen treffen oben im First zusammen und werden unten durch die Traufe begrenzt. Der Abschluss an den Seiten (Giebelbereich) wird als Ortgang bezeichnet.

Das **Zeltdach** hat in der Regel vier gleich große dreieckige Dachflächen, die sich in einem Punkt treffen. Ein Zeltdach kann bei quadratischem oder annähernd quadratischem Grundriss des Gebäudes erstellt werden.

Das **Walmdach** ist eine Mischung aus Satteldach und Zeltdach. Nur ist hier kein quadratischer Grundriss erforderlich. Die Giebel werden beim Walmdach (Im Unterschied zum Satteldach) als Dachflächen ausgebildet und zum Gebäude hin geneigt. Das Walmdach erhält somit einen kürzeren First als das Satteldach und die Traufen sind umlaufend auf gleicher Höhe. Die so entstandenen trapezförmigen Flächen nennt man Hauptdachflächen und die dreieckigen werden als Walmflächen bezeichnet. Die Kante zwischen Hauptdachfläche und Walmfläche nennt man Grat. Wenn zwei Hauptdachflächen (z. B. bei einem Anbau) aufeinander treffen, wird die so entstandene Kante als Kehle bezeichnet.

Das **Krüppelwalmdach** hat im Vergleich zum Walmdach nur die oberen Spitzen des Giebels nach innen geneigt. Die Walmflächen bestehen also aus kleinen dreieckigen Flächen und die Traufe der Walmfläche liegt über der Traufe des Hauptdaches.

Das **Mansardendach** besteht im Vergleich zu Satteldach aus vier rechteckigen Flächen mit verschiedenen Neigungen. In der Regel sind die gegenüberliegenden Dachflächen symmetrisch. Ca. eine Geschosshöhe über dem Fußpunkt des Daches liegt der erste Neigungswechsel. Dieser Punkt wird als Dachbruch bezeichnet. Dabei wechselt der Neigungswinkel von einem steilen zu einem nicht so steilen Winkel und die Dachfläche läuft bis zum First durch. Mit dieser Dachkonstruktion wird der Dachraum durch die steileren unteren Dachflächen vergrößert.

Das **Sheddach** (auch Sägezahndach genannt) besteht aus im Wechsel aneinander gereihten steil und flach geneigten Dachflächen. Die steileren Dachflächen liegen in der Regel auf der sonnenabgewandten Seite und sind sehr oft verglast. So könne große Hallen überdacht werden und mit Tageslicht versorgt werden ohne direkte Sonneneinstrahlung.

Dachteile

Außer den zuvor beschriebenen Dachteilbezeichnungen (First, Traufe, Walm etc.) gibt es noch Weitere, deren Bedeutung bekannt sein müssen, um bei der Gebäudebeschreibung im Energieausweis die korrekte Bezeichnung nennen zu können. Der Grat ist die Kante zwischen Walm und Hauptdachfläche. Die Kehle ist die Kante zwischen zwei Dachflächen die abgewinkelt aufeinander treffen. Die bei einem Krüppelwalm entstehende Traufe am Giebel nennt man Walmtraufe. Die Außenkante der Dachflächen am Giebel wird als Ortgang bezeichnet.

Um Dachraum zum Wohnen oder Arbeiten nutzen zu können muss man in der Lage sein, die Räume mit Tageslicht zu versorgen und zu belüften. Dieses kann durch Dachflächenfenster oder/und durch den Einbau von Dachgauben erfolgen. Dachflächenfenster sind in den verschiedensten Größen erhältlich und in der Regel für einen nachträglichen Einbau sehr gut geeignet. Hierbei liegt die Fensterfläche in der Dachfläche. Der Einbau sollte jedoch, wenn die Fensterbreite mehrere Sparrenfelder einnimmt, mit einem Tragwerksplaner (Statiker) abgeklärt werden, da in diesem Fall ein oder mehrere Sparren „ausgewechselt" werden müssen und die ordnungsgemäße Lastweiterleitung gewährleistet sein muss.

Der Einbau von Dachgauben ist in der Regel mit einer Vergrößerung des Dachraums verbunden. Hierbei ist eine statische Berechnung dringend erforderlich. Durch das geplante oder schon vorhandene Hauptdach und die erwünschte Nutzung des Dachraums ergibt sich in der Regel auch die Ausführungsform der Dachgaube. Jede Wahl der Dachgaubenausführung hat neben gestalterischen Aspekten auch Einfluss auf die spätere Nutzung sowie die entstehenden Herstellungskosten.

Dabei sind folgende Dachgaubenformen zu unterscheiden:

Die Fledermausgaube (auch Ochsenauge genannt) ist eine ins Dach integrierte „Welle" mit keinen Wangen. Bei der einfachsten Gaubenform handelt es sich um eine Schleppgaube. Hier wird die Dachneigung des Hauptdaches verändert (der Neigungswinkel wird geringer), die entstehende Kante nennt man Dachbruch. Die Schleppgaube gibt es mit geraden Wangen, schrägen Wangen und liegenden Wangen. Eine weitere Gaubenform ist die Giebelgaube. Sie hat ein kleines Satteldach, dessen First senkrecht auf die Hauptdachfläche trifft. Wenn bei der Giebelgaube die Giebelfläche zum Hauptdach hin abgeklappt wird, handelt es sich um eine Walmgaube. Weitere Formen wie die Dreiecksgaube, den Fenstererker oder die Gaube mit verglasten Wangen sollen hier nicht näher erläutert werden. Form und Ausführung der Gaube haben Einfluss auf die Gesamtfläche der Dachhaut und somit auch auf die Bewertung der Gesamtenergieeffizienz.

Dachkonstruktionen

Alle Dachkonstruktionen müssen die auftretenden Kräfte aus Eigengewicht der Dachkonstruktion, aus Wind- und Schneelasten und aus Nutzlast in das Bauwerk ableiten. Dabei ist die Auswirkung horizontal angreifender Kräfte (besonders Windkräfte) zu berücksichtigen. Sämtliche auftretenden Kräfte sowie die geplante Nutzung des Dachraums werden durch den Tragwerksplaner berücksichtigt, um zu einer wirtschaftlich sinnvollen Lösung für die Dachkonstruktion zu gelangen.

Die gängigsten Dachkonstruktionen sind das Sparrendach und das Pfettendach. Sparrendächer werden nochmals unterschieden in reine Sparrendächer und Kehlbalkendächer und Pfettendächer in einfach stehende Pfettendächer und zweifach stehende Pfettendächer.

Beim **Sparrendach** bilden die Sparren und die letzte Geschossdecke ein steifes Dreieck. Dabei ist zu bedenken, dass an den Fußpunkten nicht nur Vertikalkräfte, sondern auch erhebliche Horizontalkräfte aufgenommen werden müssen. Je größer die Dachneigung ist, desto geringer werden die Horizontalkomponenten der Auflagerkräfte. Das Sparrendach bietet den größtmöglichen Freiraum bei der Gestaltung und dem Ausbau des Dachraums, da keinerlei Stützen im Innenraum vorhanden sind. Außerdem stellen Sparrendächer bei geringen Gebäudebreiten (bis 8m) die wirtschaftlichste Dachkonstruktion dar.

Beim **Kehlbalkendach** werden die einzelnen Sparrenpaare (gegenüberliegend) durch einen Kehlbalken (Holzbalken) ausgesteift. In der Regel liegt der Kehlbalken ¼ unterhalb des Firstes, bezogen auf die Gesamtdachhöhe.

Die Quersteifigkeit des Sparrendaches wird durch die unverschieblichen Dreiecke aus dem gegenüberliegenden Sparren und der darunter liegenden Decke erreicht. Die Längssteifigkeit wird in der Regel durch diagonal aufgenagelte Windrispen erreicht. Das alleinige Aufnageln der Dachlatten genügt nicht, um ein mögliches Umstürzen der Sparrenpaare zu verhindern.

Bei **Pfettendächern** liegen die Sparren als schräge Balken auf einer Pfette (verläuft quer zum Giebel) auf.

4.1 Dächer

Beim einfach stehenden Pfettendach liegt der Sparren lediglich auf einer Fußpfette (auch Schwelle genant) und einer Firstpfette auf. Die Fußpfette (pro Dachfläche je eine Fußpfette) liegt in der Regel komplett auf einem Drempel (auch Kniestock genannt) oder der letzten Geschossdecke auf. Die Firstpfette wird, je nach Gebäudelänge, mit Pfosten unterstützt. Am Pfosten werden oben, als Dreiecksausbildung rechts und links vom Pfosten zur Pfette hin Kopfbänder (auch Bug genannt) angebracht, um die Längssteifigkeit zu erreichen.

Beim zweifach stehenden Pfettendach liegt der Sparren auf der Fußpfette und auf einer Mittelpfette (pro Dachfläche je eine Mittelpfette) auf. Eine Firstpfette entfällt beim zweifach stehenden Pfettendach. Auch die Mittelpfetten werden je nach Gebäudelänge mit Pfosten und Kopfbändern unterstützt.

Bei großen Spannweiten kann es wirtschaftlich nötig werden, zusätzlich zu den Mittelpfetten noch eine Firstpfette vorzusehen, die dann auch durch Pfosten und Kopfbänder unterstützt sein kann. Hierbei handelt es sich dann um einen dreifach stehenden Pfettendachstuhl.

Neben Sparren- und Pfettendach gibt es noch weitere verschiedene Dachkonstruktionen. Das abgestrebte Pfettendach, Sprengwerksdächer (sehr oft in alten und/oder denkmalgeschützten Gebäuden zu finden), einfaches Hängewerk oder doppeltes Hängewerk sollen hier nur Erwähnung finden.

Im Industriebau (Hallenbau) müssen in der Regel große Spannweiten überbrückt werden. Hier kommen im Allgemeinen freigespannte Träger zum Einsatz. Als freigespannte Träger werden vorgefertigte Dachtragwerke bezeichnet, die auf der Längsseite des Gebäudes aufliegen. Hier unterscheidet man zwischen unterspannten Bindern, Fachwerkbindern und Rahmenbindern. Dabei untergliedern sich Fachwerkbinder nochmals in Dreieckbinder, Trapezbinder und Parallelbinder. Der Rahmenbinder kann nochmals in Zweigelenkrahmen und Dreigelenkrahmen unterteilt werden.

Dachbaustoffe

Neben den Dachformen und Dachkonstruktionen sind die Dachbaustoffe mit den unterschiedlichen Wärmeleitfähigkeiten (λ-Werten) von wesentlichem Einfluss auf die Bewertung der Gebäude hinsichtlich des Energiebedarfs.

Abgesehen von der Dachhaut aus verschiedensten Materialien und einigen Zusatzbauteilen (Schornstein, Entlüftungen etc.) gilt für die Tragwerkskonstruktion nach wie vor Holz als einer der häufigsten Baustoffe.

Holz

In der Regel werden Nadelhölzer für Zimmerarbeiten verwendet. Die hier zum Einsatz kommenden Hölzer sind Kiefer (sehr harzreich), Fichte, Weißtanne und Lärche. Diese verwendeten Hölzer werden als Bauholz bezeichnet. Bauholz wird nach DIN 4074-1 (Sortierung von Holz nach der Tragfähigkeit, Juni 2003) hinsichtlich der zulässigen Beanspruchung und Festigkeitswerte in 3 Güteklassen unterschieden:

- Güteklasse I   besonders hohe Tragfähigkeit
- Güteklasse II   gewöhnliche Tragfähigkeit
- Güteklasse III   geringe Tragfähigkeit

Für Bauholz, das für Zimmerarbeiten verwendet wird, gilt zwar hinsichtlich der Güte des Holzes die DIN 68 365, (Bauholz für Zimmerarbeiten, Nov. 1957), jedoch wird in der DIN 4074 eine detaillierte Klassifizierung der Anforderungen an Nadelschnittholz vorgenommen. Sortiermerkmale in der DIN 4074 bei Latten, Brettern, Bohlen und Kanthölzern (definiert in DIN 68 365) sind Äste, Faserneigung, Markröhre, Jahrringbreite, Risse, Baumkante, Krümmung, Verfärbung, Fäule, Druckholz, Insektenfraß durch Frischholzinsekten, mechanische Schäden, Mistelbefall, Rindeneinschluss, überwallte Stammverletzungen und Wipfelbruch.

Alle diese Sortiermerkmale werden bei der Einteilung in Sortierklassen berücksichtigt. Die DIN unterscheidet die „visuelle Sortierung" und die „maschinelle Sortierung".

- visuelle Sortierung   S 7; S 10; S 13
- maschinelle Sortierung   MS 7; MS 10; MS 13; MS 17

Es entsprechen die Sortierklassen   S 13 + MS 13   der Güteklasse I

S 10 + MS 10   der Güteklasse II

S 7 + MS 7   der Güteklasse III

In Abhängigkeit von der Rohdichte beträgt die Wärmeleitfähigkeit (λ-Wert)von Holz 0,13 – 0,18 W/(mK) (siehe DIN EN 12524, 2000-07).

Für zimmermannsmäßig hergestellte Dachkonstruktionen wird in der Regel Vollholz der Güteklasse II verwendet. Der Holzfeuchtegehalt beim Einbau des Vollholzes im Bereich des Dachstuhls sollte 18% nicht überschreiten.

Beim Überbrücken großer Spannweiten wird oft mit Brettschichtholz konstruiert. Hierbei handelt es sich um lamellenartig zu Vollprofilen verleimte, mit Keilzinkung gestoßene Brettern. Es können neben gebogenen oder räumlich gekrümmten Trägerformen auch Träger bis ca. 35m Länge realisiert werden.

In Dachstühlen können verschiedene holzzerstörende Schädlinge vorhanden sein. Sollte bei einem Ortstermin (zu dem dringend geraten wird) zur Erstellung eines Energieausweises ein solcher Befall auffallen, ist es ratsam dem Eigentümer die Hinzuziehung eines Sachverständigen zu empfehlen.

Dachhaut

Als Dachhaut wird die abdichtende und lastabtragende Fläche auf der Dachkonstruktion bezeichnet. Die hauptsächliche Aufgabe ist der Schutz des Baukörpers vor Regenwasser, Schnee und Wind.

Die Art der Dachdeckung sowie die Wahl des geeigneten Deckwerkstoffes sind hauptsächlich von der Dachneigung abhängig und auch hier sind unterschiedliche Wärmedurch-

4.1 Dächer

gangskoeffizienten anzusetzen. Die Dachneigung wird durch den Winkel (Neigungswinkel) zwischen Dachfläche und der Waagerechten bestimmt. Je geringer die Dachneigung ist (bis hin zum Flachdach), desto höher sind die Anforderungen an die Dichtheit des Deckwerkstoffs. Man unterscheidet Dachdeckungen und Dachabdichtungen voneinander. Dachdeckungen müssen wasserableitend sein und Abdichtungen müssen stehendes Wasser abhalten.

Beim Einsatz von

- Faserzementplatten
- Schiefer
- Dachsteinen
- Dachziegeln

sollte der Neigungswinkel über 22°, bei

- Faserzement-Wellplatten und
- Profilblechen

über 7° und bei

- verfalzten Blechen

über 5° betragen.

Die o. g. Neigungswinkel können durch besondere Maßnahmen unterschritten werden. Besondere Maßnahmen sind die Herstellung von Unterdächern als regensicheres Unterdach oder wasserdichtes Unterdach, oder Unterdeckungen mit Unterdeckplatten oder Unterdeckbahnen, oder Unterspannungen mit Unterspannbahnen.

Beim regensicheren Unterdach werden die Sparren mit Brettern vollflächig benagelt und eine Abdichtung aus Bitumen- oder Polymerbitumenschweißbahnen oder Kunststoffdachbahnen aufgebracht. Dann werden Konterlattung und Traglattung angebracht. Beim wasserdichten Unterdach werden die abdichtenden Bahnen zwischen die Konterlattung und die Traglattung geführt.

Bei den meisten geneigten Dächern wird die regensichere Abdeckung durch schuppenartige Dachwerkstoffe erreicht. Zu den schuppenartigen Dachwerkstoffen gehören Dachziegel, Dachsteine, Faserzementplatten, Schiefer, Holzschindeln und Bitumendachschindeln.

Die Höhenüberdeckung der verschiedensten Dachziegel ergibt sich aus Ziegelart und Dachneigung.

Zu beachten sind die Detaillösungen am First, die Traufausbildung, die Einfassung des Schornsteins, die Gratausbildung, die Ausbildung der Kehle, die Ausführung von Durchdringungen und der Anschluss der Dachfenster oder Dachgauben.

Die Wärmeleitfähigkeit von Betondachsteinen beträgt 1,5 W/(mK) und die von Dachziegeln aus Ton beträgt 1,0 W/(mK), (siehe DIN EN 12524, 2000-07).

Dämmstoffe

Neben dem Schutz des Bauwerks vor Witterungseinflüssen (Schnee, Regen, Wind) muss das Gebäude auch vor einem Wärmeverlust im Winter und vor zu starkem Aufheizen durch Sonneneinstrahlung im Sommer geschützt werden. Die Güte und die Art der Dämmung im Nachhinein festzustellen ist sehr schwierig, aber von großer Bedeutung für eine zuverlässige Aussage bei der Berechnung des Energiebedarfs.

Wenn der Dachraum direkt oder durch den Raumverbund beheizt wird, legt die Energieneinsparverordnung (EnEV in neuster Fassung) und die DIN 4108 (Wärmeschutz im Hochbau, Aug. 81) die Anforderungen an den Wärmeschutz fest.

Beim ausgebauten Dachgeschoss muss die Wärmedämmung den gesamten Dachquerschnitt umschließen. Beim Ausführen der Dämmarbeiten ist auf größte Sorgfalt zu achten, denn kleinste Abweichungen können große Schäden hervorrufen. Besonders bei Dachdurchführungen, Anschlüssen oder beim Wechsel von den Dachschrägen zum Drempel (Kniestock) hin ist auf genaueste Ausführung zu achten.

Beim Einbau der Wärmedämmung gibt es mehrere verschiedene Möglichkeiten. Eine Variante ist die Vollsparrendämmung ohne Luftraum. Hier ist die komplette Sparrenhöhe mit Dämmmaterial ausgefüllt. Zur Dachhaut hin ist die Dämmung durch die Unterspannbahn und zur Wohnseite durch die Dampfsperre begrenzt.

Eine weitere Möglichkeit, die Wärmedämmung einzubauen, ist die Zwischensparrendämmung mit Luftraum. Dabei ist nicht die komplette Sparrenhöhe mit Dämmmaterial ausgefüllt, sondern zwischen Dämmung und Unterspannbahn noch eine Luftschicht vorhanden. Zum Dachraum hin ist auch hier eine Dampfsperre erforderlich. Als Ergänzung zur Zwischensparrendämmung mit Luftschicht kann auch zusätzlich noch unter dem Sparren durchgehend gedämmt werden. Wichtig ist immer die durchgehende Dampfsperre, die in der Regel auch die Luftdichtheit gewährleistet. Hier ist besondere Aufmerksamkeit ratsam.

Als aufwändigste und teuerste Möglichkeit gilt die Dämmung auf den Sparren liegend, als auf Schalung liegend oder freitragender Wärmedämmung. Aus gestalterischen Gründen wird diese Variante wieder öfter angewendet, da hier die Sparren frei liegen. Auf den Sparren wird eine Schalung aufgenagelt, auf dieser Schalung wird die Dampfbremse befestigt und dann die Dämmung. Auf der Dämmung ist die Unterspannbahn.

Bei allen Varianten ist auf der Unterspannbahn eine Konterlattung aufgebracht und darauf dann die Traglattung befestigt.

Die Wärmedämmung muss an den Sparren und untereinander absolut dicht gestoßen werden. Die Abschlussflächen von Giebelwänden oder Zwischenwänden müssen ebenfalls auf der Oberseite zur Dachhaut hin gedämmt werden, um hier eine Wärmebrücke (s. Beiblatt 2 zu DIN 4108, Wärmebrücken, Planungs- u. Ausführungsbeispiele) zu vermeiden.

In allen Fällen der Wärmedämmung ist diese durch das Aufbringen einer Unterspannbahn auf der Oberseite der Sparren, gegen Regenwasser und Schnee zu schützen. Eine Unterspannbahn ist eine feinporige, wasserdampfdurchlässige, schwer entflammbare Kunst-

4.1 Dächer

stoffgitterfolie oder eine diffusionsoffene sonstige Kunststoffbahn. Die Bahnen werden schlaff quer zur Sparrenrichtung gespannt und mit 10 cm Stoßüberlappung genagelt oder geheftet. Auf das schlaffe, leicht durchhängende Verlegen der Bahnen sollte geachtet werden, da die meisten Bahnen schrumpfen und so eingedrungenes und abfließendes Regenwasser an den Dachlatten gestaut wird und es auf Dauer zu Fäulnis kommen kann.

Auf der Raumseite ist eine absolute dichte Dampfsperre erforderlich (s. Kap. Luftdichtheit). Diese Dampfsperre verhindert die Wasserdampfdiffusion und die Kondensatbildung innerhalb der Dachkonstruktion (s. DIN 4108 T.3, Wärmeschutz und Energie-Einsparung in Gebäuden, Juli 2001). Äußerste Sorgfalt ist besonders in den Anschlussbereichen (Dachfläche-Wand, Dachfläche-Dachflächenfenster, Dachfläche-Schornstein, Dachfläche-Rohrdurchgänge etc.) und bei den Überlappungen der Bahnen walten zu lassen (s. DIN 4108 T.7 Wärmeschutz und Energie-Einsparung in Gebäuden, Aug. 2001).

Wir unterscheiden bei wärmegedämmten Dächern zwischen belüfteten und nicht belüfteten Konstruktionen.

Bei der belüfteten Dachkonstruktion ist eine Belüftungsebene zwischen Wärmedämmung und Unterspannbahn vorhanden. Bei den nicht belüfteten Dachkonstruktionen ist zwischen Wärmedämmung und Unterspannbahn keine Luftschicht vorhanden. Bei belüfteten wie auch bei unbelüfteten Dächern befindet sich eine Belüftungsebene zwischen Dachdeckung und Unterspannbahn. Dieses wird durch Konterlattung und Traglattung erreicht. Dadurch wird eine Luftströmung zwischen Traufe und First ermöglicht, die eine Wärmeableitung im Sommer gewährleistet. In dieser Ebene wird auch das eventuell eingedrungene Regenwasser oder das angefallene Tauwasser, das durch Kondensatbildung innerhalb des Belüftungsraumes entstanden ist, abgeleitet.

Bei beiden Konstruktionen ist darauf zu achten, dass der Luftstrom zwischen Dachdeckung und Unterspannbahn nicht durch Wechsel, Dachflächenfenster, Dachgauben, Schornsteine oder ähnlichen Hindernissen unterbrochen wird.

Die früher oft ausgeführte belüftete Dachkonstruktion wird heute kaum noch geplant. Durch Unterspannbahnen mit nicht ausreichender Dampfdurchlässigkeit und zu stark aufgequollenen Wärmedämmungen sowie fehlenden Dampfsperren kommt es bei älteren Konstruktionen oft zu erheblichen Schäden. Durch die erforderliche Stärke der Wärmedämmung muss heutzutage auf eine Luftschicht zwischen Dämmung und Unterspannbahn verzichtet werden, da sonst die Sparren zu stark dimensioniert werden müssten.

Bei den Wärmedämmungen gibt es verschiedene Wärmeleitfähigkeiten bei verschiedenen Stoffen (siehe DIN V 4108-4, 2004-07).

- Mineralwolle (MW) nach DIN EN 13162   0,030 – 0,050 W/(mK)
- Expandierter Polystyrolschaum (EPS) nach DIN EN 13163   0,030 – 0,050 W/(mK)
- Extrudierter Polystyrolschaum (XPS) nach DIN EN 13164   0,026 – 0,040 W/(mK)
- Polyurethan-Hartschaum (PUR) nach DIN EN 13165   0,020 – 0,045 W/(mK)
- Phenolharz-Hartschaum (PF) nach DIN EN 13166   0,020 – 0,035 W/(mK)

Flachdach

Flachdächer sind Dächer mit keiner bzw. nur geringer Dachneigung. In der Regel liegen die Dachneigungen zwischen 2° und 5°, um keine Wasseransammlungen entstehen zu lassen. Durch die geringe Dachneigung müssen die Dachflächen nicht nur wasserableitend sondern auch wasserdicht ausgeführt werden.

Gegenüber den geneigten Dächern bietet die Flachdachkonstruktion einige Vorteile:

- geringes Eigengewicht
- bessere Belichtungsmöglichkeit
- erweiterte Nutzungsmöglichkeit (begrünte Flächen, Dachterrassen etc.)
- gestalterische Freiheiten

Konstruktionsbedingt in Abhängigkeit von der Nutzung ergeben sich folgende Beanspruchungen:

- gegen Wind, Regen, Schnee, Hagel, Eis- u. Pfützenbildung, Hitze und Kälte, Temperaturwechsel, UV-Einstrahlung, Ozon-Einwirkungen, Setzungen, Durchbiegung, Verkehrslasten etc.

Die genannten Beanspruchungen sind genauestens zu ermitteln und bei der Planung besonders zu berücksichtigen.

Tragkonstruktionen von Flachdächern können aus Stahlbeton, Profilblechen oder Holz bestehen.

Bei Flachdächern müssen Tragwerk, Beanspruchung und Nutzung des Dachs wie auch des Raums darunter genau aufeinander abgestimmt werden. Dachtragwerk und Aufbau der Dachabdichtung einschließlich Wärmedämmung stehen in direktem Verhältnis miteinander und können nur gemeinsam betrachtet werden.

Bei Änderung von nur einer Komponente könnte es zu schwerwiegenden Feuchtigkeitsschäden durch eindringende Niederschläge oder Wasserdampfdiffusion kommen.

Bei Flachdachausführungen ist eine besondere Sorgfalt auf die Anschlüsse im Attikabereich oder an Dachdurchdringungen zu legen. Hier kommt es sehr häufig zu Feuchteschäden in der Dämmschicht bzw. in den Räumen unterhalb des Daches.

4.2 Decken

Allgemeines

Der Einfluss der Decken innerhalb eines Objekts auf den Verbrauch ist eher gering, wenn die Räume oberhalb und unterhalb der Decke gleich genutzt werden. Grenzen die Decken jedoch an kältere Räume, haben sie einen nicht unerheblichen Anteil am Transmissionswärmeverlust. Im Folgenden werden die Funktion und der Aufbau verschiedener Deckentypen und Deckenarten kurz angesprochen.

4.2 Decken

Decken trennen die einzelnen Geschosse eines Bauwerks voneinander. Sie werden in der Regel als ebene Massivdecken hergestellt und haben die Funktion der tragenden Deckenkonstruktion. Sie dienen als horizontale Scheiben zur Lastabtragung der auf die das Bauwerk aussteifenden vertikalen Bauteile wirkenden Horizontalkräfte (z. B. Wind). Weiterhin müssen die Decken alle auf sie wirkenden vertikalen Kräfte (z. B. Eigengewicht, Verkehrslast) verformungsarm aufnehmen und in Stützen und Wände ableiten. Durch diesen Zusammenhang ist eine Änderung einzelner Bauteile nur in Abstimmung mit den anderen Bauteilen vorzunehmen. Dieser Aspekt sollte bei allen nachträglichen Eingriffen in das statische System bedacht werden.

Ziel des folgenden Kapitels ist es, eine Übersicht über der verschiedenen Deckenbauteile, Deckenkonstruktionen und Baustoffe zu vermitteln.

Decken bestehen im Allgemeinen aus:

- der **Rohdecke**, die das Tragwerk bildet, mit der Aufgabe die Eigenlasten und Verkehrslasten auf die Auflager abzuleiten
- der **Unterdecke**, die sich unter der Rohdecke befindet, mit bauphysikalischen Aufgaben und/oder gestalterischen Gesichtspunkten
- der **Oberdecke** oder Deckenauflage, die sich auf der Rohdecke befindet, mit funktionellen Anforderungen (Schall- u. Wärmeschutz) und gestalterischen Aufgaben

Rohdecken

Rohdecken werden in der Regel als Massivdecken aus Ortbeton oder aus Fertigbauteilen hergestellt. Massivdecken können als, Stahlbeton-Vollplatten, Stahlbeton-Hohlplatten, Stahlsteindecken, Massivbalkendecken, Plattenbalkendecken, Stahlbeton-Rippendecken und Trapezstahldecken ausgeführt werden.

Weiterhin können Geschossdecken auch aus Holzbalken hergestellt werden. Wegen des Schall- und Brandschutzes werden Holzbalkendecken jedoch kaum noch im Wohnungsbau als Geschossdecken eingesetzt.

Stahlbetonplatten

Die Stahlbeton-Vollplatte wird im Allgemeinen als Ortbeton-Platte hergestellt. Die Ausführung erfolgt an Ort und Stelle in einer formgebenden Schalung. Die Schalung kann aus Holz, Holzwerkstoffen, Stahl oder Kunststoffen bestehen. Durch die hohe Formflexibilität ist diese Methode im Wohnungsbau noch sehr verbreitet. Durch Perfektionierung der Schalungssysteme sind die Einschal- und Ausschalzeiten deutlich gesenkt worden.

Die Plattenstärke und die Lage sowie die Stärke des Betonstahls werden vom Tragwerksplaner (Statiker) angegeben.

Um die Stahlbeton-Vollplatten noch wirtschaftlicher zu gestalten, wird verstärkt mit teilweise vorgefertigten Deckensystemen gearbeitet. Bei dieser Art vorgefertigter Elemente handelt es sich um ca. 4 cm dicke und ca. 1,5 m breiten Betonplatten mit Längs- und Querbewehrung und einem „noch" freiliegendem Gitterwerk aus Stahl. Nach dem Verlegen der

Platten (nach Herstellerangaben), wird die noch fehlende Bewehrung verlegt und die Decke mit Ortbeton auf ihre endgültige Stärke betoniert. Der Vorteil solcher Decken liegt sicher bei der geringen Schall-Leitung sowie bei der sehr glatten Oberfläche der Deckenunterseite.

Die Wärmeleitfähigkeit der Stahlbetondecke ist maßgeblich von der Rohdichte des Betons und der Masse der Stahlbewehrung abhängig. Hierbei kann von λ-Werten von 1,15 – 2,5 W/(mK) ausgegangen werden.

Stahlbeton-Hohlplatten

Verwendung kann die Stahlbetonhohlplatte bei großen Spannweiten finden, wo Stahlbetonvollplatten wegen ihrer erforderlichen Dicke ein zu hohes Gewicht aufweisen würden. Sie können in Ortbeton auf einer herkömmlichen Schalung hergestellt werden, wobei die Hohlkörper aus Drahtgewebe oder Schaumstoff in den Querschnitt eingebettet werden. Eine weitere Möglichkeit sind auch hier vorgefertigte Platten wie zuvor beschrieben, die mit Ortbeton aufbetoniert werden müssen.

Bei der Verwendung von komplett vorgefertigten Stahlbetonhohlplatten (Spannbetonhohlplatten) entfällt der Ortbeton. Hierbei werden die einzelnen Plattenelemente dicht gestoßen und an einbetonierten Fixpunkten verschweißt.

Stahlsteindecken

Stahlsteindecken sind Decken mit mittragenden Ziegelhohlkörpern (nach DIN 4159, Ziegel für Decken und Vergusstafeln statisch mitwirkend, Okt. 1999). Hierbei werden die Deckenziegel unvermauert mit durchgängiger Stoßfuge auf der Schalung verlegt. Zwischen den Ziegeln (den Rippen, max. Abstand der Rippen 25 cm) liegt die Bewehrung. Dann werden die Rippen durch Ortbeton ausbetoniert. Heute werden Ziegeldecken meistens in einer Breite bis 1,0 m vorgefertigt.

Massivbalkendecken

Die Massivbalkendecke besteht aus mehr oder weniger dicht nebeneinander liegenden vorgefertigten Massivbalken. Diese Massivbalken können unterschiedlichste Formen aufweisen, wie zum Beispiel die Form von profilierten Stahlbetonträgern mit Steg und Flansch oder von Stahlbetonhohlbalken etc.. Die Massivbalken können aus verschiedensten Materialien (Bimsbeton oder Ziegel in Verbindung mit Beton) gefertigt sein. Bei Ziegelbalken wird die Bewehrung in speziell geformten Ziegelelementen in Beton eingebettet. Zwischen den Balken werden dann Elemente aus Ziegel eingelegt und der Zwischenraum ausbetoniert.

Plattenbalkendecken

Die Plattenbalkendecke besteht aus Rechteckbalken und monolithisch mit ihnen verbundene Plattenteile. Die Balken können einen Abstand von 2 – 3 m haben. Die Platte muss eine Mindeststärke von 7 cm haben. In der Regel werden die Plattenbalkendecken als Fertigteile oder teilweise vorgefertigtes System geliefert. Bei größeren Stützweiten sind sie sicherlich wirtschaftlicher als eine Stahlbetonvollplatte.

Stahlbetonrippendecken

Die Stahlbetonrippendecke ist eine, wie zuvor beschriebene Plattenbalkendecke, jedoch mit einem Abstand der Balken von unter 1,0 m. Die Stärke der Druckplatte beträgt $1/10$ des lichten Rippenabstands, jedoch mindestens 5 cm. Die Rippenbreite muss mindestens 5 cm betragen bei einer Mindesthöhe von 4-mal der Rippenbreite.

Trapezstahldecken

Die Trapezstahldecke ist im Grunde eine Stahlbetonvolldecke mit einer Schalung aus Trapezblechen. Die Trapezbleche bestehen aus bandverzinktem Stahlblech mit einer Dicke von 0,75 – 2,00 mm und Breiten bis ca. 1,00 m. Die Bleche sind bis 15,00 m Länge erhältlich.

Holzbalkendecken

Holzbalkendecken finden in der Regel nur noch als Decke über dem obersten Geschoss, insbesondere bei Flachdächern oder im Zusammenhang mit Holzskelett-Fertigbauweise Verwendung. Durch anstehende Instandsetzungsmaßnahmen in Altbauten werden die Holzbalkendecken wieder häufiger zum Einsatz kommen.

Ausgeführt werden Holzbalkendecken mit Vollholzbalken, Brettschichtträgern, Wellstegträgern oder Gitterträgern. Die Balken- bzw. Trägerlage ist der tragende Teil einer hölzernen Decke und dient zur Lastableitung in die senkrechten Bauteile.

Bei Holzbalkendecken werden unterschieden:
- Zwischen- oder Geschossbalkenlagen (Trennung von zwei Geschossen)
- Dachbalkenlagen (über dem obersten Geschoss)
- Kehlbalkenlagen (innerhalb des Dachgerüstes s. Kap.3.1)

Die Balkenlagen werden mittels Giebel- und Kopfanker zug- und druckfest mit dem Außenmauerwerk verbunden. Als Bodenbelag können Holzspanplatten, Profilbretter oder andere plattenförmige Baustoffe verwendet werden.

Unterdecke

Die Unterdecken oder Deckenbekleidungen sind der obere sichtbare Abschluss eines Raumes. Die Unterdecken können, neben einlagigem Putz, aus einer Unterkonstruktion und einer flächenbildenden sichtbaren Decklage bestehen. Die Unterkonstruktion ist als ausgleichende Tragkonstruktion fest mit der Rohdecke verbunden. Sie muss in Verbindung mit der Gesamtdeckenkonstruktion geplant und ausgeführt werden. Es können aus folgenden Gebieten die unterschiedlichsten Anforderungen an die Unterdecken gestellt werden:

- Raumgestaltung (räumliches Gesamtkonzept)
- Schallschutz (Schalldämmung u. Raumakustik)
- Wärmeschutz (bei angrenzenden Außenbauteilen)
- Brandschutz (Brandverhalten von Baustoffen)
- Aufnahme von Beleuchtungstechnik
- Demontierbarkeit und Zugänglichkeit des Deckenhohlraums
- Geometrische und maßliche Abstimmung
- Reduzierung des Montageaufwands (Zeitersparnis)
- Material- und Sichtflächenbeschaffenheit
- Wirtschaftlichkeit

Raumgestaltung

Bei der Planung der Unterdecke sollten stets auch die raumgestalterischen Aspekte mit aufgenommen und berücksichtigt werden. Neben innenarchitektonischen Gesichtspunkten ist Nutzungszweck, Größe, Form und Zuschnitt des Raumes zu bedenken. Jedoch sollte bei der Wichtigkeit dieses Punktes immer bedacht werden, dass die bauphysikalischen Anforderungen im Vordergrund stehen.

Schallschutz

Bei der Betrachtung des Schallschutzes muss zwischen den Maßnahmen der Schalldämmung und der Schallabsorption (Schallschluckung) unterschieden werden. Die Schalldämmung ist die Minderung der Schallübertragung zwischen dem Sender in dem einen Raum und dem Empfänger in einem anderen Raum. Dabei werden die zwei Übertragungsarten Luftschall und Körperschall unterschieden.

Bei der Schallabsorption soll das Ausbreiten, bzw. Reflektieren des Schalls in einem Raum verringert werden. Beide Maßnahmen, Schalldämmung wie auch Absorption, müssen getrennt voneinander betrachtet werden.

Schallabsorption ist vor allem bei Bürogebäuden, Industriebetrieben, Kaufhäusern, Turnhallen oder auch in Unterrichtsräumen oder Vortragsräumen zu beachten.

Die Anforderungen an die Schalldämmung in Aufenthaltsräumen gegen Geräusche aus anderen Räumen regelt die DIN 4109 (Schallschutz im Hochbau, Nov. 1989). Hierbei bezieht sich die Anforderung immer auf die gesamten Deckenkonstruktion, also Rohdecke, Oberdecke und Unterdecke.

Wärmeschutz

Die Anforderungen an den Wärmeschutz bei Unterdecken oder Deckenbekleidungen ist als eher sekundär anzusehen, wenn die Räume oberhalb und unterhalb der Decke gleich genutzt werden. Sollte die Decke über einem kalten Raum oder Außenbereich (z. B. Tordurchfahrt) liegen, bekommt die Unterdecke einen wichtigen Stellenwert bei der Ermittlung des Transmissionswärmeverlustes. Im Bereich von Decken zu einem Außenbereich hin (Flachdach), sollte vor Einbau einer Unterdecke eine genaue wärmetechnische Untersuchung stattfinden. Es besteht hier die Gefahr einer Verlagerung des Taupunktes und dadurch von verstärktem Aufkommen von Kondensat in einem nicht erwünschten Bereich.

Bei den Wärmedämmungen gibt es verschiedene Wärmeleitfähigkeiten bei verschiedenen Stoffen (siehe DIN EN 12524, 2000-07 und DIN 4108-4, 2004-07).

– Gipsdämmputz Rohdichte 600 kg/m³	0,18 W/(mK)
– Gipsputz Rohdichte 1000 kg/m³	0,40 W/(mK)
– Gipskartonplatten Rohdichte 900 kg/m³	0,25 W/(mK)
– Leichtputz Rohdichte < 1000 kg/m³	0,38 W/(mK)
– Leichtputz Rohdichte < 700 kg/m³	0,25 W/(mK)
– Kalkgipsputz Rohdichte 1400 kg/m³	0,70 W/(mK)
– Wärmedämmputzputz Rohdichte > 200 kg/m³	0,060 – 0,10 W/(mK)

Brandschutz

Unter dem Begriff Brandschutz wird die Gesamtheit aller Maßnahmen, Mittel und Methoden

– zur Verhütung von Bränden
– zur Begrenzung der Brandausbreitung
– zur Brandbekämpfung

zum Schutz von Menschen, Tieren und Sachwerten verstanden.

Der bauliche Brandschutz teilt sich in planerische, technische und konstruktive Maßnahmen. Die Baustoffe werden nach DIN 4102-1 (Brandverhalten von Baustoffen und Bauteilen, Mai 1998) in verschiedene Baustoffklassen eingeteilt. In der DIN 4102-2 (Brandverhalten von Baustoffen und Bauteilen, Sep. 1977) werden Bauteile entsprechend ihrer Feuerwiderstandsdauer in Feuerwiderstandsklassen eingeteilt.

Beim Erstellen eines Brandschutzkonzepts wird stets der gesamte Deckenaufbau berücksichtigt. Im Neubau wie auch bei Umbau- oder Modernisierungsmaßnahmen kann den Unterdecken oder den Deckenbekleidungen eine wesendliche Aufgabe beim Brandschutz zukommen. Das Festlegen der Brandbeanspruchung und der Ausführung der Unterkonstruktion sowie die Wahl der Baustoffe ist Aufgabe des Brandschutzkonzepts. Eine detaillierte Betrachtung dieses umfangreichen Themas würde den Rahmen dieses Buches sprengen.

Material und Sichtflächenbeschaffenheit

Zum Einsatz bei Unterdecken oder Deckenbekleidungen kommen – je nach Anforderung – verschiedenste Materialien. Bei abgehangenen Decken gibt es unterschiedliche Produkte (Holz, Metall) für die Unterkonstruktion. Auch die Befestigungssysteme (Ankerschienen, Dübel, Setzbolzen) und die Abhänger (Schlitzbandabhänger, Schnellspannabhänger, Noniusabhänger) sind firmenabhängig. Welches System für welchen Einsatz am besten geeignet ist, muss im Einzelfall bei der jeweiligen Anwendung neu entschieden werden.

Als Decklagen kommen verschiedene Deckensysteme zum Einsatz:

Fugenlose Deckenbekleidungen und Unterdecken

– Fugenlose Decken, mit geschlossenem Deckenspiegel (Gipskartonbauplatten, Gipskarton-Putzträgerplatten, Mineralfaser-Putzträgerplatten)

Ebene Deckenbekleidungen und Unterdecken

– Plattendecken, meist geschlossene Systeme (Mineralfaserplatten, Holz-Spanplatten, Holz-Furnierplatten, Holz-Faserplatten, Holzwolle-Leichtbauplatten, Gipskarton-Bauplatten, Gipskarton-Kassetten, Metall-Deckenplatten
– Paneeldecken, offene und geschlossene Systeme (Metall-Profile, Massivholz-Profile, Spanplatten-Paneelen, Hart-PVC-Profile
– Lamellendecken, meist offene Systeme (Massivholz-Lamellen, Spanplatten-Lamellen, Mineralfaser-Lamellen, Leichtmetall-Lamellen, Stahlblech-Lamellen, Hohlkörper-Lamellen aus Holz oder Metall)
– Rasterdecken, meist offene Systeme (Pressholz-Elemente, Metall-Elementen, Kunststoff-Elemente)

Waben- und Pyramidendecken

– Wabendecken, offene und geschlossene Systeme (Mineralfaserplatten, Holzwerkstoffplatten, Hohlkörperprofile aus Metall)
– Pyramidendecken, geschlossene Systeme mit und ohne integrierter Beleuchtung (Mineralfaserplatten, Holzwerkstoffplatten, Metall-Deckenplatten)
– Integrierte Unterdeckensysteme
– Lichtkanaldecke, mit integrierter Akustik, Beleuchtung, Klimatisierung (Holzwerkstoffplatten, Textile Spannrahmenelemente, Metall-Deckenplatten, Mineralfaserplatten)
– Kombinationsdecke, Großrasterdecke mit integrierter Beleuchtung, Akustik oder Klimatisierung (Metall-Kassetten, Metall-Paneelen, Mineralfaserplatten)

Bei den verschiedenen Typen von Unterdecken, können ebenfalls Dämmstoffe eingelegt sein, die den Wärmedurchgangskoeffizienten positiv beeinflussen. Dieses sollte bei der Erstellung des Energieausweises geklärt sein.

Oberdecke/Deckenauflage

Die Oberdecke, der Oberboden oder die Deckauflage haben eine große Bedeutung für das räumliche Wohlbefinden. Neben optischen und hygienischen Anforderungen können sie einen großen Einfluss auf den Schall-, Feuchte- und Wärmeschutz haben. Oberböden in Räumen, die zum ständigen Aufenthalt von Personen genutzt werden, sollen sicher und angenehm begehbar, optisch ansprechend, einfach zu reinigen und zu pflegen, möglichst verschleißfrei, fußwarm und trittschalldämmend sein. Weiterhin soll der Boden relativ preiswert, lichtecht und maßhaltig sein. Bei öffentlichen Gebäuden, Büro- oder Industriegebäuden werden darüber hinaus jeweils spezielle Anforderungen an den Boden gestellt.

Da man nicht allen Anforderungen gleichermaßen gerecht werden kann, muss bei der Planung der gesamte Deckenaufbau einschließlich des Oberbodens festgelegt werden. Hierbei sind konstruktive, bauphysikalische, wirtschaftliche, ökologische und raumgestaltenden Gesichtspunkte sorgsam miteinander zu vergleichen.
Im Folgenden bezieht sich das Kapitel Oberdecke in erster Linie auf Estrichböden.

Estricharten

Estriche werden nach dem jeweiligen Bindemittel in Zementestrich, Kunstharzestrich, Anhydritestrich und Gussasphaltestrich unterschieden.

Zementestrich: Zementestrich (ZE) besteht, wie der Name schon sagt, aus dem Bindemittel Zement, Gesteinskörnungen und Zugabewasser. Je nach Estrichstärke werden verschiedene Gesteinskörnungen verwendet. Bis zu einer Stärke von 40 mm wird die Korngruppe 0/8 eingesetzt, bei Estrichstärken über 40mm kommt die Gruppe 0/16 zu Einsatz. Als Zement wird in der Regel ein Portlandzement (CEM I 32,5 R) verwendet. Wärmeleitfähigkeit bei einer Rohdichte von 2000 kg/m^3 entspricht 1,4 W/(mK) (siehe DIN V 4108-4, 2004-07).

Kunstharzestrich: Kunstharzestrich besteht aus Reaktionsharzen wie Epoxydharz, aus Farbstoffen und aus Zuschlagstoffen wie Quarzsand. Der Kunstharzestrich hat eine geringe Aushärtezeit und eignet sich besonders für den Einbau in dünnen Schichten.

Anhydritestrich: Anhydritestrich (AE) besteht aus Anhydritbinder, Gesteinskörnung und Zugabewasser. Als Gesteinskörnungen werden Korngruppen bis 8 mm verwendet. Anhydritestrich darf keiner ständigen Feuchtigkeitsbeanspruchung ausgesetzt werden. Wärmeleitfähigkeit bei einer Rohdichte von 2100 kg/m^3 entspricht 1,2 W/(mK) (siehe DIN V 4108-4, 2004-07).

Gussasphaltestrich: Gussasphaltestrich (GE) besteht aus Bitumen, Füller und Gesteinskörnung. Als Füller wird gemahlener Naturstein verwendet und als Gesteinskörnung kommt Sand zum Einsatz. Eingebaut wird das Mischgut mit einer Temperatur von ca. 250°C. Gussasphaltestrich wird öfter bei der Sanierung von Bauwerken sowie bei Bauten mit geringen Bauzeiten eingesetzt.

Weiteres Unterscheidungskriterium bei den Estricharten ist die Einbau- oder Verlegetechnik. Hier unterscheidet man konventionell eingebrachte Estriche, Fließestrich und Trockenestriche.

Konventionell eingebaute Estriche werden mit einer Estrichpumpe in steifer Konsistenz eingebracht, verdichtet und anschließend geglättet. Der tragende Untergrund muss sauber und eben sein. Die Estriche müssen in gleichmäßiger Schichtdicke eingebaut werden.

Punktförmige Erhöhungen sowie andere Unebenheiten sind vor dem Einbringen des Estrichs zu beseitigen.

Fließestrich zeichnet sich beim Einbau durch seine selbstnivellierende Oberfläche aus. Er wird, wie beim konventionell eingebauten Estrich mit einer Pumpe zum Einbauort befördert, jedoch hier in flüssigem Zustand. Er verläuft ohne Verdichtung und ein zeitintensives Glätten entfällt. Durch den hohen Wassergehalt hat der Fließestrich jedoch eine längere Austrocknungszeit als der herkömmlich eingebrachte Estrich.

Trockenestrich (TE) ,oder auch Fertigteilestrich genannt, besteht aus vorgefertigten Platten. Diese, meist aus zwei oder drei Gipskartonplatten oder Gipsfaserplatten bestehenden Elemente, werden trocken verlegt und in der Stufenfalz verklebt und verschraubt. Diese Einbauweise kann auf einer Trockenschüttung oder auf Dämmung stattfinden und kommt besonders bei der Altbausanierung zu Einsatz. Von Vorteil ist hier die geringe Höhe der Estrichschicht sowie das geringe Flächengewicht. Ein weiterer Vorteil besteht aus der Trockenverlegung, das heißt, man bekommt keine Feuchtigkeit durch Trocknung des Estrichs in den Baukörper.

Estrichkonstruktionen

Bei den Estrichkonstruktionen unterscheidet man in Verbundestrich, Estrich auf Trennlage, Estrich auf Dämmschichten, Heizestrich und Industrieestrich. (s. DIN 18560-1, Estriche im Bauwesen, Allgemeine Anforderungen, Prüfung und Ausführung, April 2004)

Verbundestrich: Verbundestriche sind mit der tragenden Rohdecke fest verbunden. Sie können mit einem Belag versehen oder ohne Belag genutzt werden. Einsatz findet der Verbundestrich in untergeordneten Räumen ohne Anforderungen an Wärme- oder Schallschutz. Es eignen sich zum Einbau Estriche aller Bindemittelarten. Zementestrich wird am vorteilhaftesten auf den noch feuchten Betonuntergrund (frisch in frisch) eingebaut. Nachträglich ist der Einbau, wie bei allen anderen Estricharten auch, mit einer Haftbrücke möglich. Die Haftbrücke sorgt für eine bessere Verbindung zwischen Estrich und Untergrund. Die Haftbrücke muss jedoch immer auf die Estrichart abgestimmt werden. (s. DIN 18560-3, Estriche im Bauwesen, Verbundestriche, April 2004)

Estrich auf Trennschicht: Estriche auf einer Trennschicht sind Estriche, die von der tragenden Rohdecke durch eine dünne Zwischenlage getrennt sind. Auch diese Estriche können mit einem Belag versehen werden oder direkt ohne Belag genutzt werden. Einsatz finden die Estriche auf Trennschicht immer dort, wo aus bauphysikalischem Grund ein Verbund nicht sinnvoll erscheint (z. B. Temperaturunterschiede zwischen Estrich und Rohdecke etc.).

4.2 Decken

	(s. DIN 18560-4, Estriche im Bauwesen, Estriche auf Trennschicht, April 2004)
Estrich auf Dämmschicht:	Estriche auf einer Dämmschicht werden auch als schwimmende Estriche bezeichnet. Er wird auf einer Dämmschicht hergestellt und hat keinerlei Verbindung zu angrenzenden Bauteilen (Wänden, Stützen, Rohren etc.). Der Estrich auf Dämmschicht erfüllt zugleich die Anforderungen aus dem Schallschutz wie auch aus dem Wärmeschutz und ist daher der am häufigsten eingesetzte Estrich im Wohnungsbau. Durch die konsequente Trennung der biegesteifen lastverteilenden Estrichplatte von den angrenzenden Bauteilen und der Lagerung auf der federnden Dämmschicht wird das Eindringen von Körperschall (Trittschall) in den Baukörper (Rohdecke, Wände etc.) verhindert. Hier ist ein absolut sorgfältiges Arbeiten erforderlich, schon die kleinsten Verbindungen zu den angrenzenden Bauteilen haben aus schalltechnischer Sicht immense Nachteile. Der Wärmeschutz wird durch die eingelegte Dämmschicht verbessert. Die Estrichdicken sind von der Zusammendrückbarkeit der Dämmstoff sowie der Estrichart abhängig. (s. DIN 18560-2, Estriche im Bauwesen, Estriche und Heizestriche auf Dämmschicht, April 2004)
Heizestrich:	Heizestrich ist wie der Estrich auf Dämmschicht, jedoch einschließlich der Aufnahme von Heizelementen zur Raumheizung. Je nach Lage der Heizelemente wird der Heizestrich in die Bauarten A, B und C eingeteilt. Bauart A – die Heizelemente liegen innerhalb der Estrichschicht, Bauart B – die Heizelemente liegen innerhalb der Dämmschicht, Bauart C – die Heizelemente liegen in einer separaten Estrichausgleichschicht zwischen Dämmung und Estrich. (s. DIN 18560-2, Estriche im Bauwesen, Estriche und Heizestriche auf Dämmschicht, April 2004)
Industrieestriche:	Industrieestrich ist bei hochbeanspruchten Flächen auszuführen. Der Industrieestrich kann als Verbundestrich, Estrich auf Trennlage oder als Estrich auf Dämmschicht hergestellt werden. Er wird in der Regel gegen hohe mechanische Beanspruchung ausgeführt. Industrieestriche werden in drei Beanspruchungsgruppen eingeteilt. (s. DIN 18560-7, Estriche im Bauwesen, Hochbeanspruchbare Estriche (Industrie-Estriche), April 2004)

Neben dem Einbau des Estrichs ist auch die Nachbehandlung sowie die Anordnung und Ausbildung von Fugen in Estrichen und Dämmschichten zu beachten und zu berücksichtigen.

4.3 Wände

Wie vor hunderten von Jahren werden Wände heute immer noch aus mehr oder weniger kleinformatigen künstlichen Steinen hergestellt. Die Steine werden durch den Mörtel in den Fugen aneinander gehalten und ergeben so eine stabile Mauer. Bei der Berechnung des Energieausweises sind der Wandaufbau und auch die verwendeten Materialien von wichtiger Bedeutung. Ähnlich wie beim Dachaufbau erwähnt beeinflusst der Wandaufbau den Energiebedarf sehr, da infolge der Wärmeleitung durch die Gebäudehülle die Transmissionswärmeverluste berechnet werden. Hier eine genaue und zutreffende Aussage über den Wandaufbau zu erhalten, hat größte Priorität. Bemessungswerte der Wärmeleitfähigkeit und Richtwerte der Wasserdampf-Diffusionswiderstandszahlen werden aus der DIN V 4108-4, Wärmeschutz und Energieeinsparung in Gebäuden, Juli 2004 entnommen.

In einem Bauwerk können Wände verschiedene Funktionen ausüben. Man unterscheidet daher in **tragende Wände**, **aussteifende Wände** und **nichttragende Wände**.

tragende Wände: Tragende Wände werden überwiegend auf Druck beansprucht und sind zur Aufnahme der entstehenden vertikalen und horizontalen Lasten verantwortlich. Alle Wände, die mehr als ihre Eigenlast aus dem jeweiligen Geschoss tragen, gelten als tragende Wände. Im „normalen" Wohnungsbau sind die Außenwände tragend. Ebenfalls können auch einige Innenwände als tragende Wände konstruiert sein, diese Entscheidung wird jedoch bei der Planung vom Architekt in Zusammenarbeit mit dem Tragwerksplaner festgelegt. Im Skelettbau sind die Außenwände in der Regel nichttragend ausgeführt.

aussteifende Wände: Aussteifende Wände sind Wände die zur Aussteifung des Gebäudes oder zur Knick- und/oder Beulaussteifung von tragenden Wänden benötigt werden. Sie müssen rechtwinklig und unverschieblich zur ausgesteiften Wand gehalten sein. Aussteifende Wände sind daher auch immer als tragende Wände anzusehen.

nichttragende Wände: Nichttragende Wände können, ohne die Tragfunktion des Gebäudes zu beeinträchtigen, jederzeit entfernt werden. Sie haben lediglich den optischen oder bauphysikalischen Anforderungen zu genügen. Da eine aussteifende Wand nicht ohne weitere Maßnahmen entfernt werden kann, gilt sie als tragend.

Neben den oben beschriebenen lastabtragenden Anforderungen müssen Wände oft noch weitere Anforderungen erfüllen, wie zum Beispiel:

- Wärmeschutz (Wärmedämmung, Wärmespeicherung)
- Schlagregenschutz
- Schallschutz

4.3 Wände

- Brandschutz
- Schutz gegen eindringende Feuchtigkeit bei erdberührten Außenwänden
- Dampfdurchlässigkeit
- Gewicht
- Oberflächengestaltung
- Herstellungsmöglichkeiten
- Kosten

Alle die obengenannten Punkte sind bei der Planung (Wandaufbau, Material etc.) zu berücksichtigen. Im folgenden Abschnitt werden die verschiedenen Baustoffe aufgeführt und die unterschiedlichen Mauerwerksarten und Wandkonstruktionen erläutert.

Baustoffe

An künstlichen Steinen stehen für den Mauerwerksbau klein-, mittel- und großformatige Steine in vielfältigen Materialien, Formen und Abmessungen zur Auswahl. Die meisten der heute verwendeten Ziegel und Mauersteine sind genormt. Die Steinformate werden mit einem Vielfachen von DF (Dünnformat) gekennzeichnet. Der DF hat eine Steinhöhe von 52 mm. Demnach ergibt sich bei vier Schichten eine Höhe (einschl. Fugen) von 250 mm. Die Einteilung der Formate ist unabhängig vom Baustoff, aus dem die Steine sind.

Die Wahl des „richtigen" Steinformats wird durch gestalterische, arbeitstechnische und wirtschaftliche Aspekte bestimmt. Kleinformatige Mauersteine kommen in der Regel aus gestalterischen (Verblendmauerwerk) Anforderungen oder bei „schwierigen" Bauteilen (Pfeiler, Bogen etc.) zum Einsatz. Großformate hingegen rationalisieren die Arbeitsabläufe und werden verstärkt bei „einfachen", langen, geraden und/oder großflächigen Innen- oder Außenwänden eingesetzt. Für die energetische Betrachtung ist der Bemessungswert der Wärmeleitfähigkeit von großer Bedeutung. Hier können die Werte von λ (gesprochen klein lamda) von 2,1 (W/mK) bei Betonsteinen bis 0,11 (W/mK) bei Porenbetonsteinen variieren (Werte aus DIN V 4108-4,2004-07).

Gebrannte Mauersteine (Mauerziegel)

Mauerziegel: Mauerziegel gehören zu den ältesten Steinen die zum Wandbau verwendet werden. Ziegel werden aus Lehm, Ton oder tonigen Massen mit oder ohne Zusatzstoffe geformt und gebrannt. Die eingesetzten Zusatzstoffe (z. B. porenbildende Stoffe) dürfen die Eigenschaften des Ziegel auch auf Dauer nicht negativ beeinflussen. Ziegel müssen frei von schädlichen Einschlüssen (Kalk, Natriumsulfat, Kaliumsulfat etc.) sein.

Zu unterscheiden sind Vollziegel (Mz); Lochziegel (HLz); Vormauerziegel (VHLz, VMz); Klinker (KHLz, KMz); Mauertafelziegel; Handformziegel; Leichthochlochziegel (HLz); Leichtlanglochziegel und Ziegelplatten (LLz, LLp); Hochfeste Ziegel und Klinker (HLz, Mz, KMz, KHLz); Keramikklinker (KHK,

KK). Wärmeleitfähigkeit von HLZ bei einer Rohdichte von 1200 kg/m³ entspricht 0,50 W/(mK), bei einer Rohdichte von 2400 kg/m³ entspricht 1,40 W/(mK) (siehe DIN V 4108-4, 2004-07).

Ungebrannte Mauersteine

Kalksandsteine: Kalksandsteine werden aus Kalk und Quarzsand hergestellt und unter Dampfdruck bis 200°C gehärtet. Sie sind sehr maßgenau und vielseitig einsetzbar.

Zu unterscheiden sind Vollstein (KS); Lochstein (KSL); Voll- und Blockstein für Normalmörtel (KS-R); Loch- und Hohlblockstein für Normalmörtel (KSL-R); Voll- und Blockstein für Dünnbettmörtel (KS-R(P)); Loch- und Hohlblocksteine für Dünnbettmörtel (KSL-R(P)), Bauplatte für Dünnbettmörtel mit umlaufendem Nut-Feder-System (KS-P); Planelemente für Dünnbettmörtel mit Nut-Feder-System (KS-PE); Verblender (KS Vb); Verblender als Lochstein (KS Vb L); Vormauerstein (KS Vm); Vormauerstein als Lochstein (KS Vm L). Wärmeleitfähigkeit von KS bei einer Rohdichte von 1000 kg/m³ entspricht 0,50 W/(mK), bei einer Rohdichte von 2200 kg/m³ entspricht 1,30 W/(mK) (siehe DIN V 4108-4, 2004-07).

aus Leichtbeton: Mauersteine aus Leichtbeton bestehen aus hydraulischen Bindemitteln und porigen, mineralischen Zuschläge. Diese Zuschläge können Naturbims, Hüttenbims, Ziegelsplitt, Tuff oder Blähton sein. Das Gemisch wird in Stahlformen durch Vibrations- und Stampfeinwirkung geformt, verdichtet und nach dem Ausschalen meist einer Wärmebehandlung unterzogen.

Zu unterscheiden sind Vollsteine aus Leichtbeton (V); Vollblöcke aus Leichtbeton (Vbl-SW); Hohlblocksteine aus Leichtbeton (Hbl). Wärmeleitfähigkeit bei einer Rohdichte von 450 kg/m³ entspricht 0,31 W/(mK), bei einer Rohdichte von 2000 kg/m³ entspricht 0,99 W/(mK) (siehe DIN V 4108-4, 2004-07).

aus Beton: Mauersteine aus Normalbeton werden aus haufwerksporigem oder gefügedichtem Beton unter Verwendung von Zuschlägen mit dichtem Gefüge hergestellt.

Zu unterscheiden sind Mauersteine aus Beton (Hbn); Vollblöcke (Vbn); Vollsteine (Vn); Vormauersteine (Vm); Vormauerblöcke (Vmb). Wärmeleitfähigkeit bei einer Rohdichte von 800 kg/m³ entspricht 0,60 W/(mK), bei einer Rohdichte von 2400 kg/m³ entspricht 2,10 W/(mK) (siehe DIN V 4108-4, 2004-07).

4.3 Wände

aus Porenbeton: Mauersteine aus Porenbeton (früher Gasbeton) bestehen aus Quarzsand, Zement und/oder Kalk und als Treibmittel Aluminiumpulver. Durch chemischen Prozess kommt es zum „Aufblähen" des Gemisches und die Porenstruktur entsteht. Nachdem die Steine in die endgültige Form gebracht wurden, werden sie ähnlich wie der Kalksandstein in Öfen unter Dampf bei ca. 180°C gehärtet.

Zu unterscheiden sind Blocksteine (P); Plansteine (PP). Wärmeleitfähigkeit bei einer Rohdichte von 350 kg/m³ entspricht 0,11 W/(mK), bei einer Rohdichte von 800 kg/m³ entspricht 0,25 W/(mK) (siehe DIN V 4108-4, 2004-07).

Hüttensteine: Hüttensteine bestehen aus granulierter Hochofenschlacke mit Kalk, Schlackenmehl oder Zement als Bindemittel. Nach dem Mischen werden die Steinrohlinge geformt, durch pressen oder rütteln verdichtet und an der Luft unter Dampf oder kohlesäurehaltigen Abgasen gehärtet.

Zu unterscheiden sind Hüttenvollsteine (HSV), Hüttenlochsteine (HSL); Vormauersteine (VHSV). Wärmeleitfähigkeit bei einer Rohdichte von 1000 kg/m³ entspricht 0,47 W/(mK), bei einer Rohdichte von 2000 kg/m³ entspricht 0,76 W/(mK) (siehe DIN V 4108-4, 2004-07).

Mauermörtel

Mauermörtel ist ein Gemisch aus Bindemitteln, Zuschlägen und Wasser, gegebenenfalls sind auch Zusatzstoffe und /oder Zusatzmittel vorhanden. Der Zuschlag besteht aus Sand und die Bindemittel sind in der Regel Zement oder Baukalk. Zusatzstoffe können Trass, Flugasche oder Farbpigmente sein. Zusatzmittel kommen vorwiegend als Erstarrungsverzögerer, Erstarrungsbeschleuniger oder Luftporenbildner zum Einsatz.

Der Mauermörtel wird unterschieden in:

- Normalmörtel (NM)
- Leichtmörtel (LM)
- Dünnbettmörtel (DM)

Am häufigsten kommt Normalmörtel zum Einsatz. Er wird nach seiner Zusammensetzung in drei Mörtelgruppen eingeteilt.

- Mörtelgruppe I (MG I):   Kalkmörtel
- Mörtelgruppe II (MG II und MG IIa): Kalk-Zementmörtel
- Mörtelgruppe III (MG III und MG IIIa): Zementmörtel

Leichtmörtel wird dort eingesetzt, wo der Fugenanteil großen Einfluss auf die Wärmedämmung hat. Leichtmörtel kann die Gesamt-Wärmedämmung erheblich verbessern. Leichtmörtel wird in zwei Gruppen eingeteilt.

- LM 21 (Rechenwert der Wärmeleitfähigkeit 0,21 W/(mK))
- LM 36 (Rechenwert der Wärmeleitfähigkeit 0,36 W/(mK))

Dünnbettmörtel werden meistens nach Mörtelgruppe III hergestellt und sind als Werk-Trockenmörtel im Handel. Mit dem Dünnbettmörtel werden besonders maßhaltige Steine vermauert. Die Fugenstärke beträgt 1 bis 3 mm.

Dämmmaterial

Im Mauerwerksbau werden verschiedenartige Dämmmaterialien verwendet. Besonders in alten Gebäuden treffen wir auf Dämmstoffe, die heutzutage nicht mehr sehr häufig verarbeitet werden. Je nach Aufbau des Wandquerschnittes können verschiedene Wärmedämmstoffe eingesetzt werden. Dämmstoffe werden unterschieden in anorganische und organische Dämmstoffe.

Anorganische Dämmstoffe: porige Dämmstoffe:
Blähglimmer:
$\rho < 100$ kg/m³ - λ 0,070 W/(mK)

Blähton:
$\rho < 400$ kg/m³ - λ 0,16 W/(mK)

Blähperlit:
$\rho < 100$ kg/m³ - λ 0,060 W/(mK)

Schaumglas:
$\rho < 150$ kg/m³ - λ 0,055 W/(mK)

faserige Dämmstoffe:
Glaswolle:
λ 0,030 – 0,050 W/(mK)

Steinwolle:
λ 0,035 – 0,040 W/(mK)

Schlackenwolle:
λ 0,035 – 0,050 W/(mK)

Organische Dämmstoffe: porige Dämmstoffe:
Korkschrot-Schüttung:
$\rho < 200$ kg/m³ - λ 0,055 W/(mK)

Getreidegranulat:
λ 0,050 – 0,070 W/(mK)

Polystyrol-Partikelschaum:
λ 0,035 – 0,040 W/(mK)

Polystyrol-Extruderschaum:
λ 0,030 – 0,040 W/(mK)

Polyurethan-Hartschaum:
λ 0,020 – 0,040 W/(mK)

	faserige Dämmstoffe:	Holzwolle-Leichtbauplatten: λ 0,065 – 0,15 W/(mK)
		Mehrschicht-Leichtbauplatten: λ 0,090 – 0,15 W/(mK)
		Poröse Holzfaserplatten: λ 0,035 – 0,070 W/(mK)
		Zellulosefaser-Dämmstoffe: λ 0,040 – 0,045 W/(mK)
		Hanf-Matten: λ 0,040 – 0,050 W/(mK)
		Schafwolle: λ 0,040 – 0,045 W/(mK)
		Kokosfaser: λ 0,045 – 0,050 W/(mK)
		Baumwolle: λ 0,038 – 0,042 W/(mK)
		Flachs: λ 0,040 – 0,050 W/(mK)
		Schilfrohr: λ 0,045 – 0,065 W/(mK)

Mauerwerksarten

Man unterscheidet einschaliges und zweischaliges Mauerwerk. Weitere Bezeichnungen aus dem Mauerwerksbau sind Hintermauerwerk, Sichtmauerwerk, Innenmauerwerk und Außenmauerwerk. Ein Wechsel von Steinarten innerhalb eines Gebäudes sollte möglichst vermieden werden, da es sonst zu Rissbildung aufgrund unterschiedlicher Verformungsverhalten kommen kann.

Hintermauerwerk: Als Hintermauerwerk eignen sich alle Steinarten und Steinformate. Hintermauerwerk hat keinen Anspruch auf Luftdichtigkeit, diese sollte aber durch den aufgebrachten Innenputz sichergestellt werden.

Sichtmauerwerk: Sichtmauerwerk bezeichnet ein Mauerwerk, welches von einer oder beiden Seiten nicht verputzt wird, also sichtbar bleibt. Beim Sichtmauerwerk ist neben der Auswahl des Steinformates auch der Transport und der Umgang auf der Baustelle von äußerster Wichtigkeit. Auf gleiche Fugenstärke ist extrem zu achten.

Einschaliges Mauerwerk: Es kann als Sichtmauerwerk oder Hintermauerwerk ausgeführt werden. Die Lastabtragung geschieht über die ganze Wanddicke. Einschaliges Mauerwerk eignet sich als Innen- und Außenmauerwerk. Wenn einschaliges Mauerwerk als Außenmauerwerk verwendet wird müssen gesonderte Maßnahmen für den Schlagregenschutz getroffen werden.

Zweischaliges Mauerwerk: Zweischaliges Mauerwerk wird oft im Außenwandbereich sowie im Bereich von Haustrennwänden eingesetzt. Bei der Wahl des Wandaufbaus bei Haustrennwänden ist in erster Linie der Schallschutznachweis maßgebend. Bei Außenwänden ist die innere Wandscheibe meist die Lastabtragende. Und der Wandaufbau wird durch den Wärme- und den Schallschutznachweis im Einklang mit den optischen Vorstellungen bestimmt. Beim Herstellen einer zweischaligen Außenwand ist die Außenschale (Mindestdicke 9cm) mit der lastabtragenden Innenschale zu verankern. Vertikale Dehnfugen sind je nach Art der Außenschale in den entsprechenden Abständen anzuordnen (ca. 8 - 10 m). Bei hohen Fassaden sollte die Außenschale (bei 11,5cm Stärke) nach ca. 12m mit geeigneten, zugelassenen Systemen abgefangen werden.

Weiter ist die zweischalige Außenwand zu unterteilen in, zweischalige Außenwand mit Kerndämmung, zweischalige Außenwand mit Luftschicht und zweischalige Außenwand mit Dämmung und Luftschicht.

Eine zweischalige Außenwand mit Kerndämmung besteht aus einer Innen- und Außenschale, die durch eine Dämmschicht (max. 15 cm) voneinander getrennt sind. Die Innenschale (lastabtragend) und die Außenschale müssen mindestens 11,5 cm stark sein. Die Dicke der Dämmung richtet sich nach der Art der Dämmung und der Steinart und wird im Wärmeschutznachweis bestimmt. Auf die Detaillösungen an den Durchdringungen oder im Fensterbereich ist zu achten (s. DIN 1053-1 Mauerwerk, Nov. 1996) ebenfalls ist der Fußpunkt nach anerkannten Regel der Technik auszuführen (Horizontalabdichtung, Lüftungssteine etc.)

Bei der zweischaligen Außenwand mit Luftschicht ist zwischen der Innen- und Außenschale eine Luftschicht. Die Mindeststärke der Innenschale beträgt 11,5 cm und die der Außenschale mindesten 9cm. Die Luftschicht soll eine Stärke von 6 –15 cm haben. Innen- und Außenschale werden durch Drahtanker miteinander verbunden. Zur Hinterlüftung der Außenschale sind unten und oben Lüftungssteine einzubauen. Auch hier sind die Anschlusspunkte nach DIN bzw. nach den anerkannten Regeln der Technik durchzuführen.

Das zweischalige Mauerwerk mit Dämmung und Luftschicht besteht, wie der Name schon sagt, aus einer Dämmschicht die zur Innenschale hin befestigt wird, und einer Luftschicht zwischen Dämmung und Außenschale. Hier sollte die Außenschale eine Stärke von mindestens 9 cm haben und die Innenschale mindestens 11,5 cm stark sein. Auch hier werden die Innen- und Außenschalen durch zugelassene Drahtanker miteinander verbunden. Die Luftschicht sollte nicht kleiner als 4 cm sein und der Gesamtabstand (Luftschicht und Dämmung) nicht größer als 15 cm. Durch Öffnungen am Fuß und an der Mauerkrone der Außenschale ist eine Hinterlüftung zu gewährleisten. Das Dämmmaterial ist dicht zu stoßen und an der Innenschale zu befestigen.

Natursteinmauerwerk:

Zu einer weiteren Gruppe von Mauerwerk gehört das Natursteinmauerwerk, welches hier nur der Vollständigkeit halber erwähnt werden soll. Beim Natursteinmauerwerk gehören sicherlich Granit, Porphyr, Tuffstein oder Basalt als Erstarrungsgesteine sowie Kalkstein und Sandstein als Sedimentgesteine zu den wichtigsten natürlichen Steinen.

Als Mauerwerksarten unterscheidet man das Trockenmauerwerk und das Bruchsteinmauerwerk sowie das Zyklopenmauerwerk. Als Schichtenmauerwerk können ein hammerechtes Schichtenmauerwerk, ein unregelmäßiges oder regelmäßiges Schichtenmauerwerk oder ein Quadermauerwerk erstellt werden (s. DIN 1053-1, Mauerwerk, Nov 1996).

Ein weiterer Punkt, der hier Erwähnung finden soll, ist der der erdberührten Wände. Im Bereich der erdberührten Wände muss die Außenwand zusätzlich zu den Anforderungen aus Wärme- und Feuchteschutz noch den Erddruck aufnehmen.

Bei gemauerten Wänden gibt es verschiedenste Arten der Abdichtung gegen Feuchtigkeit im Erdreich. Hier wird nach DIN 18195, Bauwerksabdichtungen, Aug. 2000, in Abdichtung gegen

- Bodenfeuchte
- nicht drückendes Wasser
- von außen drückendes Wasser
- von innen drückendes Wasser

unterschieden.

In den Teilen 1 – 10 der DIN 18195 sind verschiedenste Abdichtungen beschrieben und erläutert. Bei den Außenwänden im erdberührten Bereich sind die Wände in der Regel einschalig, hier wird eine eventuelle Wärmedämmung von außen auf dem Mauerwerk befestigt und ist bei der Ermittlung des Energiebedarfs von Belang.

4.4 Fenster und Türen

Bei den meisten Modernisierungen, die zu einer Energieeinsparung führen, ist das Erneuern der Fenster ein wesentlicher Bestandteil. Aus dieser Überlegung und aus der Tatsache heraus, dass die Fensterprofile in den letzten Jahren immer wieder verbessert wurden, sollten die zur Bemessung des Energieausweises benötigten Daten (Größe, Wärmedurchgangskoeffizient (U-Werte)) bekannt sein. An diese Werte zu gelangen dürfte nicht immer ganz einfach sein. Hier kann jedoch der Eigentümer nach § 18 Abs. 2 Satz 3 des Referentenentwurfs der EnEV 2006 die erforderlichen Daten bereitstellen. Der Aussteller des Energieausweises darf diese aber nicht seiner Berechnung zugrundelegen, wenn berechtigte Zweifel an der Richtigkeit der Angaben bestehen. Aus diesem Grund sollte man die Wärmedurchgangskoeffizienten der Fenster und Fenstertüren einschätzen können.

Ein weiterer wichtiger Punkt im Bereich von Außentüren und Fenstern ist die Fuge zwischen Mauerwerk und Fenster- oder Türprofil. Hier kann sicher nur durch eine zerstörende Untersuchung festgestellt werden, ob nach DIN 4108-7, August 2001 bzw. nach RAL oder den anerkannten Regeln der Technik eingebaut wurde und erst danach kann eine Aussage über die Luftdichtheit abgegeben werden. Da eine zerstörende Untersuchung der Fenster- und Fenstertürenanschlüsse auszuschließen ist, muss auch hier der Aussteller von Energieausweisen abschätzen wie, zum Zeitpunktes des Fenstereinbaus, allgemeinüblich verfahren wurde und diese Abschätzung zur weiteren Grundlage seiner Berechnung heranziehen.

Fenster und Türen (ausgenommen Zimmertüren) haben die Aufgabe, ein Gebäude nach außen hin abzuschließen und einen ausreichenden Lichteinfall zu gewährleisten. Außentüren sind die Nahtstelle zwischen Innen- und Außenbereich. Fenster haben zudem die Aufgabe, das Gebäude mit Frischluft zu versorgen und die Luftfeuchte abzuführen. Bei Fenstern und Türen werden hohe Anforderungen bezüglich des Wärmeschutzes, Schallschutzes und des Schutzes gegen Wind und Regen gestellt. Weiterhin können Anforderungen an den Brandschutz bestehen. Im Allgemeinen bestehen Fenster und Türen aus Holz, Kunststoff, Aluminium, Stahl oder einer Kombination aus Holz und Aluminium.

Nach DIN 107, Bezeichnung mit links oder rechts im Bauwesen, Apr. 1974, unterscheidet man Fenster und Türen in DIN links und DIN rechts. DIN rechts Fenster (oder Türen) haben auf der Seite zu der sich das Fenster öffnet, die Bänder auf der rechten Seite. Bei DIN links ist es umgekehrt. Wichtig ist, dass man die Tür oder das Fenster immer von der Seite betrachtet, zu der sich das Türblatt oder der Drehflügel öffnet.

4.4 Fenster und Türen

Fenster

Fenster bestehen aus einem Blendrahmen, einem Flügelrahmen und der Verglasung. Der Blendrahmen wird in der Mauerwerksöffnung befestigt und die Verglasung wird durch den Flügelrahmen gehalten. Von der Bauart her werden Einfachfenster, Doppelfenster Verbundfenster und Kastenfenster unterschieden.

Von der Öffnungsmöglichkeit her werden feststehende Flügel (Festverglasung), Drehflügel, Kippflügel, Drehkippflügel, Schwingflügel, Wendeflügel, Klappflügel, Hebeschiebefenster etc. unterteilt.

Blendrahmen und Flügelrahmen bestehen aus den oben genannten Materialien. Bei der Verglasung unterscheidet man in Einscheibenverglasung, Doppelverglasung und Isolierverglasung. (Wobei hier der Begriff Isolierverglasung sicherlich nicht richtig ist, denn isoliert wird ausschließlich elektrischer Strom – verwendet wird dieser Begriff jedoch in der Industrie in einigen Normen und im allgemeinen Sprachgebrauch)

Einscheibenverglasung: Der Flügelrahmen hat nur eine Scheibe aufzunehmen. Diese Art von Verglasung ist nicht besonders wärmedämmend, aber noch bei einigen Altbauten zu finden. Hier ergeben sich Wärmedurchgangskoeffizienten U_W von 4,2 – 6,1 W/(m²K) (siehe DIN V 4108-4, 2004-07).

Doppelverglasung: Hierbei sind zwei einfach verglaste Flügelrahmen zu einem zusammengefasst worden. Zwischen den Scheiben befindet sich ein Luftraum, der die Wärmedämmung und Schalldämmung positiv beeinflusst.

Isolierverglasung: Bei der Isolierverglasung sind zwei oder mehrere Glasscheiben miteinander in einem Flügelrahmen verbunden. Zwischen den Scheiben befindet sich trockene Luft oder ein Edelgas (Argon, Krypton oder Xenon). Dieser Verglasungstyp erreicht die besten Werte im Bezug auf die Wärmedämmung. Hier ergeben sich Wärmedurchgangskoeffizienten U_W bei Zweischeiben-Isolierverglasung von 1,1 – 4,4 W/(m²K), bei Dreischeiben-Isolierverglasung von 0,7 – 3,7 W/(m²K) (siehe DIN V 4108-4, 2004-07).

Bei Fenstern kommt es aber nicht nur auf die Verglasung an, sondern auch auf das Blend- und Flügelrahmenprofil einschließlich der vorhandenen oder nicht vorhandenen Dichtungen. Weiterhin ist der Einbau der Fenster von großer Bedeutung (Luftdichtigkeit). Zusätzlich sind oft Rollläden eingebaut, auch hier sind die Detaillösungen von großer Bedeutung (siehe. DIN 4108 Beiblatt 2, Wärmeschutz und Energie-Einsparung in Gebäuden – Wärmebrücken – Planungs- und Ausführungsbeispiele, Januar 2004).

Bei der energetischen Sanierung von Gebäuden sind die Faktoren des Fugendurchlasskoeffizienten a, des Wärmedurchgangskoeffizienten U und des Gesamtenergiedurchlassgrades der Verglasung g_v zu berücksichtigen.

Es sollte bei jedem Verbesserungsvorschlag stets die mögliche Wechselwirkung mit bereits bestehenden Bauteilen bedacht und gegebenenfalls durchgerechnet werden, da es sonst zu Schimmelbildung an nun entstehenden kälteren Außenwandecken (Wärmebrücken) kommen kann. Von einem unbedachten Erneuern und somit Verbessern der Fenster, ohne die restliche Gebäudehülle zu beachten, wird abgeraten.

Hier gibt die Tabelle 1 des Anhangs 3 des Referentenentwurfs der EnEV 2007 Höchstwerte der Wärmedurchgangskoeffizienten an, wenn der Fensteranteil bei der Erneuerung größer als 20 % der Bauteiloberfläche ist (siehe § 9 des Referentenentwurfs der EnEV 2007). Nach Tabelle 1 darf der maximale Wärmedurchgangskoeffizient bei außenliegenden Fenstern, Fenstertüren und Dachflächenfenstern in Gebäuden mit einer Innentemperatur > 19°C den Wert 1,7 W/(m²K) nicht überschreiten.

Türen

Türen bestehen aus einem Türblatt und einer Türumrahmung. Die Türumrahmung wird am Mauerwerk befestigt und das Türblatt ist beweglich. Je nach Einbauort und Funktion ergeben sich bei Türen unterschiedlichste Anforderungen. Sie müssen den Witterungseinflüssen und den wechselnden klimatischen Bedingungen standhalten. Türen müssen hohe mechanische Beanspruchungen aushalten und einen genügenden Wärme- und Schallschutz gewährleisten. Weiterhin können Anforderungen an den Brandschutz gefordert sein.

Türblätter werden handwerklich oder industriell aus Holz, Metall, Kunststoff oder Ganzglas gefertigt.

Je nach Türblattausbildung werden folgende Türbezeichnungen unterschieden:

– Brettertür
– Lattentür
– glatt abgesperrte Tür mit / ohne Glasöffnung
– Rahmentür mit Glas- oder Holzfüllungen
– aufgedoppelte Tür (z. B. außen Holzschalung, innen Holzfüllung)
– Metallrahmentür (Stahl, Aluminium)
– Kunststoffrahmentür
– Ganzglastür

Bei der Art des Türanschlags wird in direkt an der Wand befestigt (Bretter- u. Lattentür), mit Blend- oder Blockrahmen, in Stahl- oder Holzzargen schlagend oder mit Holzfutter und Bekleidung unterteilt.

Bei den Türen kommt es, genau wie bei den Fenstern, nicht nur auf die Konstruktion der Türumrahmung und des Türblattes an, sondern auch auf den ordnungsgemäßen Einbau und die Lösungen im Anschlussbereich zwischen Umrahmung und Mauerwerk. (s. DIN 4108 Beiblatt 2, Wärmeschutz und Energie-Einsparung in Gebäuden – Wärmebrücken – Planungs- und Ausführungsbeispiele, Jan. 2004)

4.4 Fenster und Türen

In Kapitel 4 Baukonstruktionen konnten nicht alle am Bau vorkommenden Bauteile und die dazu gehörigen Baukonstruktionen angesprochen werden. Unsere Ausführungen beinhalten jedoch alle wesentlichen Bauteile, die für die Erstellung des Energieausweises von Bedeutung sind. Da es bei der Ausstellung von Energieausweisen in den seltensten Fällen zu einer genaueren (zerstörenden) Untersuchung kommen wird, muss der Aussteller für die verwendeten Materialien und die Bauweise aus der Zeit des Einbaus der Baustoffe eine gewisse Sensibilität erlangen. Wie in § 9 Abs. 2 Satz 3 und 4 des Referentenentwurfs zur EnEV 2007 beschrieben, dürfen fehlende geometrische Abmessungen von Gebäuden geschätzt werden. Weiterhin sollen nicht vorliegende energetische Kennwerte für bestehende Bauteile aus gesicherten Erfahrungswerten vergleichbarer Bauteile, gleichen Alters verwendet werden. Bei dieser Abschätzung, mit der dann der Energieausweis berechnet wird, sollte besonders besonnen und vorsichtig vorgegangen werden.

5 Gebäudetechnik

5.1 Energienutzung und Energieverbrauch

Zuerst muss die Frage geklärt werden „Was ist Energie?"

Unter Energie versteht man allgemein die Fähigkeit eines Systems, Arbeit zu verrichten. Es werden folgende Formen der Energie unterschieden:

- mechanische (potenzielle, kinetische Energie)
- thermische
- elektrische
- chemische

sowie

- Kernenergie
- Strahlungsenergie

Energie kann weder erzeugt noch vernichtet werden (Energieerhaltungssatz). Sie lässt sich nur von einer Energieform in eine andere umwandeln.

Ihre Maßeinheit ist 1 Joule [J], hierbei entspricht 1 Joule 1 Wattsekunde

(1 kWh = 3.600 kJ = 3.600.000 J)

In Deutschland wird die benötigte Energie zur Erzeugung von Raum- und Prozesswärme, Licht, Wärme und Transport hauptsächlich durch den Einsatz fossiler Brennstoffe gewonnen.

Für die vom Endverbraucher genutzte Energie sind vorab verschiedene Umwandlungsprozesse erforderlich.

Bei der Umwandlung und beim Transport der Primärenergie entstehen Verluste. Diese können ca. 66% ausmachen.

Das bedeutet aber auch, dass umgekehrt durch Einsparungen der Endenergie, zum Beispiel durch einen verstärkten Einsatz regenerativer Energien, der Verbrauch an Primärenergie stark verringert werden kann.

Primärenergie (PE)

100 %

(z.B. Braunkohle, Erdöl, Erdgas, Sonne, Wind)

- Umwandlungsverluste
- Verteilungsverluste
- Eigenbedarf
- Nicht energetischer Verbrauch

Sekundärenergie (SE)

(z.B. Briketts, Benzin, Heizöl, Strom, Fernwärme)

Endenergie (EE)

72 %

(z.B. Briketts, Benzin, Heizöl, Strom, Fernwärme)

- Umwandlungsverluste
- Verteilungsverluste
- Eigenbedarf
- Nicht energetischer Verbrauch

- Verbraucherverluste

Nutzenergie (NE)

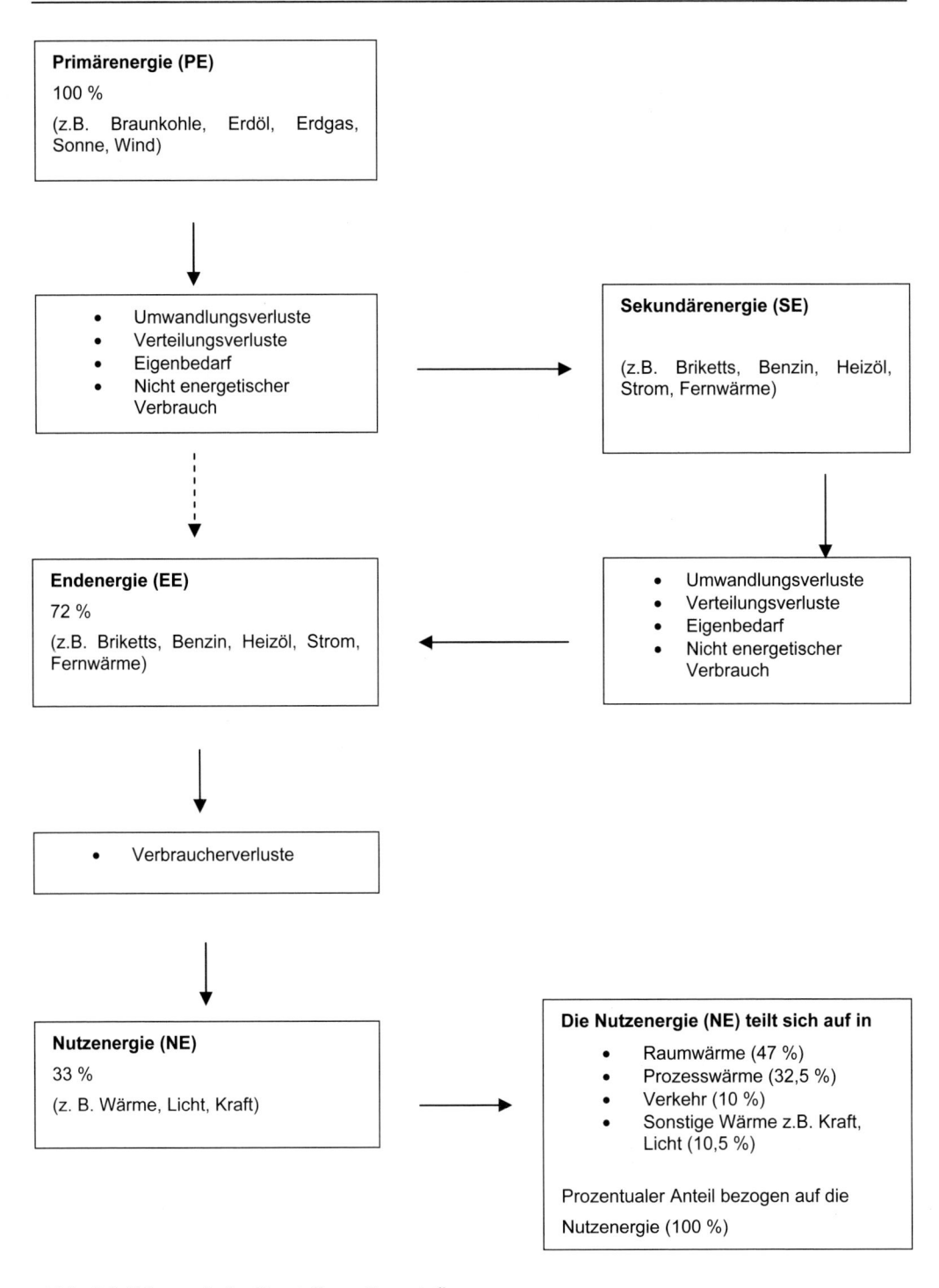

33 %

(z. B. Wärme, Licht, Kraft)

Die Nutzenergie (NE) teilt sich auf in

- Raumwärme (47 %)
- Prozesswärme (32,5 %)
- Verkehr (10 %)
- Sonstige Wärme z.B. Kraft, Licht (10,5 %)

Prozentualer Anteil bezogen auf die Nutzenergie (100 %)

Abb. 5-1 Schematische Darstellung Energiefluss

5.1 Energienutzung und Energieverbrauch

Als **Primärenergie** bezeichnet man den Energieinhalt der in der Natur direkt vorkommenden Energieträger wie zum Beispiel Kohle (Steinkohle, Braunkohle), Erdöl, Erdgas, Kernbrennstoffe sowie erneuerbare Energiequellen zum Beispiel Sonne, Wind, Wasser, Erdwärme, Biomasse.

Die fossilen Primärenergieträger sind jedoch nur begrenzt verfügbar. Heutige Geologenmeinungen gehen davon aus, dass zum Beispiel das Produktionsmaximum der Weltölproduktion bis 2010 erreicht wird.

Unter **Sekundärenergie** versteht man den Energieinhalt der Sekundärenergieträger der durch Umwandlungsprozesse hergestellt wird (z.B. Benzin, Heizöl, Briketts, Strom).

Die **Endenergie** ist die Energie die dem Endverbraucher zur Verfügung gestellt wird (z.B. Heizöl im Öltank, Holzpellets vor der Feuerungsanlage).

Die aus den Endenergieträgern gewonnene Energie abzüglich der Verluste bei der letzten Umwandlung wird als **Nutzenergie** bezeichnet. Sie dient der Befriedigung der entsprechenden Bedürfnisse (z.B. Raumtemperierung, Lebensmittelzubereitung, Beförderung, Information).

Primärenergieverbrauch Deutschland 1998

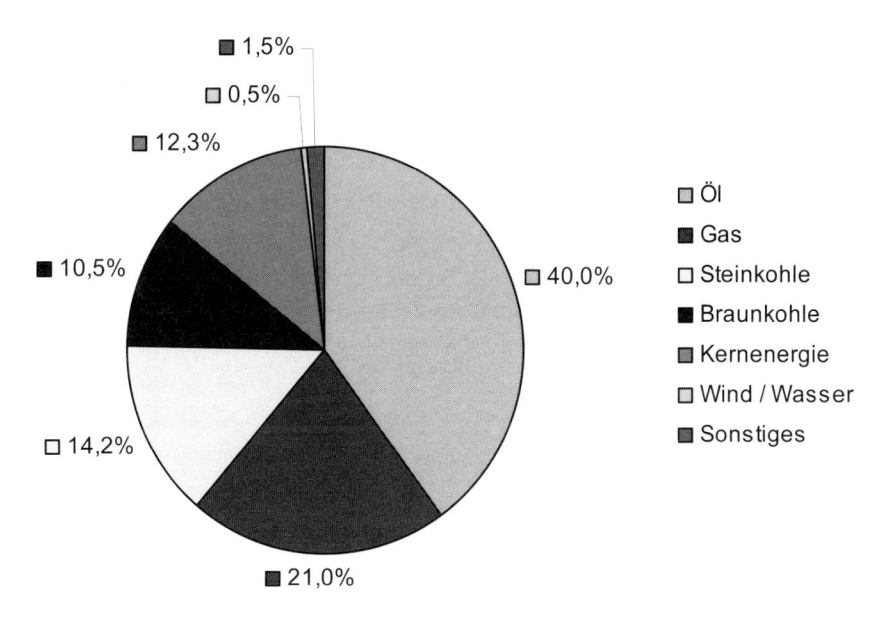

- Öl: 40,0%
- Gas: 21,0%
- Steinkohle: 14,2%
- Braunkohle: 10,5%
- Kernenergie: 12,3%
- Wind / Wasser: 0,5%
- Sonstiges: 1,5%

Abb. 5-2 Primärenergieverbrauch in Deutschland

Der Primärenergieverbrauch lässt sich für Deutschland in vier Verbrauchskategorien einteilen. Den Hauptteil des Energieverbrauchs bildet der Industriezweig mit annähernd 30 %. Weitere große Anteile haben die Privathaushalte mit 27 % und der Verkehrszweig mit 26 %. Der Rest verteilt sich auf Kleinverbraucher wie zum Beispiel handwerkliche Betriebe, den Einzelhandel und Verwaltungen.

Primärenergieverbrauch der Verbrauchskategorien

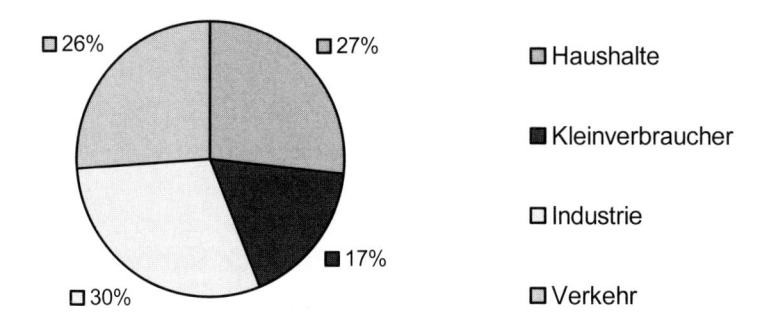

Abb. 5-3 Primärenergieverbrauch nach Verbrauchskategorien

Den größten Anteil der eingesetzten Energie in den privaten Haushalten bildet die Raumheizung. Die anderen Nutzungen wie zum Beispiel Licht, Warmwasser, Hausgeräte und Kommunikation machen zusammen nur etwa ein Viertel aus. Das größte Einsparpotential liegt demzufolge im Bereich der Raumwärme.

5.2 CO₂-Problematik

Energieverbrauch in Privathaushalten

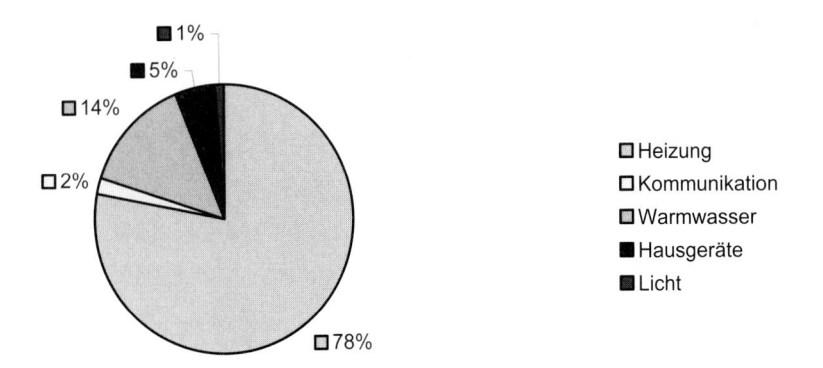

- 1% — Licht
- 5% — Hausgeräte
- 14% — Warmwasser
- 2% — Kommunikation
- 78% — Heizung

Abb. 5-4 Energieverbrauch in Privathaushalten

5.2 CO_2-Problematik

Die Energiegewinnung (d.h. der Nutzenergie) ist in hohem Maße von der Verbrennung fossiler Energieträger abhängig. Dabei entsteht eine große Menge Kohlendioxid (CO_2) aber auch Kohlenmonoxid (CO) und Stickoxide (NOx).

CO_2-Bildung bei der Verbrennung fossiler Energieträger

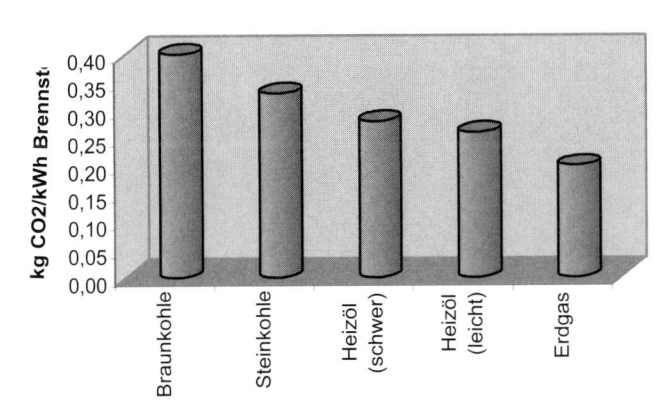

(kg CO_2/kWh Brennst.)

- Braunkohle: ~0,40
- Steinkohle: ~0,35
- Heizöl (schwer): ~0,30
- Heizöl (leicht): ~0,28
- Erdgas: ~0,22

Abb. 5-5 CO_2 Verbrennung

Für den Menschen ist CO_2 nicht direkt schädlich, aber der Treibhauseffekt wird durch den Kohlendioxidausstoß verstärkt und stellt somit eine ernsthafte Gefahr für die Erdatmosphäre dar.

Aufgrund des Kohlendioxidausstoßes ist in der Atmosphäre eine deutliche Klimaveränderung zu erwarten. Fachleute rechnen mit folgenden Konsequenzen:

- Veränderte Niederschlagsverhältnisse
- Ausdehnung von Dürregebieten
- Erschwerte Trinkwasserversorgung
- Anstieg des Meeresspiegels

Um die Klimaveränderungen nicht zu beschleunigen, ist es notwendig die CO_2-Emissionen zu verringern.

Beim Berliner Klimagipfel 1995 hat Deutschland als staatliches Reduktionsziel eine CO_2-Minderung um 25% bis zum Jahre 2005 im Vergleich zu 1990 verkündet.

Es ist absehbar, dass es in nächster Zeit keine technischen Möglichkeiten für den Heizungsbereich geben wird, CO_2 direkt an der Verbrennungsstelle in unschädliche Stoffe umzuwandeln. Derzeit ist der einzige Weg den CO_2-Ausstoß zu mindern, eine drastische Reduzierung des Energieverbrauchs.

5.3 Kennwerte des Wärmeenergieverbrauchs

Damit der Wärmeenergieverbrauch eines Gebäudes bewertet werden kann, wird eine eindeutige Bezugsgröße benötigt. Hier hat sich in der Praxis der Jahres-Heizenergiebedarf durchgesetzt.

Unter dem **Jahres-Heizenergiebedarf** Q (man spricht auch vom Endenergiebedarf) versteht man die berechnete Energiemenge die für die Heizung, Lüftung und der Warmwasserbereitung benötigt wird, damit eine bestimmte Innenraumtemperatur und die Warmwassererwärmung für das ganze Jahr garantiert ist.

Für einen vorgegebenen Zeitraum erhält man den Energiebedarf eines Heizsystem Q gemäß DIN EN 832: 1998 + AC:2002 nach folgender Gleichung:

$$Q = Q_h + Q_w + Q_t - Q_r$$

Es bedeuten:

Q Energiebedarf des Gebäudes für Heizung

Q_h Heizwärmebedarf

Q_w Wärmebedarf für Warmwasserversorgung

Q_t gesamte Wärmeverlust durch das Heizsystem

Q_r Wärme, die von Zusatzeinrichtungen, dem Heizsystem und der Umgebung zurück gewonnen wird

Ein weiterer Kennwert ist der **Jahres-Primärenergiebedarf** Q_P. Er bildet im Rahmen des Nachweises nach der Energieeinsparverordnung die Hauptgröße. Der Jahres-Primärenergiebedarf ist der Jahres-Heizenergiebedarf unter Berücksichtigung zusätzlicher Energiemengen, die für die Gewinnung, Umwandlung und Verteilung der jeweiligen Energieträger entstehen.

Der Jahres-Primärenergiebedarf errechnet sich wie folgt:

$$Q_P = (Q_h + Q_w) \cdot e_P \quad [kWh/a]$$

Q_h Heizwärmebedarf

Q_w Wärmebedarf für Warmwasserversorgung

e_P Primärenergiebezogene Anlagenaufwandszahl gemäß DIN V 4701-10

5.4 Heizungstechnische Anlagen

Die Heizung ist der wichtigste Bestandteil der haustechnischen Anlagen, ohne den ein Wohnen in unseren Breiten nicht möglich wäre.

Heutzutage gibt es eine Vielzahl unterschiedlicher Heizsysteme, die zur Beheizung von Gebäuden eingesetzt werden können. Für die Auswahl im Einzelfall gibt es unterschiedliche Kriterien, wie zum Beispiel

- Jahres-Heizenergiebedarf
- Bauweise des Gebäudes (z.B. Leichtbau, Massivbau)
- Zur Verfügung stehende Primärenergieträger
- Investitionskosten

Heizungsanlagen bestehen generell aus folgenden Komponenten

- Wärmeerzeuger
- Abgassystem
- Wärmeverteilung und
- Regelung

Die Einteilung von Heizungsanlagen kann nach verschiedenen Systematiken erfolgen, wie zum Beispiel

- *Lage der Wärmeerzeuger* zum Beispiel Einzelheizungen, Zentralheizungen und Fernheizungen
- *verwendete Energieart* zum Beispiel Kohleheizungen, Gasheizungen, Ölheizungen, elektrische Heizungen, Solarheizungen und Wärmepumpenheizungen
- *Art der Wärmeabgabe* zum Beispiel Konvektionsheizungen, Strahlungsheizungen, Luftheizungen und kombinierte Heizungen
- *Verwendete Wärmeträger* zum Beispiel Warmwasserheizungen, Heißwasserheizungen, Dampfheizungen, Luftheizungen

Wärmeerzeuger

In Deutschland sind im Ein- und Mehrfamilienwohnhausbereich überwiegend Wärmerzeuger mit einem Leistungsbereich bis zu 50 KW installiert.

Heutzutage findet man im Bestand sehr oft folgende Kesselarten:

Brennwertkessel sind Heizkessel, die den Energieinhalt des eingesetzten Brennstoffs fast vollständig nutzen, das heißt, sie nutzen auch die Kondensationswärme des Abgases.

Niedertemperaturkessel können mit einer kontinuierlichen Eintrittstemperatur von 35 bis 40°C betrieben werden. In den Anlagen kann es durchaus zur Kondensation kommen, dies ist für den Heizkessel aber nicht schadhaft.

Standardkessel. Hier wird durch die Kesselauslegung die durchschnittliche Betriebstemperatur beschränkt. Im Gegensatz zu Niedertemperaturkesseln müssen diese Anlagen so betrieben werden, dass keine Kondensation im Abgassystem auftritt.

Im Folgenden werden die wichtigsten Systeme und Anlagen die für die Wärme und Warmwassererzeugung in Wohngebäuden zuständig sind, vorgestellt.

Heizkessel mit Gebläsebrenner:

Diese Heizkessel sind nicht geeignet für feste Brennstoffe, sondern können nur mit gasförmigen oder flüssigen Brennstoffen betrieben werden.

Diese Kesselart hat einen Feuerraum, in dem die Wärme überwiegend durch Strahlung übertragen wird, und einer dahinter liegenden Nachschaltheizfläche, in der die Wärme (überwiegend durch Konvektion) auf das Heizwasser übergeht.

In Abhängigkeit von der Größe der Nachschaltheizfläche und der Schornsteinsituation werden die Abgase beim Verlassen des Kessels auf 80 bis 210° C abgekühlt, dies gilt nicht für Brennwertsysteme (siehe Brennwertkessel).

Wird der Luftüberschuss im Brenner vergrößert, resultiert daraus ein Absinken der Flammentemperatur und dadurch die im Feuerraum übertragende Wärmemenge. Dies hat zur Folge, dass die Nachschaltheizfläche die Minderleistung im Feuerraum nicht vollständig ausgleichen kann, die Abgastemperatur am Kesselende steigt und der Kesselwirkungsgrad verschlechtert sich.

Gasheizkessel mit Brennern ohne Gebläse:

Diese Kesselart (bekannt auch unter der Bezeichnung atmosphärische Gasbrenner) wird wegen des geräuscharmen Betriebes im kleinen und mittleren Bereich bis 50 KW eingesetzt. Das Brenngas strömt aus so genannten Brennerrohren in den Verbrennungsraum des Kessels ein, dabei wird die Verbrennungsluft durch den natürlichen Auftrieb angesaugt. Hierbei ist wichtig, dass der Luftzutritt zum Kessel permanent gewährleistet sein muss.

Als Werkstoff für den Heizkessel werden Grauguss und nicht rostender Stahl verwendet.

5.4 Heizungstechnische Anlagen

Nachteile dieser Heizkessel

- Der Kesselwirkungsgrad ist in der Regel schlechter und der Bereitschaftsverlust meist höher als bei vergleichbaren Kesseln mit Gebläse.
- Bei der Verbrennung entstehen vermehrt Stickoxide.

Niedertemperaturkessel:

Der Niedertemperaturkessel ist eine Weiterentwicklung des früher üblichen Konstanttemperaturkessels. Während die Konstanttemperaturkessel das Heizungswasser und damit auch die Vorlauftemperatur das ganze Jahr auf 70°C bis 90°C erhitzen, wird bei der Niedertemperaturtechnik die Vorlauftemperatur in Abhängigkeit der Außentemperatur geregelt. Eine Regelung sorgt dafür, dass das Kesselwasser jeweils nur so weit erwärmt wird, wie es notwendig ist, um das Haus bei der gerade herrschenden Außentemperatur zu beheizen. An kalten Tagen liegt diese Temperatur höher als an warmen Tagen.

Niedertemperaturkessel gibt es überwiegend in den folgenden Bauarten:

- Gaskessel mit atmosphärischem Brenner
- Gaskessel mit Gebläsebrenner
- Gas-Etagenheizung (Umlauf-Gaswasserheizer)
- Ölkessel mit Gebläsebrenner

Die Höhe der Energieausnutzung hängt im Wesentlichen von der Rücklauftemperatur des Heizsystems ab.

Niedertemperaturkessel erreichen Norm-Nutzungsgerade von 91-94%.

Um die verschiedenen Heizsysteme vergleichbar zu machen, wird als Bezugsgröße der Heizwert H_u des Brennstoffes beibehalten.

Brennwertkessel allgemein:

Die Brennwertkessel sind eine Weiterentwicklung des Niedertemperaturkessels. Mit ihnen lässt sich der Energieverbrauch gegenüber vergleichbaren Niedertemperaturkesseln minimieren. Außerdem werden die Stickoxid– Emissionen gesenkt.

Während bei konventionellen Kesseln die sogenannte „latente Wärme" (versteckte, nicht fühlbare Wärme), die am heißen Wasserdampf in den Abgasen gebunden ist, ungenutzt durch den Schornstein verschwindet, kann sie bei den Brennwertgeräten genutzt werden. Hierzu wird entweder ein größerer oder aber ein zweiter Wärmetauscher in den Abgasweg eingebaut. Dieser Wärmetauscher kühlt die Abgase bis unter den Taupunkt. So kann der in den Abgasen enthaltene Wasserdampf kondensieren und Wärme freisetzen.

Die Höhe der Energieausnutzung hängt im Wesentlichen von der Rücklauftemperatur des Heizsystems ab.

Um die verschiedenen Heizsysteme vergleichbar zu machen, wird als Bezugsgröße der **Heizwert** H_s (alte Bezeichnung H_u) des Brennstoffes beibehalten. Da sich H_s auf die vollständige Verbrennung ohne Kondensation bezieht, ergibt sich das Kuriosum, dass Brennwertgeräte einen Nutzungsgrad über 100% erzielen können. Bei Brennwertgeräten kann der **Brennwert** H_i (alte Bezeichnung H_O) berücksichtigt werden, der auch die Energie enthält, die im Wasserdampf enthalten ist. Der Brennwert ist also deutlich größer als der Heizwert und gibt entsprechend mehr Wärme ab.

Damit weiterhin Vergleiche mit konventionellen Kesseln möglich sind, bezieht man den Wirkungsgrad von Brennwertkesseln weiterhin auf den Heizwert (H_S).

Tab. 5-1 Heiz- und Brennwerte flüssiger und gasförmiger Energieträgern

	Heizwert (Hs)	Brennwert (Hi)	Verhältnis (Hi / Hs)
Erdgas L	8,83 kWh/m³	9,78 kWh/m³	1,11
Erdgas H	10,53 kWh/m³	11,46 kWh/m³	1,11
Flüssiggas P	12,87 kWh/kg	13,98 kWh/kg	1,09
Heizöl EL	9,96 kWh/l	10,59 kWh/l	1,06

Es gilt folgender Grundsatz: Je niedriger die Systemtemperaturen sind, umso höher ist der Nutzungsgrad des Brennwertkessels.

Anhand des nachfolgenden Berechnungsbeispiels für ein Gebäude soll verdeutlicht werden, um wie viel sich die CO_2-Emissionen durch den Einsatz eines Brennwertkessels gegenüber einem Niedertemperaturkessels verringern.

Rechenannahmen:
- Gas-Niedertemperaturkessel (η = 92%)
- Gas-Brennwertgerät (η = 106%)
- Jahres-Heizenergiebedarf von 20.000 kWh
- Bei der Verbrennung von 1.000 kWh Erdgas werden ca. 0,2 t CO_2 freigesetzt.

Berechnung der CO_2-Emissionen:

1. für Gas-Niedertemperaturkessel

$$20.000 \frac{kWh}{a} \cdot 0{,}2 \frac{t}{1.000 kWh} = 4{,}0 \text{ t/a}$$

2. für Gas-Brennwertkessel

$$20.000 \frac{kWh}{a} \cdot 0{,}2 \frac{t}{1.000 kWh} \cdot \frac{92\%}{106\%} = 3{,}5 \text{ t/a}$$

Durch den Einsatz der Brennwerttechnik werden die CO_2-Emissionen für dieses Gebäude jährlich um 500 kg gesenkt.

5.4 Heizungstechnische Anlagen

Durch die Verwertung der im Wasserdampf enthaltenen Wärme fällt bei Brennwertgeräten allerdings Kondenswasser an. Die Menge des entstehenden Kondenswassers hängt hauptsächlich von folgenden Faktoren ab:

- Rücklauftemperatur
- Lüftungsüberschuss
- Abgastemperatur
- Belastung.

Beim Einbau einer Brennwertanlage muss ein Ablauf vorhanden sein, um das entstehende Kondensat abzuleiten. Es sollte mit der jeweiligen unteren Abwasserbehörde abgeklärt werden, ob dass Kondensat ohne Neutralisation in die Kanalisation geleitet werden darf.

Wegen der anfallenden Flüssigkeit (Kondensat) müssen die Abgasanlage und der Kessel feuchteunempfindlich und korrosionsbeständig sein. Die Abführung der Abgase wird wegen des fehlenden Auftriebs über ein Gebläse hergestellt.

Tab. 5-2 Neutralisierungspflicht in Abhängigkeit von Feuerungsleistung

Feuerungsleistung	Neutralisation bei Feuerungsanlagen und Motoren ohne Katalysator vorgeschrieben	
	Gas	Öl
Bis 25 kW	Nein [1)2)]	Ja [1)]
25 kW bis 200 kW	Nein [1)2)3)]	Ja
Über 200 kW	Ja	Ja

Kondensate sind zu neutralisieren

1) bei Ableitung des häuslichen Abwassers in Kleinkläranlagen nach DIN 4261.
2) bei Gebäuden und Grundstücken, deren Entwässerungsleitungen die Materialanforderungen nach ATV-Arbeitsblatt A 251 nicht erfüllen.
3) bei Gebäuden, die die Bedingungen der ausreichenden Vermischung nach ATV-Arbeitsblatt nicht erfüllen (vgl. Tab. 16).

Es gibt geringe Unterschiede bei Öl- und Gas-Brennwertanlagen

Gasbrennwert-Kessel:

- Wirkungsgrad liegt bei 108 %
- pH-Wert des Kondenswasser liegt bei 3,5 bis 5,5

Ölbrennwert-Kessel:

- Geringere Wirkungsgradverbesserung als bei Gas-Brennwertgeräten, da das H_i/H_s-Verhältnis ungünstiger ist.

- Probleme bei Kondensatableitung durch höheren Schwefelgehalt
- pH-Wert des Kondenswasser etwas niedriger als bei Gas-Brennwertgeräten

Festbrennstoffkessel:

Die konstruierten Spezialkessel von „Strebel", werden in der Regel mit Holz, Kohle oder Koks befeuert.

Kohle und Koks gelten als gasarme Festbrennstoffe, die mit einer kurzen Flamme abbrennen. Die Folge war die Entwicklung von Kesselkonstruktionen mit wassergekühlten Feuerräumen und guten Dauerbrandeigenschaften. Koks brennt senkrecht ab. Dies erfolgt in kleineren Kesseln im sogenannten **Durchbrand** (das heißt, die Flammen brennen sich von der Glutschicht auf dem Brennrost durch), in größeren Kesseln im sogenannten **Unterbrand** (das heißt, nur die untere Brennstoffschicht gerät in Brand und der Brennstoff rutscht aus dem Füllraum nach). Hierbei entsteht im Brennraum die größte Heizflächenbelastung. Somit kann im Brennraum der größte Teil der entstandenen Wärme an den Wärmeträger (z.B. Wasser) abgegeben werden.

Um sehr hohe Luftschadstoffemissionen zu vermeiden, sollte bei gasreichen Festbrennstoffen wie zum Beispiel Holz, die mit großer Flamme abbrennen, der Brennraum nur begrenzt abgekühlt werden.

Überdies darf in der Flammenphase des Abbrandprozesses die Verbrennungsluft nicht erheblich gedrosselt werden, da sonst Schwelgase in größeren Mengen freigesetzt werden können. Zusätzlich wird Zweitluft für die Nachverbrennung der Abbrandgase benötigt. Bei diesen Kesseltypen (gasreiche Festbrennstoffe) liegt der Schwerpunkt der Wärmeabgabe im Bereich der nachgeschalteten Heizflächen, die hinter dem Feuerraum liegen.

Es werden zwei Bauarten bei Festbrennstoffkesseln für die Rostfeuerung unterschieden. Die gesamte Brennstoffmenge im Feuerraum gerät bei den sogenannten Durchbrand- oder Oberabbrandkesseln in Glut und die ganze Brennstoffschicht wird von den Rauchgasen durchströmt. Dies erfordert zwar einen größeren Schornsteinzug, dabei werden aber die Rauchgase besser ausgekühlt.

Der gesamte Füllschacht kann bei Kesseln mit unterem Abbrand mit Brennstoff gefüllt werden, jedoch nur die auf den unteren Rost vorhandene Schicht wird zum Glühen gebracht. Sie brennt nach und nach ab. Dadurch ist eine bessere Leistungsanpassung an den jeweiligen Wärmebedarf gewährt.

Bei heutigen Festbrennstoffkesseln werden die zentralen Brenner in der Regel voll- oder teilmaschinell mit dem Brennstoff bestückt. Teilweise verfügen einige Kessel über die Möglichkeit für eine durch den Abbrandprozess direkt geregelte Luftzufuhr.

Die Warmwasserzubereitung kann in die Heizanlage eingegliedert werden. Ohne weiteres sind Heizwassertemperaturen von bis ca. 70 °C erreichbar. Das Warmwasser kann während der Heizperiode problemlos bereitgestellt werden, im Sommer indessen arbeitet die Heizungsanlage ausschließlich für das Brauchwasser und ist daher zu unwirtschaftlich. Es wird ein zweites Heizsystem benötigt. Bei der Verbrennung von Kohle und Holz in Fest-

5.4 Heizungstechnische Anlagen

brennstoffkesseln werden Schadstoffe in größerer Menge freigesetzt. Die Grenzwerte der Verordnung über Kleinfeuerungsanlagen (1. BImSchV), schränken die Nutzung von Brennstoffen wie zum Beispiel lackiertes Holz, Sperrholz ohne Holzschutzmittel und ohne Beschichtungen aus halogenorganischen Verbindungen ein. Als nachteilig anzusehen ist der unerlässliche Lagerplatz, der für das Brennmaterial (Kohle, Koks, Holz) benötigt wird.

Verfeuert man über einen Gebläsebrenner Heizöl oder Gas in einem Wechsel- oder Umstellbrandkessel (der ursprünglich als Festbrennstoffkessel konzipiert wurde) geschieht die Verbrennung in der Brennerachse (meist waagerecht). Die Brennkammer muss in Länge und Durchmesser auf die bei der jeweiligen Kesselleistung erforderliche Flamme angepasst sein, damit eine schadstoffarme Verbrennung mit einer hohen Energieausbeute gewährleistet werden kann.

Bei gasförmigen und flüssigen Brennstoffen ist das bestmögliche Volumen der Flamme festgelegt. Die Abmessungen der Flamme lassen sich zum Beispiel durch Mischeinrichtungen nur geringfügig beeinflussen.

Aus diesem Grund ist bei Kesseln, die auf mehrere Brennstoffe ausgerichtet sind, im Hinblick auf eine hohe Energieausnutzung und Verminderung von Luftschadstoffen der Feuerraum meistens nicht optimierbar. Aus diesem Grund ist der Umbau bei Umstellung von Festbrennstoffen auf andere Energieträger oft mit aufwendigen und teuren Maßnahmen verbunden

Fernwärmeversorgung:

Das Prinzip der Fernwärme kann man mit einer überdimensionalen Zentralheizung vergleichen. Die vom Kunden benötigte Wärme wird nicht direkt vor Ort produziert, sondern angeliefert.

Die Produktion der Fernwärme geschieht in einer zentralen Anlage. Hierbei kann es sich zum Beispiel um ein Heizkraftwerk oder um eine Holzschnitzel-Verbrennungsanlage handeln. Beim überwiegenden Teil der Fernwärme handelt es sich um ein reines Nebenprodukt.

Über ein Verteilernetz kann die Wärme in Form von 80 bis 130°C heißem, unter Hochdruck stehendem Wasser dem Endverbraucher zugeführt werden. Dieser nutzt sie zur Warmwasserbereitung oder zum Heizen. Ist das Wasser in den Heizungen abgekühlt, fließt es durch ein separates Netz wieder zur zentralen Anlage. Der Heizkreis ist somit geschlossen.

In Verbrauchsspitzenzeiten kann mit Erdgas oder Öl zugeheizt werden.

Zur Nutzung der Fernwärme kommen die Gebäude in Frage, die im Einzugsgebiet eines Fernwärme-Netzes liegen.

Der Nutzer benötigt, um die Fernwärme zum Heizen und zur Warmwasserbereitung einzusetzen, eine Hausstation. Diese bildet das Bindeglied zwischen Versorger und Betreiber. Die Station benötigt nicht viel Platz. Nur bei der Versorgung von mehr als vier Wohneinheiten ist ein separater Heizraum nötig.

Die Form der Hausstation hängt neben dem Betriebsverhalten des jeweiligen Fernwärmenetzes und der Auslegung der Hausanlage auch von den vertraglichen Vereinbarungen zwischen Fernwärmeversorger und Betreiber ab.

Sie besteht normalerweise aus zwei Teilen:

- Die Übergabestation besteht aus Wärmetauscher und Wärmemengenzähler; sie sind dafür verantwortlich, dass die Wärme in der Form an den Nutzer übergeben wird, die vertraglich vereinbart wurde. In den meisten Fällen ist die Übergabestation Eigentum des Fernwärmeunternehmers.
- Die Hauszentrale besteht aus den benötigten Anlagenkomponenten; sie sind für das problemlose Arbeiten der Heizungsanlage verantwortlich. In den meisten Fällen ist die Hauszentrale Eigentum des Abnehmers.

Holz-Pelletkessel:

Das Interesse der Bevölkerung an regenerativen Energien hat in den vergangenen Jahrzehnten deutlich zugenommen. Dazu beigetragen hat u.a. auch die prognostizierte Ressourcenknappheit fossiler Brennstoffe, verbunden mit erwarteten Preiserhöhungen sowie die Abhängigkeit von Erdgas und Erdöl fördernden Ländern.

Holz steht aufgrund neuer Aufbereitungsformen und Feuerungstechnologien herkömmlichen Energieträgern wie Heizöl und Erdgas in Sachen Effizienz und Bedienkomfort in keiner Weise nach. Durch die Entwicklung von Holzpellets und **Pelletheizungen** steht heute ein Heizsystem zur Verfügung, das ganzjährig eine automatisch gesteuerte, regenerative Wärmeversorgung sicherstellt.

Die Verbrennung der Holzpellets findet in speziellen Holzpelletöfen statt. Die Pelletöfen können auch als Zentralheizungssystem zur Raumheizung und zur Warmwassererwärmung eingesetzt werden. Vollautomatische Pelletheizungen ermöglichen den gleichen Komfort wie Öl- oder Gasheizungen. Die Lagerung der Pellets erfolgt in Lager- oder Vorratsräumen. Es besteht auch die Möglichkeit die Pellets in Kunststoff- oder Betonsilos zu lagern. Der Transport der Pellets erfolgt automatisch.

Brennstoff Holzpellets:

Kurzbeschreibung:

Holzpellets werden aus naturbelassenen Hobelspänen und Sägemehl erzeugt, die in der holzverarbeitenden Industrie als Nebenprodukt anfallen. Der Durchmesser des verdichteten Brennstoffes beträgt ca. 4 – 10 mm und besitzt eine Länge von 20 – 50 mm. Pellets weisen eine Heizwert von knapp 5 kWh/kg auf, so dass der Energiegehalt von einem Kilogramm Pellets ungefähr dem von einem halben Liter Heizöl entspricht.

5.4 Heizungstechnische Anlagen

Herstellung:

Die Herstellung der Pellets erfolgt ohne Zugabe von Bindemitteln, erlaubt sind lediglich max. 2 % Presshilfsmittel natürlicher Herkunft (zum Beispiel Stärke). Die Bindung der Pellets wird durch das holzeigene Lignin und durch hohen Druck während des Pelletiervorgangs erzielt. Hierbei werden die Späne durch eine Matrize gepresst. Nach Verlassen des Presskanals werden die Pellets in der gewünschten Länge abgeschnitten und können anschließend als Klein-Sackware, in großen „Big Bags" oder lose per Tankwagen dem Verbraucher zugestellt werden.

Vorteile von Holzpellets:

- Geringerer Energieaufwand im Vergleich zur Bereitstellung fossiler Energieträger
- CO_2-neutral; das bedeutet, dass bei der Verbrennung der Pellets die Menge an Kohlenstoffdioxid (CO_2) freigesetzt wird, die der Baum zuvor beim Wachsen aufgenommen hat und bei der Verrottung wieder freisetzten würde (geschlossener Kohlenstoffkreislauf)
- Geringeres Lagervolumen aufgrund hoher Energiedichte
- Einfache Handhabung, leichter Transport sowie Einsatz automatischer Fördersysteme durch hohe Energiedichte, Rieselfähigkeit der Pellets und Normierung der Größe

Nachteile von Holzpellets:

- Regelmäßige Ascheentfernung notwendig
- Einblaslänge begrenzt

Wärmepumpe:

Freiwillig fließt Wärme nur von einem warmen zu einem kalten Körper. Die Wärmepumpe ist nun eine Anlage, die Wärme niedriger Temperatur in Wärme höherer Temperatur umwandelt, allerdings nur mit Hilfe von Zusatzenergie.

Wärmepumpen können verschiedenste Wärmequellen mit niedriger Temperatur nutzen, die ohne eine Wärmepumpe nicht für eine Raumheizung geeignet wären:

- Grundwasser
- Erdreich
- Außenluft
- Abwasserwärme etc.

Wärmepumpen setzen ein Arbeitsmedium (Kältemittel) ein, das innerhalb der Anlage im Kreis geführt wird (vergleichbar mit einem Kühlschrank). Das Kältemittel ist eine Flüssigkeit, die schon bei niedrigen Temperaturen siedet und verdampft. Während dieses Prozesses wird der Umgebung Wärme entzogen (entweder der Luft, dem Wasser oder dem Erdreich; je nach Wärmequelle) und das Kältemittel wechselt vom flüssigen in den gasförmigen Zustand. Der entstehende Dampf wird anschließend von einem Verdichter angesaugt und komprimiert. Die Temperatur des Kältemittels steigt nun an. Hierbei wird Energie frei, die über einen Wärmetauscher an das Heiz- oder Brauchwasser abgegeben wird. Nun nimmt das Kältemittel wieder einen flüssigen Zustand ein und der Kreislauf kann von vorne beginnen.

Wärmepumpen nutzen die im Erdreich, Grundwasser oder in der Luft gespeicherte Sonnenwärme mit Hilfe geringer Mengen an Zusatzenergie für Heizwärme.

Bei der Zusatzenergie handelt es sich um Strom oder Gas:

1. Strom: Diese Wärmepumpen werden überwiegend für kleinere Wohneinheiten eingesetzt, sie arbeiten mit Kompressoren. Obwohl mit Strom gearbeitet wird, wird mehr Energie genutzt, als eingesetzt.
2. Gas: Diese Wärmepumpen werden überwiegend für größere Wohneinheiten und Mehrfamilienhäuser eingesetzt, sie arbeiten auf dem Absorptionsprinzip. Je nach Bauart liegt die Primärenergieausbeute bei 120 bis 160%. Da die Wärmepumpe kaum bewegliche Teile besitzt, arbeitet sie sehr leise.

Moderne Wärmepumpen sind so effizient, dass sie ganzjährig als Wärmelieferant sowohl für Heizzwecke als auch zur Trinkwassererwärmung eingesetzt werden können. Man muss wissen, dass die Heizleistung einer Wärmepumpe von zwei Faktoren abhängig ist:

1. dem Temperaturniveau der Wärmequelle (je größer die zu überwindende Temperaturdifferenz, desto geringer der Wirkungsgrad)
2. dem Wärmeverbraucher

Bei Wärmepumpen unterscheidet man zwei unterschiedliche Betriebsweisen:

1. monovalente Betriebsweise: die Wärmepumpe wird allein zur Gesamtwärmeerzeugung eingesetzt
2. bivalente Betriebsweise: die Wärmepumpe wird zusammen mit einem (konventionellen) Heizkessel betrieben. Hier kann man weiterhin unterscheiden in:
   - bivalent – parallele Betriebsweise: beide Wärmeerzeuger können gleichzeitig arbeiten
   - bivalent – alternative Betriebsweise: immer nur ein Wärmeerzeuger ist in Betrieb

Damit stellt die Wärmepumpe neben der Solartechnik und der Nutzung von Holz das einzige Heizsystem dar, dass eine CO_2- arme Erzeugung von Wärme ermöglicht.

Vorteile von Wärmepumpen:

1. Sie emittieren keine klimaschädlichen Gase
2. Sie benötigen keinen Vorratsraum
3. Wärmepumpen verringern den Einsatz fossiler Brennstoffe
4. Wärmepumpen sind platzsparend

Allerdings kann es zu Anwendungsbeschränkungen kommen, die abhängig sind von der Energiequelle. In manchen Fällen kann der Einbau sogar technisch unmöglich sein.

Die Luft-Wärmepumpe nutzt als Wärmequelle die Umgebungsluft. Der große Vorteil besteht darin, dass für diese Art der Wärmebeschaffung kein großer Aufwand betrieben werden muss: Die Luft wird einfach angesaugt. Die Installation der Luft-Wärmepumpe ist relativ einfach und nicht mit umfangreichen Erd- und Bohrarbeiten verbunden.

Allerdings hat die Luft-Wärmepumpe den Nachteil, dass in der Zeit, in der der Heizbedarf am größten ist, die Luft auch am kältesten ist.

Man kann der Luft zwar auch bei –18 °C noch Wärme entziehen, die Leistungszahl der Wärmepumpe ist bei diesen Temperaturen aber am kleinsten.

Folglich muss dann zusätzlich auf anderen Wegen für Wärme gesorgt werden, um den Energiebedarf an diesen Tagen zu decken. Hier unterscheidet man zwei Möglichkeiten:

- Installation eines zusätzlichen konventionellen Heizsystems (bivalente Betriebsweise)
- Installation eines zusätzlichen Elektroheizeinsatzes im Pufferspeicher (monovalente Betriebsweise)

Die Grundwasser-Wärmepumpe nutzt als Wärmequelle das Grundwasser. Dieses muss dauerhaft in geeigneter Qualität und in ausreichender Menge vorhanden sein. Um Grundwasser in diesem Sinne zu verwenden, muss eine entsprechende Genehmigung der unteren Wasserbehörde eingeholt werden.

Das System der Grundwasser-Wärmepumpe besteht aus zwei Brunnen, dem Förder- und dem Schluckbrunnen. Die Brunnen haben jeweils einen Durchmesser von etwa 25 cm. Sie werden mit einem Abstand von 10 - 15 m eingebaut und reichen bis zur grundwasserführenden Schicht. Der Schluckbrunnen liegt dabei in Fließrichtung unterhalb des Förderbrunnens.

Ein großer Vorteil der Grundwasser-Wärmepumpe liegt an der relativ konstanten Temperatur der Energiequelle. Sie liegt in unseren Breiten bei ca. 10 °C.

Die Sole-Wärmepumpe nutzt als Wärmequelle das Erdreich. Hier gibt es zwei Möglichkeiten Wärmepumpen einzusetzen:

1. Verwendung von Erdsonden: Hier werden Rohrleitungen bis zu einer Tiefe von 20 m senkrecht in das Erdreich gebohrt. Mit Hilfe des Kältemittels wird nun die notwendige Wärmemenge gefördert.
2. Verwendung von Erdkollektoren: Hierbei wird ca. 20 cm unter der Frostgrenze ein Rohrleitungssystem verlegt, das mehrere hundert Meter lang sein kann. Die Länge des Rohrleitungssystems entspricht etwa dem drei- bis vierfachen der zu beheizenden Fläche. Der Nachteil dieses Systems liegt also in der Größe der benötigten Fläche und wird in dicht besiedelten Gebieten nicht auszuführen sein.

Solaranlagen:

Die von der Sonne frei werdende Strahlungsenergie wird als Licht, sichtbare Strahlung, unsichtbare Strahlung und als Wärme in den Weltraum abgegeben. Die Verfügbarkeit der Strahlungsenergie auf der Erde beträgt maximal 1.400 W/m². Durch die Wolken kann diese Energie allerdings nur teilweise die Erdoberfläche erreichen. Herrscht klares Wetter oder nur leichte Bewölkung, liegt der Anteil bei 1.000 bis 1.200 W/m², während bei Dämmerung oder sehr starker Bewölkung der Anteil bei nur 50 bis 1.200 W/m² liegt.

In unseren Breiten liegt die Solarstrahlung, also die Summe aus direkter (2/3-Anteil) und diffuser (1/3 - Anteil) Sonnenstrahlung, unter optimalen Bedingungen bei max. 1000W/m². Sonnenkollektoren können diese Energie auffangen und zu 75 % in Wärme umsetzen.

Um optimale Bedingungen zu erreichen, müssen Solarkollektoren und Solarmodule idealerweise senkrecht zur Achse Sonne – Erde ausgerichtet werden, d.h. in Südrichtung und in Norddeutschland in einem Winkel von 37° (Lagebeispiel 53° nördlicher Breite: 90°–53° = 37°).

Durch eine größere Dimensionierung der Kollektoren und Module können Abweichungen von der idealen Orientierung ausgeglichen werden.

Für eine grobe Abschätzung der nötigen Kollektorfläche gilt als Richtwert für Anlagen zur Brauchwassererwärmung die Formel:

1 Person ≈ 1,0 bis 1,3 m² Kollektorfläche.

Falls neben dem Brauchwasser auch das Heizungswasser durch die Solaranlage erwärmt werden soll, müssen die Flächen größer dimensioniert werden.

Ein Solarsystem aus abgestimmten Komponenten kann 50 bis 65 % des jährlichen Energiebedarfs zur Warmwassererwärmung von Ein- und Zweifamilienhäusern decken. In den Sommermonaten reicht die Sonnenenergie sogar aus, um die Warmwassererwärmung vollständig zu übernehmen. Der Heizkessel schaltet sich ab. Der durchschnittliche Warmwasserbedarf liegt bei ca. 35 Litern (60 °C) pro Tag und Person. Die Wassererwärmung verursacht einen erheblichen Anteil der Heizkosten.

Die Solaranlage besteht im Wesentlichen aus drei Teilen:

– Kollektor
– Speicher mit Wärmetauscher
– Regelung

Es gibt zwei Arten von Kollektoren: den Flach- und den Vakuumröhrenkollektor.

Das Funktionsprinzip ist im Wesentlichen gleich.

Der wichtigste Teil eines Kollektors ist der sogenannte Absorber. Er besteht aus einem Material, das Wärme sehr gut leiten kann, wie zum Beispiel Kupfer oder Aluminium.

Durch seinen schwarzen Anstrich oder eine spezielle Beschichtung kann der Kollektor in erhöhtem Maße Licht aufsaugen. Die daraus entstehende Wärmemenge kann den Kollektor nur durch die in ihm enthaltene Wärmeträgerflüssigkeit (Wasser- Frostschutz- Gemisch) verlassen, da der Kollektor selber mit Spezialglas abgedeckt ist, welches für Wärme undurchdringbar ist.

Die Wärmeträgerflüssigkeit bildet den sogenannten Solarkreis. Er verbindet Kollektor und Wärmetauscher miteinander und ist über diesen mit dem Brauchwasserkreis verbunden.

Um auch Tage zu überbrücken, an denen die Bedingungen etwa durch starke Bewölkung nicht optimal sind, sind die Warmwasserspeicher von Solaranlagen normalerweise größer dimensioniert als bei konventionellen Anlagen. Ihr Speichervolumen liegt auch bei Einfamilienhäusern bei mehr als 800 l.

5.4 Heizungstechnische Anlagen

Man unterscheidet zwei Arten von Solaranlagen:

- Solarthermische Anlagen: Nutzung von Sonnenenergie zur Warmwasserbereitung und Heizung
- Photovoltaik-Anlagen: Nutzung von Sonnenenergie zur Stromerzeugung

Vorteile:

1. Solarenergie ist umweltfreundlich, schont die Ressourcen und senkt nachhaltig den Schadstoffausstoß
2. Solaranlagen werden von Staat, Ländern und Kommunen gefördert
3. Wertsteigerung des Hauses
4. Solarwärme macht unabhängiger von Energiepreiserhöhungen
5. geringe Wartungs- und keine Betriebskosten

Nachteile:

1. Herstellungskosten von Solaranlagen relativ hoch
2. große Flächen werden benötigt
3. ungenügende Ausbeute im Winter und in der Nacht
4. geringer Wirkungsgrad

Kraft-Wärme-Kopplung und Blockheizkraftwerk (BHKW):

Bei gleichzeitiger Gewinnung von Wärme (z.B. Heizungs- oder Prozesswärme) und Kraft (elektrische bzw. mechanische Energie) spricht man von Kraft – Wärme – Kopplung.

Im Gegensatz zu nur auf die Stromproduktion ausgelegten thermischen Elektrizitätswerken, bei denen die Abwärme in die Umwelt (z.B. Flusswasser) abgelassen wird, wird sie bei Kraft – Wärme – Kopplungen genutzt und somit Brennstoff eingespart. Technische Anwendung findet Kraft – Wärme – Kopplungen in Blockheizkraftwerken (BHKW), aber auch in konventionellen Heizkraftwerken. Bei BHKWs ist die Wärmeversorgung auf die nähere Umgebung beschränkt, während Großanlagen zur flächigen Fernwärme-Versorgung dienen.

Die BHKW –Anlage besteht in den meisten Fällen aus fünf Hauptkomponenten:

- Generatorantrieb
- Generator zur Stromerzeugung
- Wärmetauscher
- Schalt- und Steuereinrichtungen
- Hydraulische Einrichtungen zur Wärmeverteilung

Ergänzt wird das System im Bereich der Raumwärmebereitstellung oft durch einen Wärmespeicher und einen Spitzenkessel.

Das grundsätzliche Prinzip eines Motor-BHKWs erläutert die folgende Abbildung:

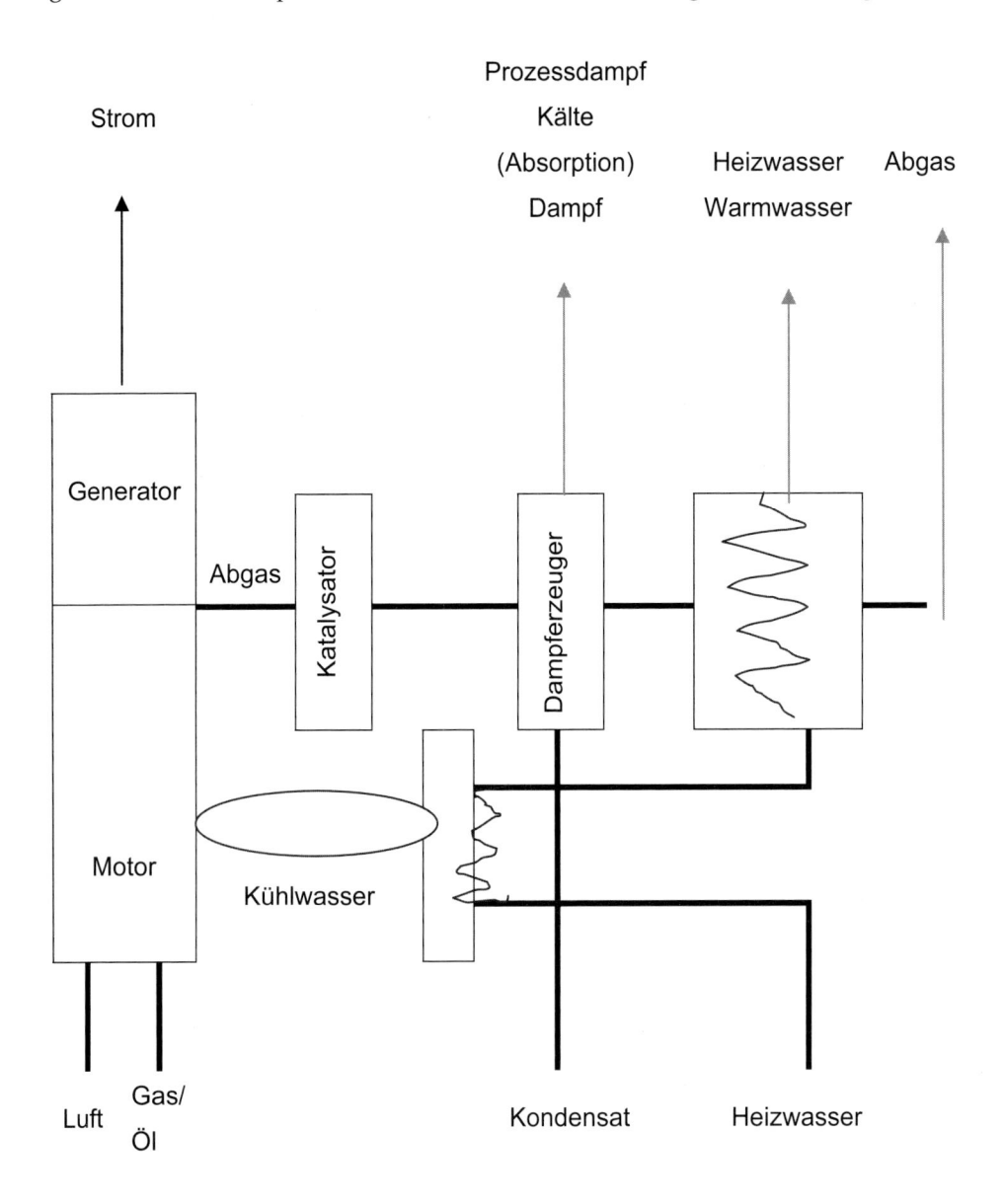

Abb. 5-6 Prinzipskizze BHKW

Der Generator wir durch eine Verbrennungskraftmaschine angetrieben. Dadurch wird elektrischer Strom hergestellt, der dem Verbraucher zur Verfügung steht. Die anfallende Abwärme (Öl, Kühlwasser) kann durch einen Wärmetauscher zur Heizwassererwärmung verwendet werden. Die Energie, die im Abgas enthalten ist und sonst ungenutzt freigesetzt wird, wird ebenfalls durch einen Wärmetauscher zur Brauchwassererwärmung und/oder zur Dampferzeugung genutzt. Sie wird in Form von heißem Wasser oder Wasserdampf über Rohrleitungen dem jeweiligen Nutzen zugeführt.

Betrieben werden die meisten BHKWs mit Erdgas. Aber auch Heizöl, Biodiesel, Pflanzenöl oder Biogas können zum Einsatz kommen.

Die eingesetzten Motoren für Klein – BHKWs basieren auf konventionellen Fahrzeugmotoren. Der Leistungsbereich liegt zwischen 5 und 100 kW_{el}. Im Unterschied zu konventionellen Fahrzeugmotoren haben die Motoren der BHKWs allerdings eine längere Lebensdauer.

Der Wirkungsgrad eines BHKWs, abhängig von der Auslastung, liegt bei 85%, das heißt, 85% der eingesetzten Primärenergie werden genutzt, davon 30 – 35% als Strom und 50 – 55% als Wärme. Zum Vergleich dazu liegt der Wirkungsgrad von Kraftwerken bei nur 36 – 40%.

Zum Einsatz kommen BHKWs heutzutage zur Stromerzeugung und zur Beheizung von größeren Gebäuden und Wohnblocks.

5.5 Energetische Bewertung von Heizungs- und Raumlufttechnischen Anlagen

Grundlage bildet die DIN V 4701-10:2003-08 Energetische Bewertung von Heizungs- und Raumlufttechnischen Anlagen, Teil 10: Heizung, Trinkwassererwärmung, Lüftung. In dieser Norm ist das anzuwendende Rechenverfahren enthalten, das im Rahmen des energetischen Nachweises für Gebäude und Anlagentechnik gemäß EnEV anzuwenden ist.

Brennstoffe:

Als Brennstoffe werden „brennbare Stoffe" bezeichnet, die während ihrer Verbrennung Energie freisetzen.

Es gibt verschiedene Kriterien für die Auswahl von Brennstoffen zur Bereitstellung von Wärme, zum Beispiel

- Der Energiegehalt
- Der Preis
- Der Gehalt an Schadstoffen
- Die Handhabungseigenschaften
- Die Verfügbarkeit

Tab. 5-3 Kennwerte von Brennstoffen und Bevorratung

Brennstoff Energieträger	Unterer Heizwert	CO_2-Belastung (kg/kWh)	Heizsysteme	Bevorratung
Laubholz	4,1 kWh/kg	0,36	Kamine, Einzelöfen, Kessel mit Schnitzelfeuerung	Lagerraum nötig, ggf. Aufbereitungsraum für Holzschnitzel
Nadelholz	4,4 kWh/kg	0,36	Kamine, Einzelöfen, Kessel mit Schnitzelfeuerung	Lagerraum nötig, ggf. Aufbereitungsraum für Holzschnitzel
Braunkohle	5,6 kWh/kg	0,40	Einzelöfen, Feststoffkessel	Lagerraum nötig, ggf. Aufbereitungsraum zur Beschickung
Steinkohle	8,1 kWh/kg	0,33	Einzelöfen, Feststoffkessel	Lagerraum nötig, ggf. Aufbereitungsraum zur Beschickung
Heizöl	10,0 kWh/l	0,29	Einzelöfen, Ölkessel	Lagerraum für Öltanks, ggf. auch Öltanks im Außenbereich
Erdgas	10,0 kWh/m³	0,19	Gaskessel	Direkt aus Versorgungsnetz, keine zusätzlichen Lagerräume notwendig
Flüssiggas	28,0 kWh/m³	0,16	Gaskessel	Lagerraum für Flüssiggastank, i. d. R. im Außenbereich
Fernwärme	1,1 kWh/kWh	0,24	Direkte oder indirekte Einspeisung über Wärmetauscher	Direkt aus Versorgungsnetz, keine zusätzlichen Lagerräume notwendig
Strom	1,0 kWh	0,56	Direkte Einspeisung	Direkt aus Versorgungsnetz, keine zusätzlichen Lagerräume notwendig

Die Auswahl des günstigsten Heizungssystems ist von den Gegebenheiten vor Ort abhängig und somit jeweils im Einzelfall erneut zu entscheiden.

Rechtliche Regelungen für haustechnische Anlagen

Modernisierungsmaßnahmen im Bereich Haustechnik sind nicht nur unter technischen, wirtschaftlichen und ökologischen Kriterien zu planen und umzusetzen. Die Anforderungen, die einige Bundes- und Landesgesetze sowie diverse Verordnungen stellen, nehmen oft wesentlichen Einfluss auf die technische Optimierung von Haustechnikanlagen.

In den **Landesbauordnungen (LBauO)** werden im Wesentlichen die baulichen Anforderungen geregelt. Es handelt sich um Anforderungen, die beispielsweise an Brennstofflager

5.5 Energetische Bewertung von Heizungs- und Raumlufttechnischen Anlagen

für heizungstechnische Anlagen sowie deren Aufstellräume und Zu- und Ableitungen gestellt werden.

Wird gegen die jeweilige Landesbauordnung verstoßen, kann es im schlimmsten Fall zur Aufhebung der baurechtlichen Genehmigung für das gesamte Gebäude kommen.

Im Folgenden sind am Beispiel der niedersächsischen Bauordnung (NbauO) einige Anforderungen zusammengestellt, die an Feuerungsanlagen gestellt werden:

- Feuerstätten und Abgasanlagen müssen betriebssicher und brandsicher sein
- Feuerstätten und deren Anlage dürfen nur in Räumen aufgestellt werden, bei denen nach Lage, Größe, baulicher Beschaffenheit und Benutzungsart Gefahren nicht entstehen
- Abgase sind über Dach abzuleiten
- Abgasanlagen müssen in ausreichender Anzahl vorhanden sein
- Abgase von Gasfeuerstätten (....) dürfen durch die Gebäudeaußenwand ins Freie geleitet werden (....)
- Es muss sichergestellt sein, dass keine gefährlichen Ansammlungen von unverbranntem Gas in Räumen entsteht
- Bezirksschornsteinfegermeister(in) muss Tauglichkeit der Abgasanlagen und sichere Benutzbarkeit der Feuerungsanlagen bescheinigt haben
- Brennstoffe müssen so gelagert werden, dass keine Gefahren oder unzumutbaren Belästigungen entstehen

Neben den Landesbauordnungen ist auch die Feuerungsverordnung (FeuVO) von großer Wichtigkeit. Sie beinhaltet die sicherheitstechnischen Anforderungen, die an Feuerstätten und ihre Aufstellungsräume sowie an Abgasanlagen, Schornsteine und Brennstofflager gestellt werden.

Grobdimensionierung von Wärmeerzeugern:

Im Gebäudebestand findet man heutzutage Kessel, die überdimensioniert sind. Oft liegt deren Leistung um das 1,5 bis 3-fache über der überhaupt erforderlichen Leistung. Diese deutliche Überdimensionierung liegt daran, dass bis in die 90er Jahre hinein bei der Planung von Anlagen der berechnete Wärmebedarf oft um bis zu 10% erhöht wurde, um Leitungsverluste zu berücksichtigen. Man wählte dann den nächst größeren Kesseltyp.

Die Folge dieser Überdimensionierung sind hohe Taktfrequenzen, da der Brenner auch bei großer Kälte weniger als 10 Stunden läuft. Daraus resultieren lange Bereitschaftszeiten und somit schlechte Jahresnutzungsgrade. Hohe Schadstoffemissionen sind das Ergebnis.

Im Gegensatz dazu werden heutzutage Heizkessel genau dimensioniert. Sie müssen die vom Verbraucher geforderte maximale Leistung erbringen. Dazu muss für eine optimale Planung die tatsächlichen Anforderungen aller angeschlossenen Verbraucher ermittelt werden.

Die Heizkessel werden, auch aus Kostengründen, möglichst klein gewählt. Im Unterschied zu früher gilt als Merkmal für eine optimale Kesselauslegung eine Brennerlaufzeit von 20 Stunden an sehr kalten Tagen.

Als Ausnahme gilt allerdings die Ölheizung. Hier sollten nur in Sonderfällen Kessel mit Leistungsbereichen unter 18 kW eingebaut werden. Dies hat mit den bei kleineren Kesseln sehr störanfälligen Brennerdüsen zu tun.

Zur Berechnung der Kesselgröße geht man nach DIN 4701 vor. Maßgeblich ist hier die Bestimmung des Norm- Gebäude-Wärmebedarfs. Die erforderliche Leistung zur Brauchwassererwärmung ist, falls nicht größer als der Norm-Gebäude- Wärmebedarf, hierbei zu vernachlässigen. Der Zuschlag von 15%, den die DIN 4708 – Teil 3 vorsieht ist in der Regel unwirtschaftlich. Wirtschaftlicher dagegen ist stattdessen die Anschaffung eines größeren Warmwasserspeichers. Dieser sollte per Zeitsteuerung in Abschnitten mit wenig Wärmebedarf aufgeheizt werden. Auch die Korrektur einer vorgegebenen Nachtabsenkung trägt zur Wirtschaftlichkeit bei. Die Kesselgröße kann so möglichst klein gewählt werden.

Teil-Lastbetrieb von Kesseln:

Im „Teil-Lastbereich" arbeitende Wärmeerzeuger können neben ihrer Nenn-Leistung auch geringe Leistungen von beispielsweise nur 7kW erbringen. Bei Kesseltypen mit „Teil-Lastbereich" sind normalerweise definierte Zwischenleistungsstufen gängig. Es gibt allerdings auch Kessel, die stufenlos zwischen Nenn- und Maximalleistung umschalten können.

Bei Kesseln, die auch im „Teil-Lastbereich" arbeiten, werden die beim Starten der Anlage erhöhten Emissionswerte reduziert, da die Anzahl der Brennerstarts erheblich gesenkt wird. Nebenbei wird dadurch auch noch die Anlage geschont.

Da dem Brenner auch im Teil-Lastbetrieb eine Wärmetauscherfläche zur Verfügung steht, die für den Voll-Lastbetrieb ausgelegt ist, wird der Nutzungsgrad des Kessels gesteigert.

Die Besonderheiten von Brennwertkesseln im Teil-Lastbetrieb:
- Höchster Nutzungsgrad bei einer Auslastung von 10 – 15 %
  (Nutzungsgrad sinkt bei Voll-Lastbetrieb)

Die Besonderheiten von Niedertemperaturkesseln im Teil-Lastbetrieb:
- Nutzungsgradlinie verläuft ab einer Auslastung von 10% auf einem annähernd einheitlich hohem Niveau

Im Unterschied dazu steigt der Wirkungsgrad bei konventionellen Wärmeerzeugern mit zunehmender Auslastung an. Der maximale Nutzungsgrad wird nur im Voll-Lastbetrieb erreicht.

Wärmeverteilung und Heizkörper:

Heizkörper:

Heizkörper sind wichtige Bestandteile einer Heizungsanlage. Durch sie wird die Wärme, die über Rohre zugeleitet wird, gleichmäßig im Raum verteilt.

Man unterscheidet zwei verschiedene Grundsysteme:

5.5 Energetische Bewertung von Heizungs- und Raumlufttechnischen Anlagen

- **Niedertemperaturheizungen:** die Vorlauftemperatur dieser Zentralheizungen ist kleiner als 35° C; zu den Niedertemperaturheizungen gehören Wand- und Fußbodenheizungen
- **Hochtemperaturheizungen:** die Vorlauftemperatur dieser Zentralheizungen ist höher als 35° C; kompakte Raumheizkörper sind dadurch möglich

Als Vorlauftemperatur bezeichnet man die Temperatur, die das Wasser hat, wenn es zum Heizkörper fließt.

Bei der Verbindung der Einspeisstelle mit den Heizkörpern unterscheidet man zwei Systeme:

- **Einrohrsystem:** geringerer Rohrleitungsanteil, da alle Heizkörper an einem Strang zusammen gefasst werden; die Größe der Heizkörper muss allerdings zunehmen, da die Temperatur des Heizmittels am letzten Heizkörper deutlich abnimmt.
- **Zweirohrsystem:** höherer Rohrleitungsanteil, da alle Heizkörper mit einer separaten Vor- und Rücklaufleitung ausgestattet sind; jeder Heizkörper kann somit genau der jeweiligen Raumgröße angepasst werden.

Die Größe der wärmeabstrahlenden Oberfläche der Raumheizkörper muss dem jeweiligen Raum entsprechend dimensioniert werden. Hierbei gilt, dass die Fläche möglichst groß und der Wasserinhalt möglichst klein sein muss. Nur dann kann der Heizkörper die Wärme optimal an den Raum weitergeben.

Die Abgabe der Wärme erfolgt auf zwei Arten:

- Direkte Wärmestrahlung
- Konvektion: die Übertragung der Wärme erfolgt durch die Luft.

Der Anteil der jeweiligen Art an der Wärmeabgabe ist vom Heizkörper abhängig. Bei großen Heizflächen und niedriger Wassertemperatur überwiegt der Anteil der Strahlung, während bei hoher Temperatur der Anteil der Konvektion überwiegt.

Die Anordnung der Heizkörper muss heutzutage nicht mehr unbedingt unter den Fenstern erfolgen. Voraussetzung hierfür sind allerdings Fenster mit einer sehr guten Wärmedämmung. Bei ihnen kühlt sich die Raumluft nicht mehr an der Fensterscheibe ab, so wie es bei herkömmlichen Scheiben der Fall ist.

Im Fall der Anordnung unter dem Fenster wird die abgekühlte Luft (die auch durch Fugen eindringt) erwärmt, sie steigt nach oben, strömt an der Decke entlang und fällt an der Innenwand wieder ab. So wird der Raum gleichmäßig erwärmt. Auch der Niederschlag von Schwitzwasser an den Scheiben wird so verhindert.

Die Heizkörper selbst werden in vier Gruppen unterteilt (DIN 4701):

- **Sonderbauformen:** Rohrrechtecke, die vom Heizwasser durchströmt werden; die Rohrrechtecke sind optisch gut geformt und dienen zum Beispiel als Handtuchhalter
- **Flächenheizplatten:** Blechplatten mit Röhrensystem auf der Rückseite; sie haben einen sehr geringen Platzbedarf und werden deshalb häufig in Bädern eingesetzt

- Konvektoren: die Röhren sind mit dünnen, wärmeverteilenden Blechen und einer optischen Blechverkleidung ausgestattet; Einsatz: Fensterpaneele
- Radiatoren: hohe, schmale und lange Heizkörper, die eine glatte oder gewellte Oberfläche haben. Sie werden unterschieden in Gliederheizkörper (aus Gusseisen oder Stahl) und Plattenheizkörper.

Eine weitere Art der Heizung ist die **Fußbodenheizung**. Sie besteht aus einem Rohrleitungssystem, das in zwei Arten montiert werden kann:

- Nassverlegung: die Rohrleitungen werden auf Trägermatten direkt in den Estrich verlegt
- Trockenverlegung: die Rohrleitungen werden auf Dämmstoffschichten verlegt, anschließend mit Estrich vergossen oder mit Trockenbauplatten verdeckt

Der Vorteil von Fußbodenheizungen liegt zum einen im ästhetischen Bereich, da keine sichtbaren Heizkörper vorhanden sind. Zum anderen sind sie hervorragend für den Betrieb mit Brennwertkesseln, Wärmepumpen oder solarthermischen Anlagen geeignet, da ihre Heizmitteltemperatur sehr gering ist.

Den Nachteil der Fußbodenheizung erkennt man in kleinen Räumen, da in diesen häufig der Einsatz nicht möglich ist. Das Problem liegt am einzuhaltenden Mindestabstand und an der einzuhaltenden Mindestlänge der Rohre. Diese Werte sind in kleinen Räumen nicht immer einzuhalten.

Für die Führung der Rohre von gibt es zwei Verfahren:

- Schlangenförmige Verlegung:
- Spiralförmige Verlegung.

Für alle Heizkreisläufe der Fußbodenheizung gilt auf jeden Fall, dass sie jeweils einzeln zu steuern sein müssen. Die Druckverluste der Kreise dürfen sich nur geringfügig unterscheiden.

Wärmeverteilsysteme:

Die Rohrleitungen, die das erwärmte Wasser vom Heizkessel zu den Heizkörpern transportieren, bestehen aus Stahl, Kupfer oder Kunststoff.

Die Rohrleitungen müssen in Bereichen, in denen sie durch unbeheizte Räume oder Räume mit niedrigen Temperaturen verlaufen, entsprechend der Heizungsanlagen-Verordnung gedämmt sein. Die Dämmstoffstärke richtet sich nach der Nennweite (DN) der Rohrleitungen und geht von der Grundlage aus, dass sich die zu dämmende Rohrleitung in unbeheizten Räumen befindet, die eine Temperatur von ca. 15° C haben. Die Wassertemperatur wird mit 45° C angenommen.

Für die Rohrleitungsdämmung kommen verschiedenen Materialien in Frage, zum Beispiel Wolle, Baumwolle, Mineralwolle, Flachs, Kork und Kunststoffschäume. Die Wahl des Dämmmaterials hängt von optischen, mechanischen und brandschutztechnischen Anforderungen ab. Als fertiges System gibt es beispielsweise Halbschalen aus Polyvinylkautschuk oder Mineralwolle die für alle genormten Rohrdurchmesser zu haben sind. Auf jeden Fall ist bei der Ausführung der Dämmung auf einen ununterbrochenen Dämmzug um die Rohrleitungen zu achten. Bei extremen Temperaturdifferenzen sind Wärmebrückeneffekte nämlich besonders stark.

Um das erwärmte Wasser durch die Rohrleitungen im Gebäude zu verteilen, gibt es zwei Möglichkeiten. Der Transport geschieht durch

- **Schwerkraftanlagen**
- **Pumpenbetrieb**

Durch Schwerkraftanlagen wurde das Wasser bis in die 60er Jahre im Gebäude verteilt. Dies geschah hauptsächlich in Verbindung mit Heizungen, die ohne Strom betrieben wurden. Hierzu zählen Anlagen wie beispielsweise Wechselbrand-, Holz-, oder Kohlekessel.

Das Prinzip bedient sich der Tatsache, dass warmes Wasser leichter ist, als kaltes. Bei den Schwerkraftanlagen steigt das erwärmte Wasser in den Vorlaufrohren zu den Heizkörpern empor, gibt über diese die Wärme an die entsprechenden Räume ab und fällt, nachdem es abgekühlt ist, in den Rücklaufleitungen zum Heizkessel zurück. Eine solche Anlage kann also nur funktionieren, wenn das Wasser nach oben steigen soll, das heißt, der Kessel muss im Keller stehen. Ein ausreichender Rohrquerschnitt ist außerdem Voraussetzung. Er gewährleistet geringere Strömungswiderstände.

Eine moderne Variante zum Transport des Warmwassers ist der Betrieb mit Pumpen (Pumpenwarmwasserheizung). Die Leitungen können in diesem Fall frei verlegt werden, da auf ein Gefälle keine Rücksicht genommen werden muss. Die Rohrquerschnitte sind deutlich geringer als bei Schwerkraftanlagen, da die Strömungsgeschwindigkeit bei Pumpenanlagen viel höher ist.

Die Vorteile dieser Anlagen liegen also auf der Hand:

- Eine schnellere Verteilung der Wärme
- Verringerung von Leitungslängen und -kosten
- Freie Anordnung der Heizkörper möglich
- Bessere Regelung
- Effizientere Ausnutzung des Kessels

5.6 Lüftungstechnik

Grundsätzlich sollen Lüftungsanlagen in erster Linie für die Erneuerung der Raumluft sorgen.

Die Raumluft sollte für einen behaglichen und gesundheitlich einwandfreien Aufenthalt in Gebäuden beziehungsweise Räumen sorgen.

Mit Hilfe von Lüftungsanlagen lässt sich die Raumluftqualität im Hinblick auf die Temperatur, Luftfeuchtigkeit und Luftreinheit in bestimmten Grenzen sinnvoll beeinflussen.

Im Folgenden werden zunächst einige wichtige Begriffe der Lüftungstechnik erläutert.

Lufttemperatur

Temperatur der Luft

Luftfeuchtigkeit

Die Luftfeuchtigkeit, oder kurz Luftfeuchte, bezeichnet den Anteil des Wasserdampfs in Räumen, also den Feuchtegehalt der Luft.

Relative Luftfeuchtigkeit

Ist das prozentuale Verhältnis zwischen der momentanen Luftfeuchtigkeit und der Feuchtigkeit, die die Luft unter den gegebenen Umständen maximal aufnehmen könnte. Die relative Luftfeuchtigkeit steht also für den relativen Sättigungsgrad des Wasserdampfs.

Außenluft

Nicht aufbereitete Luft aus dem Außenbereich

Zuluft

Luft die durch ein Lüftungsgerät aufbereitet wird und einem Raum zugeführt wird.

Abluft

bezeichnet Luft, die aufgrund verschiedener, vorgenommener Veränderungen nicht mehr als Atemluft geeignet ist.

Fortluft

Luft, die den Raum verlässt und dem Außenbereich zugeführt wird.

Umluft

Abluft, die in derselben Anlage wieder verwendet wird.

Fugenlüftung

Unkontrollierte Lüftung über baulich bedingte Fugen, z. B. an Fenstern und Türen

Befeuchten

Erhöhung des Feuchtegehalts

Entfeuchten

Minimierung des Feuchtegehalts

5.6 Lüftungstechnik

Filtern

Trennung von Luftverunreinigungen aus Luftströmen

Kühllast

Die Kühllast ist ein aus einem Raum abzuführender Wärmestrom (durch Flüssigkeit oder Luft), um einen vorgegebenen Raumluftzustand zu erreichen.

Luftwechsel

Luftvolumenstrom für einen Raum, bezogen auf das Raumvolumen

Raumluft- und Klimatechnik

Lüftungsanlagen lassen sich in vier Systeme gliedern:

- Abluft- und Entlüftungsanlagen: einem Raum wird maschinell Luft entzogen, beispielsweise WC - Abluftanlage
- Be- und Entlüftungsanlagen: sie machen einen kontrollierten, ständigen Luftaustausch möglich; sie entziehen dem Raum Luft und führen zugleich unaufbereitete Luft wieder zu. Zum Teil geschieht dies auch mit Wärmerückgewinnung
- Teilklimaanlagen: Sie sorgen dafür, dass das Verhältnis von Zuluft zu Abluft beinahe gleich bleibt; sie entziehen dem Raum Luft und führen ihm wieder Luft zu; die zugeführte Luft dient normalerweise entweder zum Luftkühlen oder zum Lufterhitzen
- Vollklimaanlagen: Sie sorgen dafür, dass das Verhältnis von Zuluft zu Abluft beinahe gleich bleibt; sie entziehen dem Raum Luft und führen ihm wieder Luft zu; die zugeführte Luft dient bei diesen Anlagen nicht nur zum Luftkühlen oder zum Lufterhitzen sondern kann auch die Funktion der Luftbe- oder entfeuchtung erfüllen

Die Aufgaben von Lüftungsanlagen lassen sich in zwei Punkten zusammenfassen:

- Entziehen und Ersetzen von verbrauchter Luft:
  Die Zufuhr von Frischluft erfolgt an einer anderen Stelle im Raum; durch Tür- oder Fensterschlitze bei reinen Abluftanlagen, durch Nachförderung einer bestimmten Menge bei Be- und Entlüftungsanlagen
- Druckniveau im Raum sicherstellen und somit auch eine bestimmte Luftqualität:
  Bei dieser Aufgabe unterscheidet man zwischen Über- und Unterdruckräumen; während man Überdruckräume überwiegend im gewerblichen Bereich (Labors etc.) findet, sind Unterdruckräume dort vorzufinden, wo Gerüche direkt an Ort und Stelle aufgesaugt werden müssen (Küchen etc.)

Die Werte von **Luftwechselzahlen** liegen im Altbau bei 1,0 bis 4,0 1/h. Im Vergleich dazu wird heutzutage für den Neubau aus physiologischer Sicht eine Luftwechselrate von 0,3 bis 0,8 l/h als ausreichend betrachtet.

Durch beispielsweise punktuelle Undichtigkeiten sind die Aufwendungen zum Erreichen einer besseren Luftwechselrate im Gebäudebestand oft sehr aufwendig. Aber auch nach einer Sanierung, bei der die Luftdichtigkeit eines Gebäudes sichergestellt wurde, ist ein bewusstes Nutzerverhalten erforderlich. Nur dadurch kann gewährleistet werden, dass der nötige Feuchtetransport und die gewünschte Energieeinsparung korrekt aneinander angepasst werden.

Um den nötigen physiologischen **Luftwechsel** einzuhalten, hat man die Möglichkeit der natürlichen und der mechanischen Lüftung.

Zur natürlichen Lüftung zählen die Schachtlüftung und die Fensterlüftung.

Bei der Schachtlüftung handelt es sich um verschiedene Schächte (Abluft- und Zuluftschächte), die von der Gebäudesohle bis über das Dach führen. Durch Luftein- und –austrittsöffnungen lässt sich, wenigstens im Winter, ein stärkerer natürlicher Luftwechsel, als bei der Fensterlüftung erzielen.

Bei der Fensterlüftung ist der Luftwechsel stark von Witterungsverhältnissen abhängig. Dies liegt an den beiden grundsätzlichen Effekten, von denen eine Fensterlüftung abhängig ist:

- thermische Lüftung (beruht auf dem Temperaturunterschied zwischen drinnen und draußen)
- Querlüftung (beruht auf dem Druckunterschied am und im Gebäude)

Deshalb ist es auch nicht einfach, einen ausreichenden Luftaustausch allein durch diese Art der Lüftung zu erreichen.

Ist die Fensterlüftung dennoch dafür verantwortlich, dass der Luftwechsel im Gebäude ausreichend stattfindet, müssen die Nutzer über entsprechende Lüftungsstrategien informiert werden.

Das Prinzip der **Stoßlüftung** spielt hier eine große Rolle. Hierbei wird die gesamte Raumluft einmal vollständig ausgetauscht, ohne dass die Temperatur der Innenwandoberflächen abnimmt.

Als Grundlage gilt ein übliches Schlafzimmergröße von ca. 16m² und einer üblichen Fenstergröße von ca. 1,5m².

Als Richtwerte gilt folgende Lüftungsdauer für die jeweilige Jahreszeit; mindestens 3 mal täglich:

- Dezember, Januar, Februar: 6 - 8 Minuten.
- März, November: 8 – 10 Minuten
- April, Oktober: 12 – 15 Minuten
- Mai, September: 16 – 20 Minuten
- Juni, Juli, August: 25 – 35 Minuten

Zur Verdeutlichung, wie wichtig bei der Stoßöffnung eine vollständige Öffnung des Fensters ist, verdeutlicht folgende Auflistung, in der die verschiedenen Fensterstellungen der jeweiligen Luftwechselzahl gegenübergestellt wurden:

5.6 Lüftungstechnik

- geschlossene Fenster: 0,1 – 0,3
- gekippte Fenster, geschlossene Rollladen: 0,3 – 1,5
- gekippte Fenster: 0,8 – 4,0
- halb geöffnete Fenster: 5 – 10
- ganz geöffnete Fenster: 9 – 15
- ganz geöffnete Fenster, gegenüberliegend: bis 40.

Zur mechanischen Lüftung zählen das kontrollierte Abluftsystem und die kontrollierte Be- und Entlüftung.

Das kontrollierte Abluftsystem bietet im Vergleich zur Fensterlüftung generell keinen energetischen Vorteil. Die elektrische Energie, die zum Antrieb der Ventilatoren gebraucht wird, lassen sie eher ungünstiger erscheinen.

Allerdings muss die Fensterlüftung optimal ausgeführt werden. Ist dieses nicht der Fall, kann es bei einer Fensterlüftung zu enormen Verlusten durch die Lüftung kommen. Dies wird beim kontrollierten Abluftsystem verhindert, da die Luftzu- und abfuhr kontrolliert wird.

Diese Systeme bestehen hauptsächlich aus Abluftventilatoren (einer oder mehrere), die die feuchte- oder geruchsbeladene Luft absaugen. Der dadurch entstehende Unterdruck wird durch Luftzufuhr ausgeglichen. Dieser geschieht durch Zuluftöffnungen im Gebäude, oder, falls diese verschlossen sind, durch Luftundichtigkeiten in der Gebäudehülle.

Das System der kontrollierten Be- und Entlüftung lässt sich mit dem kontrollierten Abluftsystem vergleichen.

Auch hier werden Ventilatoren eingesetzt, die die feuchte- oder geruchsbeladene Luft absaugen. Allerdings verlaufen parallel zu den Abluftkanälen die Zuluftkanäle. Die Kanäle sind mit einem Wärmetauscher verbunden, der der Abluft die in ihr enthaltene Wärme (bis zu 90%) entzieht und diese mit der Zuluft dem Gebäude wieder zuführt.

Im Vergleich mit den kontrollierten Abluftsystemen schneiden die Be- und Entlüftungsanlagen, auch unter Berücksichtigung des Energieverbrauchs der Ventilatoren, besser ab. Allerdings werden sie trotzdem sehr selten eingesetzt.

Vorraussetzung für ein einwandfreies Funktionieren der Anlagen ist nämlich in erster Linie eine absolut dichte Gebäudehülle. Ist dieses nicht der Fall, wird kalte Außenluft mit angesaugt und der Wirkungsgrad der Anlage sinkt.

Außerdem muss, um die Kosten für die Installation der Anlage wirtschaftlich zu halten, die räumliche Situation stimmen. Die Anlage muss einfach aufgebaut und gut in das Gebäude integrierbar sein.

Die zusammengehörenden Teile der Anlage müssen genau aufeinander abgestimmt sein und sorgsam einreguliert werden und der Nutzer der Anlage muss über Betrieb und Pflege der Anlage genau informiert sein.

6 Bauwerkskenndaten und Typologien

6.1 Gebäudetypologien, Bauteiltabellen und Materialkenndaten

Für die Erstellung von Energiepässen in Bestandsgebäude kann nur auf einen meistens stark variierenden Bestand von Daten zurückgegriffen werden. Hierzu bietet die Gebäudeenergieausweiserstellung modulare Möglichkeiten, die wiederum zu einem unterschiedlichen Genauigkeitsgrad in der Berechnung führen. Als Ergänzung zu fehlenden Gebäudedaten können Gebäudetypologien, Bauteiltabellen und Materialkenndaten herangezogen werden. Es ist jedoch immer anzuraten, die verschiedenen Möglichkeiten der Pauschalisierungen durch Gebäudetypologien und Kenndaten mit eigenen Analysen des Bestandes zu kombinieren, um den notwendigen Genauigkeitsgrad der Aussage über den Energiebedarf des Gebäudes in der objektbezogene Analyse sicher zu stellen.

Die Gebäudetypologie ist, wie die Bauteiltypologien, zur vergleichbaren Einordnung der Gebäude und zur Unterstützung bei der Initialberatung und Energieausweiserstellung. Das Erkennen und Einordnen des zu betrachtenden Gebäudes soll erleichtert werden. Die Angleichung oder Berechnung der Kennwerte auf das individuelle Gebäude kann, wie oben erwähnt, aber in der Regel nicht entfallen. Die Typologien sind als Orientierungshilfen zu sehen, die mit dem Ist-Zustand rechnerisch abzugleichen sind.

Die Anhaltswerte der Gebäudetypologien können somit dann benutzt werden, wenn die Bauteil-Konstruktionen nicht bekannt sind. Sind diese bekannt, liegen aber keine genauen Werte vor, kann die Bauteiltypologie zu Hilfe gezogen werden. Auf jeden Fall sind die tatsächlichen Werte, soweit sie bekannt oder in Erfahrung zu bringen sind, den Pauschalwerten immer vorzuziehen.

Zur energetischen Beurteilung eines Gebäudes, wie zur Aufstellung von Verbesserungsmaßnahmen, ist auf Wärmebrücken, deren Ursachen und Auswirkungen besonderes Augenmerk zu richten. Der Schutz gegen Feuchtigkeit und der Wärmeschutz treten bauphysikalisch in vielfacher Weise miteinander kombiniert auf. Sind einschichtige Bauteile nachträglich zu mehrschichtigen Bauteilen geändert worden, muss auch das Zusammenwirken aller Schichten und die Einwirkungen auf angrenzende Schichten und Bauteile beurteilt werden. In den Tabellenanhängen sind die wesentlichen Baukonstruktionen und Materialien mit dem jeweiligen U-Wert bzw. der Wärmeleitfähigkeit aufgelistet, auch für früher übliche Konstruktionen und aus einer älteren Ausgabe der DIN 4108. Alle Konstruktionen und Baustoffe aufzuführen, ist indes nicht möglich.

„Im Jahr 1950 wurde in der Fachzeitschrift 'Neue Bauwelt' davon ausgegangen, dass fast 2.000 Konstruktionen von Massivdecken unterschieden werden können. Im 'Handbuch der Architektur' (DDR) von 1954 wurde diese Schätzung ebenfalls herangezogen."[1]

Die energetische Beurteilung von Bestandsgebäuden wird außerdem durch Streuungen erschwert. So ist zum Beispiel im Dachbereich bei der Ermittlung der Bauteilabmessungen wie Schichtdicken, Sparrenabstände und Gefachgröße zu berücksichtigen, dass es zu Änderungen der Sparrenabstände durch Auswechslungen etc. kommen kann. Daher ist es empfehlenswert den Wärmedurchgangskoeffizient als Nährungsgröße zu betrachten und dies entsprechend bei Berechnungen zu berücksichtigen.

Unzureichende Sanierungsmaßnahmen wie eine durch Mauervorsprünge unterbrochene Wärmedämm-Maßnahme oder einen Fensteraustausch ohne begleitende Maßnahmen verändern den Wärmeverlauf in den betroffenen Gebäudeteilen, so dass es zu Feuchtigkeitsschäden und Schimmelbefall führen kann.

Alte Fenster haben zum Beispiel Fugendurchlässigkeiten von a=4 bis 6, neue Fenster dagegen nur noch von a= 0,1 bis 1,0. Durch die damit verringerte Luftwechselrate über Fugen kommt es zu einer Feuchteanreicherung der Raumluft. Der verbesserte bauliche Wärmeschutz zieht also automatisch weitere Maßnahmen nach sich. Im beschriebenen Fall wären das optimaler Weise Lüftungsanlagen, lediglich eine Änderung des Nutzerverhaltens kann kaum die notwendige Luftwechselrate sicherstellen, besonders nicht während der Nacht. Eine Änderung des Diffusionsverhaltens der Bauteile sowie die Verbesserung des baulichen Wärmeschutzes ändert auch immer das Raumklima.

Feuchtigkeit hat das Bestreben, durch eine Wand zu diffundieren, um den Druckausgleich durch Temperaturunterschied und Luftfeuchtigkeit zwischen innen und außen herzustellen. Dies ist ein physikalisches Gesetz und daher wird man dieses Verhalten immer und überall auf der Welt berücksichtigen müssen. Daher muss bei der Beurteilung von Gebäuden wie bei Sanierungsvorschlägen geprüft werden, ob folgende Grundlagen eingehalten wurden:

- Von innen nach außen muss der Wärmeschutz einzelner Bauteilschichten zunehmen (bzw. der Wärmedurchlasskoeffizient der Baustoffe abnehmen).
- Von innen nach außen muss die Dampfdiffusionsoffenheit der Bauteilschichten zunehmen (bzw. der Dampfdiffusionswiderstand geringer werden).

Auch auf Einbaufehler ist zu achten. Einbaufehler können Stoffeigenschaften negativ verändern, ebenso wie unterschiedliche Beanspruchungen und Alterungsprozesse. Daher sollte man bei der Bestimmung des Wärmedurchgangskoeffizienten über die Rohdichte mit dem ungünstigeren Rechenwert nach DIN 4108-4 operieren.

---

[1] R. Ahnert, K.H. Krause, „Typische Baukonstruktionen von 1860 bis 1960" Band II, Verlag Bauwesen, 6. Auflage, 2001, Seite 44

Fehler bei Annahmen

Nach einer Studie der Universität Kassel,

[Universität Gesamthochschule Kassel, Fachgebiet Bauphysik, „Leitfaden für die vor Ort Beratung bei Sanierungsvorhaben", A. Geißler, A. Maas, G. Hauser, Abschlußbericht Juni 2001]

„...*können bei unterschiedlichen Baustoffannahmen bereits Fehler von 54 bis ca. 70% entstehen. Im vorliegenden Fall wurde davon ausgegangen, dass kein Material bei einer Außenwand zur Materialanalyse entnommen werden konnte und weder aus der Baubeschreibung noch von den Bauherren genauere Angaben zu erfahren waren. Somit wurde in einer Berechnung von Kiesbeton mit einer Rohdichte von 2.400 kg/m³ und damit einem λ = 2,21 W/(mK) ausgegangen und in einer zweiten Berechnung von Porenbeton mit Quarzsand mit einer Rohdichte von 1.000 kg/m³ und damit einem λ = 0,71 W/(mK). Als tatsächliche Beschaffenheit wurde ein Kiesbeton mit einer Rohdichte von 2.000 kg/m³ und damit einem λ = 1,22 W/(mK) gerechnet. Damit haben die angenommen Werte bei den Werten zur Wärmeleitfähigkeit schon Fehler von 54% bzw. rund 70%. Nach einer erfolgten Dämm-Maßnahme mit 12-15cm Dämmstärke, liegen die Werte bereits nur noch ca. 5% auseinander.*"

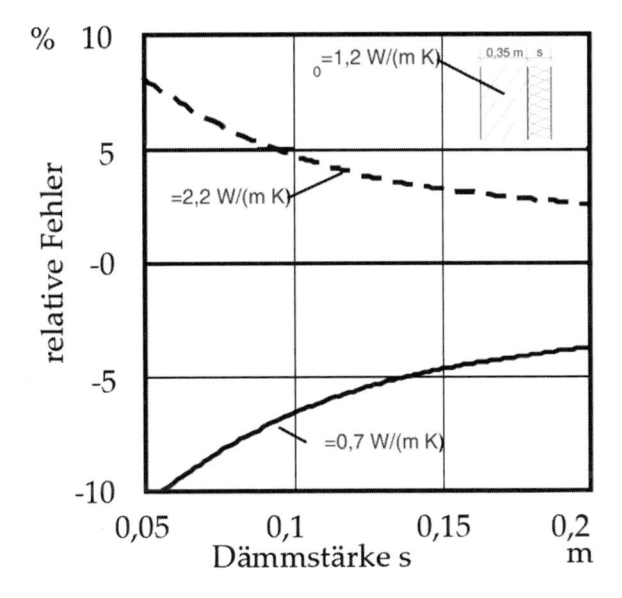

Abb. 6-1 Fehlerreduzierung in Abhängigkeit zur Dämmstärke

Gebäudetypologien

Für die Diagnose in Form des Energieausweises ist das Hilfsmittel der Gebäudetypologie als vergleichende und einordnende Klassifizierung von Gebäuden von verschiedenen

Städten in Auftrag gegeben worden. Die Einteilung in bauhistorische Zeitepochen erlaubt es, ein Gebäude aufgrund seines Typs, Baualters und Größe einzuordnen. Aussagen über die Baukonstruktion, die eingesetzten Baustoffe und den Heizenergiebedarf sind damit möglich. Die Übersicht der verschiedenen Bautypen nennt man Gebäudetypologie. In der Kurzdiagnose wird das zu bearbeitende Gebäude einer Baualtersklasse und einem Gebäudetyp der Gebäudetypologie zugeordnet. Die darauf getroffenen Bewertungen sind als pauschalisierte Richtwerte zu sehen. In der Regel wirkt sich die Pauschalisierung nicht größer auf die Energiekennwerte aus, Modernisierungsmaßnahmen und Sanierungen egalisieren zusätzlich die pauschalisierten Werte.

An Hand von Verbrauchsmessungen können Rückschlüsse auf die Energieeffizienz eines Gebäudes gezogen werden. Allerdings verursacht das Nutzerverhalten Schwankungen des Verbrauchs an Heizenergie um über 50%. Somit stellen Verbrauchsmessungen keinen geeignete Möglichkeit dar, Gebäude energetisch vergleichbar zu bewerten. Energiekennwerte, die für jedes Gebäude rechnerisch ermittelt werden, geben hingegen eindeutige und vor allem vergleichbare Aussagen über die jeweilige Energieeffizienz der Gebäude. Problematisch dabei ist der große Aufwand, der einer allgemeinen und flächendeckenden Ausführung im Wege steht. Hier bietet die Anwendung von Gebäudetypologien eine praktikable Möglichkeit, über die Zuordnung der Gebäude zu vergleichbaren Typen eine Energiebilanz-Berechnung mit vertretbarem Aufwand auszuführen.

Um im gesamten Gebäudebestand die Erstellung von Energiepässen zu ermöglichen und um konkrete, ausführliche Aussagen über Einsparpotentiale zu erzielen, wurden die verschiedenen Bauteile der Bestandsgebäude katalogisiert und die Gebäude nach Gebäudeklassen und Alter typologisiert. Im Auftrag der Enquete-Kommission des deutschen Bundestages „Schutz der Erdatmosphäre" und der Bundesstiftung Umwelt wurde vom IWU (Institut Wohnen und Umwelt GmbH) eine entsprechende „Gebäudetypologie" entwickelt. Einzelne Bundesländer verfeinerten für ihre Region diese Liste, ebenso einige Städte und Kreise.

Wird der Gebäudeenergieausweis mit Hilfe der Gebäudetypologie erstellt, ist damit die energetische Bewertung ebenfalls typenweise möglich. Die Energie-Kurzberatung sowie Anregungen zur Energieeffizienz steigernden Sanierung kann somit auch ohne detaillierte Berechnungen durch Hinzuziehung des Bauteilkatalogs abgeschätzt werden.

Im Zuge der Erstellung der Gebäudetypologien durch das IWU zeigte sich, dass bereits mit einfachen Standardmaßnahmen der Heizwärmebedarf um 50% gesenkt werden kann. Das Maßnahmenbündel beinhaltet 4 Maßnahmen:

- Dämmung der Außenwand (d = 12 cm)
- Fenster mit Wärmeschutzverglasung, U-Wert 1,5 W/(m²K)
- Dämmung der Kellerdecke (d = 6 cm)
- Dämmung der obersten Geschossdecke (d = 20 cm)

Werden noch Maßnahmen zur weiteren Reduzierung der Wärmeleitfähigkeit, größere Schichtdicken sowie der Einsatz von Passivhaus-Technologien hinzugezogen, lässt sich die Senkung des Heizwärmebedarfs auf 80% weiter reduzieren.

6.1 Gebäudetypologien, Bauteiltabellen und Materialkenndaten

Zur Gliederung der Gebäudetypologie wurden neben der Einteilung in Baualtersklassen die Gebäudeklassen in Ein- und Zweifamilienhäuser (EFH), Reihenhäuser (RH), kleine Mehrfamilienhäuser (MFH), große Mehrfamilienhäuser (GMFH) und Hochhäuser (HH) eingeteilt. Die Einteilung ergab sich aus den unterschiedlichen A/V Verhältnissen der jeweiligen Gruppen und damit unterschiedlichen Wärmeverlusten. Dabei basiert die Einteilungssystematik auf verschiedene Gebäudetypologien (z.B. Hamburg, Münster, Nienburg/Weser, Pforzheim, Heidelberg, Wuppertal, Mainz etc.) sowie der „Deutschen Gebäudetypologie" des IWU. Für die Berücksichtigung regionaler Eigenheiten sollte, wenn möglich, auf lokale Gebäudetypologien zurückgegriffen werden.

Die Einteilung der Baualtersklassen richtet sich nach den Bauepochen, wobei bezüglich des Wärmeschutzes erste wesentliche Änderungen in der Baukonstruktion erst ab 1918 zu verzeichnen sind und daher die Gebäude vor dem ersten Weltkrieg in einer Kategorie zusammengefasst werden. Für die Zeit vor dem 1. Weltkrieg wird noch unterschieden in eine vorindustrieller Phase (bis ca. 1870) und der Gründerzeit bis zum Beginn der Weimarer Republik (1850 bis 1918), als Zeitraum beginnender Normierung auf Grund der Einführung neuer und standartisierter Baustoffe. Im Einzelnen wurden folgende Baualtersklassen definiert und durch Buchstaben gekennzeichnet:

a) Vor 1918
   Hier sind zwei unterschiedliche Baukonstruktionstypen zu unterscheiden.

   - Bis 1850 und noch darüber hinaus, war der handwerklich geprägte Fachwerkbau üblich, mit entsprechender statischer Überdimensionierung, da nicht nach Normen, sondern nach Erfahrung gebaut wurde.
   - Mit Einsetzen der Industrialisierung ab ca. 1850 und der beginnenden Normung wird der Mauerwerksbau dominierend, teilweise mit Sichtmauerwerk, aber auch mit Luftschichten und Vorsatzschalen (Gründerzeit).

b) Zwischen 1918 und 1948
   Die zunehmende Industrialisierung führt zur Einführung materialsparender Konstruktionen, hinzu kommen weitere Entwicklungen bei den Baustoffen.

c) Zwischen 1949 und 1957
   Weiterentwicklungen bei den Baustoffen, Veränderungen der Baukonstruktionen und die Weiterentwicklung der Normen. Gleichzeitig zwingt die Nachkriegszeit zu vereinfachten Bauweisen, um durch den Wiederaufbau für billigen und schnell zu errichtenden Wohnbau zu sorgen. Vorherrschend ist eine material- und kostensparende Bauweise.
   Die Normung für den sozialen Wohnungsbau beginnt.
   Im Bereich der ehemaligen DDR wurden ab Anfang der 50er Jahre die ersten Bauten in vorgefertigter Block- oder Streifenbauweise erstellt. Ab Mitte der 60er Jahre wurden Plattenbauten in Großserien erstellt.

d) Zwischen 1958 und 1968
Auslaufen der staatlichen Förderungen für den Wiederaufbau. Dadurch erfolgt ein verändertes Siedlungskonzept und damit einhergehend veränderte Bauformen, die ersten Hochhaussiedlungen entstehen.

e) Zwischen 1969 und 1978
Neue industrielle Baukonstruktionen, wie Sandwichkonstruktionen, Verbundbauweisen und Fertighauskonstruktionen, erobern den Markt.
1972 wurde im Gebiet der ehemaligen DDR die Wohnungsbauserie 70 (WBS 70) eingeführt. Mit Beginn der 70er Jahre wurde der Eigenheimbau in vorgefertigter Bauweise angeboten

f) Zwischen 1979 und 1983
Umsetzung der ersten Wärmeschutzverordnung sowie der DIN 4108, auch als Folge der Ölpreiskrise.
In die in der ehemaligen DDR gültige Vorschrift TGL 28706, wurden 1982 wärmetechnische Verbesserungen aufgenommen, die als Rationalisierungsstufe II auch in den Montagebau übernommen wurde.

g) Zwischen 1984 und 1994
Umsetzung der zweiten Wärmeschutzverordnung. Beginn der Einführung des Niedrigenergiehaus-Standards seit Beginn der 90er.
Weitere wärmetechnische Verbesserung im Gebiet der ehemaligen DDR (WBS70 Rationalisierungsstufe III).

h) Zwischen 1995 und 2001
Umsetzung der dritten Wärmeschutzverordnung.

i) Ab 2002
Einführung der Energieeinsparverordnung.

Im Anhang sind die Gebäudetypologien zu finden, wie sie vom IWU für Gesamtdeutschland entwickelt wurden und eine regionale Gebäudetypologie, bezogen auf Düsseldorf.

Bauteiltypologien

Die Einteilung erfolgt analog zur Gebäudetypologie in Baualtersklassen. Die Bauteiltypologie ist bei der Anwendung der Gebäudetypologie hinzuzuziehen. Die Tabellen im Anhang beruhen auf den Bauteiltypologien in der Energiebilanz-Toolbox des IWU sowie der hessischen Gebäudetypologie [Eicke-Hennig/Siepe 1997]

Mauerwerk

Das Baualter und/oder der Zeitpunkt der letzten größeren Sanierung kann das Gebäude und seine Bauteile den typischen Baukonstruktionen und Baualtersklassen zugeordnet werden.

Die grundlegenden Wandaufbauten sind festzustellen:

6.1 Gebäudetypologien, Bauteiltabellen und Materialkenndaten

- Massive Wand
    - Einschalig
    - Mit Luftschicht
    - Mehrschalig
    - Fachwerk
    - Sonderkonstruktionen (Fertigteile etc.)

Typische Baustoffe bei Mauerwerk sind:

- Ziegel
    - Vollziegel
    - Lochziegel (Lochform: eckig, rund, oval…)
    - Porenziegel
- Kalksandstein
    - Vollstein
    - Lochstein, Hohlstein
- Bims- oder Leichtbetonsteine
    - Vollstein oder Lochstein
    - Gasbetonstein
- sonstige Hohlsteine
    - Schlacke, Kalktuff, Ziegelsplittbeton
- Stahlbetonplatten (Plattenbau)
- Lehm und Lehmmaterialien
- Feldsteine

Falls keine Baubeschreibung oder ähnliches vorliegt, können Fehlstellen im Putz oder beim oberen bzw. unteren Wandabschluss zur Bestimmung der Materialart und Beschaffenheit genutzt werden. Hier oder bei der Sockelabschlussschiene können auch eventuelle Wärmedämmschichten erkannt werden. Diese köne auch durch Klopfen (klingt hohl) innen und außen bestimmt werden. Die Stärke der aufgebrachten Dämmung kann durch Nadelproben an unauffälligen Stellen vorgenommen werden. Auskünfte über Bohrstäube (Farbe) oder Bohrverhalten (massives Material, Hohlstellen…) können ebenfalls erfragt werden.

Mauerwerksstärken können in den Laibungen gemessen werden, wobei darauf zu achten ist, dass bei älteren Gebäuden die Wandstärken in den oberen Geschossen abnehmen können.

Tab. 6-1 Außenwandkonstruktionen mit Baualtersklasse

1850–1950	1920–1950	ab 1930	1945–1950	1945–1955	1950–1970	Ab 1960	Ab 1970
38 cm Vollziegel	25 cm Lochziegel	25 cm (ab 1955 24 cm) und 30 cm Bimshohlblocksteine	25 cm Hohlsteine aus Ziegelsplitt-Beton	25 cm und 30 cm Schlacken-Hohlsteine	25 cm und 30 cm Waben- und Gitter-Ziegel	25 cm und 30 cm Schalungssteine	Porosierte Ziegel
	25 cm Bimsvollsteine		30 cm Ziegelsplitt-Schüttbeton				
			38 cm Vollsteine aus Ziegelsplitt-Beton				

Dächer

Die häufigste Dachform in unsren Breiten ist das Satteldach. Ab ca. 1919 wurde auch das leicht geneigte Flachdach als moderne Baukonstruktion eingeführt.

Dachschrägen wurden ursprünglich nicht gedämmt und sind überwiegend in Holzbauweise zu finden.

Holzmangel führte zur Übertragung der Erfahrungen der Massivdecken in den Steildachbereich.

„So wurden um 1945 Steildächer aus Steinen der Stahlsteindecken, zum Beispiel der Leipziger Decke, gebaut."[2]

Typische Dachtragwerke:

– Dachtragwerk aus Holz
  - Satteldächer
  - Mansardendächer
  - Walmdächer
  - Pultdächer
– Massivdächer
  - Stahlbetondächer
  - Fertigteildächer

In alten Baudokumenten wird das Satteldach auch noch als „deutsches Dach" und das Walmdach als „holländisches Dach" bezeichnet. Die Unterscheidungen zwischen Flach- und Steildach richten sich nach dem Grad der Neigung. Allerdings sind hier die Begriffe nicht einheitlich gebraucht worden.

---

[2] R. Ahnert, K.H. Krause, „Typische Baukonstruktionen von 1860 bis 1960" Band III, Verlag Bauwesen, 6. Auflage, 2001, Seite 178

1857: *„Flachdächer haben eine Neigung (h:B) ≤ (1:5) oder α ≤ 21,8°"[3]*

1904: *„Dächer mit 1/3 der Gebäudetiefe als Höhe nennt man steile Dächer, im Gegensatz zu den flachen Dächern mit h=1/4; 1/5; 1/10; 1/20; 1/36 der Gebäudetiefe."*[4]

Was für flache Dächer eine Dachneigung von ≤ 26,6° ergibt.

1935: *„Flachgeneigte Dächer"* 5° bis 25°, *„Flachdächer"* bis 5°.[5]

1955: *„Flachdach, wasserdicht isoliert"* 0°-1,5°, *„Flachdach, regendicht gedeckt"* 1,5°-30°.[6]

1956: *„Flach-Deckdach, gedeckt mit Flachdachpfannen, Well-Asbestzementplatten: 15° ≤ α ≤ 25°; Flach-Dichtdach, gedichtet mit Dichtpappen oder Metallblechen: 2° ≤ α ≤ 15°; Flach-Terrassendach, gedichtet mit Dachpappen oder Metallblechen mit einem Schutzbelag über der Abdichtung: 0° ≤ α ≤ 2°."*[7]

2005: *„Flachdächer sind Dächer, die nur eine geringe Neigung aufweisen (unter 10 Grad). ... Es gibt auch die Definition, dass Flachdächer wasserdicht sein müssen, Steildächer jedoch nur regensicher."*[8]

Decken

Bei den handwerklichen Fachwerkhäusern vor 1918 sind die Gebäude meist nicht unterkellert, hier liegen Feldsteine direkt im Sandbett oder es wurden Lagerhölzer, gefüllt mit Sand oder Lehm und Dielenboden ausgeführt. Die Häuser selbst haben Holzbalkendecken. Die Kellerdecken der massiv gebauten Gebäude dieser Baualtersklasse sind in der Regel als gewölbte oder scheitrechte Kappendecke ausgeführt. Ab ca. 1949 kommen Ortbetondecken zur Ausführung, im Einfamilienhausbau auch als Fertigteildecken in Ziegel, Bims- oder Schwemmstein.

Im Wesentlichen werden folgende Konstruktionen unterschieden:

- Holzbalkendecken
- Kappendecken
- Stahlbetondecken
- Stahlsteindecken

---

[3] W.H. Behse, „Die praktischen Arbeiten und Baukonstruktionen des Zimmermanns", Weimar, B.F. Voigt, 1887, Seite 94]

[4] F. Stade, „Die Holzkonstruktionen", Verlag von B. Voigt, 1904, Seite 120

[5] aus: F. Kress, „Der Zimmererpolier", Verlag O. Maier, Ravensburg, 1935, Seite 333

[6] aus: R. Ortner, „Baukonstruktion und Ausbau", Verlag Technik, Berlin, 1955, Seite 190

[7] aus: M. Mittag, „Baukonstruktionslehre, C. Bertelsmann Verlag, Gütersloh, 1956, Seite 180]
Vergleiche auch: R. Ahnert, K.H. Krause, „Typische Baukonstruktionen von 1860 bis 1960" Band III, Verlag Bauwesen, 6. Auflage, 2001, Seite 118

[8] aus: Wikipedia, http://de.wikipedia.org/wiki/Flachdach

Betondecken ohne Dämmung weisen sehr hohe Wärmeverluste auf. Daher ist es gerade bei Kellerdecken und erdberührten Bauteile wichtig, die Konstruktionsart und auch eventuell nachträglich ein- oder aufgebrachte Dämmung zu ermitteln.

Ist im Erdgeschoss ein Estrichboden, so ist meist von einer Betondecke oder Stahlsteindecke auszugehen. Bei Dielenböden sind häufig Holzbalken- oder Kappendecken anzutreffen. Doch sollte auch geprüft werden, ob nicht gegebenenfalls über die Holzdecke nachträglich ein Estrich aufgebracht wurde.

Kappendecken kann man unterseitig meist noch gut identifizieren. Im Bereich von Durchbrüchen sind die Deckenaufbauten am geeignetsten zu erkennen.

Fenster

Der Modernisierungsbedarf ist gerade in den Fensterflächen immer noch sehr hoch. Von geschätzten 700m² Fensterfläche im Wohngebäudebestand sind nur ca. 30% mit Wärmedämmglas und einem U-Wert von 1,2 W/m²K oder geringer ausgestattet, 40% bestehen aus älteren Isolierglasscheiben mit U-Werten um 3,0 W/m²K und 30% bestehen heute noch aus Einfachverglasungen mit einem U-Wert der über 5,0 W/m²K liegt.

Typische Fensterverglasungen:

– Einscheibenverglasung
– Kastenfenster
– Isolierverglasung
  - Doppelverglasung / Zweischeibenverglasung
  - Dreischeibenverglasung

Abb. 6-2 Dreischeibenverglasung

Typische Fensterrahmen:

– Kunststoffrahmen
– Holzrahmen
– Alurahmen
– Holz-Kunststoffrahmen

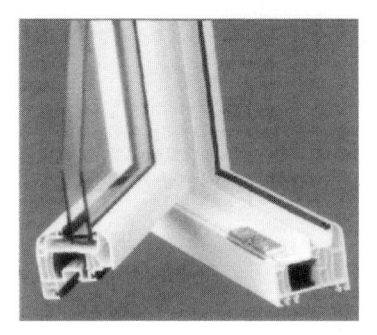

6.1 Gebäudetypologien, Bauteiltabellen und Materialkenndaten

Abb. 6-3 Kunststoffrahmen[9]

Abb. 6-4 Holzrahmen

Abb. 6-5 Aluminiumrahmen

Abb. 6-6 Holz-Alu Rahmen

Bei Isolierglas-Fenstern lässt sich teilweise durch den Aufdruck im Randverbund eruieren, ob es sich um eine Wärmeschutzverglasung handelt, ansonsten kann dies auch mit dem sogenannten Feuerzeugtest festgestellt werden. Hilfsweise kann über das Gebäudealter oder über das Alter der Fenster die Beschaffenheit bestimmt werden. Mit Einführung der Wärmeschutzverordnung 1995 ist der Einbau von Wärmeschutzgläsern sprunghaft angestiegen. Man kann daher ab diesem Baujahr davon ausgehen, dass eine Wärmeschutzverglasung mit Beschichtung und Edelgasfüllung vorhanden ist.

Folgende Tabelle fasst die pauschalen Anhaltswerte für die U- und g-Werte von Fenstern mittlerer Größe (zwischen 1 m² und 2 m²) zusammen. Der Wert für das Gesamtfenster basiert auf einem Glasanteil von 60 %, inklusive Wärmeverlust für Rahmen und Alu-Randverbund ohne Einbau.

---

[9] Quelle der Abbildungen: Hefa Fenster

Tab. 6-2 Anhaltswerte für die U- und g-Werte von Fenstern

Baualtersklasse	Bauart Rahmen	Verglasung	Wärmedurch-gangskoeffizient Gesamt-Fenster U_w [W/(m²K)]	Gesamtenergie-durchlassgrad für senkrechten Strahlungseinfall g⊥
A – E	bis 1968	Holzrahmen	Einfachverglasung U_g=5,8 W/(m²K)	5,0	0,87
F – H	1968 – 1994	Holzrahmen (auch Verbundfenster, Kastenfenster...)		2,7	0,75
				3,0	0,75
				4,3	0,75
F - H	1968 – 1994	Kunststoff-Rahmen	2- Scheiben-Isolierverglasung oder 2 einzelne Glasscheiben U_g=2,8 W/(m²K)	3,2	0,75
F – G	1969 – 1983	Alu-Rahmen ohne thermische Trennung			
H	1984 – 1994	Alu-Rahmen mit thermischer Trennung			
I – J	ab 1995	Holzrahmen	2- Scheiben-Wärmeschutz-verglasung U_g=1,1 W/(m²K)	1,6	0,60
I – J	ab 1995	Verbesserter Kunststoff- bzw. Alurahmen (U_f[2W/(m²K))		1,9	0,60
J	nach 2002	Verbesserter Holzrahmen (U_f[1,5W/(m²K))	3- Scheiben-Wärmeschutz-verglasung U_g=0,7 W/(m²K)	1,2	0,50
J	nach 2002	Passivhaus-Rahmen (U_f[0,8W/(m²K))		0,9	0,50

Tabelle gemäß IWU Energiebilanz-Toolbox, 2001
U_w= U-Wert Fenster inkl. Rahmen (hier mit Randverbund, ohne Einbau, bei Glasanteil 60% der Fensterfläche); w für window.
U_f= U-Wert Rahmen; f für frame
U_g= U-Wert Verglasung; g für glazing.
Abminderungsfaktor Rahmen F_F für Fenster im Gebäudebestand: 0,6

Zur genaueren Bestimmung der U-Werte kann die Basistabelle Fenster, gemäß der Energiebilanz-Toolbox der IWU benutzt werden.

„Die in EPHW-Tab. 1-2 dargestellten k-Werte für Fenster verschiedener Größe und Bauart basieren auf der DIN 4108-4. In der mittlerweile verfügbaren DIN EN ISO 100 wird die Berechnung des Fenster-U-Wertes einschließlich der Wärmebrücken am Randverbund, im Rahmen und beim Ein-

bau geregelt. In [D. Kehl, „Energetische Klassifizierung von Fenstern", IWU, Darmstadt, 2000] ist die EPHW-Tabelle mit Hilfe von zweidimensionalen Wärmebrückenberechnungen an typischen Fenstern aktualisiert worden. In den Tabellen werden die dort durchgeführten Berechnungen aufgenommen und leicht modifiziert dargestellt (in der Basistabelle sind jetzt keine Zu-/Abschläge für die Einbausituation mehr enthalten)."[10]

Die Basistabelle geht von Fenstern mit dem höchsten U_f –Wert der Rahmenmaterialgruppe aus und einem Aluminium-Randverbund, ohne Einbau.

Für die Berücksichtigung der Verluste beim Anschluss des Rahmens sind die Zuschlagswerte der Tabelle „Korrekturen für die Einbausituation" zu entnehmen. Sind im Randverbund Edelstahl oder Kunststoffe zur Verbesserung des Temperaturverlaufs eingesetzt worden, so können Abzüge nach der Tabelle „Korrekturen für den Randverbund" vorgenommen werden.

Bei nicht bekannter Einbausituation wird, nach Kehl (2000), mit den Werten für die neue monolithische Wand gerechnet.

---

[10] T. Loga, R. Born, M. Großklos, M. Bially, „IWU-Toolbox", Darmstadt, 2001; Seite 42

Folgende Wand-Definitionen werden benutzt:

Alte monolithische Außenwand

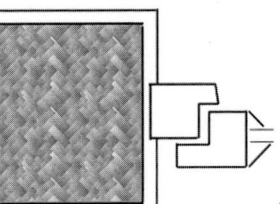

Abb. 6-7 monolithische Wand, Fenster Einscheiben-Verglasung

Neue monolithische Wand

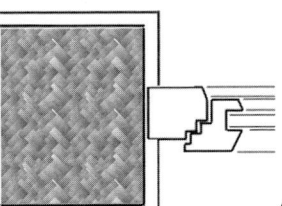

Abb. 6-8 monolithische Wand, Fenster Zweischeiben-Verglasung

Wärmedämm-Verbund-System

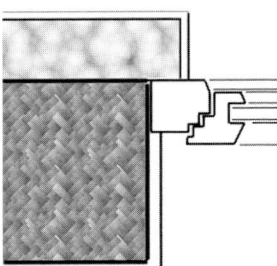

Abb. 6-9 Wärmedämmverbundsystem Fenster mit Isolierverglasung

6.1 Gebäudetypologien, Bauteiltabellen und Materialkenndaten 167

Mehrschaliges Mauerwerk Variante 1

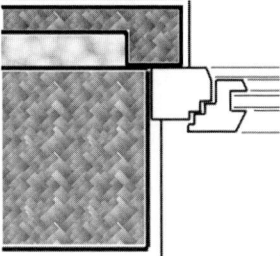

Abb. 6-10 Mehrschaliges Mauerwerk Fenster mit Isolierverglasung

Mehrschaliges Mauerwerk Variante 2

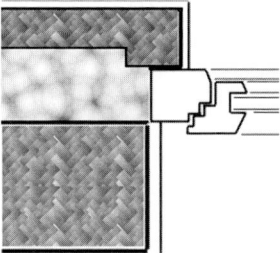

Abb. 6-11 Mehrschaliges Mauerwerk Fenster mit Isolierverglasung in Dämmebene

Holzständerbauweise

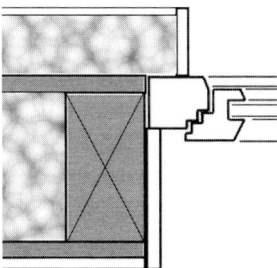

Abb. 6-12 Holzständerwerk mit Isolierverglasung

6.2 Energetische Modernisierung

Ein weiterer Punkt des Gebäudeenergieausweises ist es, eine Modernisierungsempfehlung zur Energieeffizienz zu unterbreiten. Hier ist eine Gesamtbetrachtungsweise der kompletten Gebäudehülle sowie der Heizungsanlage von äußerster Wichtigkeit. Das bloße Auswechseln oder Verbessern einzelner Bauteile kann, langfristig betrachtet zu erheblichen Bauschäden führen.

Weiterhin darf der Aussteller von Gebäudeenergieausweisen die wirtschaftliche Komponente nicht unbedacht lassen und überlegen, welche Modernisierungsmaßnahmen zusammen das beste Gesamtkonzept ergeben. Dies ist auch auf die Restnutzungsdauer des Objekts zu beziehen. Siehe hierzu auch unter Anlagen „Nachträgliche Wärmeschutzmaßnahmen".

Bei der Planung der Modernisierung (nachhaltige Erhöhung des Gebrauchswerts) sollten möglichst die neusten Anforderungen eingehalten werden, hier aber immer das gesamte Bauwerk betrachten. Im Folgenden werden einige mögliche Modernisierungsmaßnahmen angesprochen und kurz erläutert:

Bestehende Dachfläche dämmen

Vor jeder Modernisierungsmaßnahme sollte immer eine Bestandsüberprüfung des Dachstuhls durchgeführt werden. Bei dieser Begehung sollten die bestehenden Holzteile (Sparren, Pfetten, Stützen, Kopfbänder, Kehlriegel etc.) auf ihre Trag- und Funktionsfähigkeit überprüft werden. Eine fehlende Windaussteifung oder ein Schädlingsbefall (Insektenbefall, Pilzbefall) sollten dem Ersteller des Gebäudeenergieausweises auffallen. Wenn notwendig, ist in diesen Fällen ein Sachverständiger für das jeweilige Fachgebiet hinzuziehen. Ein wichtiger Punkt beim nachträglichen Dämmen des Dachstuhls kann die zu geringe Sparrenhöhe sein. Bevor man hier einfach ein weiteres Holz auf den Sparren nagelt, um die erforderliche „Dämmhöhe" zu bekommen, sollte man sich über das statische System und über die Mehrlasten Gedanken machen und auch hier eventuell einen sachverständigen Tragwerksplaner hinzuziehen.

Weiterhin sollte bei der Dämmung des Daches über die Lage der verschiedenen Ebenen nachgedacht und verfolgt werden, ob hier eine konsequente Umsetzung möglich ist. Bei der Gebäudehülle haben wir außen die Ebene „Wetterschutz", in der Mitte die Ebene „Funktionsbereich, Wärme, Schall, Statik etc." und innen die Ebene „Trennung Raum und Außenklima" (s. DIN 4108-7).

Oft kann nur durch erheblichen Mehraufwand eine sinnvolle und dauerhafte Lösung erbracht werden. Dieser Mehraufwand kann darin bestehen, dass zum Beispiel bei einem älteren Dachstuhl keine oder eine dampfdichte Unterspannbahn eingebaut wurde und wir eine Vollsparrendämmung planen wollten. Aus dieser Konstellation kann man deutlich erkennen, dass hier mit Sicherheit ein Parameter geändert werden muss, da es sonst zu einem nicht unerheblichen Schaden im Bauteil kommen kann. Genauso wichtig ist das Einbringen der „Innenebene" der Luftdichtheitsschicht. Sie verhindert die Luftströmung durch Bauteile hindurch. Auch hier ist eine absolut konsequente Aus- und Durchführung verlangt.

Welche Art der Dachdämmung nun letztendlich ausgeführt wird und ob und wenn ja, welche Instandsetzungsmaßnahmen durchgeführt werden müssen, hängt ganz wesentlich vom einzelnen Objekt ab und kann allgemein nicht festgelegt werden.

Einbau neuer Fenster

Der Einbau neuer Fenster hat in der Regel eine Verbesserung der Faktoren des Fugendurchlasskoeffizienten a, des Wärmedurchgangskoeffizienten U und des Gesamtenergiedurchlassgrads der Verglasung g_v zur Folge. Die Wärmedurchgangskoeffizienten von Fenstern und Fenstertüren können in Abhängigkeit vom Wärmedurchgangskoeffizienten der Verglasung und der Rahmen aus der DIN V 4108-4 entnommen werden.

Durch diese Verbesserung ändert sich das komplette Raumklima, wodurch die Kondensation der entstehenden Luftfeuchtigkeit zwingend überdacht werden muss.

Bei einem Wechsel der Fenster von Einfachverglasung auf heute übliche Isolierverglasung wird aus dem Raum die „Soll-Kondensationsfläche" entfernt. Dieses kann zur Folge haben, dass nun die Oberflächentemperatur einiger Wandteile niedriger ist als die der Fensterscheibe. Das wiederum kann zur Folge haben, dass die Feuchtigkeit aus der Luft an der nun kälteren Wandfläche kondensiert. Wenn diese Feuchtigkeit nicht mehr abgegeben werden kann, dann ist eine spätere Schimmelbildung vorprogrammiert.

Hier sollte sicher, wie schon erwähnt, die gesamte Gebäudehülle betrachtet werden. Der Austausch einzelner Bauteile kann hier extreme Schäden im Bereich Feuchtigkeit zur Folge haben.

Bestehendes Außenmauerwerk dämmen

Bei der nachträglichen Dämmung einer Außenmauer gibt es, wie zuvor beschrieben, viele verschiedene Möglichkeiten. Welche Dämmung nun angewendet werden soll, hängt von verschieden Faktoren ab. Zum einen sollte vor einer Planung eine Bewertung der vorhanden Wand hinsichtlich der Lastabtragung, der Schlagregenbeanspruchung sowie der Platzverhältnisse und der Möglichkeit zur Integration der Fenster überprüft, zum Anderen die wirtschaftlichen Gesichtspunkte hinsichtlich Wertsteigerung und laufenden Instandhaltungskosten sowie optischen Aspekten untersucht werden.

Die am häufigsten angewendete nachträgliche Dämmung ist das Aufbringen eines Wärmedämmverbundsystems. - Sicherlich aus Gründen des Baufortschritts sowie aus den geringeren Kosten bei der Herstellung gegenüber der Kerndämmung einschließlich Verblendfassade. Jedoch sollten die späteren Instandhaltungskosten zu den Herstellkosten addiert werden um eine Vergleichbarkeit mit der Verblendfassade mit Kerndämmung zu schaffen.

Aber wie auch schon bei den Fenstern beschrieben, sollte nur eine ganzheitliche Betrachtung der Gebäudehülle vorgenommen werden. Wenn die bestehenden Fenster, oder auch neu einzubauende Fenster, nicht sinnvoll in die „Dämmebene" mit einbezogen werden können, kann es durchaus zu späteren Schäden kommen. Hier würden dann Wärmebrücken „eingebaut" werden, an denen es später zu einer Kondensation der Luftfeuchtigkeit kommen kann.

Auch eine Dämmung von erdberührten Außenwandflächen in zum Wohnen genutzten Räumen würde eine Verbesserung der Energieeffizienzklasse bedeuten.

Hier kann ebenfalls keine allgemein gültige Aussage über die „beste" Wärmedämmung im Außenwandbereich getroffen werden. Diese Festlegung ist Aufgabe des Energieausweisausstellers.

Einbau einer moderneren Heizungsanlage

Bei der Planung einer neuen Heizungsanlage sollten alle die Ausführung tangierenden Bauteile mit berücksichtigt werden. Ob hier „nur" ein Heizungskessel ausgetauscht werden soll, oder auch die Radiatoren oder Konvektoren einschließlich des Rohrsystems erneuert werden müssen, ist ein nicht unerheblicher Unterschied. Weiterhin sollte der Schornstein in Beschaffenheit und Querschnitt mit der neuen Heizungsanlage abgestimmt werden. Welche Maßnahmen werden bei Nutzung des Schornsteins mit der neuen Heizungsanlage fällig? Hier sollte mit dem Bezirksschornsteinfegermeister eventuell Rücksprache gehalten werden.

Wenn eine komplett neue Heizungsart gewählt wird, kann es durchaus sein, dass ein Lagerraum für Brennmaterialien zur Verfügung stehen muss, oder auch eine neue Versorgungsleitung für die Brennstoffzufuhr ins Haus gelegt werden muss.

Wird über die Heizungsanlage auch die Warmwasserversorgung sicher gestellt, soll dass auch so bleiben, es sei denn, es gibt andere sinnvollere Lösungen.

Wenn die Verrohrung weiter genutzt werden soll, sollte die Dämmung der Heizungsrohre überdacht oder sogar überprüft werden.

Alle diese Faktoren und Untersuchungen beeinflussen die Wahl der neuen Heizungsanlage. Auch die Verfügbarkeit bzw. Transportmöglichkeit des Brennmaterials sind zu berücksichtigen. Auch eine mögliche Kombination mit alternativen Energieträgern (Solaranlagen, Wärmepumpen) sollte mit in die Entscheidung zu einer neuen Heizungsanlage einfließen.

7 Qualitätssicherung

7.1 Luftdichtheit

Jedes neu geplante bzw. modernisierte Haus sollte die Anforderungen an die Dämmung und Luftdichtheit von morgen erfüllen. Energieverluste kosten Geld. Eine wichtige Voraussetzung zur Senkung der Energie- und Heizkosten ist die Vermeidung von Wärmeverlusten: ein Grund für die luftdichte Gebäudehülle.

Da alle Gebäude aus unterschiedlichen Baustoffen bzw. -teilen hergestellt werden, entstehen **Stöße, Überlappungen und Durchdringungen**, die nicht völlig luftdicht verschlossen sein können. Im Laufe der Zeit können sich durch bauübliche Bewegungen diese Undichtheiten vergrößern oder unter Umständen auch neue entstehen. Auch die Funktionsfugen von Fenstern und Türen sind bis zu einem gewissen Grad undicht.

Neuere Untersuchungen haben ergeben, dass bei der üblichen Ausführungsqualität unserer Einfamilienhäuser im Mittel mehr (kalte) Luft infiltriert wird als notwendig ist, woraus eine Vergrößerung der Lüftungswärmeverluste und damit erhöhte Heizkostenaufwendungen resultieren. Hinzu kommt, dass sich die zu Lüftungszwecken benötigte Luft nicht so auf die Räume verteilt, wie es wünschenswert wäre. Dadurch können lokal und zeitlich begrenzte Zuglufterscheinungen (Auswirkung auf die Behaglichkeit) auftreten. Da die ausströmende Raumluft außerdem die Kondensation der Raumluftfeuchte in der Baukonstruktion und infolgedessen auch das Auftreten von Bauschäden begünstigt, sind Gegenmaßnahmen zur Verbesserung der Luftdichtheit, der Baukonstruktion und der Fugendurchlässigkeit von Fenster und Außentüren erforderlich.

Um die gestellten Anforderungen einzuhalten, ist insbesondere bei Leichtkonstruktionen häufig ein hoher konstruktiver und planerischer Aufwand erforderlich. Insofern ist dringend anzuraten, diesen Punkt schon sehr frühzeitig in der Planung zu berücksichtigen, da eine Nachbesserung in der Regel nur mit großen Schwierigkeiten und entsprechenden Kosten möglich ist.

Zusammenfassend können wir folgende Argumente für eine luftdichte Hülle aufführen:

- Sicherung der Behaglichkeitskriterien (keine Zuglufterscheinungen)
- Vermeidung von Bauschäden
- Schutz vor Stoffeintrag in die Raumluft (Schimmel und Mineralfasern)
- Gut funktionierende Lüftungsanlage
- Unkontrollierter Feuchteintrag in die Konstruktion vermeiden
- Minimierung der Energieverluste
- Schallschutz (Luftschall) erhöhen

Siehe DIN 4108 – 7:2001-08

Planung und Ausführung

Beim Herstellen der Luftdichtheitsschicht ist auf eine sorgfältige Planung, Ausschreibung, Ausführung und Abstimmung der Arbeiten aller am Bau Beteiligten zu achten.

Es ist zu beachten, dass die Luftdichtheitsschicht und ihre Anschlüsse während und nach dem Einbau weder durch Witterungseinflüsse noch durch nachfolgende Arbeiten beschädigt werden.

Wirksamkeit und Dauerhaftigkeit der Luftdichtheitsschicht hängen wesentlich von ihrer fachgerechten Planung und Ausführung ab. Die Verarbeitungsrichtlinien für die verwendeten Materialien sind zu berücksichtigen.

Ein Gebäude muss aus hygienischen und bauwerkstechnischen Gründen belüftet werden. Hierbei darf es sich ausschließlich nur um eine **kontrollierte Lüftung** durch Fensterlüftung oder Lüftungsanlagen handeln.

Unregelmäßigkeiten (Leckagen) in der Luftdichtheitsebene dürfen nicht als kontrollierte Belüftung behandelt werden.

7.1.1 Luftdichtigkeit und Winddichtigkeit

Die Luftdichtheitsebene muss sich auf der Innenseite der Außenbauteile, also auf der warmen Seite der Konstruktion, befinden. Sie soll den Luftdurchsatz, der über die Druckdifferenz innen- außen entsteht, unterbinden.

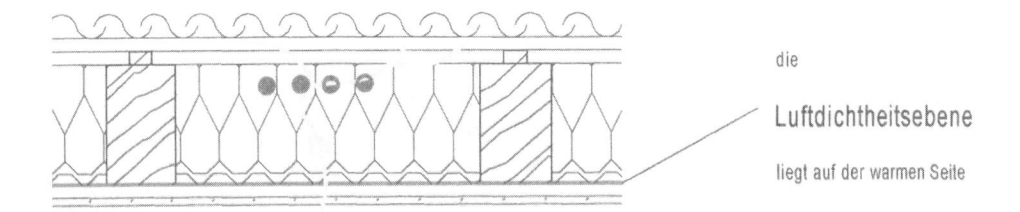

Abb. 7-1 Darstellung Luftdichtheitsebene

Die **Winddichtigkeitsebene** befindet sich auf der Außenseite der Außenbauteile, also auf der kalten Seite der Konstruktion. Sie soll das Einströmen kalter Außenluft in die Konstruktion vermeiden.

7.1 Luftdichtheit

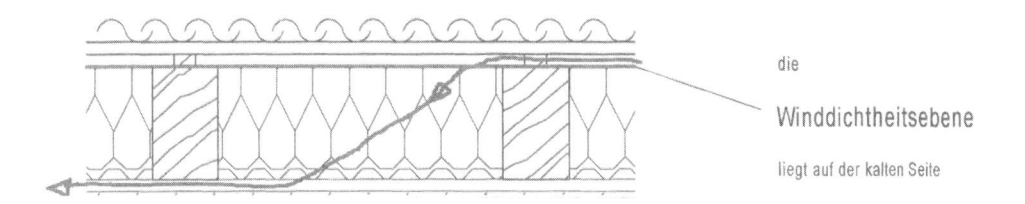

Abb. 7-2 Darstellung Winddichtheitsebene

die Winddichtheitsebene liegt auf der kalten Seite

Planungsempfehlungen

Die Luftdichtheitsschicht ist bei der Planung für jedes Bauteil der Hüllfläche festzulegen. Der Wechsel der Luftdichtungsebene in Konstruktion, zum Beispiel von innen nach außen, ist nach Möglichkeit zu vermeiden, da dies problematisch ist. Werkstoffe und Anschlussdetails sind im Vorfeld festzulegen und auszuschreiben. Die Luftdichtheitsschicht ist in der Regel raumseitig der Dämmebene und auch möglichst der Tragkonstruktion anzuordnen. Es wird hierdurch ein Einströmen von Raumluft in die Konstruktion verhindert.

Bereits bei der Planung sollte die Anzahl der Fugen, Durchdringungen und Anschlüsse auf ein notwendiges Maß reduziert werden.

Durchdringungen mit geeigneter Anschlussmöglichkeit sind zu planen und anzuordnen.

Es ist darauf zu achten, dass bei Hohlräumen zum Beispiel belüfteten Schornsteinen mit porösen Mantelsteinen, keine Verbindungen zwischen dem Belüftungsquerschnitt und dem Innenraum entstehen, sofern diese nicht funktionsbedingt erforderlich sind.

Zwischen aufgehenden Wänden (zum Beispiel Ortgang) und Streichsparren ist auf einen ausreichenden Abstand zu achten.

Es sind Maßnahmen und begleitende Überprüfungen der Einzelgewerke in der Ausführungsphase zweckmäßig (Eigen- oder Fremdüberwachung), um eine ausreichende Luftdichtheit zu erzielen.

Wegen häufiger Durchdringungen ist eine raumseitige Bekleidung als Luftdichtheitsschicht in der Regel nicht geeignet. Es sollten Installationsebenen für die Aufnahme von Installation aller Art raumseitig vor der Luftdichtheitsschicht vorgesehen werden, um die Anzahl von Durchdringungen zu reduzieren. Erforderlich sind besondere Maßnahmen bei Durchdringungen (z. B. luftdichte Hohlwandinstallationsdosen), wenn die raumseitige Bekleidung als Luftdichtheitsschicht herangezogen wird.

Planungsbeispiele in Form von Skizzen:

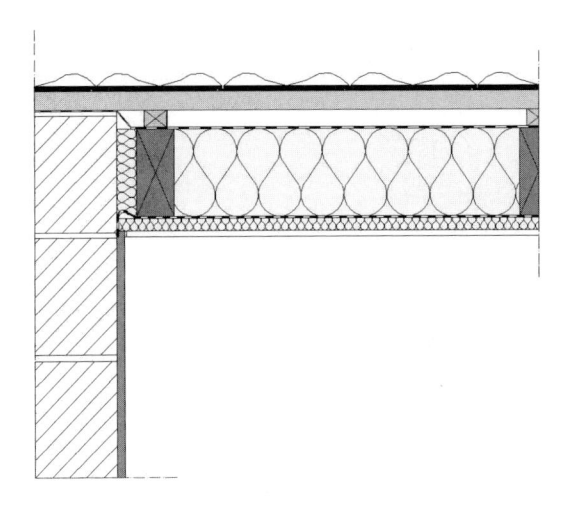

Abb. 7-3 Anschluss Giebelmauerwerk

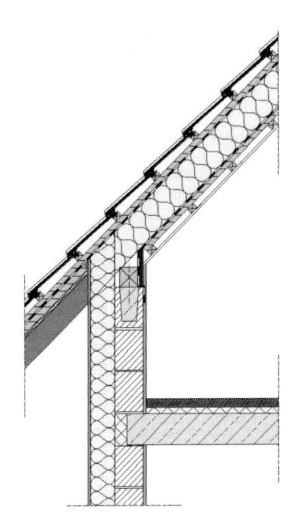

Abb. 7-4 Anschluss Fußpfette

7.1 Luftdichtheit

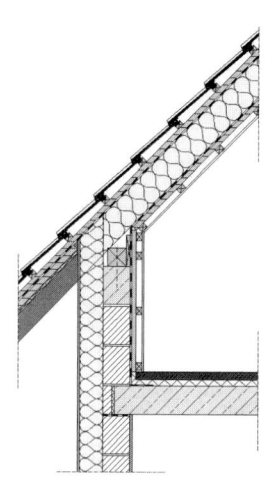

Abb. 7-5 Anschluss Drempelmauerwerk

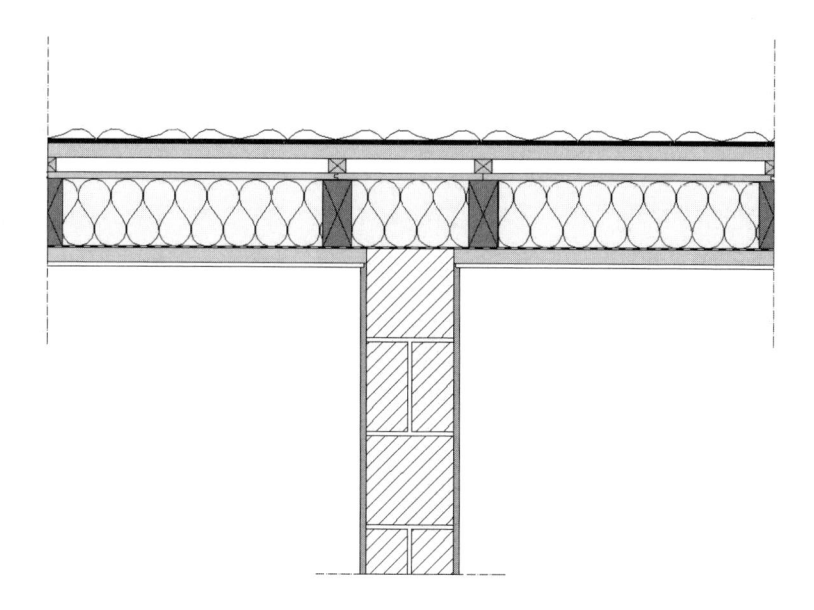

Abb. 7-6 Anschluss Innenwände

Tab. 7-1 Symbole und Einheiten

V_r	Abgelesener Volumenstrom		m^3/h
V_m	Gemessener Volumenstrom		m^3/h
V_{env}	Volumenstrom durch die Gebäudehülle		m^3/h
V_L	Leckagestrom		m^3/h
$V\Delta_{pr}$	Leckagestrom bei der angegebenen Bezugsdruckdifferenz		m^3/h
V_{50}	Leckagestrom bei 50 Pa		m^3/h
p	Druck		Pa
P_{bar}	Unkorrigierter barometrischer Druck		Pa
Δp_0	Natürliche Druckdifferenz (Mittelwert)		Pa
$\Delta p_{0,1;}$ $\Delta p_{0,2}$	Natürliche Druckdifferenz vor und nach der Messung (Luftfördereinrichtung verschlossen)		Pa
A_E	Hüllfläche		m^2
A_F	Nettogrundfläche		m^2
V	Innenvolumen		m^3
n_{50}	Luftwechselrate bei 50 Pa		h^{-1}
q_{50}	Luftdurchlässigkeit bei 50 Pa		$m^3/(h \cdot m^2)$
w_{50}	Nettogrundflächenbezogener Leckagestrom bei 50 Pa		$m^3/(h \cdot m^2)$

7.1.2 Bezugsgrößen

Innenvolumen

Im untersuchten Gebäude oder Gebäudeteil ist das Innenvolumen V das Luftvolumen. Es wird berechnet, indem die Nettogrundfläche mit der mittleren Raumhöhe multipliziert wird. Nicht abgezogen wird das Volumen von Möbeln.

7.1 Luftdichtheit

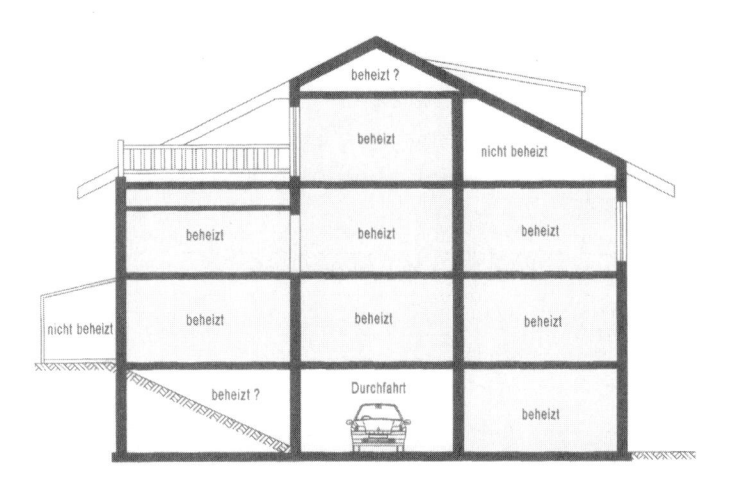

Abb. 7-7 Innenvolumen

Hüllfläche

Die Hüllfläche A_E des untersuchten Gebäudeteils oder Gebäudes ist die Gesamtfläche aller Wände, Decken und Böden, die das untersuchte Volumen umschließen. Eingeschlossen sind Böden und Wände unter der Erdoberfläche.

Innenmaße müssen über alles herangezogen werden, um die Hüllfläche zu berechnen. Nicht abgezogen werden die Stirnflächen der an die untersuchte Gebäudehülle angrenzenden Innenwände, Decken oder Böden.

Die Gebäudetrennwand eines Reihenhauses zählt im Zusammenhang mit der vorliegenden Norm auch zur Hüllfläche. Die Hüllfläche einer Wohnung im Mehrfamilienhaus umfasst auch die Böden, Wände und Decken gegen angrenzende Wohnungen.

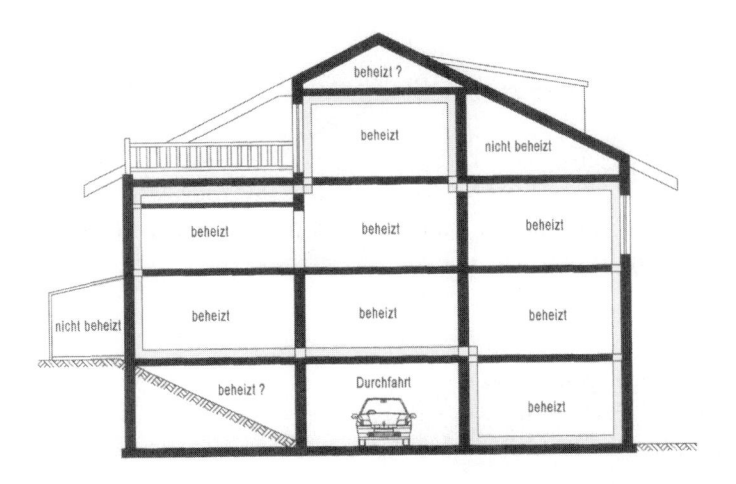

Abb. 7-8 Wärmeumfassende Gebäudehüllfläche

Nettogrundfläche

Die Gesamtfläche aller Böden ist die Nettogrundfläche A_F, die zum untersuchten Volumen gehören. Sie wird nach nationalen Regelungen berechnet.

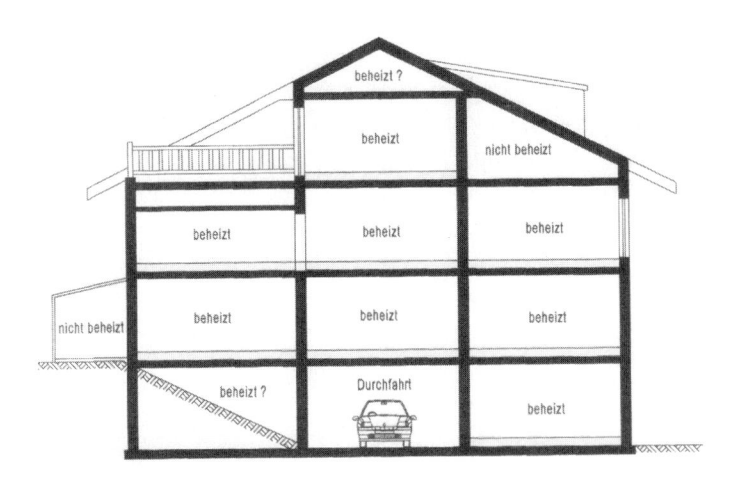

Abb. 7-9 Nettogrundfläche

7.1 Luftdichtheit

Zeitpunkt der Messung

Die **Luftdichtheitsmessung** sollte generell erfolgen, wenn die luftdichte Ebene des Gebäudes komplett hergestellt wurde.

Da dies erst in einem sehr späten Zeitpunkt der Bauausführung gewährleistet ist, hat es sich in der Praxis als äußerst sinnvoll erwiesen eine vorgezogene Messung durchzuführen. Der Vorteil besteht darin das eventuell vorhandene Leckagen mit einem erheblich geringeren Aufwand beseitigt werden können.

Wie zum Beispiel:

Abb. 7-10 Nicht fachgerechter seitlicher Anschluss Dachfenster

Wetterbedingungen

Generell kann man nicht bei jeder Witterung die Messung durchführen. Folgende Randbedingungen werden in der EN 13829 – 2000 geregelt:

In der EN 13829 5.1.4 steht:

„Es ist unwahrscheinlich, dass eine zufrieden stellende natürliche Druckdifferenz erreicht wird, wenn das Produkt aus der Temperaturdifferenz zwischen innen und außen in K und der Höhe der Gebäudehülle in m größer ist als 500 m · K."

Wenn die meteorologische Windgeschwindigkeit 6 m/s oder Windstärke 3 nach Beaufort übersteigt, ist es unwahrscheinlich, dass eine zufrieden stellende natürliche Druckdifferenz erreicht wird.

Tab. 7-2 Windstärkeskala nach Beaufort

Windstärke in Beaufort	Bezeichnung	Windgeschwindigkeit m/s	Beschreibung
0	Still	Kleiner als 0,45	Windstille; Rauch steigt senkrecht empor
1	Leiser Zug	0,45 bis 1,34	Windrichtung nur durch Zug von Rauch, nicht durch Windfahne angezeigt
2	Leichte Brise	1,8 bis 3,1	Wind im Gesicht fühlbar; Blätter säuseln; Windfahne bewegt sich
3	Schwache Brise	3,6 bis 5,4	Blätter und dünne Zweige bewegen sich; Wind streckt einen Wimpel
4	Mäßige Brise	5,8 bis 8	Hebt Staub und loses Papier; bewegt Zweige und dünne Äste
5	Frische Brise	8,5 bis 10,7	Kleine Laubbäume beginnen zu schwanken; auf Seen bilden sich Schaumköpfe
6	Starker Wind	11,2 bis 13,9	Starke Äste in Bewegung, Pfeifen in Telegraphenleitungen, Regenschirme schwierig zu benutzen
7	Steifer Wind	14,3 bis 17	Ganze Bäume in Bewegung, fühlbare Hemmung beim Gehen gegen den Wind
8	Stürmischer Wind	17,4 bis 20,6	Bricht Zweige von den Bäumen; erschwert erheblich das Gehen

Gebäudevorbereitung

Bei Durchführung einer Luftdichtheitsmessung im Verfahren A (näher erläutert unter 2.2 Anforderungen an die Luftdichtheit) ist die Gebäudevorbereitung klar geregelt.

Die wichtigsten Vorbereitungen können Sie der folgenden Tabelle entnehmen:

Tab. 7-3 Gebäudevorbereitung für Verfahren A

Abdichten	Offen	Nutzungszustand
- Kanalentlüftungsventile (im beheizten Bereich)	- Schlüssellöcher	- Dunstabzugshaube
- Erdwärmetauscher (Zuluft, Lüftungsanlage)	- Rollladengurtdurchführungen	- Bodenluke zum unbeheizten Spitzboden
- Zu-/Abluftventile (Zu-/Abluft Lüftungsanlage)	- Leerohre zu unbeheizten Bereichen	- Zuluftelemente (mech. Abluftanlage)
- Fehlender Fenstergriff		- Briefkastenschlitz - Katzenklappe

7.1 Luftdichtheit

Weitere Hinweise kann man dem Beiblatt zur DIN EN 13829, 5.1.1 und Anhang 4 entnehmen.

Im Verfahren B ist die Gebäudevorbereitung nicht vorgeschrieben, da es sich in diesem Verfahren nur um eine Messung zur Bestimmung von Leckagen handelt.

Das Mess- und Prüfverfahren

In eine Außentür wird ein Gebläse mit Druckdifferenz- und Volumenstrommesseinrichtung installiert. Mittels des Gebläses wird ein Unterdruck/Überdruck von 50 Pa, das entspricht einem zusätzlichen Luftdruck von ca. 5 kg/qm auf die Außenflächen, hergestellt. Dieser Unterdruck wird an dem Druckdifferenzmessgerät der **Blower - Door** überprüft.

Der Volumenstrom ist notwendig, um in einem Gebäude einen Über- bzw. Unterdruck von 50 Pascal (entspricht ungefähr Windstärke 4 – 5) aufrecht zu erhalten. Dieser Volumenstrom wird ins Verhältnis zum Gebäudevolumen gesetzt und aus diesem Verhältnis ergibt sich der n_{50} Wert.

Die Luft, die von dem Ventilator aus dem Haus abgesaugt wird, strömt über Undichtigkeiten der Gebäudehüllfläche in den Warmbereich ein.

Auf diese Weise werden alle Durchbrüche der Luftdichtheitsebene sowie Deckenanschlüsse an den Wänden überprüft. Bei nicht genauem Erkennen des Durchbruches der Luftdichtheitsebene kann mit Nebel im Innenbereich und Überdruck versucht werden, Leckagen zu finden.

Abb. 7-11 Luftdichtigkeitsprüfung (Unterdruckmessung) eines Einfamilienhauses

Anforderungen an die Luftdichtheit

Durch die Messung des Luftvolumenstromes wird die Luftwechselrate bestimmt. Unter Prüfbedingungen gilt für Gebäude

- ohne raumlufttechnische Anlagen (Fensterlüftung)

    $n_{50} \leq 3\ h^{-1}$

- und mit raumlufttechnischen Anlagen (vorhandene Lüftungsanlage)

    $n_{50} \leq 1{,}5\ h^{-1}$ sein (nach DIN V 4108-7 Ausgabe08/2001).

Gemessen wird nach der Europäischen Messnorm EN 13829:2001-02. Hier bedeutet:

1. Nach Verfahren A, diese darf als Nachweis der DIN 4108 – 7 und damit zur EnEV benutzt werden.
   Der Zustand der Gebäudehülle sollte dem Zustand entsprechen, in dem Heizung- oder Klimaanlagen benutzt werden. Verschließbare Öffnungen sind zu schließen – keine Abdichtung.

2. Nach **Verfahren B**, diese darf nicht zur Erfüllung von Grenzwerten der DIN 4108 – 7 und damit **nicht** für die EnEV – Berechnungen mit benutzt werden.
   Alle absichtlich vorhandenen Öffnungen in der Gebäudehülle (wie Zuluftöffnungen) werden geschlossen oder abgedichtet.

DIN 4108 – 7:2001-08

4.4 Anforderungen an die Luftdichtheit

Werden Messungen der Luftdichtheit von Gebäuden oder Gebäudeteilen durchgeführt, so darf der nach DIN EN 13829:2001-02, Verfahren A, gemessene Luftvolumenstrom bei einer Druckdifferenz zwischen innen und außen von 50 Pa

- bei Gebäuden ohne raumlufttechnischen Anlagen:
- bezogen auf das Raumluftvolumen 3 h^{-1}
- bezogen auf die Netto-Grundfläche 7,8 $m^3/(m^2 \cdot h)$ nicht überschreiten
- bei Gebäuden mit raumlufttechnischen Anlagen (auch Abluftanlagen)
- bezogen auf das Raumluftvolumen 1,5 h^{-1} nicht überschreiten oder
- bezogen auf die Netto-Grundfläche 3,9 $m^3/(m^2 \cdot h)$ nicht überschreiten.

Die volumenbezogene Anforderung gilt allgemein. Bei Gebäuden oder Gebäudeteilen, deren lichte Geschosshöhe 2,6 m oder weniger beträgt, darf alternativ die nettogrundflächenbezogene Anforderungsgröße benutzt werden.

Die Einhaltung der Anforderungen an die Luftdichtheit schließt lokale Fehlstellen, die zu Feuchtschäden infolge von Konvektion führen können, nicht aus.

Insbesondere bei Lüftungsanlagen mit Wärmerückgewinnung ist eine deutliche Unterschreitung des oben angegebenen Grenzwertes sinnvoll.

7.1 Luftdichtheit

Zur Beurteilung der Gebäudehülle kann zusätzlich der hüllenflächenbezogene Leckagestrom q_{50} herangezogen werden, der einen Wert von 3,0 m³/(m² · h) nicht überschreiten darf.

Zu untersuchender Gebäudeteil

Folgendermaßen ist der Umfang des zu untersuchenden Gebäudes oder Gebäudeteils:

1. Der zu untersuchende Gebäudeteil umfasst normalerweise alle absichtlich gekühlten, mechanisch oder beheizten belüfteten Räume.
2. In Absprache mit dem Auftraggeber kann in Spezialfällen der Umfang des aktuell zu untersuchenden Gebäudeteils festgelegt werden.
3. Nach 1. ist festgelegt: falls der Zweck der Messung im Erfüllen von Luftdichtheitsanforderungen einer Rechtsvorschrift oder einer Norm besteht und der zu untersuchende Gebäudeteil in diesem Gesetz oder dieser Norm nicht festgelegt ist.

Es können einzelne Teile des Gebäudes separat gemessen werden, so zum Beispiel die Messung jeder einzelnen Wohnung eines Mehrfamilienhauses. Es muss bei der Beurteilung der Messergebnisse jedoch berücksichtigt werden, dass die so gemessene Luftdurchlässigkeit durch Lecks auch Strömungen zu angrenzenden Gebäudeteilen beinhalten kann.

Es ist möglich, dass mehrere einzelne Wohnungen Luftdichtigkeitsanforderungen nicht einhalten, jedoch dass ein Mehrfamilienhaus die Anforderungen erfüllt.

Wetterbedingungen

Wenn das Produkt aus der Temperaturdifferenz zwischen innen und außen in K und der Höhe der Gebäudehülle in m größer ist als 500 m · K, ist es unwahrscheinlich, dass eine zufrieden stellende natürliche Druckdifferenz erreicht wird.

Wenn nach Beaufort die meteorologische Windgeschwindigkeit 6 m/s oder Windstärke 3 übersteigt, ist es unwahrscheinlich, dass eine zufrieden stellende natürliche Druckdifferenz erreicht wird.

Messzeitpunkt

Nachdem die Hülle des zu untersuchenden Gebäudes oder Gebäudeteils fertig gestellt ist, kann erst die Messung stattfinden.

Zieht man die Luftdichtigkeitsmessung der Luftdichtheitsebene recht früh vor, ist es einfacher die festgestellten Leckagen bzw. Undichtigkeiten zu beseitigen.

Ablauf einer Messung

Bevor man mit den eigentlichen Messreihen für die Zertifizierung beginnt, sollte man eine ausführliche Prüfung der Gebäudehülle vornehmen. Dabei wird ein Unterdruck von 50 Pascal erzeugt (das entspricht ungefähr Windstärke 5). Ist der Unterdruck aufgebaut, wird die luftdichte Ebene ausführlich untersucht. Große Leckagen und provisorische Abdichtungen sind dabei zu protokollieren. Hierzu eignet sich der Einsatz eines Thermoanemometer (Messung der Luftströmung in m/s). Dabei wird der Leckageort mit Luftströmung fotografiert. (Siehe Abbildung 7-11 und 7-12)

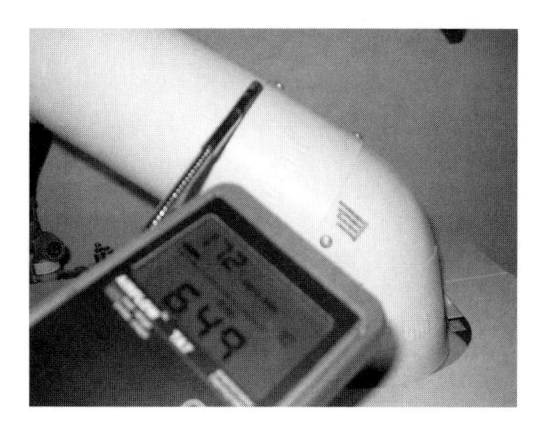

Abb. 7-12 Abgasrohr Heizungsanlage

Abb. 7-13 Fensterbankanschluss

Nachdem die Gebäudehülle ausreichend geprüft wurde, kann mit den eigentlichen Messreihen für den Prüfbericht (Unterdruck- und Überdruckmessung) begonnen werden.

Folgende Angaben sind im Bericht zu berücksichtigen:

1) Objektangaben
    - Adresse
    - Anschrift Auftraggeber

7.1 Luftdichtheit

2) Auftragnehmer
   - Anschrift und
   - Name des Prüfers

3) Prüfverfahren
   - Angabe der Norm (EN 13829 oder EnEV)
   - Angabe des Verfahrens (Verfahren A oder B)
   - Bemerkung zum Verfahren (bei Abweichung der Norm)

4) Prüfobjekt
   - Messgegenstand (z. B. Erdgeschoss und Dachgeschoss)
   - Bezugsgrößenberechnung
   - Innenvolumen (V)
   - Nettogrundfläche (A_F)
   - Hüllfläche (A_E)
   - Angabe zur Lüftungsanlage
   - Angabe zur Heizungsanlage
   - Angabe zur Klimaanlage

5) Messgeräte
   - Messsystem
   - Sonstige Geräte

6) Klimadaten
   - Innentemperatur
   - Außentemperatur
   - Windstärke (nach Beaufort)

7) Messreihen (Unterdruck und Überdruck)
   - Angabe der Reduzierblende
   - Gebäudedruck
   - Gebläsedruck
   - Volumenstrom
   - Abweichung in Prozent

8) Ergebnis
   - Angabe vom V_{50} Wert für Unterdruck, Überdruck und den Mittelwert
   - Angabe von N_{50} Wert für Unterdruck, Überdruck und den Mittelwert

9) Bemerkungen zum Messablauf
   - Einbauort der Blower-Door
   - Gebäudezustand zum Zeitpunkt der Messung

- Vorbereitung zur Messung
- Temporäre Abdichtung
- Leckage

10) Dokumentation der natürlichen Druckdifferenz
- Dokumentation vom Zustand aller Öffnungen z. B. Außentür geschlossen
- oder Katzenklappe nicht vorhanden

Auswertung des Luftmengenstromes

Generell können wir zwischen 3 Darstellungsmöglichkeiten wählen.

Luftwechselrate bei 50 Pascal (n_{50})

Am weitesten verbreitet ist die Darstellung der Luftwechselrate in Form des n_{50} Wertes zur Beurteilung der Dichtheit eines Gebäudes

$$n_{50} = \frac{\text{Volumenstrom bei 50 Pascal } (m^3/h)}{\text{Luftvolumen des Gebäudes } (m^3)}$$

Netto-Grundflächenbezogener Leckagestrom bei 50 Pascal (w_{50})

$$w_{50} = \frac{\text{Volumenstrom bei 50 Pascal } (m^3/h)}{\text{Nettogrundfläche des Gebäudes } (m^2)}$$

Hüllflächenbezogene Luftdurchlässigkeit bei 50 Pascal (q_{50})

$$q_{50} = \frac{\text{Volumenstrom bei 50 Pascal } (m^3/h)}{\text{Innere Hüllfläche des Gebäudes } (m^2)}$$

7.2 Thermografie

Energie in Form von Wärme wird durch alle Gegenstände ausgestrahlt. Eine Reihe von hoch entwickelten Spezialkameras ist durch die moderne Technologie hervorgebracht worden, mit denen sich die Wärmeabstrahlung eines Gebäudes mit einer Genauigkeit von 0,1 Grad Celsius orten und messen lässt. Die abgestrahlte Energie wird auf Sensoren gelenkt, die auf eine Temperatur von minus 196 Grad Celsius gekühlt sind, diese werden dann in ein Signal umgewandelt. Dieses Signal wird in Grad Celsius angegeben und digitalisiert. Die Messergebnisse werden für eine spätere Analyse gespeichert, zuvor werden sie in Form eines Wärmeverteilungsbildes auf einen Bildschirm projiziert. Die spezifischen Temperaturen werden zur einfachen Identifizierung mit Farbe dargestellt. Warme Objekte erscheinen in Rotabstufungen und kühle Gegenstände in den Schattierungen blau bis violett. Innerhalb des Thermogramms sind 256 vertikale mal 256 horizontale Einzelmessungen dargestellt. Temperaturen, die in schwarz oder weiß erscheinen, liegen außerhalb der eingeblendeten maximalen bzw. minimalen Temperatur.

7.2 Thermografie

Anwendungen und Einschränkungen für Gebäude-Thermografie

Häufig zeigen in der Praxis bestimmt Gebäudeteile Abweichungen von der zu erwartenden Oberflächentemperatur-Verteilung. Diese Anomalien können durch eine Reihe von Faktoren hervorgerufen werden: Feuchtigkeit kann einen Temperaturanstieg in einer Wand auslösen, denn Feuchtigkeit bedingt erhöhte Wärmeabgabe. An Fensterrahmen und am Fensterglas tritt erhöhte Wärmeabstrahlung regelmäßig auf, da diese Bauteile konstruktionsbedingt schlechtere Dämmeigenschaften haben als Wände. Aber auch mangelhafte Fensterdichtungen, durchfeuchtete oder fehlende Wärmedämmung oder ein geöffnetes Fenster werden durch einen Temperaturanstieg sichtbar. Es kann nur die Oberflächentemperatur eines Bauwerkes durch Thermografie dargestellt werden (diese kann nicht durch Bauwerke hinein- oder durch Gegenstände hindurchschauen). Die Analyse bzw. Messung wird bei einem Gebäude unmöglich gemacht, das von Efeu, Gebüsch oder Bäumen abgeschirmt ist. Es muss ein Temperaturunterschied zwischen Innenraum- und Außenlufttemperatur von mindestens 10 Grad Celsius herrschen, um ein verwertbares Ergebnis zu erreichen. Unmöglich machen bzw. erschweren können auch manche Witterungsverhältnisse thermografische Messungen. Wände, die vom Regen durchnässt sind, gestalten das Orten und Darstellen von Dämmungsmängeln schwierig. Auch direkte Sonneneinstrahlung würde die Ortung kleiner thermischer Abweichungen verfälschen. Falls thermische Anomalien entstehen, deren Ursache man nicht erkennen kann, sollte eine zweite Untersuchungsmethode (z. B. Feuchtigkeitsmessungen von außen und innen) hinzugezogen werden, um zu identifizieren und analysieren. Werden ernsthafte Fehler durch das Thermoscanning aufgedeckt, ist vor allem diese Methode zu empfehlen.

Darstellung einiger möglicher thermischer Auffälligkeiten

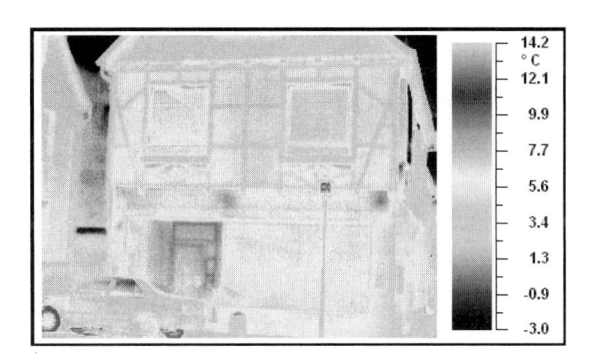

Abb. 7-14 Erhöhte Wärmestrahlung durch schlecht dämmendes Fensterglas

Abb. 7-15 Realbild eines Einfamilienhauses

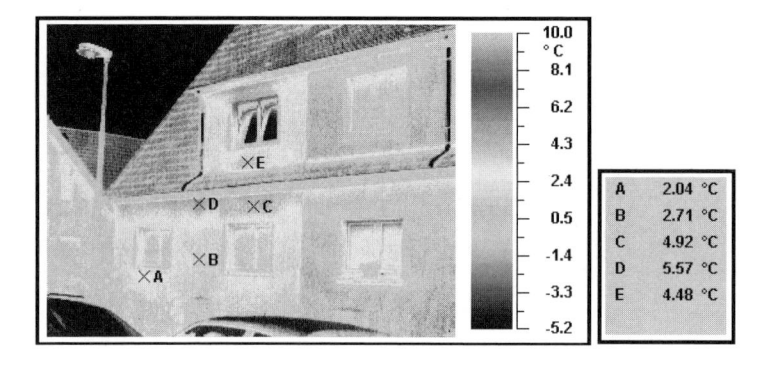

Abb. 7-16 Vergleich der Wärmeabstrahlung zwischen einem stark und einem schwach geheizten Raum

7.3 Transmissionen durch die Wärmebrücken

Mit dem Begriff Wärmebrücken werden alle Bauteile oder Bauteilzonen bezeichnet, durch die Wärme stärker bzw. schneller fließt als durch die benachbarten Bauteile / Bauteilzonen. Wenn durch eine solche „Störung" in der Wärme übertragenden Gebäudehülle an einem „Punkt" die Wärme schneller vom Innenraum nach außen fließen kann als durch die um-

7.3 Transmissionen durch die Wärmebrücken

gebenen Bauteile, besteht die Gefahr von Tauwasserbildung. Dieses kann zur Schädigung dieses Bauteiles oder zur Schimmelbildung führen.

Es werden grundsätzlich vier Arten von Wärmebrücken unterschieden:

Materialbedingte Wärmebrücken

sind aus Materialien, deren Wärmeleitfähigkeit größer ist als die der umgebenden Bauteile.

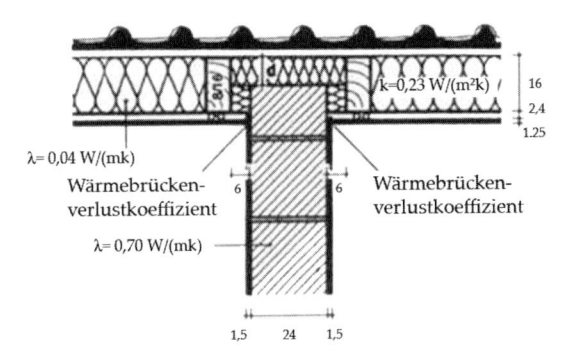

Abb. 7-17 Darstellung Übergang Innenwand - Dachfläche

Geometrischbedingte Wärmebrücken

entstehen immer, wenn die Wärme abgebende Oberfläche eines Bauteils größer ist als die Wärme aufnehmende Fläche z. B. Gebäudeecken.

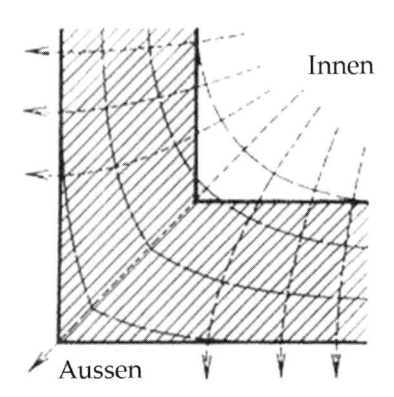

Abb. 7-18 Darstellung Gebäudeaußenecke

Konstruktionsbedingte Wärmebrücken

treten immer dann auf, wenn die Wärme übertragende Gebäudehülle bei bestimmten Bauteilen geschwächt ist z. B. durch Heizkörpernischen, Auflager für Bodenplatten, Schlitze für Installationsleitungen usw.

Lüftungsbedingte Wärmebrücken

haben grundsätzlich als Ursache konvektive Luftströme durch Fugen und andere Gebäudeundichtigkeiten. Diese Gebäudeundichtigkeiten lassen sich mittels einer Blower-Door-Messung feststellen.

Für Bestandsgebäude wird laut EnEV prinzipiell ein Zuschlag von 0,1 W/(m²K) auf die U-Werte aller Bauteile eingerechnet. In vielen Fällen reicht dieser Zuschlag allerdings bei weitem nicht aus. Bei Betonbauten mit vielen Versprüngen und auskragenden Bauteilen können die Wärmebrücken über 20 % der gesamten Wärmeverluste ausmachen. Werden solche Gebäude gedämmt, ohne die Wärmebrücken zu beseitigen, steigt der relative Anteil dieser Verluste noch weiter. Zudem sind Bauschäden durch Kondensation wahrscheinlich.

Sowohl geometrische als auch konstruktive Wärmebrücken werden durch die Berechnungsmethode der Bauteile berücksichtigt. Bei deren Flächen werden die Außenmaße eingesetzt, d.h. dass alle Wand- und Deckenanschlüsse mit abgedeckt werden.

Beim Ortstermin wurden beim Objekt keine Wärmebrücken festgestellt.

Wärmebrücken erhöhen den Wärmebedarf, beeinträchtigen die Behaglichkeit, können Schimmelpilzkulturen ermöglichen und Bauschäden verursachen.

Durch korrekte Baukonstruktionsdetails können viele Wärmebrücken vermieden bzw. ihre Wirkung gemindert werden.

8 Rechtliche Grundlagen

8.1 Richtlinie 2002/91/EG

Die Richtlinie 2002/91/EG des Europäischen Parlaments und des Rates über die Gesamtenergieeffizienz von Gebäuden wird auch kurz „EU-Gebäuderichtlinie" genannt. Sie ist der rechtliche Ausgangspunkt für die Einführung des Energieausweises in Deutschland.

8.1.1 Das Verhältnis des europäischen Rechts zum nationalen Recht

Das Verhältnis des europäischen Rechts, auch Gemeinschaftsrecht genannt, zum nationalen Recht wird seit jeher kontrovers diskutiert. Das Gemeinschaftsrecht enthält keine ausdrückliche Kollisionsnorm, die diese Frage regelt. Auch die meisten Verfassungen der Mitgliedsstaaten enthalten keinerlei entsprechende Regelungen. Die Europäische Union kann aber nur funktionieren, wenn eine einheitliche Geltung und Anwendung des Gemeinschaftsrechts in den einzelnen Mitgliedsstaaten durch einen Vorrang des Gemeinschaftsrechts vor dem jeweiligen nationalen Recht gewährleistet ist.

Die Verzahnung des Gemeinschaftsrechts mit dem nationalen Recht

Das Gemeinschaftsrecht und die nationalen Rechtsordnungen der Mitgliedsstaaten stehen sich grundsätzlich als jeweils eigenständige und getrennte Rechtsordnungen gegenüber. Da diese grundsätzlich unabhängigen Rechtsordnungen sich aber gegenseitig durchdringen und von einander abhängig sind, spricht man heute von einer „Verzahnung" des Gemeinschaftsrechts mit dem einzelnen nationalen Recht der jeweiligen Mitgliedsstaaten. Diese Verzahnung ergibt sich insbesondere daraus, dass das Gemeinschaftsrecht einerseits des nationalen Vollzuges bedarf und andererseits die Anwendung des nationalen Rechts teilweise begrenzt.

Vorrang des Gemeinschaftsrechts vor dem nationalen Recht

Ungeachtet der Verzahnung der verschiedenen Rechtsordnungen besteht Einigkeit darüber, dass das Gemeinschaftsrecht Vorrang vor dem nationalen Recht hat. Hierbei ist streitig, ob es sich um einen Geltungs- oder Anwendungsvorrang des Gemeinschaftsrechts handelt.

Geltungs- oder Anwendungsvorrang des Gemeinschaftsrechts

Ein Geltungsvorrang würde dazu führen, dass bei einem Widerspruch zwischen Gemeinschaftsrecht und nationalem Recht das Gemeinschaftsrecht angewendet würde und das nationale Recht nichtig wäre. Ein nichtiges Gesetz wird so behandelt, als gäbe es dieses gar nicht.

Bei einem Anwendungsvorrang wäre in einem solchen Fall das nationale Recht weiterhin wirksam und dürfte nur in den Kollisionsfällen nicht angewendet werden. Das nationale Recht würde dann lediglich in diesen Fällen durch das Gemeinschaftsrecht verdrängt werden.

Der Lehre vom Anwendungsvorrang ist der Vorzug zu geben, da die „verdrängten" nationalen Gesetze gegenüber Drittstaaten, welche nicht Mitglied der Europäischen Union oder der Europäischen Gemeinschaften sind, weiterhin Geltung haben würden.

Herleitung des Vorrangs des Gemeinschaftsrechts

Das Bundesverfassungsgericht, kurz BVerfG, begründet den Vorrang des Gemeinschaftsrechts mit der verfassungsrechtlichen Ermächtigung, welche sich aus Art. 24 I GG bzw. Art. 23 GG ergebe. Das bedeutet, dass sich nach dieser Ansicht der Vorrang des Gemeinschaftsrechts vor dem deutschen Recht aus unserem Grundgesetz ergibt.

Demgegenüber vertritt der Europäische Gerichtshof, kurz EuGH, die Meinung, dass sich der Vorrang aus dem eigenständigen Rechtscharakter des Gemeinschaftsrechts ergebe. Die allgemeine Verbindlichkeit des europäischen Rechts für die jeweiligen Mitgliedsstaaten sei aus der Tatsache ihrer Zugehörigkeit zur Europäischen Union herzuleiten.

Diese Unterscheidung der verschiedenen Lösungsansätze ist insofern relevant, als dass sich daraus die Kontrollmöglichkeiten der innerstaatlichen Verfassungsgerichte ergibt. Bei einem Vorrang kraft verfassungsrechtlicher Ermächtigung kann der Vorrang nur so weit reichen wie seine Ermächtigung. Die Schranken, also die Grenzen, dieser Ermächtigung müssen bestimmt sein und beachtet werden. Besteht, wie in Deutschland, eine Verfassungsgerichtsbarkeit, kann diese die Beachtung der Schranken kontrollieren. Das bedeutet, dass die innerstaatliche Anwendung des Gemeinschaftsrechts unter ständiger Überwachung des Bundesverfassungsgerichts steht. Bei einem Vorrang kraft Eigenständigkeit des Gemeinschaftsrechts gibt es keine innerstaatlichen Beschränkungen des Vorrangs, welche durch innerstaatliche Verfassungsgerichte kontrolliert werden könnten.

Das BVerfG ist das höchste deutsche Gericht, welches über die Einhaltung unseres Grundgesetzes wacht und als einziges Gericht ein Verwerfungsmonopol hat, also das Recht, Gesetze für nichtig oder unanwendbar zu erklären. Aus diesem Grunde wird im deutschen Recht der Rechtsprechung des BVerfG gefolgt und damit der Theorie vom Vorrang kraft verfassungsrechtlicher Ermächtigung.

Ermächtigung zum Vorrang des Gemeinschaftsrecht gem. Art 24 I GG

Art. 24 [Übertragung von Hoheitsrechten, Anschluss an kollektives Sicherheitssystem]
(1) Der Bund kann durch Gesetz Hoheitsrechte auf zwischenstaatliche Einrichtungen übertragen.

8.1 Richtlinie 2002/91/EG

(1a) Soweit die Länder für die Ausübung der staatlichen Befugnisse und die Erfüllung der staatlichen Aufgaben zuständig sind, können sie mit Zustimmung der Bundesregierung Hoheitsrechte auf grenznachbarschaftliche Einrichtungen übertragen.

Aus Absatz 1 dieser Norm ergibt sich ganz allgemein, dass der Bund Hoheitsrechte übertragen kann. Hierzu gehört unproblematisch das Recht zur Gesetzgebung. Auch ist die Europäische Union als zwischenstaatliche Einrichtung zu qualifizieren.

Jedoch ist die Europäische Union mittlerweile aus dem Anwendungsbereich des Art. 24 GG herausgewachsen und hat in Art. 23 GG eine eigene Verfassungsgrundlage gefunden (siehe unten). Bedeutendster Anwendungsfall des Art. 24 Abs. 1 GG ist die Gründung der EG (Europäischen Gemeinschaften). Die Europäischen Gemeinschaften setzen sich im Einzelnen aus der Europäischen Gemeinschaft für Kohle und Stahl (EGKS), der Europäischen Wirtschaftsgemeinschaft (EWG) und der Europäischen Atomgemeinschaft (EAG) zusammen. Für diese drei Gemeinschaften handeln seit 1965 nur noch ein Rat und eine Kommission. Durch den Vertrag über die Europäische Union, so genannter Maastricht-Vertrag vom 07.02.1992, wurde der EWG-Vertrag als Vertrag zur Gründung der Europäischen Gemeinschaften (EG) neu gefasst. Die Europäische Union besteht nach dem Amsterdamer Vertrag vom 02.10.1997 getrennt neben den drei Europäischen Gemeinschaften. EWG/EG, EAG und EGKS bleiben weiterhin als Integrationsgemeinschaften bestehen. Die Europäische Union ist als Weiterentwicklung dieser drei Europäischen Gemeinschaften zu sehen, wobei die „Gemeinsame Außen- und Sicherheitspolitik" (GASP) und die „Polizeiliche und justizielle Zusammenarbeit in Strafsachen" (PJZS) zu den bestehenden Gemeinschaften hinzugetreten sind. Die Europäische Union wird quasi von diesen fünf Säulen (EWG/EG, EAG, EGKS, GASP und PJZS) getragen.

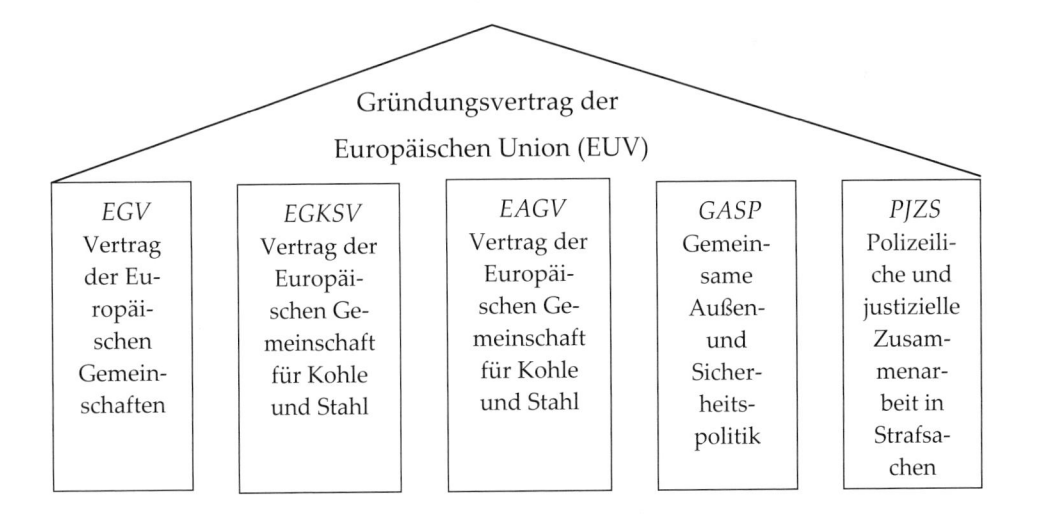

Abb. 8-1 Verhältnis der Europäischen Union zu den Europäischen Gemeinschaften

Sowohl die Europäische Union als auch ihre „5 Säulen" unterhalten gemeinsam ihre handelnden Organe. Diese Organe sind im Einzelnen das Europäische Parlament, die Europäische Kommission, der Rat und der Europäische Gerichtshof.

Damit gilt Art. 24 GG nach wie vor als Ermächtigungsgrundlage für die Übertragung von Hoheitsrechten auf die Europäischen Gemeinschaften, nicht jedoch auf die Europäische Union. Nach einhelliger Auffassung gilt Art. 24 GG ebenso als Ermächtigung zur Übertragung von Hoheitsrechten auf alle anderen zwischenstaatlichen Einrichtungen, in welchen Deutschland Mitglied ist. Unter diese zwischenstaatlichen Einrichtungen fallen zum Beispiel die NATO und die UNO.

Ermächtigung zum Vorrang des Gemeinschaftsrecht gem. Art 23 GG

Art. 23 [Europäische Union]

(1) 1 Zur Verwirklichung eines vereinten Europas wirkt die Bundesrepublik Deutschland bei der Entwicklung der Europäischen Union mit, die demokratischen, rechtsstaatlichen, sozialen, und föderativen Grundsätzen und dem Grundsatz der Subsidiarität verpflichtet ist und einen diesem Grundgesetz im wesentlich vergleichbaren Grundrechtsschutz gewährleistet. 2 Der Bund kann hierzu durch Gesetz mit Zustimmung des Bundesrates Hoheitsrechte übertragen. 3 Für die Begründung der Europäischen Union sowie für Änderungen ihrer vertraglichen Grundlagen und vergleichbare Regelungen, durch die dieses Grundgesetz seinem Inhalt nach geändert oder ergänzt wird oder solche Änderungen oder Ergänzungen ermöglicht werden, gilt Art. 79 Abs. 2 und 3.

(2) 1 In Angelegenheiten der Europäischen Union wirken der Bundestag und durch den Bundesrat die Länder mit. 2 Die Bundesregierung hat den Bundestag und den Bundesrat umfassend und zum frühestmöglichen Zeitpunkt zu unterrichten.

(3) 1 Die Bundesregierung gibt dem Bundesrat Gelegenheit zur Stellungnahme vor ihrer Mitwirkung an Rechtssetzungsakten der Europäischen Union. 2 Die Bundesregierung berücksichtigt die Stellungnahmen des Bundestages bei den Verhandlungen. 3 Das Nähere regelt ein Gesetz.

(4) Der Bundesrat ist an der Willensbildung des Bundes zu beteiligen, soweit er an einer entsprechenden innerstaatlichen Maßnahme mitzuwirken hätte oder soweit die Länder innerstaatlich zuständig wären.

(5) 1 Soweit in einem Bereich ausschließlicher Gesetzgebung des Bundes Interessen der Länder berührt sind oder soweit im übrigen der Bund das Recht zur Gesetzgebung hat, berücksichtigt die Bundesregierung die Stellungnahme des Bundesrates. 2 Wenn im Schwerpunkt Gesetzgebungsbefugnisse der Länder, die Einrichtung ihrer Behörden oder ihre Verwaltungsverfahren betroffen sind, ist bei der Willensbildung des Bundes insoweit die Auffassung des Bundesrates maßgeblich zu berücksichtigen; dabei ist die gesamtstaatliche Verantwortung des Bundes zu wahren. 3 In Angelegenheiten, die zu Ausgabenerhöhungen oder Einnahmeminderungen für den Bund führen können, ist die Zustimmung der Bundesregierung erforderlich.

(6) Wenn im Schwerpunkt ausschließliche Gesetzgebungsbefugnisse der Länder betroffen sind, soll die Wahrnehmung der Rechte, die der Bundesrepublik Deutschland als Mitgliedstaat der Europäi-

schen Union zustehen, vom Bund auf einen vom Bundesrat benannten Vertreter der Länder übertragen werden. 2 Die Wahrnehmung der Rechte erfolgt unter Beteiligung und in Abstimmung mit der Bundesregierung; dabei ist die gesamtstaatliche Verantwortung des Bundes zu wahren.
(7) Das Nähere zu den Absätzen 4 bis 6 regelt ein Gesetz, das der Zustimmung des Bundesrates bedarf.

Während Art. 24 I GG lediglich sehr allgemein eine Ermächtigung regelt, Hoheitsrechte auf zwischenstaatliche Einrichtungen zu übertragen, ist in Art. 23 GG sehr differenziert und umfassend niedergelegt, wie die verschiedenen Interessen des Bundes und der Länder im Rahmen der Europäischen Union zu berücksichtigen sind.

Ausgangspunkt dieser grundgesetzlichen Ermächtigung zur europäischen Gesetzgebung ist das Ziel der Verwirklichung eines vereinten Europas. Voraussetzung für eine Beteiligung Deutschlands an diesem Europa ist jedoch, dass die Europäische Union den demokratischen, rechtsstaatlichen, sozialen und föderativen Grundsätzen sowie dem Grundsatz der Subsidiarität verpflichtet ist. Ebenso hat die Europäische Union im Wesentlichen den in unserem Grundgesetz niedergelegten Grundrechtsschutz in vergleichbarer Weise zu gewährleisten. Um diese Ziele zu erreichen, ist der Bund mit Zustimmung des Bundesrates berechtigt, Hoheitsrechte auf die Europäische Union zu übertragen. Die konkrete Ausgestaltung, welche Hoheitsrechte im Einzelnen und im welchem Umfang übertragen werden, ist durch entsprechende so genannte Zustimmungsgesetze zu regeln.

Zustimmungsgesetze sind solche Gesetze, die neben der Verabschiedung durch den Bundestag auch der Zustimmung des Bundesrates bedürfen. Im Gegensatz dazu gibt es auch Einspruchsgesetze, bei welchen der Bundesrat lediglich ein Vetorecht hat, jedoch nicht zustimmen muss. Es lässt sich demnach festhalten, dass die Ermächtigung zur europäischen Gesetzgebung unter der Bedingung steht, dass die demokratischen und grundrechtlich geschützten Werte beachtet und gefördert werden. Dadurch sichert die Bundesrepublik sich dahin gehend ab, dass bei Nichtbeachtung dieser Grundsätze entsprechende Ermächtigungen erlöschen.

Ausgehend davon, dass die Bundesregierung als Vertreter der Bundesrepublik Deutschland an den Rechtssetzungsakten der Europäischen Union mitwirkt, ist detailliert festgelegt, wann und wie der Bund und die Länder an der gesamtdeutschen Willensbildung im Rahmen europäischer Angelegenheiten zu beteiligen sind. Nach außen tritt zwar nur unsere Bundesregierung im Rahmen der Europäischen Union auf, diese darf aber in Angelegenheiten der Europäischen Union keine eigenen Entscheidungen für die Bundesrepublik treffen, sondern handelt letztlich nur als „Sprachrohr" des Bundes und der Länder, je nachdem welche Materien betroffen sind. Das ergibt sich insbesondere aus den Absätzen 2 und 3.

Nach Absatz 2 wirken der Bundestag und durch den Bundesrat die Länder in Angelegenheiten der europäischen Union mit. Dieses geschieht dadurch, dass die Bundesregierung den Bundestag umfassend und zum frühestmöglichen Zeitpunkt über alle Angelegenheiten zu unterrichten hat.

Gemäß Absatz 3 muss die Bundesregierung dem Bundesrat vor ihrer Mitwirkung an Rechtssetzungsakten der Europäischen Union Gelegenheit zur Stellungnahme geben und diese Stellungnahme bei ihren Verhandlungen berücksichtigen.

Gemäß Absätzen 4 bis 6 hat auch der Bundesrat als Vertretungsorgan der Länder ein entsprechendes Recht zur Stellungnahme, welche von der Bundesregierung zu beachten ist, sofern Zuständigkeitsmaterien der Länder betroffen sind.

Die Einzelheiten zu diesen Rechten von Bundesrat und Bundestag sind in entsprechenden Gesetzen geregelt.

Dadurch soll gewährleistet werden, dass der in der Bundesrepublik herrschende Föderalismus auch auf der Ebene der Europäischen Union gewährleistet wird. Nur so können die verschiedenen Interessen des Bundes und der Länder Berücksichtigung finden. Unter Föderalismus ist die Aufteilung eines Bundesstaates in verschiedene Bundesländer zu verstehen. Die einzelnen Bundesländer verwalten und regieren sich in länderspezifischen Angelegenheiten selber. Der Bundesstaat als Ganzes steht selbstständig neben diesen Bundesländern und hat in Angelegenheiten, die bundeseinheitlich geregelt werden müssen, entsprechende eigene Kompetenzen.

Zusammenfassend ist festzustellen, dass sich die Ermächtigung zum Vorrang des Gemeinschaftsrechts vor dem deutschen Recht aus Art. 23 GG ergibt.

Schranken des Vorrangs des Gemeinschaftsrechts

Der Vorrang des Gemeinschaftsrechts vor dem deutschen Recht gilt jedoch nicht unbeschränkt.

Als Mindestschranke der alten Integrationsermächtigung des Art. 24 I GG galt nach der Rechtsprechung des BVerfG schon Art. 79 III GG. Weiterer Prüfungsmaßstab waren die Grundrechte des Grundgesetzes. Diese waren durch systemkonforme Einbeziehung des Europäischen Gemeinwohls in die deutsche Grundrechtsdogmatik auszulegen und anzuwenden, wobei die grundlegenden Strukturprinzipien zu beachten waren.

In Anlehnung an die dargestellte Rechtsprechung des BVerfG wurde diese Schranke in Art. 23 I GG fixiert. Absatz 1 Satz 3 enthält nun den deutlichen Verweis auf Art. 79 Absatz 2 und 3 GG.

Art. 79 GG [Änderung des Grundgesetzes]

(1) 1 Das Grundgesetz kann nur durch ein Gesetz geändert werden, das den Wortlaut des Grundgesetzes ausdrücklich ändert oder ergänzt. 2 Bei völkerrechtlichen Verträgen, die eine Friedensregelung, die Vorbereitung einer Friedensregelung oder den Abbau einer besatzungsrechtlichen Ordnung zum Gegenstand haben oder der Verteidigung der Bundesrepublik zu dienen bestimmt sind, genügt zur Klarstellung, dass die Bestimmungen des Grundgesetzes dem Abschluss und dem Inkrafttreten der Verträge nicht entgegenstehen, eine Ergänzung des Wortlautes des Grundgesetzes, die sich auf diese Klarstellung beschränkt.

(2) Ein Gesetz bedarf der Zustimmung von zwei Dritteln der Mitglieder des Bundestages und zwei Dritteln der Stimmen des Bundesrates.

(3) Eine Änderung dieses Grundgesetzes, durch welche die Gliederung des Bundes in Länder, die grundsätzliche Mitwirkung der Länder bei der Gesetzgebung oder die in Artikel 1 und 20 niedergelegten Grundsätze berührt werden, ist unzulässig.

Nach den Absätzen 2 und 3 sind die Ewigkeitsgarantie und die qualifizierte 2/3 Mehrheit zu beachten.

Die Europäischen Gemeinschaften und die Europäische Union haben derzeit noch keine Verfassung, sondern beruhen auf Gemeinschaftsverträgen, die von den Mitgliedsstaaten ratifiziert worden sind. Daher haben dieses Verträge (EGV und EUV) für den Bestand und die Ziele der Europäischen Gemeinschaften und die Europäische Union im Ergebnis einen ähnlichen Charakter, wie eine Verfassung. Unser Grundgesetz, welches im Ergebnis unsere Verfassung darstellt, unterliegt der so genannten Ewigkeitsgarantie. Das bedeutet, dass die Grundrechte, welche in Art. 1 und 20 GG geregelt sind, sowie die Aufteilung des Bundes in Länder und die Mitwirkung der Länder an der Gesetzgebung nicht geändert werden dürfen. Die Ewigkeitsgarantie bezeichnet mithin die Unveränderbarkeit der Grundrechte auf den Schutz der Menschenwürde und die Menschenrechte sowie die Unveränderbarkeit der Grundsätze der Demokratie und des Föderalismus. Für sonstige Änderungen des Grundgesetzes ist eine so genannte qualifizierte 2/3 Mehrheit von Bundesrat und Bundestag erforderlich.

Dadurch soll gewährleistet werden, dass unsere Demokratie in ihren Grundfesten nicht angetastet werden kann, beispielsweise durch eine radikale Regierung. Diese Garantie enthält Art. 23 I GG auch für die Europäische Union, indem für Änderungen der Europäischen Verträge oder vergleichbare Regelungen, die sich entsprechend auf unser Grundgesetz auswirken, ebenfalls die 2/3 Mehrheit von Bundesrat und Bundesrat gefordert wird. Damit ist gemeint, dass unsere Bundesregierung im Rahmen ihrer Mitwirkung in der Europäischen Union nur dann entsprechenden Änderungen im Namen der Bundesrepublik Deutschland zustimmen darf, wenn die erforderlichen 2/3 Mehrheiten vorliegen.

Der Vorrang des Gemeinschaftsrechts gilt im Ergebnis solange und so weit, wie unsere demokratischen Grundsätze sowie der Schutzbereich unserer in den Art. 1 und 20 GG geregelten Grundrechte nicht angetastet, sondern beachtet werden.

Rechtliche Einordnung der europäischen Rechtsquellen

Im Rahmen des europäischen Rechts ist zunächst zwischen dem Primären Gemeinschaftsrecht und dem Sekundären Gemeinschaftsrecht zu unterscheiden. Das Primäre Gemeinschaftsrecht ist der Prüfungsmaßstab für die Rechtmäßigkeit des Sekundärrechts. Dieses Verhältnis ist vergleichbar mit dem Verhältnis unseres Grundgesetzes zu Bundes- oder Landesgesetzen. Sowohl Bundesgesetze, als auch Landesgesetze müssen mit dem Grundgesetz vereinbar sein. Des Weiteren müssen Landesgesetze mit dem Bundesgesetz vereinbar sein. Sowohl auf europäischer Ebene, als auch auf nationaler Ebene gelten demnach zwingende Hierarchien der verschiedenen Rechtsquellen.

Das Primäre Gemeinschaftsrecht

Unter dem Primären Gemeinschaftsrecht sind als Erstes die Gründungsverträge der Europäischen Gemeinschaften und der Europäischen Union mit ihren späteren Ergänzungen und Änderungen einschließlich Anlagen, Anhängen und Protokollen zu verstehen. Durch diese Gründungsverträge werden die Mitgliedsstaaten an die Europäischen Gemeinschaften oder die Europäische Union gebunden.

Ebenso gehören zum Primärrecht die vom Europäischen Gerichtshof (EuGH) entwickelten Rechtsgrundsätze. Darunter fallen die rechtsstaatlich gebotenen Garantien des Verwaltungsverfahrens und die Gemeinschaftsgrundrechte. Letztere sind noch nicht in Form einer Verfassung verankert, da diese derzeit noch aussteht.

Die Prinzipien zur Sicherung des Gemeinschaftsrechts haben ebenfalls Primärgeltung. Darunter sind die Prinzipien zu verstehen, die der EuGH aus Wortlaut und Geist unter Berücksichtigung des allgemeinen Systems und der wesentlichen Grundsätze des EGV entwickelt hat. Im Einzelnen fallen unter diese Prinzipien:

- der Vorrang des Gemeinschaftsrechts zur Verwirklichung der Europäischen Union,
- die unmittelbare Anwendbarkeit und Begründung individueller Rechte der EG-Bürger durch Normen des primären Gemeinschaftsrechts,
- die Herleitung von Vertragsabschlusskompetenzen gegenüber Drittstaaten,
- die Grundsätze zum Vollzug des Gemeinschaftsrechts durch nationale Organe,
- die Verknüpfung der gemeinschaftlichen und nationalen Rechtschutzsysteme,
- die unmittelbare Wirkung von Richtlinien und
- der gemeinschaftsrechtlich begründete Staatshaftungsanspruch bei Verstößen gegen Gemeinschaftsrecht.

Das Sekundäre Gemeinschaftsrecht

Art 249 Abs. 1 EGV enthält einen Katalog des sekundären Gemeinschaftsrechts.

Art. 249 EGV

Zur Erfüllung ihrer Aufgaben und nach Maßgabe dieses Vertrags erlassen das Europäische Parlament und der Rat gemeinsam, der Rat und die Kommission Verordnungen, Richtlinien und Entscheidungen, sprechen Empfehlungen aus oder geben Stellungnahmen ab.

Die Verordnung hat allgemeine Geltung. Sie ist in allen ihren Teilen verbindlich und gilt unmittelbar in jedem Mitgliedstaat.

Die Richtlinie ist für jeden Mitgliedstaat, an den sie gerichtet wird, hinsichtlich des zu erreichenden Ziels verbindlich, überlässt jedoch den innerstaatlichen Stellen die Wahl der Form und der Mittel.

Die Entscheidung ist in allen ihren Teilen für diejenigen verbindlich, die sie bezeichnet.

Die Empfehlungen und Stellungnahmen sind nicht verbindlich.

Danach gehören zum Sekundärrecht Verordnungen, Richtlinien, Entscheidungen, Empfehlungen und Stellungnahmen, welche entweder vom Europäischen Parlament und dem Rat gemeinsam, oder dem Rat und der Kommission erlassen bzw. abgegeben werden. Dabei sind sie zwingend an den Europäischen Gemeinschaftsvertrag (EGV) gebunden.

Die Verordnung hat allgemeine Geltung, ist in allen ihren Teilen verbindlich und gilt in jedem Mitgliedstaat unmittelbar. Sie ist im Prinzip ein Gesetz und daher nicht mit einer deutschen Verordnung vergleichbar. EU-Verordnungen binden nationale Behörden und Gerichte, aber auch Individuen werden durch sie berechtigt und verpflichtet. Zuständig für ihren Erlass sind das Europäische Parlament und der Rat gemeinsam, sowie der Rat und die Kommission jeweils einzeln.

Die Richtlinie ist nur für die Mitgliedsstaaten, die hiervon betroffen sind und nur hinsichtlich des zu erreichenden Ziels verbindlich. Wie der einzelne Mitgliedsstaat die Richtlinie innerstaatlich umsetzt, ist jedoch seine Sache. Das bedeutet, dass die Mitgliedsstaaten bei einer EU-Richtlinie dafür Sorge tragen müssen, dass die dort verankerten Ziele innerstaatlich erreicht werden. In Deutschland erfolgt dieses durch die so genannte Transformation, die Umwandlung der EU-Richtlinien in nationales Recht durch Verabschiedung entsprechender Bundesgesetze. Erlässt die EU-Kommission aber beispielsweise eine Richtlinie, deren Inhalt bereits im deutschen Recht verankert ist, ist diese Richtlinie auf nationaler Ebene praktisch bedeutungslos. Aus ihr folgt dann lediglich die Verpflichtung, die bereits vorhandene Rechtslage bei zu behalten. Ob und wann eine Richtlinie auch eine unmittelbare Geltung für den einzelnen Bürger entfaltet, ist umstritten und nur in Ausnahmefällen anerkannt. (siehe unten)

Die Entscheidung ist in allen ihren Teilen für diejenigen verbindlich, die sie bezeichnet. Das bedeutet, dass sich eine Entscheidung immer an ein bestimmtes Individuum oder einen Mitgliedssaat richtet und nicht, wie die Verordnung, an einen unbestimmten Personenkreis. Es kann sich hierbei beispielsweise um kartellrechtliche Entscheidungen gegen einen Konzern handeln oder um eine Abmahnung an die Bundesrepublik Deutschland, wenn die Defizitgrenzen des Stabilitätspaktes verletzt werden. Zuständig zum Erlass von Entscheidungen sind ebenfalls das Europäische Parlament und der Rat gemeinsam sowie der Rat und die Kommission jeweils einzeln.

Empfehlungen und Stellungnahmen sind rechtlich unverbindlich, haben jedoch politische Bedeutung. Auch sind sie von den nationalen Gerichten bei der Auslegung nationaler Rechtsvorschriften zu beachten. Ziel und Zweck von Empfehlungen und Stellungnahmen ist es, den Adressaten Anregungen zu geben, ohne sie jedoch zu binden.

Umsetzung und Geltung von EU-Richtlinien in Deutschland

Die EU-Richtlinie zeichnet sich durch ihre so genannte abgestufte Verbindlichkeit aus. Das bedeutet, dass sie nicht in allen ihren Teilen verbindlich ist, sondern nur hinsichtlich der festgelegten Ziele. Die Einführung der Richtlinie stellt somit einen Kompromiss einheitlichen Rechts innerhalb der Gemeinschaft einerseits und der Bewahrung der nationalen Besonderheiten andererseits dar. Richtlinienkompetenzen bestehen in solchen Sachbereichen, wo es um eine Angleichung der Mitgliedsstaaten geht, aber nicht um eine Vereinheitlichung des nationalen Rechts. Dadurch wird jedem Mitgliedstaat bei der Umsetzung der Richtlinie ein Spielraum zugestanden, um insbesondere politische, aber vor allem verfassungsrechtliche Besonderheiten beachten zu können.

Pflicht und Umfang der Umsetzung von EU-Richtlinien

Die Pflicht zur innerstaatlichen Umsetzung der Richtlinien ergibt sich aus Art. 249 Abs. 3 EGV, wo es heißt: Die Richtlinie ist für jeden Mitgliedstaat, an den sie gerichtet wird, hinsichtlich des zu erreichenden Ziels verbindlich....

Darüber hinaus ergibt sich die Pflicht zur Umsetzung aus den Richtlinien selber, wobei hierfür in der Regel eine Frist vorgesehen ist. Primärrechtlich ist die Umsetzungspflicht in Art. 10 Abs. 1 EGV geregelt.

Artikel 10 EGV

Die Mitgliedstaaten treffen alle geeigneten Maßnahmen allgemeiner oder besonderer Art zur Erfüllung der Verpflichtungen, die sich aus diesem Vertrag oder aus Handlungen der Organe der Gemeinschaft ergeben.

Als vertragliche Verpflichtung ist hier die der Umsetzung der Richtlinien zu sehen.

Hinsichtlich der Qualität des Umsetzungsaktes hat der EuGH festgelegt, dass solche Mittel zu wählen sind, die die praktische Wirksamkeit der Richtlinien gewährleisten. Daher sind Richtlinien in verbindliche innerstaatliche Vorschriften umzusetzen, die den Erfordernissen der Rechtsklarheit und Rechtssicherheit genügen. Schlichte Verwaltungspraktiken der Verwaltung, die entsprechend von der Exekutive (Verwaltung) beliebig geändert werden können, genügen nicht. Erforderlich sind demnach förmliche Gesetze, die das Gebot der Publizität erfüllen. Das bedeutet, dass die Betroffenen durch dieses Gesetz von ihren Rechten und Pflichten Kenntnis erlangen können. Hierauf müssen die Betroffenen sich auch vor Gericht berufen können. Es muss sich also auf nationaler Ebene um eine zwingende Vorschrift handeln. Diese Umsetzung erfolgt in Deutschland durch förmliche Parlamentsgesetze auf Bundesebene. Nur wenn EU-Richtlinien durch Bundesgesetze umgesetzt werden, wird gewährleistet, dass die Ziele der Richtlinie auch bundeseinheitlich erreicht werden können. Diese Gesetze werden auch Transformationsgesetze genannt. Hierbei ist jedoch nicht erforderlich, dass auch die konkrete Umsetzung des Gesetzes durch dieses Transformationsgesetz geregelt wird. Hierfür kann wiederum auf andere Durchführungsgesetze und Verordnungen verwiesen werden.

Geltung von EU-Richtlinien

Im Gegensatz zur Verordnung hat die EU-Richtlinie grundsätzlich in den einzelnen Mitgliedsstaaten keine unmittelbare Geltung. Ihre Geltung tritt normalerweise erst nach der Umsetzung durch den jeweiligen Mitgliedsstaat ein. Das bedeutet, dass die Richtlinie zunächst nur die einzelnen Mitgliedsstaaten verpflichtet, nämlich diese in innerstaatliches Recht umzusetzen. Gegenüber den einzelnen Bürgern der Mitgliedsstaaten haben Richtlinien daher grundsätzlich keine Wirkung.

Problematisch hierbei ist jedoch, dass die praktische Wirksamkeit der Richtlinie dadurch stark eingeschränkt wäre. Der Eintritt der in der Richtlinie beabsichtigten Rechtswirkung könnte durch die Mitgliedsstaaten hinausgezögert oder ganz vereitelt werden, indem die Richtlinie entweder gar nicht oder verspätet umgesetzt wird. Daher wird unter bestimmten Voraussetzungen eine unmittelbare Wirkung der Richtlinien zu Gunsten der Bürger gegenüber dem Staat bejaht.

Erste Voraussetzung einer unmittelbaren Geltung von EU-Richtlinien ist, dass es sich um so genannte self-executing Normen handelt. Das heißt, dass die Richtlinie so konkret formuliert sein muss, dass sich aus ihr unmittelbar Rechte ergeben. Daraus ergibt sich wiederum, dass belastende Richtlinien gegenüber dem Bürger keine unmittelbare Wirkung zu Gunsten des Staates haben. Auch muss die Frist zur Umsetzung der Richtlinie abgelaufen sein.

Als Folge dieser unmittelbaren Wirkung kann sich der Bürger gegenüber mitgliedsstaatlichen Behörden und Gerichten auf diese Richtlinie berufen. Hierbei ist dann nicht einmal erforderlich, dass der Bürger sich selbstständig und ausdrücklich auf diese Richtlinie beruft. Vielmehr sind die Behörden und Gerichte als Organe des Staates, an den sich die Richtlinie richtet, an diese gebunden und haben sie von Amts wegen als vorrangiges Gemeinschaftsrecht zu beachten und anzuwenden. Diese Pflicht zur unmittelbaren Anwendung gilt auch für Richtlinien, die keine subjektiven Rechte begründen.

Eine so genannte horizontale Wirkung von Richtlinien wird hingegen abgelehnt. Hierunter ist die unmittelbare Geltung der Richtlinien zwischen einzelnen Bürgern zu verstehen. Im Verhältnis Bürger/Bürger wird lediglich eine so genannte richtlinienkonforme Auslegung vorhandener Gesetze bejaht. Das bedeutet, dass vorhandene Gesetze im Lichte der Richtlinien zu betrachten sind, was verschiedentlich dazu führen kann, dass bestimmte Ansprüche oder Rechtfertigungsgründe im Einzelfall entfallen können.

8.1.2 Die EU-Gebäuderichtlinie

Ziel der EU-Gebäuderichtlinie

Ziel der EU-Gebäuderichtlinie ist es, die Verbesserung der Gesamtenergieeffizienz von Gebäuden in Europa zu unterstützen. Hierdurch soll der Umweltschutz weiter vorangetrieben werden. Die Steigerung der Energieeffizienz ist wesentlicher Bestandteil der Maßnahmen, die zur Erfüllung der Verpflichtungen aus dem Kyotoprotokoll ergriffen werden müssen. Der Verbrauch von Mineralöl, Erdgas und festen Brennstoffen muss zur Verminderung der Kohlendioxidemissionen verringert werden. Neben dem Umweltschutz dient die Steuerung der Energienachfrage aber auch der mittel- und langfristigen Sicherheit der Energieversorgung.

Die Verbesserung der Gesamtenergieeffizienz soll unter Berücksichtigung der jeweiligen äußeren klimatischen und lokalen Bedingungen, sowie unter Berücksichtigung der Anforderungen an das Innenraumklima und der Kostenwirksamkeit geschehen.

Inhalt der EU-Gebäuderichtlinie

Die EU-Gebäuderichtlinie schafft die Rahmenbedingungen, um europaweit die genannten Ziele zu erreichen.

Festlegung einer Berechnungsmethode

Art. 3 der Richtlinie legt eine Berechnungsmethode fest, nach der die Gesamtenergieeffizienz von Gebäuden festgestellt werden soll. Hierfür wird im Anhang der Richtlinie ein allgemeiner Rahmen vorgegeben, der bei der Berechnung berücksichtigt werden muss. Diese Berechnungsmethode können die Mitgliedsstaaten entweder einheitlich auf nationaler Ebene oder unter Berücksichtigung regionaler Unterschiede jeweils auf regionaler Ebene festlegen. Die Gesamtenergieeffizienz eines Gebäudes ist in transparenter Weise anzugeben und kann einen Indikator für CO_2-Emissionen beinhalten.

Damit liegt es bei den Mitgliedsstaaten, wie die konkrete Berechnungsmethode aussieht und, ob sie national einheitlich oder regional unterschiedlich ausgestaltet ist. Mit diesem Ermessen, welches den Mitgliedsstaaten eingeräumt wird, soll den unterschiedlichen klimatischen und regionalen Bedingungen Rechnung getragen werden.

Festlegung von Anforderungen an die Gesamtenergieeffizienz

Gemäß Art. 4 müssen die Mitgliedsstaaten Mindestanforderungen an die Gesamtenergieeffizienz von Gebäuden festgelegen. Unter der „Gesamtenergieeffizienz eines Gebäudes" ist die Energiemenge, die tatsächlich verbraucht oder veranschlagt wird, um den unterschiedlichen Erfordernissen im Rahmen der Standartnutzung des Gebäudes (u. a. etwa Heizung, Warmwasserbereitung, Kühlung, Lüftung und Beleuchtung) gerecht zu werden, zu verstehen. Diese Energiemenge ist durch einen oder mehrere numerische Indikatoren darzustellen, die unter Berücksichtigung von Wärmedämmung, technischen Merkmalen und Indikationskennwerten, Bauart und Lage in Bezug auf klimatische Aspekte, Sonnenexposition und Einwirkung der benachbarten Strukturen, Energieerzeugung und andere Faktoren, einschließlich Innenraumklima, die den Energiebedarf beeinflussen, berechnet wurden.

Bei der Festlegung der Anforderungen können die Mitgliedsstaaten zwischen neuen und bestehenden Gebäuden und unterschiedlichen Gebäudekategorien unterscheiden.

Sie müssen die allgemeinen Innenraumklimabedingungen, die örtlichen Gegebenheiten, die angegebene Nutzung, sowie das Alter des Gebäudes berücksichtigen. Die Anforderungen sind mindestens alle fünf Jahre zu überprüfen, um dem technischen Fortschritt in der Bauwirtschaft Rechnung zu tragen.

Von der Festlegung der Anforderungen können die Mitgliedsstaaten bestimmte Gebäude ausschließen. Hierunter fallen insbesondere geschützte Baudenkmäler, Kirchen und andere religiöse Stätten, provisorische Gebäude mit einer geplanten Nutzungsdauer bis einschließlich zwei Jahren, Industrieanlagen, Werkstätten und landwirtschaftliche Nutzgebäude mit niedrigem Energiebedarf, Ferienhäuser, die weniger als 4 Monate jährlich genutzt werden, Schreberlauben und Wochenendhäuser mit einer Gesamtnutzfläche von weniger als 50 m².

Es obliegt demnach den Mitgliedsstaaten, wie die Anforderungen im Einzelnen gegliedert werden und, ob von den Ausschlussmöglichkeiten für bestimmte Gebäude Gebrauch gemacht wird.

Es muss jedoch gewährleistet werden, dass neue Gebäude die Mindestanforderungen erfüllen. Bei neuen Gebäuden mit einer Gesamtnutzfläche von mehr als 1000 m² muss zusätzlich zu den Mindestanforderungen die technische, ökologische und wirtschaftliche Einsetzbarkeit alternativer Systeme, wie erneuerbare Energieträger, KWK, Fern-/Blockheizung oder Fern-/Blockkühlung, vor Baubeginn berücksichtigt werden. Das bedeutet, dass diese Systeme nicht zwingend einzusetzen sind, sondern lediglich bei jedem entsprechenden Neubau die Einsetzbarkeit unter technischen, ökologischen und wirtschaftlichen Gesichtspunkten geprüft werden muss.

Gleiches gilt letztlich auch für größere Renovierungen bei bestehenden Gebäuden mit einer Gesamtnutzfläche von über 1000 m². Auch diese müssen an die Mindestanforderungen angepasst werden. Wobei hier die Einschränkung gemacht wird, dass dieses technisch, funktionell und wirtschaftlich möglich sein muss. Ansonsten entfällt eine solche Verpflichtung.

Energieausweise

Artikel 7 enthält das Kernstück der Richtlinie. Hier ist die Verpflichtung zur Einführung des Ausweises über die Gesamtenergieeffizienz geregelt.

Gebäude, die unter die Ausweispflicht fallen

Die Mitgliedsstaaten sind verpflichtet, Regelungen zu erlassen, wonach beim Bau, beim Verkauf oder bei der Vermietung von Gebäuden dem Eigentümer bzw. dem potenziellen Käufer oder Mieter vom Eigentümer ein Ausweis über die Gesamtenergieeffizienz vorzulegen ist. Die Gültigkeitsdauer des Energieausweises darf zehn Jahre nicht überschreiten.

Bei Gebäudekomplexen können die Mitgliedsstaaten Regelungen treffen, wonach ein Energieausweis für das gesamte Gebäude alle Wohnungen oder Einheiten, die für eine gesonderte Nutzung ausgelegt sind, abdeckt. Dieses gilt für Gebäudekomplexe mit einer gemeinsamen Heizungsanlage. Hier ist also nicht für jede einzelne Wohnung oder Einheit ein Energieausweis erforderlich, sondern lediglich ein Ausweis für den gesamten Gebäudekomplex.

Für den Fall, dass bei einem Gebäudekomplex keine gemeinsame Heizungsanlage vorliegt, ist es zulässig, Regelungen zu schaffen, wonach der Energieausweis auf der Grundlage der Bewertung einer anderen vergleichbaren Wohnung in demselben Gebäudekomplex ausgestellt werden darf. Das bedeutet, dass nicht für jede einzelne Wohnung die Gesamtenergieeffizienz einzeln zu berechnen ist, sondern bei vergleichbaren Wohnungen lediglich eine Berechnung vorgenommen werden muss, welche dann auf die vergleichbaren Wohnungen übertragen werden darf. So würde es beispielsweise genügen nur für die Wohnungen im Erdgeschoss, im Obergeschoss und die Eckwohnungen einen einzelnen Gebäudeenergiepass auszustellen. Für alle anderen Wohnungen, welche sich in den Zwischenetagen befinden, würde ein einziger Gebäudeenergiepass ausreichen.

Bei dieser Vorschrift handelt es sich um eine Kann-Vorschrift. Es steht demnach den einzelnen Mitgliedsstaaten frei, ob sie von der Möglichkeit Gebrauch machen, bei Gebäudekomplexen gemeinsame Energieausweise für mehrere Wohnungen zuzulassen oder, ob für jede einzelne Wohnung ein eigener Energieausweis notwendig ist.

Gebäude, die von der Ausweispflicht befreit sind

Die Mitgliedsstaaten sind berechtigt, bestimmte Gebäude von der Pflicht zur Erstellung eines Energieausweises auszunehmen. Hierunter fallen die Gebäude, für die auch keine Mindestanforderungen an die Gesamtenergieeffizienz festgelegt werden müssen. Das sind die dort bereits genannten Gebäude (geschützte Baudenkmäler, Kirchen und andere religiöse Stätten, provisorische Gebäude mit einer geplanten Nutzungsdauer bis einschließlich zwei Jahren, Industrieanlagen, Werkstätten und landwirtschaftliche Nutzgebäude mit niedrigem Energiebedarf, Ferienhäuser, die weniger als 4 Monate jährlich genutzt werden, Schreberlauben und Wochenendhäuser mit einer Gesamtnutzfläche von weniger als 50 m^2). Hintergrund dieses Ausschlusses ist, dass diese Gebäude entweder gar nicht beheizt werden oder eine Verbesserung der Gesamtenergieeffizienz gar nicht möglich oder völlig unwirtschaftlich ist. Wobei hier die Unwirtschaftlichkeit ausnahmsweise hinter dem Zweck der Verbesserung der Energieeffizienz zurücksteht, wie dieses bei Kirchen und Baudenkmälern aufgrund ihrer Zweckbestimmung der Fall ist.

Inhaltliche Anforderungen an den Energieausweis

Inhaltlich muss der Energieausweis über die Gesamtenergieeffizienz von Gebäuden Referenzwerte, wie gültige Rechtnormen und Vergleichskennwerte enthalten, um den Verbrauchern einen Vergleich und eine Beurteilung der Gesamtenergieeffizienz des Gebäudes zu ermöglichen.

Hierdurch soll den Verbrauchern ermöglicht werden, beim Kauf oder der Anmietung eines Gebäudes oder einer Wohnung Vergleiche zwischen verschiedenen Objekten vor nehmen zu können. Dadurch sollen im Ergebnis die Energiekosten, die ein entsprechendes Objekt verursacht, verglichen werden können. Da dem Mieter oder Käufer bislang keinerlei Angaben über die Energieverbrauchswerte eines Gebäudes mitgeteilt werden mussten, konnte er lediglich einen Vergleich der Kaltmiete bzw. der Anschaffungskosten vornehmen. Durch den Energieausweis soll den steigenden Energiekosten und dem Energieverbrauch Rechnung getragen werden, welche inzwischen im Rahmen der Kostenstruktur beim Unterhalt eines Gebäudes oder einer Wohnung einen erheblichen Stellenwert einnehmen. Ohne die Angabe der Gesamtenergieeffizienz kann letztlich kein objektiver Vergleich zwischen verschiedenen Gebäuden mehr vorgenommen werden. Hierbei ist jedoch zu berücksichtigen, dass die Gesamtenergieeffizienz keine Aussage über die tatsächlichen Verbrauchskosten tätigt. Die Verbrauchskosten sind nach wie vor vom Nutzungsverhalten des jeweiligen Nutzers abhängig. Die Gesamtenergieeffizienz geht ausschließlich von objektiven äußeren Faktoren, wie der Bauweise, der Wärmedämmung, der Verglasung etc. aus, gekoppelt mit einem optimalen ökonomischen Nutzungsverhalten. Das ökonomische Nutzungsverhalten setzt die Beheizung bis zu einer bestimmten Innentemperatur, gepaart mit optimalem Lüftungsverhalten, voraus. Dieses Nutzungsverhalten hat einen maßgeblichen Einfluss auf die tatsächlichen Verbrauchskosten. Wird nicht ökonomisch geheizt und gelüftet, können die Verbrauchskosten trotz einer guten Gesamtenergieeffizienz sehr hoch sein.

Dem Energieausweis sind Empfehlungen für die kostengünstige Verbesserung der Gesamtenergieeffizienz beizufügen. Dadurch sollen dem Eigentümer Möglichkeiten aufgezeigt werden, wie er die Energiewerte seines Gebäudes verbessern kann. Durch die zukünftige Vergleichbarkeit der Gesamtenergieeffizienz für verschiedene Gebäude, werden Gebäude und Wohnungen mit einer schlechten Energieeffizienz wesentlich schlechter vermietbar bzw. veräußerbar sein. Daher werden die Eigentümer ein erhebliches Interesse an der Verbesserung der Effizienzwerte haben.

Welche konkreten Referenz-, Vergleichs- und sonstige Werte der Energieausweis enthalten muss und wie er im Einzelnen aufgebaut wird, haben die Mitgliedsstaaten genau zu regeln. Wie diese Regelungen dann im Detail aussehen, haben die Mitgliedsstaaten selbstständig festzulegen.

Rechtswirkungen des Energieausweises und Bekanntgabepflicht

Der Energieausweis dient lediglich der Information; etwaige Rechtswirkungen oder sonstige Wirkungen dieser Ausweise bestimmen sich nach den einzelstaatlichen Vorschriften.

Ist der Energieausweis zum Beispiel fehlerhaft, richtet sich die Haftung hierfür nach den nationalen Vorschriften (siehe unter 8.4): Das der Energieausweis lediglich der Information dient, besagt demnach nicht, dass dem Aussteller eines fehlerhaften Energieausweises hieraus keine Haftung erwächst. Durch den Verweis auf die nationalen Vorschriften wird vielmehr deutlich gemacht, dass die Haftung nicht einheitlich durch die Richtlinie geregelt werden soll, sondern, wie auch in allen anderen Rechtsgebieten, durch die Mitgliedsstaaten selber geregelt werden soll. Das der Energieausweis lediglich der Information dient, ist nur als bloßer Hinweis darauf zu verstehen, dass aus ihm keine Ansprüche auf bestimmte Verbrauchskosten hergeleitet werden können. Er gibt keine Garantien dafür, dass ein Gebäude mit guter Gesamtenergieeffizienz geringere Kosten verursacht, als ein Gebäude mit schlechter Gesamtenergieeffizienz. Auch sollen hieraus keine diesbezüglichen Ansprüche beispielsweise der Mieter oder Käufer auf Durchführung der vorgeschlagenen Modernisierungsmaßnahmen hergeleitet werden können.

Für öffentliche Gebäude mit einer Gesamtnutzfläche von über 1000 m2 müssen die Mitgliedsstaaten sicherstellen, dass ein höchstens zehn Jahre alter Energieausweis über die Gesamtenergieeffizienz an einer für die Öffentlichkeit gut sichtbaren Stelle angebracht wird.

Die Bandbreite der empfohlenen und aktuellen Innentemperaturen und gegebenenfalls weitere relevante Klimaparameter können deutlich sichtbar angegeben werden, müssen aber nicht.

Ausstellung der Gebäudeenergieausweise

Nach Art. 10 müssen die Mitgliedsstaaten sicher stellen, dass die Erstellung des Energieausweises von Gebäuden und die Erstellung der begleitenden Empfehlungen in unabhängiger Weise von qualifizierten und/oder zugelassenen Fachleuten durchgeführt wird, die entweder selbstständige Unternehmer oder Angestellte von Behörden oder privaten Stellen sein können. Es ist demnach irrelevant, in welchem rechtlichen Arbeitsverhältnis die Aussteller stehen oder ob sie selbstständige Unternehmer sind. Voraussetzung ist vielmehr, dass sie unabhängig sind und qualifiziert bzw. zugelassen. Unabhängig bedeutet hier, dass ein Aussteller nicht für sein eigenes Gebäude oder ein Gebäude seines Arbeitgebers einen Energieausweis ausstellen darf. So können die Wohnungsbaugesellschaften beispielsweise nicht ihre eigenen angestellten Ingenieure oder Architekten mit der Ausstellung der Energieausweise ihrer Wohnungen beauftragen. Was unter einer Qualifizierung oder Zulassung zu verstehen ist, haben die Mitgliedsstaaten im Einzelnen selbstständig festzulegen.

Inkrafttreten und Umsetzung der EU-Gebäuderichtlinie

Gemäß Art. 16 tritt diese Richtlinie am Tage ihrer Veröffentlichung im Amtsblatt der Europäischen Gemeinschaften in Kraft. Diese Veröffentlichung erfolgte am 04. Januar 2003, womit die Richtlinie seit diesem Tage für die Mitgliedsstaaten verbindlich ist.

Aus Art. 15 ergibt sich die Verpflichtung der Mitgliedsstaaten zur Umsetzung der Richtlinie. Da die Richtlinie keine unmittelbare Wirkung in den Mitgliedsstaaten hat, ist es erforderlich, das die Mitgliedsstaaten die Rechts- und Verwaltungsvorschriften auf nationaler Ebene erlassen, die erforderlich sind, um dieser Richtlinie nachzukommen. Die einzelnen Verpflichtungen für die Bürger, die in dieser Richtlinie normiert sind, ergeben sich dann aus den entsprechenden nationalen Gesetzen. Diese Umsetzung muss spätestens am 04. Januar 2006 erfolgt sein. Die Mitgliedsstaaten müssen der Kommission unverzüglich die nationalen Vorschriften mitteilen, durch die die Richtlinie umgesetzt worden ist.

Wenn die Mitgliedsstaaten diese Vorschriften erlassen, müssen sie in den Vorschriften selbst oder durch einen Hinweis bei der amtlichen Veröffentlichung auf diese Richtlinie Bezug nehmen. Die Mitgliedsstaaten regeln die Einzelheiten der Bezugnahme. Diese Bezugnahme dient dazu, bei nationalen Streitigkeiten über die Auslegung der nationalen

Vorschriften eine richtlinienkonforme Auslegung vorzunehmen. Nur wenn bekannt ist, dass die entsprechenden nationalen Vorschriften auf einer EU-Richtlinie beruhen, kann auch eine entsprechende richtlinienkonforme Auslegung erfolgen.

Falls qualifiziertes und/oder zugelassenes Fachpersonal nicht oder nicht in ausreichendem Maße zur Verfügung steht, können die Mitgliedsstaaten für die vollständige Anwendung der Artikel 7, 8 und 9 eine zusätzliche Frist von drei Jahren in Anspruch nehmen.

Diese Verlängerung der Frist für die Einführung der Gebäudeenergieausweise darf nur bei fehlendem Fachpersonal in Anspruch genommen werden, nicht bei sonstigen Gründen, wie der verspäteten Umsetzung der Richtlinie.

Mitgliedsstaaten, die von der Möglichkeit der Fristverlängerung Gebrauch machen, haben dies der Kommission unter Angabe der jeweiligen Gründe und zusammen mit einem Zeitplan für die weitere Umsetzung dieser Richtlinie mitzuteilen.

8.2 Energieeinsparungsgesetz – EnEG (2005)

Der Bundestag hat mit der 2. Änderung des Energieeinsparungsgesetzes (EnEG), welche zum 8.09.2005 in Kraft getreten ist, den ersten Schritt zur Umsetzung der EU-Gebäuderichtlinie gemacht. Durch das EnEG wurden die entsprechenden Rahmenbedingungen für die innerdeutsche Geltung der Richtlinie geschaffen. Das EnEG ist ein formelles Gesetz, welches vom Bundestag mit Zustimmung des Bundesrates erlassen worden ist und damit tauglicher Regelungsstandort für die bundesweit einheitliche Umsetzung einer EU-Richtlinie. Nur durch ein formelles Gesetz kann der gemeinschaftsrechtlichen Umsetzungspflicht nachgekommen werden, da dieses die einzige Möglichkeit ist, die gesamtinnerstaatliche Geltung zu gewährleisten.

8.2.1 Gesetzgebungsverfahren

Damit die Umsetzung der EU-Gebäuderichtlinie durch das EnEG in das deutsche Recht auch wirksam ist, muss das Gesetzgebungsverfahren eingehalten worden sein. Hierfür ist erforderlich, dass der Bund auch die Gesetzgebungskompetenz für dieses Gesetz hatte und der Bundesrat gegebenenfalls zugestimmt hat.

Gesetzgebungskompetenz des Bundes

Die Gesetzgebungskompetenz des Bundes für den Erlass des EnEG ergibt sich aus Art. 72 GG, 74 Abs. 1 Nr. 11 GG. Bei dem Recht der Bau- und Wohnungswirtschaft handelt es sich um eine Materie der so genannten konkurrierenden Gesetzgebung. Das bedeutet, dass der Bund für die in Art. 74 GG aufgezählten Sachgebiete grundsätzlich das Recht zur Gesetzgebung hat, sofern dieses erforderlich ist. Art. 72 Abs. 2 GG normiert die so genannte Erforderlichkeitsklausel, wonach der Bund nur dann das Gesetzgebungsrecht hat, wenn und soweit die Herstellung gleichwertiger Lebensverhältnisse im Bundesgebiet oder die Wahrung der Rechts- oder Wirtschaftseinheit im gesamtstaatlichen Interesse eine bundesgesetzliche Regelung erforderlich macht. Durch diese Erforderlichkeitsklausel sollen die Länder davor bewahrt werden, dass ihre Gesetzgebungskompetenz leer läuft. Macht der Bund von diesem Gesetzgebungsrecht keinen Gebrauch, haben die Länder die Befugnis zur Gesetzgebung.

Hier ist die Gesetzgebungskompetenz des Bundes aufgrund der Wahrung der Rechts- und Wirtschaftseinheit im gesamtstaatlichen Interesse erforderlich. Denn die Bundesrepublik Deutschland kommt nur dann ihrer Verpflichtung zur Umsetzung der EU-Gebäuderichtlinie nach, wenn die dort verankerten Ziele und Vorgaben im gesamten Bundesgebiet gelten. Lediglich Einzelheiten hinsichtlich der Durchführung und Überwachung können regional unterschiedlich geregelt werden. Die Kernpunkte jedoch, wie zum Beispiel die Einführung des Energieausweises, müssen bundeseinheitlich gelten. Auch im Interesse eines effektiven Umweltschutzes und einer für die Wirtschaft unumgänglichen Energieeinsparung unter Wirtschaftlichkeitsgesichtspunkten muss es bei der Energieeinsparung bundeseinheitliche Rahmenregelungen geben.

Zustimmungsbedürftigkeit des EnEG

Das EnEG wurde durch den Bundestag mit Zustimmung des Bundesrates beschlossen. Es handelt sich hier um ein so genanntes Zustimmungsgesetz, dem der Bundesrat zustimmen musste, weil hier Länderinteressen betroffen sind. Ohne diese Zustimmung wäre das Gesetz nichtig. Die Zustimmungsbedürftigkeit ergibt sich aus den Art. 83 ff. GG. Grundsätzlich sind die Länder für die Durchführung und Überwachung der Bundesgesetze gemäß Art. 83 GG alleine zuständig. § 7 EnEG enthält für die Überwachung der auf dem EnEG beruhenden EnEV einzelne Weisungen. Dadurch wird in die Verwaltungskompetenz der Länder eingegriffen. Für diesen Fall schreibt Art. 84 Abs. 1 GG vor, dass ein solcher Eingriff nur durch Bundesgesetz mit Zustimmung des Bundesrates erfolgen darf. Auch wenn nur eine einzelne Bestimmung in einem Gesetz die Zustimmungsbedürftigkeit auslöst, gilt diese für das gesamte Gesetz.

8.2.2 Inhalt des EnEG

Das EnEG schafft die Rahmenbedingungen für die Umsetzung der EU-Gebäuderichtlinie durch die Energieeinsparverordnung (EnEV).

Generelle Anforderungen an die Energieeinsparung

§ 1 EnEG regelt allgemein, dass bei Neubauten, welche beheizt oder gekühlt werden müssen, der Wärmeschutz so zu entwerfen und auszuführen ist, dass beim Heizen und Kühlen vermeidbare Energieverluste unterbleiben. Wie dieses im Einzelnen zu erfolgen hat, wird durch eine Rechtsverordnung der Bundesregierung mit Zustimmung des Bundesrates festgelegt. In dieser Rechtsverordnung befinden sich die Anforderungen an den Wärmeschutz von neuen Gebäuden und ihren Bauteilen, wobei § 1 EnEG für die Anforderungen Anregungen enthält. Die Geltung anderer Rechtsvorschriften, welche höhere Anforderungen an den baulichen Wärmeschutz stellen, bleiben jedoch unberührt, gelten also weiter.

8.2 Energieeinsparungsgesetz – EnEG (2005)

Die entsprechende Rechtsverordnung, auf welche hier Beug genommen wird, ist die Energieeinsparverordnung 2007, kurz EnEV 2007.

Gleiches regelt § 2 EnEG für Heizungs-, raumlufttechnische, Kühl-, Beleuchtungs- sowie Warmwasserversorgungsanlagen oder -einrichtungen in Gebäuden. Auch hier soll bei Entwurf, Auswahl und Ausführung dieser Anlagen und Einrichtungen nach Maßgabe der Rechtsverordnungen dafür Sorge getragen werden, dass nicht mehr Energie verbraucht wird, als zur bestimmungsgemäßen Nutzung erforderlich ist. Die entsprechende Rechtsverordnung regelt, welchen Anforderungen die Beschaffenheit und die Ausführung der genannten Anlagen und Einrichtungen genügen müssen, damit vermeidbare Energieverluste unterbleiben. Auch hier werden wieder Anregungen für die Anforderungen gegeben. Vorhandene Rechtsvorschriften, welche höhere Anforderungen an den baulichen Wärmeschutz stellen, bleiben unberührt.

§ 3 EnEG trifft allgemein Aussagen zum energiesparenden Betrieb von Anlagen im Sinne des § 2 EnEG.

Die konkreten Anforderungen werden ebenso wie bei den §§ 1 und 2 durch Rechtsverordnung geregelt.

Durch die §§ 1 bis 3 EnEG werden die Grundvoraussetzungen für die Umsetzung der Art. 1, 3, 4 und 5 der EU-Gebäuderichtlinie geschaffen.

In § 3a EnEG wird vorgeschrieben, dass durch eine Rechtsverordnung geregelt wird, dass der Energieverbrauch der Benutzer von heizungs- oder raumlufttechnischen oder der Versorgung mit Warmwasser dienenden gemeinschaftlichen Anlagen oder Einrichtungen erfasst wird und die Betriebskosten dieser Anlagen oder Einrichtungen so auf die Benutzer zu verteilen sind, dass dem Energieverbrauch der Benutzer Rechnung getragen wird. Durch diese Rechtsverordnung soll also festgehalten werden, dass nur noch der konkrete Verbrauch der einzelnen Benutzer von Gemeinschaftsanlagen diesen Benutzern in Rechnung gestellt wird. Damit wird die bislang gängige Umlagepraxis bei den Betriebskosten, wonach der Gesamtverbrauch auf alle Benutzer umgeschlüsselt wurde, beendet. Jeder soll nur noch den Verbrauch bezahlen, der ihm auch tatsächlich zuzurechnen ist, womit ein erhebliches Eigeninteresse der Benutzer an der Energieeinsparung gefördert wird.

Von den nach den §§ 1 bis 3 EnEG festzulegenden Anforderungen sollen nach § 4 EnEG durch Rechtsverordnung Ausnahmen zugelassen werden und abweichende Anforderungen für Gebäude und Gebäudeteile vorgeschrieben werden, die nach ihrem üblichen Verwendungszweck

- wesentlich unter oder über der gewöhnlichen, durchschnittlichen Heizdauer beheizt werden müssen,
- eine Innentemperatur unter 15 Grad Celsius erfordern,
- den Heizenergiebedarf durch die im Innern des Gebäudes anfallende Abwärme überwiegend decken,
- nur teilweise beheizt werden müssen,
- eine überwiegende Verglasung der wärmeübertragenden Umfassungsflächen erfordern,

- nicht zum dauernden Aufenthalt von Menschen bestimmt sind,
- sportlich, kulturell oder zu Versammlungen genutzt werden,
- zum Schutze von Personen oder Sachwerten einen erhöhten Luftwechsel erfordern und
- nach der Art ihrer Ausführung für eine dauernde Verwendung nicht geeignet sind,

soweit der Zweck des Gesetzes, vermeidbare Energieverluste zu verhindern, dies erfordert oder zulässt.

Mit der Festschreibung dieser Ausnahmen von der Energieeinsparung für bestimmte Gebäude wurde von Art. 4 Abs. 3 EU-Gebäuderichtlinie Gebrauch gemacht. Hiernach wird den Mitgliedsstaaten gestattet, für bestimmte Gebäude Ausnahmen von den Mindestanforderungen an die Gesamtenergieeffizienz zu machen.

Gemäß § 5 EnEG müssen die in den Rechtsverordnungen nach den §§ 1 bis 4 aufgestellten Anforderungen nach dem Stand der Technik erfüllbar und für Gebäude gleicher Art und Nutzung wirtschaftlich vertretbar sein. Anforderungen gelten hiernach als wirtschaftlich vertretbar, wenn generell die erforderlichen Aufwendungen innerhalb der üblichen Nutzungsdauer durch die eintretenden Einsparungen erwirtschaftet werden können. Bei bestehenden Gebäuden ist die noch zu erwartende Nutzungsdauer zu berücksichtigen.

Die Rechtsverordnungen müssen für Härtefälle Befreiungstatbestände enthalten.

Energieausweise

§ 5a EnEG schreibt vor, dass die Bundesregierung mit Zustimmung des Bundesrates durch Rechtsverordnung Inhalte und Verwendung von Energieausweisen auf Bedarfs- und Verbrauchsgrundlage vorzugeben hat. Diese Norm regelt die Einführung der Energieausweise für bestehende Gebäude und setzt damit Art. 7 der EU-Gebäuderichtlinie um. Hierbei soll bestimmt werden, welche Angaben und Kennwerte über die Energieeffizienz eines Gebäudes, eines Gebäudeteils oder in § 2 Abs. 1 genannter Anlagen oder Einrichtungen darzustellen sind.

Hinsichtlich der konkreten Vorgaben werden folgende Vorschläge unterbreitet, welche Vorgaben die Rechtsverordnung enthalten könnte:

- die Arten der betroffenen Gebäude, Gebäudeteile und Anlagen oder Einrichtungen,
- die Zeitpunkte und Anlässe für die Ausstellung und Aktualisierung von Energieausweisen,
- die Ermittlung, Dokumentation und Aktualisierung von Angaben und Kennwerten,
- die Angabe von Referenzwerten, wie gültige Rechtsnormen und Vergleichskennwerte.
- begleitende Empfehlungen für kostengünstige Verbesserungen der Energieeffizienz,
- die Verpflichtung, Energieausweise Behörden und bestimmten Dritten zugänglich zu machen,
- den Aushang von Energieausweisen für Gebäude, in denen Dienstleistungen für die Allgemeinheit erbracht werden,
- die Berechtigung zur Ausstellung von Energieausweisen einschließlich der Anforderungen an die Qualifikation der Aussteller sowie
- die Ausgestaltung der Energieausweise.

Die Energieausweise sollen lediglich der Information dienen. Das bedeutet, dass Energieausweise keine Garantien für einen bestimmten Energieverbrauch geben. Auch ergibt sich hieraus kein Anspruch Dritter auf die Durchführung der vorgeschlagenen Modernisierungsmaßnahmen gegen den Eigentümer des Gebäudes. Die Haftung des Ausstellers für einen fehlerhaften Energieausweis nach den allgemeinen Vorschriften bleibt aber hiervon unberührt.

Da diese Vorschrift der unmittelbaren Umsetzung des Art. 7 der EU-Gebäuderichtlinie dient, muss sie einen Verweis auf das EU-Recht enthalten, was vorliegend unproblematisch der Fall ist.

Unterscheidung zwischen zu errichtenden und bestehenden Gebäuden

§ 6 EnEG regelt den maßgebenden Zeitpunkt für die Unterscheidung zwischen zu errichtenden und bestehenden Gebäuden im Sinne dieses Gesetzes. Danach ist auf den Zeitpunkt der Baugenehmigung oder der bauaufsichtlichen Zustimmung, im Übrigen auf den Zeitpunkt, zu dem nach Maßgabe des Bauordnungsrechts mit der Bauausführung begonnen werden durfte, abzustellen. Durch diese Regelung sollen die Inhaber von Baugenehmigungen vor nachträglichen Anforderungen an die Errichtung des Gebäudes geschützt werden. Damit soll Planungssicherheit geschaffen werden.

Überwachung und Durchführung dieses Gesetzes und der Rechtsverordnungen

In § 7 EnEG ist niedergelegt, wer für die Überwachung der auf diesem Gesetz beruhenden Rechtsverordnungen zuständig ist. Auch hierfür ist durch die Bundesregierung mit Zustimmung des Bundesrates eine Rechtsverordnung zu erlassen, die Genaueres regelt.

Die Landesregierungen oder die von ihnen bestimmten Stellen werden ermächtigt, durch Rechtsverordnung die Überwachung hinsichtlich der Energieeinsparung für neue Gebäude und Anlagentechnik ganz oder teilweise auf geeignete Stellen, Fachvereinigungen oder Sachverständige zu übertragen. Gleiches gilt für die Überwachung der Ausnahmen nach § 4 EnEG.

Bußgeldvorschriften

§ 8 EnEG legt fest, dass ein vorsätzlicher oder fahrlässiger Verstoß gegen die Rechtsverordnungen nach den §§ 1, 2, 3, 4, 5a oder 7 Abs. 4 eine Ordnungswidrigkeit darstellt. Gleiches gilt für vorsätzliche oder fahrlässige Verstöße gegen eine vollziehbare Anordnung auf Grund einer solchen Rechtsverordnung. Voraussetzung ist aber, dass die Rechtsverordnung für einen bestimmten Tatbestand auf diese Bußgeldvorschrift verweist. Die Geldbußen betragen für Verstöße gegen die Rechtsverordnungen nach §§ 1, 2, 3 und 4 bis zu fünfzigtausend Euro, für Verstöße gegen die Rechtsverordnungen nach § 5a bis zu fünfzehntausend Euro und für Verstöße gegen die Rechtsverordnungen nach § 7 Abs. 4 bis zu fünftausend Euro. Durch diese Bußgeldvorschriften sollen die Hauseigentümer gezwungen werden, den Verpflichtungen aus diesem Gesetz und der hierauf beruhenden Energieeinsparverordnung (EnEV) nachzukommen.

8.3 Referentenentwurf Energieeinsparverordnung 2007 – EnEV 2007

Die Energieeinsparverordnung 2007, im Folgenden EnEV, ist die Vorschrift, welche die EU-Gebäuderichtlinie konkret umsetzt und als Kernstück die Verpflichtung zur Erstellung von Energieausweisen für bestehende und neu zu errichtende Gebäude enthält. Durch diese Rechtsverordnung sind die Anforderungen an die Gebäudeenergieeffizienz und die Energieeinsparung konkret geregelt. Sie setzt die vom EnEG vorgegebenen Rahmenbedingungen in für die Praxis anwendbare Detailregelungen um.

8.3.1 Das Verhältnis von Rechtsverordnungen zu Bundesgesetzen

Rechtsverordnungen sind Rechtsnormen, die aufgrund einer Ermächtigung in einem formellen Gesetz von der Exekutive erlassen werden. Sie sind Gesetze, welche in der Normenhierarchie unter Bundesgesetzen stehen. Nach dem dualistischen Gesetzesbegriff wird zwischen formellen und materiellen Gesetzen unterschieden. Im Gegensatz zu Bundesgesetzen sind Rechtsverordnungen lediglich materielle Gesetze, während Bundesgesetze in der Regel formelle und materielle Gesetze sind.

Die Unterscheidung zwischen formellen und materiellen Gesetzen

Unter einem formellen Gesetz ist ein Gesetz zu verstehen, welches in einem formellen Gesetzgebungsverfahren durch ein Parlament erlassen wird

Das Gesetzgebungsverfahren für Bundesgesetze ist in den Art. 76 ff. GG geregelt. Für Landesgesetze befinden sich entsprechende Regelungen in den einzelnen Landesverfassungen. Nach diesen Vorschriften liegt das Recht der Gesetzgebung beim Bundestag und Bundesrat bzw. auf Landesebene beim Landtag, der so genannten Legislative. Der Gewaltenteilungsgrundsatz verbietet es grundsätzlich, diese Funktion auf andere Organe zu übertragen. Nur unter den engen Voraussetzungen des Art. 80 GG ist eine Übertragung des Rechts zur Gesetzgebung auf andere Organe zulässig. Liegt ein solcher Fall vor, handelt es sich bei dem dann durch diese anderen Organe erlassenen Gesetz nicht um ein formelles Gesetz, da kein formelles Gesetzgebungsverfahren stattgefunden hat. Der Begriff des formellen Gesetzes bezeichnet folglich nur die Form, in welcher das entsprechende Gesetz zustande gekommen ist. Enthält eine Rechtsnorm die Bezeichnung „Gesetz" liegt aber in der Regel ein formelles Gesetz vor.

Materielle Gesetze hingegen sind alle Gesetze, die abstrakt-generelle Regelungen mit Rechtswirkung nach außen enthalten, also im Verhältnis Staat-Bürger. Abgestellt wird hier auf den Inhalt des Gesetzes. Rechtswirkung entfaltet ein Gesetz immer dann, wenn sich jemand hierauf berufen kann. Eine solche Außenwirkung fehlt beispielsweise beim Haushaltsgesetz, welches zwar ein formelles Gesetz darstellt, aber keine nach außen wirkende materielle Regelung enthält. Das Haushaltsgesetz stellt jedoch eine Ausnahme dar. Im Regelfall sind formelle Gesetze auch gleichzeitig materielle Gesetze, während materielle Gesetze nicht automatisch formelle Gesetze darstellen.

Eine Rechtsverordnung ist ebenso ein materielles Gesetz, wie Bundes- oder Landesgesetze.

Da aber kein förmliches Gesetzgebungsverfahren für den Erlass von Rechtsverordnungen erforderlich ist, stellen Rechtsverordnungen keine formellen Gesetze dar. Die materiellen Gesetze, die selber keine formellen Gesetze sind, bedürfen jedoch einer so genannten Ermächtigungsgrundlage. Das bedeutet, dass der Erlass dieser Gesetze auf einem formellen Gesetz beruhen muss. Sie entspringen damit als Detailregelung einem formellen Gesetz, welches nur die Rahmenbedingungen regelt. Daher stehen sie in der Normenhierarchie unter den formellen Gesetzen.

Die Durchbrechung des Gewaltenteilungsprinzips

Grundsätzlich ist zwar das Parlament, also der Bundestag, unser Gesetzgeber auf Bundesebene; dieser wäre allerdings überfordert, wenn er alle Gesetze selber erlassen müsste. Auch gibt es Fälle, in denen ein schnelles gesetzgeberisches Handeln erforderlich ist. Da das formelle Gesetzgebungsverfahren in der Regel Monate dauert, könnte dem Bedürfnis nach schnellem Handeln nicht nachgekommen werden, wenn keine Übertragung der Rechtssetzungsbefugnis auf andere Organe möglich wäre. Darüber hinaus führt die Ermächtigung zum Erlass von Rechtsverordnungen zur Entschlackung der formellen Gesetze. Die formellen Gesetze können sich auf das Wesentliche beschränken, während die Rechtsverordnungen die Detailregelungen, wie technische und sachliche Einzelheiten, enthalten.

Den Gesetzgeber bezeichnet man als die Legislative. Diese ist befugt, unter den Voraussetzungen des Art. 80 GG, die so genannte Normsetzungsbefugnis auf die Exekutive zu übertragen. Sie ist also berechtigt, die Exekutive zum Erlass von Rechtsverordnungen zu ermächtigen. Hierin ist eine Durchbrechung des Gewaltenteilungsprinzips zu sehen.

Die Exekutive ist die so genannte ausführende Gewalt oder auch Verwaltung. Neben der Legislative und der Exekutive gibt es noch die Judikative, womit die rechtsprechende Gewalt gemeint ist, also die Gerichte. Die Aufteilung der Gesetzgebung (Legislative), der Verwaltung (Exekutive) und der Rechtssprechung (Judikative) auf verschiedene Organe ist die so genannte Gewaltenteilung, die sich als Verfassungsgrundsatz aus unserem Grundgesetz ergibt. Jede dieser drei Gewalten ist grundsätzlich unabhängig von den anderen Gewalten für ihren Bereich zuständig und nur sich selber gegenüber verantwortlich. Dadurch sollen diktatorische Strukturen verhindert werden. Das ergibt sich aus dem Rechtsstaatsprinzip, welches in Art. 20 GG geregelt ist.

Obwohl demnach der Bundestag als Parlament ausschließlich für die Bundesgesetzgebung zuständig ist, kann er den Erlass von Rechtsverordnungen auf die Verwaltung übertragen, um sich selber zu entlasten und auf eine Änderung der Verhältnisse flexibler und schneller als durch ein langwieriges Gesetzgebungsverfahren reagieren zu können. Hierdurch kann sich der Gesetzgeber auch die Fachkenntnisse der Verwaltung, die der Praxis in der Regel näher steht, zu Nutze machen. Rechtsverordnungen werden daher meistens dort erlassen, wo sachliche und technische Detailregelungen erforderlich sind, die den Rahmen eines formellen Gesetzes sprengen würden.

Um eine Entmachtung des Gesetzgebers zu verhindern, regelt Art. 80 GG aber, unter welchen Voraussetzungen Rechtsverordnungen von anderen Organen als dem Parlament erlassen werden dürfen. Durch die Vorgaben des Art. 80 GG bestimmt der Gesetzgeber in dem formellen Ermächtigungsgesetz den Rahmen für die Rechtsverordnung. Dadurch verbleibt bei ihm eine weit reichende Einflussmöglichkeit auf den Inhalt von Rechtsverordnungen. Es handelt sich daher bei dem Erlass von Rechtsverordnungen um eine abgeleitete Rechtssetzung der vollziehenden/ausführenden Gewalt (Exekutive).

Voraussetzungen für den Erlass von Rechtverordnungen gem. Art. 80 GG

Art. 80 GG ist die verfassungsrechtliche Rechtsgrundlage für die Übertragung von Rechtssetzungsbefugnissen zum Erlass von Rechtsverordnungen auf die Exekutive.

Art. 80 GG [Erlass von Rechtsverordnungen]

(1) 1 Durch Gesetz können die Bundesregierung, ein Bundesminister oder die Landesregierungen ermächtigt werden, Rechtsverordnungen zu erlassen. 2 Dabei müssen Inhalt, Zweck und Ausmaß der erteilten Ermächtigung im Gesetz bestimmt werden. 3 Die Rechtsgrundlage ist in der Verordnung anzugeben. 4 Ist durch Gesetz vorgesehen, dass eine Ermächtigung weiter übertragen werden kann, so bedarf es zur Übertragung der Ermächtigung einer Rechtsverordnung.

(2) Der Zustimmung des Bundesrates bedürfen, vorbehaltlich anderweitiger bundesgesetzlicher Regelung, Rechtsverordnungen der Bundesregierung oder eines Bundesministers über Grundsätze und Gebühren für die Benutzung der Einrichtungen des Postwesens und der Telekommunikation, über die Grundsätze der Erhebung des Entgelts für die Benutzung der Einrichtungen der Eisenbahn des Bundes, über den Bau und Betrieb der Eisenbahn, sowie Rechtsverordnungen auf Grund von Bundesgesetzen, die der Zustimmung des Bundesrates bedürfen oder die von den Ländern im Auftrag des Bundes oder als eigene Angelegenheit ausgeführt werden.

(3) Der Bundesrat kann der Bundesregierung Vorlagen für den Erlass von Rechtsverordnungen zuleiten, die seiner Zustimmung bedürfen.

(4) Soweit durch Bundesgesetz oder auf Grund von Bundesgesetzen Landesregierungen ermächtigt werden, Rechtsverordnungen zu erlassen, sind die Länder zu einer Regelung auch durch Gesetz befugt.

Formelle Voraussetzungen von Rechtsverordnungen

Art. 80 GG macht den Erlass von Rechtsverordnungen von verschiedenen formellen Voraussetzungen abhängig. Fehlt eine dieser Voraussetzungen, ist die Rechtsverordnung nichtig.

Vorliegen eines formellen Gesetzes als Ermächtigungsgrundlage (Gesetzesvorbehalt)

Aus Absatz 1 ergibt sich, dass die Bundesregierung durch ein Gesetz ermächtigt werden kann Rechtsverordnungen zu erlassen. Das bedeutet, dass ein konkretes formelles Gesetz erforderlich ist, welches ausdrücklich den Erlass einer konkreten Rechtsverordnung erlaubt. Diese spezielle Ermächtigung überlässt dem Verordnungsgeber nur noch die Konkretisierung und Ergänzung der bereits festgelegten gesetzlichen Zielsetzung. Es gibt keine Generalermächtigung zum Erlass von Rechtsverordnungen. Daher spricht man hier auch von einem so genannten Gesetzesvorbehalt unter dem Rechtsverordnungen stehen. Durch diesen Gesetzesvorbehalt legt der Gesetzgeber den Rahmen für den Inhalt der Rechtsverordnung innerhalb eines formellen Gesetzes fest.

Erlass durch einen zuständigen Adressaten

Eine weitere formelle Voraussetzung liegt in der Festlegung des Adressaten der Verordnungsermächtigung. Das formelle Gesetz muss genau festlegen, wer die Rechtsverordnung erlassen darf. Als zulässige Adressaten nennt Art. 80 Abs. 1 GG die Bundesregierung, einen Bundesminister und die Landesregierungen. Unter der Bundesregierung ist hier das gesamte Kollegium, welches aus allen Bundesministern und dem Bundeskanzler besteht, zu verstehen. Gemeint ist folglich nicht der einzelne Bundesminister, der für das entsprechende Ressort zuständig ist. Wird hingegen ein einzelner Bundesminister ermächtigt, ist dieser auch alleine zuständig und nicht etwa daneben auch die Bundesregierung. Es ist aber zulässig mehrere Bundesminister gemeinschaftlich zu ermächtigen. Wer die Funktion der Landesregierungen ausübt, ergibt sich aus den Verfassungen der einzelnen Länder.

Diese Aufzählung der Adressaten ist abschließend. Jedoch kann das ermächtigende formelle Gesetz eine weitere Übertragung der Verordnungsermächtigung auf andere Organe durch die genannten Adressaten zulassen. Diese Weiterübertragung der Verordnungsermächtigung muss ihrerseits durch Rechtsverordnung des zuständigen Adressaten erfolgen. Die Weiterübertragung wird auch Subdelegation genannt. So kann ein formelles Gesetz den Inhalt haben, dass die Bundesregierung ermächtigt sein soll ihrerseits durch Rechtsverordnung zu regeln, wer letztlich die entscheidende Rechtsverordnung erlassen soll. Das formelle Gesetz selber darf jedoch nicht festlegen, an wen subdeligiert werden soll. Diese Entscheidung obliegt ausschließlich dem Verordnungsgeber. Ansonsten würde die abschließende Nennung der Adressaten in Art. 80 GG unterlaufen werden. Auf diese Art und Weise kann dem sachnächsten oder praxisnächsten Organ die Verordnungsermächtigung übertragen werden, um eine zeit- und kostenintensive Umsetzung der Rechtsverordnung durch sachfremde Organe zu vermeiden. Ein sachfremdes Organ müsste sich bei der Umsetzung wieder entsprechende Berater und Fachgremien bedienen, was dem Bedürfnis nach schneller und flexibler Umsetzung der Rechtsverordnungen widersprechen würde.

Natürlich darf auch nur der zuständige Verordnungsgeber die Rechtsverordnung erlassen.

Zitiergebot und Begründungspflicht

Letzte formelle Voraussetzung für Rechtsverordnungen ist die Nennung der gesetzlichen Grundlage auf Grund derer sie ergangen ist. Das formelle Gesetz ist in der Rechtsverordnung ausdrücklich mit Paragraph, Absatz und Satz zu nennen. In diesem Zusammenhang trifft den Verordnungsgeber bei zustimmungsbedürftigen Rechtsverordnungen immer auch eine Begründungspflicht. Rechtsverordnungen sind zu begründen, damit der Verordnungsgeber eine effektive Selbstkontrolle durchführen kann und der individuelle Rechtsschutz verbessert wird. Insbesondere im Zusammenhang mit dem Individualrechtsschutz kommt der Begründungspflicht hohe Bedeutung zu. Erst die Begründung gibt Aufschluss darüber, welche Motive den Gesetzgeber geleitet haben. Dadurch ist eine gerichtliche Kontrolle erst effektiv möglich.

Rechtsfolgen bei Verletzung der formellen Voraussetzungen

Fehlt eine der formellen Voraussetzungen für den Erlass der Rechtsverordnung, hat dieses die Nichtigkeit der Rechtsverordnung zur Folge. Ein nichtiges Gesetz darf nicht mehr angewendet werden.

Materielle Voraussetzungen von Rechtsverordnungen

Jede Rechtsverordnung muss auch bestimmte materielle Voraussetzungen erfüllen. Darunter sind die inhaltlichen Anforderungen an die Rechtsverordnung zu verstehen.

Bestimmtheitsgebot

Das formelle Gesetz, welches zum Erlass einer Rechtsverordnung ermächtigt, muss Inhalt Zweck und Ausmaß der Rechtsverordnung bestimmen. Diese Anforderungen werden auch durch den Begriff des Bestimmtheitsgebotes umschrieben. Dadurch wird der Verordnungsgeber insofern eingeschränkt, als dass er sich nur in dem von dem formellen Gesetz festgelegten Rahmen bewegen darf. Der Gesetzgeber wiederum wird gezwungen, die entscheidenden Regelungen selber zu treffen. Er muss selbst die Entscheidung treffen, welche inhaltlichen Fragen durch die Rechtsverordnung geregelt werden sollen, die Grenzen dieser Regelung festlegen und angeben, welchem Ziel diese Regelung dienen soll. Da der Gesetzgeber das wesentliche Programm für die Ausübung der Verordnungsermächtigung festlegen muss und dem Verordnungsgeber lediglich die Ausgestaltung im Detail verbleibt, gilt für die Anforderungen an die Bestimmtheitskriterien die so genannte Wesentlichkeitstheorie.

Weiter besagt das Bestimmtheitsgebot, dass unbestimmte Rechtsbegriffe zwar zulässig sind, jedoch die äußeren Grenzen des Interpretationsspielraums im Interesse einer gerichtlichen Kontrollierbarkeit festgesteckt werden müssen.

Der erforderliche hinreichende Grad der Bestimmtheit hängt von der Bedeutung der Regelung ab, sowie von den Besonderheiten des Regelungsgegenstandes und der Intensität der Maßnahme. Je belastender eine Regelung für die Normadressaten ist, desto höher sind die Anforderungen an die Bestimmtheit.

Besonderheiten bei Rechtsverordnungen zur Umsetzung von EG-Richtlinien

Teilweise wird diskutiert, ob für die formellen Gesetze, welche zur Umsetzung von EG-Richtlinien in nationales Recht dienen, geringere Bestimmtheitsanforderungen gelten sollen, als für andere Ermächtigungsgrundlagen zum Erlass von Rechtsverordnungen. Dieses wird mit den Besonderheiten des europäischen Gemeinschaftsrechts begründet. Danach soll der Zweck des Art. 80 GG wegen des Vorrangs des Gemeinschaftsrechts nicht in gleicher Weise greifen, wie bei anderen Rechtsverordnungen.

Dagegen spricht jedoch, dass auch die Umsetzung von EG-Richtlinien in nationales Recht eine Ausübung deutscher Staatsgewalt darstellt. Schon unter diesem Gesichtspunkt dürfen die inhaltlichen Vorgaben der grundgesetzlichen Regelung des Art. 80 GG nicht unterlaufen werden.

Der einzige Unterschied, der zwischen Rechtsverordnungen, die der Umsetzung von EU-Richtlinien dienen, und den anderen Rechtsverordnungen besteht, liegt in der Verordnungspflicht. Grundsätzlich hat ein Verordnungsgeber aufgrund eines formellen Gesetzes das Recht zum Erlass einer Rechtsverordnung, nicht hingegen eine Pflicht hierzu. Eine Pflicht besteht nur in wenigen begrenzten Ausnahmefällen. Daher scheidet auch ein Anspruch potentiell Betroffener auf Erlass einer Rechtsverordnung grundsätzlich aus. Wenn aber eine Rechtsverordnung notwendig ist, um eine EU-Richtlinie in deutsches Recht umzusetzen, besteht eine Handlungspflicht des Verordnungsgebers.

Zustimmung des Bundesrates

Gemäß Art. 80 Abs. 2 GG bedürfen bestimmte Rechtsverordnungen der Zustimmung des Bundesrates. Hierunter fallen unter anderem Rechtsverordnungen, die auf einem seinerseits zustimmungsbedürftigen formellen Gesetz beruhen. Bei diesen so genannten rechtsgrundlagenbedingten Rechtsverordnungen werden die Beteiligungsrechte des Bundestages im Gesetzgebungsverfahren auf die Rechtsverordnungen ausgedehnt, da auch auf dieser untergesetzlichen Ebene seine Interessen betroffen sind. Durch das Zustimmungserfordernis soll dem Bundesrat sein Einfluss auf alle Rechtsnormen garantiert werden, die auf der Grundlage zustimmungsbedürftiger formeller Gesetze ergehen, welche ohne seine Zustimmung nicht zustande gekommen wären.

Ausfertigung, Verkündung und Inkrafttreten von Rechtsverordnungen

Gem. Art 82 Abs. 1 S. 2 GG sind Rechtsverordnungen von der Stelle, die sie erlässt, auszufertigen. Damit sind sie vom Verordnungsgeber auszufertigen und nicht, wie bei anderen Gesetzen vom Bundespräsidenten. Die Ausfertigung ist die Herstellung der Urschrift des Normtextes. Diese erfolgt vor der Verkündung, welche durch Veröffentlichung im Bundesgesetzblatt oder Bundesanzeiger erfolgt. Der Regelfall ist die Veröffentlichung im Bundesgesetzblatt; diese erfordert, dass es sich um Rechtsverordnungen mit wesentlicher oder dauerhafter Bedeutung handelt. Das Inkrafttreten einer Rechtsverordnung richtet sich gemäß Art. 82 Abs. 2 GG danach, welcher Tag hierfür in der Rechtsverordnung festgelegt wurde. Fehlt eine solche ausdrückliche Festlegung, tritt die Rechtsverordnung 14 Tage nach ihrer Verkündung in Kraft.

8.3.2 Rechtgrundlage für den Erlass der EnEV 2007

Die formelle Rechtsgrundlage für den Erlass der EnEV 2007 ist das EnEG.

Einhaltung des Gesetzesvorbehaltes

Da die EnEV 2007 eine Rechtsverordnung ist, bedarf sie eines formellen Gesetzes als Ermächtigungsgrundlage. Dieses formelle Gesetz ist das EnEG. Das EnEG wurde zuletzt am 01.09.2005 durch den Bundestag mit Zustimmung des Bundesrates geändert und am 07.09.2005 im Bundesgesetzblatt veröffentlicht, so dass die Änderungen seit dem 08.09.2005 in Kraft sind. Der Erlass dieses Gesetzes durch den Bundestag mit Zustimmung des Bundesrates im Rahmen eines ordnungsgemäßen Gesetzgebungsverfahrens im Sinne des Grundgesetzes erfüllt die Voraussetzung eines formellen Gesetzes. Damit ist dem Gesetzesvorbehalt für den Erlass der EnEV 2007 genüge getan.

Zulässiger Adressat als Verordnungsgeber und Zustimmungsbedürftigkeit

Das EnEG ermächtigt die Bundesregierung mit Zustimmung des Bundesrates zum Erlass der EnEV 2007. Die Bundesregierung ist ein zulässiger Adressat der Verordnungsermächtigung im Sinne des Art. 80 GG. Das Zustimmungserfordernis ergibt sich daraus, dass auch das EnEG ein zustimmungsbedürftiges Gesetz ist.

Einhaltung des Bestimmtheitsgebotes

Dem Bestimmtheitsgebot entspricht das EnEG ebenfalls, da es Inhalt, Zweck und Ausmaß der EnEV 2007 vorgibt. Zweckbestimmung der EnEV 2007 ist danach die Energieeinsparung bei der Nutzung bestehender und neu zu errichtender Gebäude inklusiver ihrer Anlagentechnik. Inhaltlich soll die EnEV 2007 die technischen Details des energiesparenden Wärmeschutzes und der energiesparenden Errichtung und Nutzung der Anlagentechnik regeln. Daneben sollen Regelungen geschaffen werden, um den Energieverbrauch von Gemeinschaftsanlagen in Zukunft zu erfassen und nach Verbrauch auf die Benutzer umzulegen. Kernstück der inhaltlichen Vorgaben für die EnEV 2007 ist die detaillierte Ausgestaltung zu den Inhalten und zur Verwendung der Energieausweise auf Bedarfs- und Verbrauchsgrundlage. Das Ausmaß der EnEV 2007 ist dergestalt geregelt, dass konkrete Gesichtspunkte genannt werden, die bei den einzelnen Detailregelungen berücksichtigt werden können. Zwar stellen diese Aspekte lediglich Vorschläge dar, jedoch ist daraus herzuleiten welches Ausmaß der Gesetzgeber sich für die EnEV 2007 vorstellt. Aus diesen Beispielen kann der Verordnungsgeber den Regelungsumfang ableiten.

8.3.3 Inhalt des Referentenentwurfs EnEV 2007

Anwendungsbereich

Der Referentenentwurf EnEV 2007 gilt nach seinem § 1 grundsätzlich für alle unter Energieeinsatz beheizten oder gekühlten Gebäude. Jedoch gibt es Gebäude, die hiervon ausgenommen sind, für welche der Referentenentwurf EnEV 2007 mithin nicht gilt. Dieses sind insbesondere

- betrieblich genutzte Ställe,
- betriebliche Gebäude, die aufgrund ihres Verwendungszwecks großflächig und lang anhaltend offen gehalten werden müssen,
- unterirdische Bauten,
- Gewächshäuser und sonstige Gebäude, welche der Pflanzenzucht dienen
- Traglufthallen, Zelte und sonstige kurzfristig auf- und abbaubare Gebäude
- provisorische Gebäude mit einer geplanten Nutzungsdauer von bis zu zwei Jahren,
- Kirchen
- Ferienhäuser, Schreberlauben, Wochenendhäuser und andere Gebäude, die weniger als vier Monate jährlich genutzt werden
- sonstige handwerkliche, gewerbliche oder industrielle Lagerhallen und Betriebsgebäude, die auf weniger als 12 Grad Celsius oder weniger als vier Monate jährlich beheizt werden.

Die Regelung des Anwendungsbereiches und der Ausnahmen hiervon entspricht den Regelungen und Vorgaben in § 4 EnEG.

Begriffsbestimmungen

In § 2 des Referentenentwurfs EnEV 2007 enthält Definitionen zu den in der Rechtsverordnung verwendeten Begriffen. Danach sind beispielsweise Wohngebäude Gebäude, die nach ihrer Zweckbestimmung überwiegend dem Wohnen dienen, einschließlich Wohn-, Alten- und Pflegeheimen sowie ähnlichen Einrichtungen. Nichtwohngebäude sind hingegen Gebäude, die nicht unter die Wohngebäude fallen. Ebenso ist hier geregelt, dass beheizte oder gekühlte Räume solche Räume sind, welche auf Grund bestimmungsgemäßer Nutzung direkt oder durch Raumverbund beheizt oder gekühlt werden. Erneuerbare Energien sind solare Strahlungsenergie, Umweltwärme, Geothermie und Energie aus Biomasse einschließlich Biogas, Klärgas und Deponiegas, welche zu Heiz-, Warmwasserbereitungs-, Kühlungs-, oder Lüftungszwecken in Gebäuden eingesetzt werden. Die Wohnfläche ist die Fläche nach der Wohnflächenverordnung oder die Angabe nach einer anderen Rechtsvorschrift oder der anerkannten Regeln der Technik zur Berechnung von Wohnflächen. Für die Gebäudenutzfläche wird auf Anhang 1 Nr. 1.3.4 verwiesen. Die Nettogrundfläche ist die Nettogrundfläche nach anerkannten Regeln der Technik.

Anforderungen an neue Wohngebäude

Nach § 3 des Referentenentwurfs EnEV 2007 sind neue Wohngebäude so zu bauen, dass der Jahres-Primärenergiebedarf für Heizung, Warmwasserbereitung und Lüftung die Höchstwerte in Anhang 1 Tabelle 1 nicht überschreiten darf. Damit sind Höchstwerte für den Jahresprimärenergiebedarf festgelegt worden, welche rechnerisch zu ermitteln sind. Weiter ist hier genau geregelt, nach welchen Verfahren die Berechnungen im Einzelnen zu erfolgen haben. Dabei wird zwischen Wohngebäuden mit einem Fensterflächenanteil bis zu 30 vom Hundert und anderen Wohngebäuden unterschieden. Ausgenommen von dieser Regelung sind Wohngebäude, die überwiegend durch Heizsysteme beheizt werden, für die in der DIN V 4701-10 : 2003-08* keine Berechnungsregeln angegeben sind. Hinsichtlich des sommerlichen Wärmeschutzes wird auf Anhang 1 Nr. 2.9 verwiesen.

Für neue Wohngebäude, die mit einer Anlage zur Kühlung unter Einsatz von elektrischer oder aus fossilen Brennstoffen gewonnener Energie ausgestattet werden, wird der Jahres-Primärenergiebedarf auf den eines Referenzgebäudes gleicher Geometrie, Ausrichtung und Nutzung mit der in Anhang 2 Tabelle 1 angegebenen technischen Ausführung begrenzt. Die Berechnung ergibt sich aus § 4 Abs. 3.

Anforderungen an neue Nichtwohngebäude

§ 4 regelt die Anforderungen an neue Nichtwohngebäude. Hier wird der Jahres-Primärenergiebedarf auf den Wert des Jahres-Primärenergiebedarfs eines Referenzgebäudes gleicher Geometrie, Nettogrundfläche, Ausrichtung und Nutzung einschließlich der Anordnung der Nutzungseinheiten mit der in Anhang 2 Tabelle 1 angegebenen technischen Ausführung begrenzt.

Der spezifische, auf die wärmeübertragende Umfassungsfläche bezogene Transmissionswärmetransferkoeffizient darf die in Anhang 2 Tabelle 2 angegebenen Höchstwerte nicht überschreitet.

Das Berechnungsverfahren hierzu ergibt sich aus Anhang 2 Nr. 2 und 3.

Hinsichtlich des sommerlichen Wärmeschutzes wird auf Anhang 2 Nr. 4 verwiesen.

Berücksichtigung alternativer Energieversorgungssysteme

Gemäß § 5 ist bei neuen Wohngebäuden mit mehr als 1000 m2 Gebäudenutzfläche und bei neuen Nichtwohngebäuden mit mehr als 1000 m2 Nettogrundfläche die technische, ökologische und wirtschaftliche Einsetzbarkeit alternativer Energieversorgungssysteme vor Baubeginn zu berücksichtigen. Das bedeutet, dass vor Beginn der Einsatz entsprechender Alternativen umfassend zu prüfen ist. Dazu darf allgemeiner, fachlich begründeter Wissensstand zugrunde gelegt werden.

Änderung von bestehenden Gebäuden

Bei Änderungen bestehender Wohngebäude sind nach § 9 die jeweiligen Höchstwerte des Jahres-Primär-Energiebedarfs und des spezifischen, auf die wärmeübertragende Umfassungsfläche bezogenen Transmissionswärmeverlusts nach Anhang 1 Tabelle 1 zu beachten.

Für die Änderung bestehender Nichtwohngebäude wird auf den Jahres-Primärenergiebedarf nach § 4 Abs. 1 und den spezifischen, auf die wärmeübertragende Umfassungsfläche bezogenen Transmissionswärmetransferkoeffizienten nach § 4 Abs. 2 verwiesen. Hier ist genau festgeschrieben, dass diese Höchstwerte um nicht mehr als 40 vom Hundert überschritten werden dürfen. Weiter wird das genaue Berechnungsverfahren festgelegt.

Ausstellung und Verwendung von Energieausweisen

§ 16 regelt die Ausstellung und Verwendung von Energieausweisen.

Danach ist bei jedem Neubau und bei jeder Änderung eines bestehenden Gebäudes, für die eine Berechnung der Jahres-Primärenergie gemäß § 9 Abs. 2 erforderlich ist, ein Energieausweis auszustellen. Gleiches gilt, wenn das beheizte oder gekühlte Volumen eines Gebäudes um mehr als die Hälfte erweitert wird und dabei Berechnungen nach § 3 Abs. 2 oder 3 Satz 2 oder § 4 Abs. 3 für das gesamte Gebäude durchgeführt werden. Den Bauherrn trifft beim Neubau und baulichen Veränderungen bestehender Gebäude die Pflicht, sicherzustellen, dass ein entsprechender Energieausweis ausgestellt wird. Adressat des Energieausweises ist der Bauherr selber, sofern er der Eigentümer des Gebäudes ist, ansonsten der Eigentümer. Den Eigentümer trifft die Verpflichtung, der nach Landesrecht zuständigen Behörde auf Verlangen den Energieausweis vorzulegen.

Eine weitere Vorlagepflicht ergibt sich beim Verkauf eines mit einem Gebäude bebauten Grundstücks, eines grundstücksgleichen Rechts an einem bebauten Grundstück und bei Verkauf eines selbständigen Eigentums an einem Gebäude oder von Wohnungs- oder Teileigentum. Hier hat der Verkäufer dem Kaufinteressenten einen Energieausweis gemäß § 17 sowie § 18 oder § 19 zugänglich zu machen. Die gleiche Vorlagepflicht trifft den Eigentümer, Vermieter, Verpächter und Leasinggeber bei der Vermietung, der Verpachtung oder beim Leasing eines Gebäudes, einer Wohnung oder einer sonstigen selbständigen Nutzungseinheit.

Bei Gebäuden mit mehr als 1000 m2 Nettogrundfläche, in denen öffentliche Dienstleistungen erbracht werden und die der Öffentlichkeit zugänglich sind, besteht keine Vorlagepflicht, sondern eine Aushangpflicht. Der Eigentümer hat den Energieausweis nach dem Muster des Anhangs 7 an einer für die Öffentlichkeit gut sichtbaren Stelle auszuhängen; der Aushang kann auch nach dem Muster des Anhangs 8 oder 9 vorgenommen werden.

Zusammenfassend lässt sich feststellen, dass ein Energieausweis bei jedem Neubau und jeder erheblichen Änderung eines bestehenden Gebäudes im Sinne des § 9 Abs. 2 auszustellen ist. Bei bestehenden Gebäuden, die nicht geändert werden, besteht eine Vorlagepflicht im Falle des Verkaufs, der Vermietung, der Verpachtung und des Leasings. Demnach ist also in diesen Fällen auch ohne bauliche Veränderungen die Ausstellung eines Energieausweises erforderlich, damit die Vorlagepflicht erfüllt werden kann. Hier hat der Eigentümer, Verpächter, Vermieter und Leasinggeber die Verpflichtung für die Vorlage eines entsprechenden Energieausweises zu sorgen. Bei öffentlichen Gebäuden mit mehr als 1000 m2 Nutzfläche besteht die Aushangpflicht, so dass auch hier für bestehende Gebäude unabhängig von baulichen Veränderungen ein Energieausweis auszustellen ist.

In dem Energieausweis sind die energetischen Eigenschaften des neu gebauten oder geänderten Gebäudes gemäß den §§ 17 und 18 niederzulegen.

Diese Regelungen über die Ausstellung und Verwendung der Energieausweise gilt nicht für kleine Gebäude. Als kleine Gebäude im Sinne dieser Rechtsverordnung gelten Wohngebäude mit nicht mehr als 50 m2 Gebäudenutzfläche und Nichtwohngebäude mit nicht mehr als 50 m2 Nettogrundfläche.

Grundsätze des Energieausweises

§ 17 regelt die verschiedenen Arten der Energieausweise. Danach gibt es Energieausweise auf der Grundlage des berechneten Energiebedarfs und auf der Grundlage des gemessenen Energieverbrauchs. Es ist grundsätzlich zulässig, sowohl den Energiebedarf als auch den Energieverbrauch anzugeben.

Differenzierung zwischen Energiebedarfsausweis und Energieverbrauchsausweis

Der Energiebedarfsausweis wird anhand objektiver Kriterien, wie der Gebäudehülle, der Art des Wärmeschutzes und anhand der vorhandenen Bauteile unter Zugrundelegung bestimmter klimatischer Voraussetzungen erstellt. Diese Berechnung erfolgt demnach völlig nutzerunabhängig. Anders verhält es sich mit dem Energieverbrauchsausweis. Wird der Energieausweis auf der Basis des Energieverbrauchs ausgestellt, wird ausschließlich auf den tatsächlichen Verbrauch der letzten Jahre abgestellt. Dieser ist natürlich nicht nur von den objektiven Gegebenheiten des Gebäudes abhängig, sondern vor allem auch vom Nutzerverhalten.

Ist ein Energieausweis gem. § 16 Abs. 1 erforderlich, also wegen des Neubaus oder einer erheblichen baulichen Veränderung an einem bestehenden Gebäude, so muss zwingend ein Energiebedarfsausweis ausgestellt werden. Ein Energieverbrauchsausweis ist hier nicht ausreichend. Gleiches gilt für den Verkauf, die Vermietung, die Verpachtung und das Leasing von bestehenden Gebäuden, die weniger als fünf Wohnungen haben und für die der Bauantrag vor dem 1. November 1977 gestellt worden ist. Letzteres gilt nicht, wenn

1. schon bei der Baufertigstellung das Anforderungsniveau der Wärmeschutzverordnung vom 11. August 1977 (BGBl. I S. 1554) eingehalten wurde oder
2. durch spätere Änderungen mindestens auf das in Nummer 1 bezeichnete Anforderungsniveau gebracht worden ist.

Diese Pflicht gilt voraussichtlich ab dem 1. Januar 2008.

Für alle anderen Fälle der Ausweispflicht genügt die Erstellung und Vorlage eines Energieverbrauchsausweises.

Allgemeine Anforderungen und Geltungsdauer

Energieausweise werden für Gebäude ausgestellt. Sie sind für Teile von Gebäuden auszustellen, wenn die Gebäudeteile nach § 22 getrennt zu behandeln sind.

Energieausweise müssen nach Inhalt und Aufbau den Mustern in den Anhängen 6 bis 9 entsprechen; sie sind vom Aussteller unter Angabe von Name, Anschrift und Berufsbezeichnung eigenhändig zu unterschreiben. Zusätzliche Angaben können beigefügt werden.

Energieausweise sind für eine Gültigkeitsdauer von zehn Jahren auszustellen. Eine Verlängerung der Gültigkeitsdauer ist nicht zulässig. Ein Energieausweis wird ungültig, wenn nach § 16 Abs. 1 für das Gebäude ein neuer Energieausweis ausgestellt werden muss.

Ausstellung auf der Grundlage des Energiebedarfs

§ 18 regelt den Inhalt und die Berechnung der Energiebedarfsausweise.

Werden Energiebedarfsausweise für Neubauten ausgestellt, sind die wesentlichen Ergebnisse der nach den §§ 3 und 4 erforderlichen Berechnungen in den Energieausweisen anzugeben, soweit ihre Angabe für Energiebedarfswerte in den Mustern vorgesehen ist. Ferner sind die weiteren in den Mustern der Anhänge 6 bis 8 verlangten Angaben zu machen, es sei denn, sie sind als freiwillig gekennzeichnet.

Werden Energiebedarfsausweise für bestehende Gebäude ausgestellt, sind die wesentlichen Ergebnisse der erforderlichen Berechnungen in den Energieausweisen anzugeben, soweit ihre Angabe für Energiebedarfswerte in den Mustern der Anhänge 6 bis 8 vorgesehen ist. Auf die Berechnungen nach Satz 1 ist § 9 Abs. 2 entsprechend anzuwenden. Der Eigentümer kann die erforderlichen Gebäudedaten bereitstellen; der Aussteller darf diese seinen Berechnungen nicht zugrunde legen, soweit sie begründeten Anlass zu Zweifeln an ihrer Richtigkeit geben. Das Bundesministerium für Verkehr, Bau und Stadtentwicklung und das Bundesministerium für Wirtschaft und Technologie können für die Gebäudedaten nach Satz 3 Halbsatz 1 das Muster eines Erhebungsbogens herausgeben und im Bundesanzeiger bekannt machen. Absatz 1 Satz 2 ist entsprechend anzuwenden. Ausstellung auf der Grundlage des Energieverbrauchs

§ 19 regelt den Inhalt und die Berechnung der Energieverbrauchsausweise.

Werden Energieverbrauchsausweise für bestehende Gebäude ausgestellt, ist der witterungsbereinigte Energieverbrauch (Energieverbrauchskennwert) zu ermitteln und nach den Mustern der Anhänge 6, 7 und 9 anzugeben Hinsichtlich der Bereitstellung der erforderlichen Gebäude- einschließlich Verbrauchsdaten durch den Eigentümer und deren Verwendung durch den Aussteller gilt das Gleiche, wie beim Energiebedarfsausweis.

Empfehlungen für die Verbesserung der Energieeffizienz

Gemäß § 20 hat der Aussteller eines Energieausweises im Anhang des Energieausweises Empfehlungen für die Verbesserung der Energieeffizienz abzugeben, sofern eine entsprechende Verbesserung möglich ist. Hierbei kann ergänzend auf weiterführende Hinweise in

Veröffentlichungen des Bundesministeriums für Verkehr, Bau und Stadtentwicklung im Einvernehmen mit dem Bundesministerium für Wirtschaft und Technologie oder von ihnen beauftragter Dritter Bezug genommen werden. Sind Modernisierungsempfehlungen nicht möglich, hat der Aussteller dies dem Eigentümer anlässlich der Ausstellung des Energieausweises mitzuteilen.

Die Darstellung von Modernisierungsempfehlungen und die Erklärung, dass Modernisierungsmaßnahmen nicht möglich sind, müssen nach Inhalt und Aufbau dem Muster in Anhang 10 entsprechen; anstelle einer solchen Darstellung darf auch eine Prüfliste verwendet werden, die vom Bundesministerium für Verkehr, Bau und Stadtentwicklung im Einvernehmen mit dem Bundesministerium für Wirtschaft und Technologie im Bundesanzeiger unter Bezugnahme auf diese Vorschrift bekannt gemacht worden ist. § 17 Abs. 4 Satz 1 Halbsatz 2 und Satz 2 sowie § 16 Abs. 1 Satz 3 sind entsprechend anzuwenden.

Ausstellungsberechtigung für bestehende Gebäude

Nach § 21 sind folgende Personen zur Ausstellung von Energieausweisen für bestehende Gebäude im Falle des § 16 Abs. 2 und 3 und zur Abgabe von Modernisierungsempfehlungen berechtigt:

1. Absolventen von Diplom-, Bachelor- oder Masterstudiengängen an Universitäten, Hochschulen oder Fachhochschulen in den Bereichen Architektur, Hochbau, Bauingenieurwesen, Gebäudetechnik, Bauphysik, Maschinenbau oder Elektrotechnik,
2. Absolventen im Sinne der Nummer 1 im Bereich Architektur der Fachrichtung Innenarchitektur,
3. Handwerksmeister, deren wesentliche Tätigkeit die Bereiche von Bauhandwerk, Heizungsbau, Installation oder Schornsteinfegerwesen umfasst, und Handwerker, die berechtigt sind, ein solches Handwerk ohne Meistertitel selbständig auszuüben,
4. staatlich anerkannte oder geprüfte Techniker in den Bereichen Hochbau, Bauingenieurwesen oder Gebäudetechnik,

wenn sie mindestens eine der Voraussetzungen des Absatzes 2 erfüllen.

Nach Absatz 2 gelten noch folgende Voraussetzungen für die Ausstellungsberechtigung

1. während des Studiums ist ein Ausbildungsschwerpunkt im Bereich des energiesparenden Bauens oder nach einem Studium ohne einen solchen Schwerpunkt eine mindestens zwei-jährige Berufserfahrung in wesentlichen bau- oder anlagentechnischen Tätigkeitsbereichen des Hochbaus vorhanden oder
2. eine erfolgreiche Fortbildung im Bereich des energiesparenden Bauens, die den wesentlichen Inhalten des Anhangs 11 entspricht, oder
3. eine nicht auf bestimmte Gewerke beschränkte Berechtigung nach bauordnungsrechtlichen Vorschriften der Länder zur Unterzeichnung von Bauvorlagen; ist die Bauvorlageberechtigung für zu errichtende Gebäude nach Landesrecht auf bestimmte Gebäudeklassen beschränkt, beschränkt sich die Ausstellungsberechtigung nach Absatz 1 auf Wohngebäude der entsprechenden Gebäudeklassen.

Für die Energieausweise, die nach § 16 Abs. 1 (Neubauten und wesentliche Veränderungen an bestehenden Gebäuden) sind nur folgende Personen berechtigt:

Absolventen von Diplom-, Bachelor- oder Masterstudiengängen an Universitäten, Hochschulen oder Fachhochschulen in den Bereichen Architektur, Hochbau, Bauingenieurwesen, Gebäudetechnik, Bauphysik, Maschinenbau oder Elektrotechnik,

welche zusätzlich ebenfalls eine der Voraussetzungen des Abs. 2 erfüllen müssen.

Gemischt genutzte Gebäude

§ 22 regelt die Behandlung gemischt genutzter Gebäude. Danach sind Teile eines Wohngebäudes, die sich hinsichtlich der Art ihrer Nutzung und der gebäudetechnischen Ausstattung wesentlich von der Wohnnutzung unterscheiden und die einen unerheblichen Teil der Gebäudenutzfläche umfassen, getrennt als Nichtwohngebäude zu behandeln.

Teile eines Nichtwohngebäudes, die dem Wohnen dienen und einen nicht unerheblichen Teil der Nettogrundfläche umfassen, sind getrennt als Wohngebäude zu behandeln.

Regeln der Technik

§ 23 erläutert den Begriff der anerkannten Regeln der Technik

Das Bundesministerium für Verkehr, Bau und Stadtentwicklung kann im Einvernehmen mit dem Bundesministerium für Wirtschaft und Technologie durch Bekanntmachung im Bundesanzeiger auf Veröffentlichungen sachverständiger Stellen über anerkannte Regeln der Technik hinweisen, soweit in dieser Verordnung auf solche Regeln Bezug genommen wird.

Zu den anerkannten Regeln der Technik gehören auch Normen, technische Vorschriften oder sonstige Bestimmungen anderer Mitgliedstaaten der Europäischen Union und anderer Vertragsstaaten des Abkommens über den Europäischen Wirtschaftsraum sowie der Türkei, wenn ihre Einhaltung das geforderte Schutzniveau in Bezug auf Energieeinsparung und Wärmeschutz dauerhaft gewährleistet.

Soweit eine Bewertung von Baustoffen, Bauteilen und Anlagen im Hinblick auf die Anforderungen dieser Verordnung auf Grund anerkannter Regeln der Technik nicht möglich ist, weil solche Regeln nicht vorliegen oder wesentlich von ihnen abgewichen wird, sind gegenüber der nach Landesrecht zuständigen Behörde die für eine Bewertung erforderlichen Nachweise zu führen. Der Nachweis entfällt für Baustoffe, Bauteile und Anlagen,

1. die nach den Vorschriften des Bauproduktengesetzes oder anderer Rechtsvorschriften zur Umsetzung von Richtlinien der Europäischen Gemeinschaften, deren Regelungen auch Anforderungen zur Energieeinsparung umfassen, mit der CE-Kennzeichnung versehen sind und nach diesen Vorschriften zulässige und von den Ländern bestimmte Klassen- und Leistungsstufen aufweisen, oder

2. bei denen nach bauordnungsrechtlichen Vorschriften über die Verwendung von Bauprodukten auch die Einhaltung dieser Verordnung sichergestellt wird.

Das Bundesministerium für Verkehr, Bau und Stadtentwicklung und das Bundesministerium für Wirtschaft und Technologie oder in deren Auftrag Dritte können Bekanntmachungen nach dieser Verordnung neben der Bekanntmachung im Bundesanzeiger auch kostenfrei in das Internet einstellen.

Ausnahmen von der Ausweispflicht

Für Baudenkmälern oder sonstige besonders erhaltenswerte Bausubstanz kann die nach Landesrecht zuständige Behörde gemäß § 24 auf Antrag Ausnahmen zulassen. Erforderlich ist hierfür, dass die Erfüllung der Anforderungen dieser Verordnung die Substanz oder das Erscheinungsbild beeinträchtigen und andere Maßnahmen zu einem unverhältnismäßig hohen Aufwand führen würden.

Soweit die Ziele dieser Verordnung durch andere als in dieser Verordnung vorgesehene Maßnahmen im gleichen Umfang erreicht werden, lassen die nach Landesrecht zuständigen Behörden auf Antrag Ausnahmen zu. In einer Allgemeinen Verwaltungsvorschrift kann die Bundesregierung mit Zustimmung des Bundesrates bestimmen, unter welchen Bedingungen die Voraussetzungen nach Satz 1 als erfüllt gelten.

Eine solche Allgemeine Verwaltungsvorschrift existiert derzeit noch nicht.

Ordnungswidrigkeiten

§ 27 regelt derzeit noch keine Tatbestände von Ordnungswidrigkeiten. Er enthält bislang nur folgenden Hinweis: Die Bewehrung einzelner Rechtspflichten der Verordnung soll im weiteren Verfahren erörtert und ausformuliert werden. Solange keine entsprechenden Tatbestände geregelt sind, stellt der Verstoß gegen einzelne Regelungen der EnEV 2007 auch keine Ordnungswidrigkeit dar. Es ist jedoch davon auszugehen, dass mit der endgültigen Fassung der zukünftigen EnEV 2007 entsprechende Ordnungswidrigkeitentatbestände geregelt werden.

Allgemeine Übergangsvorschriften

Gem. § 28 gilt diese Verordnung nicht für die Errichtung, die Änderung und die Erweiterung von Gebäuden, wenn für das Vorhaben vor dem Tag des Inkrafttretens dieser Verordnung der Bauantrag gestellt oder die Bauanzeige erstattet ist.

Auf genehmigungs-, anzeige- und verfahrensfreie Bauvorhaben ist diese Verordnung nicht anzuwenden, wenn vor dem Tag des Inkrafttretens dieser Verordnung mit der Bauausführung hätte begonnen werden dürfen oder bereits rechtmäßig begonnen worden ist.

Auf Bauvorhaben nach den Absätzen 1 und 2 sind die bis zum Tag vor dem Inkrafttreten dieser Verordnung geltenden Vorschriften der Energieeinsparverordnung in der Fassung der Bekanntmachung vom 2. Dezember 2004 (BGBl. I S. 3146) weiter anzuwenden.

Übergangsvorschriften für Energieausweise

Nach § 29 müssen Energieausweise für Wohngebäude der Baujahre bis 1965 in den Fällen des § 16 Abs. 2 erst ab dem 1. Januar 2008, für später errichtete Wohngebäude erst ab dem 1. Juli 2008 zugänglich gemacht werden.

Energieausweise für Nichtwohngebäude müssen erst ab dem 1. Januar 2009 in den Fällen des § 16 Abs. 2 (Verkauf, Vermietung, Verpachtung, Leasing) zugänglich gemacht und in den Fällen des § 16 Abs. 3 (Aushangpflicht bei öffentlichen Gebäuden) ausgestellt und ausgehängt werden.

Energie- und Wärmebedarfsausweise nach der Energieeinsparverordnung in der bis zum Tag vor dem Inkrafttreten dieser Verordnung geltenden Fassung sowie Wärmebedarfsausweise nach § 12 der Wärmeschutzverordnung in der Fassung der Bekanntmachung vom 16. August 1994 (BGBl. I S. 2121) gelten im Sinne des § 16 Abs. 1 Satz 3, Abs. 2 und 3. Sie sind ebenfalls 10 Jahre gültig. Das Gleiche gilt

1. für Energieausweise, die vor dem Tag des Inkrafttretens dieser Verordnung von den Gebietskörperschaften oder auf deren Veranlassung nach einheitlichen Regeln
2. für Energieausweise, die vor dem Tag des Inkrafttretens dieser Verordnung nach den Bestimmungen der von der Bundesregierung am Tag des Kabinettbeschlusses zu dieser Verordnung beschlossenen Änderung der Energieeinsparverordnung

erstellt worden sind.

Inkrafttreten, Außerkrafttreten

Diese Verordnung tritt am ersten Tag des dritten auf die Verkündung folgenden Monats in Kraft. Gleichzeitig tritt die Energieeinsparverordnung in der Fassung der Bekanntmachung vom 2. Dezember 2004 (BGBl. I S. 3146) außer Kraft.

8.4 Haftung des Energieausweisausstellers für Wohngebäude oder Nichtwohngebäude

Die Haftung für einen inhaltlich unrichtigen und somit fehlerhaften Energieausweis (auch Energiepass oder Gebäudeenergiepass genannt und nicht zu verwechseln mit dem bereits länger geltenden Energiebedarfsausweis für zu errichtende Gebäude gem. § 13 EnEV 2004) ergibt sich grundsätzlich aus den Vorschriften des BGB. Danach ist zu unterscheiden zwischen einer vertraglichen Haftung und einer deliktischen Haftung.

Die vertragliche Haftung knüpft an das Ergebnis an, welches gemäß der vertraglichen Vereinbarung erzielt werden sollte, in etwa so, als würde man fragen: Entspricht das erstellte Ergebnis dem vertraglich vereinbarten Ziel? Und hierbei kann vor allem der Inhalt eines Energieausweises unrichtig erstellt worden sein. Das Verhalten bzw. der Grund warum etwas vom Energieausweisaussteller unrichtig gefertigt wurde, ist also bei der vertraglichen Haftung unbeachtlich. Umstände wie zum Beispiel etwas „nur übersehen zu haben" oder auch „etwas bewusst falsch gemacht zu haben" finden also keinen Niederschlag in der Anwendung einer vertraglichen Haftung.

Dafür knüpft die deliktische Haftung genau an diese Bewertungskriterien an. Gern spricht der Jurist in diesem Zusammenhang auch von einer verschuldensabhängigen Haftung, will heißen, dass mehr oder weniger schuldhafte Verhalten des Energieausweisausstellers bei der Erstellung des unrichtigen Energieausweises ist für das Geltendmachen einer gesetzlichen Haftung ausschlaggebend. So könnte man für die Anwendung einer solchen Haftungsregelung in etwa fragen: Ist der Energieausweis wegen bestimmter Verhaltensweisen des Ausstellers bei der Erstellung des Energieausweis unrichtig geworden?

Neben der Unterscheidung der vertraglichen von der deliktischen Haftung sind natürlich noch eine Vielzahl weiterer Aspekte zu berücksichtigen, sollen die näheren Umstände einer Haftungsfrage richtig und umfassend beantwortet werden. So ist zum Beispiel zu ermitteln, wer eigentlich konkret gegen wen einen vertraglichen und/oder deliktischen Anspruch auf Haftung begehren könnte. Ob und in welchem Umfang auch andere die auf den Energieausweis verweisen bzw. diesen im Alltag anwenden – also neben dem Aussteller eines unrichtigen Ausweises – haften. So zum Beispiel erstreckt sich die Haftung schnell vom Aussteller auf den Vermieter als Verwender, und somit auch von dem unmittelbaren Schaden (zum Beispiel für einen unrichtigen Ausweis bereits das gesamte Entgelt für die korrekte Erstellung bezahlt zu haben) auf mittelbare Folgen und Schäden (zum Beispiel ein Werkauftrag wird an einen Werkunternehmer zur Umsetzung der – tatsächlich unrichtigen – Empfehlungen für die Verbesserung der Energieeffizienz erteilt, wodurch dann weitere negative Folgen – wie zum Beispiel plötzlich auftretende Schimmelpilzbildung – sich aus der Umsetzung dieser Modernisierungsempfehlungen ergeben könnten).

Entsprechend dem bisher Gesagten, ist die Haftung des Ausstellers deshalb zunächst zu unterteilen in die vertragliche und die deliktische Haftung. Dabei stehen beide Haftungsregelungen in einer so genannten „bedingten (Anspruchs-)konkurrenz" zueinander, das heißt, dass vertragliche und deliktische Ansprüche nach Voraussetzungen und Rechtsfolgen grundsätzlich selbstständig zu beurteilen sind. Die Verletzung von Vertragspflichten ist daher zum Beispiel nicht automatisch eine unerlaubte Handlung im Sinne der deliktischen Haftung, sondern nur dann, wenn die Handlungen des Ausstellers die eigenen Haftungsvoraussetzungen einer solchen unerlaubten Handlung selbst erfüllen. Hier nun wird zunächst die vertragliche Haftung als Grundlage für Ansprüche gegen einen Energieausweisaussteller besprochen und im Anschluss daran werden die deliktischen Schadensersatzansprüche gegen den Energieausweisaussteller bearbeitet.

8.4.1 Vertragliche Haftung des Ausstellers

Für eine vertragliche Haftung des Energieausweisausstellers müssen verschiedene Voraussetzungen erfüllt sein. Dabei kommt neben dem Vertragsschluss als solchem der Frage nach der Art des Vertrages ganz besondere Bedeutung zu. Daraus ergeben sich schließlich die im Bürgerlichen Gesetzbuch (BGB) für diese Vertragsart niedergelegten Regelungen zu

8.4 Haftung des Energieausweisausstellers

Art und Umfang der Leistung, zu Fehlern bei der Leistungserbringung und schließlich zur Haftung.

Vertragsschluss

Für einen Anspruch aus vertraglicher Haftung muss zunächst ein Vertrag zwischen dem Energieausweisaussteller und seinem Kunden geschlossen worden sein. Grundsätzlich kommen dabei Verträge – gleich welchen Inhalts – durch die Abgabe eines Angebotes und die Annahme desselben zustande. Wichtig ist dabei, dass nur inhaltlich genügend bestimmte Angebote angenommen werden können. Inhaltlich bestimmt genug bedeutet hier, dass die vertragsschließenden Parteien sich zumindest über den Inhalt, den Umfang und die Kosten für einen solchen Energieausweis einvernehmlich verständigt haben. Hingegen ist unbeachtlich ob das Angebot vom Aussteller des Energieausweises oder seinem Kunden kommt. Auch spielt die Form des Vertrages zunächst keine gewichtige Rolle, denn Verträge können grundsätzlich mündlich, schriftlich oder durch schlüssiges Handeln geschlossen werden. Aber die vertragsschließenden Parteien sollten schon zu Beginn ihrer Vertragsbeziehungen berücksichtigen, dass sie in einem späteren Streit- und/oder Haftungsfall ihre Behauptungen zu den vertraglichen Vereinbarungen hinsichtlich des Inhalts, des Umfangs und der Kosten für die Erstellung des Energieausweises am einfachsten und sichersten durch die Vorlage einer detaillierten schriftlichen Vereinbarung vor Gericht darlegen können. Hingegen bedarf es für mündliche Absprachen stets Zeugen und schlüssiges Handeln müsste gar aus sich selbst heraus eine eindeutige Aussage über solche vertragserheblichen Inhalte treffen können. Dies scheint zumindest bezüglich eines Energieausweises schwer vorstellbar.

Vertragsart

Für die Erstellung und Aushändigung eines Energieausweises ist als nächstes die Vertragsart zu bestimmen, denn daraus ergeben sich wiederum unter Umständen unterschiedliche vertragliche Haftungsfolgen. Für die Bestimmung der bei einer solchen Tätigkeit zugrunde zulegenden Vertragsart reicht keinesfalls die bloße Bezeichnung/Benennung einer Vertragsart (zum Beispiel Dienstvertrag, Werkvertrag, Auftrag, Geschäftsbesorgungsvertrag, Kaufvertrag etc.) aus, um die rechtliche Bestimmung der jeweils konkret einschlägigen Vertragsart vorzunehmen. Vielmehr muss aus dem Inhalt und Umfang der vereinbarten Tätigkeiten und sonstigen Vertragsinhalte selbst ermittelt werden, um welche Art von Vertrag es sich zwischen den Parteien handelt (BGH NJW 97, 2874). Für den Vertrag über die Erstellung eines Energieausweises ist dazu eine Abgrenzung zwischen dem Dienst-, dem Werkvertrag und dem Vertrag über eine Geschäftsbesorgung sinnhaft.

8.4.1.1 Dienstvertrag

Der Dienstvertrag ist geregelt in § 611 BGB und verpflichtet einen Vertragspartner (sog. Dienstverpflichteter), der einen Dienst beliebiger Art zusagt hat, zur Leistung dieses versprochenen Dienstes und den anderen Vertragspartner (sog. Dienstberechtigter) zur Zahlung der dafür vereinbarten Vergütung.

Die Leistungserbringung im Rahmen eines solchen Dienstvertrages ist demnach nicht auf einen bestimmten Erfolg gerichtet, sondern besteht in einem Tätigwerden als solches. Dieses Tätigsein muss selbstverständlich dann entsprechend den Regeln der jeweiligen fachlichen Kunst erfolgen. So handelt es sich typischerweise um einen Dienstvertrag bei einem Arztvertrag, einem Steuerberater- oder auch einem Anwaltsvertrag (hierbei bemüht sich zum Beispiel ein Arzt um Heilung/Schmerzlinderung etc. bei seinem Patienten, ein Steuerberater um möglichst geringe Steuerverpflichtungen seines Mandanten oder ein Anwalt um ein obsiegendes Urteil in einem Gerichtsverfahren). Ein entsprechender Erfolg (Heilung, Steuerersparnis oder Prozessgewinn) indes kann vertraglich nicht vereinbart werden, sondern lediglich die Aufwendung der eigenen fachlichen Kompetenz unter Berücksichtigung der fachlich anerkannten Vorgehensweisen bzw. Methoden und Verpflichtungen.

Auch der Auskunfts- und Beratungsvertrag (auch Beratervertrag genannt) wird nach h. M. häufig als ein Dienstvertrag angesehen (OLG Dresd NJW-RR 00, 652; a. A. OLG Düss NJW-RR 97,1005), solange die Auskunft bzw. Beratung zu greifbaren Ergebnissen führen, die aber nichts garantieren (BGH NJW 92, 307). Sobald jedoch neben der bloßen Beratungsleistung weitere zu erbringende Leistungen hinzukommen, deren Ziele in einem bestimmten Erfolg liegen, ist von einem Dienstvertragsverhältnis nicht mehr auszugehen.

Berücksichtigen könnte man hier für eine Vertragsartbestimmung des Auftrags zur Erstellung eines Energieausweises die bisherigen Ansätze in der Vergangenheit bezüglich der Beauftragung zur Energieberatung und die bisherige Bestimmung dieser Tätigkeit. So ist der vom Bundsamt für Wirtschaft und Ausfuhrkontrolle im Internet zur Verfügung gestellte Mustervertrag für die Tätigkeit einer Energieberatung als ein Dienstvertrag ausgestaltet.

Aber schon den Energieberatervertrag selbst rechtlich als einen reinen Beratervertrag zu bewerten, womit die Arbeitsleistungserbringung als solche und nicht ihr Ergebnis gegenüber dem Vertragspartner geschuldet wird, ist sehr bedenklich und unseres Erachtens falsch. Denn sind auch – unstreitig – zunächst die vertraglichen Verpflichtungen der Energieberatung, nämlich die Erbringung von Beratungsleistungen, scheinbar eindeutig als eine Dienstleistung und mithin als ein Dienstvertrag zu bewerten, ändert sich dies bei genauerer Betrachtung der eigentlichen vertraglichen Leistungen des Energieberaters. Schaut man sich nämlich den Umfang der Tätigkeiten, insbesondere die Ausarbeitungen und Berechnungen etc. zu solch einer qualifizierten Energieberatung genauer an und berücksichtigt man dann noch, dass diese Ermittlungsergebnisse in schriftlicher Form dem zu beratenden Vertragspartner ausgehändigt werden (müssen), zu denen der Energieberater auch noch 2 Empfehlungen für konkrete Energieeinsparmassnahmen abzugeben hat, ist doch höchst zweifelhaft, ob für eine solche Form der Energieberatung wirklich kein messbarer Arbeitserfolg vereinbart wurde. Denn man könnte hier doch sehr leicht argumentieren, dass ein Energieberater bestimmte inhaltlich für den Vertragspartner fachlich und wirtschaftlich sehr relevante Auskünfte erteilt und keine eben nur allgemeine Beratungsleistung erbringt. Und indem es sich bei der Energieberatung zu einem bestimmten Objekt um eine einzelne Erteilung von Rat oder Auskunft handelt, wäre auch danach bei einem Vertrag über eine Energieberatung kein Dienstvertrag, sondern stets ein Werkvertrag (oder ein Werkvertrag über eine Geschäftsbesorgung) geschlossen worden (BGH NJW 99, 1540).

Schließlich ließe sich auch noch eine Parallele zur Gutachtererstellung eines Sachverständigen ziehen, der nach h. M. ebenfalls mit seinen privaten Auftraggebern einen Werkvertrag und keinen Dienstvertrag schließt.

Der Vertrag über die Erstellung eines Energieausweises ist deshalb in keinem Fall als ein reiner Dienstvertrag gem. § 631 BGB zu bewerten, denn mit der Erstellung und Aushändigung eines Energieausweises verbinden sich eindeutig weitere bzw. weitergehende – und zudem erfolgsabhängige – vertragliche Leistungen des Ausstellers.

Sollte man indes gleichwohl die Meinung vertreten, dass es sich beim Vertrag über die Erstellung eines Energieausweises um einen Dienstvertrag handelt, gelten für die Frage der Haftung des Ausstellers – bei einer dann sog. Nicht- oder Schlechtleistung anders als im Falle der Haftung für Sachmängel beim Energieausweis im Rahmen des Werkvertragsrechts – die allgemeinen Regeln für Leistungsstörungen. Diese bedeuten jedoch keineswegs eine Haftungserleichterung o. Ä. für den Energieausweisaussteller sondern tatsächlich sogar eine Haftungsverschärfung, denn statt einer zunächst im Werkvertragsrecht in der Regel immer zu erfolgenden Nacherfüllung durch den Aussteller, erfolgt auf die Schlecht- oder Nichtleistung durch den Aussteller im Dienstvertragsrecht des BGB sofort ein Anspruch auf Schadensersatz auf Seiten des Bestellers.

8.4.1.2 Werkvertrag

Voraussetzung für den Werkvertrag ist, dass sich ein Auftragnehmer (sog. Werkunternehmer) zur Herstellung und Verschaffung eines versprochenen Werkes, d.h. zur Herbeiführung eines bestimmten Arbeitsergebnisses (sog. Erfolg) für den Auftraggeber (sog. Besteller), im Austausch gegen die Zahlung einer bestimmten Vergütung verpflichtet.

Die Leistungspflicht des Werkunternehmers ist die Arbeitsleistung, durch die er für den Besteller das vereinbarte Werk schafft, wobei dazu körperliche wie auch unkörperliche Arbeitsergebnisse zählen können (BGH NJW 02, 3323). Ein wichtiges Indiz für die Annahme eines Werkvertrages ist stets auch die Selbstständigkeit des Herstellers, also ob er die vertraglich vereinbarte Tätigkeit in eigener Verantwortung durchführt. Auf die Frage ob ein Arbeitsergebnis körperlicher oder unkörperlicher Natur ist, kommt es nicht an. Die Erstattung von Gutachten oder die Erstellung von Berichten sind typische Beispiele für die Vereinbarung eines Werkvertrages (BGH NJW 2002, 1571; BGH BB 95,170; BGHZ 67, 1; BGHZ 127 378/384).

Genau an diese gutachterlichen Tätigkeiten ist die Beauftragung zur Ausstellung eines Energieausweises anzulehnen. Ungeachtet ob mit dem Energieausweis ein unkörperliches oder körperliches Arbeitsergebnis entsteht, ist hier entscheidend, dass mit dem Energieausweis ein fest umrissener Leistungsgegenstand mit genauen inhaltlichen Vorgaben in der Ausgestaltung hergestellt werden soll. Die fehlerfreie Ausführung der dazu erforderlichen Untersuchungen, sowie die daraus resultierende formale und inhaltlich fehlerfreie Erstellung eines Energieausweises ist deshalb als ein konkret bestimmter vertraglich vereinbarter Erfolg zu bewerten. Der Vertrag für die Ausstellung eines Energieausweises ist deshalb ein Werkvertrag im Sinne des § 631 BGB.

Werkvertrag als Geschäftsbesorgungsvertrag

Der Werkvertrag, der zudem auch noch eine vermögensbezogene Geschäftsbesorgung zum Gegenstand hat, ist aber ein sog. Geschäftsbesorgungsvertrag.

Danach müsste auf Seiten des Energieausweisausstellers der Werkvertrag auch noch die Möglichkeit der Hinzunahme einer selbstständigen Wahrnehmung fremder Vermögensinteressen zum Inhalt haben. Nur wenn eine solche Auftragserweiterung vorläge, wäre dadurch ein Geschäftsbesorgungsvertrag begründet.

Nach der Gesetzesdefinition nimmt aber jemand nur dann selbstständig die Vermögensinteressen eines anderen wahr, wenn diese Tätigkeit insbesondere auch wirtschaftlicher Art ist. Der Tätigkeit eines Energieausweisausstellers fehlt es bereits an diesem – für den Geschäftsbesorgungsvertrag so wesentlichen – Vermögensbezug.

Im Ergebnis beleibt es also bei dem Werkvertrag gem. § 631 BGB als dem Rechtsverhältnis zwischen dem Aussteller eines Energieausweises und seinem Auftraggeber/Besteller.

Haftung aus Werkvertrag

Die vertragliche Haftung des Energieausweisausstellers ergibt sich demzufolge aus den entsprechenden Regelungen des Werkvertragsrechts. Dies gilt sowohl für den Rechtsgrund einer Haftung, wie auch für Art und Umfang der Haftung.

Erfüllung/Abnahme/Beweispflicht

Nach den Regelungen des Werkvertragsrechts schuldet der Unternehmer einen Energieausweis frei von Sach- und Rechtsmängeln, die Mangelhaftigkeit eines solchen Energieausweises selbst stellt eine Vertragsverletzung dar. Daraus ergibt sich, dass der Aussteller entsprechend seiner werkvertraglichen Vorleistungspflicht sich zunächst um einen mangelfreien Energieausweis bemühen muss. Erst wenn der Energieausweis mangelfrei ist, kann der Energieausweisaussteller eine Abnahme seiner (mangelfreien) Leistung verlangen. Dann ist die Abnahme durch den Besteller eines solchen Energieausweises eine von seinen vertraglichen Hauptpflichten gem. § 640 Abs.1 Satz 1 am Anfang: „Der Besteller ist verpflichtet das vertragsmäßig hergestellte Werk abzunehmen."

Unter Abnahme ist dabei nicht nur die bloße Entgegennahme bzw. Annahme des Energieausweises zu verstehen, sondern vielmehr eine Art Inbesitznahme auf Seiten des Bestellers verbunden mit der grundsätzlichen Billigung des erstellten Energieausweises als im Großen und Ganzen vertragsgemäß. Mögliche Rechte des Bestellers bei Mängeln im Rahmen der Mangelhaftung entstehen demnach erst mit der Abnahme, wobei der Besteller ab diesem Zeitpunkt beweisen muss, dass der Energieausweis mangelhaft erstellt worden ist.

Art des Mangels

Auch die Bewertung des Energieausweises hinsichtlich seiner Mangelhaftigkeit ergibt sich aus den gesetzlichen Regelungen des Werkvertragsrechts. Dort sind grundsätzlich zwei Arten von Mängeln, der sog. Sachmangel und der sog. Rechtsmangel, geregelt. Hinsichtlich der Rechtsfolgen (Haftungsfolgen) stehen sich dabei beide Arten von Mängeln gleich, wogegen sich beide Mangelarten inhaltlich wiederum wesentlich unterscheiden.

Rechtsmangel

Ein Rechtsmangel liegt vor, wenn ein Recht eines Dritten an dem hergestellten Werk besteht und auch gegen den Auftraggeber wirkt und nicht von ihm vertraglich übernommen wurde. Aber ein solcher Rechtsmangel ist im Hinblick auf die Erstellung eines Energieausweises kaum lebensnah vorstellbar. So zum Beispiel wenn der von Z in Auftrag gegebene Energieausweis nicht durch den beauftragten Unternehmer X erstellt wird, sondern von einem anderen Aussteller Y, dem der Pass dann vom X gestohlen und als eigene Leistung dem Z ausgehändigt wird.

Sachmangel

Der Sachmangel wiederum wird definiert als jede Abweichung der Istbeschaffenheit von der Sollbeschaffenheit. Unter Istbeschaffenheit wird der tatsächliche Zustand des Energieausweises im maßgeblichen Zeitpunkt (in der Regel also bei der Abnahme) verstanden, unter Sollbeschaffenheit ist das zu verstehen, was die Vertragsparteien vereinbart haben oder bei Abschluss des Vertrages gemeinsam (also auch stillschweigend) als vereinbart vorausgesetzt haben. Maßgeblich hierfür sind dabei zunächst die vertraglichen Beschaffenheitsvereinbarungen und nur soweit solche nicht vorliegen ist auf die Gebrauchstauglichkeit des Energieausweises zur vorausgesetzten Verwendung und zuletzt auf die gewöhnliche Verwendung des Energieausweises einschließlich der üblichen Beschaffenheit abzustellen.

Daraus ergeben sich folgende verschiedenen Konstellationen für das Vorliegen eines Sachmangels:
- Fehlen einer vereinbarten Beschaffenheit
- Fehlen einer (vertraglich vorausgesetzten oder gewöhnlichen) Verwendungseignung

Fehlen einer vereinbarten Beschaffenheit

Grundsätzlich ist die Beschaffenheit vereinbart, wenn sie im Vertrag (auch durch ein Bestätigungsschreiben oder stillschweigend) vereinbart worden ist. Bei der Beauftragung eines Werkunternehmers zur Erstellung eines Energieausweises wird jedoch üblicherweise keine eigenständige Beschaffenheitsvereinbarung zwischen den Vertragsparteien geschlossen sein, denn mit dem Auftrag einen Energieausweis zu erstellen, wird stets ein Energieausweis im Sinne der §§ 17 ff. EnEV 2007 vereinbart, und nur darüber hinausgehende Auftragsinhalte müssten dann als eine gesonderte Beschaffenheit vereinbart werden. Somit liegt mit der bloßen Beauftragung zum Energieausweis in der Regel keine Beschaffenheitsvereinbarung vor und ein Sachmangel gerade wegen des Fehlens einer vereinbarten Beschaffenheit dürfte nicht gegeben sein.

Fehlen einer Verwendungseignung

Bei einem Werk liegt auch ein Sachmangel vor, wenn sich dieses nicht zur Verwendung eignet.

Grundsätzlich versteht man unter dem allgemeinen Begriff der Verwendungseignung die Gebrauchsfähigkeit eines Werkes. Dazu muss zunächst die konkrete Gebrauchsfunktion bestimmt werden, um dann die Eignung des Werkes für diese zu prüfen. Man könnte also fragen: „Als was bzw. wofür wurde das Werk bestellt?"

Die Gebrauchsfunktion des Energieausweises ist es, „... durch Referenzwerte ... den Verbrauchern einen Vergleich und eine Beurteilung der Gesamtenergieeffizienz des Gebäudes zu ermöglichen (und) ... Empfehlungen für die kostengünstige Verbesserung der Gesamtenergieeffizienz beizufügen." gem. Artikel 7 Abs.2 Richtlinie 2002/91/EG.

Die allgemeine Verwendungseignung tritt nun im Werkvertragsrecht in zwei verschiedenen Formen auf. Zum einen sind eine sog. vertraglich vorausgesetzte Verwendung und zum anderen eine sog. gewöhnliche Verwendung gesetzlich erfasst. Das Fehlen einer dieser beiden Verwendungseignungen ist jeweils ein Sachmangel.

Fehlen einer vertraglich vorausgesetzten Verwendung

Mit der vertraglich vorausgesetzten Verwendung ist eine – bei Vertragschluss vom Besteller beabsichtigte und dem Unternehmer bekannte – bestimmte Verwendung eines funktionstauglichen und zweckentsprechenden Werkes gemeint.

Der Energieausweises unterliegt – unter Berücksichtigung der Bestimmungen zu Form, Inhalt und Umfang des Energieausweises in §§ 18, 19 ff. EnEV 2007 – einer vorbestimmten Funktion. Mit dem Energieausweis soll nämlich der Besteller über die Gesamtenergieeffizienz seines Gebäudes (oder seiner Wohnung) informiert werden, verbunden mit Empfehlungen zur Steigerung der Gebäudeenergieeffizienz (siehe dazu bereits oben). Im Alltags-/Normalfall ist damit eine vertraglich bestimmte Verwendungseignung gegeben.

Daher ist, aufgrund der vertraglich vorauszusetzenden Verwendungseignung des Vertrages über die Ausstellung eines Energieausweises, eine unrichtige Erstellung des Energieausweises ein Sachmangel in diesem Sinne des § 633Abs.2 Nr.1 BGB.

Fehlen einer gewöhnlichen Verwendung

Hier wird auf die Funktionstauglichkeit der gewöhnlichen Verwendung eines Werkes abgestellt. Gemeint ist damit die nach der Art des Werkes übliche Verwendung. Üblich ist diejenige Verwendung wiederum, die eine Sache dieser Art nach allgemeiner Verkehrsanschauung (also der Allgemeinheit) hat.

Schließt man sich nicht der Ansicht an (siehe dazu oben), dass ein Energieausweis bereits eine vertraglich vorausgesetzte Verwendung hat, gilt für den Energieausweis zumindest als eine übliche Verwendung die Information über die derzeitige Energieeffizienz eines Gebäudes.

Auch danach wären unrichtige Angaben und Darstellungsweisen in einem Energieausweis, da dieser dann nicht dem, was bei Gebäudeenergieausweisen üblich ist, entspricht und was der Besteller eines solches Energieausweises erwarten kann, ein Sachmangel, nun aber im Sinne des § 633 Abs.2 Nr.2 BGB.

Rechtsfolgen eines Mangels (Haftung)

Da ein Mangel eines Werkes eine Vertragsverletzung darstellt, haftet der Werkunternehmer für diesen Mangel. Entsprechend § 634 BGB hat der Besteller folgende Rechte gegen den Werkunternehmer als Energieausweisaussteller:

– einen Anspruch auf Nacherfüllung
– ein Rücktrittsrecht (Gestaltungsrecht)
– ein Minderungsrecht (Gestaltungsrecht)
– einen Anspruch auf Schadensersatzes oder Aufwendungsersatz
– eine Befugnis zur Selbstvornahme und einen Anspruch auf Aufwendungsersatz

Diese Rechte stehen jedoch nicht zur freien Wahl nebeneinander, sondern aufgrund unterschiedlicher Voraussetzungen bzw. unterschiedlicher Arten von Rechten (siehe Auflistung oben) in einem Stufenverhältnis zueinander bzw. in einem Rangverhältnis hintereinander.

8.4.1.2.1 Nacherfüllung

Zunächst hat der Besteller ausschließlich einen Nacherfüllungsanspruch gem. § 635 BGB.

Nacherfüllungsverlangen

Dieses Recht setzt jedoch ein sog. Nacherfüllungsverlangen durch den Besteller voraus. Die Darlegung des dabei gerügten Mangels am Energieausweis muss zumindest so konkret gefasst sein, dass der Mangel zumindest der Art nach feststellbar ist (zum Beispiel der Hinweis, dass eine Energieeffizienzbewertung in die dafür einschlägigen Energieeffizienzklassen im Energieausweis gänzlich fehlt oder unvollständig oder falsch ist). Dabei genügt es jedoch, dass der Besteller die Mangelerscheinungen hinreichend genau bezeichnet. So werden schließlich alle Mängel, die auf das so dargelegte Erscheinungsbild zurückgehen (zum Beispiel der Hinweis, dass sich aufgrund der inzwischen durchgeführten Energieeinsparmaßnahmen Feuchtigkeit an Fenstern und/oder sich Schimmelpilz auf einer Wand bildet), in vollem Umfang und an allen Stellen ihrer Ausdehnung erfasst (BGH BB 88, 2415; NJW-RR 97,1376).

Arten der Nacherfüllung und Kostentragung

Unter Nacherfüllung ist die Erstellung eines mangelfreien Werkes zu verstehen. Sie kann durch eine Nachbesserung erreicht werden oder durch eine Neuherstellung. Das Wahlrecht zwischen diesen beiden Möglichkeiten der Nachbesserung und der Neuherstellung wird ausschließlich auf Seiten des Ausstellers eines Energieausweises ausgeübt.

Der Energieausweisaussteller ist dabei zur Übernahme sämtlicher Kosten, die im Zusammenhang mit dem Nacherfüllungsanspruch des Bestellers stehen, verpflichtet. Unter dem Begriff der Kosten wird dabei der gesamte Aufwand, den die Mangelbeseitigung voraussetzt subsumiert (BGH NJW 63, 805). Damit sind aber nicht nur alle Wege-, Arbeits- und Materialkosten durch den Aussteller zu tragen, sondern vor allem auch die Kosten die durch die mit der Mängelbeseitigung verbundenen Vorbereitungsarbeiten entstanden sind, müssen vom Aussteller übernommen werden. Unter Vorbereitungsarbeiten sind hier sicherlich häufig insbesondere auch die Gutachterkosten zur Auffindung des Mangels zu verstehen (BGH 113, 251), denn nicht selten wird ein Sachmangel des Energieausweises nicht durch den Besteller selbst erkannt werden, sondern durch Fachleute – vor allem Gutachter – die der Verwender des Energieausweises bei Auftreten von (sehr häufig bauphysikalischen) Problemen wird hinzuziehen müssen.

Ausschluss der Nacherfüllung

Der hier besprochene grundsätzliche Anspruch des Ausstellers auf Nacherfüllung kann jedoch aufgrund einer so genannten objektiven oder subjektiven Unmöglichkeit ausgeschlossen sein.

Eine objektive Unmöglichkeit liegt vor, wenn der Mangel durch rechtlich oder technisch mögliche Maßnahmen nicht (oder nicht mehr) behoben werden kann. Eine Frage dazu würde lauten: Kann der Energieausweis nicht mehr (bzw. von niemandem mehr) nachgebessert oder neu hergestellt werden? Dies ist zum Beispiel der Fall wenn das Haus, für welches ein Energieausweis erstellt wurde, bereits abgerissen worden ist.

Subjektiv unmöglich ist eine Nacherfüllung, wenn der Energieausweisaussteller höchstpersönlich und auf Dauer zu einer Nacherfüllung nicht mehr in der Lage ist. Hier würde man fragen: „Kann der Aussteller X den Energieausweis nicht (mehr) ausstellen?" Darunter fallen zum Beispiel der Tod oder eine andauernde Berufsunfähigkeit des Ausstellers.

Verweigerung der Nacherfüllung

Zudem kann die Nacherfüllung durch den Aussteller unter bestimmten Bedingungen verweigert werden.

Dieses Verweigerungsrecht des Ausstellers setzt entweder einen unverhältnismäßigen Aufwand zur Nacherfüllung, die Unzumutbarkeit einer persönlichen Leistungserbringung, oder unverhältnismäßig hohe Kosten voraus.

Unverhältnismäßiger Aufwand

Wenn der Aufwand zur Mangelbeseitigung im Verhältnis zum erzielbaren Erfolg der Mangelbeseitigung unverhältnismäßig ist, das heißt der Wege-, Arbeits- oder Materialaufwand für die Nacherfüllung steht in einem unangemessenen Verhältnis zum mangelfreien Werk, kann der Aussteller die Nacherfüllung verweigern. Dies wäre zum Beispiel der Fall, wenn der Aussteller sich umzugsbedingt inzwischen nicht mehr in unmittelbarer räumlicher Nähe zum zu begutachtenden Objekt befindet und die An- und Abfahrtszeit jetzt viele Stunden (u. U. eine Reise quer durch Deutschland) betragen würde.

Unzumutbarkeit der persönlichen Leistungserbringung

Gleiches gilt auch, wenn die persönliche Leistungserbringung unverhältnismäßig ist zu einer erfolgreichen Nacherfüllung. So zum Beispiel wenn der Aussteller die Frist zur Nacherfüllung wegen eines Begräbnisses eines nahen Verwandten im Ausland nicht wahrnehmen könnte oder aber auch eine länger geplante und bereits bezahlte Schulungsmaßnahme absagen müsste.

Unverhältnismäßige Kosten

Schließlich müssen auch die Kosten des Ausstellers die von ihm aufgewendet werden müssen um eine erfolgreiche Nacherfüllung zu gewährleisten in einem angemessenen Verhältnis zum erzielbaren Erfolg und zum Ertrag des Ausstellers stehen. Ist zum Beispiel wegen eines nicht mehr fortgeführten Softwarevertrages, der Aussteller nur noch durch Neu- bzw. Nachkauf (einer im Zeitpunkt der Nacherfüllung) geeigneten Software in der Lage nach zu erfüllen, und sind die Kosten für diese Software um das mehrfache des zu erwartenden Werklohns des Energieausweisausstellers für diese Tätigkeit höher, könnte der Aussteller somit die Nacherfüllung verweigern.

Rechtsfolgen der Verweigerung der Nacherfüllung

Mit der berechtigten Verweigerung der Nacherfüllung wird der Energieausweisaussteller von seiner Verpflichtung zu Nacherfüllung frei. Nachdem sich der Energieausweisaussteller gegenüber seinem Auftraggeber entsprechend erklärt hat, braucht dieser (auch zu einem späteren Zeitpunkt) dann aber auch keinen Versuch der Nacherfüllung durch den Aussteller (mehr) hinzunehmen bzw. zu gewähren.

Der Besteller ist natürlich seinerseits dann auch nicht mehr berechtigt (weiterhin) den Anspruch auf Nacherfüllung zu erheben und hat entsprechend einer ausdrücklichen Regelung im Gesetz gem. § 637 Abs.1 (am Ende) BGB zudem nicht mehr die Befugnis zu einer Selbstvornahme.

Bezüglich des Anspruchs auf den Werklohn kann dieser nun vom Aussteller vollumfänglich geltend gemacht werden, jedoch stehen diesem Recht des Ausstellers in der Regel gewichtige (ebenfalls entgeltliche) Rechte des Bestellers - wie Rücktritt oder Minderung und gegebenenfalls sogar Schadensersatz oder Aufwendungsersatz statt der Erfüllung der Leistung (Erstellung eines mangelfreien Energieausweises) - gegenüber.

Nacherfüllungsfrist

Eine ausdrücklich **Nacherfüllungsfrist** oder die Pflicht eine ebensolche zu setzen besteht grundsätzlich nicht. Es entspricht aber den Grundsätzen von Treu und Glauben gem. § 242 BGB, dass der Aussteller auf das Nacherfüllungsbegehren des Bestellers reagieren sollte. Dies kann sowohl mündlich oder schriftlich, wie auch durch schlüssiges Handeln erfolgen. Reagiert der Aussteller nicht, ist sein Verhalten bzw. Schweigen wohl als Ablehnung des Anspruchs zu deuten, jedoch nicht im Sinne einer berechtigten Verweigerung (siehe dazu bereits unter Verweigerung der Nacherfüllung ff.).

Die Rechtsunsicherheit kann letztlich nur durch die Gestellung einer Frist zur Nacherfüllung ausgeräumt werden, zumal auch weitergehende Ansprüche und Rechte des Bestellers (wie zum Beispiel Selbstvornahme, Rücktritt oder Minderung) nur nach Ablauf einer gesetzten Nacherfüllungsfrist geltend gemacht werden können.

Angemessenheit der Nacherfüllungsfrist

Wird dementsprechend eine Frist durch den Besteller zur Nacherfüllung gesetzt, muss diese dann aber auch angemessen sein. Das heißt, dass der benannte Zeitpunkt für die Beendigung einer erfolgreichen Nacherfüllung vom Besteller so bemessen worden sein muss, dass die Vornahme der Nacherfüllungshandlung in diesem Zeitfenster nicht nur unter normalen Bedingungen möglich ist (BGH 12, 269), sondern – nach neuester Rechtsprechung – die Frist es dem Energieausweisaussteller ermöglicht, während ihrer Dauer die Mängel unter größten Anstrengungen zu beseitigen (BGH VII ZR 84/05 S.14). Stellt der Besteller diese Frist zu kurz, ist diese vom Aussteller – ohne weitere Handlungspflichten seinerseits – als auf einen angemessen Zeitraum verlängert zu betrachten (BGH NJW 85, 2640). Andererseits muss der Aussteller mit der Nacherfüllung unverzüglich - ohne schuldhaftes Zögern – beginnen, und kann seinerseits wiederum nicht auf eine entsprechend ausgefüllte Auftragslage verweisen, um eine angemessene Frist zur Nacherfüllung bezüglich der Vornahme der Nacherfüllungshandlung eigenmächtig zu verlängern.

Natürlich steht beiden Seiten immer auch eine Bestimmung der Nacherfüllungsfrist auf einvernehmlicher Basis – unter Berücksichtigung beider Interessenlage – jederzeit frei.

Entbehrlichkeit der Nacherfüllungsfrist

Eine Fristsetzung zur Vornahme der erforderlichen Nacherfüllungshandlung ist entbehrlich, wenn der Energieausweisaussteller die Nacherfüllungshandlung ernsthaft und endgültig verweigert. Man könnte hier fragen: „War die Ablehnung das „letzte Wort" des Ausstellers?" Falls darauf mit „Ja" geantwortet werden kann, liegt eine Erfüllungsverweigerung vor.

8.4.1.2.2 Selbstvornahme

Wenn das Recht auf Nacherfüllung auf Seiten des Bestellers nicht erfüllt worden ist, hat der Besteller ein Recht auf Selbstvornahme gem. § 637 BGB, das heißt der Besteller darf den Mangel des Energieausweises selbst beseitigen und vom Unternehmer die Erstattung der erforderlichen Mangelbeseitigungskosten verlangen. Im Vordergrund steht jedoch in der Regel der Anspruch des Bestellers auf Kostenerstattung, da dieser üblicherweise nicht selbst in der Lage ist den Mangel fachmännisch zu beseitigen, sondern einen Dritten wird beauftragen müssen (Unternehmen oder Einzelperson), um den Mangel zu beheben. Als sog. Aufwendungsersatz kommen dabei insbesondere die Rechnungskosten (wenn der Dritte bereits für die Mangelbeseitigung vom Besteller bezahlt wurde) in Betracht bzw. die Befreiung von der Zahlung der Rechnung durch Übernahme der Zahlungsschuld (wenn der Dritte für die Mangelbeseitigung vom Besteller noch nicht bezahlt wurde).

Der Energieausweisaussteller ist mit der Selbstvornahme durch den Besteller zur Nacherfüllung nicht mehr berechtigt oder verpflichtet.

Angemessenheit der Fristsetzung zur Nacherfüllung

Entsprechend dem bereits oben gesagten musste der Besteller dem Energieausweisaussteller, der einen mangelhaften Energieausweis ausgestellt hat, vorab eine angemessene Frist zur Nacherfüllung gesetzt haben (siehe dazu bereits oben).

Erfolgloser Ablauf der Frist zur Nacherfüllung

Die angemessene Frist zur Nacherfüllung muss erfolglos abgelaufen sein. Dies ist gegeben, wenn der Ausweisaussteller nicht innerhalb der ihm gesetzten Frist den Mangel im Energieausweis beseitigt.

Entbehrlichkeit der Fristsetzung zur Nacherfüllung

Neben dem erfolglosen Ablauf der Nacherfüllungsfrist kommt auch noch eine Entbehrlichkeit der Fristsetzung in Betracht. Sie ist unter verschiedenen Voraussetzungen gegeben:
- Verweigerung des Ausstellers
- Wegfall des Leistungsinteresses für den Besteller
- umstandsbedingte sofortige Selbstvornahme durch den Besteller
- Fehlschlagen der Nacherfüllung durch den Aussteller
- Unzumutbarkeit der Nacherfüllung für den Besteller

Verweigerung der Nacherfüllung durch den Energieausweisaussteller

Im Falle ernsthafter und endgültiger Verweigerung der Nacherfüllung durch den Aussteller ist das Stellen einer Nacherfüllungsfrist bzw. das Abwarten des Ablaufs einer solchen Frist entbehrlich (siehe dazu bereits oben).

Wegfall des Leistungsinteresses für den Besteller

Der Wegfall des Interesses an einem Energieausweis wegen der Verzögerung der Leistung ist dann zu bejahen, wenn der Besteller den Zeitpunkt der Übergabe des mangelfreien Energieausweises ausdrücklich vertraglich in Form eines so genannten Fixgeschäftes bestimmt hat. Liegt dementsprechend zum vereinbarten Fixzeitpunkt der Energieausweis nicht vor, ist eine Fristsetzung entbehrlich.

Sofortige Selbstvornahme durch den Besteller

Eine Entbehrlichkeit der Fristsetzung wird weiter angenommen, wenn im Rahmen einer Abwägung der Interessen zwischen dem Aussteller und dem Besteller eines Energieausweises das Interesse des Bestellers auf eine sofortige Selbstvornahme gegenüber dem grundsätzlich zu vermutenden Interesse des Ausstellers auf Nacherfüllung eindeutig überwiegt. Dies wäre zu bejahen bei einem so genannten „Just-in-time-Vertrag" oder wenn nach fremden Recht ein Interessenwegfall angenommen werden muss (wenn zum Beispiel neue Mieter als Kunden des Vermieters und Bestellers des Energieausweises wegen der Verzögerung hinsichtlich der Vorlage des Energieausweises nun ihrerseits die Umsetzung ihres Mietvertrages verweigern).

Fehlschlagen der Nacherfüllung durch den Energieausweisaussteller

Wird der Mangel auch bei gegebenenfalls wiederholter Nacherfüllung nicht beseitigt ist eine Fristsetzung entbehrlich. Fraglich dabei ist jedoch nur, in welchem Umfang ein Recht des Ausstellers zur Nacherfüllung besteht. Unstreitig dabei ist, dass der Aussteller solange nacherfüllen darf, wie der Besteller ihn gewähren lässt. Im Hinblick auf das Minimum der Nacherfüllungsversuche besteht jedoch keine Einigkeit. Gleichwohl kann hier zumindest für den Regelfall eine Anlehnung an die gesetzlichen Regelungen des Kaufrechts vorgenommen werden. Dort werden dem Verkäufer zwei Nachbesserungsversuche gewährt gem. § 440 Satz 2 BGB.

Unzumutbarkeit der Nacherfüllung für den Besteller

Eine Unzumutbarkeit der Nacherfüllung liegt vor, wenn aus Sicht des Bestellers – auf Grund objektiver Umstände – das Vertrauen bezüglich einer ordnungsgemäßen Durchführung der Mangelbeseitigung nicht mehr gegeben ist. Dies liegt typischerweise immer dann vor, wenn eine erfolgreiche Mangelbeseitigung nicht mehr zu erwarten ist. Zum Beispiel, weil der Aussteller sich hinsichtlich der Grundlagen des Energieausweises nach der Mangelanzeige dahingehend äußert, dass er von bestimmten Inhalten, Neuerungen oder ähnlichem keine detaillierte Kenntnis hat bzw. eine solche nicht in der Lage ist sich kurzfristig anzueignen.

Aufwendungsersatzanspruch

Voraussetzung dafür ist natürlich zunächst, dass der Besteller tatsächlich und berechtigt eine Selbstvornahme durchgeführt hat (siehe oben). Des Weiteren werden nur die tatsächlichen Aufwendungen der Selbstvornahme ersetzt und die auch nur dann, wenn sie objektiv erforderlich waren. Unter Aufwendungen versteht man dabei freiwillige Vermögensopfer die der Besteller zur Beseitigung des Mangels erbringt. Erforderlich sind diese Aufwendungen, wenn ein wirtschaftlich denkender Besteller diese – aufgrund sachkundiger

8.4 Haftung des Energieausweisausstellers

Beratung – für eine geeignete und Erfolg versprechende Maßnahme der Mangelbeseitigung halten konnte und musste. Dazu gehören auch die Kosten die zum Auffinden des Mangels notwendig waren (BGH 113, 251).

Vorschuss

Natürlich muss auch hier der Besteller grundsätzlich überhaupt das Recht auf eine Selbstvornahme haben, verbunden mit der konkreten Absicht des Bestellers zeitnah (binnen angemessener Frist) den Mangel – unter Zuhilfenahme des Vorschusses, der stets als Geldbetrag zu leisten ist – zu beseitigen. Dementsprechend ist der Vorschuss immer zweckgebunden, da seine Höhe jedoch zunächst in der Regel entsprechend einer Schätzung ermittelt wird, muss nach erfolgter Mangelbeseitigung diese konkret abgerechnet und die endgültige Höhe der Kosten nachgewiesen werden. Daraus können sich entsprechende Nachzahlungen, aber eben auch Rückzahlungen zum bereits geleisteten Vorschuss ergeben.

8.4.1.2.3 Rücktritt

Mit dem Rücktrittsrecht hat der Besteller im Falle eines mangelhaften Energieausweises eine weitere Möglichkeit auf den Mangel zu reagieren. Unter Rücktritt ist ein Gestaltungsrecht zu verstehen, welches der Besteller nicht einklagt, sondern durch Erklärung gegenüber dem Aussteller ausübt. Diese Erklärung ist allerdings unwiderruflich.

Mit der Ausübung dieses Gestaltungsrechtes wird das Vertragsverhältnis in ein Abwicklungs(schuld)verhältnis umgestaltet und damit erlöschen die bisherigen beiderseitigen Erfüllungsansprüche, also insbesondere auch der Nacherfüllungsanspruch des Bestellers. Das Rücktrittsrecht ist jedoch, gleich der Selbstvornahme, an bestimmte Voraussetzungen vor seiner Geltendmachung geknüpft.

Fristsetzung, erfolgloser Fristablauf und Entbehrlichkeit der Fristsetzung

Auch hier ist wiederum bei einer Fristsetzung zur Nacherfüllung, deren erfolgloser Ablauf oder eine Entbehrlichkeit einer eben solchen Fristsetzung Voraussetzung (siehe dazu schon sehr ausführlich oben).

Ausschluss des Rücktritts

Die Ausübung des Rücktrittsrechts kann zudem unter bestimmten Voraussetzungen ausgeschlossen sein:

- Fehlende Erheblichkeit des Mangels
- Verantwortlichkeit für den Mangel auf Seiten des Bestellers
- Eintritt des Mangels während des Annahmeverzugs auf Seiten des Bestellers
- interessante Teilleistung für den Besteller
- vorbehaltlose Abnahme durch den Besteller trotz Kenntnis des Mangels

Fehlende Erheblichkeit des Mangels

Nur unerhebliche, also die Verwendung gar nicht oder nur unwesentlich einschränkende Mängel ermöglichen kein Rücktrittsrecht des Bestellers. Dies wäre zum Beispiel gegeben, wenn die Blätter des Energieausweises lediglich „Eselsohren" hätten.

Verantwortlichkeit für den Mangel auf Seiten des Bestellers

Für diesen Ausschlussgrund muss die Verantwortlichkeit auf Seiten des Bestellers allerdings allein oder weit überwiegend gegeben sein, eine sich nur sehr eingeschränkt ergebende Mitverantwortlichkeit reicht insoweit nicht aus. Wenn zum Beispiel ein inhaltlicher Mangel eines Energieausweises durch falsche Angaben des Bestellers gegenüber dem Aussteller herrührt (siehe dazu insbesondere § 18 Absatz 2 Satz 3 EnEV 2007), ist danach ein Ausschluss der Geltendmachung des Rücktrittsrechts gegeben, bei der Äußerung von bloßen Vermutungen durch den Besteller gegenüber dem Aussteller aber wiederum sicherlich nicht. Problematisch können hier natürlich die Fälle sein, in denen der Besteller zwar nicht selbst für die Erstellung eines mangelhaften Energieausweis durch Falschangaben verantwortlich ist, aber andere die im Zusammenhang mit den Geschehnissen standen, die entscheidenden Falschauskünfte erteilt haben. Dann ist stets zu prüfen, inwieweit der Besteller für diese Angaben anderer gegenüber dem Aussteller verantwortlich ist. Und das wiederum bestimmt sich nach der Bewertung, in welchem Lager diejenige Person steht, die die misslichen Äußerungen getätigt hat. So wäre ein Familienmitglied oder der zum Termin hinzugezogene Architekt des Bestellers sicherlich dem Lager und damit der Verantwortlichkeit des Bestellers zuzuordnen, während zum Beispiel Falschangaben bei der Übermittlung von Messergebnissen zwischen dem Energieausweisaussteller und seinen Mitarbeitern sicherlich nicht dem Besteller zuzuordnen wären.

Eintritt des Mangels während des Annahmeverzugs auf Seiten des Bestellers

Dieser sicherlich nicht typische Fall im Bereich der Energieausweiserstellung setzt zunächst einmal voraus, dass sich der Besteller in Annahmeverzug befindet. Das bedeutet, der Besteller hat zum Beispiel schuldhaft die Verabredung zur Übergabe des Energieausweises mit dem Aussteller versäumt. Danach kommt es jedoch zu einem unwiederbringlichen Verlust mehrerer Seiten des Energieausweises. Gehen die Seiten wegen einer Unachtsamkeit des Ausstellers verloren, bleibt es bei der Möglichkeit zum Rücktritt für den Bestellers, gehen die Seiten jedoch aufgrund von höherer Gewalt, zum Beispiel aufgrund einer plötzlichen Windböe oder eines Blitzschlages verloren, steht dem Besteller kein Rücktrittsrecht mehr zu.

Für den Besteller interessante Teilleistung

Hier nun erfüllt der Aussteller nur teilweise seine Leistungspflicht, und diese nur teilweise Leistung darf für den Besteller nicht von Interesse sein. Ist hingegen die Teilleistung für den Besteller interessant, kann er ein Rücktrittrecht nicht geltend machen. Die Frage der Bedeutung der Teilleistung für den Besteller lässt sich unseres Erachtens am ehesten an der konkreten Nutzbarkeit des Energieausweises bestimmen. So wäre zum Beispiel ein grundsätzlich inhaltlicher und in der Form richtiger Energieausweis, aber ohne die vorgeschriebenen Angaben „Empfehlungen zur kostengünstigen Modernisierung" (siehe dazu § 20 und Anhang 10 zu § 20 EnEV 2007), durchaus interessant für den Besteller. Die fehlende Stellungnahme zu den Empfehlungen könnte sich der Besteller nämlich auch anderweitig mit Vorlage des so unvollständigen Energieausweises anderenorts beschaffen. Nimmt er also einen solchen unvollständigen Pass an, wäre diese Teilleistung für ihn interessant und ein Rücktrittrecht somit ausgeschlossen. Andererseits wäre ein Energieausweis ohne so wesentliche Teile wie die so genannten Referenzwerte sicherlich für keinen Besteller von Interesse und somit würde das Rücktrittsrecht uneingeschränkt fortbestehen.

Vorbehaltlose Abnahme durch den Besteller trotz Kenntnis des Mangels

Die vorbehaltlose Abnahme des Energieausweises durch den Besteller – trotz Kenntnis eines Mangels – setzt selbstverständlich zunächst eine tatsächliche (und keine fiktive) Abnahme voraus. Zudem muss der Mangel für den Besteller auch offensichtlich sein, d. h. es muss eine sofortige Erkennbarkeit des Mangels für jedermann oder durch einen entsprechend ausdrücklichen Hinweis auf den Mangel durch den Aussteller gegeben sein, denn ansonsten kann es überhaupt keine positive Kenntnis des Bestellers geben. Und schließlich darf der Besteller die Abnahme des Energieausweis nicht unter den Vorbehalt eines erst später eintretenden Umstandes/Ereignisses setzen, wie zum Beispiel: „Ich versuche es mal mit diesem (mangelhaften) ausweis gegenüber meinem Mieter. Aber wenn ich deswegen Ärger mit meinem Mieter bekomme (er zum Beispiel diesen Ausweis ablehnt), komme ich zu ihnen zurück."

Schadensersatz

Der Besteller kann danach grundsätzlich neben dem Recht auf Rücktritt auch Schadensersatz, Schadensersatz statt der Leistung oder den sog. Verzugsschaden geltend machen (nähere Einzelheiten hierzu in der umfangreichen Darstellung unter 8.4.1.2.5).

8.4.1.2.4 Minderung

Schon nach dem Wortlaut des Gesetzes kann der Besteller die Minderung erklären „statt zurückzutreten". Im Unterschied zum Rücktritt spielt jedoch die Erheblichkeit des Mangels keine Rolle, sodass auch unerhebliche Mängel grundsätzlich zur Minderung berechtigen. Gleich dem Rücktritt muss der Besteller seine Minderungsabsicht erklären und auch sie ist unwiderruflich.

Voraussetzungen der Minderung

Die Voraussetzungen für die Geltendmachung der Minderung des Werklohns sind denen des Rücktrittsrechts nahezu gleich. Dies gilt für die Fristsetzung, den erfolglosen Fristablauf und die Entbehrlichkeit der Fristsetzung bezüglich der Nacherfüllungsfrist als Voraussetzung für das Minderungsrecht und auch für die Ausschlussgründe bezüglich des Minderungsrechts (siehe dazu oben).

Lediglich die fehlende Erheblichkeit des Mangels ist für die Geltendmachung des Minderungsrechts nicht beachtlich (siehe näheres dazu bereits oben).

Berechnung der Minderung

Bei der Geltendmachung des Rechts der Minderung erfolgt die Berechnung gem. § 638 Abs. 3 BGB unstreitig nach den bereits im Kaufrecht angewandten Regelungen des § 441 Abs. 3 BGB (BGH NJW 90, 902; BGH NJW 90, 2682).

Danach gilt:

$$\text{geminderter Werklohn} = \frac{\text{vereinbarter (voller) Werklohn} \times \text{Verkehrswert des mangelhaften Ausweises}}{\text{Verkehrswert des mangelfreien Ausweises}}$$

Als Wert des Energieausweises ist der objektive Verkehrswert (auch gemeiner Wert genannt) anzusetzen. Dieser Wert wird durch den Preis bestimmt, der im Ermittlungszeitpunkt – hier zwingend der Abschluss des Werkvertrages gem. § 638 Abs. 3 Satz 1 (wörtlich „zur Zeit des Vertragsschlusses") – im gewöhnlichen Geschäftsverkehr zu erzielen gewesen wäre. Und im Zweifel ist dieser Wert (durch das mit der Streitsache befasste Gericht) zu schätzen gem. § 638 Abs.3 Satz 2 BGB.

Auf diese Weise findet das kaufmännische bzw. vertragliche Geschick des Werkunternehmers auch im Rahmen der Minderungsrechte des Bestellers seinen Niederschlag. Hat so zum Beispiel ein Aussteller seinen Energieausweis statt für 200,00 EUR diesen für 300,00 EUR vereinbart, wird auch unter Berücksichtigung des merkantilen Minderungsanspruchs des Besteller für einen mangelhaften Energieausweis, dadurch dieses kaufmännische Geschick des Ausstellers bei den ursprünglichen Verhandlungen mitberücksichtigt und nicht mit „weggemindert". Somit kann der Besteller eben nicht einfach die Wertminderung – zum Beispiel in Höhe von Nachbesserungskosten – einfach abziehen, sondern muss stets die konkrete zuvor getroffene Preisabsprache berücksichtigen.

Konkret in Zahlen ausgedrückt beutet dies für das hier gewählte Zahlenbeispiel, dass bei einem Werklohn für die Erstellung eines Energieausweises für 300,00 EUR multipliziert mit dem Verkehrswert des mangelhaften Energieausweises von 100,00 EUR (Marktpreis unter Berücksichtigung des Mangels) und dividiert durch den Verkehrswert des mangelfreien Energieausweises von 200,00 EUR (üblicher Marktpreis) sich ein geminderter Werklohn in Höhe von 150,00 EUR ergibt.

Schließlich kann der Besteller gem. § 638 Abs. 4 BGB natürlich auch einen unter Umständen schon geleisteten vollen Werklohn entsprechend dieser Minderung bezüglich des im Verhältnis zum so ermittelten (siehe oben) geminderten Werklohn zurückfordern.

8.4.1.2.5 Schadensersatz

Der Besteller kann zudem grundsätzlich neben dem Recht auf Minderung zwar nicht mehr Schadensersatz statt der Leistung geltend machen, aber auch hier gleichwohl Schadensersatz und gegebenenfalls auch den Ersatz eines Verzugsschaden verlangen (zu den umfänglicheren Möglichkeiten des Schadensersatzes beim Rücktritt siehe oben; hinsichtlich der weiteren Einzelheiten zu den Schadensersatzansprüchen im Rahmen des Vertragsrechts insgesamt verweisen wir auf die nun folgende umfangreiche Darstellung).

Schadensersatz oder vergebliche Aufwendungen

Grundsätzlich bestimmt sich Art, Inhalt und Umfang eines Schadensersatzanspruchs immer nach §§ 249 ff. BGB. Für den Rechtsgrund eines solchen Schadensersatzes kommt es jedoch stets auf die konkrete vertragliche (oder deliktische) Anspruchsgrundlage an.

Der Schadensersatzanspruch bzw. der Anspruch auf vergebliche Aufwendungen des Bestellers im Rahmen des Werkvertragsrechts, ergibt sich dem Grunde nach aus § 634 Nr.4 BGB. Diese gesetzliche Regelung ist jedoch quasi nur ein Einstieg in weitaus komplexere und zum Teil auch nur schwer verständliche bzw. schwierig voneinander abgrenzbare Arten diverser eigenständiger Schadensersatzansprüche. Nicht jedem vertraglichen Anspruch bzw. Recht (siehe grundsätzlich dazu oben) folgt der gleiche Schadensersatzanspruch und nicht jede Art von Schadensersatz hat die gleichen Voraussetzungen für eine erfolgreiche Geltendmachung auf Seiten des Bestellers.

Unterschieden wird im Rahmen der werkvertraglichen Sachmangelhaftung:

– Schadensersatz statt der Leistung aufgrund eines Mangels
– Ersatz sonstiger durch einen Mangel verursachter Schäden (sog. Mangelfolgeschaden)
– Ersatz von Verzögerungsschäden, die mit einem Mangel zusammenhängen
– Aufwendungsersatzanspruch

Allen Arten des Schadensersatzes ist jedoch gemeinsam, dass zunächst die Mindestvoraussetzungen des § 280 Abs. 1 BGB erfüllt sein müssen. Dies ist jedoch nur dann der Fall, wenn der Energieausweisaussteller sich nicht entsprechend § 280 Abs.1 Satz 2 BGB entlasten kann. Eine eigene Pflichtverletzung (oder die seiner Mitarbeiter) hat der Aussteller „nicht zu vertreten", wenn er die Ursache des Schadens dartut und nachweist, dass er diese nicht zu vertreten hat, bzw. dass er die Ursache zumindest wahrscheinlich machen kann und er für diese – sicher – ebenfalls nicht einzustehen braucht. Ist die Ursache schließlich unaufklärbar, genügt, dass er beweisen kann, alle ihm typischerweise auferlegten Sorgfaltspflichten beachtet zu haben. So zum Beispiel, wenn vom Aussteller nur deshalb ein mangelhafter Energieausweis erstellt wurde, weil ihm gefälschte Dokumente vom Besteller vorgelegt worden sind, deren Fälschung er nicht erkennen konnte.

Schadensersatz statt der Leistung aufgrund eines Mangels gem. §§ 280, 281, 283 und 311a BGB

Mit der Formulierung „statt der Leistung" ist ein Ersatz eines Mangelschadens gemeint. Er entsteht anstelle einer mangelfreien Nacherfüllung oder eben auch wegen einer Nichterfüllung der vereinbarten Leistung. Die hierunter gefassten Schäden sind Mangelschäden, die am mangelhaften Werk selbst entstanden sind, sowie den (zusätzlichen) Kosten für eine

Reparatur oder Ersatzbeschaffung, dem Minderwert oder dem entgangenen Gewinn. Voraussetzung ist zudem stets, dass der Mangel erheblich ist.

Der Besteller hat dabei zur Realisierung seiner Ansprüche grundsätzlich die Wahl zwischen zwei Optionen, dem kleinen oder dem großen Schadensersatz (siehe dazu weiter unten).

Der Anspruch des Bestellers auf Schadensersatz statt einer Leistung beruht jedoch nicht auf einer gesetzlichen Grundlage, sondern teilt sich auf in zwei verschiedene gesetzliche Anspruchsgrundlagen. Zudem haben beide Möglichkeiten auch noch verschiedene Anspruchsvoraussetzungen (siehe unten). Die Rechtsfolgen dieser zwei Anspruchsgrundlagen jedoch führen wieder beide zum Wahlrecht des Bestellers zwischen dem sog. großen und kleinen Schadensersatz (siehe unten).

Anspruchsvoraussetzungen

Wie bereits gerade dargetan, gibt es zwei verschiedene Anspruchsgrundlagen für den Anspruch auf Schadensersatz statt der Leistung und auch zwei verschiedene Anspruchsvoraussetzungen.

Schadensersatz statt der Leistung gem. §§ 280, 281, 283

Hier muss zunächst eine mangelhafte Werkleistung erbracht worden sein, bei der für die Entstehung bzw. für den Eintritt des Schadens das Verschulden des Bestellers vermutet wird (siehe dazu bereits oben). Der Schaden des Bestellers muss durch den Mangel entstanden sein (sog. Mangelschaden). Eine angemessene Frist zur Nacherfüllung – dem Aussteller gesetzt vom Besteller – muss erfolglos verstrichen sein, oder die Fristsetzung muss entbehrlich gewesen sein.

Zu den Gründen für die Entbehrlichkeit der Fristsetzung:

- Verweigerung des Ausstellers
- sofortiges Schadensersatzbegehren des Bestellers
- Ausschluss der Nacherfüllung (gem. § 283 S.1 BGB)
- unverhältnismäßige Kosten
- Fehlschlagen der Nacherfüllung
- Unzumutbarkeit der Nacherfüllung für den Besteller

Schadensersatz statt der Leistung gem. §§ 280, 311a

Auch hier muss zunächst wieder eine mangelhafte Werkleistung erbracht worden sein, bei der für die Entstehung bzw. für den Eintritt des Schadens das Verschulden des Bestellers vermutet wird. Dann aber ist der Mangel nicht erst später – in der Regel nach der Abnahme – eingetreten, sondern entsteht durch eine bereits von Anfang an (also im Zeitpunkt des Vertragsschlusses) bestehende subjektive Unmöglichkeit des Bestellers den Energieausweis mangelfrei zu erstellen. Der Schaden des Bestellers muss dann aber wiederum durch den Mangel entstanden sein (sog. Mangelschaden).

8.4 Haftung des Energieausweisausstellers

Umfang des Schadens statt der Leistung

Für den Anspruch auf Schadensersatz statt der Leistung gibt es zudem auch eine Wahlmöglichkeit hinsichtlich des Umfangs des Schadensersatzes für den Besteller.

Kleiner Schadensersatz

Der Besteller kann entweder den durch den Mangel selbst verursachten Schaden verlangen einschließlich des durch die mit der Mangelbeseitigung verbundene Verzögerung eingetretenen Schadens.

Damit ist einfach ausgedrückt gemeint, dass der Besteller die mangelhafte Sache behält und den Ersatz des weiteren Schadens wählt.

Großer Schadensersatz

Oder er verlangt wiederum einen Schadensersatz statt der ganzen (bisher erbrachten) Leistung.

Darunter sind die Rückgabe des mangelhaften Werkes und die Liquidation des gesamten Mangelschadens zu verstehen.

Ersatz sonstiger durch einen Mangel verursachter Schäden (sog. Mangelfolgeschaden) gem. § 280 Abs.1 BGB

Es handelt sich hierbei um Schäden an den Rechtsgütern des Bestellers in Folge von Mängeln an dem bestellten Werk. Diese sog. Mangelfolgeschäden (gelegentlich auch Begleitschäden genannt), die der Besteller also außerhalb des eigentlichen Werkes an seiner Gesundheit, an seinem Eigentum oder an sonstigen Rechtsgütern erleidet, werden hiernach ersetzt.

Anspruchsvoraussetzungen

Auch hier gilt zunächst wieder, dass sich der Aussteller nicht entlasten kann, dass heißt er muss den Schaden, den er durch seine Pflichtverletzung zu vertreten hat, tragen. Dies wird stets, solange der Aussteller nichts zu seiner Entlastung vorträgt, vermutet. Des Weiteren muss der Mangel bereits bei der Abnahme des Energieausweises vorgelegen haben und es müssen durch diesen Mangel bedingt Mangelfolgeschäden eingetreten sein.

Umfang und Höhe eines Mangelfolgeschadens

Der Umfang bzw. die Höhe eines so entstehenden Schadens ergibt sich aus § 280 Abs.1 BGB. Insbesondere erfasst der Mangelfolgeschaden unter Umständen auch einen Schmerzensgeldanspruch, wenn die Voraussetzungen des § 253 Abs.2 BGB vorliegen, dass heißt ein Rechtsgut wie insbesondere der Körper oder die Gesundheit verletzt worden ist.

Ein typisches Beispiele für Mangelfolgeschäden sind die Kosten aufgrund einer falschen Empfehlung zur Steigerung der Gesamtenergieeffizienz vorgenommenen (sinnlosen)

Baumaßnahmen, die Kosten der Beseitigung von Schimmelpilzen an einzelnen Wänden des Gebäudes (als Folge dieser sinnlosen Baumaßnahme) und schließlich eine Entschädigung in Geld für die Gesundheitsbeeinträchtigungen der Bewohner dieser Räume als weitere Folge dieses Mangels.

Ersatz von Verzögerungsschäden die mit einem Mangel zusammenhängen gem. § 280 Abs.2 BGB

Das ist der Anspruch des Bestellers auf Ersatz seines Schadens, den er durch eine Verzögerung einer mangelfreien Nacherfüllung erleidet. Dieser sog. Verzögerungsschaden bleibt dem Besteller, auch wenn der Unternehmer doch noch (also mit Verzögerung) mangelfrei nach erfüllt, weil der Aussteller diesen Schaden (überhaupt) nicht mehr beseitigen kann und dieser Schaden von der Nacherfüllung eben gerade nicht erfasst wird.

Anspruchsvoraussetzungen

Es muss hier neben der Feststellung des Mangels des Energieausweises nach der Abnahme ein sog. Verzug bei der Nacherfüllung und ein daraus resultierender Verzugsschaden entstanden sein.

Unter Verzug bei der Nacherfüllung ist die nicht rechtzeitige Nacherfüllung trotz einer angemessenen Fristsetzung zur Erledigung zu verstehen (siehe dazu bereits oben).

Umfang und Höhe eines Verzugsschadens

Der Umfang und die Höhe des Verzugsschadens (auch Verzögerungsschaden genannt) der durch den Energieausweis zu ersetzen ist, ergibt sich üblicherweise aus dem für die Dauer der über die angemessene Zeit hinaus durchgeführten Nacherfüllung entstehenden Gewinn- bzw. Nutzungsausfall oder zum Beispiel in der nicht erzielten Energieeinsparung. Jeder dieser möglichen Schäden setzt aber selbstverständlich einen nachprüfbaren bzw. beweisbaren Schaden auf Seiten des Bestellers hinsichtlich des Umfangs und der Höhe voraus (so müsste das Volumen nicht vorgenommener Energieeinsparung berechenbar sein, ein Ausfall von Mietzins durch die (noch) nicht gewährleistete Vermietbarkeit einer Wohnung mangels Energieausweises müsste ebenfalls durch den Nachweis eines konkreten Mieter zum ursprünglichen – aber (noch) nicht möglichen – Mietvertragszeitpunkt nachgewiesen werden).

Allgemeines zu Inhalt, Art und Umfang des Schadensersatzes gem. §§ 249 ff. BGB

Neben den bereits umfänglich dargelegten (vertraglichen und deliktischen) Anspruchsgrundlagen zum Schadensersatz mit ihren teilweise sehr speziellen Voraussetzungen, werden hier nun noch einige wichtige allgemeine Grundsätze zum Schadensersatzrecht, als Ergänzung bzw. Vervollständigung des bisher Gesagten, dargelegt.

So haftet der zum Schadensersatz Verpflichtete stets für den unmittelbaren Schaden, der sich aus dem konkreten Mangel oder der konkreten Rechtsgutverletzung ergibt und unter

8.4 Haftung des Energieausweisausstellers

Umständen auch für mittelbare Schäden, die sich als Folge eines Mangels oder einer Rechtsgutverletzung ergeben können.

Der Gesetzgeber unterscheidet im Rahmen des Schadensersatzes grundsätzlich Vermögensschäden und Nichtvermögensschäden. Erstere sind Schäden am Eigentum oder anderen geldwerten Gütern, lassen sich somit in Geld messen und mindern das Vermögen des Geschädigten. Sie können durch Herstellung eines schadensfreien Zustandes oder durch Wertersatz ausgeglichen werden. Letztere sind zum Beispiel körperliche oder psychische Schmerzen oder auch unheilbare Gesundheitsschäden und lassen sich eben nicht in Geld messen. Demzufolge besteht bei solchen Schäden zwar grundsätzlich auch ein Anspruch auf Herstellung eines schadensfreien Zustandes, jedoch besteht hier kein Anspruch auf Wertersatz, sondern ggf. auf Schmerzensgeld.

Bereits für die Geltendmachung eines Schadensersatzanspruch aus Werkvertrag oder deliktischer Haftung (siehe dazu näheres oben) musste der Geschädigte beweisen, dass die Schadenshandlung mit der Rechtsgutverletzung ursächlich verknüpft ist, also dass eine konkrete Handlung direkt zur Rechtsgutverletzung führt, wie zum Beispiel das Fallenlassen eines Hammers auf den Fuß seines Vertragspartners im Rahmen des § 823 BGB oder die Falschberatung bzgl. der Möglichkeiten zur Steigerung der Energieeffizienz sind ein Mangel im Sinne des § 633 ff. BGB.

Anders dagegen die Problematik der Kausalität zwischen der Rechtsgutverletzung und dem Schaden. Diese ist nun auf der sog. Rechtsfolgenseite eines Anspruchs, also im Rahmen des Schadensersatzes nach § 249 ff. BGB genauer zu prüfen. Der Geschädigte muss nun allerdings für die Geltendmachung eines konkreten Schadens (lediglich) die Wahrscheinlichkeit der Wirkungsverbindung zwischen der Rechtsgutverletzung und dem Schaden dartun. Das bedeutet bei unserem oben genannten Beispiel hier die Verbindung zwischen dem verletzten Fuß und dem sich daraus ergebenden Schaden wie zum Beispiel Heilungskosten, Verdienstausfall, Schmerzensgeld etc. oder auch die Verbindung zwischen dem mangelhaften Energieausweis und die so entstehenden Kosten durch entsprechend eingeleitete – jedoch in ihrer Wirkung – völlig ungeeignete Umbau- bzw. Modernisierungsmaßnahmen.

Diese haftungsausfüllende Wirkung zwischen Rechtsgutverletzung und Schaden ist jedoch nur dann gegeben, wenn die Ursache für den Schaden äquivalent und adäquant ist. Darunter versteht man – vereinfacht ausgedrückt –, dass schadensursächlich alles ist, was nicht hinweggedacht werden kann ohne das auch der Schaden entfällt und das der Schädiger nur für zurechenbare Schäden haftet (im Rahmen seiner Vertragspflicht oder des geschützten Rechtsguts) und nicht für völlig entfernt liegende Schadensfolgen oder für Schäden die durch ganz ungewöhnliche und unwahrscheinliche Verkettungen unglücklicher Umstände entstanden sind.

Schließlich muss der Schädiger auch nicht die Schäden ersetzen, die das allgemeine Lebensrisiko des Geschädigten betreffen und die ihm deshalb nicht zurechenbar sind. Der Schaden muss nach Ansicht der Rechtssprechung unmittelbar aus einer Gefahr erwachsen sein, vor der die Vertrags- oder Rechtsnorm schützen sollte (konkret also im Rahmen des Werkvertrages die Sachmangelhaftung oder im Rahmen des Deliktsrechts die Rechtsgutsverletzung). Zum Beispiel muss ein Energieausweisaussteller für Schäden haften, die durch entstandene Feuchtigkeit in Folge seines fehlerhaften Energieausweises an den Sachen eines Mieters des Bestellers entstanden sind, hingegen für einen unter Umständen so eintretenden Nutzungsausfall der Mietsache muss der Aussteller nur seinem Vertragspartner (dem Besteller des Energieausweis) gegenüber eintreten (BGH NJW 87, 1013). Anders hingegen haftet der Aussteller nicht für den Verdienstausfall, den der unter Bluthochdruck leidende Besteller aufgrund eines – wegen des mangelhaften Energieausweises – erlittenen Wutanfalls und daraus resultierenden Herzinfarktes erleidet.

8.4.1.2.6 Aufwendungsersatz gem. §§ 634 Nr.4, 284 BGB

Der Anspruch auf Aufwendungsersatz kann statt des Rechts auf „Schadensersatz statt der Leistung aufgrund eines Mangels" geltend gemacht werden, dass bedeutet der Besteller hat die Ersetzungsbefugnis Aufwendungsersatz statt Schadensersatz. Demzufolge ist deshalb auch eine Geltendmachung beider Rechte nebeneinander ausgeschlossen.

Anspruchsvoraussetzungen

Da es sich beim Aufwendungsersatz um eine Ersetzungsbefugnis für einen Schadensersatz (konkret: Schadensersatz statt der Leistung aufgrund eines Mangels gem. §§ 280, 281, 283 BGB oder §§ 280, 311a BGB; siehe dazu bereits oben) handelt, müssen die gleichen Voraussetzungen für die Geltendmachung dieses Anspruchs erfüllt sein. Demzufolge muss auch hier insbesondere eine angemessene Nacherfüllungsfrist gesetzt worden sein bzw. muss diese entbehrlich gewesen sein (siehe dazu bereits oben).

Umfang und Höhe eines Aufwendungsersatzes

Der Besteller muss seine Aufwendungen im Vertrauen auf den Erhalt einer mangelfreien Leistung billigerweise gemacht haben. Unter Aufwendungen sind dabei freiwillige Vermögensopfer im eigenen Interesse des Bestellers zu verstehen. Im Vertrauen im o. g. Sinn kann der Besteller diese Aufwendungen allerdings erst nach Vertragsschluss gemacht haben, nicht vorher. Und unbillig hat er seine Aufwendungen getätigt, wenn er mit dem Nichterhalt der vereinbarten Leistung gerechnet hat oder rechnen konnte. Unter ersatzfähiger Aufwendung sind danach zum Beispiel Kosten des Werkvertrages, gegebenenfalls Zeitaufwand des Bestellers, oder auch Kosten der An- und Abfahrt zum Termin für den Vertragsschluss zu verstehen.

8.4.1.2.7 Ausschluss der vertraglichen Haftung

Die gesetzlich im BGB geregelten Rechtsfolgen bei Mängeln im Rahmen eines Werkvertrages können jedoch grundsätzlich von den Vertragsparteien abgedungen werden, dass heißt sie können grundsätzlich andere Regelungen (die das BGB verschärfen, beschränken oder ausschließen) treffen.

Nur für Fälle des arglistigen Verschweigens eines Mangels auf Seiten des Ausstellers oder im Rahmen einer ausdrücklichen Beschaffenheitsgarantie ist die Mangelhaftung des Werkvertragsrechts unabdingbar, also nicht abänderbar (BGH NJW 2002, 2776).

Ausschluss der vertraglichen Haftung im Werkvertrag

Der im Vertrag individuell vereinbarte und klar formulierte vollständige Haftungsausschluss ist rechtlich möglich und erfasst daher auch die schwersten und verstecktesten Mängel.

Ausschluss der vertraglichen Haftung in den allgemeinen Geschäftsbedingungen

Anders hingegen ist ein Haftungsausschluss, der in den allgemeinen Geschäftsbedingungen zum Werkvertrag niedergelegt wurde, zu beurteilen. Hier gilt, dass ein solcher formularmäßig und einseitig vom Aussteller als Verwender der Vertragsbedingungen eingebrachter Haftungsausschluss in der Regel nicht wirksamer Bestandteil des Werkvertrages werden kann.

Ausschluss der vertraglichen Haftung durch Eintritt der Verjährung

Schließlich kommt auch noch die sog. Verjährung der Mangelansprüche aus dem Werkvertragsrecht in Betracht. Danach kann mit Ablauf einer Verjährungsfrist – obwohl ein Anspruch dem Grunde nach noch immer besteht – dieser nicht mehr mit rechtlichen Mitteln (zum Beispiel einer Klage vor Gericht) erfolgreich gegen den Anspruchsgegner durchgesetzt werden, da dieser mit Eintritt der Verjährung ein Leistungsverweigerungsrecht hat.

Die Verjährungszeit für die Haftung des Ausstellers für Ansprüche des Bestellers auf Nacherfüllung, Minderung, Rücktritt und Schadensersatz bei einem mangelhaften Energieausweis ergibt sich aus § 634a Abs.1 Nr.3 BGB. Diese so genannte Regelverjährung gilt für geistige Werke, wie zum Beispiel Auskünfte, Gutachten und wohl auch den Energieausweis und beträgt 3 Jahre. Der Beginn dieser Regelverjährung tritt in der Regel mit dem Schluss des Jahres ein, in dem der Anspruch entstanden ist (hier also das Jahr der Abnahme).

Ausschluss der vertraglichen Haftung für Tätigkeiten des Erfüllungsgehilfen gem. § 278 BGB

Auch hier gilt das bisher für den Aussteller gesagte. So wenig wie diesem persönlich eine schuldhafte Pflichtverletzung nachgewiesen werden muss, sondern dieser sich seinerseits von der Vermutung des „Vertretenmüssens" der Pflichtverletzung entlasten muss, so wenig ist ein Verschulden einer Hilfsperson des Ausstellers eine Anspruchsvoraussetzung. Auch in einem solchen Fall gilt, der Aussteller muss sich entlasten und beweisen, dass weder er persönlich noch seine Hilfspersonen die Leistungsstörung (hier den Mangel) zu vertreten hat.

Unter Erfüllungsgehilfe im Sinne des § 278 BGB ist derjenige gemeint, der mit Wissen und Wollen des Ausstellers an der Erfüllung von dessen Leistungspflicht (Energieausweis) mitwirkt. Dazu muss der Erfüllungsgehilfe nicht vom Aussteller sozial abhängig sein oder dessen Weisungen unterliegen (anders hingegen der Verrichtungsgehilfe gem. § 831 BGB; siehe näheres dazu unter 8.4.3.2). Somit kann nahezu jedermann Erfüllungsgehilfe sein, wie zum Beispiel Familienangehörige, Angestellte, Subunternehmer, freie Handelsvertreter, sonstige gewerblich Selbstständige und auch Freiberufler.

Entscheidend ist für das Eintreten müssen des Ausstellers für das Tätigwerden seines Erfüllungsgehilfen, dass dieser mit seinem Handeln eine Leistungspflicht des Ausstellers verletzt. So wäre zum Beispiel eine mangelhafte Energieausweisausstellung durch einen freiberuflich im Auftrag eines privaten Unternehmens tätigen Ausstellers, ein solches „Vertretenmüssen der Mängel" gegenüber dem Besteller des Ausweises auf Seiten des Werkunternehmens.

Anderes gilt, wenn jemand seine eigene Pflicht verletzt, denn dann ist er kein Erfüllungsgehilfe. So zum Beispiel ist der Hersteller einer speziellen Computersoftware zur Durchführung von Berechnungen zum Energieausweis kein Erfüllungsgehilfe des – diese Software anwendenden – Ausstellers, sondern erfüllt mit dem Programm nur seine eigene Leistungspflicht (die gegenüber dem Aussteller als Käufer dieser Software selbstverständlich mangelhaft war und somit eigene Rechtsfolgen in dieser Geschäftsbeziehung Hersteller und Verkäufer/Aussteller und Käufer auslöst).

8.4.2 Vertrag mit Schutzwirkung für Dritte

Unter Vertrag mit Schutzwirkung für Dritte ist eine durch Gerichte und deren Rechtsprechung entwickelte besondere Vertragsausgestaltung zu verstehen, denn im Gesetzt findet sich ein solcher „Vertrag" nicht.

Danach haften die Vertragsschließenden, hier also der Energieausweisaussteller im Rahmen eines Werkvertrages, indem ein Dritte in den Schutz dieses Vertrages miteinbezogen wird, auch für dessen Schäden die durch eine mangelhafte Vertragsausführung entstehen.

Doch obwohl Dritte sehr selten ausdrücklich in den Schutz eines Vertrages mit aufgenommen werden, gewährt die Rechtsprechung auch Dritten, die nicht ausdrücklich in den Vertrag mit aufgenommen worden sind, unter bestimmten Umständen einen sog. vertraglichen Schutz.

Dritte werden danach durch einen Vertrag geschützt, wenn sie anhand der Umstände und der Interessenlage der Vertragsparteien bestimmungsgemäß mit der vertraglichen Leistung des Ausstellers – für diesen erkennbar – in Berührung kommen und dadurch dessen Vertragsverletzungen – gleich dem eigentlichen Vertragspartner des Ausstellers – ausgesetzt sind. Zudem müssen sie mit dem Besteller eines Energieausweises so eng verbunden sein, dass der Aussteller mit gleicher Sorgfalt handeln muss und sie dürfen keinen eigenen vertraglichen Anspruch gegen den Aussteller haben. Dies gilt zum Beispiel typischerweise für Ansprüche von Kindern die in der Wohnung ihrer Eltern leben, aber nicht selbst Mieter sind.

Schließlich muss die Schädigung des Dritten durch einen Vertragsverletzung des Ausstellers entstanden sein. Anspruch auf eine fehlerfreie Vertragserfüllung hat der Dritte aber nicht, sondern einen eigenen Anspruch auf Schadensersatz.

8.4 Haftung des Energieausweisausstellers

Und auch hier gilt wieder, dem Aussteller ist ein Verschulden nicht nachzuweisen sondern er muss sich gem. § 280 BGB entlasten.

8.4.3 Deliktische Haftung

Neben der unter 8.4.1 dargestellten vertraglichen Haftung kommt grundsätzlich auch noch eine deliktische Haftung des Ausstellers für Schäden im Rahmen der Erstellung eines Energieausweises in Betracht. Daher führt eine fehlende Geltendmachung von Mängelansprüchen entsprechend den Regelungen des Werkvertragsrechts auch grundsätzlich nicht zu einem Scheitern der Geltendmachung von den sich aus Deliktsrecht ergebenden Ersatzansprüchen (bei einer Eigentumsverletzung BGH WM 77, 763).

Für die Geltendmachung von Schäden am Energieausweis selbst ist zudem noch zu beachten, dass sie nicht stoffgleich mit dem Mangelunwert sein dürfen im Zeitpunkt des Eigentumsübergangs (BGH NJW 85, 2420).

Diese deliktische Haftung wird unterteilt in Verschuldenshaftung, Haftung für vermutetes Verschulden und in die Erfolgs- und Gefährdungshaftung. Der Unterschied zur werkvertraglichen Haftung ist, dass der Aussteller hier nun ausschließlich für tatsächliches Verschulden im Rahmen der Energieausweiserstellung haftet und nicht mehr für eine vermutete Pflichtverletzung (siehe dazu bereits oben).

Hierbei beschränken wir uns im Rahmen der Verschuldenshaftung auf die sog. unerlaubten Handlung gem. § 823 Abs.1 BGB und im Rahmen der Haftung für vermutetes Verschulden auf die sog. Haftung für den Verrichtungsgehilfen gem. § 831 BGB, da diese beiden Haftungsregelungen unseres Erachtens die einzigen im Alltagsgeschehen des Energieausweisausstellers relevanten Haftungsregelungen – außerhalb der vertraglichen Haftung – sind.

8.4.3.1 Unerlaubte Handlung gem. § 823 Abs.1 BGB

Grundsätzlich wird die unerlaubte Handlung definiert als eine – erfolgsbezogene – zurechenbare Verletzung eins Rechts oder Rechtsguts. Sie muss zur Begründung eines Schadensersatzanspruchs zudem rechtswidrig und schuldhaft geschehen sein und einen dem Verletzten zurechenbaren Schaden zumindest mit verursacht haben (BGH NJW 00, 3199).

Verletzungshandlung

Als Handlung wird jedes beherrschbare Verhalten definiert, als zurechenbare Verletzungshandlung jedes Verhalten, das eine nachteilige Beeinträchtigung der in § 823 Abs.1 BGB geschützten Rechtsgüter verursacht hat.

Rechtsgutverletzung

Entsprechend dem Wortlaut des § 823 Abs.1 BGB werden hier nur bestimmte besonders geschützte Rechtsgutverletzungen berücksichtigt. Diese gelegentlich auch als „Grundrechte und Grundwerte der Verfassung" bezeichneten Rechtsgüter sind Leben, Körper, Gesundheit, Freiheit, Eigentum und sonstige Rechte.

Leben

Die Verletzung des Lebens bedeutet der Tod.

Ein fehlerhafter Energieausweis der zum Tode führt ist jedoch kaum vorstellbar.

Körper und Gesundheit

Körper und Gesundheit sind nach h. M. untrennbar miteinander verbunden. Dies ergibt sich aus dem Umstand, dass eine Verletzung des Körpers – ein Eingriff in die körperliche Integrität – und die Verletzung der Gesundheit – eine Störung der körperlichen und geistigen oder seelischen Lebensvorgänge ineinander übergehen (BGH NJW 91, 1948).

Zum Beispiel das Einatmen von Sporen im Rahmen einer Schimmelpilzbildung an einer Wohnungs-/Hauswand (grundsätzlich zu schadhaften Immissionen BGH NJW 97, 2748).

Freiheit

Bei der Freiheit im Sinne des § 823 Abs.1 BGB muss die Fortbewegungsfreiheit und nicht die allgemeine Handlungsfreiheit muss hier verletzt sein.

Auch diese Rechtsgutverletzung dürfte im Rahmen einer Energieausweiserstellung kaum eintreten.

Eigentum

Mit Eigentum ist das Recht des Eigentümers an einer Sache im Sinne des BGB gemeint. Eigentumsähnliche Rechte (zum Beispiel des Pächters oder des Mieters) werden hier nicht berücksichtigt.

Unter Eigentumsverletzung versteht man die Einwirkung auf eine Sache, durch die ein entsprechender Schaden eintritt. Die Substanzverletzung und die Entziehung der Sache sind hierunter zu fassen. Es gibt sowohl rechtliche Beeinträchtigungen als auch tatsächliche. Hier ist sicherlich – praxisnäher – die Aufmerksamkeit auf die zweite Gruppe der Beeinträchtigungen zu richten. Sie liegen zum Beispiel bei Einwirkungen auf ein Gebäude bzw. das bebaute Grundstück vor.

Die Ausstellung eines mangelhaften Energieausweises stellt nur unter bestimmten Umständen eine Beeinträchtigung des Gebäudes oder der Wohnung (deren Energieeffizienz festgestellt werden sollte) dar und ist demnach auch nicht immer eine Eigentumsverletzung gegenüber dem Auftraggeber. Entscheidend für die Bewertung ist, ob das Integritätsinteresse des Bestellers durch den mangelhaften Energieausweis berührt wird. Dies ist nur dann zu bejahen, wenn sich der später entstehende Schaden nicht mehr mit dem anfänglichen Mangelunwert deckt.

Sonstige Rechte

Sonstige Rechte sind absolute Rechte, damit sind Rechte mit Ausschließlichkeitscharakter gemeint. Auch ein Miet- oder Pachtrecht als Besitzrecht auf Seiten des Bestellers kann gegenüber dem Aussteller eines fehlerhaften Energieausweises ein sonstiges Recht im oben genannten Sinne sein.

Rechtswidrigkeit der Verletzungshandlung

Für die Frage der Rechtswidrigkeit gilt, grundsätzlich ist jede Verletzung eines der hier genannten Rechte oder Rechtsgüter (siehe oben) rechtswidrig (BGH NJW 96, 3205).

Positives Tun

Eine solche Verletzungshandlung geschieht in der Regel durch positives Tun, also einem konkreten der Bewusstseinskontrolle und der Willenslenkung des Energieausweisausstellers unterliegendem Verhalten.

Unterlassen

Bei einem Unterlassen hingegen muss die Verletzungshandlung ausdrücklich gegen eine Rechtspflicht zum Handeln verstoßen haben. Dies ist typischerweise bei der Verletzung sog. Verkehrssicherungspflichten der Fall. Verkehrssicherungspflichten finden ihre Grundlage in der Schaffung eines eigenen (zusätzlichen) Gefahrenkreises (neben dem des täglichen Lebens) gegenüber anderen, insbesondere auch Dritten (wie zum Beispiel die Erstellung eines Energieausweises für Mietwohnungen).

Mit Rücksicht auf diese Gefährdungen durch die eigene Schaffung eines Gefahrenkreises entstehen weitere Pflichten, eben diese sog. Verkehrssicherungspflichten. Zu ihrem Inhalt gehört dabei insbesondere die allgemeine Aufsichtspflicht gegenüber Dritten, denen die Durchführung oder Ausführung einer solchen Maßnahme mit eigenem Gefahrenkreis aufgetragen worden ist (also insbesondere gegenüber Mitarbeitern oder auch Freiberuflern die im Auftrag eines Unternehmens tätig werden etc.).

Ausschluss der Rechtswidrigkeit

Ein Ausschluss der Rechtswidrigkeit des Ausstellers liegt nur beim Eingreifen eines sog. Rechtfertigungsgrundes vor. Rechtsfertigungsgründe sind unter anderem gesetzlich geregelte Formen wie Notwehr, Selbsthilfe etc., oder zum Beispiel eine Einwilligung des Verletzten in die Verletzungshandlung.

Verschulden

Verschulden bedeutet die endgültige Verantwortlichkeit des Energieausweisausstellers für sein rechtswidriges Verhalten, das heißt das Verhalten des Ausstellers ist ihm vorwerfbar. Andererseits muss nur die Rechtsgutverletzung verschuldet sein, nicht jedoch der Schaden der aus der Rechtsgutverletzung entsteht. Verschulden ist stets zu bejahen bei vorsätzlichem oder fahrlässigem Handeln.

Vorsatz

Vorsatz heißt Wissen und Wollen der Rechtsgutverletzung im Bewusstsein der Rechtswidrigkeit (BGH 118, 208). Dies ist zum Beispiel der Fall, wenn den Aussteller mit der Person des Bestellers eine alte Feindschaft verbindet und er bewusst falsche Angaben in den Energieausweis aufnimmt, um diesen zu schädigen.

Fahrlässigkeit

Fahrlässigkeit ist der Eintritt einer vorhersehbaren und vermeidbaren Rechtsgutverletzung aufgrund einer Missachtung der erforderlichen Sorgfalt. Für eine Pflichtverletzung wird das Verhalten an einem so genannten objektiven Leitbild eines pflichtbewussten und gewissenhaften Ausstellers, der die nötigen Kenntnisse und Fähigkeiten besitzt, gemessen und nicht die konkret persönlichen Kenntnisse des konkret betroffenen Ausstellers berücksichtigt. Als Maßstab für die vom Gesetz verlangte Sorgfalt gilt die, die der Rechtsverkehr in der jeweiligen Situation erfordert. Als Frage etwa könnte hier gestellt werden: „Was hätte ein anderer Energieausweisaussteller aus der Sicht entsprechender Berufsvertretungen hier getan, festgestellt, ermittelt?" Unsitte und Schlamperei sind dabei stets kein Maßstab (BGH NJW 71, 1882).

Zudem gibt es je nach Schwere des Verhaltens auch noch Grade von Fahrlässigkeit, deren Schwere jedoch für den Energieausweisaussteller wohl unbedeutend ist, denn der Aussteller haftet grundsätzlich für jeden Grad von Fahrlässigkeit.

Schuldunfähigkeit

Schließlich darf der Aussteller nicht schuldunfähig gewesen sein. Aber auch hier gilt ähnlich der Pflichtverletzung im Werkvertragsrecht, es wird eine Schuldfähigkeit vermutet, solange der Aussteller nicht anderes dartun kann.

Schuldunfähigkeit läge zum Beispiel vor, wenn der Aussteller bewusstlos war oder in einem Zustand handelt, der die freie Willensbildung ausschließt (BGH 23, 90; BGH 98, 135). Dabei ist aber nicht der Genuss von Alkohol oder anderen Rauschmitteln gemeint, denn ein Konsum solcher Mittel führt nach h. M. stets zur Annahme einer fahrlässigen Begehungsweise und eben nicht zur Schuldunfähigkeit.

Schadenersatz

Rechtsfolge jeder unerlaubten Handlung ist der Anspruch auf Schadensersatz. Es wird dabei der Schaden ersetzt, den die unerlaubte Handlung ausgelöst hat. Grundlage für die konkrete Bestimmung von Art, Inhalt und Umfang des Schadens ist auch hier wieder § 249 BGB (siehe dazu bereits weiter oben unter 8.4.1.2.5).

8.4.3.2 *Ausschluss der deliktischen Haftung*

Der Geltendmachung von Schadensersatzansprüchen im Rahmen des Deliktsrechts stehen aber unter Umständen Tatsachen oder Gründe entgegen, die eine solche Haftung unter Umständen ausschließen.

Ausschluss der deliktischen Haftung im Werkvertrag

Durch eine Vereinbarung kann grundsätzlich auch die deliktische Haftung beschränkt oder sogar ganz ausgeschlossen werden (BGH 9, 295/306). Allerdings erstrecken sich spezielle Vereinbarungen zur vertraglichen Haftungsbeschränkung (siehe oben unter 8.4.1.2.7) eben nicht auf die Haftung aus unerlaubter Handlung. Und natürlich gelten auch hier erhebliche Einschränkungen für die Art und Weise durch die in einem Vertrag eine Haftung aus § 823 beschränkt oder aufgehoben werden kann. So sind für die Frage der Art und des Umfangs einer wirksamen Haftungsbeschränkung die Regelungen des § 276 Abs.3 BGB von großer Bedeutung, wonach ein Haftungsausschluss insbesondere für Vorsatz nicht möglich ist.

Ausschluss der deliktischen Haftung in den allgemeinen Geschäftsbedingungen

Auch §§ 305 ff. BGB und dort insbes. § 307 und § 309 BGB sind hier im Rahmen von der Aufnahme von Haftungsbeschränkungen in die allgemeinen Geschäftsbedingungen erneut zu beachten, wonach ein Haftungsausschluss grundsätzlich nur gesondert – also in einem Individualvertrag – vereinbart werden kann und eine Bestimmung in den allgemeinen Geschäftsbedingungen zu einem Vertrag dazu eben nicht ausreicht (siehe dazu näheres bereits oben).

Ausschluss der deliktischen Haftung durch Eintritt der Verjährung

Gleich den vertraglichen Ansprüchen verjähren auch die Ansprüche des Deliktsrechts aus §§ 823 Abs.1, 831 BGB im Rahmen der sog. Regelverjährungsfrist von 3 Jahren, die mit dem Schluss des Jahres in dem der Anspruch entstanden ist beginnt, gem. § 199 BGB. Aber hier ist nun von Bedeutung, dass für diese Regelverjährung der Verletzte sowohl die anspruchsbegründeten Umstände als auch die Person des Schädigers kennt oder grob fahrlässig nicht kennt. Unter anspruchsbegründeten Tatsachen sind zum Beispiel die Entstehung eines ersten Schadens und die Erkennbarkeit eines Kausalzusammenhangs (Ursachenzusammenhangs) zwischen Schadenshandlung (Energieausweiserstellung) und Schaden (Schimmelpilzbildung). So zum Beispiel wegen der Verlagerung eines Taupunktes von Außen nach Innen durch die Durchführung von Maßnahmen zur Förderung der Energieeffizienz (BGH NJW 2001, 885 und BGH NJW 90, 2808).

Auch das Erkennen bzw. starke Vermuten eines Verschuldens durch den Energieausweisaussteller (BGH NJW 2001, 885) führt bereits zum Beginn dieser – kurzen – Verjährung.

Liegt eine Rechtsgutverletzung bezüglich des Lebens, des Körpers, der Gesundheit oder der Freiheit vor (zur näheren Erläuterung dieser Rechtsgüter siehe oben), gilt für die Verjährung gem. § 199 Abs.2 BGB eine 30-Jahres-Frist beginnend mit der Vornahme der Handlung, die den Schadensersatzanspruch begründet.

Bei einer Verletzung von Eigentum oder einem sonstigen Recht (zur näheren Erläuterung dieser Rechtsgüter siehe oben) gilt für die Verjährung von Schadensersatzansprüchen gem. § 199 Abs.3 BGB eine Frist von 10 Jahren ab ihrer Entstehung und sogar eine Frist von 30 Jahren – ohne Rücksicht auf ihre Entstehung – von der Begehung der Handlung, der Pflichtverletzung oder dem sonstigen den Schaden auslösenden Ereignis an.

Ausschluss der deliktischen Haftung für Tätigkeiten des Verrichtungsgehilfen gem. § 831 BGB

Wenn der Werkunternehmer einen Mitarbeiter zur Durchführung der Erstellung eines Energieausweises bestellt und dieser im Rahmen der Ausführung dieser Arbeiten einem Dritten Schaden zufügt, haftet dafür der Werkunternehmer. Grundgedanke für diese Haftung ist die Weisungsgebundenheit des Verrichtungsgehilfen und die Weisungsbefugnis seines Geschäftsherrn. Anders dagegen der selbstständige Unternehmer, der nie Verrichtungsgehilfe ist und bei dessen Tätigwerden „nur" eine Haftung des Auftraggebers für ihn als Erfüllungsgehilfe in Betracht kommen kann (siehe dazu oben).

Die Widerrechtlichkeit des Handelns eines Verrichtungsgehilfen ergibt sich mit der Begehung einer Rechtsgutverletzung (zzgl. Rechtswidrigkeit und Verschulden) und auch nur, wenn diese unmittelbar im Rahmen der Verrichtungsausführung zu einem Schaden führt.

Die Verantwortlichkeit des Geschäftsherrn wird dann stets vermutet, und nur wenn dieser sein Verschulden widerlegen kann, zum Beispiel durch den Nachweis sorgfältiger Auswahl und steter Überwachung seiner Verrichtungsgehilfen oder durch die Widerlegung der Unmittelbarkeit des Schadenseintritts durch die Ausführungshandlung, haftet er ausnahmsweise nicht.

8.5 Haftung des Verwenders des Energieausweises für Wohngebäude oder Nichtwohngebäude

Auch auf Seiten des Auftraggebers für einen Energieausweise (sog. Besteller im Werkvertragsrecht) wird die Haftung für die Verwendung eines inhaltlich unrichtigen Energieausweises gegenüber Dritten durch die Anwendung von Vorschriften des BGB geregelt und auch hier ist – gleich der Haftung des Ausstellers – zu unterscheiden zwischen einer vertraglichen Haftung und einer deliktischen Haftung.

Dementsprechend wird nun auch hier zunächst die vertragliche Haftung als Grundlage für Ansprüche gegen einen Energieausweisverwender besprochen und im Anschluss daran die möglichen deliktischen Schadensersatzansprüche behandelt.

Zu klären ist aber noch vorab, wer in der Regel überhaupt Verwender eines Energieausweises für Wohngebäude und Nichtwohngebäude ist.

8.5 Haftung des Verwenders des Energieausweises

Bereits in der Richtlinie 2002/91/EG des Europäischen Parlaments und des Europäischen Rates vom 16. Dezember 2002 über die Gesamtenergieeffizienz von Gebäuden in Art. 7 Absatz 1 und Absatz 3 wurde dazu bereits festgelegt, „... dass beim Bau, beim Verkauf oder bei der Vermietung von Gebäuden dem Eigentümer bzw. dem potenziellen Käufer oder Mieter vom Eigentümer ein Ausweis über die Gesamtenergieeffizienz vorgelegt wird..." und „dass bei Gebäuden mit einer Gesamtnutzungsfläche von über 1.000 qm, die von Behörden und von Einrichtungen genutzt werden, die für eine große Anzahl von Menschen öffentliche Dienstleistungen erbringen und die deshalb von diesen Menschen häufig aufgesucht werden, ein ... Ausweis über die Gesamtenergieeffizienz an einer für die Öffentlichkeit gut sichtbaren Stelle angebracht wird."

Nach § 16 Absatz 2 EnEV 2007 kommen nun zum Verkäufer und Vermieter auch noch der Verpächter und der Leasinggeber bei Wohngebäuden (als Ergänzung wegen der bezüglich des Vertragszwecks ähnlich gestalteten Vertragsverhältnisse nach dem BGB) und der Verkäufer von selbstständigen Eigentum an einem Gebäude oder Wohnungs- oder Teileigentum hinzu.

Und in § 16 Absatz 3 EnEV 2007 wird die Pflicht zum Aushang ausdrücklich dem Eigentümer des Nichtwohngebäudes (welches heute in stark zunehmendem Masse oft nicht mehr der Anbieter der öffentlichen Dienstleistung ist) auferlegt.

Somit kommt als Verwender eines Energieausweises typischerweise der Verkäufer als Eigentümer (von bebauten Grundstücken, Gebäuden, Wohnungs- oder Teileigentum) wie auch der Vermieter, Verpächter und Leasinggeber als Eigentümer eines Gebäudes einer Wohnung oder eines Teileigentums in Betracht.

8.5.1 Vertragliche Haftung des Verwenders

Natürlich muss für einen Anspruch aus vertraglicher Haftung gegen den Verwender eines Energieausweises zuvor überhaupt ein Vertrag geschlossen worden sein. Da der Verwender in der Regel Vermieter oder Verkäufer ist, werden im Folgenden der Mietvertrag und der Kaufvertrag näher besprochen (denn die Regelungen zum Mietvertrag gelten insoweit auch für den Verpächter und Leasinggeber).

Da jedoch viele Voraussetzungen und Rechtsfolgen einer vertraglichen Haftung im Rahmen des Schuldrechtsmodernisierungsgesetzes zum 01. Januar 2002 im BGB vereinheitlicht worden sind, kann und wird in den folgenden Abschnitten zum Miet- und Kaufvertrag auf die bereits umfänglich erläuterten diesbezüglichen Regelungen des Werkvertragsrechts verwiesen. Denn mit der Betrachtung der Haftung eines (neuen) Schuldners (statt dem Aussteller nun also der Verwender) ändern sich nämlich die (im Wesentlichen) einheitlichen Regelungen zur vertraglichen Haftung (statt dem Werkvertrag nun also der Miet- bzw. Kaufvertrag) nicht.

8.5.1.1 Mietvertrag

Der Vermieter über Wohnraum – in der Regel Haus oder Wohnung – schließt einen Mietvertrag mit dem Mieter. Dieser Mietvertrag unterliegt zwingend dem Erfordernis der Schriftform für seine Wirksamkeit, wenn das Vertragsverhältnis länger als 1 Jahr gelten soll.

Haftung des Vermieters aus Mietvertrag

Somit ergibt sich auch die vertragliche Haftung des Vermieters als Energieausweisverwender aus dem entsprechend Regelungen des Mietrechts. Dies gilt insbesondere für den Rechtsgrund einer Haftung.

Erfüllung/Gefahrübergang/Beweispflicht

Hauptpflicht des Vermieters ist, dem Mieter den Gebrauch der Mietsache während der Mietzeit (in einem zum Gebrauch geeignetem Zustand) zu gewähren. Nur wenn der Vermieter diesen Pflichten zeitlich, räumlich und inhaltlich entspricht, erfüllt er seine Leistung entsprechend dem Mietvertrag. Mit der Gebrauchsgewährung an der Mietsache geht dann aber die Gefahr für den Zustand der Mietsache grundsätzlich auf den Mieter über. Ein Mangel an der Mietsache kann aber nicht nur im Zeitpunkt der bestimmungsgemäßen (Gebrauchs-)übernahme bereits vorhanden gewesen sein, sondern die Mietsache auch noch erst später befallen. Aber auch im Mietrecht muss der Mieter, wenn er die Sache erst einmal vorbehaltlos angenommen hat und damit der sog. Gefahrübergang erfolgt ist, den Mangel beweisen (BGH NJW 85, 2328).

Art des Mangels

Die hier in Betracht kommenden Arten von Mängeln einer Mietsache sind entweder ein Sachmangel oder das Fehlen einer zugesicherten Eigenschaft gem. § 536 Abs.1 und 2 BGB. Danach kann ein Sachmangel in der Beschaffenheit der Mietsache selbst, durch äußere Einwirkung auf die Mietsache oder durch eine öffentlich-rechtliche Gebrauchsbeschränkung der Mietsache liegen. Zudem ist die Mietsache auch dann mangelhaft, wenn ihr eine zugesicherte Eigenschaft fehlt.

Mängel in der Beschaffenheit der Mietsache selbst

Darunter sind alle nicht unerheblichen und für den Mieter nachteiligen Abweichungen des tatsächlichen Zustandes der Mietsache vom vertraglich vorausgesetzten Zustand (BGH NJW 00, 1714). Die Abweichung muss dabei die Tauglichkeit zu dem von den Vertragsparteien konkret vorausgesetzten vertragsgemäßen Gebrauch aufheben oder erheblich mindern.

Durch die Verwendung von unrichtigen Energieausweisangaben ist unseres Erachtens eine unmittelbare (körperliche) Beschaffenheit der Mietsache selbst (Wohnung, Haus) nicht betroffen. Dies kann sich jedoch ändern, wenn aufgrund falscher Empfehlungen im

8.5 Haftung des Verwenders des Energieausweises

Energieausweis und deren Umsetzung durch den Vermieter, es zu Schäden an der Mietsache selbst kommt, wie zum Beispiel zur Schimmelpilzbildung o. Ä.

Mangel durch äußere Einwirkung auf die Mietsache

Insbesondere Lärm, Luftverschmutzung Geruch begründen danach einen Mangel. Ein Mangel durch solche äußere Einwirkung kommt jedoch im Zusammenhang mit dem Energieausweis weder direkt noch indirekt in Betracht.

Mangel durch öffentlich-rechtliche Gebrauchsbeschränkung

Ein Mangel durch öffentlich-rechtliche Gebrauchsbeschränkung können zum Beispiel Nutzungsbeschränkungen durch die zuständige Bau(aufsichts)behörde sein, die eine Beschränkung im Gebrauch der Mietsache herbeiführt (so bei einem ausgebauten Dachgeschoss welches vermietet wird, und für das es zuvor bei der Erstellung keine Baugenehmigung gegeben hat und auch keine Genehmigungsfähigkeit im Nachhinein erwirkt werden kann).

Auch hier gilt, dass eine Bezugnahme auf den Energieausweis in der Regel nicht vorstellbar ist.

Fehlen einer zugesicherten Eigenschaft

Grundsätzlich erfordert eine Zusicherung im Sinne des Gesetzes, dass der diese Eigenschaft zusichernde Vertragspartner für die konkrete Zusicherung die vertragliche Garantie übernimmt, für ein Fehlen dieser zugesicherten Eigenschaft (und aller Folgen daraus) einzustehen.

Eine solche Zusicherung kann ausdrücklich im Vertrag erfolgen, aber auch stillschweigend vereinbart sein, wenn der Vermieter eine entsprechende Erklärung abgibt oder sich entsprechend (eindeutig) verhält. Bloße Beschreibungen oder Gebrauchszweckangaben zur Mietsache sind daher keine Zusicherung (BGH NJW 2000, 1714).

Als Eigenschaft für eine Zusicherung eignet sich jede Beschaffenheit der Mietsache selbst, jedes tatsächliche oder rechtliche Verhältnis, dass für die Brauchbarkeit oder den Wert der Mietsache von Bedeutung ist und seinen Grund in der Beschaffenheit der Mietsache selbst hat, von ihr ausgeht, ihr für gewisse Zeit anhaftet und nicht nur durch Umstände außerhalb der Mietsache in Erscheinung tritt (BGH NJW 2000, 1714). Eigenschaften die nicht zugesichert wurden können u.U. aber auch noch als ein Sachmangel bewertet werden (siehe oben).

Beim Energieausweis handelt es sich, aufgrund der dort bestimmten Energieeffizienz die sich auf ein konkretes Gebäude bezieht (welches ganz oder zum Teil – Wohnung – vermietet wird), sicherlich bei den darin getroffenen inhaltlichen Angaben/Informationen zur Mietsache um eine Eigenschaft im Sinne dieses Gesetzes.

Fraglich jedoch ist, ob die bloße Vorlage eines Energieausweises vom Vermieter gegenüber seinen Mietern auch eine Zusicherung im Sinne dieses Gesetzes darstellt. Zur Klärung dieser Problematik ist zunächst zu entscheiden, ob es sich bei der Vorlage eines Energieausweises um eine sog. vertragliche Haupt- oder Nebenpflicht handelt. Denn eine vertragliche Nebenpflicht zur Kenntnisgabe des Energieausweises ist bezüglich dieser Rechtsgewährung sicher nicht als eine ausdrückliche Zusicherung im Sinne dieses Gesetzes zu bewerten, da die Zusicherung einer Eigenschaft einer Mietsache vom Gesetzgeber als eine Hauptpflicht des Mietvertrages statuiert worden ist.

Zur Bewertung ob es sich bei dem Energieausweis für den Vermieter also um eine Haupt- oder Nebenpflicht handelt, müssen – mangels einer zur Zeit dazu bestehenden Rechtssprechung – andere Bewertungskriterien zur Entscheidung herangezogen werden.

Scheinbar handelt es sich beim Energieausweis um eine Auskunfts- bzw. Informationserteilung an den Mieter, denn gem. § 5a Satz 3 EnEG gilt: „… Die Energieausweise dienen lediglich der Information." Gleiches ist nun auch wörtlich geregelt in §§ 18 und 19 in Verbindung mit Anhang 6 EnEV 2007. Grundsätzlich sind Auskunftspflichten des Vermieter stets „nur" Nebenpflichten des Mietvertragsverhältnisses (Lützenkirchen Anwaltshandbuch Mietrecht, 2. Auflage 2003, Kapitel I Rdn. 186, 189). So wie zum Beispiel auch der bereits bestehende Aufklärungsanspruch des Mieters aus § 29 NMV. Dort muss der Vermieter „dem Mieter auf Verlangen Auskunft über die Ermittlung und Zusammensetzung der zulässigen Miete geben und muss (ihm) Einsicht in die Wirtschaftlichkeitsberechnung und sonstige Unterlagen, die eine Berechnung der Miete ermöglichen, gewähren."

Doch es liegt ein wesentlicher Unterschied in der Formulierung der Aufklärungspflicht nach § 29 NMV und der Vorlage des Energieausweises, welche eine Vergleichbarkeit mangels wesentlicher Identität der Ansprüche unter Umständen ausschließt. Denn in der NMV geschieht die Aufklärung nur „auf Verlangen des Mieters", während es in der Richtlinie 2002/91 EG in Art. 7 Abs.1 heißt: „Die Mietgliedstaaten stellen sicher, dass … bei der Vermietung von Gebäuden dem potentiellen …. Mieter vom Eigentümer eine Ausweis über die Gesamtenergieeffizienz vorgelegt wird." Und auch § 16 Absatz 2 und 3 EnEV 2007 spricht ausdrücklich von „hat … zugänglich machen" und von „hat … auszuhängen". Und weiter heißt es dann in Art. 7 Abs. 2 der Richtlinie 2002/91 EG: „Der Ausweis über die Gesamtenergieeffizienz von Gebäuden muss Referenzwerte wie gültige Rechtsnormen und Vergleichskennwerte enthalten, um den Verbrauchern einen Vergleich und eine Beurteilung der Gesamtenergieeffizienz des Gebäudes zu ermöglichen. … Die Energieausweise dienen lediglich der Information; etwaige Rechtswirkungen oder sonstige Wirkungen dieser Ausweise bestimmen sich nach den einzelstaatlichen Vorschriften." Und folglich sind in §§ 17, 18 und 19 EnEV 2007 ebenfalls entsprechende Regelungen getroffen worden.

Aus der EU Richtlinie und der EnEV 2007 ergibt sich damit eindeutig die wesentlich umfassendere Verpflichtung des Vermieters im Gegensatz zur Auskunft i. S. d. § 29 NMV. Denn hier besteht ein Zwang für den Vermieter – ohne Ausdruck irgendeines Verlangens oder einer Nachfrage o. Ä. – dem potentiellen Mieter den Ausweis vorzulegen. Des Weiteren sollen so ein Vergleich und eine Beurteilung der Gesamtenergieeffizienz bereits dem potentiellen Mieter möglich sein (also sogar noch vor Vertragsschluss). Und schließlich folgt dem Halbsatz über den Pass der lediglich der „Information dienen soll", in der Richtlinie 2002/91 EG der äußert entscheidende Nachsatz der sonstigen Wirkungen dieser

Richtlinie – somit also auch der vertragsrechtlichen Bewertung dieser Pflicht und der gegebenenfalls daraus resultierenden Haftung – nach einzelstaatlichem Recht, hier also nach deutschen Recht und somit konkret nach dem BGB.

Damit kehren wir wieder zurück zur Frage nach der Bedeutung des Energieausweises. Ist er danach als bloße Aufklärung zu verstehen und somit lediglich eine Nebenpflicht zum Mietvertrage und mithin keine Zusicherung, oder ist er mehr als eine bloße Nebenpflicht und somit eine eindeutige Zusicherung?

Tatsächlich wollte der europäische Gesetzgeber doch offensichtlich dem Wortlaut der Richtlinie nach, dem potentiellen Mieter schon vor dem Vertragsschluss eine wesentliche Entscheidungshilfe über die Sinnhaftigkeit einer Anmietung von einem Gebäude oder einer Wohnung unter dem Gesichtspunkt der Energieeffizienz bieten. Er hat mit der Schaffung dieser Richtlinie und wohl auch unter Berücksichtigung der Gesamtentwicklung des Energiebedarfs der Gesellschaft diesem Bewertungsmoment mit einer eigens in dieser Richtlinie geschaffenen Regelung Rechnung getragen, sodass eine besondere Bedeutung (auch unter Außerachtlassung der jüngsten marktwirtschaftlichen Entwicklung von Energiekosten) eindeutig ist. Ebenso eindeutig ist die Verpflichtung des deutschen Gesetzgebers hinsichtlich der Umsetzung von EU-Richtlinien, und zwar nicht nur bezüglich des originären Wortlauts einer Richtlinie, sondern vor allem auch hinsichtlich des Ziels, welches mit jeder Richtlinie erreicht werden soll. Denn dieses Ziel gilt es zu finden und in nationales Recht umzusetzen. Und dieser Verpflichtung kommt nun die EnEV 2007 entsprechend eindeutig nach.

Danach besteht kein Zweifel mehr, dass mit der Vorlage eines Energieausweises nicht nur eine bloße vertragliche Nebenpflicht seitens des Vermieters erfüllt werden soll, sondern vielmehr eine vertragliche Hauptpflicht im deutschen Recht schließlich im Sinne einer zugesicherten Eigenschaft gem. § 536 Abs.2 BGB angenommen werden muss.

Rechtsfolgen eines Mangels (Haftung)

Anders als im Werkvertragsrecht ist hier eine Mangelbeseitigung mit einer Vertragserfüllung gleichzusetzen. Deswegen heißt es auch in § 535 Abs.1 Satz 2 BGB: „Der Vermieter hat die Mietsache dem Mieter in einem zum vertragsgemäßen Gebrauch geeigneten Zustand zu überlassen und sie während der Mietzeit in diesem Zustand zu erhalten."

Daraus ergibt sich die Verpflichtung zur Instandsetzung der Mietsache (Wiederherstellung durch Beseitigung etwaiger Schäden) und zur Instandhaltung der Mietsache (Erhalt des vertrags- und ordnungsgemäßen Zustandes). Hierunter würde schließlich auch die Beseitigung der Folgen eines mangelhaften Energieausweises, wie zum Beispiel eine Beseitigung von Schimmelpilzbildung an Wohnungsinnenwänden, die aufgrund ungeeigneter Modernisierungsmaßnahmen in Folge unrichtiger Empfehlungen entstanden sind, fallen.

Mit den Rechtsfolgen eines Mangels ist hier die Gewährleistung des Vermieters für Sachmängel oder das Fehlen einer zugesicherten Eigenschaft gemeint. Daraus ergibt sich eben nicht ein Anspruch auf Mangelbeseitigung (siehe oben), sondern ein Anspruch auf Mietminderung, Schadensersatz, Aufwendungsersatz und fristlose Kündigung.

Natürlich ist für die Geltendmachung der Gewährleistungsrechte stets zuvor eine Mangelanzeige des Mieters gegenüber dem Vermieter erforderlich und wird sogar vom Gesetzgeber ausdrücklich verlangt gem. § 536 c BGB. Die Erklärung sollte dabei den Ort, das Ausmaß und gegebenenfalls das zeitliche Auftreten des Mangels beinhalten, damit der Vermieter vor Schäden an seiner Sache bewahrt wird, und ihm Gelegenheit zur Erfüllung seiner Erhaltungspflicht gegeben wird (OLG Hamburg WM 1991, 328). Darüber hinaus wird in der Regel mit der Mangelanzeige auch die Aufforderung zur Beseitigung des Mangels einhergehen, auch wenn diese nicht zwingend ist. Zudem wird mit der Aufforderung üblicherweise dem Vermieter auch eine Frist zur Beseitigung des Mangels beigefügt. Beiden Inhalten – Aufforderung und Fristsetzung zur Beseitigung – kommt nämlich im Rahmen des Verlangens auf Schadensersatz gegebenenfalls noch eine weitergehende gewichtige Bedeutung zu.

8.5.1.1.1 Mietminderung

Unter Mietminderung versteht man eine angemessene Kürzung bis hin zur völligen Aufhebung einer Mietzinsverpflichtung des Mieters gegenüber seinem Vermieter, solange bis die teilweise Gebrauchsminderung oder auch völlige Gebrauchsaufhebung beseitigt worden ist.

Dabei handelt es sich jedoch nicht um einen Anspruch bzw. ein Gestaltungsrecht des Mieters welches er geltend machen muss, sondern durch diese gesetzliche Regelung wird die eigentliche Zahlungspflicht des Mieters unmittelbar gekürzt oder beseitigt (BGH NJW 87, 1072), sodass eine entsprechende Erklärung der Mietminderung vor Ausübung derselben gegenüber dem Vermieter nicht erfolgt sein muss (BGH ZMR 1985, 403). Natürlich ist aber auch hier stets eine Mangelanzeige an den Vermieter zwingend.

8.5.1.1.2 Schadensersatz

Neben die eingeschränkte Mietzinszahlungsverpflichtung des Mieters tritt das Recht auf Schadensersatz. Der Vermieter muss den Mieter schadlos stellen, das heißt er ist so zu stellen als wenn die Mietsache mangelfrei wäre (Mangelbeseitigungskosten etc.). Hier sind insbesondere aber auch die Mangelfolgeschäden zu berücksichtigen, die der Mieter an Gesundheit, Eigentum etc. erleidet.

Der Schadenersatz knüpft dabei an vier unterschiedliche Umstände an, die jeweils verschiedene Haftungsgründe auslösen. Zunächst gilt aber auch hier, dass der Mieter den Mangel dem Vermieter anzeigen, Beseitigung verlangen und gegebenenfalls dafür Fristen setzen muss.

Danach ergeben sich folgende Haftungsgründe:

- Mangel bei Vertragsschluss, sog. Garantiehaftung
- Mangel nach Vertragsschluss, sog. Verschuldenshaftung
- Verzug des Vermieters bei der Mangelbeseitigung, sog. Verzugshaftung
- Fehlen einer zugesicherten Eigenschaft, sog. Garantiehaftung

8.5 Haftung des Verwenders des Energieausweises

Mangel bei Vertragsschluss

Hier muss der Mangel offen oder versteckt bereits im Zeitpunkt des Vertragsschlusses vorhanden gewesen sein. Ein Verschulden des Vermieters hingegen ist nicht erforderlich (BGH NJW 99, 635). Der Mieter kann auf diesem Wege Schadensersatz wegen Nichterfüllung verlangen.

Da hier grundsätzlich auch Mangelfolgeschäden geltend gemacht werden können, ist zum Beispiel im Falle einer Schimmelpilzbildung an einer Wand – hinter einem Schrank oder einem Bild – neben dem Schaden an der Sache selbst (Wand und Tapete) hier auch der Schaden zum Beispiel an dem teuren Edelholzschrank, dem Maßanzug oder Modellkleid oder dem kostbaren Ölgemälde unter Umständen zu ersetzen. Oder auch Gesundheitsbeeinträchtigungen wie durch den Schimmelpilz hervorgerufener Asthma oder Hautreizungen o. Ä. können darunter fallen. Schließlich greift zum Beispiel für die Kinder des Mieters (die ja nicht selbst Vertragspartner des Vermieters sind) die sog. Schutzwirkung (jetzt des Mietvertrages) für sie als sog. Dritte (siehe dazu ausführlich bereits oben unter 8.4.2).

Mangel nach Vertragsschluss

Auch hier steht dem Mieter ein Anspruch auf Schadensersatz wegen Nichterfüllung zu. Da der Mangel jedoch erst nach Beginn des Mietverhältnisses entstanden ist, muss der Vermieter den Eintritt des konkreten Mangels zu vertreten haben. Vertreten muss er jedoch den Mangel stets, es sei denn er könnte sich ausdrücklich von der Haftung entlasten gem. § 280 Abs.1 Satz 2 BGB (siehe dazu bereits sehr ausführlich oben).

Verzug des Vermieters bei der Mangelbeseitigung

Ein Schaden oder Mangelfolgeschaden kann dem Mieter natürlich auch dann entstehen, wenn der Vermieter mit der Beseitigung des Mangels in Verzug gerät. Dazu ist selbstverständlich vorab eine Mangelanzeige verbunden mit einer Beseitigungsaufforderung mit angemessener Fristsetzung erforderlich (siehe dazu bereits oben).

Fehlen einer zugesicherten Eigenschaft

Wie bereits umfänglich erläutert handelt es sich bei der Vorlage eines Energieausweises bei den darin enthaltenen Informationen um vom Vermieter zugesicherte Eigenschaften der Mietsache. Gerade für den unrichtigen Energieausweis selbst tritt hier ein direkter Schadensersatzanspruch auf Seiten des Mieters ein.

Gleichwohl muss dabei aber auch berücksichtigt werden, dass die Gebäudeenergieeffizienz grundsätzlich keine konkret zu erwartenden Energieverbrauchswerte für den Mieter darstellt. Die Energieeffizienz ist vielmehr die Darstellung der Energiebedarfswerte eines konkreten Gebäudes (mit der/den jeweiligen Wohnung/-en darin) in einer bestimmten Bauweise und mit einer bestimmten Energiequelle ausgestattet. Dementsprechend ist der § 8 EnEV 2007 zum Energieausweis bzw. der Ausstellung auf der Grundlage des Energiebedarfs (sog. Energiebedarfsausweis) zu verstehen.

Da nun aber die Bundesregierung die Einführung auch von Energieausweisen bzw. deren Ausstellung auf der Grundlage des Energieverbrauchs in § 19 EnEV 2007 beabsichtigt (sog. Energieverbrauchsausweis) ändert sich das bisher für den Energiebedarfsausweis festgestellte zumindest teilweise.

Hat zum Beispiel ein Wohngebäude mit zwei baugleichen Wohnungen auch den Energieverbrauchskennwert 150 kWh in seinem Energieverbrauchsausweis ausgewiesen, kann der tatsächliche Energieverbrauch einer ganzjährig stark heizenden älteren Frau in der einen Wohnung noch immer ein ganz anderer sein, als der eines jungen Studenten und Wochenendfahrers in der anderen Wohnung. Aufgrund des individuellen Nutzungs- und Energieverbrauchsverhaltens ist insoweit kein Rückschluss des neuen möglichen Mieters bezogen auf seine Mietnebenkosten für Energieverbrauch durch die Einsicht in einen Energieausweis (egal ob Bedarfs- oder Verbrauchsausweis) möglich.

Zugleich aber sind konkrete Angaben des Vermieters zu den Energieverbrauchsgewohnheiten der Vormieter in Verbindung mit der Zugänglichmachung des Energieverbrauchsausweises dann anders zu bewerten. So zum Beispiel wenn der Vermieter eine 4-köpfige Familie mit 2 kleinen Kindern als Vormieter für das Einfamilienhaus angibt und in diesem Sachzusammenhang den Energieverbrauchsausweis (stets ermittelt durch eine Mischkalkulation der letzten 3 Jahre) der interessierten Einzelperson als Nachmieter zugänglich macht.

Daraus ergibt sich unseres Erachtens, dass falls ein Mieter einen Energieausweis mit einer falschen (sprich besseren) Energieeffizienz für das Wohngebäude vorgelegt bekommen hat, ein konkreter Schaden aus einem – dann natürlich vom Mieter behaupteten – erhöhten Energieverbrauch hier nicht grundsätzlich geltend gemacht werden kann, sondern nur im Falle einer Falschauskunft des Vermieters oder seines Vertreters (zum Beispiel Makler) in Zusammenspiel mit dem zugänglich gemachten Energieverbrauchsausweis.

Zudem bleibt noch die Frage, ob nicht ein Schaden auch abstrakt messbar ist durch die Bewertung von vergleichbaren Mietsachen und deren Mietzins zum Beispiel unter Berücksichtigung der tatsächlichen Energieeffizienz, oder auch die Heranziehung von vergleichbaren Mietsachen mit sehr ähnlicher Personenbelegung und typischen Verbrauchsverhalten. Antworten darauf in Form von Reaktionen der Fachwelt, durch Entscheidung von Gerichten oder gar durch weitere gesetzgeberische Initiativen dazu bleiben wohl für einen Zeitraum von mehreren Jahren abzuwarten.

8.5.1.1.3 Aufwendungsersatz

Nach § 536 a Abs.2 BGB steht dem Mieter zudem nach Eintritt des Verzugs für die Mängelbeseitigung durch den Vermieter Ersatz für diejenigen Aufwendungen zu, die im Rahmen einer – nicht notwendigerweise selbst – durchgeführten Mangelbeseitigung notwendig waren (also auch Kosten einer vom Mieter beauftragten Fachfirma).

8.5.1.1.4 Fristlose Kündigung

Schließlich steht dem Mieter bei erheblichen Mängeln der Mietsache neben den o. g. Gewährleistungsrechten auch das Recht einer fristlosen Kündigung gem. § 543 Abs. 2 Nr. 1

8.5 Haftung des Verwenders des Energieausweises

BGB zu. Voraussetzung dafür ist jedoch, dass der Mieter nicht nur den Mangel angezeigt, sondern auch eine angemessene Abhilfefrist gesetzt hat, die erfolglos verstrichen ist (LG Berlin, GE 1999, 45).

8.5.1.1.5 Ausschluss der vertraglichen Haftung

Eine ausdrückliche Besonderheit zum Ausschluss der vertraglichen Haftung im Mietrecht gilt für zum Nachteil der Mieter abweichende Vereinbarungen zur Mietminderung – ob nun im Individualvertrag oder in allgemeinen Geschäftsbedingungen –, denn sie sind ausdrücklich unwirksam gem. § 536 IV BGB.

Ansonsten gilt für den Ausschluss der vertraglichen Haftung das bereits zum Werkvertrag dargelegte uneingeschränkt auch für den Mietvertrag.

Ausschlusses der vertraglichen Haftung im Mietvertrag

Ein Ausschluss ist grundsätzlich möglich (BGH NJW 2002, 3232).

Ausschluss der vertraglichen Haftung in den allgemeinen Geschäftsbedingungen

Ein Ausschluss ist in der Regel eher nicht wirksam (BGH NJW 2002, 673).

Ausschluss der vertraglichen Haftung durch Eintritt der Verjährung

Im Mietvertragsrecht gilt gem. § 548 für die o. g. Ansprüche des Mieters eine deutlich kürzere Verjährungsfrist von nur 6 Monaten im Verhältnis zur sog. regelmäßigen Verjährungsfrist. Sie beginnt mit der rechtlichen Beendigung des Mietverhältnisses, zum Beispiel ist das der Zeitpunkt der in einer schriftlichen Kündigung genannt wird und nicht der tatsächliche Auszugstermin. Und auch für die deliktische Haftung aus unerlaubter Handlung gem. § 823 BGB gilt diese kurze Verjährungsfrist (BGH NJW 93, 2797).

Ausschluss der vertraglichen Haftung für Tätigkeiten des Erfüllungsgehilfen gem. § 278 BGB

Ein Ausschluss ist grundsätzlich möglich, wenn sich der Vermieter entlasten kann (siehe ausführlich dazu oben unter 8.4.1.2.7).

8.5.1.2 Kaufvertrag

Der Eigentümer eines bebauten Grundstücks, einer sich in seinem Eigentum befindlichen Wohnung, Gewerbefläche etc. schließt als Verkäufer einen Kaufvertrag mit dem Käufer. Dieser Kaufvertrag unterliegt zwingend dem Formerfordernis der notariellen Beurkundung für seine Wirksamkeit. Eine Übereignung findet – anders als bei beweglichen Kaufsachen – nicht durch Einigung und Übergabe statt, sondern durch Einigung und Eintragung ins Grundbuch, Wohnungsgrundbuch oder Teileigentumsgrundbuch statt.

Haftung des Verkäufers aus Kaufvertrag

Auch die vertragliche Haftung des Energieausweisverwenders ergibt sich demzufolge aus dem entsprechend Regelungen des Kaufrechts. Dies gilt sowohl für den Rechtsgrund einer Haftung, wie auch für Art und der Umfang der Haftung.

Erfüllung/Gefahrübergang/Beweispflicht

Da der Verkäufer eine mangelfreie Sache schuldet, muss er unter Umständen beweisen, dass er diese Leistungspflicht erfüllt, also die Kaufsache in mangelfreiem Zustand übergeben hat (zur „Übergabe" eines Grundstücks etc. siehe oben).

Hat der Käufer das bebaute Grundstück, die Wohnung oder das Teileigentum als Erfüllung des Vertrages angenommen, tritt ein Gefahrübergang für den Zustand der Kaufsache und bezüglich der Beweislast für Mängel an der Kaufsache ein. Denn der Mangel an der Kaufsache muss gem. § 434 Abs.1 BGB im Zeitpunkt der Einigung und Eintragung ins Grundbuch bereits vorhanden gewesen sein, will der Käufer gegen den Verkäufer deswegen Ansprüche geltend machen (BGH NJW 72, 1462). Somit muss der Käufer nach Gefahrübergang den Mangel und sein Vorhandensein im Zeitpunkt des Gefahrübergangs beweisen, wenn er den Mangel an der Kaufsache – zum Beispiel dem Haus – erst nach der Einigung und Eintragung ins Grundbuch entdeckt.

Art des Mangels

Auch im Kaufrecht gibt es grundsätzlich den Sach- und den Rechtsmängel. Im Rahmen der hier zu besprechenden Probleme ist jedoch ein Rechtsmangel als Auslöser für vertragliche Haftungsansprüche des Käufers gegen den Verkäufer wegen eines unrichtigen Energieausweises nicht erkennbar, so dass es sich mit der Vorlage eines unrichtigen Energieausweis nur um einen Sachmangel der Kaufsache handeln kann.

Der Sachmangel ist jede Abweichung der Istbeschaffenheit von der Sollbeschaffenheit. Fraglich ist ob ein solcher Mangel bei einem gekauften bebauten Grundstück bei vorheriger Vorlage eines unrichtigen Energieausweises in diesem Sinne vorliegt. Der Sachmangel wird nach § 434 Abs.1 BGB in drei verschiedenen Erscheinungsformen unterteilt. Hier müsste es sich danach zur Bejahung eines Sachmangels beim Verkauf unter Vorlage des unrichtigen Energieausweis entweder um eine vertragliche Beschaffenheitsvereinbarung handeln, oder es könnte beim dem Grundstück auch noch die für die Gebrauchstauglichkeit vorausgesetzten Verwendung fehlen oder schließlich die gewöhnliche Verwendung des Grundstücks einschließlich der üblichen Beschaffenheit nicht gegeben sein.

Fehlen einer vereinbarten Beschaffenheit

Eine solche Beschaffenheitsvereinbarung ist zu bejahen, wenn die Kaufsache so beschaffen ist, wie sie laut Kaufvertrag sein soll (so bereits früher schon RG 135, 339). Dazu sind neben den klassischen wertbildenden gegenständlichen Eigenschaften der Kaufsache, auch die tatsächlichen und rechtlichen Eigenschaften/Beziehungen der Kaufsache hinzuzuzählen (BGH 94, 2230). Somit ist die Vereinbarung einer Beschaffenheit im Ergebnis der Zusicherung einer Eigenschaft gleichzusetzen.

Und so wie bereits von der Rechtssprechung vielfach eine bauspezifische Eigenschaften als Grundlage einer Beschaffenheitsvereinbarung bewertet worden sind (zum Beispiel das Alter einer Heizung etc. BGH NJW 95, 45, oder auch die Ertragsfähigkeit eines Hauses BGH NJW 98, 534), so ist unseres Erachtens auch die Vorlage des Energieausweises durch den Vermieter eine von ihm zugesicherte Eigenschaft der Mietsache gegenüber dem Mieter.

Dementsprechend handelt es sich hier nun bei dem Verkauf eines Hauses (oder einer Wohnung, oder von Teileigentum) unter Vorlage eines Energieausweises ebenfalls um eine Eigenschaft, die Grundlage einer Beschaffenheitsvereinbarung ist.

Mit dem (späteren) Erkennen auf Seiten des Käufers, dass dieser vorgelegte Ausweis unrichtig ist, fehlt es der Kaufsache (ein bebautes Grundstück, einer Eigentumswohnung oder auch einem Ladenlokal) an der vereinbarten Beschaffenheit.

Zu beachten ist hier natürlich aufgrund der Besonderheit der Kaufsache, dass wegen der besonderen Form des Kaufvertrages (notarielle Beurkundung) auch die Beschaffenheitsvereinbarung des Grundstücks nach § 311b Abs.1 S.1 BGB mit in den notariellen Kaufvertrag gehört. Macht der Verkäufer demnach den Energieausweis lediglich zugänglich und werden dessen Informationen nicht ausdrücklich mit in den Kaufvertrag aufgenommen, sind diese auch nicht wirksamen Bestandteile des Kaufvertrages geworden und eine Beschaffenheitsvereinbarung im o. g. Sinne wäre nicht getroffen. In einem solchen Fall könnte es sich aber noch um einen anderen Sachmangel handeln.

Fehlen einer vertraglich vorausgesetzten Verwendung

Vertraglich vorausgesetzt ist eine bestimmte Verwendung einer Kaufsache immer dann, wenn der Verkäufer und der Käufer sie bei Kaufvertragsabschluss übereinstimmend erwartet haben (BGH 98, 100; BGH NJW 87, 2511).

Zudem muss der Sachmangel natürlich den Wert oder die Brauchbarkeit der Kaufsache mindern. Und spätestens hier (siehe bereits oben) ist mit Vorlage eines unrichtigen Energieausweises ein Sachmangel für die Kaufsache zu bejahen, denn wird auch die Brauchbarkeit in der Regel nicht wesentlich durch einen unrichtigen Pass eingeschränkt, so ist doch der Wert der Immobilie ein – eben nicht nur unerheblich – anderer (siehe dazu bereits ausführlich oben)

Fehlen einer gewöhnlichen Verwendung

Ein Fehlen der gewöhnlichen (alltagstauglichen) Verwendung durch die Vorlage eines unrichtigen Energieausweises ist hier wohl nicht gegeben.

Rechtsfolgen eines Mangels (Haftung)

Da auch der Mangel einer Kaufsache – gleich dem Mangel eines Werkes – eine Vertragsverletzung darstellt, haftet der Verkäufer für diesen Mangel. Dementsprechend hat auch der Käufer gegen über dem Verkäufer bestimmte Rechte. Diese Rechte sind denen des Werkvertrags inhaltlich im Wesentlichen gleich und auch sie stehen in einem Stufenverhältnis zueinander.

- Anspruch auf Nacherfüllung
- Rücktrittsrecht (Gestaltungsrecht)
- Minderungsrecht (Gestaltungsrecht)
- Anspruch auf verschiedene Formen des Schadensersatzes oder des Aufwendungsersatzes

Nur die Befugnis zur Selbstvornahme und einen diesbezüglichen Anspruch auf Aufwendungsersatz kennt das Kaufrecht als Rechtsfolge bei einer sachmangelbehafteten Kaufsache für seine Käufer nicht.

Aufgrund der somit nahezu vollständigen inhaltlichen Identität des Kaufrechts zu den diesbezüglichen Regelungen im Werkvertragsrecht, wird im Folgenden auf diese Rechtsvorschriften des Werkvertragsrechts verwiesen werden und nur noch die wenigen Abweichungen erläutert (siehe dazu insgesamt auch unter 8.4.1).

8.5.1.2.1 Nacherfüllung

Anders als im Werkvertragsrecht (siehe dazu ausführlich unter 8.4.1.2.1) hat nach Gestellung des Nacherfüllungsverlangens durch den Käufer, dieser grundsätzlich auch das Entscheidungsrecht über die Art der Nacherfüllung, also die Wahl zwischen der Beseitigung des Mangels (Nachbesserung) oder der Lieferung einer mangelfreien Sache (Ersatzlieferung; im Werkvertrag ist das die Neuherstellung des Werkes) gem. § 439 Abs.1 BGB. Doch auch hier kann der Verkäufer unter bestimmten Umständen sowohl die gewählte Art der Nacherfüllung wie auch die Nacherfüllung insgesamt verweigern (siehe dazu sehr ausführlich oben).

8.5.1.2.2 Rücktritt, Minderung, Schadensersatz

Hier nun kann bezüglich der näheren Darlegungen der Einzelheiten vollumfänglich auf die bereits erfolgten ausführlichen Erläuterung im Rahmen der Besprechung der gesetzlichen Regelungen zu den werkvertraglichen Ansprüchen verwiesen werden (siehe dazu sehr ausführlich oben).

8.5.1.2.3 Ausschluss der vertraglichen Haftung

Für den Ausschluss der vertraglichen Haftung gilt grundsätzlich das bereits zum Werkvertrag Dargelegte uneingeschränkt auch für den Kaufvertrag.

Ausschlusses der vertraglichen Haftung im Kaufvertrag

Ein Ausschluss ist grundsätzlich möglich gem. § 444 BGB (BGH NJW 2003, 1316).

Ausschluss der vertraglichen Haftung in den allgemeinen Geschäftsbedingungen

Ein Ausschluss der vertraglichen Haftung im Rahmen der allgemeinen Geschäftsbedingungen beim Kauf neuer Sachen ist unwirksam gem. § 309 Nr.8b BGB, beim Kauf gebrauchter Sachen allerdings ist ein vollständiger Ausschluss der Haftung durch allgemeine Geschäftsbedingungen durchaus möglich (BGH 98, 100).

Ausschluss der vertraglichen Haftung durch Eintritt der Verjährung

Im Kaufrecht gilt für die o. g. Ansprüche des Käufers eine deutlich längere Verjährungsfrist von 5 Jahren bei Bauwerken gem. § 438 Abs.1 Nr.2 BGB im Verhältnis zur sog. regelmäßigen Verjährungsfrist. Die Verjährung beginnt mit der Übergabe des gekauften bebauten Grundstücks gem. § 438 Abs.2 BGB (BGH NJW 99, 2884). Für die deliktische Haftung aus unerlaubter Handlung gem. § 823 BGB gilt diese Verjährungsfrist jedoch nicht (Westermann NJW 02, 241).

Ausschluss der vertraglichen Haftung für Tätigkeiten des Erfüllungsgehilfen gem. § 278 BGB

Ein Ausschluss ist grundsätzlich möglich, wenn sich der Verkäufer entsprechend entlasten kann.

8.5.2 Deliktische Haftung des Verwenders

Die deliktische Haftung tritt ebenfalls wie bereits bei der Haftung des Ausstellers neben die vertraglichen Ansprüche gegen den Verwender. Somit ist grundsätzlich eine Haftung aus § 823 Abs.1 BGB neben der Haftung der Verwender aus Mietvertrag und Kaufvertrag möglich, allerdings beim Energieausweis selbst nur, wenn sich keine Stoffgleichheit zwischen dem Schaden und dem Mangelunwert ergibt (siehe dazu oben).

Bei der Frage der deliktischen Haftung des Verwenders sollte man unseres Erachtens jedoch sofort die besondere Rolle der Verwender von unrichtigen Energieausweisen berücksichtigten. Sie sind - in der Regel - fachliche Laien und „verlassen sich" vollumfänglich auf die in den erstellten Energieausweisen dargelegten Informationen. Aufgrund des erheblichen Sonderwissens welches zur Erstellung eines solchen Energieausweises notwendig ist, haben die Verwender diesbezüglich keine andere Möglichkeit. Und darin liegt auch nicht Ungewöhnliches oder gar Ungebührliches, schließlich wird im Lebensalltag stets und ständig das Sonderwissen anderer benötigt und das Vertrauen auf die Richtigkeit bezüglich der Auskünfte dieser Fachpersonen (siehe dazu ganz besonders die Darlegungen zur Haftung des Energieausweisausstellers) auch ausdrücklich und sehr umfänglich unter den Schutz des Gesetzgebers gestellt.

Demnach ist der Laie nicht in der Lage eine eigene Beurteilung des Energieausweises vorzunehmen, bzw. steht diese subjektive Einschätzung grundsätzlich hinter der des Energieausweisausstellers zurück (ähnlich dem – geringen bzw. nicht vorhandenen – eigenen

Beurteilungsspielraum eines Richters gegenüber den Feststellungen des Gerichtssachverständigen in seinem Gutachten nach den Grundsätzen der ZPO).

Daraus resultierend ist das für die deliktische Haftung aus unerlaubter Handlung zwingend vorgegebene Moment des „eigenen schuldhaften Handelns" unmöglich erfüllt. Denn schuldhaft handelt nur wer vorsätzlich oder fahrlässig einen Schaden herbeigeführt hat, doch genau dieses schuldhafte Verhalten des (in der Sache laienhaften) Verwenders eines Energieausweises fehlt in der Regel (siehe dazu ausführlich auch oben).

Besonderes Sonder- bzw. Fachwissen des Verwenders hingegen, kann unter Umständen ein schuldhaftes Handeln des Verwenders begründen. Da aber ein solches Sonder- bzw. Fachwissen zur Ausstellung eines Energieausweises sehr selten vorhanden sein dürfte, verweisen wir hier bezüglich der Haftung aus § 823 Abs.1 BGB auf die dazu bereits erfolgten Darstellungen.

Gleiches gilt auch für die deliktische Haftung im Rahmen des § 831 BGB, denn so wie beim Verwender selbst, kann sicherlich auch für seinen Verrichtungsgehilfen kein Sonder- bzw. Fachwissen angenommen werden. Eine schuldhafte Begehung seitens des Verwenders durch die Auswahl eines Verrichtungsgehilfen, der solche Kenntnisse eben nicht hat, ist gleichermaßen kein schuldhaftes Verhalten, da ein Verkäufer einer Immobilie eigene Kenntnisse zum Energieausweis üblicherweise nicht hat und auch nicht haben muss.

Lediglich wenn Sonder- bzw. Fachwissen auf Seiten des Verrichtungsgehilfen gegeben ist, kommt durch sein Nichthandeln gegenüber dem Käufer, der die Unrichtigkeit des Energieausweises nicht kennt, unter Umständen eine eigene Haftung des Geschäftsherrn in Betracht. Aber auch gilt ein solcher Fall bzw. Eintritt ist untypisch und sicher sehr selten, dementsprechend wird auch hier auf die Darstellung des § 831 BGB verwiesen.

8.6 Haftung des Sachverständigen für die Wertermittlung von bebauten Grundstücken (Wohngebäude und Nichtwohngebäude)

8.6.1 Bedeutung des Energieausweises für Wohngebäude oder Nichtwohngebäude im Rahmen der Wertermittlung von bebauten Grundstücken

Bei der Wertermittlung durch einen Gutachter/Sachverständigen wird in einem durch Rechtsvorschriften geregelten Verfahren und aufgrund eigener Erfahrungen sowie fundierter juristischer, bautechnischer und betriebswirtschaftlicher Kenntnisse ein Wert für ein Grundstück im Rahmen eines Gutachtens ermittelt. Dieses Gutachten kann sowohl durch ein Gericht im Rahmen eines Beweisbeschlusses initiiert werden, als auch durch eine private Beauftragung.

Für beide Gutachtenarten, also das Gerichts- wie auch das Privatgutachten, gelten für die Erstellung die Grundsätze über die Ermittlung der Verkehrswerte von Grundstücken (Wertermittlungsverordnung) und die Regelungen des Baugesetzbuches. Danach wird der Verkehrswert durch den Preis bestimmt, der in dem Zeitpunkt, auf den sich die Ermittlung bezieht, im gewöhnlichen Geschäftsverkehr nach den rechtlichen Gegebenheiten und tatsächlichen Eigenschaften, der sonstigen Beschaffenheit und der Lage des Grundstücks oder des sonstigen Gegenstandes der Wertermittlung ohne Rücksicht auf ungewöhnliche oder persönliche Verhältnisse des Eigentümers zu erzielen wäre. Dieser so ermittelte Verkehrswert ist somit ein reiner Marktwert, der sich zudem auch nach den gewöhnlichen Gepflogenheiten des örtlichen Grundstücksmarktes richtet. So führt deshalb auch der BGH dazu aus, dass der Verkehrswert eines Grundstücks sich nicht errechnen, sondern nur schätzen lässt, wobei der Vergleichswert, der Ertragswert und der Sachwert eine Rolle spielen können.

Üblicherweise wird im Rahmen der Wertermittlung das Vergleichswertverfahren für unbebaute Grundstücke und Eigentumswohnungen angewandt, das Ertragswertverfahren für fremdgenutzte Grundstücke und Gebäude und das Sachwertverfahren für eigengenutzte Grundstücke und Gebäude.

Bei Einbeziehung dieser Verfahren kann schließlich der überhaupt nicht vorhandene oder der eine nur mäßige oder gar schlechte Energieeffizienz ausweisende Energieausweis eine nicht nur unwesentliche Auswirkung auf die Bewertungen von (hier) bebauten Grundstücken im Rahmen der einzelnen Verfahren haben. So könnte sich beim Vergleichswertverfahren ein solcher – für den Besteller – eben unvorteilhafter Gebäudeenergieausweis als negativ wertbeeinflussendes Merkmal im Verhältnis zu anderen Vergleichsgrundstücken und den allgemeinen Wertverhältnissen auf dem Grundstücksmarkt ergeben. Es könnte sich auch eine Korrektur des Sachwertes wegen sonstiger Umstände gem. § 25 WertV im Rahmen der Anwendung des Sachwertverfahrens ergeben, oder beim Ertragswertverfahren sich eine Einflussnahme auf die Feststellung des Rohertrages § 17 WertV und/oder auch auf die zu ermittelnden Bewirtschaftungskosten gem. § 18 WertV (hier insbesondere im Rahmen der Instandhaltungskosten) ergeben.

Die gilt insbesondere auch für die Beleihungswertermittlung nach der Beleihungswertermittlungsverordnung. Auch ein schlechter energetischer Zustand eines Gebäudes ist m. E. ein besonderer wertbestimmender Umstand und ist nach § 4 Abs. (5) BelwertV als Wertabschlag zu quantifizieren und im Ertragswert oder/und Sachwertverfahren in Abzug zu bringen. Der Betrag sollte den tatsächlichen Aufwand beschreiben, der zum Bewertungszeitpunkt für die Beseitigung/Sanierung/Modernisierung notwendig ist (so ähnlich Professor Kleiber und Professor Simon für Instandhaltungsstau, sonstigen baulichen Aufwand etc.).

Insgesamt ist also unbedingt davon auszugehen, dass der Energieausweis auf das Ergebnis des jeweiligen Verfahrens (Vergleichs-, Ertrags- oder Sachwertverfahren), welches den im gewöhnlichen Geschäftsverkehr bestehenden Gepflogenheiten und den sonstigen Umständen des Einzelfalls bezüglich der Fremd- oder Eigennutzung entspricht, besonderen Einfluss haben wird. Da schließlich aus dem Ergebnis eines dieser Verfahren der für ein Gutachten zu ermittelnde Verkehrswert abzuleiten ist, hat der Energieausweis zukünftig somit auch nachhaltigen Einfluss auf diesen Verkehrswert.

Fehleinschätzungen der Bedeutung des Energieausweises oder gar eine Nichtbeachtung wird deshalb auch unweigerlich spezielle für den Gutachter/Sachverständigen haftungsrechtliche Folgen haben.

So wie der Aussteller und der Verwender eines Energieausweises unter Umständen für die Mangelhaftigkeit bzw. Unrichtigkeit des Energieausweis haftet, trifft grundsätzlich auch den Gutachter eines Wertermittlungsgutachtens, welches nicht oder nur unzureichend einen Energieausweis in seine gutachterliche Bewertung miteinbezogen hat, eine eigene Haftung. Diese Haftung bestimmt sich jedoch maßgeblich nach dem Kriterium, ob der Gutachter ein Gerichts- oder ein Privatgutachten erstellt hat.

Hinsichtlich der Einbeziehung eines unrichtigen Energieausweis hingegen, kann zur Zeit in der Regel nicht von entsprechendem Sonder- oder Fachwissen eines Gutachters für die Bewertung von bebauten und unbebauten Grundstücken ausgegangen werden, sodass eine diesbezügliche Bewertung eines gutachterlichen Verhaltens hier nicht weiter untersucht wird.

8.6.2 Haftung des Sachverständigen für die Wertermittlung von bebauten Grundstücken (Wohngebäude und Nichtwohngebäude) im Rahmen der Erstellung eines Gerichtsgutachtens

Bei der Tätigkeit eines Sachverständigen für ein Gericht (auch gerichtlicher Sachverständiger oder Gerichtssachverständiger genannt) greift die eigens für den Sachverständigen im Rahmen dieser Tätigkeiten geschaffene deliktische Haftungsregelung § 839a BGB. Das Bedürfnis nach einer Sonderregelung für gerichtlich tätige Sachverstände ergibt sich wohl auch aus dem Umstand, dass ein Gerichtsgutachter für seine Tätigkeit vom Gericht „herangezogen" wird, und diese Heranziehung kein Vertragsverhältnis begründet. Daraus wiederum ergibt sich, dass sämtliche möglichen vertraglichen Haftungsregelungen auf die gutachterliche Tätigkeit vor Gericht nicht angewendet werden können.

Aber nach § 839a BGB haftet der Gutachter nur, wenn ihm ein Verschulden bei seiner Tätigkeit vorgeworfen werden kann, zudem das Gericht sich in seiner gerichtlichen Entscheidung ausdrücklich auf die gutachterlichen Feststellung bezieht und schließlich einem Verfahrensbeteiligten (Kläger oder Beklagte) daraus ein Schaden entsteht.

Hier scheitert ein deliktischer Anspruch in der Regel wegen des bereits angesprochenen fehlenden Sonder- bzw. Fachwissens eines Sachverständigen für die Wertermittlung von bebauten Grundstücken (Wohngebäude und Nichtwohngebäude) bezüglich der Erstellung eines Energieausweises.

Anders hingegen wäre die Haftungsfrage zu beurteilen, wenn ein solcher Sachverständiger die Notwendigkeit der Berücksichtigung eines Energieausweises bzw. der darin getroffenen Feststellungen zur Energieeffizienz des bewerteten Gebäudes ganz versäumt oder gar ignoriert.

8.6.3 Haftung des Sachverständigen für die Wertermittlung von bebauten Grundstücken (Wohngebäude und Nichtwohngebäude) im Rahmen der Erstellung eines Privatgutachtens

Wiederum anders ist die Haftung des Sachverständigen im Rahmen der Erstellung eines Privatgutachtens zu bewerten, denn für die vertragliche Haftung ist kein schuldhaftes Verhalten auf Seiten des Sachverständigen nachzuweisen bzw. wird die sog. vertragliche Pflichtverletzung bei Vorliegen eines Mangels stets vermutet gem. § 280 Abs.1 BGB. Ob eine Pflichtverletzung in einem solchen Fall vorliegt, bleibt jedoch stets einer gesonderten Prüfung des Einzelfalls vorbehalten, wovon jedoch in der Regel sicherlich auszugehen ist (nur wenn es sich um die Einbeziehung eines unrichtigen Energieausweises handelt, ist eine Pflichtverletzung des Gutachters wahrscheinlich zu verneinen, da der Gutachter diese Pflichtverletzung – ohne Sonder- bzw. Fachwissen – wohl nicht zu vertreten hat).

Das es sich ansonsten stets um ein mangelhaftes Gutachten handelt (Sachmangel im Sinne des Werkvertragsrechts), wenn ein Energieausweis nicht bzw. unzureichend in die Bewertungskriterien für ein Wertermittlungsgutachten mit aufgenommen wurde, ist sicherlich unstreitig.

Dies löst (natürlich) die bereits umfänglich dargestellten Rechtsfolgen (Haftung) des Werkvertragsrechts auch für den Sachverständigen als Privatgutachter aus (siehe dazu sehr ausführlich oben).

Eine deliktische Haftung des Sachverständigen aus § 823 Abs.1 BGB oder § 831 BGB braucht er im Rahmen eines Privatgutachtens indes nicht zu befürchten, da ihn auch hier das fehlende Sonder- bzw. Fachwissen schützt, bzw. dadurch ein Verschulden im Sinne des Deliktsrechts in der Regel nicht vorliegt, es sei denn der Sachverständige vergisst oder ignoriert die in einem Energieausweis festgestellte Energieeffizienz eines zu bewertenden Gebäudes (zur hier ebenfalls relevanten Frage der Stoffgleichheit siehe oben).

9 Anhang

9.1 Gebäudetypologie

Übersicht

Die Fotos der Beispielgebäude stammen aus Bonn und sind unter freundlicher Mithilfe des Stadtplanungsamtes der Stadt Bonn entstanden.

Tab. 9-1 Einfamilienhäuser und Doppelhäuser (EFH)

A Baualtersklasse vor 1918 (Fachwerkhaus)	B Baualtersklasse vor 1918 (Massivbau)	C Baualtersklasse 1919 – 1948
EFH_A	EFH_B	EFH_C
C Sonderfall Villa Baualtersklasse 1919–1948	D Baualtersklasse 1949–1957	E Baualtersklasse 1958–1968
EFH_CV	EFH_D	EFH_E
F Baualtersklasse 1969–1978	G Baualtersklasse 1979–1983	
EFH_F	EFH_G	

Tab. 9-2 Reihenhäuser (RH)

B Baualtersklasse vor 1918	C Baualtersklasse 1919–1948	D Baualtersklasse 1949–1957
RH_B	RH_C	RH_D
E Baualtersklasse 1958–1968	F Baualtersklasse 1969–1978	G Baualtersklasse 1979–1983
RH_E	RH_F	RH_G

Tab. 9-3 Mehrfamilienhäuser (MFH)

B Baualtersklasse vor 1918	C Baualtersklasse 1919–1948	D Baualtersklasse 1949–1957
MFH_B	MFH_C	MFH_D
E Baualtersklasse 1958–1968	F Baualtersklasse 1969–1978	G Baualtersklasse 1979–1983
MFH_E	MFH_F	MFH_G

9.1 Gebäudetypologie

Tab. 9-4 Große Mehrfamilienhäuser (GMH)

B Baualtersklasse vor 1918	C Baualtersklasse 1919–1948	D Baualtersklasse 1949–1957
GMH_B	GMH_C	GMH_D
E Baualtersklasse 1958–1968	**F** Baualtersklasse 1969–1978	**G** Baualtersklasse 1979–1983
GMH_E	GMH_F	GFH_G

Tab. 9-5 Hochhäuser (HH)

D Baualtersklasse 1949–1957	E Baualtersklasse 1958–1968	F Baualtersklasse 1969–1978
HH_D	HH_E	HH_F

Tab. 9-6 Gebäudetypologie Einfamilienhaus (EFH)[1)]

Baualtersklasse Kürzel	vor 1918 (Fachwerk) EFH_A	vor 1918 (Massivbau) EFH_B	1919–1948 EFH_C	1949–1957 EFH_D
Beheizte Wohnfläche	199 m²	128,9 m²	275 m²	101 m²
Mittlere lichte Raumhöhe	2,3 m	2,6 m	2,75 m	2,36 m
Beheiztes Gebäudevolumen nach EnEV	767,6 m³	595 m³	1.052,5 m³	380 m³
Anzahl Vollgeschosse	2	2	2	1
Anzahl Wohneinheiten	1	1	2	1
Opake Bauteile				
Bauteil 1 (Dach)				
Art	Schrägdach	Schrägdach	Schrägdach	Schrägdach
Fläche	134,19 m²	83,12 m²	213,99 m²	125,4 m²
U-Wert im Bestand	1,8	1,11	1,11	1,11
Bauteil 2 (Außenwand)				
Fläche	171,78 m²	196,04 m²	237,3 m²	119,8 m²
U-Wert im Bestand	1,9	1,7	1,7	0,83
Bauteil 3 (Gebäudeabschluss unten)				
Art	Fußboden	Kellerdecke	Kellerdecke	Kellerdecke
Fläche	85,46 m²	45,6 m²	144,9 m²	62 m²
U-Wert im Bestand	1,04	1,11	1,11	1,01
Sonstiges				
Art		Boden gegen Erdreich		Bodenplatte
Fläche		32,7 m²		17,9 m²
U-Wert im Bestand		2,4		1,01
Transparente Bauteile				
Art	Einfachverglasung im Holzrahmen	Isolierverglasung in Holz oder Kunststoff-Rahmen	Isolierverglasung in Holz oder Kunststoff-Rahmen	Isolierverglasung in Holz oder Kunststoff-Rahmen
Orientierung der Fensterflächen	Süden	Süden	Süden	Süden
Fläche	9,56 m²	5,6 m²	22 m²	8,6 m²
U-Wert Gesamtfenster	5,2	2,57	2,57	2,57
g-Wert (senkr. Strahlungseinfall)	0,86	0,76	0,76	0,76

9.1 Gebäudetypologie

Baualtersklasse Kürzel	vor 1918 (Fachwerk) EFH_A	vor 1918 (Massivbau) EFH_B	1919–1948 EFH_C	1949–1957 EFH_D
Reduktionsfaktor (nicht senkr. Einstrahlung, Verschattung, Rahmen...)	0,36	0,36	0,36	0,36
Orientierung der Fensterflächen	West/Ost	West/Ost	West/Ost	West/Ost
Fläche	15,88 m²	15,3 m²	18,2 m²	6,5 m²
U-Wert Gesamtfenster	5,2	2,57	2,57	2,57
g-Wert (senkr. Strahlungseinfall)	0,86	0,76	0,76	0,76
Reduktionsfaktor (nicht senkr. Einstrahlung, Verschattung, Rahmen...)	0,36	0,36	0,36	0,36
Orientierung der Fensterflächen	Nord	Nord	Nord	Nord
Fläche	3,34 m²	1,4 m²	12,15 m²	3,3 m²
U-Wert Gesamtfenster	5,2	2,57	2,57	2,57
g-Wert (senkr. Strahlungseinfall)	0,86	0,76	0,76	0,76
Reduktionsfaktor (nicht senkr. Einstrahlung, Verschattung, Rahmen...)	0,36	0,36	0,36	0,36

Tab. 9-6 Fortsetzung

Baualtersklasse Kürzel	1958–1968 EFH_E	1969–1978 EFH_F	1979–1983 EFH_G	1984–1994 EFH_H
Beheizte Wohnfläche	242 m²	157,5 m²	196 m²	136,55 m²
Mittlere lichte Raumhöhe	2,52 m	2,6 m	2,5 m	2,5 m
Beheiztes Gebäudevolumen nach EnEV	934,2 m³	606 m³	647 m³	514 m³
Anzahl Vollgeschosse	1	1	2	1
Anzahl Wohneinheiten	1	1	1	1
Opake Bauteile Bauteil 1 (Dach)				
Art	Schrägdach	Schrägdach	Schrägdach	Schrägdach
Fläche	180,9 m²	183,13 m²	100,8 m²	123,2 m²
U-Wert im Bestand	0,92	0,63	0,43	0,3

Baualtersklasse Kürzel	1958–1968 EFH_E	1969–1978 EFH_F	1979–1983 EFH_G	1984–1994 EFH_H
Bauteil 2 (Außenwand)				
Fläche	185,33 m²	170,55 m²	161,4 m²	213,3 m²
U-Wert im Bestand	1,44	1,21	0,8	0,68
Bauteil 3 (Gebäudeabschluss unten)				
Art	Kellerdecke	Kellerdecke	Kellerdecke	Kellerdecke
Fläche	196 m²	78,32 m²	83,4 m²	75,33 m²
U-Wert im Bestand	0,97	0,846	0,81	0,55
Sonstiges				
Art		Fenstersturz		
Fläche		9 m²		
U-Wert im Bestand		1		
Art		Bodenplatte		
Fläche		74 m²		
U-Wert im Bestand		0,67		
Transparente Bauteile				
Art	Holz-Verbundfenster, 2 Scheiben	Isolierverglasung in Holz oder Kunststoff-Rahmen	Isolierverglasung in Metall-Rahmen (ungedämmte Profile)	Isolierverglasung in Holz oder Kunststoff-Rahmen
Orientierung der Fensterflächen	Süden	Süden	Süden	Süden
Fläche	10,02 m²	16,64 m²	6,02 m²	12,73 m²
U-Wert Gesamtfenster	2,9	2,57	4,3	2,57
g-Wert (senkr. Strahlungseinfall)	0,76	0,76	0,76	0,76
Reduktionsfaktor (nicht senkr. Einstrahlung, Verschattung, Rahmen...)	0,36	0,36	0,36	0,36
Orientierung der Fensterflächen	West/Ost	West/Ost	West/Ost	West/Ost
Fläche	18,24 m²	10 m²	17,38 m²	14,84 m²
U-Wert Gesamtfenster	2,9	2,57	4,3	2,57
g-Wert (senkr. Strahlungseinfall)	0,76	0,76	0,76	0,76
Reduktionsfaktor (nicht senkr. Einstrahlung, Verschattung, Rahmen...)	0,36	0,36	0,36	0,36

9.1 Gebäudetypologie

Baualtersklasse Kürzel	1958–1968 EFH_E	1969–1978 EFH_F	1979–1983 EFH_G	1984–1994 EFH_H
Orientierung der Fensterflächen	Nord	Nord	Nord	Nord
Fläche	10,29 m²	7,57 m²	3,6 m²	2,1 m²
U-Wert Gesamtfenster	2,9	2,57	4,3	2,57
g-Wert (senkr. Strahlungseinfall)	0,76	0,76	0,76	0,76
Reduktionsfaktor (nicht senkr. Einstrahlung, Verschattung, Rahmen...)	0,36	0,36	0,36	0,36
Sonstiges				
Art	Glasbausteine, Nordseite			
Fläche	6,6 m²			
U-Wert Gesamtfenster	3,6			
g-Wert (senkr. Strahlungseinfall)	0,2			
Reduktionsfaktor (nicht senkr. Einstrahlung, Verschattung, Rahmen...)	0,36			

Tab. 9-6 Fortsetzung

Baualtersklasse Kürzel	1995–2001 EFH_I	ab 2002 EFH_J	1969–1978 (Fertighaus) EFH_F / F
Beheizte Wohnfläche	110,8 m²	133,2 m²	168 m²
Mittlere lichte Raumhöhe	2,5 m	2,39 m	2,5 m
Beheiztes Gebäudevolumen nach EnEV	427,3 m³	478,9 m³	560 m³
Anzahl Vollgeschosse	1	2	2
Anzahl Wohneinheiten	1	1	1
Opake Bauteile			
Bauteil 1 (Dach)			
Art	Dach	Schrägdach	Schrägdach
Fläche	115,5 m²	85,91 m²	138 m²
U-Wert im Bestand	0,22	0,22	0,52
Bauteil 2 (Außenwand)			
Fläche	128,6 m²	190,86 m²	107 m²
U-Wert im Bestand	0,5	0,35	0,4024

Baualtersklasse Kürzel	1995–2001 EFH_I	ab 2002 EFH_J	1969–1978 (Fertighaus) EFH_F / F
Bauteil 3 (Gebäudeabschluss unten)			
Art	Kellerdecke	Kellerdecke	Kellerdecke
Fläche	84,3076 m²	79,82 m²	106 m²
U-Wert im Bestand	0,34	0,4	0,97
Sonstiges			
Art			Rollladenkästen
Fläche			10 m²
U-Wert im Bestand			2,5
Art			Eingangstür
Fläche			2,2 m²
U-Wert im Bestand			2,5
Transparente Bauteile			
Art	Zweischeiben-Wärmeschutz-Verglasung in Holz oder Kunststoff-Rahmen	Zweischeiben-Wärmeschutz-Verglasung in Holz oder Kunststoff-Rahmen	Isolierverglasung in 2 Kamme Kunststoff-Rahmen
Orientierung der Fensterflächen	Süden	Süden	Süden
Fläche	20,26 m²	17,31 m²	16,51 m²
U-Wert Gesamtfenster	1,6	1,6	2,8
g-Wert (senkr. Strahlungseinfall)	0,63	0,63	0,7
Reduktionsfaktor (nicht senkr. Einstrahlung, Verschattung, Rahmen...)	0,36	0,36	0,36
Orientierung der Fensterflächen	West/Ost	West/Ost	West/Ost
Fläche	7,2 m²	7,87 m²	12,3 m²
U-Wert Gesamtfenster	1,6	1,6	2,8
g-Wert (senkr. Strahlungseinfall)	0,63	0,63	0,7
Reduktionsfaktor (nicht senkr. Einstrahlung, Verschattung, Rahmen...)	0,36	0,36	0,36
Orientierung der Fensterflächen	Nord	Nord	Nord

9.1 Gebäudetypologie

Baualtersklasse Kürzel	1995–2001 EFH_I	ab 2002 EFH_J	1969–1978 (Fertighaus) EFH_F / F
Fläche	5 m²	3,12 m²	3,2 m²
U-Wert Gesamtfenster	1,6	1,6	2,8
g-Wert (senkr. Strahlungseinfall)	0,63	0,63	0,7
Reduktionsfaktor (nicht senkr. Einstrahlung, Verschattung, Rahmen...)	0,36	0,36	0,36

[1] Werte nach Institut Wohnen und Umwelt (Deutsche Gebäudetypologie)

Tab. 9-7 Gebäudetypologie Einfamilienhaus (Reihenhaus)[1]

Baualtersklasse Kürzel	vor 1918 (Massivbau) RH_B	1919–1948 RH_C	1949–1957 RH_D	1958–1968 RH_E
Beheizte Wohnfläche	87,24 m²	102,5 m²	136 m²	106,7 m²
Mittlere lichte Raumhöhe	2,9 m	2,6 m	2,55 m	2,51 m
Beheiztes Gebäudevolumen nach EnEV	390 m³	423,2 m³	468,6 m³	374,2 m³
Anzahl Vollgeschosse	2	2	2	2
Anzahl Wohneinheiten	1	1	1	1
Opake Bauteile				
Bauteil 1 (Dach)				
Art	OG-Decke	OG-Decke	OG-Decke	OG-Decke
Fläche	60 m²	50,35 m²	81,2 m²	46,2 m²
U-Wert im Bestand	0,78	0,78	0,78	1,23
Bauteil 2 (Außenwand)				
Fläche	76,47 m²	66,14 m²	136,66 m²	42,42 m²
U-Wert im Bestand	1,7	1,39	0,86	1,44
Bauteil 3 (Gebäudeabschluss unten)				
Art	Kellerdecke	Kellerdecke	Kellerdecke	Kellerdecke
Fläche	60 m²	50,35 m²	81,2 m²	46,2 m²
U-Wert im Bestand	0,91	1,6	1,01	0,97
Transparente Bauteile				
Art	Isolierverglasung in Holz oder Kunststoff-Rahmen	Isolierverglasung in 2 Kamme Kunststoff-Rahmen	Isolierverglasung in Holz/Alu-Rahmen	Isolierverglasung in Holz oder Kunststoff-Rahmen

Baualtersklasse Kürzel	vor 1918 (Massivbau) RH_B	1919–1948 RH_C	1949–1957 RH_D	1958–1968 RH_E
Orientierung der Fensterflächen	Süden	Süden	Süden	Süden
Fläche	7,98 m²	13,55 m²	25,65 m²	8,13 m²
U-Wert Gesamtfenster	2,57	2,8	2,9	2,57
g-Wert (senkr. Strahlungseinfall)	0,76	0,7	0,8	0,76
Reduktionsfaktor (nicht senkr. Einstrahlung, Verschattung, Rahmen...)	0,36	0,36	0,36	0,36
Orientierung der Fensterflächen	West/Ost	West/Ost	West/Ost	West/Ost
Fläche	0,001 m²			
U-Wert Gesamtfenster	2,57	2,8	2,9	2,57
g-Wert (senkr. Strahlungseinfall)	0,76	0,7	0,8	0,76
Reduktionsfaktor (nicht senkr. Einstrahlung, Verschattung, Rahmen...)	0,36	0,36	0,36	0,36
Orientierung der Fensterflächen	Nord	Nord	Nord	Nord
Fläche	10,11 m²	7,93 m²	16,2 m²	5,39 m²
U-Wert Gesamtfenster	2,57	2,8	2,9	2,57
g-Wert (senkr. Strahlungseinfall)	0,76	0,7	0,8	0,76
Reduktionsfaktor (nicht senkr. Einstrahlung, Verschattung, Rahmen...)	0,36	0,36	0,36	0,36
Sonstiges				
Art			Glasbausteine Nordseite	
Fläche			4,82 m²	
U-Wert Gesamtfenster			3,6	
g-Wert (senkr. Strahlungseinfall)			0,2	
Reduktionsfaktor (nicht senkr. Einstrahlung, Verschattung, Rahmen...)			0,36	

9.1 Gebäudetypologie

Tab. 9-7 Fortsetzung

Baualtersklasse Kürzel	1969–1978 RH_F	1979–1983 RH_G	1984–1994 RH_H
Beheizte Wohnfläche	96,642 m²	98,43 m²	116 m²
Mittlere lichte Raumhöhe	2,5 m	2,5 m	2,5 m
Beheiztes Gebäudevolumen nach EnEV	335 m³	409,4 m³	421 m³
Anzahl Vollgeschosse	2	2	2
Anzahl Wohneinheiten	1	1	1
Opake Bauteile			
Bauteil 1 (Dach)			
Art	OG-Decke	Schrägdach	Schrägdach
Fläche	60,85 m²	97,63 m²	64,87 m²
U-Wert im Bestand	0,52	0,43	0,3
Bauteil 2 (Außenwand)			
Fläche	55,72 m²	56,1 m²	52,9 m²
U-Wert im Bestand	0,8	0,68	0,77
Bauteil 3 (Gebäudeabschluss unten)			
Art	Kellerdecke	Kellerdecke	Kellerdecke
Fläche	60,85 m²	73 m²	56,08 m²
U-Wert im Bestand	0,97	0,67	0,55
Transparente Bauteile			
Art	Isolierverglasung in Metall-Rahmen (ungedämmte Profile)	Isolierverglasung in Holz oder Kunststoff-Rahmen	Isolierverglasung in Holz oder Kunststoff-Rahmen
Orientierung der Fensterflächen	Süden	Süden	Süden
Fläche		11,92 m²	
U-Wert Gesamtfenster	4,3	2,57	2,57
g-Wert (senkr. Strahlungseinfall)	0,76	0,76	0,76
Reduktionsfaktor (nicht senkr. Einstrahlung, Verschattung, Rahmen...)	0,36	0,36	0,36
Orientierung der Fensterflächen	West/Ost	West/Ost	West/Ost
Fläche	23,36 m²		18,75 m²
U-Wert Gesamtfenster	4,3	2,57	2,57

Baualtersklasse Kürzel	1969–1978 RH_F	1979–1983 RH_G	1984–1994 RH_H
g-Wert (senkr. Strahlungseinfall)	0,76	0,76	0,76
Reduktionsfaktor (nicht senkr. Einstrahlung, Verschattung, Rahmen...)	0,36	0,36	0,36
Orientierung der Fensterflächen	Nord	Nord	Nord
Fläche		8,33 m²	
U-Wert Gesamtfenster	4,3	2,57	2,57
g-Wert (senkr. Strahlungseinfall)	0,76	0,76	0,76
Reduktionsfaktor (nicht senkr. Einstrahlung, Verschattung, Rahmen...)	0,36	0,36	0,36

Tab. 9-7 Fortsetzung

Baualtersklasse Kürzel	1995–2001 RH_I	ab 2002 RH_J
Beheizte Wohnfläche	135,3 m²	138,1 m²
Mittlere lichte Raumhöhe	2,53 m	2,5 m
Beheiztes Gebäudevolumen nach EnEV	495 m³	483 m³
Anzahl Vollgeschosse	2	2
Anzahl Wohneinheiten	1	1
Opake Bauteile		
Bauteil 1 (Dach)		
Art	Schrägdach	Schrägdach
Fläche	77,4 m²	91,3 m²
U-Wert im Bestand	0,22	0,14
Bauteil 2 (Außenwand)		
Fläche	45,2 m²	142,7 m²
U-Wert im Bestand	0,49	0,24
Bauteil 3 (Gebäudeabschluss unten)		
Art	Kellerboden	Kellerdecke
Fläche	51,9 m²	70,7 m²
U-Wert im Bestand	0,317	0,29

9.1 Gebäudetypologie

Baualtersklasse Kürzel	1995–2001 RH_I	ab 2002 RH_J
Sonstiges		
Art	Wand gegen Erdreich	
Fläche	13,9 m²	
U-Wert im Bestand	0,32	
Art	Haustür Nord	
Fläche	2,5 m²	
U-Wert im Bestand	1,5	
Transparente Bauteile		
Art	Zweischeiben-Wärmeschutz-Verglasung in Holz oder Kunststoff-Rahmen	Zweischeiben-Wärmeschutz-Verglasung in Holz oder Kunststoff-Rahmen
Orientierung der Fensterflächen	Süden	Süden
Fläche	18,2 m²	19,9 m²
U-Wert Gesamtfenster	1,6	1,6
g-Wert (senkr. Strahlungseinfall)	0,63	0,63
Reduktionsfaktor (nicht senkr. Einstrahlung, Verschattung, Rahmen...)	0,36	0,36
Orientierung der Fensterflächen	West/Ost	West/Ost
Fläche		13,2 m²
U-Wert Gesamtfenster	1,6	1,6
g-Wert (senkr. Strahlungseinfall)	0,63	0,63
Reduktionsfaktor (nicht senkr. Einstrahlung, Verschattung, Rahmen...)	0,36	0,36
Orientierung der Fensterflächen	Nord	Nord
Fläche	4,2 m²	3,2 m²
U-Wert Gesamtfenster	1,6	1,6
g-Wert (senkr. Strahlungseinfall)	0,63	0,63
Reduktionsfaktor (nicht senkr. Einstrahlung, Verschattung, Rahmen...)	0,36	0,36

[1]) Werte nach Institut Wohnen und Umwelt (Deutsche Gebäudetypologie)

Tab. 9-8: Gebäudetypologie Mehrfamilienhaus (MFH)[1]

Baualtersklasse Kürzel	vor 1918 (Fachwerk) MFH_A	vor 1918 (Massivbau) MFH_B	1919–1948 MFH_C	1949–1957 MFH_D
Beheizte Wohnfläche	615,901 m²	284 m²	350 m²	574,8 m²
Mittlere lichte Raumhöhe	2,62 m	3 m	2,8 m	2,65 m
Beheiztes Gebäudevolumen nach EnEV	2.488 m³	1.360 m³	1.171 m³	1.919,2 m³
Anzahl Vollgeschosse	4	4	3	3
Anzahl Wohneinheiten	5	4	2	9
Opake Bauteile				
Bauteil 1 (Dach)				
Art	Schrägdach	Schrägdach	Schrägdach	OG-Decke
Fläche	284,1 m²	102,8 m²	158,5 m²	355 m²
U-Wert im Bestand	2,6	2,6	1,41	1,17
Bauteil 2 (Außenwand)				
Fläche	629,13 m²	148 m²	325,54 m²	464 m²
U-Wert im Bestand	1,9	1,45	1,64	1,44
Bauteil 3 (Gebäudeabschluss unten)				
Art	Kellerdecke	Kellerdecke	Kellerdecke	Kellerdecke
Fläche	124,76 m²	102,8 m²	127,4 m²	355 m²
U-Wert im Bestand	1,04	1,37	1,11	1,65
Sonstiges				
Art	Verschindelte Westwand		Decke Anbau	
Fläche	122,18 m²		31,1 m²	
U-Wert im Bestand	1,85		0,78	
Art	Fußboden gegen Erdreich		Fußboden Anbau	
Fläche	48,97 m²		31,1 m²	
U-Wert im Bestand	1,37		1,01	
Transparente Bauteile				
Art	Isolierverglasung in Holz oder Kunststoff-Rahmen	Isolierverglasung in Holz oder Kunststoff-Rahmen	Isolierverglasung in Holz oder Kunststoff-Rahmen	Isolierverglasung in Holz oder Kunststoff-Rahmen
Orientierung der Fensterflächen	Süden	Süden	Süden	Süden
Fläche	36,57 m²		27,5 m²	3,78 m²

9.1 Gebäudetypologie

Baualtersklasse Kürzel	vor 1918 (Fachwerk) MFH_A	vor 1918 (Massivbau) MFH_B	1919–1948 MFH_C	1949–1957 MFH_D
U-Wert Gesamtfenster	2,57	2,57	4,3	2,8
g-Wert (senkr. Strahlungseinfall)	0,76	0,76	0,76	0,7
Reduktionsfaktor (nicht senkr. Einstrahlung, Verschattung, Rahmen...)	0,36	0,36	0,36	0,36
Orientierung der Fensterflächen	West/Ost	West/Ost	West/Ost	West/Ost
Fläche	50,92 m²	52,79 m²	19 m²	91,16 m²
U-Wert Gesamtfenster	2,57	2,57	4,3	2,8
g-Wert (senkr. Strahlungseinfall)	0,76	0,76	0,76	0,7
Reduktionsfaktor (nicht senkr. Einstrahlung, Verschattung, Rahmen...)	0,36	0,36	0,36	0,36
Orientierung der Fensterflächen	Nord	Nord	Nord	Nord
Fläche	19,48 m²	1,29 m²	18,5 m²	3,78 m²
U-Wert Gesamtfenster	2,57	2,57	4,3	2,8
g-Wert (senkr. Strahlungseinfall)	0,76	0,76	0,76	0,7
Reduktionsfaktor (nicht senkr. Einstrahlung, Verschattung, Rahmen...)	0,36	0,36	0,36	0,36
Sonstiges				
Art			Glasbausteine Südseite	
Fläche			6,16 m²	
U-Wert Gesamtfenster			3,6	
g-Wert (senkr. Strahlungseinfall)			0,2	
Reduktionsfaktor (nicht senkr. Einstrahlung, Verschattung, Rahmen...)			0,36	

Tab. 9-8 Fortsetzung

Baualtersklasse Kürzel	1958 – 1968 MFH_E	1969–1978 MFH_F	1979–1983 MFH_G	1984–1994 MFH_H
Beheizte Wohnfläche	2.844,61 m²	426,01 m²	594,5 m²	707,4 m²
Mittlere lichte Raumhöhe	2,61 m	2,51 m	2,75 m	2,71 m
Beheiztes Gebäudevolumen nach EnEV	10.397 m³	1.435 m³	2.040 m³	2.413 m³
Anzahl Vollgeschosse	4	4	3	3
Anzahl Wohneinheiten	32	8	9	10
Opake Bauteile				
Bauteil 1 (Dach)				
Art	OG-Decke	OG-Decke	OG-Decke	OG-Decke
Fläche	971,11 m²	216,7 m²	248,25 m²	249,4 m²
U-Wert im Bestand	2,3	0,59	0,44	0,3
Bauteil 2 (Außenwand)				
Fläche	2.041 m²	338 m²	449,13 m²	776,8 m²
U-Wert im Bestand	1,21	0,74	0,8	0,66
Bauteil 3 (Gebäudeabschluss unten)				
Art	Kellerdecke	Kellerdecke	Kellerdecke	Kellerdecke
Fläche	971,11 m²	216,7 m²	248,25 m²	249,4 m²
U-Wert im Bestand	0,97	0,97	0,67	0,55
Transparente Bauteile				
Art	Isolierverglasung in Holz oder Kunststoff-Rahmen	Isolierverglasung in 2 Kamme Kunststoff-Rahmen	Isolierverglasung in Holz oder Kunststoff-Rahmen)	Isolierverglasung in Holz oder Kunststoff-Rahmen
Orientierung der Fensterflächen	Süden	Süden	Süden	Süden
Fläche	243,24 m²		3,35 m²	84,2 m²
U-Wert Gesamtfenster	2,57	2,8	2,57	2,57
g-Wert (senkr. Strahlungseinfall)	0,76	0,7	0,76	0,76
Reduktionsfaktor (nicht senkr. Einstrahlung, Verschattung, Rahmen...)	0,36	0,36	0,36	0,36
Orientierung der Fensterflächen	West/Ost	West/Ost	West/Ost	West/Ost
Fläche	44,49 m²	81,3 m²	92,67 m²	22,8 m²
U-Wert Gesamtfenster	2,57	2,8	2,57	2,57

9.1 Gebäudetypologie

Baualtersklasse Kürzel	1958 – 1968 MFH_E	1969–1978 MFH_F	1979–1983 MFH_G	1984–1994 MFH_H
g-Wert (senkr. Strahlungseinfall)	0,76	0,7	0,76	0,76
Reduktionsfaktor (nicht senkr. Einstrahlung, Verschattung, Rahmen...)	0,36	0,36	0,36	0,36
Orientierung der Fensterflächen	Nord	Nord	Nord	Nord
Fläche	219,75 m²		3,35 m²	54 m²
U-Wert Gesamtfenster	2,57	2,8	2,57	2,57
g-Wert (senkr. Strahlungseinfall)	0,76	0,7	0,76	0,76
Reduktionsfaktor (nicht senkr. Einstrahlung, Verschattung, Rahmen...)	0,36	0,36	0,36	0,36

Tab. 9-8 Fortsetzung

Baualtersklasse Kürzel	1995 – 2001 MFH_I	ab 2002 MFH_J	1946–1960 (Neue Bundesländer) NBL_MFH_D	1961–1969 (Neue Bundesländer) NBL_MFH_E
Beheizte Wohnfläche	759 m²	1.991 m²	1.753 m²	2.493 m²
Mittlere lichte Raumhöhe	2,71 m	2,5 m	2,56 m	2,6 m
Beheiztes Gebäudevolumen nach EnEV	2.971,9 m³	k.A.	6.224,1 m³	9.174,7 m³
Anzahl Vollgeschosse	4	3	4	4
Anzahl Wohneinheiten	12	19	16	32
Opake Bauteile				
Bauteil 1 (Dach)				
Art	OG-Decke	Dachschräge	OG-Decke	OG-Decke
Fläche	283,7 m²	580 m²	558,714 m²	811,92 m²
U-Wert im Bestand	0,21	0,22	1,14	1,14
Bauteil 2 (Außenwand)				
Fläche	697,8 m²	1.700 m²	1.160,16 m²	1.482,48 m²
U-Wert im Bestand	0,28	0,35	1,21	1,46
Bauteil 3 (Gebäudeabschluss unten)				
Art	Kellerdecke	Kellerdecke	Kellerdecke	Kellerdecke
Fläche	283,77 m²	619,5 m²	558,714 m²	811,92 m²

Baualtersklasse Kürzel	1995 – 2001 MFH_I	ab 2002 MFH_J	1946–1960 (Neue Bundesländer) NBL_MFH_D	1961–1969 (Neue Bundesländer) NBL_MFH_E
U-Wert im Bestand	0,34	0,34	1,01	1,01
Transparente Bauteile				
Art	Zweischeiben-Wärmeschutz-Verglasung in Holz oder Kunststoff-Rahmen	Zweischeiben-Wärmeschutz-Verglasung in Holz oder Kunststoff-Rahmen	Einfachverglasung in Holzrahmen	Einfachverglasung in Holzrahmen
Orientierung der Fensterflächen	Süden	Süden	Süden	Süden
Fläche	77,5 m²	108,6 m²	150,3 m²	6 m²
U-Wert Gesamtfenster	1,6	1,6	5,2	5,2
g-Wert (senkr. Strahlungseinfall)	0,63	0,63	0,86	0,86
Reduktionsfaktor (nicht senkr. Einstrahlung, Verschattung, Rahmen...)	0,36	0,36	0,36	0,36
Orientierung der Fensterflächen	West/Ost	West/Ost	West/Ost	West/Ost
Fläche	45,4 m²	155,8 m²		535 m²
U-Wert Gesamtfenster	1,6	1,6	5,2	5,2
g-Wert (senkr. Strahlungseinfall)	0,63	0,63	0,86	0,86
Reduktionsfaktor (nicht senkr. Einstrahlung, Verschattung, Rahmen...)	0,36	0,36	0,36	0,36
Orientierung der Fensterflächen	Nord	Nord	Nord	Nord
Fläche	39,9 m²	42,7 m²	169,6 m²	6 m²
U-Wert Gesamtfenster	1,6	1,6	5,2	5,2
g-Wert (senkr. Strahlungseinfall)	0,63	0,63	0,86	0,86
Reduktionsfaktor (nicht senkr. Einstrahlung, Verschattung, Rahmen...)	0,36	0,36	0,36	0,36

[1] Werte nach Institut Wohnen und Umwelt (Deutsche Gebäudetypologie)

9.1 Gebäudetypologie

Tab. 9-9 Gebäudetypologie großes Mehrfamilienhaus (GMH)[1]

Baualtersklasse Kürzel	vor 1918 (Massivbau) GMH_B	1919–1948 GMH_C	1949–1957 GMH_D	1958–1968 GMH_E
Beheizte Wohnfläche	754 m²	1.349,11 m²	1.457 m²	3.534 m²
Mittlere lichte Raumhöhe	2,82 m	2,9 m	2,75 m	2,5 m
Beheiztes Gebäudevolumen nach EnEV	3.375,4 m³	5.942 m³	4.808 m³	13.165,7 m³
Anzahl Vollgeschosse	5	5	5	8
Anzahl Wohneinheiten	11	15	20	48
Opake Bauteile				
Bauteil 1 (Dach)				
Art	Schrägdach	OG-Decke	OG-Decke	OG-Decke
Fläche	231,8 m²	384,2 m²	353,5 m²	479,58 m²
U-Wert im Bestand	2,6	0,78	2,08	0,82
Bauteil 2 (Außenwand)				
Fläche	307,4 m²	1.246 m²	1.378 m²	3.249,79 m²
U-Wert im Bestand	1,45	1,45	1,21	1,3
Bauteil 3 (Gebäudeabschluss unten)				
Art	Kellerdecke	Kellerdecke	Kellerdecke	Kellerdecke
Fläche	163,7 m²	395,6 m²	353,5 m²	459,24 m²
U-Wert im Bestand	1,37	1,11	1,55	0,846
Transparente Bauteile				
Art	Holz-Verbundfenster, 2 Scheiben	Isolierverglasung in Holz oder Kunststoff-Rahmen	Isolierverglasung in Holz oder Kunststoff-Rahmen	Einfachverglasung in Holzrahmen
Orientierung der Fensterflächen	Süden	Süden	Süden	Süden
Fläche	2,3 m²	24,72 m²	38,3 m²	26,59 m²
U-Wert Gesamtfenster	2,9	2,57	2,57	5,2
g-Wert (senkr. Strahlungseinfall)	0,76	0,76	0,76	0,86
Reduktionsfaktor (nicht senkr. Einstrahlung, Verschattung, Rahmen...)	0,36	0,36	0,36	0,36
Orientierung der Fensterflächen	West/Ost	West/Ost	West/Ost	West/Ost
Fläche	131,6 m²	253,8 m²	256,6 m²	646,13 m²

Baualtersklasse Kürzel	vor 1918 (Massivbau) GMH_B	1919–1948 GMH_C	1949–1957 GMH_D	1958–1968 GMH_E
U-Wert Gesamtfenster	2,9	2,57	2,57	5,2
g-Wert (senkr. Strahlungseinfall)	0,76	0,76	0,76	0,86
Reduktionsfaktor (nicht senkr. Einstrahlung, Verschattung, Rahmen...)	0,36	0,36	0,36	0,36
Orientierung der Fensterflächen	Nord	Nord	Nord	Nord
Fläche	2,3 m²			14,31 m²
U-Wert Gesamtfenster	2,9	2,57	2,57	5,2
g-Wert (senkr. Strahlungseinfall)	0,76	0,76	0,76	0,86
Reduktionsfaktor (nicht senkr. Einstrahlung, Verschattung, Rahmen...)	0,36	0,36	0,36	0,36

Tab. 9-9 Fortsetzung

Baualtersklasse Kürzel	1969–1978 GMH_F	1970–1980 (Neue Bundesländer) NBL_GMH_F	1981–1985 (Neue Bundesländer) NBL_GMH_G	1986–1990 (Neue Bundesländer) NBL_GMH_H
Beheizte Wohnfläche	3.020 m²	2.825 m²	2.825 m²	2.825 m²
Mittlere lichte Raumhöhe	2,55 m	2,62 m	2,62 m	2,62 m
Beheiztes Gebäudevolumen nach EnEV	9.805 m³	10.159,8 m³	10.159,8 m³	10.159,8 m³
Anzahl Vollgeschosse	8	6	6	6
Anzahl Wohneinheiten	48	24	24	24
Opake Bauteile				
Bauteil 1 (Dach)				
Art	OG-Decke	OG-Decke	OG-Decke	OG-Decke
Fläche	540 m²	598,34 m²	598,34 m²	598,34 m²
U-Wert im Bestand	0,82	0,97	0,97	0,84
Bauteil 2 (Außenwand)				
Fläche	2.132 m²	1.601,73 m²	1.675,73 m²	1.675,73 m²
U-Wert im Bestand	1,46	0,88	0,88	0,76

9.1 Gebäudetypologie

Baualtersklasse Kürzel	1969–1978 GMH_F	1970–1980 (Neue Bundes- länder) NBL_GMH_F	1981–1985 (Neue Bundes- länder) NBL_GMH_G	1986–1990 (Neue Bundes- länder) NBL_GMH_H
Bauteil 3 (Gebäudeabschluss unten)				
Art	Kellerdecke	Kellerdecke	Kellerdecke	Kellerdecke
Fläche	540 m²	598,34 m²	598,34 m²	598,34 m²
U-Wert im Bestand	0,97	1,01	0,85	0,85
Transparente Bauteile				
Art	Isolier-verglasung in Holz oder Kunst-stoff-Rahmen	Einfach-Verglasung in Holzrahmen	Isolier-verglasung in Holz oder Kunst-stoff-Rahmen	Isolier-verglasung in Holz oder Kunst-stoff-Rahmen
Orientierung der Fensterflächen	Süden	Süden	Süden	Süden
Fläche	34 m²	278 m2	215 m²	215 m²
U-Wert Gesamtfenster	2,57	5,2	2,57	2,57
g-Wert (senkr. Strahlungseinfall)	0,76	0,86	0,76	0,76
Reduktionsfaktor (nicht senkr. Einstrahlung, Verschattung, Rahmen...)	0,36	0,36	0,36	0,36
Orientierung der Fensterflächen	West/Ost	West/Ost	West/Ost	West/Ost
Fläche	458 m²			
U-Wert Gesamtfenster	2,57	5,2	2,57	2,57
g-Wert (senkr. Strahlungseinfall)	0,76	0,86	0,76	0,76
Reduktionsfaktor (nicht senkr. Einstrahlung, Verschattung, Rahmen...)	0,36	0,36	0,36	0,36
Orientierung der Fensterflächen	Nord	Nord	Nord	Nord
Fläche	53 m²	183 m²	172 m²	172 m²
U-Wert Gesamtfenster	2,57	5,2	2,57	2,57
g-Wert (senkr. Strahlungseinfall)	0,76	0,86	0,76	0,76
Reduktionsfaktor (nicht senkr. Einstrahlung, Verschattung, Rahmen...)	0,36	0,36	0,36	0,36

[1] Werte nach Institut Wohnen und Umwelt (Deutsche Gebäudetypologie)

Tab. 9-10 Gebäudetypologie Hochhaus (HH)[1)]

Baualtersklasse Kürzel	1958–1968 HH_E	1969–1978 HH_F	1970–1980 (Neue Bundes- länder) NBL_HH_F	1981–1985 (Neue Bundes- länder) NBL_HH_G
Beheizte Wohnfläche	10.408 m²	18.012 m²	4.796 m²	7.270 m²
Mittlere lichte Raumhöhe	2,5 m	2,55 m	2,6 m	2,65 m
Beheiztes Gebäudevolumen nach EnEV	36.379 m³	68.360 m³	18.405 m³	30.709 m³
Anzahl Vollgeschosse	16	14	10	16
Anzahl Wohneinheiten	189	254	40	64
Opake Bauteile				
Bauteil 1 (Dach)				
Art	OG-Decke	OG-Decke	OG-Decke	OG-Decke
Fläche	501,19 m²	1.468,97 m²	598,34 m²	695,12 m²
U-Wert im Bestand	0,86	0,35	1,14	0,68
Bauteil 2 (Außenwand)				
Fläche	5.579,16 m²	10.093,9 m²	2.994,09 m²	4.223,74 m²
U-Wert im Bestand	1,11	0,82	0,99	0,99
Bauteil 3 (Gebäudeabschluss unten)				
Art	Kellerdecke	Kellerdecke	Kellerdecke	Kellerdecke
Fläche	485,36 m²	1.468,97 m²	598,34 m²	695,12 m²
U-Wert im Bestand	0,97	0,7058	1,01	1,01
Sonstiges				
Art	Brüstung/L	AW-Vorhang-fassade		
Fläche	1.371,98 m²	3.708,5 m²		
U-Wert im Bestand	0,95	0,82		
Art	Auskragung	AW-Leicht		
Fläche	269,52 m²	823		
U-Wert im Bestand	1,0	0,7		
Transparente Bauteile				
Art	Isolier-verglasung in Metall-Rahmen (gedämmte Profile)	Isolier-verglasung in zwei Kammer Kunststoff-Rahmen	Isolier-verglasung in Metall-Rahmen (ungedämmte Profile)	Isolier-verglasung in Holz- oder Kunststoff-Rahmen
Orientierung der Fensterflächen	Süden	Süden	Süden	Süden
Fläche	610,1 m²	763,88 m²		398,64 m²

9.1 Gebäudetypologie

Baualtersklasse Kürzel	1958–1968 HH_E	1969–1978 HH_F	1970–1980 (Neue Bundes- länder) NBL_HH_F	1981–1985 (Neue Bundes- länder) NBL_HH_G
U-Wert Gesamtfenster	3,3	2,8	4,3	2,57
g-Wert (senkr. Strahlungs-einfall)	0,76	0,7	0,76	0,76
Reduktionsfaktor (nicht senkr. Einstrahlung, Verschattung, Rahmen...)	0,36	0,36	0,36	0,36
Orientierung der Fensterflächen	West/Ost	West/Ost	West/Ost	West/Ost
Fläche	987,6 m²	1.520,44 m²	756 m²	794,49 m²
U-Wert Gesamtfenster	3,3	2,8	4,3	2,57
g-Wert (senkr. Strahlungs-einfall)	0,76	0,7	0,76	0,76
Reduktionsfaktor (nicht senkr. Einstrahlung, Verschattung, Rahmen...)	0,36	0,36	0,36	0,36
Orientierung der Fensterflächen	Nord	Nord	Nord	Nord
Fläche	349,49 m²	296,2 m²		277,93 m²
U-Wert Gesamtfenster	3,3	2,8	4,3	2,57
g-Wert (senkr. Strahlungs-einfall)	0,76	0,7	0,76	0,76
Reduktionsfaktor (nicht senkr. Einstrahlung, Verschattung, Rahmen...)	0,36	0,36	0,36	0,36

[1] Werte nach Institut Wohnen und Umwelt (Deutsche Gebäudetypologie)

Tab. 9-11 Gebäudetypologie Einfamilienhaus (EFH)[2]

Baualtersklasse Kürzel	vor 1918 (Fachwerk) EFH_A	vor 1918 (Massivbau) EFH_B	1919–1948 EFH_C
Wohnfläche	141 m²	200 m²	122 m²
Energiekennwert (Nutzenergie) Heizwärmebedarf ohne Energiesparmaßnahmen	375 kWh/(m²a)	263 kWh/(m²a)	332 kWh/(m²a)
Umbautes Volumen	384,244 m³	557 m³	354 m³

Baualtersklasse Kürzel	vor 1918 (Fachwerk) EFH_A	vor 1918 (Massivbau) EFH_B	1919–1948 EFH_C
A/V-Verhältnis	0,91 1/m	0,74 1/m	1,04 1/m
Opake Bauteile			
Bauteil 1 (Dach)			
Art	Schrägdach ohne Dämmung	Schrägdach ohne Dämmung	Schrägdach ohne Dämmung
U-Wert	2,19	2,19	2,19
Bauteil 2 (Außenwand)			
Art	12-16 cm Fachwerkkonstruktion, Gefache Mauerwerk	25 cm Vollziegelmauerwerk, verputzt	25 cm Hohlsteinmauerwerk, verputzt
U-Wert	2,28 – 2,61	1,91	1,58
Bauteil 3 (Gebäudeabschluss unten)			
Art	Kellerdecke, Lagerhölzer mit Sandschüttung auf Dielenboden	Gemauertes Kappengewölbe mit Schüttung, Dielenboden auf Lagerhölzern	Scheitrechte Kappendecke aus Beton mit Sandschüttung
U-Wert im Bestand	0,86	0,71	1,01
Bauteil 4 (oberste Geschossdecke)			
Art	Holzbalkendecke mit Einschub und Füllung aus Sand oder Strohlehm	Holzbalkendecke mit Einschub und Füllung aus Sand oder Schlacke	Holzbalkendecke mit Einschub und Füllung aus Sand oder Schlacke
U-Wert im Bestand	1,21	0,76	0,76
Transparente Bauteile			
Art	Einfachverglasung im Holzrahmen	Einfachverglasung im Holzrahmen, (Kastenfenster U-Wert 2,8)	Einfachverglasung im Holzrahmen, (Kastenfenster U-Wert 2,8)
U-Wert Gesamtfenster	5,2	5,2	5,2

Tab. 9-11 Fortsetzung

Baualtersklasse Kürzel	1949–1957 EFH_D	1958 – 1968 EFH_E	1969–1978 EFH_F
Wohnfläche	121 m²	122 m²	122 m²
Energiekennwert (Nutzenergie) Heizwärmebedarf ohne Energiesparmaßnahmen	339 kWh/(m²a)	245 kWh/(m²a)	180 kWh/(m²a)
Umbautes Volumen	342 m³	359 m³	331 m³

9.1 Gebäudetypologie

Baualtersklasse Kürzel	1949–1957 EFH_D	1958 – 1968 EFH_E	1969–1978 EFH_F
A/V-Verhältnis	1,09 1/m	0,95 1/m	1,09 1/m
Opake Bauteile			
Bauteil 1 (Dach)			
Art	Schrägdach, Sparschalung mit 2,5 cm Holzwolle-Leichtbauplatten (HLW)	Schrägdach, Sparschalung mit 2,5 cm HLW und 3 cm Glaswolle	Schrägdach, Sparschalung mit 2,5 cm HLW und 3 cm Glaswolle
U-Wert	2,06	0,85	0,85
Bauteil 2 (Außenwand)			
Art	24 cm Hochlochziegel, verputzt	24 cm Hochlochziegel, verputzt	24 cm Hochlochziegel, verputzt
U-Wert	1,44	1,44	1,13
Bauteil 3 (Gebäudeabschluss unten)			
Art	Hohlsteindecke, oberseitig Dielenboden auf Lagerhölzern oder Estrich ohne Dämmung	Hohlsteindecke, oberseitig Dielenboden auf Lagerhölzern oder Estrich ohne Dämmung	Fertigdecke, oberseitig mit schwimmenden Estrich, 4 cm Mineralfaser
U-Wert im Bestand	1,48	1,48	0,66
Bauteil 4 (oberste Geschossdecke)			
Art	Holzbalkendecke mit Einschub und Füllung aus Sand oder Schlacke	Ortbetondecke, oberseitig Estrich, 2 cm Mineralfaser	Ortbetondecke, oberseitig Estrich, 2 cm Mineralfaser
U-Wert im Bestand	0,76	1,27	1,27
Transparente Bauteile			
Art	Einfachverglasung im Holzrahmen	Einfachverglasung im Holzrahmen	Isolierglasfenster im Holzrahmen
U-Wert Gesamtfenster	5,2	5,2	2,8

[2] Werte nach Haustypologie Stadt Düsseldorf

Tab. 9-12 Gebäudetypologie Einfamilienhaus (RH)[2]

Baualtersklasse Kürzel	vor 1918 (Massivbau) RH_B	1919–1948 RH_C	1919–1948 (Villentyp) RH_CV
Wohnfläche	112 m²	188 m²	118 m²
Energiekennwert (Nutzenergie) Heizwärmebedarf ohne Energiesparmaßnahmen	274 kWh/(m²a)	210 kWh/(m²a)	177 kWh/(m²a)

Baualtersklasse Kürzel	vor 1918 (Massivbau) RH_B	1919–1948 RH_C	1919–1948 (Villentyp) RH_CV
Umbautes Volumen	334 m³	548,775m³	345,6 m³
A/V-Verhältnis	0,80 1/m	0,62 1/m	0,62 1/m
Opake Bauteile			
Bauteil 1 (Dach)			
Art	Schrägdach ohne Dämmung	Schrägdach ohne Dämmung	Flachdach als Kaltdach
U-Wert	2,19	2,19	1,4
Bauteil 2 (Außenwand)			
Art	25 cm Vollziegelmauerwerk, verputzt	25 cm Vollziegelmauerwerk, verputzt	25 cm Vollziegelmauerwerk, verputzt
U-Wert	1,91	1,58	1,4
Bauteil 3 (Gebäudeabschluss unten)			
Art	Gemauertes Kappengewölbe mit Schüttung, Dielenboden auf Lagerhölzern	Scheitrechte Kappendecke aus Beton mit Sandschüttung	Scheitrechte Kappendecke aus Beton mit Sandschüttung
U-Wert im Bestand	0,71	1,01	1,01
Bauteil 4 (oberste Geschossdecke)			
Art	Holzbalkendecke mit Einschub und Füllung aus Sand oder Schlacke	Holzbalkendecke mit Einschub und Füllung aus Sand oder Schlacke	
U-Wert im Bestand	0,76	0,76	
Transparente Bauteile			
Art	Einfachverglasung im Holzrahmen, (Kastenfenster U-Wert 2,8)	Einfachverglasung im Holzrahmen, (Kastenfenster U-Wert 2,8)	Einfachverglasung im Holzrahmen
U-Wert Gesamtfenster	5,2	5,2	5,2

Tab. 9-12 Fortsetzung

Baualtersklasse Kürzel	1949–1957 RH_D	1958 – 1968 RH_E	1969–1978 RH_F
Wohnfläche	122 m²	139 m²	105,3 m²
Energiekennwert (Nutzenergie) Heizwärmebedarf ohne Energiesparmaßnahmen	241 kWh/(m²a)	176 kWh/(m²a)	98 kWh/(m²a)
Umbautes Volumen	340 m³	379 m³	295 m³

9.1 Gebäudetypologie

Baualtersklasse	1949–1957	1958 – 1968	1969–1978
Kürzel	RH_D	RH_E	RH_F
A/V-Verhältnis	0,91 1/m	0,76 1/m	0,62 1/m
Opake Bauteile			
Bauteil 1 (Dach)			
Art	Schrägdach, Sparschalung mit 2,5cm Holzwolle-Leichtbauplatten (HLW)	Schrägdach, Sparschalung mit 2,5cm HLW und 3cm Glaswolle	Schrägdach, Sparschalung mit 2,5cm HLW und 3cm Glaswolle
U-Wert	2,06	0,85	0,85
Bauteil 2 (Außenwand)			
Art	24cm Hochlochziegel, verputzt	24cm Hochlochziegel, verputzt	Ziegelmauerwerk mit Schalenfuge und Verblender (17,5cmHlz; 11,5cm Vz)
U-Wert	1,44	1,44	1,12
Bauteil 3 (Gebäudeabschluss unten)			
Art	Hohlsteindecke, oberseitig Dielenboden auf Lagerhölzern oder Estrich ohne Dämmung	Hohlsteindecke, oberseitig Dielenboden auf Lagerhölzern oder Estrich ohne Dämmung	Fertigdecke, oberseitig mit schwimmenden Estrich, 4cm Mineralfaser
U-Wert im Bestand	1,48	1,48	0,66
Bauteil 4 (oberste Geschoßdecke)			
Art	Holzbalkendecke mit Einschub und Füllung aus Sand oder Schlacke	Ortbetondecke, oberseitig Estrich, 2cm Mineralfaser	Ortbetondecke, oberseitig Estrich, 2cm Mineralfaser
U-Wert im Bestand	0,76	1,27	1,27
Transparente Bauteile			
Art	Einfachverglasung im Holzrahmen	Einfachverglasung im Holzrahmen	Isolierglasfenster im Holzrahmen,
U-Wert Gesamtfenster	5,2	5,2	2,8

[2] Werte nach Haustypologie Stadt Düsseldorf

Tab. 9-13 Gebäudetypologie Einfamilienhaus (MFH)[2)]

Baualtersklasse Kürzel	vor 1918 (Fachwerk) MFH_A	vor 1918 (Massivbau) MFH_B	1919–1948 MFH_C
Wohnfläche	385 m²	285 m²	404 m²
Energiekennwert (Nutzenergie) Heizwärmebedarf ohne Energiesparmaßnahmen	263 kWh/(m²a)	176 kWh/(m²a)	238 kWh/(m²a)
Umbautes Volumen	1.282 m³	944,16 m³	404 m³
A/V-Verhältnis	0,50 1/m	0,56 1/m	0,70 1/m
Opake Bauteile			
Bauteil 1 (Dach)			
Art	Schrägdach ohne Dämmung	Schrägdach ohne Dämmung	Schrägdach ohne Dämmung
U-Wert	2,19	2,19	2,19
Bauteil 2 (Außenwand)			
Art	12-16 cm Fachwerkkonstruktion, Gefache Mauerwerk	25 cm Vollziegelmauerwerk, verputzt, Vorderseite mit Ornamentik/Stuck	38 cm Vollziegelmauerwerk unverputzt
U-Wert	2,28 – 2,61	1,91	1,21
Bauteil 3 (Gebäudeabschluss unten)			
Art	Kellerdecke, Lagerhölzer mit Sandschüttung auf Dielenboden	Scheitrechte Kappendecke aus Beton mit Sandschüttung	Ortbetondecke mit Flach- oder Stabstahl, oberseitig Dielenboden auf Lagerhölzern
U-Wert im Bestand	0,86	1,01	1,14
Bauteil 4 (oberste Geschossdecke)			
Art	Holzbalkendecke mit Einschub und Füllung aus Sand oder Strohlehm	Holzbalkendecke mit Einschub und Füllung aus Sand oder Schlacke	Ortbetondecke mit Flach- oder Stabstahl, oberseitig Dielenboden
U-Wert im Bestand	1,21	0,76	1,14
Transparente Bauteile			
Art	Einfachverglasung im Holzrahmen	Kastenfenster mit Einfachverglasung	Einfachverglasung im Holzrahmen,
U-Wert Gesamtfenster	5,2	2,8	5,2

9.1 Gebäudetypologie

Tab. 9-13 Fortsetzung

Baualtersklasse	1949–1957	1958 – 1968	1969–1978
Kürzel	MFH_D	MFH_E	MFH_F
Wohnfläche	653 m²	504 m²	595 m²
Energiekennwert (Nutzenergie) Heizwärmebedarf ohne Energiesparmaßnahmen	286 kWh/(m²a)	174 kWh/(m²a)	104 kWh/(m²a)
Umbautes Volumen	2.012 m³	1.682 m³	1.827 m³
A/V-Verhältnis	0,57 1/m	0,45 1/m	0,43 1/m
Opake Bauteile			
Bauteil 1 (Dach)			
Art	Schrägdach, Sparschalung mit 2,5cm Holzwolle-Leichtbauplatten (HLW)	Schrägdach, Sparschalung mit 2,5cm HLW und 2-4cm Glaswolle	Schrägdach, Sparschalung mit 2,5cm HLW und 6cm Glaswolle
U-Wert	2,06	0,85	0,85
Bauteil 2 (Außenwand)			
Art	24cm Hochlochziegel, verputzt	Ziegelmauerwerk mit Schalenfuge und Verblender (24cm Hlz; 11,5cm Vz)	Ziegelmauerwerk mit Schalenfuge und Verblender (30cm Llz; 11,5cm Vz)
U-Wert	1,44	1,23	0,86
Bauteil 3 (Gebäudeabschluss unten)			
Art	Ziegelsplittbetonstein, verputzt	Ortbetondecke, 2x2cm Mineralfaserplatte	Ortbetondecke, oberseitig mit schwimmenden Estrich, 4cm Mineralfaser
U-Wert im Bestand	1,63	1,01	0,67
Bauteil 4 (oberste Geschoßdecke)			
Art	Ortbetondecke ohne Estrich	Ortbetondecke, oberseitig Estrich, 2cm Mineralfaser	Ortbetondecke, oberseitig mit schwimmenden Estrich, 2cm Mineralfaser
U-Wert im Bestand	3,87	1,27	1,27
Transparente Bauteile			
Art	Einfachverglasung im Holzrahmen	Einfachverglasung im Holzrahmen	Isolierglasfenster im Holzrahmen,
U-Wert Gesamtfenster	5,2	5,2	2,8

[2] Werte nach Haustypologie Stadt Düsseldorf

Tab. 9-14 Gebäudetypologie Einfamilienhaus (GMH)[2]

Baualtersklasse Kürzel	vor 1918 (Massivbau) GMH_B	1919–1948 GMH_C	1949–1957 GMH_D
Wohnfläche	408 m²	590 m²	340 m²
Energiekennwert (Nutzenergie) Heizwärmebedarf ohne Energiesparmaßnahmen	117 kWh/(m²a)	134 kWh/(m²a)	137 kWh/(m²a)
Umbautes Volumen	1.363 m³	1.846 m³	340 m³
A/V-VeGMHältnis	0,34 1/m	0,35 1/m	0,35 1/m
Opake Bauteile			
Bauteil 1 (Dach)			
Art	Schrägdach ohne Dämmung	Schrägdach ohne Dämmung	Schrägdach, Sparschalung mit 2,5cm Holzwolle-Leichtbauplatten (HLW)
U-Wert	2,19	2,19	2,06
Bauteil 2 (Außenwand)			
Art	38 cm Vollziegelmauerwerk, verputzt, Vorderseite mit Ornamentik/Stuck	38cm Hohlsteinmauerwerk, unverputzt	24cm Bimsbeton-Hohlblockmauerwerk (Hbl), innen und außen verputzt. EG Hbl 50 OG Hbl 25
U-Wert	1,46	1,21	1,32 1,11
Bauteil 3 (Gebäudeabschluss unten)			
Art	Scheitrechte Kappendecke aus Beton mit Sandschüttung	Ortbetondecke mit Flach- oder Stabstahl, oberseitig Dielenboden auf Lagerhölzern	Hohlsteindecke, oberseitig Estrich ohne Dämmung
U-Wert im Bestand	1,01	1,14	1,48
Bauteil 4 (oberste Geschoßdecke)			
Art	Holzbalkendecke mit Einschub und Füllung aus Sand oder Schlacke	Holzbalkendecke mit Einschub und Füllung aus Sand oder Schlacke	Holzbalkendecke mit Dämmung oder Füllung, oberseitig Dielenboden auf Lagerhölzern
U-Wert im Bestand	0,76	0,76	0,47
Transparente Bauteile			
Art	Einfachverglasung im Kastenfenster	Einfachverglasung im Holzrahmen,	Einfachverglasung im Holzrahmen
U-Wert Gesamtfenster	2,8	5,2	5,2

9.1 Gebäudetypologie 307

Tab. 9-14 Fortsetzung

Baualtersklasse Kürzel	1958 – 1968 GMH_E	1969–1978 GMH_F
Wohnfläche	1.500 m²	1.500 m²
Energiekennwert (Nutzenergie) Heizwärmebedarf ohne Energiesparmaßnahmen	179 kWh/(m²a)	98 kWh/(m²a)
Umbautes Volumen	4.375 m³	4.568 m³
A/V-VeGMHältnis	0,36 1/m	0,37 1/m
Opake Bauteile		
Bauteil 1 (Dach)		
Art	Schrägdach, Sparschalung mit 2,5 cm HLW und 2-4 cm Glaswolle	Flachdach als Warmdach, leicht, 6 cm Dämmschicht
U-Wert	0,85	0,57
Bauteil 2 (Außenwand)		
Art	Ziegelmauerwerk mit Schalenfuge und Verblender (30 cmHlz; 11,5 cm Vz)	Beton-Sandwich-Platten (Beton 17,5 cm, Dämmschicht 4 cm PS, Beton-Wetterschale 8 cm)
U-Wert	1,07	0,92
Bauteil 3 (Gebäudeabschluss unten)		
Art	Ortbetondecke, 2 cm Mineralfaserdämmplatte und 2 cm Mineralfaserdämm-Matte	Ortbeton, oberseitig mit schwimmenden Estrich und 4 cm Mineralfaser
U-Wert im Bestand	1,01	0,67
Bauteil 4 (oberste Geschossdecke)		
Art	Ortbetondecke, oberseitig Estrich, 2 cm Mineralfaser	
U-Wert im Bestand	1,27	
Transparente Bauteile		
Art	Einfachverglasung im Holzrahmen	Isolierglasfenster im Holzrahmen
U-Wert Gesamtfenster	5,2	2,8

[2] Werte nach Haustypologie Stadt Düsseldorf

Tab. 9-15 Gebäudetypologie Einfamilienhaus (HH)[2]

Baualtersklasse Kürzel	1958 – 1968 HH_E	1969–1978 HH_F
Wohnfläche	1.600 m²	2.600 m²
Energiekennwert (Nutzenergie) Heizwärmebedarf ohne Energiesparmaßnahmen	149 kWh/(m²a)	81 kWh/(m²a)
Umbautes Volumen	4.725 m³	7.680 m³
A/V-Verhältnis	0,37 1/m	0,33 1/m
Opake Bauteile		
Bauteil 1 (Dach)		
Art	Flachdach als Kaltdach, schwer, 4 cm Dämmschicht	Flachdach als Kaltdach, schwer, 6 cm Dämmschicht
U-Wert	0,80	0,57
Bauteil 2 (Außenwand)		
Art	Mantelbauweise aus Schwerbeton, 18 cm	24 cm Bims Hohlblockmauerwerk, hinterlüftet, 2,5 cm Mineralfaserdämmung
U-Wert	1,49	0,77
Bauteil 3 (Gebäudeabschluss unten)		
Art	Ortbetondecke, 2 cm Mineralfaserdämmplatte und 2 cm Mineralfaserdämm-Matte	Ortbeton, oberseitig mit schwimmenden Estrich und 4 cm Mineralfaser
U-Wert im Bestand	1,01	0,67
Transparente Bauteile		
Art	Einfachverglasung im Holzrahmen	Isolierglasfenster im Holzrahmen
U-Wert Gesamtfenster	5,2	2,8

[2] Werte nach Haustypologie Stadt Düsseldorf

Legende:

Energiekennwert: Energiekennwert Raumwärme ohne Warmwasser, Bezug Endenergie, Flächenbezug beheizbare Nettogrundfläche (VDI 3807); es liegt der Berechnung ein einheitlicher Anlagen-Jahresnutzungsgrad von 92 % zugrunde ("Idealheizung" = Zentralheizung ohne Warmwasserbereitung, NT-Kessel)

Wohnfläche: beheizbare Nettogrundfläche (VDI 3807)

Umbautes Volumen: Beheiztes Bauwerksvolumen V (nach WSVO'95, Anlage 1, Absatz 1.2)

A/V-Verhältnis: Verhältnis der wärmeübertragenden Umfassungsfläche A zum hiervon umgebenen Bauwerksvolumen V (nach WSVO'95, Anlage 1, Absatz 1.3)

9.2 Tabelle Bauteiltypologie

Tab. 9-16 Bauteiltypologie Pauschalwerte von Bauteilen [1]

Baualtersklasse		Bauteil	Beschreibung	Wärmedurchgangs-koeffizient U [W/(m²K)]
A – B	vor 1918	Dach	massive Konstruktionen (insb. Flachdächer) Holzkonstruktion (insb. Steildächer)	2,1 2,6
		Oberste Geschossdecke	massive Decke Holzbalkendecke	2,1 1,0
		Außenwand	massive Konstruktion (Mauerwerk, Beton…) Holzkonstruktion (Fachwerk)	1,7 2,0
		Gegen Erdreich, Keller	massive Bauteile Holzbalkendecke	1,2 1,0
C	1919 –1948	Dach	massive Konstruktionen (insb. Flachdächer) Holzkonstruktion (Insb. Steildächer)	2,1 1,4
		Oberste Geschossdecke	massive Decke Holzbalkendecke	2,1 0,8
		Außenwand	massive Konstruktion (Mauerwerk, Beton…) Holzkonstruktion (Fachwerk)	1,7 2,0
		Gegen Erdreich, Keller	massive Bauteile Holzbalkendecke	1,2 0,8
D	1949 –1957	Dach	massive Konstruktionen (insb. Flachdächer) Holzkonstruktion (Insb. Steildächer)	2,1 1,4
		Oberste Geschossdecke	massive Decke Holzbalkendecke	2,1 0,8
		Außenwand	massive Konstruktion (Mauerwerk, Beton…) Holzkonstruktion (Fachwerk)	1,4 1,4
		Gegen Erdreich, Keller	massive Bauteile Holzbalkendecke	1,5 0,8
E	1958 –1968	Dach	massive Konstruktionen (insb. Flachdächer) Holzkonstruktion (Insb. Steildächer)	2,1 1,4
		Oberste Geschossdecke	massive Decke Holzbalkendecke	2,1 0,8
		Außenwand	massive Konstruktion (Mauerwerk, Beton…) Holzkonstruktion (Fachwerk)	1,4 1,4

Baualtersklasse		Bauteil	Beschreibung	Wärmedurchgangs-koeffizient U [W/(m²K)]
		Gegen Erd-reich, Keller	massive Bauteile Holzbalkendecke	1,0 0,8
F	1969 –1978	Dach	massive Konstruktionen (insb. Flach-dächer) Holzkonstruktion (Insb. Steildächer)	0,6 0,8
		Oberste Ge-schossdecke	massive Decke Holzbalkendecke	0,6 0,6
		Außenwand	massive Konstruktion (Mauerwerk, Beton…) Holzkonstruktion (Fachwerk)	1,0 0,6
		Gegen Erd-reich, Keller	massive Bauteile Holzbalkendecke	1,0 0,6
G	1979 –1983	Dach	massive Konstruktionen (insb. Flach-dächer) Holzkonstruktion (Insb. Steildächer)	0,5 0,5
		Oberste Ge-schossdecke	massive Decke Holzbalkendecke	0,5 0,4
		Außenwand	massive Konstruktion (Mauerwerk, Beton…) Holzkonstruktion (Fachwerk)	0,8 0,5
		Gegen Erd-reich, Keller	massive Bauteile Holzbalkendecke	0,8 0,6
H	1984 –1994	Dach	massive Konstruktionen (insb. Flach-dächer) Holzkonstruktion (Insb. Steildächer)	0,4 0,4
		Oberste Ge-schossdecke	massive Decke Holzbalkendecke	0,4 0,3
		Außenwand	massive Konstruktion (Mauerwerk, Beton…) Holzkonstruktion (Fachwerk)	0,6 0,4
		Gegen Erd-reich, Keller	massive Bauteile Holzbalkendecke	0,6 0,4
I	Ab 1995	Dach	massive Konstruktionen (insb. Flach-dächer) Holzkonstruktion (Insb. Steildächer)	0,3 0,3
		Oberste Ge-schossdecke	massive Decke Holzbalkendecke	0,3 0,3
		Außenwand	massive Konstruktion (Mauerwerk, Beton…) Holzkonstruktion (Fachwerk)	0,5 0,4
		Gegen Erd-reich, Keller	massive Bauteile Holzbalkendecke	0,6 0,4

[1] Werte nach Institut Wohnen und Umwelt (Energiebilanz-Toolbox)

9.2 Tabelle Bauteiltypologie

Tab. 9-17 Bauteiltypologie Außenwände

Baualtersklasse		Bauart	Abmessung	Wärmedurchgangs-koeffizient U [W/(m²K)]
A	vor 1918	Fachwerk-Eiche Lehmausfachung, Verputzt: innen vollflächig, außen nur Gefache	k. A.[1] 19cm[2]	1,90[1] 2,58[2]
		Fachwerk-Eiche Natursteinausmauerung der Gefache Verputzt: innen vollflächig	k.A.[1] 19cm[2]	2,48[1] 2,68[2]
		Fachwerk-Eiche Lehmausfachung. Innen vollflächig verputzt, außen verschindelt	k. A.[1]	1,90[1]
B – C	vor 1948	Vollziegelmauerwerk	38 cm[1]	1,70[1]
		Vollziegelmauerwerk	38-51 cm[1]	1,38[1]
		Zweischaliges Ziegelmauerwerk 2*12 cm mit 6 cm Luftschicht	30 cm[1]	1,64[1]
		Zweischaliges Ziegelmauerwerk 2*12 cm mit 6 cm Luftschicht	30 cm[1]	1,64[1]
		Natursteinmauerwerk, innen verputzt Rohdichte ρ= 2.600 kg/m³	70 cm[2] 60 cm[2] 45 cm[2]	2,02[2] 2,21[2] 2,58[2]
C – D	1920 – 1957	Leichtbeton-Vollstein	24 cm[2] 30 cm[2] 36,5 cm[2]	1,23[2] 1,04[2] 0,89[2]
		Luftschichtmauerwerk aus Hohlziegel, Verblender (Vz 12cm, Luftschicht 7-8cm, Klinker 12cm)	31-32 cm[3]	1,50[3]
		Vollziegelmauerwerk verputzt	38 cm[3] 25 cm[3]	1,18[3] 1,40[3]
D	1949 – 1957	Ziegelsplitt- oder Bimshohlblocksteine, verputzt Rohdichte ρ= 1.000 kg/m³	30 cm[1][2] 24 cm[2]	1,44[1][2] 1,70[2]
		Ziegelsplitt- oder Bimshohlblocksteine, verputzt Rohdichte ρ= 1.400 kg/m³	30 cm[2] 24 cm[2]	1,83[2] 2,08[2]
		Leichtbeton-Hohlblockstein Rohdichte ρ= 1.000 kg/m³	30 cm[2] 24 cm[2]	1,46[2] 1,70[2]
		Luftschichtmauerwerk aus Hochloch- und Vollziegel (17,5cm HLz, 7cm stehende Luft, 11,5cm Vz))	36 cm[3]	1,48[3]
		Zweischaliges Mauerwerk aus Vollziegel (11,5cm Vz, 7cm Luftschicht, 11,5cm Vz)	30 cm[3]	1,53[3]
D – F	1949 – 1978	Gitterziegel, verputzt	36,5 cm[1] 24 cm[1]	1,02[1] 1,21[1]

Baualtersklasse		Bauart	Abmessung	Wärmedurchgangs-koeffizient U [W/(m²K)]
		Kalksand-Vollstein Rohdichte ρ= 1.800 kg/m³	36,5 cm[2] 30 cm[2] 24 cm[2]	1,72[2] 1,93[2] 2,19[2]
E	1958 – 1968	Gitterziegel (HLz), verputzt	30 cm[3] 24 cm[3]	1,22[3] 1,43[3]
		Ziegelmauerwerk (HLz) mit Schalenfuge und Verblender (Vz 11,5 cm)	30 cm HLz[3] 24 cm HLz[3]	1,07[3] 1,23[3]
		Beton-Sandwich-Platten (Beton 30 cm, Dämmschicht 5 cm, Beton-Wetterschale 8 cm)	43 cm[3]	0,75[3]
F	1969 –1978	Mauerwerk aus Lochziegeln mit Schalenfuge und Verblendung	37,5 cm[2] 31 cm[2]	1,23[2] 1,46[2]
		Mauerwerk aus KS-Lochstein mit Luftschicht und Verblendung	34 cm[2]	1,57[2]
		Bims Hohlblockmauerwerk, hinterlüftet	24 cm[3]	0,77[3]
		Zweischaliges Mauerwerk mit Wärmedämmung (24cm HLz, 2cm WD, 2cm Luftschicht, 11,5cm Vz)	39,5 cm[3]	0,60[3]
		Fertigbetonplatte, hinterlüftet mit 2,5 cm Mineralfaserdämmung	k. A.[3]	0,84[3]
		Beton-Sandwich-Platten (Beton 17,5 cm, Dämmschicht 4 cm PS, Beton-Wetterschale 8 cm)	29,5cm[3]	0,92[3]
G	1979 –1983	Porenbeton-Blockstein Rohdichte ρ= 800 kg/m³	36,5 cm[2] 30 cm[2] 24 cm[2]	0,69[2] 0,81[2] 0,98[2]
		Mauerziegel mit Außendämmung (2,5-5,0cm HWL)	29 cm[2] 26,5 cm[2]	0,90[2] 1,19[2]

[1] Werte nach Institut Wohnen und Umwelt (Energiebilanz-Toolbox)
[2] Werte nach Institut für Bauforschung e.V. Hannover, „U-Werte alter Bauteile", Frauenhofer IRB Verlag
[3] Werte nach Haustypologie Stadt Düsseldorf, ebök 2005

Tab. 9-18 Bauteiltypologie Steildächer

Baualtersklasse		Bauart	Abmessung	Wärmedurchgangs-koeffizient U [W/(m²K)]
A – C	vor 1948	Putz auf Spalierlatten		3,08[1]
D	1949 – 1957	Bimsvollsteine zwischen den Sparren, verputzt		1,41[1]
		Sparschalung mit 2,5 cm Holzwolle-Leichtbauplatten		2,06[3]
E	1958 – 1968	Steildach, 4 cm Dämmung zwi-		

9.2 Tabelle Bauteiltypologie

Baualtersklasse		Bauart	Abmessung	Wärmedurchgangs-koeffizient U [W/(m²K)]
E	1958 – 1968	Steildach, 4 cm Dämmung zwischen den Sparren		0,79[1]
		Sparschalung mit 2,5 cm Holzwolle-Leichtbauplatten und 3 cm Glaswolle-Dämmung		0,85[3]
F	1969 – 1978	Steildach, 4 cm Dämmung zwischen den Sparren		0,51[1]
		Sparschalung mit 2,5 cm Holzwolle-Leichtbauplatten und 6 cm Glaswolle-Dämmung		0,85[3]
E – F	1958 – 1978	Holzwolle-Leichtbauplatten unter den Sparren, verputzt		1,11[1]
		Holzwolle-Leichtbauplatten (λ = 0,081 W/(m*K)) unter den Sparren, verputzt	Platte d= 5 cm[2] Platte d= 7,5 cm[2]	1,17[2] 0,86[2]
		Glasfasermatte (λ= 0,06 W/(m*K)) zwischen und Holzwolle-Leichtbauplatten (λ= 0,093 W/(m*K)) unter den Sparren, verputzt	17,5 cm[2]	0,88[2]

[1] Werte nach Institut Wohnen und Umwelt (Energiebilanztool)
[2] Werte nach Institut für Bauforschung e.V. Hannover, „U-Werte alter Bauteile", Frauenhofer IRB Verlag
[3] Werte nach Haustypologie Stadt Düsseldorf, ebök 2005.

Tab. 9-19 Bauteiltypologie Flachdächer

Baualtersklasse		Bauart	Abmessung	Wärmedurchgangs-koeffizient U [W/(m²K)]
C	1919 – 1948	Leicht geneigtes Flachdach, belüftet (Kaltdach)	k. A.[3]	1,40[3]
E	1958 – 1968	Stahlbetonflachdach mit Luftschicht	Stahlbetondecke 20 cm, Luftschicht 16cm[1]	1,68[1]
F	1969 – 1978	Flachdach als Warmdach mit Dämmung	Stahlbetondecke 15cm, Wärmedämmung 2 cm[1] Wärmedämmung 6 cm[3]	1,23[1] 0,85[3]
		Flachdach als Warmdach mit Dämmung und Kiesschüttung	Stahlbetondecke 15 cm, WD Schaumglas 6 cm[1]	0,63[1]
		Flachdach Holz mit Kiesschüttung, als belüftetes Kaltdach mit Mineralfasermatten (λ= 0,045 W/(m*K))	33,25 cm[2] Mineralfasermatte 3,0 cm 4,0 cm 6,0 cm	0,98[2] 0,81[2] 0,61[2]

Baualtersklasse	Bauart	Abmessung	Wärmedurchgangs-koeffizient U [W/(m²K)]
	Warmdach, leicht, 6cm Dämmschicht	k. A.[3]	0,57[3]
	Kaltdach, schwer, 6cm Dämmschicht	k. A.[3]	0,57[3]

[1] Werte nach Institut Wohnen und Umwelt (Energiebilanztool)
[2] Werte nach Institut für Bauforschung e.V. Hannover, „U-Werte alter Bauteile", Frauenhofer IRB Verlag
[3] Werte nach Haustypologie Stadt Düsseldorf, ebök 2005.

Tab. 9-20 Bauteiltypologie Geschossdecken

Baualtersklasse		Bauart	Abmessung	Wärmedurchgangs-koeffizient U [W/(m²K)]
A – B	vor 1918	Holzbalkendecke mit Strohlehmwickel, oberseitig Holzdielen, unterseitig verputzt	k. A.[1]	1,04[1]
		Holzbalkendecke mit Blindboden und Lehmschlag, oberseitig Holzdielen, unterseitig Putz auf Spalierlatten	k. A.[1] 28,9 cm[2]	0,91[1] 0,86[2]
		Holzbalkendecke mit Blindboden und Lehmschlag, 2-3 cm Schlackenschüttung, oberseitig Holzdielen, unterseitig Putz auf Spalierlatten	k. A.[1] 27,1 cm[2] Schlacke 8 cm	0,78[1] 0,70[2]
		Holzbalkendecke mit Strohlehmwickel, oberseitig Holzdielen, unterseitig Putz auf Spalierlatten	k. A.[1] 33 cm[2] Putz auf Rohrmatten	1,03[1] 0,76[2]
		Holzbalkendecke mit Blindboden, oberseitig Holzdielen, unterseitig Putz auf Spalierlatten	k. A.[1]	0,78[1]
C – D	1919 – 1957	Holzbalkendecke mit Einschub und Füllung aus Sand oder Schlacke, oberseitig Holzdielen, unterseitig Putz auf Draht- oder Rohrrabitzträger	k. A.[3]	0,76[3]
		Ortbetondecke mit Flach- oder Stabstahl, oberseitig Holzdielen	k. A.[3]	1,14[3]
		Ortbetondecke mit Estrich ohne Trittschalldämmung	k. A.[3]	2,03[3]
		Ortbetondecke ohne Estrich	k. A.[3]	3,87[3]
D	1949 – 1957	Stahlsteindecke mit Gussasphaltestrich	k. A.[1]	2,08[1]

9.2 Tabelle Bauteiltypologie

Baualtersklasse		Bauart	Abmessung	Wärmedurchgangs-koeffizient U [W/(m²K)]
E	1958 – 1968	Stahlbetondecke ohne Dämmung	15 cm[1]	2,25[1]
		Stahlsteindecke mit 1cm Dämmung, schwimmender Estrich	k. A.[1]	1,37[1]
		Stahlträgerdecke mit Stahlbetonhohldielen, Koksschlackenfüllung, Lagerhölzern und Holzdielen	21,5 cm[2] Hohldiele	1,33[2] 1,36[2] 1,39[2]
E – J	ab 1958	Stahlbetondecke (15cm) mit Mineralfasermatte (2,0cm), Magnesit-Estrich (2,5cm)	19,5 cm[2]	1,21[2]
		Stahlbetondecke (14cm) mit Mineralfasermatte (1,5cm), Zement-Estrich (3,5cm)	19 cm[2]	1,45[2]

[1] Werte nach Institut Wohnen und Umwelt (Energiebilanztool)
[2] Werte nach Institut für Bauforschung e.V. Hannover, „U-Werte alter Bauteile", Frauenhofer IRB Verlag
[3] Werte nach Haustypologie Stadt Düsseldorf, ebök 2005.

Tab. 9-21 Bauteiltypologie Kellerdecken und erdberührte Bauteile

Baualtersklasse		Bauart	Abmessung	Wärmedurchgangs-koeffizient U [W/(m²K)]
A – B	vor 1918	Feldsteine in Sand (nicht unterkellert)	k. A.[1]	2,88[1]
		Kappengewölbe gemauert, oberseitig Sandschüttung, Holzdielen auf Lagerhölzern	k. A.[1]	1,37[1]
		Lagerhölzer mit Sandschüttung auf Dielung	0,86[3]	2,88[3]
C	1919 – 1948	Kappendecke Stahlbeton, scheitrecht, oberseitig Sandschüttung, Holzdielen auf Lagerhölzern	k. A.[1]	1,11[1]
		Ortbetondecke mit Flach- oder Stabstahl, oberseitig Holzdielen auf Lagerhölzern	k. A.[3]	1,14[3]
D	1949 – 1957	Stahlbetondecke (12 cm), oberseitig Schlackenschüttung (6-8 cm), Holzdielen auf Lagerhölzern	20 cm[1]	1,01[1]
		Stahlbetondecke mit Verbundestrich	k. A.[1]	2,40[1]
		Holsteindecke, oberseitig Holzdielen auf Lagerhölzern oder Estrich ohne Dämmung	k. A.[3]	1,48[3]

Baualtersklasse		Bauart	Abmessung	Wärmedurchgangs-koeffizient U [W/(m²K)]
		Ortbetondecke, Estrich ohne Trittschalldämmung	k. A.[3]	2,03[3]
E – F	1958 – 1978	Stahlbetondecke (12-16 cm), Polystyrol Trittschalldämmung (2-3 cm), Estrich (4 cm)	18-23 cm[1] 21 cm[2]	0,84[1] 1,00[2]
		Stahlsteindecke mit Gussasphaltestrich	k. A.[1]	2,08[1]
		Stahlsteindecke aus Lochziegeln mit Holzwolle-Leichtbauplatten (2,5 cm), Mineralfasermatte (1,0 cm)	24,5 cm[2] 28 cm[2] 29,5 cm[2]	1,08[2] 1,06[2] 1,04[2]
		Balkendecke aus Stahlbetonfertigteilen mit Füllkörpern aus Ziegelsplitt mit Holzwolle-Leichtbauplatten (2,5 cm), Mineralfasermatte (1,0 cm) und Parkett auf Bitumenpappe	26 cm[2] 30 cm[2]	0,80[2] 0,78[2]
		Fertigdecke, oberseitig mit schwimmenden Estrich und 2 cm Mineralfaser-Dämmplatte	k. A.[3]	0,95[3]
		Ortbetondecke, oberseitig 2 cm Mineralfaser-Dämmplatte und 2 cm Mineralfaserdämmmatte	k. A.[3]	1,01[3]
		Fertigdecke, oberseitig mit schwimmenden Estrich und 4 cm Mineralfaser-Dämmplatte	k. A.[3]	0,66[3]
G	1979–1983	Stahlbetondecke (12-16 cm), Trittschalldämmung (4 cm), Estrich (4 cm)	20-24 cm[1]	0,80[1]
G – J	ab 1979	Stahlbetonrippendecke mit Füllkörpern aus Bimsbeton mit Holzwolle-Leichtbauplatten (2,5 cm)	21,5 cm[2] 23,5 cm[2] 25,5 cm[2]	1,10[2] 1,07[2] 1,06[2]
H – J	ab 1984	Rippendecke aus Stahlbetonfertigteilen mit Füllkörpern aus Bimsbeton mit Mineralfasermatte (1,0 cm) und Gussasphaltestrich (2,0 cm)	22 cm[2] 24 cm[2] 26 cm[2]	1,09[2] 1,07[2] 1,06[2]
		Stahlbetondecke (12-16 cm), Trittschalldämmung (5 cm), Estrich (4 cm)	21-25 cm[1]	0,60[1]

[1] Werte nach Institut Wohnen und Umwelt (Energiebilanztool)
[2] Werte nach Institut für Bauforschung e.V. Hannover, „U-Werte alter Bauteile", Frauenhofer IRB Verlag
[3] Werte nach Haustypologie Stadt Düsseldorf, ebök 2005

9.2 Tabelle Bauteiltypologie

Tab. 9-22 Bauteiltypologie Fenster[1]

Baualtersklasse		Bauart Rahmen	Verglasung	Wärmedurchgangskoeffizient Gesamt-Fenster U_w [W/(m²K)]	Gesamtenergiedurchlassgrad für senkrechten Strahlungseinfall g
A – E	bis 1968	Holzrahmen	Einfachverglasung U_g=5,8 W/(m²K)	5,0	0,87
F – H	1968 – 1994	Holzrahmen (auch Verbundfenster, Kastenfenster…)	2- Scheiben-Isolierverglasung oder 2 einzelne Glasscheiben U_g=2,8 W/(m²K)	2,7	0,75
				3,0	0,75
				4,3	0,75
F – H	1968 – 1994	Kunststoff-Rahmen		3,2	0,75
F – G	1969 – 1983	Alu-Rahmen ohne thermische Trennung			
H	1984 – 1994	Alu-Rahmen mit thermischer Trennung			
I – J	ab 1995	Holzrahmen	2- Scheiben-Wärmeschutzverglasung U_g=1,1 W/(m²K)	1,6	0,60
I – J	ab 1995	Verbesserter Kunststoff- bzw. Alurahmen (U_f[2W/(m²K))		1,9	0,60
J	nach 2002	Verbesserter Holzrahmen (U_f[1,5W/(m²K))	3- Scheiben-Wärmeschutzverglasung U_g=0,7 W/(m²K)	1,2	0,50
J	nach 2002	Passivhaus-Rahmen (U_f[0,8W/(m²K))		0,9	0,50

[1] Werte nach Institut Wohnen und Umwelt (November 2004)

U_w= U-Wert Fenster inkl. Rahmen (hier mit Randverbund, ohne Einbau, bei Glasanteil 60% der Fensterfläche); w für window

U_f= U-Wert Rahmen; f für frame

U_g= U-Wert Verglasung; g für glazing

Tab. 9-23 Basistabelle Fenster[1]

	Große Fenster und Fenstertüren	Mittlere Fenster	Kleine Fenster	Sprossen-Fenster	Vergleich DIN V 4108-4 Tab. 2[2]
Fensterfläche	2,0 m²– 4,0 m²	1,0 m²– 2,0 m²	0,3 m²– 1,0 m²	0,5 m²– 3,0 m²	k. A.
Rahmen: U_f [0,8 W/(m²K) „Passivhausrahmen"					
Glasanteil Fensterfläche	71%	60%	43%	63%	70%
Verglasungstyp [3]	U-Wert des Fensters U_w in W/(m²K)				
U_g =0,9 (z.B. 3-2 Py-Kr)	0,97	0,99	1,01	1,10	1,2
U_g =0,7 (z.B. 3-2 Ag-Kr)	0,83	0,87	0,93	0,98	1,1
U_g =0,4 (z.B. 3-2 Mag-Xe)	0,61	0,69	0,80	0,80	-
Rahmen: 0,8 ' U_f [1,5 W/(m²K) „Niedrigenergiehaus-Rahmen" z.B. guter Holzrahm (U_f = 1,45 W/(m²K))					
Glasanteil Fensterfläche	75%	65%	50%	67%	70%
Verglasungstyp [3]	U-Wert des Fensters U_w in W/(m²K)				
U_g =2,8 (z.B. 2 Lu)	2,56	2,46	2,30	2,58	2,50
U_g =1,8 (z.B. 2 Py-Lu)	1,87	1,89	1,90	2,06	1,80
U_g =1,5 (z.B. 2 Py-Ar)	1,64	1,69	1,75	1,86	1,60
U_g =1,1 (z.B. 2 Mag-Ar)	1,34	1,43	1,56	1,57	1,30
U_g =0,7 (z.B. 2 Ag-Kr)	1,05	1,17	1,36	1,33	1,10
Rahmen: 1,5 ' U_f [2,0 W/(m²K) entspr. Rahmenmaterial der Gruppe 1 nach DIN 4108 – 4, z. B. Vierkammer-Konststoffrahmen/Standard-Holzrahmen					
Glasanteil Fensterfläche	75%	65%	49%	67%	70%
Verglasungstyp [3]	U-Wert des Fensters U_w in W/(m²K)				
U_g =2,8 (z.B. 2 Lu)	2,70	2,65	2,57	2,79	2,50
U_g =1,8 (z.B. 2 Py-Lu)	1,97	2,03	2,12	2,17	1,80

9.2 Tabelle Bauteiltypologie

	Große Fenster und Fenstertüren	Mittlere Fenster	Kleine Fenster	Sprossen-Fenster	Vergleich DIN V 4108-4 Tab. 2[2)]
U_g =1,5 (z.B. 2 Py-Ar)	1,75	1,84	1,97	1,97	1,60
U_g =1,1 (z.B. 2 Mag-Ar)	1,45	1,58	1,78	1,70	1,30
U_g =0,7 (z.B. 2 Ag-Kr)	1,17	1,35	1,61	1,48	1,20
Rahmen: 2,0 ' U_f [2,8 W/(m²K) entspr. Rahmenmaterial der Gruppe 2.1 nach DIN 4108 – 4, z. B. Dreikammer-Kunststoffrahmen / alter-Holzrahmen					
Glasanteil Fensterfläche	75%	65%	49%	67%	70%
Verglasungstyp [3)]	U-Wert des Fensters U_w in W/(m²K)				
U_g =5,8 (z.B. EV)	5,19	4,95	4,55	5,20	5,20
U_g =3,1 (z.B. 2 Lu; 8mm SZR)	3,13	3,13	3,13	3,26	3,00
U_g =2,8 (z.B. 2 Lu)	2,90	2,94	2,98	3,05	2,70
U_g =1,8 (z.B. 2 Py-Lu)	2,18	2,32	2,53	2,43	2,00
U_g =1,5 (z.B. 2 Py-Ar)	1,95	2,12	2,38	2,23	1,80
U_g =1,1 (z.B. 2 Mag-Ar)	1,65	1,86	2,18	1,97	1,60
Rahmen: 2,8 ' U_f [3,5 W/(m²K) entspr. Rahmenmaterial der Gruppe 2.2 nach DIN 4108 – 4, z. B. Alurahmen mit thermischer Trennung (U_f = 3,43 W/(m²K))					
Glasanteil Fensterfläche	76%	66%	51%	68%	70%
Verglasungstyp [3)]	U-Wert des Fensters U_w in W/(m²K)				
U_g =5,8 (z.B. EV)	5,40	5,23	4,96	5,46	5,20
U_g =3,1 (z.B. 2 Lu; 8mm SZR)	3,32	3,40	3,52	3,53	3,20
U_g =2,8 (z.B. 2 Lu)	3,09	3,20	3,36	3,33	2,90
U_g =1,8 (z.B. 2 Py-Lu)	2,35	2,55	2,87	2,67	2,20
U_g =1,4 (z.B. 2 Py-Kr)	2,04	2,29	2,67	2,40	1,90

	Große Fenster und Fenstertüren	Mittlere Fenster	Kleine Fenster	Sprossen-Fenster	Vergleich DIN V 4108-4 Tab. 2[2]
Rahmen: $U_f \sqsupseteq 3{,}5$ W/(m²K) entspr. Rahmenmaterial der Gruppe 2.3/3 nach DIN 4108 – 4, z. B. Alurahmen ohne thermischer Trennung ($U_f = 6{,}96$ W/(m²K))					
Glasanteil Fensterfläche	76%	66%	51%	68%	70%
Verglasungstyp [3]	U-Wert des Fensters U_w in W/(m²K)				
U_g =5,8 (z.B. EV)	6,25	6,41	6,67	6,57	5,20
U_g =3,1 (z.B. 2 Lu; 8mm SZR)	4,08	4,46	5,06	4,41	3,4 – 4,0
U_g =2,8 (z.B. 2 Lu)	3,85	4,26	4,91	4,20	3,2 – 3,7
U_g =1,8 (z.B. 2 Py-Lu)	3,13	3,64	4,46	3,60	2,5 – 3,0
U_g =1,4 (z.B. 2 Py-Kr)	2,83	3,38	4,25	3,32	2,2 – 2,7

Die der Berechnung des Gesamt-Fenster-U-Wertes zugrunde liegenden Rahmen-U-Werte entsprechen der jeweils angegebenen Obergrenze der Klasse.

Legende:

EV   Einfachverglasung
2 bzw. 3   Zwei- bzw. Dreifachverglasung

Gasfüllung:

LU   Luft
Ar   Argon
KR   Krypton
Xe   Xenon

Beschichtung:

Py   pyrolytisch ($\varepsilon = 0{,}18$)
Ag   Silber ($\varepsilon = 0{,}10$)
Mag   Magnetron ($\varepsilon = 0{,}04$)

[1] Werte nach Institut Wohnen und Umwelt (Energiebilanz-Toolbox) nach [Kehl 2000], mit Alu-Randverbund ohne Einbau
[2] In der DIN 4108-4 Tabelle 2 fehlt $\Psi_{Randverbund}$
[3] U_g in W/(m²K), Zwischenwerte sind zu interpolieren

9.2 Tabelle Bauteiltypologie

Tab. 9-24 Fenster Korrekturen für die Einbausituation [1)]

Rahmentyp	Große Fenster und Fenstertüren	Mittlere Fenster	Kleine Fenster	Sprossen-Fenster
Fensterfläche	2,0 m²–4,0 m²	1,0 m²–2,0 m²	0,3 m²–1,0 m²	
Rahmen: U_f [0,8 W/(m²K) „Passivhausrahmen"				
Neue monolithische AW	0,09	0,13	0,20	0,13
Wärmedämm-Verbund-System	0,09	013	0,20	0,13
Mehrschaliges MW Variante 1	0,03	0,05	0,08	0,05
Mehrschaliges MW Variante 2	0,35	0,50	0,75	0,50
Holzständerbauweise	0,02	0,03	0,05	0,03
Rahmen: 0,8 ′ U_f [1,5 W/(m²K) „Niedrigenergiehaus-Rahmen" z. B. guter Holzrahmen (U_f = 1,45 W/(m²K))				
alte monolithische AW	0,27	0,38	0,58	0,37
Neue monolithische AW	0,15	0,22	0,33	0,22
Wärmedämm-Verbund-System	0,08	0,12	0,17	0,13
Mehrschaliges MW Variante 1	0,06	0,08	0,12	0,09
Mehrschaliges MW Variante 2	0,35	0,50	0,76	0,48
Mehrschaliges MW Variante 2 ohne Dämmung	0,22	0,32	0,48	0,31
Holzständerbauweise	0,08	0,12	0,17	0,13
Rahmen: 1,5 ′ Uf [2,0 W/(m²K) entspr. Rahmenmaterial der Gruppe 1 nach DIN 4108 – 4, z. B. Vierkammer-Konststoffrahmen/Standard-Holzrahmen				
alte monolithische AW	0,26	0,37	0,56	0,34
Neue monolithische AW	0,15	0,22	0,33	0,20
Wärmedämm-Verbund-System	0,06	0,08	0,12	0,08
Mehrschaliges MW Variante 1	0,04	0,05	0,07	0,05
Mehrschaliges MW Variante 2	0,32	0,45	0,68	0,42
Mehrschaliges MW Variante 2 ohne Dämmung	0,20	0,28	0,43	0,26
Holzständerbauweise	0,02	0,03	0,05	0,03
Rahmen: 2,0 ′ U_f [2,8 W/(m²K) entspr. Rahmenmaterial der Gruppe 2.1 nach DIN 4108 – 4, z. B. Dreikammer-Konststoffrahmen/alter-Holzrahmen				
alte monolithische AW	0,26	0,37	0,56	0,34
Neue monolithische AW	0,16	0,22	0,33	0,20
Wärmedämm-Verbund-System	0,06	0,09	0,13	0,07
Mehrschaliges MW Variante 1	0,04	0,05	0,08	0,04
Mehrschaliges MW Variante 2	0,32	0,45	0,69	0,41

Rahmentyp	Große Fenster und Fenstertüren	Mittlere Fenster	Kleine Fenster	Sprossen-Fenster
Mehrschaliges MW Variante 2 ohne Dämmung	0,20	0,29	0,44	0,26
Holzständerbauweise	0,03	0,04	0,05	0,03
Rahmen: 2,8 ′ U_f [3,5 W/(m²K) entspr. Rahmenmaterial der Gruppe 2.2 nach DIN 4108 – 4, z. B. Alurahmen mit thermischer Trennung (U_f = 3,43 W/(m²K))				
alte monolithische AW	0,26	0,37	0,56	0,34
Neue monolithische AW	0,16	0,23	0,35	0,22
Wärmedämm-Verbund-System	0,14	0,20	0,30	0,19
Mehrschaliges MW Variante 1	0,08	0,12	0,18	0,11
Mehrschaliges MW Variante 2	0,37	0,53	0,81	0,50
Mehrschaliges MW Variante 2 ohne Dämmung	0,20	0,28	0,43	0,27
Holzständerbauweise	0,06	0,08	0,12	0,08
Rahmen: U_f ⊒ 3,5 W/(m²K) entspr. Rahmenmaterial der Gruppe 2.3/3 nach DIN 4108 – 4, z. B. Alurahmen ohne thermischer Trennung (U_f = 6,96 W/(m²K))				
alte monolithische AW	0,33	0,46	0,72	0,43
Neue monolithische AW	0,27	0,38	0,59	0,35
Wärmedämm-Verbund-System	0,14	0,20	0,31	0,18
Mehrschaliges MW Variante 2	0,38	0,53	0,82	0,49
Mehrschaliges MW Variante 2 ohne Dämmung	0,20	0,28	0,44	0,25
Holzständerbauweise	0,06	0,08	0,13	0,06

Die der Berechnung des Gesamt-Fenster-U-Wertes zugrunde liegenden Rahmen-U-Werte entsprechen der jeweils angegebenen Obergrenze der Klasse.

Zwischenwerte können interpoliert werden

[1] Werte nach Institut Wohnen und Umwelt (Energiebilanz-Toolbox), Fenster-U-Werte/Zusatztabelle Einbausituation /Zuschläge gegenüber monolithischem Mauerwerk, nach [Kehl 2000].

9.2 Tabelle Bauteiltypologie

Tab. 9-25 Fenster Korrekturen für den Randverbund[1]

Rahmentyp	Große Fenster und Fenstertüren		Mittlere Fenster		Kleine Fenster		Sprossen-Fenster	
Fensterfläche	2,0 m²–4,0 m²		1,0 m²–2,0 m²		0,3 m²–1,0 m²			
Rahmen: U_f [0,8 W/(m²K) „Passivhausrahmen"								
Verglasungstyp	E-st.	K-st.	E-st.	K-st.	E-st.	K-st.	E-st.	K-st.
U_g [0,9	-0,02	-0,04	-0,02	-0,05	-0,03	-0,06	-0,05	-0,10
Rahmen: 0,8 ' U_f [1,5 W/(m²K) „Niedrigenergiehaus-Rahmen" z.B. guter Holzrahm (U_f = 1,45 W/(m²K))								
Verglasungstyp	E-st.	K-st.	E-st.	K-st.	E-st.	K-st.	E-st.	K-st.
U_g = 2,8 (z.B. 2 Lu)	-0,02	-0,04	-0,02	-0,05	-0,03	-0,07	-0,05	-0,10
U_g [1,8	-0,04	-0,06	-0,06	-0,08	-0,08	-0,11	-0,10	-0,15
Rahmen: 1,5 ' U_f [2,0 W/(m²K) entspr. Rahmenmaterial der Gruppe 1 nach DIN 4108 – 4, z. B. Vierkammer-Konststoffrahmen / Standard-Holzrahmen								
Verglasungstyp	E-st.	K-st.	E-st.	K-st.	E-st.	K-st.	E-st.	K-st.
U_g = 2,8 (z.B. 2 Lu)	-0,02	-0,04	-0,03	-0,05	-0,03	-0,07	-0,06	-0,11
U_g [1,8	-0,03	-0,05	-0,04	-0,07	-0,06	-0,09	-0,08	-0,13
Rahmen: 2,0 ' U_f [2,8 W/(m²K) entspr. Rahmenmaterial der Gruppe 2.1 nach DIN 4108 – 4, z. B. Dreikammer-Konststoffrahmen / alter Holzrahmen								
Verglasungstyp	E-st.	K-st.	E-st.	K-st.	E-st.	K-st.	E-st.	K-st.
U_g = 2,8 (z.B. 2 Lu)	-0,02	-0,04	-0,02	-0,05	-0,03	-0,07	-0,05	-0,10
U_g [1,8	-0,03	-0,05	-0,04	-0,07	-0,05	-0,09	-0,07	-0,13
Rahmen: 2,8 ' U_f [3,5 W/(m²K) entspr. Rahmenmaterial der Gruppe 2.2 nach DIN 4108 – 4, z. B. Alurahmen mit thermischer Trennung (U_f = 3,43 W/(m²K))								
Verglasungstyp	E-st.	K-st.	E-st.	K-st.	E-st.	K-st.	E-st.	K-st.
U_g [1,8	-0,05	-0,08	-0,06	-0,11	-0,09	-0,15	-0,13	-0,21

Legende:

E-st.   Edelstahl-Randverbund

K-st.   Kunststoff-Randverbund

2   Zweifachverglasung

Gasfüllung:

LU   Luft

[1] Werte nach Institut Wohnen und Umwelt (Energiebilanz-Toolbox), Fenster-U-Werte / Zusatztabelle Randverbund / Zuschlag gegenüber Aluminium-Randverbund, nach [Kehl 2000].

9.3 Nachträgliche Wärmeschutzmaßnahmen

Beim nachträglichen Dämmen der Bauteile ist darauf zu achten, dass es zu keinem Tauwasserausfall im Bauteil kommt. Die Feuchtigkeit muss auch nach der Sanierungsmassnahme von innen nach außen durch alle Schichten diffundieren können.

Tab. 9-26 Pauschalisierte U-Werte[1)]

Bestandswert	Zusätzliche Dämmung							
	2 cm	5 cm	8 cm	12 cm	16 cm	20 cm	30 cm	40 cm
Wärmedurchgangskoeffizient [W/(m²K)]								
3,0	1,20	0,63	0,43	0,30	0,23	0,19	0,13	0,10
2,5	1,11	0,61	0,42	0,29	0,23	0,19	0,13	0,10
2,0	1,00	0,57	0,40	0,29	0,22	0,18	0,13	0,10
1,5	0,86	0,52	0,38	0,27	0,21	0,18	0,12	0,09
1,0	0,67	0,44	0,33	0,25	0,20	0,17	0,12	0,09
0,7	0,52	0,37	0,29	0,23	0,18	0,16	0,11	0,09
0,5	0,40	0,31	0,25	0,20	0,17	0,14	0,11	0,08
0,3	0,26	0,22	0,19	0,16	0,14	0,12	0,09	0,07

[1)] Werte nach Institut Wohnen und Umwelt (Energiebilanz-Toolbox)

Maßnahmen bei Sanierung im Bestand

Einsparpotential bis ca. 30 %

Abb. 9.1 Durchführung eines Sanierungsschrittes:
Entweder Dach, oder Fenster oder Außenwände oder Keller oder Heizanlage

9.3 Nachträgliche Wärmeschutzmaßnahmen

Einsparpotential bis ca. 60 %

Abb. 9.2 Durchführung von drei Sanierungsschritten:
z. B. Dach, Fenster und Außenwände
oder Keller, Dach/oberste Geschossdecke und Heizanlage

Einsparpotential bis ca. 70 %

Abb. 9.3 Durchführung von allen wesentlichen Sanierungsschritten:
Komplette Bauteildämmung und moderne Heizanlage

Beispiel-Maßnahmen für 50 % Reduzierung

Dach/oberste Geschossdecke: 20 cm Dämmung

Außenwand: 12 cm Dämmung

Kellerdecke: 6 cm Dämmung

Fenster Wärmeschutzverglasung (U-Wert 1,5 W/m²K)

Tab. 9-27 Anforderungen an Bauteile nach EnEV 2002

Bauteil	Mindestanforderung nach EnEV 2002	„bewährt und empfohlen"
Dachschräge	0,30 W/m²K	0,25 W/m²K
Dachboden	0,30 W/m²K	0,20 W/m²K
Flachdach	0,25 W/m²K	0,20 W/m²K
Wand (Außendämmung)	0,35 W/m²K	0,30 W/m²K
Wand (Innendämmung)	0,45 W/m²K	0,50 W/m²K
Kellerdecke	0,40 W/m²K	0,35 W/m²K
Fenster (Glas und Rahmen)	1,70 W/m²K	< 1,70 W/m²K

9.4 Einheiten und Größen

Tab. 9-28 SI-Basiseinheiten

Bedeutung	Formelzeichen	Zu verwendende SI-Einheiten in DIN 4108 Teil 1 bis Teil 5	Bemerkung siehe
Dicke	s	m	
Fläche	A	m²	
Volumen	V	m³	
Masse	m	kg	DIN 1305
Dichte	∂	kg/m³	DIN 1306
Zeit	t	h, s	

Tab. 9-29 Wärmeschutztechnische Größen

Bedeutung	Formelzeichen	Zu verwendende SI-Einheiten in DIN 4108 Teil 1 bis Teil 5	Bemerkung siehe
Temperatur	Θ, T	°C, K	DIN 1345
Temperaturdifferenz	$\Delta\Theta, \Delta T$	K	DIN 1345
Wärmemenge	Q	W · s [1]	DIN 1341 DIN 1345
Wärmestrom	Θ, Q	W	DIN 1341
Transmissionswärmestrom (-verlust)	Q_T	W	DIN 4108 Teil 2
Wärmestromdichte	q	W/m²	DIN 1341
Wärmeleitfähigkeit	λ	W/(m · K)	DIN 1341 DIN 52612 Teil 1
Rechenwert der Wärmeleitfähigkeit	λ_R	W/(m · K)	DIN 52612 Teil 1
Wärmedurchlasskoeffizient	Λ	W(m² · K)	DIN 52611 Teil 1
Wärmedurchlasswiderstand (Wärmeleitwiderstand)	$1/\Lambda$ (R_λ)	m² · K/W	DIN 52611 Teil 1
Wärmedurchgangskoeffizient	α	W(m² · K)	DIN 1341
Wärmedurchgangswiderstand	innen $1/\alpha_i$ (R_i) außen $1/\alpha_a$ (R_{ia})	m² · K/W	DIN 1341
Wärmedurchgangskoeffizient	k	W(m² · K)	DIN 1341
Wärmedurchgangswiderstand	$1/k$ (R_k)	m² · K/W	DIN 1341
Spezifische Wärmekapazität	c	J/(kg · K)	DIN 1345

Bedeutung	Formelzeichen	Zu verwendende SI-Einheiten in DIN 4108 Teil 1 bis Teil 5	Bemerkung siehe
Fugendurchlasskoeffizient	α	$m^3/(h \cdot m \cdot da\ pa^{2/3})$	DIN 18055 (z. Z. noch Entwurf)
Gesamtenergiedurchlassgrad	g	$1^{2)}$	DIN 67507
Abminderungsfaktor einer Sonnenschutzvorrichtung	z	$1^{2)}$	DIN 4108 Teil 2

[1] $W \cdot s = 1\ J = 1\ N \cdot m$
[2] 1 steht für das Verhältnis zweier gleicher Einheiten

Tab. 9-30 Feuchteschutztechnische Größen

Bedeutung	Formelzeichen	Zu verwendende SI-Einheiten in DIN 4108 Teil 1 bis Teil 5	Bemerkung siehe
Partialdruck des Wasserdampfes (Wasserdampfteildruck)	p	Pa (n/m")	DIN 1314
Sättigungsdruck des Wasserdampfes (Wasserdampfsättigungsdruck)	p_s	Pa (N/m")	DIN 1314
Relative Luftfeuchte	$\emptyset$	$1^{1)}$	
Massebezogener Feuchtegehalt fester Stoffe	u_m	$1^{1)}$	DIN 52612 Teil 1
Volumenbezogener Feuchtegehalt fester Stoffe	u_v	$1^{1)}$	DIN 52612 Teil 1
Diffusionskoeffizient	D	m^2/h	DIN 52615 Teil 1
Wasserdampf-Diffusionsstrom	I	kg/h	DIN 52615 Teil 1
Wasserdampf-Diffusionsstromdichte	i	$kg/(m^2 \cdot h)$	DIN 52615 Teil 1
Wasserdampf-Diffusionsleitkoeffizient	Δ	$kg/(m^2 \cdot h \cdot Pa)$	DIN 52615 Teil 1
Wasserdampf-Diffusionswiderstand	$1/\Delta$	$m^2 \cdot h \cdot Pa/kg$	DIN 52615 Teil 1
Wasserdampf-Diffusionsleitkoeffizient	δ	$kg/(m^2 \cdot h \cdot Pa)$	DIN 52615 Teil 1
Wasserdampf-Diffusionswiderstandszahl	μ	$1^{1)}$	DIN 52612 Teil 1
(Wasserdampf)-Diffusions-äquivalente Luftschichtdichte	s_d	m	
Flächenbezogene Wassermasse	W	kg/m^2	DIN 4108 Teil 3
Wasseraufnahmekoeffizient	w	$kg/(m^2 \cdot h^{1/2})$	DIN 52617 (z. Z. noch Entwurf)
Gaskonstante des Wasserdampfes	R_D	$J/(kg \cdot K)$	$R_D = 462\ J/(kg \cdot K)$

[1] 1 steht für das Verhältnis zweier gleicher Einheiten

9.5 Einheiten und Symbole

Tab. 9-31 Einheiten und Symbole für die Berechnungen nach EnEV

Symbol	Bedeutung		Einheit	Bisherige Symbole
	deutsch	englisch		
θ	Temperatur	Temperature	°C	ϑ
λ	Wärmeleitfähigkeit	Thermal conductivity	W/(m · K)	λ
ε	Emissionsgrad	emissivity	-	
η	Ausnutzungsfaktor	Efficiency, utilsation factor for the gains	-	
τ	Zeitkonstante	time constant	s oder h	
γ	Wärmegewinn-/-verlust-Verhältnis	gain/loss ratio	-	
ρ	Rohdichte	density	kg/m³	p
ϕ	Wärmestrom	heat flow rate	W	Q
Ψ	Längenbezogener Wärmedurchgangskoeffizient	linear thermal transmittance	W/(m · K)	
χ	Punktueller Wärmedurchgangskoeffizient	Point thermal transmittance	W/K	
A	Fläche	Area	m²	A
c	Spezifische Wärmekapazität	Specific heat capacity	Kj/(kg.k) oder Wh/(kg.K)	c
C	Wärmekapazität eines Bauteils	Capacity of a building component	Kj/K oder Wh/K	C
d	Dicke	thickness	m	s oder d
F	Faktor	factor	-	
g	Gesamtenergiedurchlassgrad	Solar energy trancmittance of a building element	-	g
h	Wärmeübergangskoeffizient	Surface coefficient transfer	W/(m².K)	α
H	Spezifischer Wärmeverlust	Heat loss coefficient	W/K	
I	mittlere Strahlungsintensität	quantity of energy per unit area	J/m² oder W/m²	I
l	Länge	length	m	l
n	Luftwechselrate	air change rate	h⁻¹	ß
Q	Wärme, Energie (ohne Index: Heizenergie)	quantity of heat, energy (without subscript: heating energy)	J oder kWh	Q
q	Wärmestromdichte	density of heat flow rate	W/m²	q
R	Wärmedurchlasswiderstand	thermal resistace	(m²·K)/W	1/Λ

Symbol	Bedeutung		Einheit	Bisherige Symbole
	deutsch	englisch		
t	Zeit	time	s, h oder d	t
U	Wärmedurchgangs-koeffizient	thermal transmittance	$W/(m^2 \cdot K)$	k
V	Volumen (ohne Index: beheiztes Luftvolumen)	Volume (without subscript: volume of heated air)	m^3	

Tab. 9-32 Wichtige Indizes für die Berechnungen nach EnEV

Symbol	Bedeutung	
	deutsch	englisch
50	Bei 50 Pa Druckdifferenz	At 50 Pa pressure difference
AW	Außenwand	external wall
bf	Kellerfußboden	basement floor
bw	Kellerwand	basement wall
ce	Übergabe im Raum	control and emission
cw	Glas-Vorhangfassade	curtain wall
d	täglich	daily
d	Verteilung	distribution
D	Dach	roof
e	äußere	external
F	Rahmen	frame
FH	Flächenheizung	heating panel
g	Gewinne	gains
G	Gegen Erdreich	ground
g	Erzeugung	generation
h	Heizwärme	heating, heated
i	innere	internal
l	Verlust	losses
M	monatlich	monthly
N	Nutzfläche	useful aera
NA	Nachtabschaltung	Intermittent heating with „cut-off mode"
nb	niedrig beheizt	low level heating
r	regenerativ	recovered
s	solar	solar

Symbol	Bedeutung	
	deutsch	englisch
s	Speicherung	storage
s (bei A_s)	effektive Kollektorfläche	solar effective collecting area
se	Außenoberfläche	external surface
si	Innenoberfläche	internal surface
T	Transmission	transmission
t	anlagentechnisch	technical
u	unbeheizt	unheated
V	Lüftung	ventilation
w	Wasser, Fenster	water, window
WB	Wärmebrücke	Heat bridge
wirk	wirksam	effective

9.6 Lexikon wichtiger Begriffe des energiesparenden Bauens

Abluft

Die aus einem Raum ausströmende belastete Luft ist die Abluft.

Absorption

Unter Absorption versteht man die Aufnahme von Wärme- und Lichtstrahlung durch feste Körper oder Flüssigkeiten. Bei der Strahlungsabsorption wird die Strahlungsenergie in andere Energieformen umgewandelt. So wird z. B. die eingestrahlte Sonnenenergie in Bauteiloberflächen absorbiert, die sich dadurch erwärmen. Dunkle Flächen absorbieren mehr als helle.

Anlagenaufwandszahlen

Die Rechenvorschriften im Rahmen von DIN V 4701-10 „Energetische Bewertung heiz- und raumlufttechnischer Anlagen" sehen vor, dass die Beschreibung der energetischen Effizienz des gesamten Anlagensystems über Aufwandszahlen erfolgt. Die Aufwandszahl stellt das Verhältnis von Aufwand zu Nutzen (eingesetzter Brennstoff zu abgegebener Wärmemenge) dar. Je kleiner die Zahl ist, umso effizienter ist die Anlage. Die Aufwandszahl schließt auch die anteilige Nutzung erneuerbarer Energien ein. Deshalb kann dieser Wert auch kleiner als 1,0 sein.

Bei der als „Anlagenaufwandszahl" eingegebenen Größe ist der Aufwand auf die Betrachtungsebene „Primärenergie" bezogen. Die Zahl gibt also an, wie viele Einheiten Energie aus der Energiequelle (z. B. einer Erdgasquelle) gewonnen werden müssen, um mit der beschriebenen Anlage eine Einheit Nutzwärme im Raum bereitzustellen.

Primärenergieaufwandszahlen, die bei Wohngebäuden auch die Bereitstellung einer normierten Warmwassermenge berücksichtigen, haben nur für die Gebäudeausführung Gültigkeit, für die sie berechnet wurden. Es ist also nicht ohne weiteres möglich, aus der absoluten Größe einer Aufwandszahl allgemein gültige Aussagen über die Qualität der damit beschriebenen Anlage abzuleiten; dieselbe Anlage wird im Allgemeinen bei einem anderen Gebäude (oder bei einer anderen Ausführung des Wärmeschutzes beim selben Gebäude) auch eine andere Aufwandszahl aufweisen. Primärenergieaufwandszahlen können bei Wohngebäuden je nach Energieträger, Größe und Ausführung des Gebäudes, und der Anlage, Werte zwischen fast Null (sehr gut) bis deutlich über 3 annehmen. Eine detaillierte Bewertung der Anlage kann der Fachmann anhand der Anlagen-Bewertungsblätter vornehmen, die dem Energiebedarfsausweis beigefügt werden können (dimensionslos).

Anlagenverluste

Energieverluste zwischen End- und Nutzenergie, Verluste durch Umwandlung, Verteilung und Übergabe der Energie, durch die Anlagentechnik im Gebäude, werden als Anlagenverluste definiert.

Aufwand

Die in ein System einzuspeisende Energiemenge zur Erreichung des gewünschten Nutzens bezeichnet man als Aufwand. Der Aufwand kann als End- oder als Primärenergie angegeben werden.

Ausnutzungsgrad

Faktor, der den gesamten monatlichen oder jahreszeitlichen Wärmegewinn (inneren und passiv-solaren) reduziert, da nicht der gesamte Wärmegewinn genutzt werden kann (dimensionslos).

Außentemperatur

Die Außentemperatur ist die Außenlufttemperatur, die aufgrund meteorologischer Messungen und Auswertungen für die Berechnung verwendet wird. In der EnEV wird sie für einen mittleren Standort vorgegeben (in °C).

Bauart

Aus Gründen der Wärmespeicherfähigkeit (relevant für die Ausnutzung der solaren und inneren Gewinne, und die Energieeinsparung durch Nachtabschaltung) erfolgt in der EnEV, und relevanten Normen, eine Unterscheidung in leichte und schwere Bauart.

Bemessungswert

Wert, einer wärmeschutztechnischen Eigenschaft eines Baustoffes oder –produktes unter bestimmten äußeren und inneren Bedingungen, die in Gebäuden als typisches Verhalten des Stoffes oder Produktes als Bestandteil eines Bauteiles angesehen werden können. Das heißt, dass dieser Kennwert das Produkt unter realen Nutzungsbedingungen beschreibt. Dieser Wert ist für die Berechnungen nach EnEV zwingend zu verwenden. Er wird entweder aus dem Nennwert hergeleitet, oder aus bereits vorbereiteten Tabellen entnommen.

Deckungsanteil

Bei mehreren Energieerzeugern (bzw. Energieumwandlern) ist der Deckungsanteil der Anteil des jeweiligen Energieerzeugers an der Jahresarbeit. Die Summe der Deckungsanteil aller Erzeuger ist immer gleich Eins. Nach DIN V 4701-10 werden bis zu drei Wärmeerzeuger berücksichtigt (z. B. solarer Deckungsanteil, Grundlasterzeuger und Spitzenlasterzeuger) (dimensionslos).

Dichtheit des Gebäudes (auch Luftdichtheit)

Bei der Dichtheit von Gebäuden handelt es sich um eine Maßnahme, die unerwünschte Luftwechsel durch die Konstruktion, insbesondere bei Bauteilanschlüssen, verhindern soll. Dieser Luftwechsel über Bauteilfügen ist nicht nur ein unerwünschter Energieverlust, sondern kann auch zu Bauschäden in der Konstruktion führen, wenn warme feuchtigkeitsbeladene Luft in kalten Bauteilschichten Tauwasser ausscheidet. Die Lüftung eines Gebäudes ist damit nicht beeinträchtigt; sie ist durch Öffnen der Fenster oder Lüftungsanlagen sicherzustellen.

Eine Undichtheit ist eine ungeplante Durchlässigkeit der Gebäudehülle.

Diffuse Strahlung

Als diffuse Strahlung bezeichnet man die ungerichtete, von der Sonne kommende, Strahlung infolge der Streuung in der Atmosphäre. Sie ist abhängig von der Bewölkung und Trübung der Atmosphäre.

Direktstrahlung

Als direkte Strahlung bezeichnet man den Strahlungsanteil, der von der Sonne direkt auf eine Fläche fällt. Die Intensität ist vor allem vom Einfallswinkel der Strahlung abhängig. Die Sonnenstrahlung besteht aus sichtbaren Lichtstrahlen, unsichtbaren ultravioletten und infraroten Strahlen.

Endenergiebedarf Q (Jahres- Heizenergiebedarf)

Berechnete Energiemenge, die der Heizung, Lüftung, sowie der Anlage für die Warmwasserbereitung, zur Verfügung gestellt werden muss, um die festgelegte Rauminnentemperatur und die Erwärmung des Warmwassers über das ganze Jahr sicherzustellen. Diese Energiemenge bezieht die für den Betrieb der Anlagentechnik (Pumpen, Regelung, usw.) benötigte Hilfsenergie ein.

Die Endenergie wird an der „Schnittstelle" Gebäudehülle übergeben und stellt somit die Energiemenge dar, die vom Verbraucher bezahlt werden muss. Der Endenergiebedarf wird vor diesem Hintergrund, getrennt nach verwendeten Energieträgern, angegeben; der Energiebedarfsausweis enthält hier neben der auf die Gebäudenutzfläche bezogenen Angabe (freiwillige Angabe); diese Kennwerte sind in der Regel höher als die entsprechenden, auf die Gebäudenutzfläche bezogenen, weil die Wohnfläche in der Regel kleiner ist als die Gebäudenutzfläche (in kWh/a oder kWh/(m² · a)).

Energiebedarf

Bei den zu berechnenden Bedarfsgrößen für Energie, nach der EnEV, sind unter Energiebedarf Energiemengen zu verstehen, die unter genormten Bedingungen (z. B. feste mittlere Klimaangaben, definiertes Nutzverhalten, zu erreichende Innentemperatur, vorgegebene innere Wärmequellen) für ein Jahr zu erwarten sind. Diese Größen dienen der ingenieurmäßigen Auslegung des baulichen Wärmeschutzes von Gebäuden und ihrer technischen Anlage für Heizung, Lüftung, Warmwasserbereitung und Kühlung, sowie des Vergleiches der energetischen Qualität von Gebäude. Der *Verbrauch* weicht in der Regel wegen der abweichenden, sich einstellenden realen Bedingungen (z. B. tatsächliche Klimabedingungen, abweichendes Nutzerverhalten) vom berechneten Bedarf ab.

Die Einheit der Energie im internationalen Maßsystem ist J (Joule). Als Maßeinheit hat sich in Deutschland kWh durchgesetzt (1 J = 2,78 · 10^{-7} kWh bzw. 1 kWh = 3 600 000 J).

Energiebilanz

Die Summe der innerhalb eines Zeitraumes in das Gebäude gelangenden Energie (über innere und solare Gewinne, sowie über die Anlagentechnik) ist gleich der Summe der im selben Zeitraum aus dem Gebäude entweichenden Energie; Bilanzierungszeitraum für Berechnungen nach EnEV ist die Heizperiode (Heizperiodenbilanz) oder der Monat (Monatsbilanz).

Energieverbrauch

Der Energieverbrauch ist die gemessene Energiemenge für eine bestimmte Zeiteinheit.

Erneuerbare Energie

Erneuerbare Energien sind sich ständig erneuernde Energiequellen, die die Umwelt zur Verfügung stellt. Das sind z. B. Solarenergie, Umweltwärme, Erdwärme und Biomasse. Sie dürfen in der EnEV berücksichtigt werden, wenn sie zu Heizungszwecken, zur Warmwasserbereitung oder zur Lüftung von Gebäuden eingesetzt und im räumlichen Zusammenhang dazu gewonnen werden. Das heißt, dass aus Wasserkraft erzeugter elektrischer Strom aus einem Wasserkraftwerk nicht als erneuerbare Energie, z. B. für die Beheizung

9.6 Lexikon wichtiger Begriffe des energiesparenden Bauens

im Sinne der EnEV, angerechnet wird. Darüber hinaus ist zu beachten, dass Wärmeerzeuger selbständig arbeiten müssen. Die manuelle Beschickung eines Wärmeerzeugers ist Biomasse (z. B. Holz) erfüllt deshalb auch nicht den Tatbestand der Nutzung erneuerbarer Energien im Sinne der EnEV.

Exfiltration

Unter Exfiltration versteht man den Luft-Leckagestrom durch die Gebäudehülle nach außen infolge Undichtheiten.

Fenster

Fenster sind Konstruktionen, die aus einer Rahmenkonstruktion (gegebenenfalls mit Pfosten und Riegel) und einer Füllung aus Glas bestehen. Sie werden in Außenwandöffnungen eingebaut und an den vier Seiten mit der Außenwand befestigt. Das Eigengewicht wird in der Regel über die Auflage auf der Brüstung abgeleitet.

Fenstertür

Die Fenstertür ist ein Fenster ohne Brüstung und in der Höhe so angebracht, dass sie begehbar ist. Der Schutz vor Feuchtigkeit wird in der Regel mit einer Schwellenhöhe von 15 cm erreicht, kann aber auch, insbesondere im Rahmen des barrierefreien Bauens, auf andere Weise sichergestellt werden.

Gebäudenutzfläche A_N

Die Gebäudenutzfläche beschreibt die im beheizten Gebäudevolumen zur Verfügung stehende nutzbare Fläche. Sie wird aus dem beheizten Gebäudevolumen unter Berücksichtigung einer üblichen Raumhöhe im Wohnungsbau, abzüglich der von Innen- und Außenbauteilen beanspruchten Fläche, hergeleitet. Sie ist in der Regel größer als die Wohnfläche, da z. B. auch quasi beheizte Flure und Treppenhäuser einbezogen werden. Sie ist in der Energieeinsparungsverordnung maßgebend, weil so am Besten eine Optimierung der zu dämmenden Räume erfolgt.

Gebäudevolumen V_e (beheizt, auch Bruttovolumen)

Das beheizte Gebäudevolumen ist das an Hand von Außenmaßen ermittelte, von der wärmetauschenden Umfassungs- oder Hüllfläche eines Gebäudes umschlossene Volumen. Dieses Volumen schließt mindestens alle Räume eines Gebäudes ein, die direkt oder indirekt durch Raumverbund bestimmungsgemäß beheizt werden. Es kann deshalb das gesamte Gebäude, oder aber nur die entsprechenden beheizten Bereiche, einbeziehen (in m³).

Gesamtenergiedurchlassgrad g

Der Gesamtenergiedurchlassgrad gibt an, welcher Anteil in Prozent der auf ein transparentes Bauteil auftreffenden Energie durchgelassen wird (in %).

Globalstrahlung

Globalstrahlung ist die Summe von Direktstrahlung und diffuser Strahlung. Sie wird von Erdreich, Wasserflächen, Bauwerken und anderen mehr oder weniger absorbiert und dabei in Wärme umgewandelt.

Gradtagzahl (GTZ)

Die Gradtagzahl (G$_{TZ}$) wird zur Witterungsbereinigung der Verbrauchsdaten benötigt, wenn der Energieausweis als Verbrauchsausweis berechnet wird. Die Gradtagzahl nach VDI 2067 ist ein Maß für den Wärmebedarf eines Gebäudes während der Heizperiode mit der Einheit [Kd/a].

Die Gradtagzahl stellt einen rechnerischen Zusammenhang zwischen der Außenlufttemperatur zur Raumtemperatur her. Dabei bilden +15° Celsius Außentemperatur den Ausgangspunkt, ab dem nach VDI Richtlinien geheizt werden muss, um die geforderte Raumtemperatur von +20° erreichen zu können. Die Gradtagzahl wird demnach ab einer Außentemperatur von +15°C ermittelt, durch die Differenz zwischen Innen- und Außentemperatur.

Die Gradtagzahlen können beim Deutschen Wetterdienst nachgefragt werden. Das Institut Wohnen in Darmstadt stellt auf seiner Internetseite unter http://www.iwu.de/datei/Gradtagszahlen_Deutschland.xls kostenlos eine Exceltabelle zur Verfügung, die auch die mittleren Werte pro Wetterstation zwischen 1977 und 2005 beinhaltet.

Gradtagszahlfaktor

Gradtagszahl, die nicht in Kelvintagen (Kd), sondern in Tausend (Kilo) Kelvinstunden (kHh) angegeben ist.

Heizgrenztemperatur

Die Heizgrenztemperatur (Basistemperatur) ist die Außentemperatur, ab der ein Gebäude bei einer vorgegebenen Raumlufttemperatur nicht mehr beheizt werden muss (in °C).

Heizlast

Die Heizlast bezeichnet den thermischen Energiestrom, der notwendig ist, um eine vorgegebene Soll-Raumlufttemperatur bei entsprechenden Wärmeverlusten eines beheizten Raumes zu erhalten (in W).

Heizperiode

Die Heizperiode ist die Zeit der Beheizung eines Gebäudes, während der die mittleren Außentemperaturen kleiner als die Heizgrenztemperatur sind. Die Heizperiode hängt von meteorologischen Größen und von den wärmetechnischen Gebäudeeigenschaften ab. Sie wird im Monatsbilanzverfahren rechnerisch ermittelt (in d).

Infiltration

Unter Infiltration versteht man den Luft-Leckagestrom durch die Gebäudehülle nach innen infolge Undichtheiten.

Innentemperatur

Die Innentemperatur ist eine empfundene Temperatur im Inneren eines Gebäudes, die der Ermittlung des Heizwärmebedarfs zugrundegelegt wird, auch Raumtemperatur genannt. Sie wird nicht berechnet und ist eine planerische Festlegung. In der EnEV wird sie aufgrund von empirischen Ermittlungen als räumlich gewichtete mittlere Gebäudeinnentemperatur mit 19 °C vorgegeben (in °C).

Kollektorfläche (effektive) A_s

Unter der effektiven Kollektorfläche ist die solar wirksame Fläche transparenter Bauteile zu verstehen: lichte Rohbaumaße, vermindert um die Fläche des Fensterrahmens, den verschatteten Anteil und multipliziert mit dem Gesamtenergiedurchlassgrad (in m²).

Luftdichtheitsprüfung

Bei einer Luftdichtheitsprüfung nach EnEV, bzw. nach den einschlägigen Normen, wird der Leckageluftstrom V_{50}, bzw. der sich einstellende Luftwechsel bei 50 Pa Druckunterschied, n_{50} ermittelt. Der Leckagestrom wird erzeugt und gemessen, indem in der von der Systemgrenze nach EnEV definierte beheizte Zone über Ventilatoren ein Über-/bzw. Unterdruck von 50 Pascal erzeugt wird.

Luftdichtheitsschicht

Die Luftdichtheitsschicht verhindert jegliche Luftströmung durch Bauteile, bzw. Fugen zwischen Bauteilen, hindurch.

Luftdurchlässigkeit

Unter Luftdurchlässigkeit versteht man den Leckagestrom über die Gebäudehülle bei einer Bezugsdruckdifferenz, bezogen auf die Gebäudehüllfläche.

Lüftung

Lüftung ist die Lufterneuerung in Räumen (in der EnEV des gesamten beheizten Volumens) durch den Austausch von Raumluft gegen Außenluft. Sie kann durch freie Lüftung oder maschinelle Lüftung erfolgen. Im ersten Fall erfolgt sie aufgrund des Druckunterschiedes zwischen dem Raum und außen und benötigt für eine ausreichende Lüftung das Öffnen der Fenster. Im zweiten Fall wird der Druckunterschied durch Ventilatorarbeit hergestellt.

Lüftungswärmeverlust Hv (Spezifischer)

Der spezifische Lüftungswärmeverlust ist der durch Luftwechsel bedingte Wärmestrom vom beheiztem Raum nach außen, je Grad Kelvin Temperaturdifferenz (in W / K).

Luftvolumen V

Das Luftvolumen (auch als Nettovolumen bezeichnet) ist das Volumen einer beheizten Zone, das dem Luftaustausch unterliegt. Es wird aus Innenmaßen ermittelt und schließt so das Volumen der Gebäudekonstruktion aus (in m³).

Luftwechsel

Unter Luftwechsel ist der Luftvolumenstrom je Volumeneinheit zu verstehen.

Der Mindestluftwechsel (als mittlerer Luftwechsel), der notwendig ist, um einwandfreie hygienische Verhältnisse sicherzustellen, beträgt nach der DIN 4108-2 mindestens 0,5 h^{-1}. Das heißt, dass sich in zwei Stunden das gesamte Luftvolumen des Raumes ausgetauscht haben muss (in h^{-1}).

Mehrscheiben-Isolierverglasung

Eine Mehrscheiben-Isolierverglasung ist eine Einheit aus mehreren Glasscheiben, die durch luft- oder gasgefüllte Zwischenräume getrennt und luft- und feuchtigkeitsdicht miteinander verbunden sind.

Mindestwärmeschutz

Mit dem Mindestwärmeschutz werden alle Maßnahmen erfasst, die an jeder Stelle der Innenoberfläche der wärmetauschenden Hüllfläche des beheizten Volumens eines Gebäudes bei ausreichender Beheizung und Belüftung, sowie üblicher Nutzung, ein hygienisches Raumklima sicherstellen, so dass die Tauwasserfreiheit in der Fläche und in Ecken gewährleistet wird. Der Mindestwärmeschutz ist Gegenstand der Regelungen der Landesbauordnungen und muss auch bei Anwendung der Energieeinsparverordnung jederzeit gewährleistet werden.

Nennwert

Erwarteter Wert einer wärmeschutztechnischen Eigenschaft eines Baustoffes oder -produktes:
- bewertet durch Messdaten bei Referenzbedingungen für Temperatur und Feuchte,
- angegeben für eine festgelegte Fraktile und einen Vertrauensbereich,
- entsprechend einer unter normalen Bedingungen erwartete Nutzungsdauer.

Dies ist der Wert, der unter „Produktionsbedingungen" ermittelt wird und der auf dem Produkt im CE-Kennzeichen angegeben ist. Mit der Angabe dieses Kennwertes kann das Produkt im europäischen Binnenmarkt gehandelt werden. Für die Verwendung auf der

Baustelle ist jedoch der Bemessungswert maßgebend, der aus dem Nennwert hergeleitet wird.

Nutzen

Die am Ende der energetischen Umwandlungskette stehende nutzbare Energie (Nutzenergie) ist der Nutzen.

Opake Bauteile

Opake Bauteile sind undurchsichtige, lichtundurchlässige Bauteile. Im Gegensatz dazu sind transparente Bauteile (Fenster, Fenstertüren) lichtdurchlässig.

Perimeter-Dämmung

Außenliegende Wärmedämmung von Kellerwänden und -böden, Perimeter-Dämmungen nehmen kein Wasser auf.

Primärenergiebedarf Q_P (Jahres-Primärenergiebedarf)

Berechnete Energiemenge, die zusätzlich zum Energieinhalt des notwendigen Brennstoffes und der Hilfsenergien für die Anlagentechnik auch die Energiemengen einbezieht, die durch vorgelagerte Prozessketten außerhalb des Gebäudes bei der Gewinnung, Umwandlung und Verteilung der jeweils eingesetzten Brennstoffe entstehen. Die Primärenergie kann als Beurteilungsgröße für ökologische Kriterien, wie z. B. CO_2-Emission, herangezogen werden, weil somit der gesamte Energieaufwand für die Gebäudebeheizung einbezogen wird. Der Jahres-Primärenergiebedarf ist die Hauptanforderungsgröße der Energieeinsparverordnung (in kWh/a oder kWh/($m^2 \cdot a$)).

Referenzanlage

Anlage zur Heizung, gegebenenfalls Lüftung und Warmwasserbereitung, die fest vorgegeben konfiguriert ist und für die Aufwandszahlen-Diagramme in der Norm DIN V 4701-10, bzw. im Beiblatt 1, zu dieser Norm hinterlegt sind.

Reflexion

Reflexion ist das Zurückwerfen bzw. Reflektieren von Lichtstrahlen und anderen Wellen.

Relative Luftfeuchte

Luft enthält in der Regel Feuchtigkeit in Form von Wasserdampf. Je höher die Temperatur ist, umso höher ist die Feuchtigkeitsmasse, die die Luft aufnehmen kann. Die relative Luftfeuchtigkeit ist gleich der vorhandenen Wasserdampfmasse, geteilt durch die höchstmögliche Wasserdampfmasse. Sie wird meist in Prozent angegeben (in %).

Rohdichte

Unter Rohdichte versteht man die Dichte eines Stoffs, einschließlich Poren und Zwischenräume. Damit wird das Raumgewicht trockener Baustoffe bezeichnet (in kg / m³).

Scheibenzwischenraum (SZR)

Dies ist der lichte Abstand zwischen den Einfachscheiben bei Mehrscheiben-Isolierverglasungen.

Sonneneintragskennwert S

Der Sonneneintragskennwert ist eine Kenngröße, die den Wärmegewinn in Gebäuden durch Sonneneinstrahlung für den Nachweis des sommerlichen Wärmeschutzes (Vermeidung von Überhitzungen im Sommer) bestimmt. Er ist abhängig von der Größe der verglasten Flächen und vom Gesamtenergiedurchlassgrad der Verglasung, einschließlich Sonnenschutz und Verschattung (dimensionslos).

Spezifische Wärmekapazität c_P

Die spezifische Wärmekapazität gibt die Wärmemenge an, die erforderlich ist, um die Temperatur eines Kilogramms eines Stoffes bei konstantem Druck um ein Kelvin zu erhöhen. Sie beträgt, z. B. bei Metallen ca. 400 kj /(kg · K), bei Schaumkunststoffen 1500 kj (kg K) und bei Holz 2100 kj /(kg K).

Systemgrenze

Als Systemgrenze ist die gesamte Außenoberfläche des Gebäudes, bzw. der beheizten Zone eines Gebäudes, zu verstehen, über die der Heizwärmebedarf mit einer bestimmten Innentemperatur ermittelt wird. Darin sind inbegriffen alle Räume, die direkt oder indirekt durch Raumverbund (wie z. B. Hausflure und Dielen) beheizt werden. Räume, die bestimmungsgemäß nicht zur Beheizung vorgesehen sind, liegen außerhalb der Systemgrenze.

Tauwasser

Tauwasser ist die Feuchtigkeit, die aus der Luft an oder in Bauteilen kondensiert, wenn sich die Luft unter ihren Taupunkt abkühlt. Bei der Taupunkttemperatur erreicht die Luft ihren Sättigungsgehalt (relative Luftfeuchte 100%). Wird die Taupunkttemperatur unterschritten, scheidet sich aus der Luft Feuchtigkeit ab.

Transmissionswärmeverlust H_T (spezifischer, auf die wärmeübertragende Umfassungsfläche bezogener)

Die europäische Norm DIN EN 832 definiert einen „spezifischen Transmissionswärmeverlust" als Wärmestrom durch die Außenbauteile je Grad Kelvin Temperaturdifferenz.

9.6 Lexikon wichtiger Begriffe des energiesparenden Bauens

Durch zusätzlichen Bezug auf die wärmeübertragende Umfassungsfläche wird aus diesem Kennwert eine energetische Eigenschaft der Gebäudehülle, die dem „mittleren Wärmedurchgangskoeffizienten" entspricht, der bis 1994 wesentlicher Anforderungsgegenstand der Wärmeschutzverordnung war. Nach Energieeinsparverordnung muss der Wert zwischen 1,05 (große Gebäude) und 0,44 W/(m² · K) (kleine Gebäude); bei einem Mehrfamilienhaus zwischen 0,45 und 0,70 W/(m² · K). Es gilt: je kleiner der Wert, umso besser ist die Dämmwirkung der Gebäudehülle. Es ist aber auch zu beachten, dass große kompakte Gebäude diese Anforderungen besser erfüllen können, als kleine oder „zergliederte" Gebäude (in W / K bzw. bei Bezug auf die Fläche: W /(m² · K).

Transparente Wärmedämmung (TWD)

TWD bestehen im Wesentlichen aus lichtdurchlässigem Dämmmaterial auf einer dunklen, speicherfähigen Wand, zur passiven Nutzung der solaren Gewinne.

Umfassungsfläche A (wärmetauschende Hüllfläche)

Die wärmetauschende Umfassungsfläche – auch Hüllfläche genannt – bildet die Grenze zwischen beheiztem Innenraum und der Außenluft, nicht beheizten Räumen und dem Erdreich. Über diese Fläche entweicht die Wärme aus dem Rauminneren. Diese Grenze ist die wärmetechnisch zu optimierende Ebene und wird üblicherweise durch Fassade, Kellerdecke, oberste Geschossdecke oder Dach gebildet. Sie kann aber auch Keller und Nebengelasse umfassen, sofern sie genutzt werden sollen (in m²).

Vorgehängte (Glas) Fassade

Die vorgehängte Fassade umschließt die Tragkonstruktion, so dass sie die äußere Hülle bildet. Sie unterscheidet sich vom Fenster (oder einer Fensterwand, oder auch einem Fensterband) dadurch, dass sie nicht in eine Öffnung der Außenwand eingebaut wird. Im Wesentlichen wird zwischen einer Elementfassade oder einer Pfosten-Riegel-Konstruktionen unterschieden.

Wärmebrücke

Wärmebrücken sind Zonen der Außenbauteile, bei denen gegenüber der sonstigen Fläche ein besonders hoher Wärmeverlust auftritt. Neben geometrischen gibt es insbesondere konstruktive Wärmebrücken, die an Bauteilanschlüssen auftreten. An diesen Stellen können sich die raumseitigen Oberflächentemperaturen abkühlen und so Grundlage für eine eventuelle Schimmelpilzbildung sein. Wärmebrücken müssen deshalb besonders konstruktiv behandelt und energetisch optimiert werden.

Wärmedurchgangskoeffizient U

Der Wärmedurchgangskoeffizient gibt an, welcher Wärmestrom in Watt zwischen zwei Medien übertragen wird, die durch eine oder mehrere feste Schichten voneinander ge-

trennt sind, wenn der Temperaturunterschied in Richtung des Wärmestroms zwischen den Medien ein Kelvin beträgt. In der Regel ist damit der flächenbezogene Koeffizient gemeint; es gibt jedoch auch einen längenbezogenen Koeffizienten, der mit dem Symbol ψ für den längen-bezogenen Wärmebrückenverlustkoeffizienten gekennzeichnet wird.
(in W/(m² · K))

Wärmedurchlasskoeffizient 1/R

Der Wärmedurchlasskoeffizient gibt den Wärmestrom in Watt an, der durch einen Quadratmeter Bauteil übertragen wird, wenn der Temperaturunterschied in Richtung des Wärmestroms zwischen den Oberflächen ein Kelvin beträgt. In der Regel ist damit der flächenbezogene Koeffizient gemeint; es gibt jedoch auch einen längenbezogenen Koeffizienten, (in W/(m² · K))

Wärmedurchlasswiderstand R

Der Wärmedurchlasswiderstand ist der Kehrwert des Wärmedurchlasskoeffizienten. Bei mehrschichtigen Bauteilen addieren sich die Wärmedurchlasswiderstände der einzelnen Schichten. In der Regel ist damit der flächenbezogene Wärmedurchlasswiderstand gemeint; es gibt jedoch auch einen längenbezogenen Wärmedurchlasswiderstand (in W/(m² K))

Wärmegewinn

Die Energiemenge, die einem beheizten Raum durch innere oder solare Energiequellen zugeführt wird, ist der Wärmgewinn.

Wärmeleitfähigkeit λ

Die Wärmeleitfähigkeit beschreibt den Durchgang eines Wärmestromes in Watt durch eine einen Quadratmeter große und ein Meter dicke ebene Stoffschicht, wenn der Temperaturunterschied in Richtung des Wärmestroms zwischen den Oberflächen ein Kelvin beträgt. Zu den Wärmedämmstoffen werden alle Materialien gezählt, die eine Wärmeleitfähigkeit kleiner 0,1 W/(m² · K) aufweisen. Auch erste Mauerwerksbildner haben diese Region erreicht (in W/(m² · K)).

Wärmerückgewinnung

Maßnahmen zur Wiedernutzung von thermischer Energie der Abluft bezeichnet man als Wärmerückgewinnung. Dabei wird in der Regel die thermische Energie der Abluft auf die Zuluft übertragen. Geräte zur Übertragung der thermischen Energie von einem Massestrom auf den anderen sind Wärmeüberträger (auch als Wärmetauscher bezeichnet).

Wärmeschutz (baulicher)

Als baulicher Wärmeschutz sind alle Maßnahmen zu verstehen, die den Wärmeaustausch zwischen Räumen und der Außenluft, bzw. zwischen Räume verschiedener Temperatur, verringern.

Wärmespeicherfähigkeit C

Die Wärmespeicherfähigkeit beschreibt, wie viel Wärme in J (oder Wh) ein homogener Stoff mit einer Oberfläche von einem Quadratmeter und einer bestimmten Schichtdicke s bei einer Erhöhung der Temperatur um ein Kelvin speichern kann. Diese Eigenschaft ist abhängig von der Schichtdicke s, der spezifischen Wärmekapazität c_p und der Rohdichte.

Unter der wirksamen Wärmespeicherfähigkeit C_{wirk} wird der Teilbetrag der Wärmespeicherfähigkeit eines Gebäudes verstanden, der Einfluss auf die Energiebilanz hat. Dafür stehen nur bestimmte Schichtdicken der Bauteile zur Verfügung (z. B. 10 cm-Regel). Die Wärmespeicherfähigkeit von schweren Baumaterialien, wie Kalksandstein und Beton, ist um ein Vielfaches größer als das von Dämmstoffen. (in J/K bzw. Wh/K oder spezifisch auf das Volumen bezogen J/(m³ · K)).

Wärmeübergangskoeffizient h

Der Wärmeübergangskoeffizient gibt an, welcher Wärmestrom in Watt auf einen Quadratmeter Fläche zwischen der Oberfläche und des umgebenden Medium übertragen wird, wenn der Temperaturunterschied ein Kelvin beträgt (in W/(m² · K)).

Wärmeübergangswiderstand R_s

Der Wärmeübergangswiderstand ist der Kehrwert des Wärmeübergangskoeffizienten (in (m² · K)/W).

Wärmeverlust H (spezifischer)

Auf die Differenz zwischen Innen- und Außenlufttemperatur bezogener Wärmeverlust eines Gebäudes infolge Transmission und Lüftung (in W/K).

Wintergarten

Im Allgemeinen ist ein Wintergarten eine räumliche Konstruktion aus Wänden und einem Dach aus Glas, der nicht beheizt wird (unbeheizter Glasvorbau), der vom übrigen beheizten Volumen durch eine Wand abgetrennt ist. Für die Verglasung im Dachbereich sind besondere Sicherungsmaßnahmen im Falle eines Glasbruchs notwendig. Des Weiteren ist für die notwendige Lüftung zu sorgen. Der so entstehende Raum ist ein Klimapuffer und trägt zur Verbesserung der energetischen Situation bei. Soll dieser Raum auch als Pflanzraum genutzt werden, muss er bei bestimmten Situationen frostfrei gehalten werden.

Ein **beheizter Glasvorbau**, der als Wohnraumerweiterung genutzt wird, erzeugt im Gegensatz zum übrigen Gebäude hohe energetische Verluste.

Wohnfläche

Die Wohnfläche ist nach gesetzlichen Vorgaben zu ermitteln. Sie bezieht nur die wirklich innerhalb der Wohnung genutzten Flächen ein und ist in der Regel kleiner als die nach physikalischen Gesichtspunkten ausgerechnete Gebäudenutzfläche (in m²).

Wohngebäude

Gebäude mit überwiegender Wohnnutzung (wohnungsähnlicher Raumzuschnitt, Bereitstellung von Warmwasser) sind Wohngebäude. Hotels und Pflegeheime sind z. B. keine Wohngebäude, da Gemeinschaftsräume und sonstige Nebennutzflächen, sowie die Warmwasserbereitstellung, von üblicher Wohnraumnutzung abweichen.

Zuluft

Die in einen Raum einströmende, gegebenenfalls vorbehandelte, Luft ist die Zuluft.

9.7 Gesetzestexte

9.7.1 Richtlinie 2002/91/EG des Europäischen Parlaments und des Rates über die Gesamtenergieeffizienz von Gebäuden[1]

Artikel 1

Ziel

Ziel dieser Richtlinie ist es, die Verbesserung der Gesamtenergieeffizienz von Gebäuden in der Gemeinschaft unter Berücksichtigung der jeweiligen äußeren klimatischen und lokalen Bedingungen sowie Anforderungen an das Innenraumklima und der Kostenwirksamkeit zu unterstützen.

Diese Richtlinie enthält Anforderungen hinsichtlich

a.)   des allgemeinen Rahmens für eine Methode zur Berechnung der integrierten Gesamtenergieeffizienz von Gebäuden,

b.)   der Anwendung von Mindestanforderungen an die Gesamtenergieeffizienz neuer Gebäude,

c.)   der Anwendung von Mindestanforderungen an die Gesamtenergieeffizienz bestehender großer Gebäude, die einer größeren Renovierung unterzogen werden sollen,

d.)   der Erstellung von Energieausweisen für Gebäude und

e.)   regelmäßiger Inspektionen von Heizkesseln und Klimaanlagen in Gebäuden und einer Überprüfung der gesamten Heizungsanlage, wenn deren Kessel älter als 15 Jahre sind.

Artikel 2

Begriffsbestimmungen

Im Sinne dieser Richtlinie bezeichnet der Ausdruck

1. *„Gebäude" eine Konstruktion mit Dach und Wänden, deren Innenraumklima unter Einsatz von Energie konditioniert wird; mit „Gebäude" können ein Gebäude als Ganzes oder Teile des Gebäudes, die als eigene Nutzungseinheiten konzipiert oder umgebaut wurden, bezeichnet werden;*

2. *„Gesamtenergieeffizienz eines Gebäudes" die Energiemenge, die tatsächlich verbraucht oder veranschlagt wird, um den unterschiedlichen Erfordernissen im Rahmen der Standartnutzung des Gebäudes (u. a. etwa Heizung, Warmwasserbereitung, Kühlung, Lüftung und Beleuchtung) gerecht zu werden. Diese Energiemenge ist durch einen oder mehrere numerische Indikatoren darzustellen, die unter Berücksichtigung von Wärmedämmung, technischen Merkmalen und*

---

[1] vom 16. Dezember 2002

Indikationskennwerten, Bauart und Lage in Bezug auf klimatische Aspekte, Sonnenexposition und Einwirkung der benachbarten Strukturen, Energieerzeugung und anderer Faktoren, einschließlich Innenraumklima, die den Energiebedarf beeinflussen, berechnet wurden;

3. *„Ausweis über die Gesamtenergieeffizienz eines Gebäudes" einen von dem Mitgliedstaat oder einer von ihm benannten juristischen Person anerkannten Ausweis, der die Gesamtenergieeffizienz eines Gebäudes, berechnet nach einer Methode auf der Grundlage des im Anhang festgelegten allgemeinen Rahmens, angibt;*

Artikel 3

Festlegung einer Berechnungsmethode

Zur Berechnung der Gebäudeenergieeffizienz von Gebäuden wenden die Mitgliedsstaaten auf nationaler oder regionaler Ebene eine Methode an, die sich auf den im Anhang festgelegten allgemeinen Rahmen stützt. Die Teile 1 und 2 dieses Rahmens werden nach den Verfahren des Artikels 14 Absatz 2 unter Berücksichtigung der Standards oder Normen, die in den Rechtsvorschriften der Mitgliedsstaaten angewandt werden, an den technischen Fortschritt angepasst.

Diese Methode wird auf nationaler oder regionaler Ebene festgelegt.

Die Gesamtenergieeffizienz eines Gebäudes ist in transparenter Weise anzugeben und kann einen Indikator für CO_2-Emissionen beinhalten.

Artikel 4

Festlegung von Anforderungen an die Gesamtenergieeffizienz

(1) Die Mitgliedsstaaten treffen die erforderlichen Maßnahmen, um sicherzustellen, dass nach der in Artikel 3 genannten Methode Mindestanforderungen an die Gesamtenergieeffizienz von Gebäuden festgelegt werden. Bei der Festlegung der Anforderungen können die Mitgliedsstaaten zwischen neuen und bestehenden Gebäuden und nach unterschiedlichen Gebäudekategorien unterscheiden. Diese Anforderungen tragen den allgemeinen Innenraumklimabedingungen Rechnung, um mögliche negative Auswirkungen, wie unzureichende Belüftung, zu vermeiden, und berücksichtigen die örtlichen Gegebenheiten, die angegebene Nutzung sowie das Alter des Gebäudes. Die Anforderungen sind in regelmäßigen Zeitabständen, die fünf Jahre nicht überschreiten sollten, zu überprüfen, um dem technischen Fortschritt in der Bauwirtschaft Rechnung zu tragen.

(2) Die Anforderungen an die Gesamtenergieeffizienz werden gemäß den Artikeln 5 und 6 angewandt.

(3) Die Mitgliedsstaaten können beschließen, die in Absatz 1 genannten Anforderungen bei den folgenden Gebäudekategorien nicht festzulegen oder anzuwenden.

- Gebäude und Baudenkmäler, die als Teil eines ausgewiesenen Umfelds oder aufgrund ihres besonderen architektonischen oder historischen Werts offiziell geschützt sind, wenn die Einhaltung der Anforderungen eine unannehmbare Veränderung ihrer Eigenart oder ihrer äußeren Erscheinung bedeuten würde;

9.7 Gesetzestexte

- Gebäude, die für Gottesdienste und kirchliche Zwecke genutzt werden;

- provisorische Gebäude mit einer geplanten Nutzungsdauer bis einschließlich zwei Jahren,. Industrieanlagen, Werkstätten und landwirtschaftliche Nutzgebäude mit niedrigem Energiebedarf sowie landwirtschaftliche Nutzgebäude, die in einem Sektor genutzt werden, auf den ein nationales sektorspezifisches Abkommen über die Gesamtenergieeffizienz Anwendung findet;

- Wohngebäude die für eine Nutzungsdauer von weniger als vier Monaten jährlich bestimmt sind.

- frei stehende Gebäude mit einer Gesamtnutzfläche von weniger als 50 m².

Artikel 5

Neue Gebäude

Die Mitgliedsstaaten treffen die erforderlichen Maßnahmen, um sicherzustellen, dass neue Gebäude die in Artikel 4 genannten Mindestanforderungen an die Gebäudeenergieeffizienz erfüllen.

Bei neuen Gebäuden mit einer Gesamtnutzfläche von mehr als 1000 m² gewährleisten die Mitliedsstaaten, dass die technische, ökologische und wirtschaftliche Einsetzbarkeit alternativer Systeme, wie

- dezentraler Energieversorgungssysteme auf der Grundlage von erneuerbaren Energieträgern,

- KWK,

- Fern-/Blockheizung oder Fern-/Blockkühlung, sofern vorhanden,

- Wärmepumpen, unter bestimmten Bedingungen

vor Baubeginn berücksichtigt wird.

Artikel 6

Bestehende Gebäude

Die Mitgliedsstaaten treffen die erforderlichen Maßnahmen, um sicherzustellen, dass die Gesamtenergieeffizienz von Gebäuden mit einer Gesamtnutzfläche von über 1000 m², die einer größeren Renovierung unterzogen werden, an die Mindestanforderungen angepasst werden, sofern dies technisch, funktionell und wirtschaftlich realisierbar ist. Die Mitgliedsstaaten leiten diese Mindestanforderungen an die Gesamtenergieeffizienz von den gemäß Artikel 4 festgelegten Anforderungen an die Gesamtenergieeffizienz von Gebäuden ab. Die Anforderungen können entweder für das renovierte Gebäude als Ganzes oder für die renovierten Systeme oder Bestandteile festgelegt werden, wenn diese Teil einer Renovierung sind, die binnen eines begrenzten Zeitraums mit dem oben genannten Ziel durchgeführt werden soll, die Gesamtenergieeffizienz des Gebäudes zu verbessern.

Artikel 7

Ausweis über die Gesamtenergieeffizienz

(1) Die Mitgliedsstaaten stellen sicher, dass beim Bau, beim Verkauf oder bei der Vermietung von Gebäuden dem Eigentümer bzw. dem potenziellen Käufer oder Mieter vom Eigentümer ein Ausweis über die Gesamtenergieeffizienz vorgelegt wird. Die Gültigkeitsdauer des Energieausweises darf zehn Jahre nicht überschreiten.

In Gebäudekomplexen kann der Energieausweis für Wohnungen oder Einheiten, die für eine gesonderte Nutzung ausgelegt sind,

- im Fall von Gebäudekomplexen mit einer gemeinsamen Heizungsanlage auf der Grundlage eines gemeinsamen Energieausweises für das gesamte Gebäude oder

- auf der Grundlage der Bewertung einer anderen vergleichbaren Wohnung in demselben Gebäudekomplex

ausgestellt werden.

Die Mitgliedsstaaten können die in Artikel 4 Absatz 3 genannten Kategorien von der Anwendung dieses Absatzes ausnehmen.

(2) Der Ausweis über die Gesamtenergieeffizienz von Gebäuden muss Referenzwerte wie gültige Rechtsnormen und Vergleichskennwerte enthalten, um den Verbrauchern einen Vergleich und eine Beurteilung der Gesamtenergieeffizienz des Gebäudes zu ermöglichen. Dem Energieausweis sind Empfehlungen für die kostengünstige Verbesserung der Gesamtenergieeffizienz beizufügen.

Der Energieausweis dient lediglich der Information; etwaige Rechtswirkungen oder sonstige Wirkungen dieser Ausweise bestimmen sich nach den einzelstaatlichen Vorschriften.

(3) Die Mitgliedsstaaten treffen Maßnahmen, um sicherzustellen, dass bei Gebäuden mit einer Gesamtnutzfläche von über 1000 m², die von Behörden und von Einrichtungen genutzt werden, die für eine große Anzahl von Menschen öffentliche Dienstleistungen erbringen und die deshalb von diesen Menschen häufig aufgesucht werden, ein höchstens zehn Jahre alter Ausweis über die Gesamtenergieeffizienz an einer für die Öffentlichkeit gut sichtbaren Stelle angebracht wird.

Die Bandbreite der empfohlenen und aktuellen Innentemperaturen und gegebenenfalls weitere relevante Klimaparameter können deutlich sichtbar angegeben werden.

Artikel 10

Unabhängiges Fachpersonal

Die Mitgliedsstaaten stellen sicher, dass die Erstellung des Energieausweises von Gebäuden, die Erstellung der begleitenden Empfehlungen und die Inspektion von Heizkesseln sowie Klimaanlagen in unabhängiger Weise von qualifizierten und/oder zugelassenen Fachleuten durchgeführt wird, die entweder selbstständige Unternehmer oder Angestellte von Behörden oder privaten Stellen sein können.

Artikel 15

Umsetzung

(1) Die Mitgliedsstaaten setzen die Rechts- und Verwaltungsvorschriften in Kraft, die erforderlich sind, um dieser Richtlinie spätestens am 04. Januar 2006 nachzukommen. Sie teilen der Kommission unverzüglich diese Vorschriften mit.

Wenn die Mitgliedsstaaten diese Vorschrift erlassen, nehmen sie in den Vorschriften selbst oder durch einen Hinweis bei der amtlichen Veröffentlichung auf diese Richtlinie Bezug. Die Mitgliedsstaaten regeln die Einzelheiten der Bezugnahme.

(2) Falls qualifiziertes und/oder zugelassenes Fachpersonal nicht oder nicht in ausreichendem Maße zur Verfügung steht, können die Mitgliedsstaaten für die vollständige Anwendung der Artikel 7, 8 und 9 eine zusätzliche Frist von drei Jahren in Anspruch nehmen. Mitgliedsstaaten, die von dieser Möglichkeit Gebrauch machen, teilen dies der Kommission unter Angabe der jeweiligen Gründe und zusammen mit einem Zeitplan für die weitere Umsetzung dieser Richtlinie mit.

Artikel 16

Inkrafttreten

Diese Richtlinie tritt am Tage ihrer Veröffentlichung im Amtsblatt der Europäischen Gemeinschaften in Kraft.

9.7.2 Gesetz zur Einsparung von Energie in Gebäuden Energieeinsparungsgesetz (EnEG)

Stand: 01.09.2005

§ 1 Energiesparender Wärmeschutz bei zu errichtenden Gebäuden

(1) Wer ein Gebäude errichtet, das seiner Zweckbestimmung nach beheizt oder gekühlt werden muss, hat, um Energie zu sparen, den Wärmeschutz nach Maßgabe der nach Absatz 2 zu erlassenden Rechtsverordnung so zu entwerfen und auszuführen, dass beim Heizen und Kühlen vermeidbare Energieverluste unterbleiben.

(2) Die Bundesregierung wird ermächtigt, durch Rechtsverordnung mit Zustimmung des Bundesrates Anforderungen an den Wärmeschutz von Gebäuden und ihren Bauteilen festzusetzen. Die Anforderungen können sich auf die Begrenzung des Wärmedurchgangs sowie der Lüftungswärmeverluste und auf ausreichende raumklimatische Verhältnisse beziehen. Bei der Begrenzung des Wärmedurchgangs ist der gesamte Einfluss der die beheizten oder gekühlten Räume nach außen und zum Erdreich abgrenzenden sowie derjenigen Bauteile zu berücksichtigen, die diese Räume gegen Räume abweichender Temperatur abgrenzen. Bei der Begrenzung von Lüftungswärmeverlusten ist der gesamte Einfluss der Lüftungseinrichtungen, der Dichtheit von Fenstern und Türen sowie der Fugen zwischen einzelnen Bauteilen zu berücksichtigen.

(3) Soweit andere Rechtsvorschriften höhere Anforderungen an den baulichen Wärmeschutz stellen, bleiben sie unberührt.

§ 2 Energiesparende Anlagentechnik bei Gebäuden

(1) Wer Heizungs-, raumlufttechnische, Kühl-, Beleuchtungs- sowie Warmwasserversorgungsanlagen oder -einrichtungen in Gebäude einbaut oder einbauen lässt oder in Gebäuden aufstellt oder aufstellen lässt, hat bei Entwurf, Auswahl und Ausführung dieser Anlagen und Einrichtungen nach Maßgabe der nach den Absätzen 2 und 3 zu erlassenden Rechtsverordnungen dafür Sorge zu tragen, dass nicht mehr Energie verbraucht wird, als zur bestimmungsgemäßen Nutzung erforderlich ist.

(2) Die Bundesregierung wird ermächtigt, durch Rechtsverordnung mit Zustimmung des Bundesrates vorzuschreiben, welchen Anforderungen die Beschaffenheit und die Ausführung der in Absatz 1 genannten Anlagen und Einrichtungen genügen müssen, damit vermeidbare Energieverluste unterbleiben. Für zu errichtende Gebäude können sich die Anforderungen beziehen auf

1. den Wirkungsgrad, die Auslegung und die Leistungsaufteilung der Wärme- und Kälteerzeuger
2. die Ausbildung interner Verteilungsnetze,
3. die Begrenzung der Warmwassertemperatur,
4. die Einrichtungen der Regelung und Steuerung der Wärme- und Kälteversorgungssysteme,
5. den Einsatz von Wärmerückgewinnungsanlagen,
6. die messtechnische Ausstattung zur Verbrauchserfassung,

7. die Effizienz von Beleuchtungssystemen, insbesondere den Wirkungsgrad von Beleuchtungseinrichtungen, die Verbesserung der Tageslichtnutzung, die Ausstattung zur Regelung und Abschaltung dieser Systeme,

8. weitere Eigenschaften der Anlagen und Einrichtungen, soweit dies im Rahmen der Zielsetzung des Absatzes 1 auf Grund der technischen Entwicklung erforderlich wird.

(3) Die Absätze 1 und 2 gelten entsprechend, soweit in bestehende Gebäude bisher nicht vorhandene Anlagen oder Einrichtungen eingebaut oder vorhandene ersetzt, erweitert oder umgerüstet werden. Bei wesentlichen Erweiterungen oder Umrüstungen können die Anforderungen auf die gesamten Anlagen oder Einrichtungen erstreckt werden. Außerdem können Anforderungen zur Ergänzung der in Absatz 1 genannten Anlagen und Einrichtungen mit dem Ziel einer nachträglichen Verbesserung des Wirkungsgrades und einer Erfassung des Energieverbrauchs gestellt werden.

(4) Soweit andere Rechtsvorschriften höhere Anforderungen an die in Absatz 1 genannten Anlagen und Einrichtungen stellen, bleiben sie unberührt.

§ 3 Energiesparender Betrieb von Anlagen

(1) Wer Heizungs-, raumlufttechnische, Kühl-, Beleuchtungs- sowie Warmwasserversorgungsanlagen oder -einrichtungen in Gebäuden betreibt oder betreiben lässt, hat dafür Sorge zu tragen, dass sie nach Maßgabe der nach Absatz 2 zu erlassenden Rechtsverordnung so instand gehalten und betrieben werden, dass nicht mehr Energie verbraucht wird, als zu ihrer bestimmungsgemäßen Nutzung erforderlich ist.

(2) Die Bundesregierung wird ermächtigt, durch Rechtsverordnung mit Zustimmung des Bundesrates vorzuschreiben, welchen Anforderungen der Betrieb der in Absatz 1 genannten Anlagen und Einrichtungen genügen muss, damit vermeidbare Energieverluste unterbleiben. Die Anforderungen können sich auf die sachkundige Bedienung, Instandhaltung, regelmäßige Wartung, Inspektion und auf die bestimmungsgemäße Nutzung der Anlagen und Einrichtungen beziehen.

(3) Soweit andere Rechtsvorschriften höhere Anforderungen an den Betrieb der in Absatz 1 genannten Anlagen und Einrichtungen stellen, bleiben sie unberührt.

§ 3a Verteilung der Betriebskosten

Die Bundesregierung wird ermächtigt, durch Rechtsverordnung mit Zustimmung des Bundesrates vorzuschreiben, dass

1. *der Energieverbrauch der Benutzer von heizungs- oder raumlufttechnischen oder der Versorgung mit Warmwasser dienenden gemeinschaftlichen Anlagen oder Einrichtungen erfasst wird,*

2. *die Betriebskosten dieser Anlagen oder Einrichtungen so auf die Benutzer zu verteilen sind, dass dem Energieverbrauch der Benutzer Rechnung getragen wird.*

§ 4 Sonderregelungen und Anforderungen an bestehende Gebäude

(1) Die Bundesregierung wird ermächtigt, durch Rechtsverordnung mit Zustimmung des Bundesrates von den nach den §§ 1 bis 3 zu erlassenden Rechtsverordnungen Ausnahmen zuzulassen und abweichende Anforderungen für Gebäude und Gebäudeteile vorzuschreiben, die nach ihrem üblichen Verwendungszweck

1. *wesentlich unter oder über der gewöhnlichen, durchschnittlichen Heizdauer beheizt werden müssen,*
2. *eine Innentemperatur unter 15 Grad C erfordern,*
3. *den Heizenergiebedarf durch die im Innern des Gebäudes anfallende Abwärme überwiegend decken,*
4. *nur teilweise beheizt werden müssen,*
5. *eine überwiegende Verglasung der wärmeübertragenden Umfassungsflächen erfordern,*
6. *nicht zum dauernden Aufenthalt von Menschen bestimmt sind,*
7. *sportlich, kulturell oder zu Versammlungen genutzt werden,*
8. *zum Schutze von Personen oder Sachwerten einen erhöhten Luftwechsel erfordern,*
9. *und nach der Art ihrer Ausführung für eine dauernde Verwendung nicht geeignet sind,*

soweit der Zweck des Gesetzes, vermeidbare Energieverluste zu verhindern, dies erfordert oder zulässt. Satz 1 gilt entsprechend für die in § 2 Abs. 1 genannten Anlagen und Einrichtungen in solchen Gebäuden oder Gebäudeteilen.

(2) Die Bundesregierung wird ermächtigt, durch Rechtsverordnung mit Zustimmung des Bundesrates zu bestimmen, dass die nach den §§ 1 bis 3 und 4 Abs. 1 festzulegenden Anforderungen auch bei wesentlichen Änderungen von Gebäuden einzuhalten sind.

(3) Die Bundesregierung wird ermächtigt, durch Rechtsverordnung mit Zustimmung des Bundesrates zu bestimmen, dass für bestehende Gebäude, Anlagen oder Einrichtungen einzelne Anforderungen nach den §§ 1, 2 Abs. 1 und 2 und § 4 Abs. 1 gestellt werden können, wenn die Maßnahmen generell zu einer wesentlichen Verminderung der Energieverluste beitragen und die Aufwendungen durch die eintretenden Einsparungen innerhalb angemessener Fristen erwirtschaftet werden können.

§ 5 Gemeinsame Voraussetzungen für Rechtsverordnungen

(1) Die in den Rechtsverordnungen nach den §§ 1 bis 4 aufgestellten Anforderungen müssen nach dem Stand der Technik erfüllbar und für Gebäude gleicher Art und Nutzung wirtschaftlich vertretbar sein. Anforderungen gelten als wirtschaftlich vertretbar, wenn generell die erforderlichen Aufwendungen innerhalb der üblichen Nutzungsdauer durch die eintretenden Einsparungen erwirtschaftet werden können. Bei bestehenden Gebäuden ist die noch zu erwartende Nutzungsdauer zu berücksichtigen.

(2) In den Rechtsverordnungen ist vorzusehen, dass auf Antrag von den Anforderungen befreit werden kann, soweit diese im Einzelfall wegen besonderer Umstände durch einen unangemessenen Aufwand oder in sonstiger Weise zu einer unbilligen Härte führen.

(3) In den Rechtsverordnungen kann wegen technischer Anforderungen auf Bekanntmachungen sachverständiger Stellen unter Angabe der Fundstelle verwiesen werden.

(4) In den Rechtsverordnungen nach den §§ 1 bis 4 können die Anforderungen und - in den Fällen des § 3a - die Erfassung und Kostenverteilung abweichend von Vereinbarungen der Benutzer und von Vorschriften des Wohnungseigentumsgesetzes geregelt und näher bestimmt werden, wie diese Regelungen sich auf die Rechtsverhältnisse zwischen den Beteiligten auswirken.

(5) In den Rechtsverordnungen nach den §§ 1 bis 4 können sich die Anforderungen auch auf den Gesamtenergiebedarf oder -verbrauch der Gebäude und die Einsetzbarkeit alternativer Systeme beziehen sowie Umwandlungsverluste der Anlagensysteme berücksichtigen (Gesamtenergieeffizienz).

§ 5a Energieausweise

Die Bundesregierung wird ermächtigt, zur Umsetzung oder Durchführung von Rechtsakten der Europäischen Gemeinschaften durch Rechtsverordnung mit Zustimmung des Bundesrates Inhalte und Verwendung von Energieausweisen auf Bedarfs- und Verbrauchsgrundlage vorzugeben und dabei zu bestimmen, welche Angaben und Kennwerte über die Energieeffizienz eines Gebäudes, eines Gebäudeteils oder in § 2 Abs. 1 genannter Anlagen oder Einrichtungen darzustellen sind. Die Vorgaben können sich insbesondere beziehen auf

1. die Arten der betroffenen Gebäude, Gebäudeteile und Anlagen oder Einrichtungen,
2. die Zeitpunkte und Anlässe für die Ausstellung und Aktualisierung von Energieausweisen,
3. die Ermittlung, Dokumentation und Aktualisierung von Angaben und Kennwerten,
4. die Angabe von Referenzwerten, wie gültige Rechtsnormen und Vergleichskennwerte,
5. begleitende Empfehlungen für kostengünstige Verbesserungen der Energieeffizienz,
6. die Verpflichtung, Energieausweise Behörden und bestimmten Dritten zugänglich zu machen,
7. den Aushang von Energieausweisen für Gebäude, in denen Dienstleistungen für die Allgemeinheit erbracht werden,
8. die Berechtigung zur Ausstellung von Energieausweisen einschließlich der Anforderungen an die Qualifikation der Aussteller sowie
9. die Ausgestaltung der Energieausweise.

Die Energieausweise dienen lediglich der Information.

§ 6 Maßgebender Zeitpunkt

Für die Unterscheidung zwischen zu errichtenden und bestehenden Gebäuden im Sinne dieses Gesetzes ist der Zeitpunkt der Baugenehmigung oder der bauaufsichtlichen Zustimmung, im Übrigen der Zeitpunkt maßgeblich, zu dem nach Maßgabe des Bauordnungsrechts mit der Bauausführung begonnen werden durfte.

§ 7 Überwachung

(1) Die zuständigen Behörden haben darüber zu wachen, dass die in den Rechtsverordnungen nach diesem Gesetz festgesetzten Anforderungen erfüllt werden, soweit die Erfüllung dieser Anforderungen nicht schon nach anderen Rechtsvorschriften im erforderlichen Umfang überwacht wird.

(2) Die Landesregierungen oder die von ihnen bestimmten Stellen werden ermächtigt, durch Rechtsverordnung die Überwachung hinsichtlich der in den Rechtsverordnungen nach den §§ 1 und 2 festgesetzten Anforderungen ganz oder teilweise auf geeignete Stellen, Fachvereinigungen oder Sachverständige zu übertragen. Soweit sich § 4 auf die §§ 1 und 2 bezieht, gilt Satz 1 entsprechend.

(3) Die Bundesregierung wird ermächtigt, durch Rechtsverordnung mit Zustimmung des Bundesrates die Überwachung hinsichtlich der durch Rechtsverordnung nach § 3 festgesetzten Anforderungen auf geeignete Stellen, Fachvereinigungen oder Sachverständige zu übertragen. Soweit sich § 4 auf § 3 bezieht, gilt Satz 1 entsprechend.

(4) In den Rechtsverordnungen nach den Absätzen 2 und 3 kann die Art und das Verfahren der Überwachung geregelt werden; ferner können Anzeige- und Nachweispflichten vorgeschrieben werden. Es ist vorzusehen, dass in der Regel Anforderungen auf Grund der §§ 1 und 2 nur einmal und Anforderungen auf Grund des § 3 höchstens einmal im Jahr überwacht werden; bei Anlagen in Einfamilienhäusern, kleinen und mittleren Mehrfamilienhäusern und vergleichbaren Nichtwohngebäuden ist eine längere Überwachungsfrist vorzusehen.

(5) In der Rechtsverordnung nach Absatz 3 ist vorzusehen, dass

1. eine Überwachung von Anlagen mit einer geringen Wärmeleistung entfällt,
2. die Überwachung der Erfüllung von Anforderungen sich auf die Kontrolle von Nachweisen beschränkt, soweit die Wartung durch eigenes Fachpersonal oder auf Grund von Wartungsverträgen durch Fachbetriebe sichergestellt ist.

(6) In Rechtsverordnungen nach § 4 Abs. 3 kann vorgesehen werden, dass die Überwachung ihrer Einhaltung entfällt.

§ 8 Bußgeldvorschriften

(1) Ordnungswidrig handelt, wer vorsätzlich oder fahrlässig einer Rechtsverordnung

1. nach § 1 Abs. 2 Satz 1 oder 2, § 2 Abs. 2 auch in Verbindung mit Abs. 3, § 3 Abs. 2 oder § 4,
2. nach § 5a Satz 1 oder
3. nach § 7 Abs. 4

oder einer vollziehbaren Anordnung auf Grund einer solchen Rechtsverordnung zuwiderhandelt, soweit die Rechtsverordnung für einen bestimmten Tatbestand auf diese Bußgeldvorschrift verweist.

(2) Die Ordnungswidrigkeit kann in den Fällen des Absatzes 1 Nr. 1 mit einer Geldbuße bis zu fünfzigtausend Euro, in den Fällen des Absatzes 1 Nr. 2 mit einer Geldbuße bis zu fünfzehntausend Euro und in den übrigen Fällen mit einer Geldbuße bis zu fünftausend Euro geahndet werden.

§§ 9 u. 10 *(gegenstandslos)*

§ 11 *(Inkrafttreten)*

9.7.3 Entwurf: Verordnung über energiesparenden Wärmeschutz und energiesparende Anlagentechnik bei Gebäuden (Energieeinsparverordnung – EnEV)*)

Stand: 16. November 2006

Auf Grund des § 1 Abs. 2, des § 2 Abs. 2 und 3, des § 3 Abs. 2, der §§ 4 bis 5 a Satz 2, des § 7 Abs. 3 bis 5 und des § 8 des Energieeinsparungsgesetzes in der Fassung der Bekanntmachung vom 1. September 2005 (BGBl. I S. 2684) verordnet die Bundesregierung:

Fußnote für die Verkündung:
*) Die §§ 1 bis 5, 9, 11 Abs. 3, §§ 12, 15 bis 22, 26 und 27 dienen der Umsetzung der Richtlinie 2002/91/EG des Europäi-schen Parlaments und des Rates vom 16. Dezember 2002 über die Gesamtenergieeffizienz von Gebäuden (ABl. EG Nr. L 1 S. 65).
§ 13 Abs. 1 bis 3 und § 27 dienen der Umsetzung der Richtlinie 92/42/EWG des Rates vom 21. Mai 1992 über die Wir-kungsgrade von mit flüssigen oder gasförmigen Brennstoffen beschickten neuen Warmwasserheizkesseln (ABl. EG Nr. L 167 S. 17, L 195 S. 32), zuletzt geändert durch Art. 21 der Richtlinie 2005/32/EG des Europäischen Parlaments und des Rates vom 6. Juli 2005 (ABl. EU Nr. L 191 S. 29).
Die Verpflichtungen aus der Richtlinie 98/34/EG des Europäischen Parlaments und des Rates vom 22. Juni 1998 über ein Informationsverfahren auf dem Gebiet der Normen und technischen Vorschriften und der Vorschriften für die Dienste der Informationsgesellschaft (ABl. EG Nr. L 204 S. 37), geändert durch die Richtlinie 98/48/EG des Europäischen Parlaments und des Rates vom 20. Juli 1998 (ABl. EG Nr. L 217 S. 18), sind beachtet worden.

Inhaltsübersicht

Abschnitt 1 Allgemeine Vorschriften

§ 1 Anwendungsbereich

§ 2 Begriffsbestimmungen

Abschnitt 2 Zu errichtende Gebäude

§ 3 Anforderungen an Wohngebäude

§ 4 Anforderungen an Nichtwohngebäude

§ 5 Berücksichtigung alternativer Energieversorgungssysteme

§ 6 Dichtheit, Mindestluftwechsel

§ 7 Mindestwärmeschutz, Wärmebrücken

§ 8 Kleine Gebäude

Abschnitt 3 Bestehende Gebäude und Anlagen

§ 9 Änderung von Gebäuden

§ 10 Nachrüstung bei Anlagen und Gebäuden

§ 11 Aufrechterhaltung der energetischen Qualität

§ 12 Energetische Inspektion von Klimaanlagen

Abschnitt 4
Anlagen der Heizungs-, Kühl- und Raumlufttechnik sowie der Warmwasserversorgung

§ 13 Inbetriebnahme von Heizkesseln

§ 14 Verteilungseinrichtungen und Warmwasseranlagen

§ 15 Anlagen der Kühl- und Raumlufttechnik

Abschnitt 5
Energieausweise und Empfehlungen für die Verbesserung der Energieeffizienz

§ 16 Ausstellung und Verwendung von Energieausweisen

§ 17 Grundsätze des Energieausweises

§ 18 Ausstellung auf der Grundlage des Energiebedarfs

§ 19 Ausstellung auf der Grundlage des Energieverbrauchs

§ 20 Empfehlungen für die Verbesserung der Energieeffizienz

§ 21 Ausstellungsberechtigung für bestehende Gebäude

Abschnitt 6 Gemeinsame Vorschriften, Ordnungswidrigkeiten

§ 22 Gemischt genutzte Gebäude

§ 23 Regeln der Technik

§ 24 Ausnahmen

§ 25 Befreiungen

§ 26 Verantwortliche

§ 27 Ordnungswidrigkeiten

Abschnitt 7 Schlussvorschriften

§ 28 Allgemeine Übergangsvorschrift

§ 29 Übergangsvorschriften für Energieausweise

§ 30 Übergangsvorschriften zur Nachrüstung bei Anlagen und Gebäuden

§ 31 Inkrafttreten, Außerkrafttreten

Anhänge

Anhang 1 Anforderungen an Wohngebäude (zu den §§ 3 und 9)

Anhang 2 Anforderungen an Nichtwohngebäude (zu den §§ 4 und 9)

Anhang 3 Anforderungen bei Änderung von Außenbauteilen (zu § 9 Abs. 3) und bei Errichtung kleiner Gebäude (zu § 8); Randbedingungen und Maßgaben für die Bewertung bestehender Wohngebäude (zu § 9 Abs. 2)

Anhang 4 Anforderungen an die Dichtheit und den Mindestluftwechsel (zu § 6)

Anhang 5 Anforderungen zur Begrenzung der Wärmeabgabe von Wärmeverteilungs- und Warmwasserleitungen sowie Armaturen (zu § 14 Abs. 5)

Anhang 6 Muster Energieausweis Wohngebäude (zu den §§ 18 und 19)

Anhang 7 Muster Energieausweis Nichtwohngebäude (zu den §§ 18 und 19)

Anhang 8 Muster Aushang Energieausweis auf der Grundlage des Energiebedarfs (zu § 16 Abs. 3)

Anhang 9 Muster Aushang Energieausweis auf der Grundlage des Energieverbrauchs (zu § 16 Abs. 3)

Anhang 10 Muster Modernisierungsempfehlungen zum Energieausweis (zu § 20)

Anhang 11 Anforderungen an die Inhalte der Fortbildung (zu § 21 Abs. 2 Nr. 2)

Stand: 16. November 2006

Abschnitt 1 Allgemeine Vorschriften

§ 1 Anwendungsbereich

(1) Diese Verordnung gilt

1. *für Gebäude, deren Räume unter Einsatz von Energie beheizt oder gekühlt werden und*
2. *für Anlagen und Einrichtungen der Heizungs-, Kühl-, Raumluft- und Beleuchtungstechnik sowie der Warmwasserversorgung in Gebäuden nach Nummer 1.*

Der Energieeinsatz für Produktionsprozesse in Gebäuden ist nicht Gegenstand dieser Verordnung.

(2) Mit Ausnahme der §§ 12 und 13 gilt diese Verordnung nicht für

1. *Betriebsgebäude, die überwiegend zur Aufzucht oder zur Haltung von Tieren genutzt werden,*
2. *Betriebsgebäude, soweit sie nach ihrem Verwendungszweck großflächig und lang anhaltend offen gehalten werden müssen,*
3. *unterirdische Bauten,*
4. *Unterglasanlagen und Kulturräume für Aufzucht, Vermehrung und Verkauf von Pflanzen,*
5. *Traglufthallen, Zelte und sonstige Gebäude, die dazu bestimmt sind, wiederholt aufgestellt und zerlegt zu werden,*
6. *provisorische Gebäude mit einer geplanten Nutzungsdauer von bis zu zwei Jahren,*
7. *Gebäude, die dem Gottesdienst gewidmet sind sowie nach ihrer Zweckbestimmung auf eine Innentemperatur von weniger als 12 Grad Celsius oder jährlich weniger als vier Monate beheizt werden,*
8. *Wohngebäude, die für eine Nutzungsdauer von weniger als vier Monaten jährlich bestimmt sind, und*
9. *sonstige handwerkliche, gewerbliche und industrielle Betriebsgebäude, die nach ihrer Zweckbestimmung auf eine Innentemperatur von weniger als 12 Grad Celsius oder jährlich weniger als vier Monate beheizt sowie jährlich weniger als zwei Monate gekühlt werden.*

Auf Bestandteile der Anlagensysteme, die sich nicht im räumlichen Zusammenhang mit Gebäuden nach Absatz 1 befinden, ist nur § 13 anzuwenden.

§ 2 Begriffsbestimmungen

Im Sinne dieser Verordnung

1. *sind Wohngebäude Gebäude, die nach ihrer Zweckbestimmung überwiegend dem Wohnen dienen, einschließlich Wohn-, Alten- und Pflegeheimen sowie ähnlichen Einrichtungen,*
2. *sind Nichtwohngebäude Gebäude, die nicht unter Nummer 1 fallen,*
3. *sind beheizte Räume solche Räume, die auf Grund bestimmungsgemäßer Nutzung direkt oder durch Raumverbund beheizt werden,*

4. sind gekühlte Räume solche Räume, die auf Grund bestimmungsgemäßer Nutzung direkt oder durch Raumverbund gekühlt werden,

5. sind erneuerbare Energien die zu Zwecken der Heizung, Warmwasserbereitung, Kühlung oder Lüftung von Gebäuden eingesetzte und im räumlichen Zusammenhang dazu gewonnene solare Strahlungsenergie, Umweltwärme, Geothermie und Energie aus Biomasse einschließlich Biogas, Klärgas und Deponiegas,

6. ist ein Heizkessel der aus Kessel und Brenner bestehende Wärmeerzeuger, der zur Übertragung der durch die Verbrennung freigesetzten Wärme an den Wärmeträger Wasser dient,

7. sind Geräte der mit einem Brenner auszurüstende Kessel und der zur Ausrüstung eines Kessels bestimmte Brenner,

8. ist die Nennleistung die vom Hersteller festgelegte und im Dauerbetrieb unter Beachtung des vom Hersteller angegebenen Wirkungsgrades als einhaltbar garantierte größte Wärme- oder Kälteleistung in Kilowatt,

9. ist ein Standardheizkessel ein Heizkessel, bei dem die durchschnittliche Betriebstemperatur durch seine Auslegung beschränkt sein kann,

10. ist ein Niedertemperatur-Heizkessel ein Heizkessel, der kontinuierlich mit einer Eintrittstemperatur von 35 bis 40 Grad Celsius betrieben werden kann und in dem es unter bestimmten Umständen zur Kondensation des in den Abgasen enthaltenen Wasserdampfes kommen kann,

11. ist ein Brennwertkessel ein Heizkessel, der für die Kondensation eines Großteils des in den Abgasen enthaltenen Wasserdampfes konstruiert ist,

12. ist die Wohnfläche die Fläche nach der Wohnflächenverordnung; liegt eine solche Angabe auf der Grundlage anderer Rechtsvorschriften oder anerkannter Regeln der Technik zur Berechnung von Wohnflächen vor, so dürfen diese Angaben zugrunde gelegt werden,

13. ist die Gebäudenutzfläche die nach Anhang 1 Nr. 1.3.4 berechnete Fläche,

14. ist die Nettogrundfläche die Nettogrundfläche nach anerkannten Regeln der Technik.

Abschnitt 2 Zu errichtende Gebäude

§ 3 Anforderungen an Wohngebäude

(1) Zu errichtende Wohngebäude sind so auszuführen, dass der Jahres-Primärenergiebedarf für Heizung, Warmwasserbereitung und Lüftung sowie der spezifische, auf die wärmeübertragende Umfassungsfläche bezogene Transmissionswärmeverlust die Höchstwerte in Anhang 1 Tabelle 1 nicht überschreiten.

(2) Der Jahres-Primärenergiebedarf und der spezifische, auf die wärmeübertragende Umfassungsfläche bezogene Transmissionswärmeverlust nach Absatz 1 sind bei Wohngebäuden mit einem Fensterflächenanteil

1. bis zu 30 vom Hundert nach dem in Anhang 1 Nr. 2 festgelegten Verfahren oder nach dem vereinfachten Verfahren nach Anhang 1 Nr. 3,

2. im Übrigen nach dem in Anhang 1 Nr. 2 festgelegten Verfahren

zu berechnen.

(3) Die Begrenzung des Jahres-Primärenergiebedarfs nach Absatz 1 gilt nicht für Wohngebäude, die überwiegend durch Heizsysteme beheizt werden, für die in der DIN V 4701-1 : 2003-08↵) keine Berechnungsregeln angegeben sind. Bei Gebäuden nach Satz 1 darf der spezifische, auf die wärmeübertragende Umfassungsfläche bezogene Transmissionswärmeverlust 76 vom Hundert des jeweiligen Höchstwertes nach Anhang 1 Tabelle 1 Spalte 4 nicht überschreiten.

(4) Die Anforderungen an den sommerlichen Wärmeschutz nach Anhang 1 Nr. 2.9 sind einzuhalten.

(5) Abweichend von Absatz 1 ist ein zu errichtendes Wohngebäude, das mit einer Anlage zur Kühlung unter Einsatz von elektrischer oder aus fossilen Brennstoffen gewonnener Energie ausgestattet wird, in entsprechender Anwendung des § 4 Abs. 1 so auszuführen, dass der Jahres-Primärenergiebedarf für Heizung, Warmwasserbereitung, Lüftung und Kühlung den Wert des Jahres-Primärenergiebedarfs eines Referenzgebäudes gleicher Geometrie, Ausrichtung und Nutzung mit der in Anhang 2 Tabelle 1 angegebenen technischen Ausführung nicht überschreitet. Für die Berechnung der Jahres-Primärenergiebedarfe ist § 4 Abs. 3 entsprechend anzuwenden.

§ 4 Anforderungen an Nichtwohngebäude

(1) Zu errichtende Nichtwohngebäude sind so auszuführen, dass der Jahres-Primärenergiebedarf für Heizung, Warmwasserbereitung, Lüftung, Kühlung und eingebaute Beleuchtung den Wert des Jahres-Primärenergiebedarfs eines Referenzgebäudes gleicher Geometrie, Nettogrundfläche, Ausrichtung und Nutzung einschließlich der Anordnung der Nutzungseinheiten mit der in Anhang 2 Tabelle 1 angegebenen technischen Ausführung nicht überschreitet.

(2) Zu errichtende Nichtwohngebäude sind so auszuführen, dass der spezifische, auf die wärmeübertragende Umfassungsfläche bezogene Transmissionswärmetransferkoeffizient die in Anhang 2 Tabelle 2 angegebenen Höchstwerte nicht überschreitet.

(3) Die Jahres-Primärenergiebedarfe und die spezifischen, auf die wärmeübertragenden Umfassungsflächen bezogenen Transmissionswärmetransferkoeffizienten des zu errichtenden Nichtwohngebäudes und des Referenzgebäudes sind nach den Verfahren gemäß Anhang 2 Nr. 2 und 3 zu berechnen.

(4) Die Anforderungen an den sommerlichen Wärmeschutz nach Anhang 2 Nr. 4 sind einzuhalten.

§ 5 Berücksichtigung alternativer Energieversorgungssysteme

Bei zu errichtenden Wohngebäuden mit mehr als 1000 m2 Gebäudenutzfläche und bei zu errichtenden Nichtwohngebäuden mit mehr als 1000 m2 Nettogrundfläche ist die technische, ökologische und wirtschaftliche Einsetzbarkeit alternativer Systeme, wie dezentraler Energieversorgungssysteme auf der Grundlage von erneuerbaren Energieträgern, Kraft-Wärme-Kopplung, Fern- und Blockheizung, Fern- und Blockkühlung oder Wärmepumpen, vor Baubeginn zu berücksichtigen. Dazu darf allgemeiner, fachlich begründeter Wissensstand zugrunde gelegt werden.

§ 6 Dichtheit, Mindestluftwechsel

(1) Zu errichtende Gebäude sind so auszuführen, dass die wärmeübertragende Umfassungsfläche einschließlich der Fugen dauerhaft luftundurchlässig entsprechend den anerkannten Regeln der Technik abgedichtet ist. Die Fugendurchlässigkeit außen liegender Fenster, Fenstertüren und Dachflächenfenster muss Anhang 4 Nr. 1 genügen. Wird die Dichtheit nach den Sätzen 1 und 2 überprüft, ist Anhang 4 Nr. 2 einzuhalten.

(2) Zu errichtende Gebäude sind so auszuführen, dass der zum Zwecke der Gesundheit und Beheizung erforderliche Mindestluftwechsel sichergestellt ist.

§ 7 Mindestwärmeschutz, Wärmebrücken

(1) Bei zu errichtenden Gebäuden sind Bauteile, die gegen die Außenluft, das Erdreich oder Gebäudeteile mit wesentlich niedrigeren Innentemperaturen abgrenzen, so auszuführen, dass die Anforderungen des Mindestwärmeschutzes nach den anerkannten Regeln der Technik eingehalten werden.

(2) Zu errichtende Gebäude sind so auszuführen, dass der Einfluss konstruktiver Wärmebrücken auf den Jahres-Heizwärmebedarf nach den anerkannten Regeln der Technik und den im jeweiligen Einzelfall wirtschaftlich vertretbaren Maßnahmen so gering wie möglich gehalten wird.

(3) Der verbleibende Einfluss der Wärmebrücken bei der Ermittlung des spezifischen, auf die wärmeübertragende Umfassungsfläche bezogenen Transmissionswärmeverlusts oder Transmissionswärmetransferkoeffizienten und des Jahres-Primärenergiebedarfs ist bei Wohngebäuden nach Anhang 1 Nr. 2.5 und bei Nichtwohngebäuden nach Anhang 2 Nr. 2.5 zu berücksichtigen.

§ 8 Kleine Gebäude

Werden bei zu errichtenden kleinen Gebäuden die in Anhang 3 genannten Werte der Wärmedurchgangskoeffizienten der Außenbauteile und die Anforderungen des Abschnitts 4 eingehalten, gelten die übrigen Anforderungen dieser Verordnung als erfüllt. Als kleine Gebäude im Sinne des Satzes 1 gelten Wohngebäude mit nicht mehr als 50 m2 Gebäudenutzfläche und Nichtwohngebäude mit nicht mehr als 50 m2 Nettogrundfläche.

Abschnitt 3 Bestehende Gebäude und Anlagen

§ 9 Änderung von Gebäuden

(1) Änderungen gemäß Anhang 3 Nr. 1 bis 6 bei beheizten oder gekühlten Räumen von Gebäuden sind so auszuführen, dass

1. geänderte Wohngebäude insgesamt die jeweiligen Höchstwerte des Jahres-Primärenergiebedarfs und des spezifischen, auf die wärmeübertragende Umfassungsfläche bezogenen Transmissionswärmeverlusts nach Anhang 1 Tabelle 1,

2. geänderte Nichtwohngebäude insgesamt den Jahres-Primärenergiebedarf des Referenzgebäudes nach § 4 Abs. 1 und den spezifischen, auf die wärmeübertragende Umfassungsfläche bezogenen Höchstwert des Transmissionswärmetransferkoeffizienten nach § 4 Abs. 2 um nicht mehr als 40 vom Hundert überschreiten, wenn nicht nach Absatz 3 verfahren werden soll.

(2) Bei Anwendung des Absatzes 1 sind die in § 3 Abs. 2 und 5 Satz 2 sowie in § 4 Abs. 3 angegebenen Berechnungsverfahren nach Maßgabe der folgenden Vorschriften entsprechend anzuwenden. Soweit bei Anwendung der in Satz 1 genannten Verfahren

1. Angaben zu geometrischen Abmessungen von Gebäuden fehlen, dürfen diese geschätzt werden;

2. energetische Kennwerte für bestehende Bauteile und Anlagensysteme nicht vorliegen, dürfen gesicherte Erfahrungswerte für Bauteile und Anlagenkomponenten vergleichbarer Altersklassen verwendet werden; hierbei können allgemein anerkannte Regeln der Technik angewendet werden. Die Einhaltung der allgemein anerkannten Regeln der Technik wird vermutet, wenn Vereinfachungen für die Datenaufnahme und die Ermittlung der energetischen Eigenschaften sowie gesicherte Erfahrungswerte verwendet werden, die vom Bundesministerium für Verkehr, Bau und Stadtentwicklung im Einvernehmen mit dem Bundesministerium für Wirtschaft und Technologie im Bundesanzeiger bekannt gemacht worden sind. Bei Anwendung der Verfahren nach § 3 Abs. 2 sind die Randbedingungen und Maßgaben nach Anhang 3 Nr. 8 zu beachten.

(3) Die Anforderungen des Absatzes 1 gelten als erfüllt, wenn die in Anhang 3 festgelegten Wärmedurchgangskoeffizienten der betroffenen Außenbauteile nicht überschritten werden.

(4) Die Absätze 1 und 3 sind nicht anzuwenden auf Änderungen, die

1. bei Außenwänden, außen liegenden Fenstern, Fenstertüren und Dachflächenfenstern weniger als 20 vom Hundert der Bauteilflächen gleicher Orientierung im Sinne von An-hang 1 Tabelle 2 Zeile 4 Spalte 3 oder

2. bei anderen Außenbauteilen weniger als 20 vom Hundert der jeweiligen Bauteilfläche

betreffen.

(5) Bei der Erweiterung eines beheizten oder gekühlten Gebäudes um zusammenhängend mindestens 10 m2 Gebäudenutzfläche bei Wohngebäuden und Nettogrundfläche bei Nichtwohngebäuden sind für den neuen Gebäudeteil die jeweiligen Vorschriften für zu errichtende Gebäude einzuhalten.

§ 10 Nachrüstung bei Anlagen und Gebäuden

(1) Eigentümer von Gebäuden müssen Heizkessel, die

1. *mit flüssigen oder gasförmigen Brennstoffen beschickt werden,*
2. *vor dem 1. Oktober 1978 eingebaut oder aufgestellt und*
3. *nach § 11 Abs. 1 in Verbindung mit § 23 der Verordnung über kleine und mittlere Feuerungsanlagen so ertüchtigt worden sind, dass die zulässigen Abgasverlustgrenzwerte eingehalten sind, oder deren Brenner nach dem 1. November 1996 erneuert worden sind,*

bis zum 31. Dezember 2008 außer Betrieb nehmen. Satz 1 ist nicht anzuwenden, wenn die vorhandenen Heizkessel Niedertemperatur-Heizkessel oder Brennwertkessel sind, sowie auf heizungstechnische Anlagen, deren Nennleistung weniger als 4 Kilowatt oder mehr als 400 Kilowatt beträgt, und auf Heizkessel nach § 13 Abs. 3 Nr. 2 bis 4.

(2) Bei Wohngebäuden mit nicht mehr als zwei Wohnungen, von denen der Eigentümer eine Wohnung am 1. Februar 2002 selbst bewohnt hat,

1. *ist die Pflicht zur Außerbetriebnahme von Heizkesseln nach Absatz 1 erst im Falle eines Eigentümerwechsels, der nach dem 1. Februar 2002 stattgefunden hat, von dem neuen Eigentümer zu erfüllen;*
2. *müssen bei heizungstechnischen Anlagen ungedämmte, zugängliche Wärmeverteilungs- und Warmwasserleitungen sowie Armaturen, die sich nicht in beheizten Räumen befinden, nach Anhang 5 zur Begrenzung der Wärmeabgabe erst im Falle eines Eigentümerwechsels, der nach dem 1. Februar 2002 stattgefunden hat, von dem neuen Eigentümer gedämmt werden;*
3. *müssen ungedämmte, nicht begehbare, aber zugängliche oberste Geschossdecken beheizter Räume erst im Falle eines Eigentümerwechsels, der nach dem 1. Februar 2002 stattgefunden hat, von dem neuen Eigentümer so gedämmt werden, dass der Wärmedurchgangskoeffizient der Geschossdecke 0,30 Watt/(m²·K) nicht überschreitet.*

In den Fällen des Satzes 1 beträgt die Frist zwei Jahre ab dem ersten Eigentumsübergang; sie läuft in den Fällen des Satzes 1 Nr. 1 jedoch nicht vor dem 31. Dezember 2008 ab.

§ 11 Aufrechterhaltung der energetischen Qualität

(1) Außenbauteile dürfen nicht in einer Weise verändert werden, dass die energetische Qualität des Gebäudes verschlechtert wird. Das Gleiche gilt für Anlagen und Einrichtungen nach dem Abschnitt 4, soweit sie zum Nachweis der Anforderungen energieeinsparrechtlicher Vorschriften des Bundes zu berücksichtigen waren.

(2) Energiebedarfssenkende Einrichtungen in Anlagen nach Absatz 1 sind vom Betreiber betriebsbereit zu erhalten und bestimmungsgemäß zu nutzen. Satz 1 gilt als erfüllt, soweit der Einfluss einer energiebedarfssenkenden Einrichtung auf den Jahres-Primärenergiebedarf durch anlagentechnische oder bauliche Maßnahmen ausgeglichen wird.

(3) Anlagen und Einrichtungen der Heizungs-, Kühl- und Raumlufttechnik sowie der Warmwasserversorgung sind vom Betreiber sachgerecht zu bedienen. Komponenten mit wesentlichem Ein-

fluss auf den Wirkungsgrad solcher Anlagen sind vom Betreiber regelmäßig zu warten und instand zu halten. Für die Wartung und Instandhaltung ist Fachkunde erforderlich. Fachkundig ist, wer die zur Wartung und Instandhaltung notwendigen Fachkenntnisse und Fertigkeiten besitzt.

§ 12 Energetische Inspektion von Klimaanlagen

(1) Betreiber von in Gebäude eingebauten Klimaanlagen mit einer Nennleistung von mehr als 12 Kilowatt haben nach Maßgabe der Absätze 2 bis 4 regelmäßig energetische Inspektionen dieser Anlagen durch berechtigte Personen im Sinne des Absatzes 5 durchführen zu lassen.

(2) Die Inspektion umfasst Maßnahmen zur Prüfung der Komponenten, die den Wirkungs-grad der Anlage beeinflussen, und der Anlagendimensionierung im Verhältnis zum Kühlbedarf des Gebäudes. Sie bezieht sich insbesondere auf

1. *die Überprüfung und Bewertung der Einflüsse, die für die Auslegung der Anlage verantwortlich sind, wie z. B. Veränderungen der Raumnutzung und -belegung, der Nutzungszeiten, der inneren Wärmequellen sowie der relevanten bauphysikalischen Eigenschaften des Gebäudes und der vom Betreiber geforderten Sollwerte (Luftmengen, Temperatur, Feuchte, Betriebszeit, Toleranzen), und*

2. *die Feststellung der Effizienz der wesentlichen Komponenten.*

Dem Betreiber sind geeignete Ratschläge für Maßnahmen zur kostengünstigen Verbesserung der energetischen Qualität der Anlage, für deren Austausch oder für Alternativlösungen zu geben. Die inspizierende Person hat die Ergebnisse der Inspektion unter Angabe von Name, Anschrift und Berufsbezeichnung zu dokumentieren und eigenhändig zu unterschreiben.

(3) Die Inspektion ist erstmals im zehnten Jahr nach der Inbetriebnahme oder der Erneuerung wesentlicher Bauteile wie Wärmeübertrager, Ventilator oder Kältemaschine durchzufü-ren. Abweichend von Satz 1 sind die am [eintragen: Tag des Inkrafttretens dieser Verordnung] mehr als vier und bis zu zwölf Jahre alten Anlagen innerhalb von sechs Jahren, die über zwölf Jahre alten Anlagen innerhalb von vier Jahren und die über 20 Jahre alten Anlagen innerhalb von zwei Jahren nach dem [eintragen: Tag des Inkrafttretens dieser Verordnung] erstmals einer Inspektion zu unterziehen.

(4) Nach der erstmaligen Inspektion ist die Anlage wiederkehrend mindestens alle zehn Jahre einer Inspektion zu unterziehen.

(5) Zur Durchführung von Inspektionen sind nur berechtigt

1. *Absolventen von Diplom-, Bachelor- oder Masterstudiengängen an Universitäten, Hochschulen oder Fachhochschulen in den Fachrichtungen Versorgungstechnik oder Technische Gebäudeausrüstung mit mindestens einem Jahr Berufserfahrung in Planung, Bau oder Betrieb raumlufttechnischer Anlagen,*

2. *Absolventen von Diplom-, Bachelor- oder Masterstudiengängen an Universitäten, Hochschulen oder Fachhochschulen in den Fachrichtungen Maschinenbau, Verfahrenstechnik oder Bauingenieurwesen mit mindestens drei Jahren Berufserfahrung in Planung, Bau oder Betrieb raumlufttechnischer Anlagen.*

Gleichwertige Ausbildungen, die in einem anderen Mitgliedstaat der Europäischen Union, einem anderen Vertragsstaat des Abkommens über den Europäischen Wirtschaftsraum oder der Schweiz erworben worden sind und durch einen Ausbildungsnachweis belegt werden können, sind entsprechend den europäischen Richtlinien zur Anerkennung von Berufsqualifikationen den in Satz 1 genannten Ausbildungen gleichgestellt.

Abschnitt 4
Anlagen der Heizungs-, Kühl- und Raumlufttechnik sowie der Warmwasserversorgung

§ 13 Inbetriebnahme von Heizkesseln

(1) Heizkessel, die mit flüssigen oder gasförmigen Brennstoffen beschickt werden und deren Nennleistung mindestens 4 Kilowatt und höchstens 400 Kilowatt beträgt, dürfen zum Zwecke der Inbetriebnahme in Gebäuden nur eingebaut oder aufgestellt werden, wenn sie mit der CE-Kennzeichnung nach § 5 Abs. 1 und 2 der Verordnung über das Inverkehrbringen von Heizkesseln und Geräten nach dem Bauproduktengesetz vom 28. April 1998 (BGBl. I S. 796) oder nach Artikel 7 Abs. 1 Satz 2 der Richtlinie 92/42/EWG des Rates vom 21. Mai 1992 über die Wirkungsgrade von mit flüssigen oder gasförmigen Brennstoffen beschickten neuen Warmwasserheizkesseln (ABl. EG Nr. L 167 S. 17, L 195 S. 32), zuletzt geändert durch Art. 21 der Richtlinie 2005/32/EG des Europäischen Parlaments und des Rates vom 6. Juli 2005 (ABl. EU Nr. L 191 S. 29), versehen sind. Satz 1 gilt auch für Heizkessel, die aus Geräten zusammengefügt werden. Dabei sind die Parameter zu beachten, die sich aus der den Geräten beiliegenden EG-Konformitätserklärung ergeben.

(2) Soweit Gebäude, deren Jahres-Primärenergiebedarf nicht nach § 3 Abs. 1 oder § 4 Abs. 1 begrenzt ist, mit Heizkesseln nach Absatz 1 ausgestattet werden, müssen diese Niedertemperatur-Heizkessel oder Brennwertkessel sein. Ausgenommen sind bestehende Gebäude, die nach ihrem Verwendungszweck auf eine Innentemperatur von wenigstens 19 Grad Celsius und jährlich mehr als vier Monate beheizt werden, wenn der Jahres-Primärenergiebedarf den jeweiligen Höchstwert für Wohngebäude nach Anhang 1 Tabelle 1 und bei Nichtwohngebäuden den Höchstwert für das Referenzgebäude um nicht mehr als 40 vom Hundert überschreitet.

(3) Absatz 1 ist nicht anzuwenden auf

1. *einzeln produzierte Heizkessel,*

2. *Heizkessel, die für den Betrieb mit Brennstoffen ausgelegt sind, deren Eigenschaften von den marktüblichen flüssigen und gasförmigen Brennstoffen erheblich abweichen,*

3. *Anlagen zur ausschließlichen Warmwasserbereitung,*

4. *Küchenherde und Geräte, die hauptsächlich zur Beheizung des Raumes, in dem sie eingebaut oder aufgestellt sind, ausgelegt sind, daneben aber auch Warmwasser für die Zentralheizung und für sonstige Gebrauchszwecke liefern,*

5. *Geräte mit einer Nennleistung von weniger als 6 Kilowatt zur Versorgung eines Warmwasserspeichersystems mit Schwerkraftumlauf.*

(4) Heizkessel, deren Nennleistung kleiner als 4 Kilowatt oder größer als 400 Kilowatt ist, und Heizkessel nach Absatz 3 dürfen nur dann zum Zwecke der Inbetriebnahme in Gebäuden eingebaut oder aufgestellt werden, wenn sie nach anerkannten Regeln der Technik gegen Wärmeverluste gedämmt sind.

§ 14 Verteilungseinrichtungen und Warmwasseranlagen

(1) Zentralheizungen müssen beim Einbau in Gebäude mit zentralen selbsttätig wirkenden Einrichtungen zur Verringerung und Abschaltung der Wärmezufuhr sowie zur Ein- und Ausschaltung elektrischer Antriebe in Abhängigkeit von

1. *der Außentemperatur oder einer anderen geeigneten Führungsgröße und*
2. *der Zeit*

ausgestattet werden. Soweit die in Satz 1 geforderten Ausstattungen bei bestehenden Gebäuden nicht vorhanden sind, muss der Eigentümer sie nachrüsten. Bei Wasserheizungen, die ohne Wärmeübertrager an eine Nah- oder Fernwärmeversorgung angeschlossen sind, gilt die Vorschrift hinsichtlich der Verringerung und Abschaltung der Wärmezufuhr auch ohne entsprechende Einrichtungen in den Haus- und Kundenanlagen als erfüllt, wenn die Vorlauftemperatur des Nah- oder Fernwärmenetzes in Abhängigkeit von der Außentemperatur und der Zeit durch entsprechende Einrichtungen in der zentralen Erzeugungsanlage geregelt wird.

(2) Heizungstechnische Anlagen mit Wasser als Wärmeträger müssen beim Einbau in Gebäude mit selbsttätig wirkenden Einrichtungen zur raumweisen Regelung der Raumtemperatur ausgestattet werden. Dies gilt nicht für Einzelheizgeräte, die zum Betrieb mit festen oder flüssigen Brennstoffen eingerichtet sind. Mit Ausnahme von Wohngebäuden ist für Gruppen von Räumen gleicher Art und Nutzung eine Gruppenregelung zulässig. Fußbodenheizungen in Gebäuden, die vor dem 1. Februar 2002 errichtet worden sind, dürfen abweichend von Satz 1 mit Einrichtungen zur raumweisen Anpassung der Wärmeleistung an die Heizlast ausgestattet werden. Soweit die in Satz 1 bis 3 geforderten Ausstattungen bei bestehenden Gebäuden nicht vorhanden sind, muss der Eigentümer sie nachrüsten.

(3) Umwälzpumpen in Heizkreisen von Zentralheizungen mit mehr als 25 Kilowatt Nennleistung sind beim erstmaligen Einbau und bei der Ersetzung so auszustatten, dass die elektrische Leistungsaufnahme dem betriebsbedingten Förderbedarf selbsttätig in mindestens drei Stufen angepasst wird, soweit sicherheitstechnische Belange des Heizkessels dem nicht entgegenstehen.

(4) Zirkulationspumpen müssen beim Einbau in Warmwasseranlagen mit selbsttätig wir-kenden Einrichtungen zur Ein- und Ausschaltung ausgestattet werden.

(5) Beim erstmaligen Einbau und bei der Ersetzung von Wärmeverteilungs- und Warmwasserleitungen sowie von Armaturen in Gebäuden ist deren Wärmeabgabe nach Anhang 5 zu begrenzen.

(6) Beim erstmaligen Einbau von Einrichtungen, in denen Heiz- oder Warmwasser gespeichert wird, in Gebäude und bei deren Ersetzung ist deren Wärmeabgabe nach anerkannten Regeln der Technik zu begrenzen.

§ 15 Anlagen der Kühl- und Raumlufttechnik

(1) Beim Einbau von Klimaanlagen mit einer Nennleistung von mehr als 12 Kilowatt und raumlufttechnischen Anlagen, die für einen Volumenstrom der Zuluft von wenigstens 4000 Kubikmeter je Stunde ausgelegt sind, in Gebäude sowie bei der Erneuerung von Zentralgeräten oder Luftkanalsystemen solcher Anlagen müssen diese Anlagen so ausgeführt werden, dass

1. *die auf das Fördervolumen bezogene elektrische Leistung der Einzelventilatoren oder*
2. *der gewichtete Mittelwert der auf das jeweilige Fördervolumen bezogenen elektrischen Leistungen aller Zu- und Abluftventilatoren den Grenzwert der Kategorie SFP 4 nach DIN EN 13779 : 2005-05 nicht überschreitet. Die Anforderungen nach Satz 1 gelten nicht für Anlagen, in denen der Einsatz von Luftfiltern nach DIN EN 1822-1 : 1998-07 nutzungsbedingt erforderlich ist.*

(2) Beim Einbau von Anlagen nach Absatz 1 Satz 1 in Gebäude und bei der Erneuerung von Zentralgeräten oder Luftkanalsystemen solcher Anlagen müssen, soweit in diesen Anlagen die Feuchte der Raumluft verändert wird, diese Anlagen mit regelbaren Befeuchtern und selbsttätig wirkenden Regelungseinrichtungen ausgestattet werden, bei denen getrennte Sollwerte für die Be- und die Entfeuchtung eingestellt werden können und als Führungsgröße mindestens die direkt gemessene Zu- oder Abluftfeuchte dient.

(3) Beim Einbau von Anlagen nach Absatz 1 Satz 1 in Gebäude und bei der Erneuerung von Zentralgeräten oder Luftkanalsystemen solcher Anlagen müssen diese Anlagen mit Einrichtungen zur selbsttätigen Regelung der Volumenströme in Abhängigkeit von den thermischen und stofflichen Lasten oder zur Einstellung der Volumenströme in Abhängigkeit von der Zeit ausgestattet werden, soweit der Zuluftvolumenstrom dieser Anlagen je Quadratmeter versorgter Nettogrundfläche, bei Wohngebäuden je Quadratmeter versorgter Gebäudenutzfläche 9 Kubikmeter pro Stunde überschreitet. Satz 1 gilt nicht, soweit in den versorgten Räumen auf Grund des Arbeits- und Gesundheitsschutzes erhöhte Zuluft-Volumenströme vorgeschrieben sind oder Laständerungen weder messtechnisch noch hinsichtlich des zeitlichen Verlaufes erfassbar sind.

Abschnitt 5
Energieausweise und Empfehlungen für die Verbesserung der Energieeffizienz

§ 16 Ausstellung und Verwendung von Energieausweisen

(1) Wird ein Gebäude errichtet oder geändert und werden im Zusammenhang mit der Änderung die nach § 9 Abs. 2 erforderlichen Berechnungen durchgeführt, hat der Bauherr sicherzustellen, dass ihm, wenn er zugleich Eigentümer des künftigen oder vorhandenen Gebäudes ist, oder dem Eigentümer des Gebäudes ein Energieausweis unter Zugrundelegung der energetischen Eigenschaften des fertig gestellten oder geänderten Gebäudes gemäß den §§ 17 und 18 ausgestellt wird. Wird das beheizte oder gekühlte Volumen eines Gebäudes um mehr als die Hälfte erweitert und werden dabei Berechnungen nach § 3 Abs. 2 oder 5 Satz 2 oder § 4 Abs. 3 für das gesamte Gebäude durchgeführt, ist Satz 1 entsprechend anzuwenden. Der Eigentümer hat den Energieausweis der nach Landesrecht zuständigen Behörde auf Verlangen vorzulegen.

(2) Soll ein mit einem Gebäude bebautes Grundstück, ein grundstücksgleiches Recht an einem bebauten Grundstück, selbständiges Eigentum an einem Gebäude oder Wohnungs- oder Teileigentum verkauft werden, hat der Verkäufer dem Kaufinteressenten einen Energieausweis gemäß § 17 sowie § 18 oder § 19 zugänglich zu machen. Satz 1 gilt entsprechend für den Eigentümer, Vermieter, Verpächter und Leasinggeber bei der Vermietung, der Verpachtung oder beim Leasing eines Gebäudes, einer Wohnung oder einer sonstigen selbständigen Nutzungseinheit.

(3) Für Gebäude mit mehr als 1000 m^2 Nettogrundfläche, in denen Behörden und sonstige Einrichtungen für eine große Anzahl von Menschen öffentliche Dienstleistungen erbringen und die deshalb von diesen Menschen häufig aufgesucht werden, sind Energieausweise nach dem Muster des Anhangs 7 auszustellen. Der Eigentümer hat den Energieausweis nach dem Muster des Anhangs 7 an einer für die Öffentlichkeit gut sichtbaren Stelle auszuhängen; der Aushang kann auch nach dem Muster des Anhangs 8 oder 9 vorgenommen werden.

(4) Auf kleine Gebäude im Sinne des § 8 Satz 2, die frei stehen, sind die Vorschriften dieses Abschnitts nicht anzuwenden.

§ 17 Grundsätze des Energieausweises

(1) Der Aussteller hat Energieausweise nach § 16 auf der Grundlage des berechneten Energiebedarfs oder des gemessenen Energieverbrauchs nach Maßgabe der nachfolgenden Absätze sowie der §§ 18 und 19 auszustellen. Es ist zulässig, sowohl den Energiebedarf als auch den Energieverbrauch anzugeben.

(2) Energieausweise dürfen in den Fällen des § 16 Abs. 1 nur auf der Grundlage des Energiebedarfs ausgestellt werden. In den Fällen des § 16 Abs. 2 sind ab dem 1. Januar 2008 Energieausweise für Wohngebäude, die weniger als fünf Wohnungen haben und für die der Bauantrag vor dem 1. November 1977 gestellt worden ist, auf der Grundlage des Energiebedarfs auszustellen; dies gilt nicht, wenn das Wohngebäude

1. *schon bei der Baufertigstellung das Anforderungsniveau der Wärmeschutzverordnung vom 11. August 1977 (BGBl. I S. 1554) einhielt oder*

2. *durch spätere Änderungen mindestens auf das in Nummer 1 bezeichnete Anforderungsniveau gebracht worden ist.*

Bei der Ermittlung der energetischen Eigenschaften des Wohngebäudes gemäß Satz 2 Halbsatz 2 dürfen § 9 Abs. 2 Satz 2 und 3 sowie § 18 Abs. 2 Satz 3 angewendet werden.

(3) Energieausweise werden für Gebäude ausgestellt. Sie sind für Teile von Gebäuden auszustellen, wenn die Gebäudeteile nach § 22 getrennt zu behandeln sind.

(4) Energieausweise müssen nach Inhalt und Aufbau den Mustern in den Anhängen 6 bis 9 entsprechen; sie sind vom Aussteller unter Angabe von Name, Anschrift und Berufsbezeichnung eigenhändig zu unterschreiben. Zusätzliche Angaben können beigefügt werden.

(5) Energieausweise sind für eine Gültigkeitsdauer von zehn Jahren auszustellen. Eine Verlängerung der Gültigkeitsdauer ist nicht zulässig. Ein Energieausweis wird ungültig, wenn nach § 16 Abs. 1 für das Gebäude ein neuer Energieausweis ausgestellt werden muss.

§ 18 Ausstellung auf der Grundlage des Energiebedarfs

(1) Werden Energieausweise für zu errichtende Gebäude auf der Grundlage des berechneten Energiebedarfs ausgestellt, sind die wesentlichen Ergebnisse der nach den §§ 3 und 4 erforderlichen Berechnungen in den Energieausweisen anzugeben, soweit ihre Angabe für Energiebedarfswerte in den Mustern vorgesehen ist. Ferner sind die weiteren in den Mustern der Anhänge 6 bis 8 verlangten Angaben zu machen, es sei denn, sie sind als freiwillig gekennzeichnet.

(2) Werden Energieausweise für bestehende Gebäude auf der Grundlage des berechneten Energiebedarfs ausgestellt, sind die wesentlichen Ergebnisse der erforderlichen Berechnungen in den Energieausweisen anzugeben, soweit ihre Angabe für Energiebedarfswerte in den Mustern der Anhänge 6 bis 8 vorgesehen ist. Auf die Berechnungen nach Satz 1 ist § 9 Abs. 2 entsprechend anzuwenden. Der Eigentümer kann die erforderlichen Gebäudedaten bereitstellen; der Aussteller darf diese seinen Berechnungen nicht zugrunde legen, soweit sie begründeten Anlass zu Zweifeln an ihrer Richtigkeit geben. Das Bundesministerium für Verkehr, Bau und Stadtentwicklung und das Bundesministerium für Wirtschaft und Technologie können für die Gebäudedaten nach Satz 3 Halbsatz 1 das Muster eines Erhebungsbogens herausgeben und im Bundesanzeiger bekannt machen. Absatz 1 Satz 2 ist entsprechend anzuwenden.

§ 19 Ausstellung auf der Grundlage des Energieverbrauchs

(1) Werden Energieausweise für bestehende Gebäude auf der Grundlage des gemessenen Energieverbrauchs ausgestellt, ist der witterungsbereinigte Energieverbrauch (Energieverbrauchskennwert) zu ermitteln und nach den Mustern der Anhänge 6, 7 und 9 anzugeben. § 18 Abs. 1 Satz 2 ist entsprechend anzuwenden. Auf die Bereitstellung der erforderlichen Gebäude- einschließlich Verbrauchsdaten durch den Eigentümer und deren Verwendung durch den Aussteller ist § 18 Abs. 2 Satz 3 entsprechend anzuwenden.

(2) Die witterungsbereinigten Energieverbräuche sind

1. *bei Wohngebäuden für Heizung und zentrale Warmwasserbereitung in Kilowattstunden pro Jahr und Quadratmeter Gebäudenutzfläche,*

2. *bei Nichtwohngebäuden für Heizung, Warmwasserbereitung, Kühlung, Lüftung und eingebaute Beleuchtung in Kilowattstunden pro Jahr und Quadratmeter Nettogrundfläche*

anzugeben. Die Gebäudenutzfläche darf bei Wohngebäuden mit bis zu zwei Wohneinheiten mit beheiztem Keller pauschal mit dem 1,35-fachen Wert der Wohnfläche, bei sonstigen Wohngebäuden mit dem 1,2-fachen Wert der Wohnfläche angesetzt werden.

(3) Zur Ermittlung von Energieverbrauchskennwerten sind Energieverbrauchsdaten zu verwenden, die

1. *im Rahmen der Abrechnung von Heizkosten nach der Heizkostenverordnung für das gesamte Gebäude für mindestens drei aufeinander folgende Abrechnungsperioden,*

2. *auf Grund anderer geeigneter Verbrauchsdaten wie z. B. der Abrechnung des Energielieferanten für mindestens drei aufeinander folgende Abrechnungsperioden*

ermittelt worden sind; dabei sind längere Leerstände rechnerisch angemessen zu berücksichtigen. Der Energieverbrauchskennwert ergibt sich aus dem Durchschnitt der einzelnen Abrechnungsperioden. Zur Ermittlung der Energieverbrauchskennwerte und zur Witterungsbereinigung des Energieverbrauchs ist ein den anerkannten Regeln der Technik entsprechendes Verfahren anzuwenden. Bei der Ermittlung von Energieverbrauchskennwerten können Vereinfachungen verwendet werden, die vom Bundesministerium für Verkehr, Bau und Stadtentwicklung im Einvernehmen mit dem Bundesministerium für Wirtschaft und Technologie im Bundesanzeiger bekannt gemacht worden sind.

(4) Als Vergleichsmaßstab für Energieverbrauchskennwerte von Nichtwohngebäuden nach Absatz 2 sind die vom Bundesministerium für Verkehr, Bau und Stadtentwicklung im Einvernehmen mit dem Bundesministerium für Wirtschaft und Technologie im Bundesanzeiger bekannt gemachten Vergleichswerte zu verwenden.

§ 20 Empfehlungen für die Verbesserung der Energieeffizienz

(1) Sind Maßnahmen für kostengünstige Verbesserungen der energetischen Eigenschaften des Gebäudes (Energieeffizienz) möglich, hat der Aussteller des Energieausweises dem Eigentümer anlässlich der Ausstellung eines Energieausweises entsprechende, begleitende Empfehlungen in Form von kurz gefassten fachlichen Hinweisen auszustellen (Modernisierungsempfehlungen). Dabei kann ergänzend auf weiterführende Hinweise in Veröffentlichungen des Bundesministeriums für Verkehr, Bau und Stadtentwicklung im Einvernehmen mit dem Bundesministerium für Wirtschaft und Technologie oder von ihnen beauftragter Dritter Bezug genommen werden. § 18 Abs. 2 Satz 3 sowie § 9 Abs. 2 Satz 2 und 3 sind entsprechend anzuwenden. Sind Modernisierungsempfehlungen nicht möglich, hat der Aussteller dies dem Eigentümer anlässlich der Ausstellung des Energieausweises mitzuteilen.

(2) Die Darstellung von Modernisierungsempfehlungen und die Erklärung gemäß Absatz 1 Satz 4 müssen nach Inhalt und Aufbau dem Muster in Anhang 10 entsprechen; anstelle einer solchen Darstellung darf auch eine Prüfliste verwendet werden, die vom Bundesministerium für Verkehr, Bau und Stadtentwicklung im Einvernehmen mit dem Bundesministerium für Wirtschaft und Technologie im Bundesanzeiger unter Bezugnahme auf diese Vorschrift bekannt gemacht worden ist. § 17 Abs. 4 Satz 1 Halbsatz 2 und Satz 2 sowie § 16 Abs. 1 Satz 3 sind entsprechend anzuwenden.

(3) Die Modernisierungsempfehlungen sind dem Energieausweis beizufügen.

§ 21 Ausstellungsberechtigung für bestehende Gebäude

(1) Zur Ausstellung von Energieausweisen für bestehende Gebäude nach § 16 Abs. 2 und 3 und von Modernisierungsempfehlungen im Sinne des § 20 sind nur berechtigt

1. *Absolventen von Diplom-, Bachelor- oder Masterstudiengängen an Universitäten, Hochschulen oder Fachhochschulen in den Bereichen Architektur, Hochbau, Bauingenieurwesen, Gebäudetechnik, Bauphysik, Maschinenbau oder Elektrotechnik,*

2. *Absolventen im Sinne der Nummer 1 im Bereich Architektur der Fachrichtung Innenarchitektur,*

3. *Handwerksmeister, deren wesentliche Tätigkeit die Bereiche von Bauhandwerk, Heizungsbau, Installation oder Schornsteinfegerwesen umfasst, und Handwerker, die berechtigt sind, ein solches Handwerk ohne Meistertitel selbständig auszuüben,*

4. *staatlich anerkannte oder geprüfte Techniker in den Bereichen Hochbau, Bauingenieurwesen oder Gebäudetechnik,*

wenn sie mindestens eine der Voraussetzungen des Absatzes 2 erfüllen. Die Ausstellungsberechtigung nach Satz 1 Nr. 2 bis 4 in Verbindung mit Absatz 2 bezieht sich nur auf Energieausweise für bestehende Wohngebäude einschließlich Modernisierungsempfehlungen im Sinne des § 20.

(2) Voraussetzungen für die Ausstellungsberechtigung nach Absatz 1 sind

1. *während des Studiums ein Ausbildungsschwerpunkt im Bereich des energiesparenden Bauens oder nach einem Studium ohne einen solchen Schwerpunkt eine mindestens zwei-jährige Berufserfahrung in wesentlichen bau- oder anlagentechnischen Tätigkeitsbereichen des Hochbaus oder*

2. *eine erfolgreiche Fortbildung im Bereich des energiesparenden Bauens, die den wesentlichen Inhalten des Anhangs 11 entspricht, oder*

3. *eine nicht auf bestimmte Gewerke beschränkte Berechtigung nach bauordnungsrechtlichen Vorschriften der Länder zur Unterzeichnung von Bauvorlagen; ist die Bauvorlageberechtigung für zu errichtende Gebäude nach Landesrecht auf bestimmte Gebäudeklassen beschränkt, beschränkt sich die Ausstellungsberechtigung nach Absatz 1 auf Wohngebäude der entsprechenden Gebäudeklassen.*

(3) § 12 Abs. 5 Satz 2 ist auf Ausbildungen im Sinne des Absatzes 1 entsprechend anzuwenden.

Abschnitt 6
Gemeinsame Vorschriften, Ordnungswidrigkeiten

§ 22 Gemischt genutzte Gebäude

(1) Teile eines Wohngebäudes, die sich hinsichtlich der Art ihrer Nutzung und der gebäudetechnischen Ausstattung wesentlich von der Wohnnutzung unterscheiden und die einen nicht unerheblichen Teil der Gebäudenutzfläche umfassen, sind getrennt als Nichtwohngebäude zu behandeln.

(2) Teile eines Nichtwohngebäudes, die dem Wohnen dienen und einen nicht unerheblichen Teil der Nettogrundfläche umfassen, sind getrennt als Wohngebäude zu behandeln.

(3) Für die Berechnung der Trennwände zwischen den Gebäudeteilen gilt in den Fällen der Absätze 1 und 2 Anhang 1 Nr. 2.7 Satz 1 entsprechend.

§ 23 Regeln der Technik

(1) Das Bundesministerium für Verkehr, Bau und Stadtentwicklung kann im Einvernehmen mit dem Bundesministerium für Wirtschaft und Technologie durch Bekanntmachung im Bundesanzeiger auf Veröffentlichungen sachverständiger Stellen über anerkannte Regeln der Technik hinweisen, soweit in dieser Verordnung auf solche Regeln Bezug genommen wird.

(2) Zu den anerkannten Regeln der Technik gehören auch Normen, technische Vorschriften oder sonstige Bestimmungen anderer Mitgliedstaaten der Europäischen Union und anderer Vertragsstaaten des Abkommens über den Europäischen Wirtschaftsraum sowie der Türkei, wenn ihre Einhaltung das geforderte Schutzniveau in Bezug auf Energieeinsparung und Wärmeschutz dauerhaft gewährleistet.

(3) Soweit eine Bewertung von Baustoffen, Bauteilen und Anlagen im Hinblick auf die Anforderungen dieser Verordnung auf Grund anerkannter Regeln der Technik nicht möglich ist, weil solche Regeln nicht vorliegen oder wesentlich von ihnen abgewichen wird, sind gegenüber der nach Landesrecht zuständigen Behörde die für eine Bewertung erforderlichen Nachweise zu führen. Der Nachweis nach Satz 1 entfällt für Baustoffe, Bauteile und Anlagen,

1. *die nach den Vorschriften des Bauproduktengesetzes oder anderer Rechtsvorschriften zur Umsetzung von Richtlinien der Europäischen Gemeinschaften, deren Regelungen auch Anforderungen zur Energieeinsparung umfassen, mit der CE-Kennzeichnung versehen sind und nach diesen Vorschriften zulässige und von den Ländern bestimmte Klassen- und Leistungsstufen aufweisen, oder*

2. *bei denen nach bauordnungsrechtlichen Vorschriften über die Verwendung von Bauprodukten auch die Einhaltung dieser Verordnung sichergestellt wird.*

(4) Das Bundesministerium für Verkehr, Bau und Stadtentwicklung und das Bundesministerium für Wirtschaft und Technologie oder in deren Auftrag Dritte können Bekanntmachungen nach dieser Verordnung neben der Bekanntmachung im Bundesanzeiger auch kostenfrei in das Internet einstellen.

§ 24 Ausnahmen

(1) Soweit bei Baudenkmälern oder sonstiger besonders erhaltenswerter Bausubstanz die Erfüllung der Anforderungen dieser Verordnung die Substanz oder das Erscheinungsbild beeinträchtigen und andere Maßnahmen zu einem unverhältnismäßig hohen Aufwand führen würden, lassen die nach Landesrecht zuständigen Behörden auf Antrag Ausnahmen zu.

(2) Soweit die Ziele dieser Verordnung durch andere als in dieser Verordnung vorgesehene Maßnahmen im gleichen Umfang erreicht werden, lassen die nach Landesrecht zuständigen Behörden auf Antrag Ausnahmen zu. In einer Allgemeinen Verwaltungsvorschrift kann die Bundesregierung mit Zustimmung des Bundesrates bestimmen, unter welchen Bedingungen die Voraussetzungen nach Satz 1 als erfüllt gelten.

§ 25 Befreiungen

(1) Die nach Landesrecht zuständigen Behörden können auf Antrag von den Anforderungen dieser Verordnung befreien, soweit die Anforderungen im Einzelfall wegen besonderer Umstände durch einen unangemessenen Aufwand oder in sonstiger Weise zu einer unbilligen Härte führen. Eine unbillige Härte liegt insbesondere vor, wenn die erforderlichen Aufwendungen innerhalb der üblichen Nutzungsdauer, bei Anforderungen an bestehende Gebäude innerhalb angemessener Frist durch die eintretenden Einsparungen nicht erwirtschaftet werden können.

(2) Absatz 1 ist auf Energieausweise und Empfehlungen für die Verbesserung der Energieeffizienz nicht anzuwenden.

§ 26 Verantwortliche

Für die Einhaltung der Vorschriften dieser Verordnung ist derjenige verantwortlich, der auf seine Verantwortung die Errichtung, Änderung oder Erweiterung eines Gebäudes einschließlich der in § 1 Abs. 1 Satz 1 bezeichneten Anlagen und Einrichtungen oder nur den Einbau oder das Aufstellen dieser Anlagen und Einrichtungen vorbereitet oder ausführt oder vorbereiten oder ausführen lässt (Bauherr), soweit in dieser Verordnung nicht ausdrücklich ein anderer Verantwortlicher bezeichnet ist.

§ 27 Ordnungswidrigkeiten

[Hinweis: Die Bewehrung einzelner Rechtspflichten der Verordnung soll im weiteren Verfahren erörtert und ausformuliert werden.]

Abschnitt 7 Schlussvorschriften

§ 28 Allgemeine Übergangsvorschriften

(1) Diese Verordnung ist nicht anzuwenden auf die Errichtung, die Änderung und die Erweiterung von Gebäuden, wenn für das Vorhaben vor dem [eintragen: Tag des Inkrafttretens dieser Verordnung] der Bauantrag gestellt oder die Bauanzeige erstattet ist.

(2) Auf genehmigungs-, anzeige- und verfahrensfreie Bauvorhaben ist diese Verordnung nicht anzuwenden, wenn vor dem [eintragen: Tag des Inkrafttretens dieser Verordnung] mit der Bauausführung hätte begonnen werden dürfen oder bereits rechtmäßig begonnen worden ist.

(3) Auf Bauvorhaben nach den Absätzen 1 und 2 sind die bis zum [eintragen: Tag vor dem Inkrafttreten dieser Verordnung] geltenden Vorschriften der Energieeinsparverordnung in der Fassung der Bekanntmachung vom 2. Dezember 2004 (BGBl. I S. 3146) weiter anzuwenden.

§ 29 Übergangsvorschriften für Energieausweise

(1) Energieausweise für Wohngebäude der Baujahre bis 1965 müssen in den Fällen des § 16 Abs. 2 erst ab dem 1. Januar 2008, für später errichtete Wohngebäude erst ab dem 1. Juli 2008 zugänglich gemacht werden.

(2) Energieausweise für Nichtwohngebäude müssen erst ab dem 1. Januar 2009

1. *in den Fällen des § 16 Abs. 2 zugänglich gemacht und*

2. *in den Fällen des § 16 Abs. 3 ausgestellt und ausgehängt werden.*

(3) Energie- und Wärmebedarfsausweise nach der Energieeinsparverordnung in der bis zum [eintragen: Tag vor dem Inkrafttreten dieser Verordnung] geltenden Fassung sowie Wärmebedarfsausweise nach § 12 der Wärmeschutzverordnung in der Fassung der Bekanntmachung vom 16. August 1994 (BGBl. I S. 2121) gelten unter Beachtung des § 17 Abs. 5 als Energieausweise im Sinne des § 16 Abs. 1 Satz 3, Abs. 2 und 3; auf die Gültigkeitsdauer dieser Ausweise ist § 17 Abs. 5 entsprechend anzuwenden. Das Gleiche gilt

1. *für Energieausweise, die vor dem [eintragen: Tag des Inkrafttretens dieser Verordnung] von den Gebietskörperschaften oder auf deren Veranlassung nach einheitlichen Regeln*

2. *für Energieausweise, die vor dem [eintragen: Tag des Inkrafttretens dieser Verordnung] nach den Bestimmungen der von der Bundesregierung am [eintragen: Tag des Kabinettbeschlusses zu dieser Verordnung] beschlossenen Änderung der Energieeinsparverordnung*

erstellt worden sind.

§ 30 Übergangsvorschriften zur Nachrüstung bei Anlagen und Gebäuden

(1) Für Eigentümer von Gebäuden mit Heizkesseln, die mit flüssigen oder gasförmigen Brennstoffen beschickt werden und vor dem 1. Oktober 1978 eingebaut oder aufgestellt worden sind, ist § 9 Abs. 1 der Energieeinsparverordnung in der Fassung der Bekanntmachung vom 2. Dezember 2004 (BGBl. I S. 3146) über die bis zum 31. Dezember 2006 zu erfüllende Pflicht zur Außerbetriebnahme von Heizkesseln weiterhin anzuwenden.

(2) Für Eigentümer von Gebäuden mit heizungstechnischen Anlagen ist § 9 Abs. 2 der Energieeinsparverordnung in der Fassung der Bekanntmachung vom 2. Dezember 2004 (BGBl. I S. 3146) über die bis zum 31. Dezember 2006 zu erfüllende Pflicht zur Dämmung ungedämmter, zugänglicher Wärmeverteilungs- und Warmwasserleitungen sowie von Armaturen, die sich nicht in beheizten Räumen befinden, weiterhin anzuwenden.

(3) Für Eigentümer von Gebäuden mit normalen Innentemperaturen ist § 9 Abs. 3 der Energieeinsparverordnung in der Fassung der Bekanntmachung vom 2. Dezember 2004 (BGBl. I S. 3146) über die bis zum 31. Dezember 2006 zu erfüllende Pflicht zur Dämmung nicht begehbarer, aber zugänglicher oberster Geschossdecken beheizter Räume weiterhin anzuwenden.

(4) Bei Wohngebäuden mit nicht mehr als zwei Wohnungen, von denen am 1. Februar 2002 der Eigentümer eine Wohnung selbst bewohnt hat, ist § 9 Abs. 4 in Verbindung mit § 9 Abs. 1 bis 3 der Energieeinsparverordnung in der Fassung der Bekanntmachung vom 2. Dezember 2004 (BGBl. I S. 3146) über die bis zum [eintragen: Tag vor dem Inkrafttreten dieser Verordnung] zu erfüllenden

Pflichten weiterhin anzuwenden, wenn der Eigentumsübergang nach dem 1. Februar 2002 stattgefunden hat und seit dem ersten Eigentümerwechsel mehr als zwei Jahre vergangen sind.

§ 31 Inkrafttreten, Außerkrafttreten

Diese Verordnung tritt am [eintragen: erster Tag des dritten auf die Verkündung folgenden Monats] in Kraft. Gleichzeitig tritt die Energieeinsparverordnung in der Fassung der Bekanntmachung vom 2. Dezember 2004 (BGBl. I S. 3146) außer Kraft.

Anhang 1 Anforderungen an Wohngebäude (zu den §§ 3 und 9)

1. Höchstwerte des Jahres-Primärenergiebedarfs und des spezifischen Transmissionswärmeverlusts bei zu errichtenden Wohngebäuden (zu § 3 Abs. 1)

1.1 Tabelle der Höchstwerte

Tabelle 1: Höchstwerte des auf die Gebäudenutzfläche bezogenen JahresPrimärenergiebedarfs und des spezifischen, auf die wärmeübertragende Umfassungsfläche bezogenen Transmissionswärmeverlusts in Abhängigkeit vom Verhältnis A/V_e

Verhältnis A/V_e	Jahres-Primärenergiebedarf Q_p'' in kWh/(m²· a) bezogen auf die Gebäudenutzfläche		Spezifischer, auf die wärmeübertragende Umfassungsfläche bezogener Transmissionswärmeverlust H_T' in W/(m²· K)
	Wohngebäude außer solchen nach Spalte 3	Wohngebäude mit überwiegender Warmwasserbereitung aus elektrischem Strom	Wohngebäude
1	2	3	4
≤ 0,2	66,00 + 2600/(100+A_N)	83,80	1,05
0,3	73,53 + 2600/(100+A_N)	91,33	0,80
0,4	81,06 + 2600/(100+A_N)	98,86	0,68
0,5	88,58 + 2600/(100+A_N)	106,39	0,60
0,6	96,11 + 2600/(100+A_N)	113,91	0,55
0,7	103,64 + 2600/(100+A_N)	121,44	0,51
0,8	111,17 + 2600/(100+A_N)	128,97	0,49
0,9	118,70 + 2600/(100+A_N)	136,50	0,47
1	126,23 + 2600/(100+A_N)	144,03	0,45
≥ 1,05	130,00 + 2600/(100+A_N)	147,79	0,44

1.2 Zwischenwerte zu Tabelle 1

Zwischenwerte zu den in Tabelle 1 festgelegten Höchstwerten sind nach folgenden Gleichungen zu ermitteln:

Spalte 2 $\quad Q_p'' = 50{,}94 + 75{,}29 \cdot A/V_e + 2600/(100 + A_N)$ in kWh/(m² · a)

Spalte 3 $\quad Q_p'' = 68{,}74 + 75{,}29 \cdot A/V_e$ in kWh/(m² · a)

Spalte 4 $\quad H_T' = 0{,}3 + 0{,}15/(A/V_e)$ in W/(m² · K)

1.3 Definition der Bezugsgrößen

1.3.1 Die wärmeübertragende Umfassungsfläche A eines Wohngebäudes in m² ist nach Anhang B der DIN EN ISO 13789 : 1999-10, Fall "Außenabmessung", zu ermitteln. Die zu berücksichtigenden Flächen sind die äußere Begrenzung einer abgeschlossenen beheizten Zone. Außerdem ist die wärmeübertragende Umfassungsfläche A so festzulegen, dass ein in DIN EN 832 : 2003-06 beschriebenes Ein-Zonen-Modell entsteht, das mindestens die beheizten Räume einschließt.

1.3.2 Das beheizte Gebäudevolumen V_e in m³ ist das Volumen, das von der nach Nr. 1.3.1 ermittelten wärmeübertragende Umfassungsfläche A umschlossen wird.

1.3.3 Das Verhältnis A/V_e in m^{-1} ist die errechnete wärmeübertragende Umfassungsfläche nach Nr. 1.3.1 bezogen auf das beheizte Gebäudevolumen nach Nr. 1.3.2.

1.3.4 Die Gebäudenutzfläche A_N in m² wird bei Wohngebäuden wie folgt ermittelt: $A_N = 0{,}32\, V_e$.

2. Berechnungsverfahren zur Ermittlung der Werte des Wohngebäudes (zu § 3 Abs. 2 und 4, § 9 Abs. 2)

2.1 Berechnung des Jahres-Primärenergiebedarfs

2.1.1 Der Jahres-Primärenergiebedarf Q_p für Wohngebäude ist nach DIN EN 832 : 2003-06 in Verbindung mit DIN V 4108-6 : 2003-06 und DIN V 4701-10 : 2003-08 zu ermitteln; § 23 Abs. 3 bleibt unberührt. Als Primärenergiefaktor für elektrischen Strom ist abweichend von DIN V 4701-10: 2003-08 Tabelle C.4.1 der Faktor 2,7 zu verwenden. Der in diesem Rechengang zu bestimmende Jahres-Heizwärmebedarf Q_h ist nach dem Monatsbilanzverfahren nach DIN EN 832 : 2003-06 mit den in DIN V 4108 - 6: 2003-06 Anhang D genannten Randbedingungen zu ermitteln. In DIN V 4108 - 6: 2003-06 angegebene Vereinfachungen für den Berechnungsgang nach DIN EN 832 : 2003-06 dürfen angewandt werden. Zur Berücksichtigung von Lüftungsanlagen mit Wärmerückgewinnung sind die methodischen Hinweise unter Nummer 4.1 der DIN V 4701-10: 2003-08 zu beachten.

2.1.2 Bei zu errichtenden Wohngebäuden, die zu 80 vom Hundert oder mehr durch elektrische Speicherheizsysteme beheizt werden, darf der Primärenergiefaktor bei den Nachweisen nach § 3 Abs. 2 für den für Heizung und Lüftung bezogenen Strom bis zum 31. Januar 2010 abweichend von der DIN V 4701-10 : 2003-08 mit 2,0 angesetzt werden. Soweit bei diesen Gebäuden eine dezentrale elektrische Warmwasserbereitung vorgesehen wird, darf die Rege-lung nach Satz 1 auch auf den von diesem System bezogenen Strom angewandt werden. Die Regelungen nach den Sätzen 1 und 2 erstrecken sich nicht auf die Angaben in den Energieausweisen. Elektrische Speicherheizsysteme im Sinne des Satzes 1 sind Heizsysteme mit unterbrechbarem Strombezug in Verbindung mit einer lufttechnischen Anlage mit einer Wärmerückgewinnung, die nur in den Zeiten außerhalb des unterbrochenen Betriebes durch eine Widerstandsheizung Wärme in einem geeigneten Speichermedium speichern.

2.2 Berücksichtigung der Warmwasserbereitung bei Wohngebäuden

Bei Wohngebäuden ist der Energiebedarf für Warmwasser in der Berechnung des Jahres-Primärenergiebedarfs zu berücksichtigen. Als Nutzwärmebedarf für die Warmwasserbereitung Q_W im Sinne von DIN V 4701-10: 2003-08 sind 12,5 kWh/(m² · a) anzusetzen.

2.3 Berechnung des spezifischen Transmissionswärmeverlusts

Der spezifische Transmissionswärmeverlust H_T ist nach DIN EN 832 : 2003-06 mit den in DIN V 4108 – 6 : 2003-06 Anhang D genannten Randbedingungen zu ermitteln. In DIN V 4108 – 6 : 2003-06 angegebene Vereinfachungen für den Berechnungsgang nach DIN EN 832 : 2003-06 dürfen angewandt werden.

2.4 Beheiztes Luftvolumen

Bei den Berechnungen gemäß Nr. 2.1 ist das beheizte Luftvolumen V nach DIN EN 832 : 2003-06 zu ermitteln. Vereinfacht darf es wie folgt berechnet werden:

$V = 0{,}76 \; V_e$ bei Wohngebäuden bis zu drei Vollgeschossen

$V = 0{,}80 \; V_e$ in den übrigen Fällen.

2.5 Wärmebrücken

Wärmebrücken sind bei der Ermittlung des Jahres-Heizwärmebedarfs auf eine der folgenden Arten zu berücksichtigen:

a) Berücksichtigung durch Erhöhung der Wärmedurchgangskoeffizienten um
   ΔU_{WB} = 0,10 W/(m² · K) für die gesamte wärmeübertragende Umfassungsfläche,

b) bei Anwendung von Planungsbeispielen nach DIN 4108 Beiblatt 2 : 2006-03 Berücksichtigung durch Erhöhung der Wärmedurchgangskoeffizienten um ΔU_{WB} = 0,05 W/(m² · K) für die gesamte wärme übertragende Umfassungsfläche,

c) durch genauen Nachweis der Wärmebrücken nach DIN V 4108 - 6: 2003-06 in Verbindung mit weiteren anerkannten Regeln der Technik.

Soweit der Wärmebrückeneinfluss bei Außenbauteilen bereits bei der Bestimmung des Wärmedurchgangskoeffizienten U berücksichtigt worden ist, darf die wärme übertragende Umfassungsfläche A bei der Berücksichtigung des Wärmebrückeneinflusses nach Buchstabe a, b oder c um die entsprechende Bauteilfläche vermindert werden.

2.6 Ermittlung der solaren Wärmegewinne bei Fertighäusern und vergleichbaren Gebäuden

Werden Gebäude nach Plänen errichtet, die für mehrere Gebäude an verschiedenen Standorten erstellt worden sind, dürfen bei der Berechnung die solaren Gewinne so ermittelt werden, als wären alle Fenster dieser Gebäude nach Osten oder Westen orientiert.

2.7 Aneinander gereihte Bebauung

Bei der Berechnung von aneinander gereihten Gebäuden werden Gebäudetrennwände

a) zwischen Gebäuden, die nach ihrem Verwendungszweck auf Innentemperaturen von mindestens 19 Grad Celsius beheizt werden, als nicht wärmedurchlässig angenommen und bei der Ermittlung der Werte A und A/V_e nicht berücksichtigt,

b) zwischen Wohngebäuden und Gebäuden, die nach ihrem Verwendungszweck auf Innentemperaturen von mindestens 12 Grad Celsius und weniger als 19 Grad Celsius und jährlich mindestens vier Monate beheizt werden, bei der Berechnung des Wärmedurchgangskoeffizienten mit einem Temperatur-Korrekturfaktor F_{nb} nach DIN V 4108 - 6: 2003-06 gewichtet und

c) zwischen Wohngebäuden und Gebäuden mit wesentlich niedrigeren Innentemperaturen im Sinne von DIN 4108 - 2: 2003-07 bei der Berechnung des Wärmedurchgangskoeffizienten mit einem Temperatur-Korrekturfaktor $F_u = 0{,}5$ gewichtet.

Werden beheizte Teile eines Gebäudes getrennt berechnet, gilt Satz 1 Buchstabe a sinngemäß für die Trennflächen zwischen den Gebäudeteilen. Werden aneinander gereihte Gebäude gleichzeitig erstellt, dürfen sie hinsichtlich der Anforderungen des § 3 wie ein Gebäude behandelt werden. Die Vorschriften des Abschnitts 5 bleiben unberührt.

Ist die Nachbarbebauung bei aneinander gereihter Bebauung nicht gesichert, müssen die Trennwände den Mindestwärmeschutz nach § 7 Abs. 1 einhalten.

2.8 Fensterflächenanteil (zu § 3 Abs. 2 und 4)

Der Fensterflächenanteil des Gebäudes f ist wie folgt zu ermitteln:

$$f = \frac{A_W}{A_W + A_{AW}}$$

mit

A_W Fläche der Fenster

A_{AW} Fläche der Außenwände.

Wird ein Dachgeschoss beheizt, so sind bei der Ermittlung des Fensterflächenanteils die Fläche aller Fenster des beheizten Dachgeschosses in die Fläche A_w und die Fläche der zur wärmeübertragenden Umfassungsfläche gehörenden Dachschräge in die Fläche A_{AW} einzubeziehen.

2.9 Sommerlicher Wärmeschutz (zu § 3 Abs. 4)

Als höchstzulässige Sonneneintragskennwerte nach § 3 Abs. 4 sind die in DIN 4108 - 2: 2003-07 Abschnitt 8 festgelegten Werte einzuhalten. Der Sonneneintragskennwert ist nach dem dort genannten Verfahren zu bestimmen.

2.10 Anrechnung mechanisch betriebener Lüftungsanlagen (zu § 3 Abs. 2)

Im Rahmen der Berechnung nach Nr. 2 ist bei mechanischen Lüftungsanlagen die Anrechnung der Wärmerückgewinnung oder einer regelungstechnisch verminderten Luftwechselrate nur zulässig, wenn

a) die Dichtheit des Gebäudes nach Anhang 4 Nr. 2 nachgewiesen wird,

b) in der Lüftungsanlage die Zuluft nicht unter Einsatz von elektrischer oder aus fossilen Brennstoffen gewonnener Energie gekühlt wird und

c) der mit Hilfe der Anlage erreichte Luftwechsel § 6 Abs. 2 genügt.

Die bei der Anrechnung der Wärmerückgewinnung anzusetzenden Kennwerte der Lüftungsanlagen sind nach anerkannten Regeln der Technik zu bestimmen oder den allgemeinen bauaufsichtlichen Zulassungen der verwendeten Produkte zu entnehmen. Lüftungsanlagen müssen mit Einrichtungen ausgestattet sein, die eine Beeinflussung der Luftvolumenströme jeder Nutzeinheit durch den Nutzer erlauben. Es muss sichergestellt sein, dass die aus der Abluft gewonnene Wärme vorrangig vor der vom Heizsystem bereitgestellten Wärme genutzt wird.

3. Vereinfachtes Verfahren für Wohngebäude (zu § 3 Abs. 2 Nr. 1)

Der Jahres-Primärenergiebedarf ist vereinfacht wie folgt zu ermitteln:

$$Q_P = (Q_h + Q_W) \cdot e_P$$

Dabei bedeuten

Q_h der Jahres-Heizwärmebedarf

Q_W der Zuschlag für Warmwasser nach Nr. 2.2

e_p die Anlagenaufwandszahl nach DIN V 4701-10 : 2003-08 Nr. 4.2.6 in Verbindung mit Anhang C.5 (grafisches Verfahren); auch die ausführlicheren Rechengänge nach DIN V 4701-10 : 2003-08 dürfen zur Ermittlung von e_p angewandt werden; § 23 Abs. 3 bleibt unberührt.

Der Einfluss der Wärmebrücken ist durch Anwendung der Planungsbeispiele nach DIN 4108 Beiblatt 2 : 2006-03 zu begrenzen.

Die Nr. 2.1.2, 2.6 und 2.7 gelten entsprechend.

Der Jahres-Heizwärmebedarf ist nach den Tabellen 2 und 3 zu ermitteln:

9.7 Gesetzestexte

Tabelle 2: Vereinfachtes Verfahren zur Ermittlung des Jahres-Heizwärmebedarfs

	Zu ermittelnde Größen	Gleichung	Zu verwendende Randbedingung	
	1	2	3	
1	Jahres-Heizwärmebedarf Q_h	$Q_h = 66 (H_T + H_V) - 0{,}95 (Q_s + Q_i)$		
2	Spezifischer Transmissionswärmeverlust H_T	$H_T = \Sigma_i (F_{xi} U_i A_i) + 0{,}05 A$ [1)]	Temperatur-Korrekturfaktoren F_{xi} nach Tabelle 3	
	bezogen auf die wärmeübertragende Umfassungsfläche	$H_T' = H_T/A$		
3	Spezifischer Lüftungswärmeverlust H_V	$H_V = 0{,}19\ V_e$	ohne Dichtheitsprüfung nach Anhang 4 Nr. 2	
		$H_V = 0{,}163\ V_e$	mit Dichtheitsprüfung nach Anhang 4 Nr. 2	
4	Solare Gewinne Q_S	$Q_S = \Sigma_s (I_s)_{j,HP} \Sigma_i 0{,}567\ g_i A_i$ [2)]	Solare Einstrahlung:	
			Orientierung	$I_{S,HP}$
			Südost bis Südwest	270 kWh/(m² a)
			Nordwest bis Nordost	100 kWh/(m² a)
			übrige Richtungen	155 kWh/(m² a)
			Dachflächenfenster mit Neigungen < 30°[3)]	225 kWh/(m² a)
			Die Fläche der Fenster A mit der Orientierung j (Süd, West, Ost, Nord und horizontal) ist nach den lichten Fassadenöffnungsmaßen zu ermitteln.	
5	Interne Gewinne Q_i	$Q_i = 22\ A_N$	A_N: Gebäudenutzfläche nach Nr. 1.3.4	

[1)] Die Wärmedurchgangskoeffizienten der Bauteile U_i sind auf der Grundlage der nach den Landesbauordnungen bekannt gemachten energetischen Kennwerte für Bauprodukte zu ermitteln oder technischen Produkt-Spezifikationen (z. B. für Dachflächenfenster) zu entnehmen. Hierunter fallen insbesondere energetische Kennwerte aus europäischen technischen Zulassungen sowie energetische Kennwerte der Regelungen nach der Bauregelliste A Teil 1 und auf Grund von Festlegungen in allgemeinen bauaufsichtlichen Zulassungen. Bei an das Erdreich grenzenden Bauteilen ist der äußere Wärmeübergangswiderstand gleich Null zu setzen.

[2)] Der Gesamtenergiedurchlassgrad g_i (für senkrechte Einstrahlung) ist technischen Produkt-Spezifikationen zu entnehmen oder gemäß den nach den Landesbauordnungen bekannt gemachten energetischen Kennwerten für Bauprodukte zu bestimmen. Hierunter fallen insbesondere energetische Kennwerte aus europäischen technischen Zulassungen sowie energetische Kennwerte der Regelungen nach der Bauregelliste A Teil 1 und auf Grund von Festlegungen in allgemeinen bauaufsichtlichen Zulassungen. Besondere energiegewinnende Systeme, wie z. B. Wintergärten oder transparente Wärmedämmung, können im vereinfachten Verfahren keine Berücksichtigung finden.

[3)] Dachflächenfenster mit Neigungen ≥ 30° sind hinsichtlich der Orientierung wie senkrechte Fenster zu behandeln.

Tabelle 3: Temperatur-Korrekturfaktoren F_{xi}

Wärmestrom nach außen über Bauteil i	Temperatur-Korrekturfaktor F_{xi}
Außenwand, Fenster	1
Dach (als Systemgrenze)	1
Oberste Geschossdecke (Dachraum nicht ausgebaut)	0,8
Abseitenwand (Drempelwand)	0,8
Wände und Decken zu unbeheizten Räumen	0,5
Unterer Gebäudeabschluss: – Kellerdecke/-wände zu unbeheiztem Keller – Fußboden auf Erdreich – Flächen des beheizten Kellers gegen Erdreich	0,6

Anhang 2 Anforderungen an Nichtwohngebäude (zu den §§ 4 und 9)

1. Höchstwerte des Jahres-Primärenergiebedarfs und des spezifischen, auf die wärmeübertragende Umfassungsfläche bezogenen Transmissionswärmetransfer-koeffizienten für zu errichtende Nichtwohngebäude

1.1 Höchstwerte des Jahres-Primärenergiebedarfs (zu § 4 Abs. 1)

1.1.1 Der Höchstwert des Jahres-Primärenergiebedarfs eines zu errichtenden Nichtwohngebäudes ist der auf die Nettogrundfläche bezogene, nach Nr. 2 bestimmte Jahres-Primärenergiebedarf eines Referenzgebäudes gleicher Geometrie und Nutzung wie das zu errichtende Gebäude, das hinsichtlich seiner Ausführung den Vorgaben der Tabelle 1 entspricht. Die Unterteilung hinsichtlich der Nutzung sowie der verwendeten Berechnungsverfahren und Randbedingungen muss beim Referenzgebäude mit der des zu errichtenden Gebäudes übereinstimmen, bei der Unterteilung hinsichtlich der anlagentechnischen Ausstattung und der Tageslichtversorgung sind Unterschiede zulässig, die durch die technische Ausführung des zu errichtenden Gebäudes bedingt sind.

1.1.2 Die Bestimmung des Höchstwertes des Jahres-Primärenergiebedarfs ist unter Berücksichtigung aller Teile eines Gebäudes, für die mindestens eine Art der Konditionierung nach DIN V 18599-1 : 2005-07 vorgesehen ist, wie folgt durchzuführen:

$$Q_p = Q_{p,h} + Q_{p,c} + Q_{p,m} + Q_{p,w} + Q_{p,l} + Q_{p,aux}$$

9.7 Gesetzestexte

Dabei bedeuten:

Q_p *der Jahres-Primärenergiebedarf*

$Q_{p,h}$ *der Jahres-Primärenergiebedarf für das Heizungssystem und die Heizfunktion der raumlufttechnischen Anlage*

$Q_{p,c}$ *der Jahres-Primärenergiebedarf für das Kühlsystem und die Kühlfunktion der raumlufttechnischen Anlage*

$Q_{p,m}$ *der Jahres-Primärenergiebedarf für die Dampfversorgung*

$Q_{p,w}$ *der Jahres-Primärenergiebedarf für Warmwasser*

$Q_{p,l}$ *der Jahres-Primärenergiebedarf für Beleuchtung*

$Q_{p,aux}$ *der Jahres-Primärenergiebedarf für Hilfsenergien für das Heizungssystem und die Heizfunktion der raumlufttechnischen Anlage, das Kühlsystem und die Kühlfunktion der raumlufttechnischen Anlage, die Befeuchtung, das Warmwasser, die Beleuchtung und den Lufttransport.*

Die einzelnen Primärenergiebedarfsanteile für die Bestimmung des Höchstwertes dürfen unter Zugrundelegung der Vereinfachung nach Nr. 2.1 ermittelt werden.

1.2 Flächenangaben

Bezugsfläche der energiebezogenen Angaben ist die Nettogrundfläche des Nichtwohngebäudes.

1.3 Definition der Bezugsgrößen

1.3.1 Die wärmeübertragende Umfassungsfläche A eines Nichtwohngebäudes in m^2 ist nach DIN V 18599-1 : 2005-07 zu ermitteln. Die zu berücksichtigenden Flächen sind die äußere Begrenzung aller beheizten und / oder gekühlten Zonen gemäß DIN V 18599-1 : 2005-07.

1.3.2 Das thermisch konditionierte Gebäudevolumen V in m^3 ist das Volumen, das von der nach Nr. 1.3.1 ermittelten wärmeübertragenden Umfassungsfläche A_e umschlossen wird.

1.3.3 Das Verhältnis A/V in m^{-1} ist die errechnete wärmeübertragende Umfassungsfläche nach Nr. 1.3.1 bezogen auf das konditionierte Gebäudevolumen nach Nr. 1.3.2.

Tabelle 1: Ausführung des Referenzgebäudes

Lfd. Nr.	Rechengröße/System		Referenzausführung bzw. Wert (Maßeinheit)
1	spezifischer, auf die wärmeübertragende Umfassungsfläche nach Nr. 1.3.1 bezogener Transmissionswärmetransferkoeffizient H_T' [1)]	Gebäude und Gebäudeteile mit Raum-Solltemperaturen im Heizfall $\geq$ 19 °C und Fensterflächenanteilen $\leq$ 30 %	$H_T' = 0,23 + 0,12/(A/V_e)$ (in W/(m² · K))
		Gebäude und Gebäudeteile mit Raum-Solltemperaturen im Heizfall $\geq$ 19 °C und Fensterflächenanteilen > 30 %	$H_T' = 0,27 + 0,18/(A/V_e)$ (in W/(m² · K))
		Gebäude und Gebäudeteile mit Raum-Solltemperaturen im Heizfall von 12 bis 19 °C	$H_T' = 0,53 + 0,1/(A/V_e)$ (in W/(m² · K))
2	Gesamtenergiedurchlassgrad $g_\perp$	transparente Bauteile in Fassaden und Dächern	0,65[2)]
		Lichtbänder	0,70
		Lichtkuppeln	0,72
3	Lichttransmissionsgrad der Verglasung τ_{D65}	transparente Bauteile in Fassaden und Dächern	0,78[2)]
		Lichtbänder	0,62
		Lichtkuppeln	0,73
4	Einstufung der Gebäudedichtheit, Bemessungswert n_{50}		Kategorie I (nach Tabelle 4 der DIN V 18599-2: 2005-7)
5	Tageslichtversorgungsfaktor bei Sonnen- und/oder Blendschutz $C_{TL,Vers,SA}$ nach DIN V 18599-4 : 2005-07	kein Sonnen- oder Blendschutz vorhanden	0,7
		Blendschutz vorhanden	0,15
6	Sonnenschutzvorrichtung		für den Referenzfall ist die tatsächliche Sonnenschutzvorrichtung des zu errichtenden Gebäudes anzunehmen; sie ergibt sich ggf. aus den Anforde-rungen zum sommerlichen Wärmeschutz nach DIN 4108 - 2
7	Beleuchtungsart		direkte Beleuchtung mit verlustarmen Vorschaltgerät und stabförmiger Leuchtstofflampe
8	Regelung der Beleuchtung	Präsenzkontrolle	manuelle Kontrolle (ohne Präsenzmelder)
		Tageslichtabhängige Kontrolle	manuelle Kontrolle
9	Heizung		<u>Wärmeerzeuger:</u> Niedertemperaturkessel, Gebläsebrenner, Erdgas, Aufstellung außerhalb der thermischen Hülle, Wasserinhalt > 0,15 l/kW <u>Wärmeverteilung:</u> Zweirohrnetz, außenliegende Verteilleitungen, innenliegende Steigstränge, innenliegende Anbindeleitungen, System-

9.7 Gesetzestexte

Lfd. Nr.	Rechengröße/System		Referenzausführung bzw. Wert (Maßeinheit)
			temperatur 55/45 °C, hydraulisch abgeglichen, dp konstant, Pumpe auf Bedarf ausgelegt, für den Referenzfall ist die Rohrleitungslänge gemäß Standardwerten nach DIN V 18599-5: 2005-7 zu ermitteln. <u>Wärmeübergabe:</u> freie Heizflächen an der Außenwand mit Glasfläche mit Strahlungsschutz, P-Regler (2K), keine Hilfsenergie
10	Warmwasser	zentral	<u>Wärmeerzeuger:</u> gemeinsame Wärmeerzeugung mit Heizung <u>Wärmespeicherung:</u> indirekt beheizter Speicher (stehend), Aufstellung außerhalb der thermischen Hülle <u>Wärmeverteilung:</u> außenliegende Verteilleitungen, innenliegende Steigstränge, innenliegende Anbindeleitungen, mit Zirkulation, dp konstant, Pumpe auf Bedarf ausgelegt, für den Referenzfall ist die Rohrleitungslänge wie beim zu errichtenden Gebäude anzunehmen
		dezentral	elektrischer Durchlauferhitzer, eine Zapfstelle pro Gerät, für den Referenzfall ist die Rohrleitungslänge wie beim zu errichtenden Gebäude anzunehmen
11	Raumlufttechnik		<u>Abluftanlage:</u> spezifische Leistungsaufnahme Ventilator P_{SFP} = 1,25 kW/(m³/s)
			<u>Zu- und Abluftanlage ohne Nachheiz- und Kühlfunktion:</u> spezifische Leistungsaufnahme Zuluftventilator P_{SFP} = 1,6 kW/(m³/s) spezifische Leistungsaufnahme Abluftventilator P_{SFP} = 1,25 kW/(m³/s) Wärmerückgewinnung über Kreislaufverbund-Kompaktwärmeübertrager: Rückwärmzahl η_t = 0,45
			<u>Zu- und Abluftanlage mit geregelter Luftkonditionierung:</u> spezifische Leistungsaufnahme Zuluftventilator P_{SFP} = 2,0 kW/(m³/s) spezifische Leistungsaufnahme Abluftventilator P_{SFP} = 1,25 kW/(m³/s) Wärmerückgewinnung über Kreislaufverbund-Kompaktwärmeübertrager: Rückwärmzahl η_t = 0,45 Zulufttemperatur: 18°C Druckverhältniszahl π = 0,4 Außenluftvolumenstrom ≤ 15000 m³/h je Gerät: Elektrodampfbefeuchter Außenluftvolumenstrom > 15000 m³/h je Gerät: Wasserbefeuchter: Hochdruckbefeuchter
			Nur-Luft-Klimaanlagen als Variabel-Volumenstrom-System: Druckverhältniszahl π = 0,4
12	Kühlbedarf für Gebäudezonen		Der Primärenergiebedarf für das Kühlsystem und die Kühlfunktion der raumlufttechnischen Anlage ist bei den Nutzungen Nr. 1 bis 3, 8, 10, 16 bis 20, 31 bis 33 nach Tabelle 4 der DIN V 18599-10 : 2005-07 gleich Null zu setzen, es sei denn, der interne Wärmeeintrag (Personen und Arbeits-mittel) beträgt wegen einer nachgewiesenen speziellen Nutzung mehr als 180 Wh pro m² und Tag

Lfd. Nr.	Rechengröße/System	Referenzausführung bzw. Wert (Maßeinheit)
13	Raumkühlung	Kältesystem: Kaltwasser Fan-Coil 14/18°C Kaltwassertemperatur; Brüstungsgerät Kaltwasserkreis Raumkühlung: 10% Überströmung[4]; spezifische elektrische Leistung der Verteilung $P_{d,spez}$ = 35 $W_{el}/kW_{Kälte}$, hydraulisch abgeglichen, geregelte Pumpe, saisonale sowie Nacht- und Wochenendabschaltung
14	Kälteerzeugung	Erzeuger: bis 500 kW je Kälteerzeuger: Kolben/Scrollverdichter mehrstufig schaltbar, R134a, luftgekühlt, Kaltwassertemperatur 6/12°C Kaltwasserkreis Erzeuger inklusive RLT Kühlung: 30% Überströmung[4]; spezifische elektrische Leistung der Verteilung $P_{d,spez}$ = 25 $W_e/kW_{Kälte}$, hydraulisch abgeglichen, ungeregelte Pumpe, saisonale sowie Nacht- und Wochenendabschaltung Erzeuger: über 500 kW je Kälteerzeuger: Schraubenverdichter, R134a, wassergekühlt, Kühlwassereintritt Kältemaschine konstant, Kaltwassertemperatur 6/12°C Kaltwasserkreis Erzeuger inklusive RLT Kühlung: 30% Überströmung[4]; spezifische elektrische Leistung der Verteilung $P_{d,spez}$ = 25 $W_{el}/kW_{Kälte}$, hydraulisch abgeglichen, ungeregelte Pumpe, saisonale sowie Nacht- und Wochenendabschaltung Rückkühlung: Verdunstungskühler mit offenem Kreislauf ohne Zusatzschalldämpfer, Kühlwassertemperatur 27/33°C Rückkühlkreis: 50% Überströmung[4]; spezifische elektrische Leistung der Verteilung $P_{d,spez}$ = 20 $W_{el}/kW_{Kälte}$, hydraulisch abgeglichen, ungeregelte Pumpe, bedarfsgesteuerter Betrieb
15	Nutzungsrandbedingungen	Für das Referenzgebäude sind die Grenzwerte und die Nutzungsrandbedingungen mit den Werten nach den Tabellen 4-8 der DIN V 18599-10: 2005-07 anzusetzen. Soweit vorhanden, sind flächenbezogene Angaben zu wählen.

[1] Bei gemischten Nutzungen ist H_T' auf die entsprechende Zone bzw. Fläche anzuwenden.

[2] Der Gesamtenergiedurchlassgrad g und der Lichtemissionsgrad τ_{D65} bezieht sich auf eine Zwei-Scheiben-Verglasung, beim Einsatz von Drei-Scheiben-Verglasungen darf das Wertepaar mit g = 0,48 und τ_{D65} = 0,72, bei Sonnenschutz-Verglasungen mit g = 0,35 und τ_{D65} = 0,62 angesetzt werden.

[3] Zur Bestimmung der wirksamen Wärmespeicherfähigkeit in DIN V 18599-2 : 2005-07 ist für die Bezugsfläche A_B die Nettogrundfläche anzusetzen.

[4] Das Verhältnis von minimalem Volumenstrom im Verteilkreis zum Volumenstrom der Kälteversorgungseinheit im Auslegungsfall (DIN V 18599-7 : 2005-07) wird als „Überströmung" bezeichnet

Stand: 16. November 2006

1.4 Höchstwerte des spezifischen, auf die wärmeübertragende Umfassungsfläche bezogenen Transmissionswärmetransferkoeffizienten (zu § 4 Abs. 2)

Der Höchstwert des spezifischen, auf die wärmeübertragende Umfassungsfläche bezogenen Transmissionswärmetransferkoeffizienten ist unter Beachtung der Soll-Innentemperatur und des Fensterflächenanteils nach Tabelle 2 zu ermitteln.

Tabelle 2 : Höchstwerte des spezifischen, auf die wärmeübertragende Umfassungsfläche bezogenen Transmissionswärmetransferkoeffizienten

Gebäude und Gebäudeteile mit Raum-Solltemperaturen im Heizfall ≥ 19 °C und Fensterflächenanteilen ≤ 30 %	$H_T' = 0{,}3 + 0{,}15/(A/V_e)$ (in W/(m² · K))
Gebäude und Gebäudeteile mit Raum-Solltemperaturen im Heizfall ≥ 19 °C und Fensterflächenanteilen > 30 %	$H_T' = 0{,}35 + 0{,}24/(A/V_e)$ (in W/(m² · K))
Gebäude und Gebäudeteile mit Raum-Solltemperaturen im Heizfall von 12 bis ≤ 19 °C	$H_T' = 0{,}70 + 0{,}13/(A/V_e)$ (in W/(m² · K))

2. Berechnungsverfahren zur Ermittlung des Jahres-Primärenergiebedarfs von Nichtwohngebäuden (zu § 4 Abs. 3 und § 9 Abs. 2)

2.1 Berechnung des Jahres-Primärenergiebedarfs

2.1.1 Der Jahres-Primärenergiebedarf Q_p für Nichtwohngebäude ist nach DIN V 18599-1 : 2005-07 zu ermitteln. Bei der Auswahl der Primärenergiefaktoren sind die Werte für den nicht erneuerbaren Anteil zu verwenden (Tabelle A.1, Spalte B der DIN V 18599-1 : 2005-07). Anhang 1 Nr. 2.1.2 ist entsprechend anzuwenden.

2.1.2 Der für die Ausführung des Referenzgebäudes in Ansatz zu bringende spezifische, auf die wärmeübertragende Umfassungsfläche bezogene Transmissionswärmetransferkoeffizient H_T' ist für jede Zone des Gebäudes gem. DIN V 18599-1 : 2005-07 einzeln mit den Randbedingungen der jeweiligen Zone zu berechnen.

2.1.3 Als Randbedingungen zur Berechnung des Jahres-Primärenergiebedarfs sind die in den Tabellen 4 bis 8 der DIN V 18599-10 : 2005-07 aufgeführten Nutzungsrandbedingungen und Klimadaten zu verwenden. Die Nutzungen 1 und 2 nach Tabelle 4 der DIN V 18599-10 : 2005-07 dürfen zur Nutzung 1 zusammengefasst werden. Darüber hinaus brauchen Energiebedarfsanteile nur unter folgenden Voraussetzungen in die Ermittlung des Jahres-Primärenergiebedarfs Q_p einbezogen werden:

1. Der Primärenergiebedarf für das Heizungssystem und die Heizfunktion der raumlufttechnischen Anlage $Q_{p,h}$ ist zu bilanzieren, wenn die Raum-Solltemperatur des Gebäudes oder einer Gebäudezone für den Heizfall mindestens 12° C beträgt und eine durchschnittliche Nutzungsdauer für die Gebäudebeheizung auf Raum-Solltemperatur von mindestens vier Monaten pro Jahr vorgesehen ist.

2. Der Primärenergiebedarf für das Kühlsystem und die Kühlfunktion der raumlufttechnischen Anlage $Q_{p,c}$ ist zu bilanzieren, wenn für das Gebäude oder eine Gebäudezone für den Kühlfall der Einsatz von Kühltechnik und eine durchschnittliche Nutzungsdauer für Gebäudekühlung

auf Raum-Solltemperatur von mehr als zwei Monaten pro Jahr und mehr als zwei Stunden pro Tag vorgesehen ist.

3. *Der Primärenergiebedarf für die Dampfversorgung $Q_{p,m}$ ist zu bilanzieren, wenn für das Gebäude oder eine Gebäudezone eine solche Versorgung wegen des Einsatzes einer raumlufttechnischen Anlage nach Nr. 2 für durchschnittlich mehr als zwei Monate pro Jahr und mehr als zwei Stunden pro Tag vorgesehen ist.*

4. *Der Primärenergiebedarf für Warmwasser $Q_{p,w}$ ist zu bilanzieren, wenn ein Nutzenergiebedarf für Warmwasser in Ansatz zu bringen ist und der durchschnittliche tägliche Nutzenergiebedarf für Warmwasser wenigstens 0,2 kWh pro Person und Tag oder 0,2 kWh pro Beschäftigtem und Tag beträgt. Satz 1 ist nicht anzuwenden bei Gebäuden, die nur Warmwasserzapfstellen (wie Teeküche, Handwaschbecken, Getränkeausgabe, Putzraum) haben.*

5. *Der Primärenergiebedarf für das Beleuchtungssystem $Q_{p,l}$ ist zu bilanzieren, wenn in einem Gebäude oder einer Gebäudezone eine Beleuchtungsstärke von mindestens 75 lx erforderlich ist und eine durchschnittliche Nutzungsdauer von mehr als zwei Monaten pro Jahr und mehr als zwei Stunden pro Tag vorgesehen ist.*

6. *Der Primärenergiebedarf für Hilfsenergien $Q_{p,aux}$ ist zu bilanzieren, wenn er beim Heizungssystem und der Heizfunktion der raumlufttechnischen Anlage, beim Kühlsystem und der Kühlfunktion der raumlufttechnischen Anlage, bei der Dampfversorgung, bei Warmwasseranlage und der Beleuchtung auftritt. Der Anteil des Primärenergiebedarfs für Hilfsenergien für Lüftung ist zu bilanzieren, wenn eine durchschnittliche Nutzungsdauer der Lüftungsanlage von mehr als zwei Monaten pro Jahr und zwei Stunden pro Tag vorgesehen ist.*

Kommen bei dem zu errichtenden Gebäude bauliche oder anlagentechnische Komponenten zum Einsatz, für die keine Regeln der Technik vorliegen, so ist für den jeweiligen Bilanzierungsanteil die Referenzausführung zugrunde zu legen.

2.1.4 Bei der Berechnung des Jahres-Primärenergiebedarfs des Referenzgebäudes und des zu errichtenden Nichtwohngebäudes sind ferner die in Tabelle 3 genannten Randbedingungen zu verwenden.

Tabelle 3: Randbedingungen für die Berechnungen des Jahres-Primärenergiebedarfs Q_P

Kenngröße	Randbedingungen
Verschattungsfaktor F_S	F_S = 0,9 für übliche Anwendungsfälle Soweit mit baulichen Bedingungen Verschattung vorliegt, sollen abweichende Werte verwendet werden.
Verbauungsindex I_V	I_V = 0,9 für übliche Anwendungsfälle eine genaue Ermittlung nach DIN V 18599-4 : 2005-07 ist zulässig.
Heizunterbrechung	Absenkbetrieb mit Dauer gemäß den Nutzungsrandbedingungen in Tabelle 4 der DIN V 18599-10 : 2005-07

9.7 Gesetzestexte

Kenngröße	Randbedingungen
Solare Wärmegewinne über opake Bauteile	Bei der Bestimmung der solaren Wärmegewinne für das Referenzgebäude ist vereinfacht ein Wärmedurchgangskoeffizient U = 0,5 W/(m² · K) anzusetzen, Emissionsgrad der Außenfläche für Wärmestrahlung ε = 0,8 Strahlungsabsorptionsgrad an opaken Oberflächen α = 0,5; für dunkle Dächer kann abweichend α = 0,8 angenommen werden.

2.2 Berechnung des spezifischen, auf die wärmeübertragende Umfassungsfläche bezogenen Transmissionswärmetransferkoeffizienten

Der spezifische, auf die wärmeübertragende Umfassungsfläche bezogener Transmissionswärmetransferkoeffizient ist wie folgt zu ermitteln:

$$H_T' = \frac{H_{T,D} + F_x \cdot H_{T,iu} + F_x \cdot H_{T,s}}{A}$$

Dabei bedeuten:

H_T' *spezifischer, auf die wärmeübertragende Umfassungsfläche bezogener Transmissionswärmetransferkoeffizient*

$H_{T,D}$ *Transmissionswärmetransferkoeffizient zwischen der beheizten und/oder gekühlten Gebäudezone und außen nach DIN V 18599-2 : 2005-07*

$H_{T,iu}$ *Transmissionswärmetransferkoeffizient zwischen beheizten und/oder gekühlten und unbeheizten Gebäudezonen nach DIN V 18599-2 : 2005-07*

$H_{T,s}$ *Wärmetransferkoeffizient der beheizten und/oder gekühlten Gebäudezone über das Erdreich nach DIN V 18599-2 : 2005-07*

F_x *Temperatur-Korrekturfaktor nach DIN V 18599-2 : 2005-07, auch wenn die Temperatur in einer unbeheizten Zone mit dem detaillierten Verfahren ermittelt worden ist. Alternativ kann mit $F_x = (\vartheta_{i,soll} - \vartheta_{u,Januar})/(\vartheta_{i,soll} + 1{,}3)$ ein fiktiver F_x-Wert berechnet werden, hierfür ist $\vartheta_{u,Januar}$ jedoch ohne die internen Einträge der Anlagentechnik zu ermitteln. Wird die angrenzende nicht temperierte Zone im U-Wert nach außen berücksichtigt oder der Wärmetransferkoeffizient über das Erdreich nach DIN EN ISO 13370 berechnet, so ist $F_x = 1$ zu setzen;*

A *wärmeübertragende Umfassungsfläche nach Nr. 1.3.1.*

2.3 Zonierung

2.3.1 Soweit sich bei einem Gebäude Flächen hinsichtlich ihrer Nutzung, technischen Ausstattung, der inneren Lasten oder Versorgung mit Tageslicht wesentlich unterscheiden, ist das Gebäude nach Maßgabe der DIN V 18599-1 : 2005-07 in Verbindung mit DIN V 18599-10 : 2005-07 und den Vorgaben in Anhang 2 Nr. 1 in Zonen zu unterteilen. Dabei dürfen Zonen mit einem Flächenanteil von nicht mehr 3 vom Hundert der gesamten Bezugsfläche des Gebäudes nach Nr. 1.2 einer anderen Zone zugerechnet werden, die hinsichtlich der anzusetzenden Randbedingungen am wenigsten von der betreffenden Zone abweicht.

2.3.2 Für Nutzungen, die nicht in DIN V 18599-10 : 2005-07 aufgeführt sind, kann die Nutzung Nr. 17 der Tabelle 4 in DIN V 18599-10 : 2005-07 verwendet werden. Abweichend von Satz 1 kann unter Anwendung von anerkannten Regeln der Technik auf der Grundlage der DIN V 18599-10 : 2005-07 eine Nutzung individuell bestimmt und verwendet werden. Die gewählten Angaben sind zu begründen und dem Nachweis beizufügen.

2.4 Berücksichtigung der Warmwasserbereitung

Bei den Berechnungen gemäß Nr. 2.1 ist der Nutzenergiebedarf für Warmwasser nach DIN V 18599-10 : 2005-07 anzusetzen.

2.5 Wärmebrücken

Im Rahmen der nach Nr. 2 durchzuführenden Berechnungen ist der verbleibende Einfluss von Wärmebrücken unter entsprechender Anwendung des Anhangs 1 Nr. 2.5 zu berücksichtigen. Bei Anwendung des Anhangs 1 Nr. 2.5 Buchstabe c) ist beim Nachweis die DIN V 18599-2: 2005-06 anstelle der DIN 4108-6 bei der Nachweisführung anzuwenden.

2.6 Aneinander gereihte Bebauung

Bei der Berechnung von aneinander gereihten Gebäuden oder Gebäudeteilen, bei denen die Differenz der Soll-Raumtemperatur nicht mehr als 4 Grad Kelvin beträgt, gelten Gebäudetrennwände als wärmeundurchlässig.

Ist die Differenz der Soll-Raumtemperatur aneinander grenzender Teile eines Gebäudes größer als 4 Grad Kelvin, so ist für diese Gebäudeteile der Nachweis getrennt zu führen. Dabei ist der Wärmestrom durch das begrenzende Bauteil in die Berechnung des Jahres-Primärenergiebedarfs einzubeziehen.

Ist die Nachbarbebauung bei aneinander gereihter Bebauung nicht gesichert, müssen die Trennwände den Mindestwärmeschutz nach § 7 Abs. 1 einhalten.

2.7 Fensterflächenanteil

Der Fensterflächenanteil ist entsprechend Anhang 1 Nr. 2.8 Satz 1 zu ermitteln.

3. Vereinfachtes Verfahren

3.1 Der Jahres-Primärenergiebedarf Q_p und der spezifische, auf die wärmeübertragende Umfassungsfläche bezogene Transmissionswärmetransferkoeffizient für Nichtwohngebäude nach Tabelle 4 Spalte 2 dürfen abweichend von Nr. 2.3 unter Verwendung eines Ein-Zonen-Modells ermittelt werden, soweit

1. eine Kühlung nicht vorgesehen ist,
2. die Summe der Nettogrundflächen aus der Hauptnutzung (Summe der in Spalte 3 aufgeführten Nutzungen) und der Verkehrsflächen des Gebäudes mehr als zwei Drittel der gesamten Nettogrundfläche des Gebäudes beträgt und
3. das Gebäude nur mit je einer Anlage zur Beheizung und Warmwasserbereitung ausgestattet ist und
4. mit den im Gebäude vorgesehenen Beleuchtungseinrichtungen die spezifische elektrische Bewertungsleistung der Referenz-Beleuchtungstechnik nach Tabelle 1 Zeile 7 um nicht mehr als 10

9.7 Gesetzestexte

vom Hundert überschritten wird. Die spezifische elektrische Bewertungsleistung ist nach DIN V 18599-4 : 2005-07 zu bestimmen.

Das vereinfachte Verfahren darf abweichend von Satz 1 Nr. 1 angewandt werden, wenn ein Serverraum gekühlt wird und die Nennleistung des Gerätes 12 kW nicht übersteigt. Der Höchstwert und der Wert des Jahres-Primärenergiebedarfs für zu errichtende oder bestehende Gebäude sind pauschal um 650 kWh/(m²·a) Fläche des gekühlten Raums zu erhöhen. Abweichend von Nr. 2.1.3 ist bei der Berechnung die entsprechende Nutzung nach Tabelle 4 Spalte 4 zu verwenden. Der Nutzenergiebedarf für Warmwasser ist mit dem Wert aus Spalte 5 in Ansatz zu bringen.

Tabelle 4: Randbedingungen für das vereinfachte Verfahren für die Berechnungen des Jahres-Primärenergiebedarfs Q_P

Nr.	Gebäudetyp	Hauptnutzung	Nutzung (Nr. gem. DIN V 18599-10 : 2005-07, Tabelle 4)	Nutzenergiebedarf Warmwasser[1]
1	2	3	4	5
1	Bürogebäude	Einzelbüro (Nr. 1) Gruppenbüro (Nr. 2) Großraumbüro (Nr. 3) Besprechung, Sitzung, Seminar (Nr. 4)	Einzelbüro (Nr. 1)	0
1.1	Bürogebäude mit Verkaufseinrichtung	wie 1	Einzelbüro (Nr. 1)	0
1.2	Bürogebäude mit Restaurant	wie 1	Einzelbüro (Nr. 1)	1,5 kWh je Sitzplatz im Restaurant und Tag
2	Schulen, Kindergärten	Klassenzimmer	Klassenzimmer / Gruppenraum (Nr. 8)	ohne Duschen: 85 Wh/(m² · d) mit Duschen: 250 Wh/(m² · d)
3	Hotels ohne Schwimmhalle, Sauna oder Wellnessbereich (einfacher bis mittlerer Standard)	Hotelzimmer	Hotelzimmer (Nr. 11)	250 Wh/(m² · d)

[1] Die flächenbezogenen Werte beziehen sich auf die gesamte Nettogrundfläche des Gebäudes.

3.2 Alle weiteren Ansätze und Randbedingungen gemäß Nr. 2.1 und 2.2 sind sinngemäß anzuwenden. Kommt in dem Gebäude eine raumlufttechnische Anlage als Abluftanlage oder Zu- und Abluftanlage ohne Nachheiz- und Kühlfunktion zum Einsatz, die nicht in der Hauptnutzung berücksichtigt wird, ist für diese Anlage nachzuweisen, dass die in Tabelle 1 aufgeführten Werte der Referenz-Anlagentechnik bezüglich der spezifischen Leistungsaufnahme der Ventilatoren und des Temperaturverhältnisses eingehalten sind.

3.3 Der Jahres-Primärenergiebedarf Q_p und der spezifische, auf die wärme übertragende Umfassungsfläche bezogene Transmissionswärmetransferkoeffizient für Nichtwohngebäude ist bei Ermittlung nach 3.1 sowohl für die Ermittlung der Höchstwerte nach Nr. 1.1 und 1.5 als auch bei der Ermittlung der Werte für das zu errichtende oder bestehende Gebäude um 10 von Hundert zu erhöhen.

3.4 Die Nr. 2.5 und 2.6 sind entsprechend anzuwenden.

4. Anforderungen an den sommerlichen Wärmeschutz (zu § 4 Abs. 4)

Als höchstzulässige Sonneneintragskennwerte nach § 4 Abs. 4 sind die in DIN 4108 - 2: 2003-07 Abschnitt 8 festgelegten Werte einzuhalten. Der Sonneneintragskennwert des zu errichtenden Gebäudes ist für jede Gebäudezone nach dem dort genannten Verfahren zu bestimmen. Werden Zonen in zu errichtende Nichtwohngebäude nutzungsbedingt mit Anlagen ausgestattet, die Raumluft unter Einsatz von Energie kühlen, so dürfen diese Gebäudezonen abweichend von Satz 1 auch so ausgeführt werden, dass die Kühlleistung bezogen auf das gekühlte Gebäudevolumen nach dem Stand der Technik und den im Einzelfall wirtschaftlich vertretbaren Maßnahmen so gering wie möglich gehalten wird.

Anhang 3
Anforderungen bei Änderung von Außenbauteilen (zu § 9 Abs. 3) und bei Errichtung kleiner Gebäude (zu § 8); Randbedingungen und Maßgaben für die Bewertung bestehender Wohngebäude (zu § 9 Abs. 2)

1. Außenwände

Soweit bei beheizten oder gekühlten Räumen Außenwände

a) ersetzt, erstmalig eingebaut oder in der Weise erneuert werden, dass

b) Bekleidungen in Form von Platten oder plattenartigen Bauteilen oder Verschalungen sowie Mauerwerks-Vorsatzschalen angebracht werden,

c) auf der Innenseite Bekleidungen oder Verschalungen aufgebracht werden,

d) Dämmschichten eingebaut werden,

e) bei einer bestehenden Wand mit einem Wärmedurchgangskoeffizienten größer 0,9 W/(m²·K) der Außenputz erneuert wird oder

f) neue Ausfachungen in Fachwerkwände eingesetzt werden,

sind die jeweiligen Höchstwerte der Wärmedurchgangskoeffizienten nach Tabelle 1 Zeile 1 einzuhalten. Bei einer Kerndämmung von mehrschaligem Mauerwerk gemäß Buchstabe d gilt die Anforderung als erfüllt, wenn der bestehende Hohlraum zwischen den Schalen vollständig mit Dämmstoff ausgefüllt wird.

2. Fenster, Fenstertüren und Dachflächenfenster

Soweit bei beheizten oder gekühlten Räumen außen liegende Fenster, Fenstertüren oder Dachflächenfenster in der Weise erneuert werden, dass

a) das gesamte Bauteil ersetzt oder erstmalig eingebaut wird,

b) zusätzliche Vor- oder Innenfenster eingebaut werden oder

c) die Verglasung ersetzt wird,

sind die Anforderungen nach Tabelle 1 Zeile 2 einzuhalten. Satz 1 gilt nicht für Schaufenster und Türanlagen aus Glas. Bei Maßnahmen gemäß Buchstabe c gilt Satz 1 nicht, wenn der vorhandene Rahmen zur Aufnahme der vorgeschriebenen Verglasung ungeeignet ist. Werden Maßnahmen nach Buchstabe c an Kasten- oder Verbundfenstern durchgeführt, so gelten die Anforderungen als erfüllt, wenn eine Glastafel mit einer infrarotreflektierenden Beschichtung mit einer Emissivität $\varepsilon_n \leq 0{,}20$ eingebaut wird. Werden bei Maßnahmen nach Satz 1

1. Schallschutzverglasungen mit einem bewerteten Schalldämmmaß der Verglasung von $R_{w,R} = 40$ dB nach DIN EN ISO 717-1 : 1997-01 oder einer vergleichbaren Anforderung oder

2. Isolierglas-Sonderaufbauten zur Durchschusshemmung, Durchbruchhemmung oder Sprengwirkungshemmung nach den Regeln der Technik oder

3. Isolierglas-Sonderaufbauten als Brandschutzglas mit einer Einzelelementdicke von mindestens 18 mm nach DIN 4102-13 : 1990-05 oder einer vergleichbaren Anforderung

verwendet, sind abweichend von Satz 1 die Anforderungen nach Tabelle 1 Zeile 3 einzuhalten.

3. Außentüren

Bei der Erneuerung von Außentüren dürfen nur Außentüren eingebaut werden, deren Türfläche einen Wärmedurchgangskoeffizienten von 2,9 W/m²· K nicht überschreitet. Nr. 2 Satz 2 bleibt unberührt.

4. Decken, Dächer und Dachschrägen

4.1 Steildächer

Soweit bei Steildächern Decken unter nicht ausgebauten Dachräumen sowie Decken und Wände (einschließlich Dachschrägen), die beheizte oder gekühlte Räume nach oben gegen die Außenluft abgrenzen,

a) ersetzt, erstmalig eingebaut

oder in der Weise erneuert werden, dass

b) die Dachhaut bzw. außenseitige Bekleidungen oder Verschalungen ersetzt oder neu aufgebaut werden,

c) innenseitige Bekleidungen oder Verschalungen aufgebracht oder erneuert werden,

d) Dämmschichten eingebaut werden,

e) zusätzliche Bekleidungen oder Dämmschichten an Wänden zum unbeheizten Dachraum eingebaut werden,

sind für die betroffenen Bauteile die Anforderungen nach Tabelle 1 Zeile 4 a einzuhalten. Wird bei Maßnahmen nach Buchstabe b oder d der Wärmeschutz als Zwischensparrendämmung ausgeführt und ist die Dämmschichtdicke wegen einer innenseitigen Bekleidung und der Sparrenhöhe begrenzt, so gilt die Anforderung als erfüllt, wenn die nach den Regeln der Technik höchstmögliche Dämmschichtdicke eingebaut wird.

4.2 Flachdächer

Soweit bei beheizten oder gekühlten Räumen Flachdächer

a) ersetzt, erstmalig eingebaut

oder in der Weise erneuert werden, dass

b) die Dachhaut bzw. außenseitige Bekleidungen oder Verschalungen ersetzt oder neu aufgebaut werden,

c) innenseitige Bekleidungen oder Verschalungen aufgebracht oder erneuert werden,

d) Dämmschichten eingebaut werden,

sind die Anforderungen nach Tabelle 1 Zeile 4 b einzuhalten. Werden bei der Flachdacherneuerung Gefälledächer durch die keilförmige Anordnung einer Dämmschicht aufgebaut, so ist der Wärmedurchgangskoeffizient nach DIN EN ISO 6946 : 2004-10, Anhang C zu ermitteln. Der Bemessungswert des Wärmedurchgangswiderstandes am tiefsten Punkt der neuen Dämmschicht muss den Mindestwärmeschutz nach § 7 Abs. 1 gewährleisten.

5. Wände und Decken gegen unbeheizte Räume und gegen Erdreich

Soweit bei beheizten Räumen Decken und Wände, die an unbeheizte Räume oder an Erdreich grenzen,

a) ersetzt, erstmalig eingebaut

oder in der Weise erneuert werden, dass

b) außenseitige Bekleidungen oder Verschalungen, Feuchtigkeitssperren oder Drainagen angebracht oder erneuert,

c) innenseitige Bekleidungen oder Verschalungen an Wände angebracht,

d) Fußbodenaufbauten auf der beheizten Seite aufgebaut oder erneuert,

e) Deckenbekleidungen auf der Kaltseite angebracht oder

f) Dämmschichten eingebaut werden,

sind die Anforderungen nach Tabelle 1 Zeile 5 einzuhalten. Die Anforderungen nach Buchstabe d gelten als erfüllt, wenn ein Fußbodenaufbau mit der ohne Anpassung der Türhöhen höchstmöglichen Dämmschichtdicke (bei einem Bemessungswert der Wärmeleitfähigkeit $\lambda = 0{,}04$ W/(m·K) ausgeführt wird.

6. Vorhangfassaden

Soweit bei beheizten oder gekühlten Räumen Vorhangfassaden in der Weise erneuert werden, dass

a) das gesamte Bauteil ersetzt oder erstmalig eingebaut wird,

b) die Füllung (Verglasung oder Paneele) ersetzt wird,

sind die Anforderungen nach Tabelle 1 Zeile 2 c einzuhalten. Werden bei Maßnahmen nach Satz 1 Sonderverglasungen entsprechend Nr. 2 Satz 2 verwendet, sind abweichend von Satz 1 die Anforderungen nach Tabelle 1 Zeile 3 c einzuhalten.

9.7 Gesetzestexte

7. Anforderungen

Tabelle 1: Höchstwerte der Wärmedurchgangskoeffizienten bei erstmaligem Einbau, Ersatz und Erneuerung von Bauteilen

Zeile	Bauteil	Maßnahme nach	Wohngebäude und Zonen von Nichtwohngebäuden mit Innentemperaturen $\geq 19°C$	Zonen von Nichtwohngebäuden mit Innentemperaturen von mehr als 12 und weniger als 19°C
			maximaler Wärmedurchgangskoeffizient U_{max} [1)] in W / (m²·K)	
	1	2	3	4
1 a	Außenwände	allgemein	0,45	0,75
b		Nr. 1 b, d und e	0,35	0,75
2 a	Außen liegende Fenster, Fenstertüren, Dachflächenfenster	Nr. 2 a und b	1,7 [2)]	2,8 [2)]
b	Verglasungen	Nr. 2 c	1,5 [3)]	keine Anforderung
c	Vorhangfassaden	allgemein	1,9 [4)]	3,0 [4)]
3 a	Außen liegende Fenster, Fenstertüren, Dachflächenfenster mit Sonderverglasungen	Nr. 2 a und b	2,0 [2)]	2,8 [2)]
b	Sonderverglasungen	Nr. 2 c	1,6 [3)]	keine Anforderung
c	Vorhangfassaden mit Sonderverglasungen	Nr. 6 Satz 2	2,3 [4)]	3,0 [4)]
4 a	Decken, Dächer und Dachschrägen	Nr. 4.1	0,30	0,40
b	Dächer	Nr. 4.2	0,25	0,40
5 a	Decken und Wände gegen unbeheizte Räume oder Erdreich	Nr. 5 b und e	0,40	keine Anforderung
b		Nr. 5 a, c, d und f	0,50	keine Anforderung

[1)] Wärmedurchgangskoeffizient des Bauteils unter Berücksichtigung der neuen und der vorhandenen Bauteilschichten; für die Berechnung opaker Bauteile ist DIN EN ISO 6946 : 2004-10 zu verwenden.

[2)] Bemessungswert des Wärmedurchgangskoeffizienten des Fensters; er der Bemessungswert des Wärmedurchgangskoeffizienten des Fensters ist technischen Produkt-Spezifikationen zu entnehmen oder nach DIN EN ISO 10077-1 : 2000-11 zu ermitteln gemäß den nach den Landesbauordnungen bekannt gemachten energetischen Kennwerten für Bauprodukte zu bestimmen. Hierunter fallen insbesondere energetische Kennwerte aus europäischen technischen Zulassungen sowie energetische Kennwerte der Regelungen nach der Bauregelliste A Teil 1 und auf Grund von Festlegungen in allgemeinen bauaufsichtlichen Zulassungen.

³⁾ Bemessungswert des Wärmedurchgangskoeffizienten der Verglasung; er der Bemessungswert des Wärmedurchgangskoeffizienten der Verglasung ist technischen Produkt-Spezifikationen zu entnehmen oder nach DIN EN 673 : 2001-1 zu ermitteln gemäß den nach den Landesbauordnungen bekannt gemachten energetischen Kennwerten für Bauprodukte zu bestimmen. Hierunter fallen insbesondere energetische Kennwerte aus europäischen technischen Zulassungen sowie energetische Kennwerte der Regelungen nach der Bauregelliste A Teil 1 und auf Grund von Festlegungen in allgemeinen bauaufsichtlichen Zulassungen.

⁴⁾ Wärmedurchgangskoeffizient der Vorhangfassade; er ist nach anerkannten Regeln der Technik zu ermitteln.

8. Randbedingungen und Maßgaben für die Bewertung bestehender Wohngebäude (zu § 9 Abs. 2)

8.1 Berechnungsverfahren nach Anhang 1 Nr. 2

Das Berechnungsverfahren nach Anhang 1 Nr. 2 ist bei bestehenden Wohngebäuden mit folgenden Maßgaben anzuwenden:

8.1.1 Wärmebrücken sind bei der Ermittlung des Jahres-Heizwärmebedarfs abweichend von Anhang 1 Nr. 2.5 Satz 1 auf eine der folgenden Arten zu berücksichtigen:

a) *im Regelfall durch Erhöhung der Wärmedurchgangskoeffizienten um $\Delta U_{WB} = 0{,}10$ W/(m²· K) für die gesamte wärmeübertragende Umfassungsfläche,*

b) *wenn mehr als 50 vom Hundert der Außenwand mit einer innenliegenden Dämmschicht und einbindender Massivdecke versehen sind, durch Erhöhung der Wärmedurchgangskoeffizienten um $\Delta U_{WB} = 0{,}15$ W/(m²· K) für die gesamte wärmeübertragende Umfassungsfläche,*

c) *bei vollständiger energetischer Modernisierung aller zugänglichen Wärmebrücken unter Berücksichtigung von DIN 4108 Beiblatt 2 : 2006-03 durch Erhöhung der Wärmedurchgangskoeffizienten um $\Delta U_{WB} = 0{,}05$ W/(m²· K) für die gesamte wärmeübertragende Umfassungsfläche,*

d) *durch genauen Nachweis der Wärmebrücken nach DIN V 4108 – 6 : 2003-06 in Verbindung mit weiteren anerkannten Regeln der Technik.*

8.1.2 Die Gebäudenutzfläche A_N eines bestehenden Wohngebäudes ist bei einer durchschnittlichen Geschosshöhe der Vollgeschosse des Gebäudes h_G von mehr als 2,5 m abweichend von Anhang 1 Nr. 1.3.4 wie folgt zu ermitteln: $A_N = 0{,}32 \, V - 0{,}12 \cdot (h_G - 2{,}5)$. Die Geschosshöhe eines Vollgeschosses wird von der Oberkante Rohfußboden bis zur Oberkante Rohfußboden der darüberliegenden Decke gemessen.

8.1.3 Die Luftwechselrate ist bei der Berechnung abweichend von DIN V 4108-6 : 2003-06 Tabelle D.3 Zeile 8 wie folgt anzusetzen:

a) *bei offensichtlichen Undichtheiten (z. B. bei Fenstern ohne funktionstüchtige Lippendichtung, bei beheizten Dachgeschossen mit Dachflächen ohne luftdichte Ebene):* $1{,}0 \, h^{-1}$

b) *in den übrigen Fällen ohne Dichtheitsnachweis:* $0{,}7 \, h^{-1}$

c) *bei Nachweis der Dichtheit gemäß Anhang 4 Nr. 2:* $0{,}6 \, h^{-1}$

9.7 Gesetzestexte

8.1.4 Bei der Ermittlung der solaren Gewinne nach DIN V 4108-6 : 2003-06 Abschnitt 6.4.3 sind
– der Verschattungsfaktor mit $F_S = 0,9$ und
– der Minderungsfaktor für den Rahmenanteil von Fenstern mit $F_F = 0,6$
anzusetzen.

8.1.5 Bei der Berechnung des Jahres-Primärenergiebedarfs sind die klimatischen Randbedingungen des Referenzklimas nach DIN V 4108-6 : 2003-06 Anhang D.5 zu verwenden.

8.2 Vereinfachtes Verfahren nach Anhang 1 Nr. 3

Bei der Anwendung des vereinfachten Verfahrens nach Anhang 1 Nr. 3 auf bestehende Wohngebäude sind bei einer durchschnittlichen Geschosshöhe der Vollgeschosse des Gebäudes h_G von mehr als 2,5 m Nr. 8.1.2 sowie anstelle der Tabelle 2 in Anhang 1 Nr. 3 die folgende Tabelle 2 anzuwenden:

Tabelle 2: Vereinfachtes Verfahren zur Ermittlung des Jahres-Heizwärmebedarfs bei bestehenden Wohngebäuden

	Zu ermittelnde Größen	Gleichung	Zu verwendende Randbedingung		
	1	2	3		
1	Jahres-Heizwärmebedarf Q_h	$Q_h = F_{GT} \cdot (H_T + H_V) - \eta_{HP} \cdot (Q_s + Q_i)$	H_T+H_V/A_N	F_{GT}	η_{HP}
			W/(m² · K)	kKh/a	
			< 1	66	0,9
			1 - 2	75	0,9
			> 2	82	0,9
2	Spezifischer Transmissionswärmeverlust H_T	$H_T = \Sigma(F_{xi} \cdot U_i \cdot A_i) + A \cdot \Delta U_{WB}$ [1)]	Wärmebrückenzuschlag ΔU_{WB} nach Nr. 8.1.1 Temperatur-Korrekturfaktoren F_{xi} nach Anhang 1 Tabelle 3		
	bezogen auf die wärmeübertragende Umfassungsfläche	$H_T' = H_T/A$			
3	Spezifischer Lüftungswärmeverlust H_V	$H_V = 0,27 \cdot V_e$	bei offensichtlichen Undichtheiten		
		$H_V = 0,19 \cdot V_e$	ohne Dichtheitsprüfung nach Anhang 4 Nr. 2		
		$H_V = 0,163 \cdot V_e$	mit Dichtheitsprüfung nach Anhang 4 Nr. 2		

	Zu ermittelnde Größen	Gleichung	Zu verwendende Randbedingung		
	1	2	3		
4	Solare Gewinne Q_S	$Q_S = \Sigma\,(I_s)_{j,HP}\,\Sigma\,0{,}567\,g_i\,A_i{}^{2)}$ mit $I_{s,\,HP}$: Solare Einstrahlung in der Heizperiode je Himmelsrichtung j	Orientierung	$H_T + H_V / A_N$	$(I_s)_{j,HP}$
				W/(m² · K)	kWh/(m² · a)
			Südost bis Südwest	< 1	270
				1 - 2	410
				> 2	584
			Nordwest bis Nordost	< 1	100
				1 - 2	215
				> 2	400
			übrige Richtungen	< 1	155
				1 - 2	300
				> 2	480
			Dachflächenfenster mit Neigungen < 30°[3)]	< 1	225
				1 - 2	455
				> 2	745
5	Interne Gewinne Q_i	$Q_i = 22\,A_N$	A_N: Gebäudenutzfläche nach Anhang 1 Nr. 1.3.4 in Verbindung mit Anhang 3 Nr. 8.1.2		

[1)] Die Wärmedurchgangskoeffizienten der Bauteile U_i sind auf der Grundlage der nach den Landesbauordnungen bekannt gemachten energetischen Kennwerte für Bauprodukte zu ermitteln oder technischen Produkt-Spezifikationen (z. B. für Dachflächenfenster) zu entnehmen. Hierunter fallen insbesondere energetische Kennwerte aus europäischen technischen Zulassungen sowie energetische Kennwerte der Regelungen nach der Bauregelliste A Teil 1 und auf Grund von Festlegungen in allgemeinen bauaufsichtlichen Zulassungen. Bei an das Erdreich grenzenden Bauteilen ist der äußere Wärmeübergangswiderstand gleich Null zu setzen.

[2)] Der Gesamtenergiedurchlassgrad g_i (für senkrechte Einstrahlung) ist technischen Produkt-Spezifikationen zu entnehmen oder gemäß den nach den Landesbauordnungen bekannt gemachten energetischen Kennwerten für Bauprodukte zu bestimmen. Hierunter fallen insbesondere energetische Kennwerte aus europäischen technischen Zulassungen sowie energetische Kennwerte der Regelungen nach der Bauregelliste A Teil 1 und auf Grund von Festlegungen in allgemeinen bauaufsichtlichen Zulassungen. Besondere energiegewinnende Systeme, wie z.B. Wintergärten oder transparente Wärmedämmung, können im vereinfachten Verfahren keine Berücksichtigung finden.

[3)] Dachflächenfenster mit Neigungen ≥ 30° sind hinsichtlich der Orientierung wie senkrechte Fenster zu behandeln.

9.7 Gesetzestexte

Anhang 4
Anforderungen an die Dichtheit und den Mindestluftwechsel (zu § 6)

1. Anforderungen an außen liegende Fenster, Fenstertüren und Dachflächenfenster

Außen liegende Fenster, Fenstertüren und Dachflächenfenster müssen den Klassen nach Tabelle 1 entsprechen.

Tabelle 1: Klassen der Fugendurchlässigkeit von außen liegenden Fenstern, Fenstertüren und Dachflächenfenstern

	Anzahl der Vollgeschosse des Gebäudes	Klasse der Fugendurchlässigkeit nach DIN EN 12 207 - 1 : 2000-06
1	bis zu 2	2
2	mehr als 2	3

2. Nachweis der Dichtheit des gesamten Gebäudes

Wird eine Überprüfung der Anforderungen nach § 6 Abs. 1 durchgeführt, darf der nach DIN EN 13 829 : 2001-02 bei einer Druckdifferenz zwischen Innen und Außen von 50 Pa gemessene Volumenstrom - bezogen auf das beheizte Luftvolumen - bei Gebäuden

- ohne raumlufttechnische Anlagen $3\,h^{-1}$ und
- mit raumlufttechnischen Anlagen $1{,}5\,h^{-1}$

nicht überschreiten.

Anhang 5
Anforderungen zur Begrenzung der Wärmeabgabe von Wärmeverteilungs- und Warmwasserleitungen sowie Armaturen (zu § 14 Abs. 5)

1. Die Wärmeabgabe von Wärmeverteilungs- und Warmwasserleitungen sowie Armaturen ist durch Wärmedämmung nach Maßgabe der Tabelle 1 zu begrenzen.

Tabelle 1: Wärmedämmung von Wärmeverteilungs- und Warmwasserleitungen sowie Armaturen

Zeile	Art der Leitungen/Armaturen	Mindestdicke der Dämmschicht, bezogen auf eine Wärmeleitfähigkeit von 0,035 W/(m·K)
1	Innendurchmesser bis 22 mm	20 mm
2	Innendurchmesser über 22 mm bis 35 mm	30 mm
3	Innendurchmesser über 35 mm bis 100 mm	gleich Innendurchmesser
4	Innendurchmesser über 100 mm	100 mm

Zeile	Art der Leitungen/Armaturen	Mindestdicke der Dämmschicht, bezogen auf eine Wärmeleitfähigkeit von 0,035 W/(m·K)
5	Leitungen und Armaturen nach den Zeilen 1 bis 4 in Wand- und Deckendurchbrüchen, im Kreuzungsbereich von Leitungen, an Leitungsverbindungsstellen, bei zentralen Leitungsnetzverteilern	1/2 der Anforderungen der Zeilen 1 bis 4
6	Leitungen von Warmwasserzentralheizungen nach den Zeilen 1 bis 4, die nach dem 31. Januar 2002 in Bauteilen zwischen beheizten Räumen verschiedener Nutzer verlegt werden	1/2 der Anforderungen der Zeilen 1 bis 4
7	Leitungen nach Zeile 6 im Fußbodenaufbau	6 mm

Soweit sich Leitungen von Warmwasserzentralheizungen nach den Zeilen 1 bis 4 in beheizten Räumen oder in Bauteilen zwischen beheizten Räumen eines Nutzers befinden und ihre Wärmeabgabe durch freiliegende Absperreinrichtungen beeinflusst werden kann, werden keine Anforderungen an die Mindestdicke der Dämmschicht gestellt. Dies gilt auch für Warmwasserleitungen bis zum Innendurchmesser 22 mm, die weder in den Zirkulationskreislauf einbezogen noch mit elektrischer Begleitheizung ausgestattet sind.

2. Bei Materialien mit anderen Wärmeleitfähigkeiten als 0,035 W/(m·K) sind die Mindest-dicken der Dämmschichten entsprechend umzurechnen. Für die Umrechnung und die Wärmeleitfähigkeit des Dämmmaterials sind die in Regeln der Technik enthaltenen Berechnungsverfahren und Rechenwerte zu verwenden.

3. Bei Wärmeverteilungs- und Warmwasserleitungen dürfen die Mindestdicken der Dämmschichten nach Tabelle 1 insoweit vermindert werden, als eine gleichwertige Begrenzung der Wärmeabgabe auch bei anderen Rohrdämmstoffanordnungen und unter Berücksichtigung der Dämmwirkung der Leitungswände sichergestellt ist.

9.7 Gesetzestexte

Anhang 6 Muster Energieausweis Wohngebäude (zu den §§ 18 und 19)

ENERGIEAUSWEIS für Wohngebäude
gemäß den §§ 16 ff. Energieeinsparverordnung (EnEV)

Gültig bis:

1

Gebäude

Gebäudetyp	Einfamilienhaus	
Adresse	Musterstrasse 1, 2000 Musterstadt	
Gebäudeteil	EFH, nicht unterkellert	Gebäudefoto (freiwillig)
Baujahr Gebäude	1995	
Baujahr Anlagentechnik	1995	
Anzahl Wohnungen	1	
Gebäudenutzfläche (A_N)	154,9 m²	

Anlass der Ausstellung des Energieausweises	☐ Neubau ☒ Modernisierung ☐ Sonstiges (freiwillig)
	☐ Vermietung / Verkauf (Änderung / Erweiterung)

Hinweise zu den Angaben über die energetische Qualität des Gebäudes

Die energetische Qualität eines Gebäudes kann durch die Berechnung des **Energiebedarfs** unter standardisierten Randbedingungen oder durch die Auswertung des **Energieverbrauchs** ermittelt werden. Als Bezugsfläche dient die energetische Gebäudenutzfläche nach der EnEV, die sich in der Regel von den allgemeinen Wohnflächenangaben unterscheidet. Die angegebenen Vergleichswerte sollen überschlägige Vergleiche ermöglichen (**Erläuterungen – siehe Seite 4**).

☒ Der Energieausweis wurde auf der Grundlage von Berechnungen des **Energiebedarfs** erstellt. Die Ergebnisse sind auf **Seite 2** dargestellt. Zusätzliche Informationen zum Verbrauch sind freiwillig.

☐ Der Energieausweis wurde auf der Grundlage von Auswertungen des **Energieverbrauchs** erstellt. Die Ergebnisse sind auf **Seite 3** dargestellt.

Datenerhebung Bedarf/Verbrauch durch   ☐ Eigentümer   ☒ Aussteller

☐ Dem Energieausweis sind zusätzliche Informationen zur energetischen Qualität beigefügt (freiwillige Angabe).

Hinweise zur Verwendung des Energieausweises

Der Energieausweis dient lediglich der Information. Die Angaben im Energieausweis beziehen sich auf das gesamte Wohngebäude oder den oben bezeichneten Gebäudeteil. Der Energieausweis ist lediglich dafür gedacht, einen überschlägigen Vergleich von Gebäuden zu ermöglichen.

Aussteller

Unterschrift des Ausstellers

....
Datum   Unterschrift

ENERGIEAUSWEIS für Wohngebäude

gemäß den §§ 16 ff. Energieeinsparverordnung (EnEV)

Berechneter Energiebedarf des Gebäudes (2)

Energiebedarf

Primärenergiebedarf „Gesamtenergieeffizienz"
134,7 kWh/(m²·a)

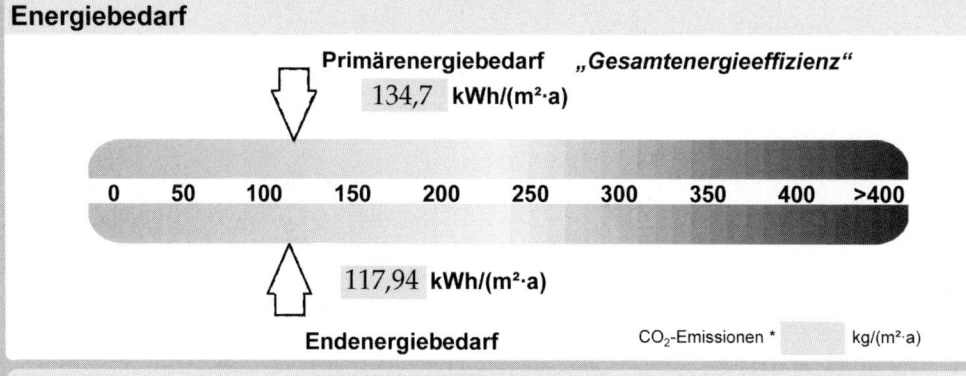

0   50   100   150   200   250   300   350   400   >400

117,94 kWh/(m²·a)

Endenergiebedarf CO_2-Emissionen *   kg/(m²·a)

Nachweis der Einhaltung des § 3 oder § 9 Abs. 1 der EnEV (Vergleichswerte)

Primärenergiebedarf

Gebäude Ist-Wert	134,7	kWh/(m²a)
EnEV-Anforderungswert	187,0	kWh/(m²a)

Energetische Qualität der Gebäudehülle

Gebäude Ist-Wert H_T'	0,353	W/(m²K)
EnEV-Anforderungswert H_T'	0,638	W/(m²K)

Endenergiebedarf „Normverbrauch"

Energieträger	Jährlicher Endenergiebedarf in kWh/(m²a) für			Gesamt in kWh/(m²a)
	Heizung	Warmwasser	Hilfsgeräte	
Erdgas	90,93	24,36		
Strom			2,65	
				117,94

Erneuerbare Energien

☐ Einsetzbarkeit alternativer Energieversorgungssysteme nach § 5 EnEV vor Baubeginn berücksichtigt

Erneuerbare Energieträger werden genutzt für:
☐ Heizung   ☐ Warmwasser
☐ Lüftung

Lüftungskonzept

Die Lüftung erfolgt durch:
X Fensterlüftung   ☐ Schachtlüftung
☐ Lüftungsanlage ohne Wärmerückgewinnung
☐ Lüftungsanlage mit Wärmerückgewinnung

Vergleichswerte Endenergiebedarf

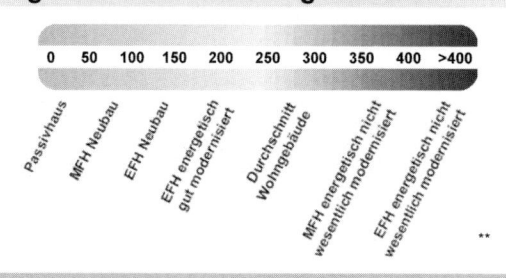

0   50   100   150   200   250   300   350   400   >400

Passivhaus, MFH Neubau, EFH Neubau, EFH energetisch gut modernisiert, Durchschnitt Wohngebäude, MFH energetisch nicht wesentlich modernisiert, EFH energetisch nicht wesentlich modernisiert **

Erläuterungen zum Berechnungsverfahren

Das verwendete Berechnungsverfahren ist durch die Energieeinsparverordnung vorgegeben. Insbesondere wegen standardisierter Randbedingungen erlauben die angegebenen Werte keine Rückschlüsse auf den tatsächlichen Energieverbrauch. Die ausgewiesenen Bedarfswerte sind spezifische Werte nach der EnEV pro Quadratmeter Gebäudenutzfläche (A_N).

* freiwillige Angabe ** EFH – Einfamilienhäuser, MFH – Mehrfamilienhäuser

9.7 Gesetzestexte

ENERGIEAUSWEIS für Wohngebäude
gemäß den §§ 16 ff. Energieeinsparverordnung (EnEV)

Gemessener Energieverbrauch des Gebäudes   3

Energieverbrauchskennwert

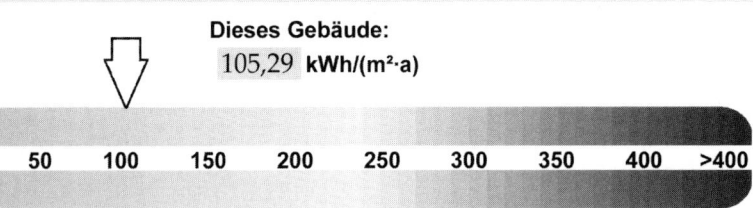

Dieses Gebäude: 105,29 kWh/(m²·a)

0   50   100   150   200   250   300   350   400   >400

Energieverbrauch für Warmwasser: ☒ enthalten ☐ nicht enthalten

Verbrauchserfassung – Heizung und Warmwasser

Energieträger	Abrechnungszeitraum		Brennstoff-menge [kWh]	Anteil Warm-wasser [kWh]	Klima-faktor	Energieverbrauchskennwert in kWh/(m²·a) (zeitlich bereinigt, klimabereinigt)		
	von	bis				Heizung	Warmwasser	Kennwert
Erdgas	Jan '03	Dez '03	10.926		3.47			90,76
	Jan '04	Dez '04	13.108		3.47			111,24
	Jan '05	Dez '05	13.290		3.47			113,87
							Durchschnitt	105,29

Vergleichswerte Endenergiebedarf

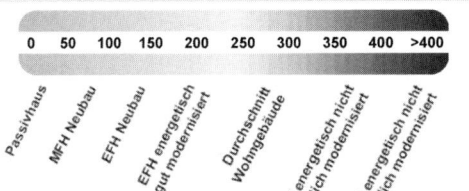

0   50   100   150   200   250   300   350   400   >400

Passivhaus | MFH Neubau | EFH Neubau | EFH energetisch gut modernisiert | Durchschnitt Wohngebäude | MFH energetisch nicht wesentlich modernisiert | EFH energetisch nicht wesentlich modernisiert

Die modellhaft ermittelten Vergleichswerte beziehen sich auf Gebäude, in denen die Wärme für Heizung und Warmwasser durch Heizkessel im Gebäude bereitgestellt wird.
Soll ein Energieverbrauchskennwert verglichen werden, der keinen Warmwasseranteil enthält, ist zu beachten, dass auf die Warmwasserbereitung je nach Gebäudegröße 20 – 40 kWh/(m²·a) entfallen können.
Soll ein Energieverbrauchskennwert eines mit Fern- oder Nahwärme beheizten Gebäudes verglichen werden, ist zu beachten, dass hier normalerweise ein um 15 – 30 % geringerer Energieverbrauch als bei vergleichbaren Gebäuden mit Kesselheizung zu erwarten ist.

Erläuterungen zum Verfahren

Das Verfahren zur Ermittlung von Energieverbrauchskennwerten ist durch die Energieeinsparverordnung vorgegeben. Die Werte sind spezifische Werte pro Quadratmeter Gebäudenutzfläche (A_N) nach Energieeinsparverordnung. Der tatsächlich gemessene Verbrauch einer Wohnung oder eines Gebäudes weicht insbesondere wegen des Witterungseinflusses und sich ändernden Nutzerverhaltens vom angegebenen Energieverbrauchskennwert ab.

* EFH – Einfamilienhäuser, MFH – Mehrfamilienhäuser

ENERGIEAUSWEIS für Wohngebäude
gemäß den §§ 16 ff. Energieeinsparverordnung (EnEV)

Erläuterungen 4

Energiebedarf – Seite 2
Der Energiebedarf wird in diesem Energieausweis durch den Jahres-Primärenergiebedarf und den Endenergiebedarf dargestellt. Diese Angaben werden rechnerisch ermittelt. Die angegebenen Werte werden auf der Grundlage der Bauunterlagen bzw. gebäudebezogener Daten und unter Annahme von standardisierten Randbedingungen (z.B. standardisierte Klimadaten, definiertes Nutzerverhalten, standardisierte Innentemperatur und innere Wärmegewinne usw.) berechnet. So lässt sich die energetische Qualität des Gebäudes unabhängig vom Nutzerverhalten und der Wetterlage beurteilen. Insbesondere wegen standardisierter Randbedingungen erlauben die angegebenen Werte keine Rückschlüsse auf den tatsächlichen Energieverbrauch.

Primärenergiebedarf – Seite 2
Der Primärenergiebedarf bildet die Gesamtenergieeffizienz eines Gebäudes ab. Er berücksichtigt neben der Endenergie auch die so genannte „Vorkette" (Erkundung, Gewinnung, Verteilung, Umwandlung) der jeweils eingesetzten Energieträger (z. B. Heizöl, Gas, Strom, erneuerbare Energien etc.). Kleine Werte (grüner Bereich) signalisieren einen geringen Bedarf und damit eine hohe Energieeffizienz und Ressourcen und Umwelt schonende Energienutzung. Zusätzlich können die mit dem Energiebedarf verbundenen CO_2-Emissionen des Gebäudes freiwillig angegeben werden.

Endenergiebedarf – Seite 2
Der Endenergiebedarf gibt die nach technischen Regeln berechnete, jährlich benötigte Energiemenge für Heizung, Lüftung und Warmwasserbereitung an („Normverbrauch"). Er wird unter Standardklima und -nutzungsbedingungen errechnet und ist ein Maß für die Energieeffizienz eines Gebäudes und seiner Anlagentechnik. Der Endenergiebedarf ist die Energiemenge, die dem Gebäude bei standardisierten Bedingungen unter Berücksichtigung der Energieverluste zugeführt werden muss, damit die standardisierte Innentemperatur, der Warmwasserbedarf und die notwendige Lüftung sichergestellt werden können. Kleine Werte (grüner Bereich) signalisieren einen geringen Bedarf und damit eine hohe Energieeffizienz.
Die Vergleichswerte für den Energiebedarf sind modellhaft ermittelte Werte und sollen Anhaltspunkte für grobe Vergleiche der Werte dieses Gebäudes mit den Vergleichswerten ermöglichen. Es sind ungefähre Bereiche angegeben, in denen die Werte für die einzelnen Vergleichskategorien liegen. Im Einzelfall können diese Werte auch außerhalb der angegebenen Bereiche liegen.

Energetische Qualität der Gebäudehülle – Seite 2
Angegeben ist der spezifische, auf die wärmeübertragende Umfassungsfläche bezogene Transmissionswärmeverlust (Formelzeichen in der EnEV: H_T'). Er ist ein Maß für die durchschnittliche energetische Qualität aller wärmeübertragenden Umfassungsflächen (Außenwände, Decken, Fenster etc.) eines Gebäudes. Kleine Werte signalisieren einen guten baulichen Wärmeschutz.

Energieverbrauchskennwert – Seite 3
Der ausgewiesene Energieverbrauchskennwert wird für das Gebäude auf der Basis der Abrechnung von Heiz- und ggf. Warmwasserkosten nach der Heizkostenverordnung und auf Grund anderer geeigneter Verbrauchsdaten ermittelt. Dabei werden die Energieverbrauchsdaten des gesamten Gebäudes und nicht der einzelnen Wohn- oder Nutzeinheiten zugrunde gelegt. Über Klimafaktoren wird der gemessene Energieverbrauch für die Heizung hinsichtlich der konkreten örtlichen Wetterdaten auf einen deutschlandweiten Mittelwert umgerechnet. So führen beispielsweise hohe Verbräuche in einem einzelnen harten Winter nicht zu einer schlechteren Beurteilung des Gebäudes. Der Energieverbrauchskennwert gibt Hinweise auf die energetische Qualität des Gebäudes und seiner Heizungsanlage. Kleine Werte (grüner Bereich) signalisieren einen geringen Verbrauch. Ein Rückschluss auf den künftig zu erwartenden Verbrauch ist jedoch nicht möglich; insbesondere können die Verbrauchsdaten einzelner Wohneinheiten stark differieren, weil sie von deren Lage im Gebäude, von der jeweiligen Nutzung und vom individuellen Verhalten abhängen.

Gemischt genutzte Gebäude
Für Energieausweise bei gemischt genutzten Gebäuden enthält die Energieeinsparverordnung besondere Vorgaben. Danach sind - je nach Fallgestaltung - entweder ein gemeinsamer Energieausweis für alle Nutzungen oder für Wohnungen und für die übrigen Nutzungen zwei getrennte Energieausweise auszustellen; dies ist auf Seite 1 der Ausweise erkennbar.

9.7 Gesetzestexte

Anhang 7 Muster Energieausweis Nichtwohngebäude (zu den §§ 18 und 19)

ENERGIEAUSWEIS für Nichtwohngebäude
gemäß den §§ 16 ff. Energieeinsparverordnung (EnEV)

Gültig bis: **1**

Gebäude

Hauptnutzung / Gebäudekategorie	
Adresse	
Gebäudeteil	
Baujahr Gebäude	
Baujahr Wärmeerzeuger	
Baujahr Klimaanlage	
Nettogrundfläche	

Gebäudefoto (freiwillig)

Anlass der Ausstellung des Energieausweises	Neubau	Modernisierung	Aushang b. öff. Gebäuden
	Vermietung / Verkauf	(Änderung / Erweiterung)	Sonstiges (freiwillig)

Hinweise zu den Angaben über die energetische Qualität des Gebäudes

Die energetische Qualität eines Gebäudes kann durch die Berechnung des **Energiebedarfs** unter standardisierten Randbedingungen oder durch die Auswertung des **Energieverbrauchs** ermittelt werden. **Als Bezugsfläche dient die Nettogrundfläche.**

Der Energieausweis wurde auf der Grundlage von Berechnungen des **Energiebedarfs** erstellt. Die Ergebnisse sind auf **Seite 2** dargestellt. Zusätzliche Informationen zum Verbrauch sind freiwillig. Diese Art der Ausstellung ist Pflicht bei Neubauten und bestimmten Modernisierungen. Die angegebenen Vergleichswerte sind die Anforderungen der EnEV zum Zeitpunkt der Erstellung des Energieausweises **(Erläuterungen – siehe Seite 4)**.

Der Energieausweis wurde auf der Grundlage von Auswertungen des **Energieverbrauchs** erstellt. Die Ergebnisse sind auf **Seite 3** dargestellt. Die Vergleichswerte beruhen auf statistischen Auswertungen.

Datenerhebung Bedarf/Verbrauch durch   Eigentümer   Aussteller

Dem Energieausweis sind zusätzliche Informationen zur energetischen Qualität beigefügt (freiwillige Angabe).

Hinweise zur Verwendung des Energieausweises

Der Energieausweis dient lediglich der Information. Die Angaben im Energieausweis beziehen sich auf das gesamte Gebäude oder den oben bezeichneten Gebäudeteil. Der Energieausweis ist lediglich dafür gedacht, einen überschlägigen Vergleich von Gebäuden zu ermöglichen.

Aussteller	Unterschrift des Ausstellers
	Datum Unterschrift

ENERGIEAUSWEIS für Nichtwohngebäude
gemäß den §§ 16 ff. Energieeinsparverordnung (EnEV)

Berechneter Energiebedarf des Gebäudes (2)

Primärenergiebedarf „Gesamtenergieeffizienz"

Dieses Gebäude: ____ kWh/(m²·a)

0 100 200 300 400 500 600 700 800 900 1000 >1000

EnEV-Anforderungswert Neubau | EnEV-Anforderungswert modernisierter Altbau

CO_2-Emissionen * ____ kg/(m²·a)

Nachweis der Einhaltung des § 3 oder § 9 Abs. 1 der EnEV (Vergleichswerte)

Primärenergiebedarf		Energetische Qualität der Gebäudehülle	
Gebäude Ist-Wert	kWh/(m²a)	Gebäude Ist-Wert H_T'	W/(m²K)
EnEV-Anforderungswert	kWh/(m²a)	EnEV-Anforderungswert H_T'	W/(m²K)

Endenergiebedarf „Normverbrauch"

Jährlicher Endenergiebedarf in kWh/(m²a) für

Energieträger	Heizung	Warmwasser	Eingebaute Beleuchtung	Lüftung	Kühlung einschl. Befeuchtung	Gebäude insgesamt

Aufteilung Energiebedarf

[kWh/(m²a)]	Heizung	Warmwasser	Eingebaute Beleuchtung	Lüftung	Kühlung einschl. Befeuchtung	Gebäude insgesamt
Nutzenergie						
Endenergie						
Primärenergie						

Erneuerbare Energien

Einsetzbarkeit alternativer Energieversorgungssysteme nach § 5 EnEV vor Baubeginn berücksichtigt

Erneuerbare Energieträger werden genutzt für:

Heizung   Warmwasser   Eingebaute Beleuchtung
Lüftung   Kühlung

Lüftungskonzept

Die Lüftung erfolgt durch:

Fensterlüftung   Lüftungsanlage ohne Wärmerückgewinnung
Schachtlüftung   Lüftungsanlage mit Wärmerückgewinnung

Gebäudezonen

Nr.	Zone	Fläche [m²]	Anteil [%]
1			
2			
3			
4			
5			
6			
	weitere Zonen in Anlage		

Erläuterungen zum Berechnungsverfahren

Das verwendete Berechnungsverfahren ist durch die Energieeinsparverordnung (EnEV) vorgegeben. Insbesondere wegen standardisierter Randbedingungen erlauben die angegebenen Werte keine Rückschlüsse auf den tatsächlichen Energieverbrauch. Die ausgewiesenen Bedarfswerte sind spezifische Werte nach der EnEV pro Quadratmeter Nettogrundfläche. Die oben als EnEV-Anforderungswert bezeichneten Anforderungen der EnEV sind nur im Falle des Neubaus und der Modernisierung nach § 9 Abs. 1 EnEV bindend.

* freiwillige Angabe

ENERGIEAUSWEIS für Nichtwohngebäude
gemäß den §§ 16 ff. Energieeinsparverordnung (EnEV)

Gemessener Energieverbrauch des Gebäudes (3)

Heizenergieverbrauchskennwert (einschließlich Warmwasser)

Dieses Gebäude: kWh/(m²·a)

0 100 200 300 400 500 600 700 800 900 1000 >1000

↑ Häufigster Wert dieser Gebäudekategorie für Heizung und Warmwasser (Vergleichswert) *

Stromverbrauchskennwert

Dieses Gebäude: kWh/(m²·a)

0 100 200 300 400 500 600 700 800 900 1000 >1000

↑ Häufigster Wert dieser Gebäudekategorie für Strom (Vergleichswert) *

Der Wert enthält den Stromverbrauch für

Heizung   Warmwasser   Lüftung   eingebaute Beleuchtung   Kühlung   Sonstiges:

Verbrauchserfassung – Heizung und Warmwasser

Energieträger	Abrechnungszeitraum		Brennstoffmenge [kWh]	Anteil Warmwasser [kWh]	Klimafaktor	Energieverbrauchskennwert in kWh/(m² a) (zeitlich bereinigt, klimabereinigt)		
	von	bis				Heizung	Warmwasser	Kennwert
							Durchschnitt	

Verbrauchserfassung – Strom

Abrechnungszeitraum		Ablesewert [kWh]	Kennwert [kWh/(m²·a)]
von	bis		

Gebäudekategorie

Gebäudekategorie _____

Sonderzonen _____

* veröffentlicht im Bundesanzeiger / Internet durch das Bundesministerium für Verkehr, Bau und Stadtentwicklung und das Bundesministerium für Wirtschaft und Technologie

ENERGIEAUSWEIS für Nichtwohngebäude
gemäß den §§ 16 ff. Energieeinsparverordnung (EnEV)

Erläuterungen   4

Energiebedarf – Seite 2
Der Energiebedarf wird in diesem Energieausweis durch den Jahres-Primärenergiebedarf und den Endenergiebedarf für die Anteile Heizung, Warmwasser, eingebaute Beleuchtung, Lüftung und Kühlung dargestellt. Diese Angaben werden rechnerisch ermittelt. Die angegebenen Werte werden auf der Grundlage der Bauunterlagen bzw. gebäudebezogener Daten und unter Annahme von standardisierten Randbedingungen (z. B. standardisierte Klimadaten, definiertes Nutzerverhalten, standardisierte Innentemperatur und innere Wärmegewinne usw.) berechnet. So lässt sich die energetische Qualität des Gebäudes unabhängig vom Nutzerverhalten und der Wetterlage beurteilen. Insbesondere wegen standardisierter Randbedingungen erlauben die angegebenen Werte keine Rückschlüsse auf den tatsächlichen Energieverbrauch. .

Primärenergiebedarf – Seite 2
Der Primärenergiebedarf bildet die Gesamtenergieeffizienz eines Gebäudes ab. Er berücksichtigt neben der Endenergie auch die so genannte „Vorkette" (Erkundung, Gewinnung, Verteilung, Umwandlung) der jeweils eingesetzten Energieträger (z. B. Heizöl, Gas, Strom, erneuerbare Energien etc.). Kleine Werte (grüner Bereich) signalisieren einen geringen Bedarf und damit eine hohe Energieeffizienz und Ressourcen und Umwelt schonende Energienutzung.
Die angegebenen Vergleichswerte geben für das Gebäude die Anforderungen der Energieeinsparverordnung an, die zum Zeitpunkt der Erstellung des Energieausweises galt. Sie sind im Falle eines Neubaus oder der Modernisierung des Gebäudes nach c 9 Abs. 1 EnEV einzuhalten und dienen bei Bestandsgebäuden der Orientierung hinsichtlich der energetischen Qualität des Gebäudes. Zusätzlich können die mit dem Energiebedarf verbundenen CO_2-Emissionen des Gebäudes freiwillig angegeben werden.

Endenergiebedarf – Seite 2
Der Endenergiebedarf gibt die nach technischen Regeln berechnete, jährlich benötigte Energiemenge für Heizung, Warmwasser, eingebaute Beleuchtung, Lüftung und Kühlung an („Normverbrauch"). Er wird unter Standardklima und -nutzungsbedingungen errechnet und ist ein Maß für die Energieeffizienz eines Gebäudes und seiner Anlagentechnik. Der Endenergiebedarf ist die Energiemenge, die dem Gebäude bei standardisierten Bedingungen unter Berücksichtigung der Energieverluste zugeführt werden muss, damit die standardisierte Innentemperatur, der Warmwasserbedarf, die notwendige Lüftung und eingebaute Beleuchtung sichergestellt werden können. Kleine Werte (grüner Bereich) signalisieren einen geringen Bedarf und damit eine hohe Energieeffizienz.

Energetische Qualität der Gebäudehülle – Seite 2
Angegeben ist der spezifische, auf die wärmeübertragende Umfassungsfläche bezogene Transmissionswärmetransferkoeffizient (Formelzeichen in der EnEV: H_T'). Er ist ein Maß für die durchschnittliche energetische Qualität aller wärmeübertragenden Umfassungsflächen (Außenwände, Decken, Fenster, etc.) eines Gebäudes. Kleine Werte signalisieren einen guten baulichen Wärmeschutz.

Heizenergie- und Stromverbrauchskennwert (Energieverbrauchskennwerte) – Seite 3
Der Heizenergieverbrauchskennwert (einschließlich Warmwasser) wird für das Gebäude auf der Basis der Erfassung des Verbrauchs ermittelt. Das Verfahren zur Ermittlung von Energieverbrauchskennwerten ist durch die Energieeinsparverordnung vorgegeben. Die Werte sind spezifische Werte pro Quadratmeter Nettogrundfläche nach Energieeinsparverordnung. Über Klimafaktoren wird der gemessene Energieverbrauch hinsichtlich der örtlichen Wetterdaten auf ein standardisiertes Klima für Deutschland umgerechnet. Der ausgewiesene Stromverbrauchskennwert wird für das Gebäude auf der Basis der Erfassung des Verbrauchs oder der entsprechenden Abrechnung ermittelt. Die Energieverbrauchskennwerte geben Hinweise auf die energetische Qualität des Gebäudes. Kleine Werte (grüner Bereich) signalisieren einen geringen Verbrauch. Ein Rückschluss auf den künftig zu erwartenden Verbrauch ist jedoch nicht möglich. Der tatsächlich gemessene Verbrauch einer Nutzungseinheit oder eines Gebäudes weicht insbesondere wegen des Witterungseinflusses und sich ändernden Nutzerverhaltens oder sich ändernder Nutzungen vom angegebenen Energieverbrauchskennwert ab.
Die Vergleichswerte („Häufigster Wert in dieser Gebäudekategorie") ergeben sich durch die Beurteilung gleichartiger Gebäude. Dazu wurden die Daten von einer großen Anzahl Gebäude untersucht und bewertet. Der Vergleichswert ist dabei der häufigste Wert (Modalwert) aus der statistischen Verteilung. Kleinere Verbrauchswerte als der Vergleichswert signalisieren eine gute energetische Qualität im Vergleich zum Gebäudebestand dieses Gebäudetyps. Die Vergleichswerte werden durch das Bundesministerium für Verkehr, Bau und Stadtentwicklung und das Bundesministerium für Wirtschaft und Technologie bekannt gegeben.

9.7 Gesetzestexte

Anhang 8
Muster Aushang Energieausweis auf der Grundlage des Energiebedarfs (zu § 16 Abs. 3)

ENERGIEAUSWEIS für Nichtwohngebäude
gemäß den §§ 16 ff. Energieeinsparverordnung (EnEV)

Erstellt am: **Aushang**

Gebäude

Hauptnutzung / Gebäudekategorie	
Adresse	
Gebäudeteil	
Baujahr Gebäude	
Baujahr Wärmeerzeuger	
Baujahr Klimaanlage	
Nettogrundfläche	

Gebäudefoto (freiwillig)

Primärenergiebedarf „Gesamtenergieeffizienz"

Dieses Gebäude: kWh/(m²·a)

0 100 200 300 400 500 600 700 800 900 1000 >1000

EnEV-Anforderungswert Neubau ↑ ↑EnEV-Anforderungswert modernisierter Altbau

Aufteilung Energiebedarf

500
400
300
200
100

Nutzenergie Endenergie Primärenergie
„Gesamtenergieeffizienz"

Kühlung einschl. Befeuchtung
Lüftung
Eingebaute Beleuchtung
Warmwasser
Heizung

Aussteller

Unterschrift des Ausstellers

Anhang 9
Muster Aushang Energieausweis auf der Grundlage des Energieverbrauchs (zu § 16 Abs. 3)

ENERGIEAUSWEIS für Nichtwohngebäude
gemäß den §§ 16 ff. Energieeinsparverordnung (EnEV)

Erstellt am:

Aushang

Gebäude

Hauptnutzung / Gebäudekategorie	
Sonderzone(n)	
Adresse	
Gebäudeteil	
Baujahr Gebäude	
Baujahr Wärmeerzeuger	
Baujahr Klimaanlage	
Nettogrundfläche	

Gebäudefoto (freiwillig)

Heizenergieverbrauchskennwert (einschließlich Warmwasser)

Dieses Gebäude: ____ kWh/(m²·a)

0   100   200   300   400   500   600   700   800   900   1000   >1000

↑ Häufigster Wert dieser Kategorie für Heizung und Warmwasser (Vergleichswert)

Stromverbrauchskennwert

Dieses Gebäude: ____ kWh/(m²·a)

0   100   200   300   400   500   600   700   800   900   1000   >1000

↑ Häufigster Wert dieser Kategorie für Heizung und Warmwasser (Vergleichswert)

Der Wert enthält den Stromverbrauch für

Heizung   Warmwasser   Lüftung   eingebaute Beleuchtung   Kühlung   Sonstiges: ____

Aussteller

Unterschrift des Ausstellers

9.7 Gesetzestexte

Anhang 10
Muster Modernisierungsempfehlungen zum Energieausweis (zu § 20)

Modernisierungsempfehlungen zum Energieausweis
gemäß § 20 Energieeinsparverordnung

Gebäude

Adresse

Hauptnutzung / Gebäudekategorie

Empfehlungen zur kostengünstigen Modernisierung
⑥ sind möglich ⑥ sind nicht möglich

Empfohlene Modernisierungsmaßnahmen

Nr.	Bau- oder Anlagenteile	Maßnahmenbeschreibung

⑥ weitere Empfehlungen auf gesondertem Blatt

Hinweis: Modernisierungsempfehlungen für das Gebäude dienen lediglich der Information. Sie sind nur kurz gefasste Hinweise und kein Ersatz für eine Energieberatung.

Beispielhafter Variantenvergleich (Angaben freiwillig)

	Ist-Zustand	Modernisierungsvariante 1	Modernisierungsvariante 2
Modernisierung gemäß Nummern:			
Primärenergiebedarf [kWh/(m²·a)]			
Einsparung gegenüber Ist-Zustand [%]			
Endenergiebedarf [kWh/(m²·a)]			
Einsparung gegenüber Ist-Zustand [%]			
CO_2-Emissionen [kg/(m²·a)]			
Einsparung gegenüber Ist-Zustand [%]			

Aussteller

Unterschrift des Ausstellers

....
Datum   Unterschrift

Anhang 11
Anforderungen an die Inhalte der Fortbildung (zu § 21 Abs. 2 Nr. 2)
1. Zweck der Fortbildung

Die nach § 21 Abs. 2 Nr. 2 verlangte Fortbildung soll die Aussteller von Energieausweisen für bestehende Gebäude nach § 16 Abs. 2 und 3 in die Lage versetzen, bei der Ausstellung solcher Energieausweise die Vorschriften dieser Verordnung einschließlich des technischen Regelwerks zum energiesparenden Bauen sachgemäß anzuwenden. Die Fortbildung soll insbesondere folgende Fachkenntnisse vermitteln:

2. Inhaltliche Schwerpunkte der Fortbildung zu bestehenden Wohngebäuden

2.1 Bestandsaufnahme und Dokumentation des Gebäudes, der Baukonstruktion und der technischen Anlagen

Ermittlung, Bewertung und Dokumentation der geometrischen und energetischen Kennwerte der Gebäudehülle einschließlich aller Einbauteile und der Wärmebrücken, Bewertung der Luftdichtheit und Erkennen von Leckagen, Kenntnisse der bauphysikalischen Eigenschaften von Baustoffen und Bauprodukten einschließlich der damit verbundenen konstruktiv-statischen Aspekte. Ermittlung, Bewertung und Dokumentation der energetischen Kennwerte der haustechnischen Anlagen, Beurteilung der Auswirkungen des Nutzerverhaltens, von Leerstand, Klima, technischen Anlagenkomponenten einschließlich deren Betriebseinstellung und Wartung auf den Energieverbrauch.

2.2 Beurteilung der Gebäudehülle

Ermittlung von Eingangs- und Berechnungsgrößen für die energetische Berechnung wie z. B. Wärmeleitfähigkeit, Wärmedurchlasswiderstand, Wärmedurchgangskoeffizienten, Transmissionswärmeverlust, Lüftungswärmebedarf, nutzbare interne Wärmegewinne, nutzbare solare Wärmegewinne, Durchführung der erforderlichen Berechnungen nach DIN V 4108-6, vereinfachte Berechnungs- und Beurteilungsmethoden. Berücksichtigung von Maßnahmen des sommerlichen Wärmeschutzes, Kenntnisse über Blower-Door-Messungen und Ermittlung der Luftdichtheitsrate.

2.3 Beurteilung von Heizungs- und Warmwasserbereitungsanlagen

Detaillierte Beurteilung von Bestandteilen der Heizungsanlagen zur Wärmeerzeugung und Wärmespeicherung, Wärmeverteilungs- und Wärmeabgabesystem, Beurteilung der Besonderheiten des Zusammenwirkens von Eigenschaften des Gebäudes, Durchführung der Berechnungen nach DIN V 4701-10, Beurteilung von Systemen der alternativen bzw. regenerativen Wärme- oder Energieerzeugung.

2.4 Beurteilung von Lüftungsanlagen

Bewertung unterschiedlicher Arten von Lüftungsanlagen und deren Konstruktionsmerkmalen, Berücksichtigung des Brand- und Schallschutzes für lüftungstechnische Anlagen, Durchführung der Berechnungen nach DIN V 4701-10.

2.5 Erbringung der Nachweise

Kenntnisse der Anforderungen an Wohngebäude, Bauordnungsrecht (insb. Mindestwärmeschutz), Durchführung der Nachweise und Berechnungen des Jahres-Primärenergiebedarfs, Ermittlung des Energieverbrauchs und seine rechnerische Bewertung einschließlich der Witterungsbereinigung, Ausstellung eines Energieausweises.

Energieverbrauchs und seine rechnerische Bewertung einschließlich der Witterungsbereinigung, Ausstellung eines Energieausweises.

2.6 Grundlagen der Beurteilung von Modernisierungsempfehlungen einschließlich ihrer technischen Machbarkeit und Wirtschaftlichkeit

Erfahrungswerte zur Amortisations- und Wirtschaftlichkeitsberechnung für einzelne Bauteile und Anlagen, Schätzung der Investitionskosten und der Kosteneinsparung, Grundzüge der Vor- und Nachteile bestimmter Verbesserungsvorschläge unter Berücksichtigung bautechnischer und rechtlicher Rahmenbedingungen (z.B. bei Wechsel des Heizenergieträgers, Grenzbebauung, Grenzabstände) sowie aktueller Förderprogramme, Berücksichtigung von tangierten bauphysikalischen und statisch-konstruktiven Einflüssen wie z.b. Wärmebrücken, Tauwasserfreiheit, Wasserdampftransport, Schimmelpilzbefall, notwendige Anschlussausführungen und Vorschläge für weitere Abdichtungsmaßnahmen, Auswahl von Materialien zur Herstellung der Luftdichtheit (Verträglichkeit, Wirksamkeit, Dauerhaftigkeit), Auswirkungen der wärmeschutztechnischen Maßnahmen auf den Schall- und Brandschutz, Erstellung von erfahrungsgemäß wirtschaftlichen (rentablen), im Allgemeinen verwirklichungsfähigen Modernisierungsempfehlungen.

3. Inhaltliche Schwerpunkte der Fortbildung zu bestehenden Nichtwohngebäuden

Zusätzlich zu den unter Nr. 2 aufgeführten Schwerpunkten sind folgende Fachkenntnisse zu vermitteln:

3.1 Bestandsaufnahme und Dokumentation des Gebäudes, der Baukonstruktion und der technischen Anlagen

Energetische Modellierung eines Gebäudes (beheiztes, gekühltes Volumen, konditionierte/nicht konditionierte Räume, Versorgungsbereich der Anlagentechnik), Ermittlung der Systemgrenze und Einteilung des Gebäudes in Zonen nach entsprechenden Nutzungsrandbedingungen, Zuordnung von geometrischen und energetischen Kenngrößen zu den Zonen und Versorgungsbereichen, Zusammenwirkung von Gebäude und Anlagentechnik (Verrechnung von Bilanzanteilen), vereinfachte Verfahren (Ein-Zonen-Modell), Bestimmung von Wärmequellen und -senken und des Nutzenergiebedarfs von Zonen, Ermittlung, Bewertung und Dokumentation der energetischen Kennwerte von raumlufttechnischen Anlagen, insbesondere von Klimaanlagen, und von Beleuchtungssystemen.

3.2 Beurteilung der Gebäudehülle

Ermittlung von Eingangs- und Berechnungsgrößen und energetische Bewertung von Fassadensystemen, insbesondere von Glasfassaden, Bewertung von Systemen für den sommerlichen Wärmeschutz und von Verbauungssituationen.

3.3 Beurteilung von Heizungs- und Warmwasserbereitungsanlagen

Berechnung des Endenergiebedarfs für Heizungs- und Warmwasserbereitung nach DIN V 18599-5 und DIN V 18599-8, Beurteilung von Kraft-Wärme-Kopplungsanlagen nach DIN V 18599-9, Bilanzierungsmethode für Fernwärmesysteme, Beurteilung der Verluste in den technischen Prozessschritten.

3.4 Beurteilung von raumlufttechnischen Anlagen und sonstigen Anlagen zur Kühlung

Berechnung des Kühlbedarfs von Gebäuden (Nutzkälte) und der Nutzenergie für die Luftaufbereitung, Bewertung unterschiedlicher Arten von raumlufttechnischen Anlagen und deren Konstrukti-

onsmerkmalen, Berücksichtigung des Brand- und Schallschutzes für diese Anlagen, Berechnung von Energie für die Befeuchtung mit einem Dampferzeuger, Ermittlung von Übergabe- und Verteilverlusten, Bewertung von Bauteiltemperierungen, Durchführung der Berechnungen nach DIN V 18599-2, DIN V 18599-3 und DIN V 18599-7.

3.5 Beurteilung von Beleuchtungs- und Belichtungssystemen

Berechnung des Endenergiebedarfes für die Beleuchtung nach DIN V 18599-4, Bewertung der Tageslichtnutzung (Fenster, Tageslichtsysteme, Beleuchtungsniveau, Wartungswert der Beleuchtungsstärke etc.), der tageslichtabhängigen Kunstlichtregelung (Art, Kontrollstrategie, Funktionsumfang, Schaltsystem etc.) und der Kunstlichtbeleuchtung (Lichtquelle, Vorschaltgerät, Leuchte etc.).

3.6 Erbringung der Nachweise

Kenntnisse der Anforderungen an Nichtwohngebäude, Durchführung der Nachweise und Berechnungen des Jahres-Primärenergiebedarfs, Ermittlung des Energieverbrauchs und seine rechnerische Bewertung einschließlich der Witterungsbereinigung, Ausstellung eines Energieausweises.

3.7 Grundlagen der Beurteilung von Modernisierungsempfehlungen einschließlich ihrer technischen Machbarkeit und Wirtschaftlichkeit

Erstellung von erfahrungsgemäß wirtschaftlichen (rentablen), im Allgemeinen verwirklichungsfähigen Modernisierungsempfehlungen für Nichtwohngebäude.

4. Umfang der Fortbildung

Die unter Nr. 2 und 3 genannten inhaltlichen Schwerpunkte sollen auch mit praktischen Übungen vermittelt werden. Der Umfang der Fortbildung insgesamt sowie der einzelnen Schwerpunkte soll dem Zweck und den Anforderungen dieses Anhangs sowie der Vorbildung der jeweiligen Teilnehmer Rechnung tragen.

Literatur- und Quellenverzeichnis

1. Verordnung über energiesparende Anlagentechnik bei Gebäuden (Energieeinsparverordnung – EnEV) vom 2. Dezember 2004
2. Gesetz zur Einsparung von Energie in Gebäuden (Energieeinspargesetz – EnEG) vom 22. Juli 1976, BGBl.I S. 1873, 1976, geändert durch das Erste Änderungsgesetz vom 20. Juni 1980, BGBl. I S. 701, 1980
3. DIN EN 832: 1998-12 Wärmetechnisches Verhalten von Gebäuden, Berechnung des Heizenergiebedarfs, Wohngebäude. Beuth Verlag GmbH
4. DIN V 4108-4 : 2002-02 „Wärme- und feuchteschutztechnische Bemessungswerte." Beuth Verlag GmbH
5. DIN 4108-10 : 2002-02 „Wärmeschutz und Energie-Einsparung in Gebäuden – Anwendungsbezogene Anforderungen an Wärmedämmstoffe -Teil 10: Werkmäßig hergestellte Wärmedämmstoffe." Beuth Verlag GmbH
6. DIN V 4108-6 : 2000-11 „Wärmeschutz und Energieeinsparung in Gebäuden, Teil 6: Berechnung des Jahresheizenergiebedarfs." Beuth Verlag GmbH
7. DIN V 4701-10 : 2001-02 „Energetische Bewertung von heiz- und raumlufttechnischen Anlagen, Teil 10: Heizung, Trinkwasserwärmung, Lüftung." Beuth Verlag GmbH
8. Beiblatt 1 zur DIN V 4701-10 : 2002-02 „Energetische Bewertung von heiz- und raumlufttechnischen Anlagen, Teil 10: Diagramme und Planungshilfen für ausgewählte Anlagensysteme und Standardkomponenten." Beuth Verlag GmbH
9. DIN EN ISO 13789 : 1999-10 „Wärmetechnisches Verhalten von Gebäuden, Spezifischer Transmissionswärmeverlustkoeffizient, Berechnung ." Beuth Verlag GmbH
10. DIN EN ISO 13370 : 1998-12 „Wärmetechnischen Verhalten von Gebäuden, Wärmeübertragung über das Erdreich, Berechnungsverfahren." Beuth Verlag GmbH
11. DIN EN ISO 6946 : 1996-11 „Bauteile – Wärmedurchlasswiderstand und Wärmedurchgangskoeffizient, Berechnungsverfahren." Beuth Verlag GmbH
12. DIN V 4108-2 : 2001-03 „Wärmeschutz und Energieeinsparung in Gebäuden, Teil 2: Mindestanforderungen an den Wärmeschutz." Beuth Verlag GmbH
13. Verordnung über energiesparende Anforderungen an heizungstechnische Anlagen und Brauchwasseranlagen (Heizungsanlagen-Verordnung – HeizAnlV) vom 22. März 1994 (BGBl. I, S. 851), geändert durch Artikel 349 der Verordnung vom 29.10.2001 (BGBl. I, S. 2785)
14. „Brennstoffzellen: Entwicklung, Technologie, Anwendung" K. Ledjeff (Hrsg.), Müller-Verlag, Heidelberg, 1995
15. „Checkliste für die Installation einer netzgekoppelten Photovoltaik-Anlage", D. Mencke. Tagungsbericht 9, Internationales Sonnenforum, Stuttgart, 1994

16. „CO-2 Minderung im Bestand – Tagungsband" Stadtwerke Hannover AG und ASWE Hannover, 1997

17. „Energie Daten 1999" Bundesministerium für Wirtschaft und Technologie Bonn, 1999

18. „Energiegerechtes Bauen und Modernisieren" Bundesarchitektenkammer (Hrsg.) Birkhäuser Verlag, Basel, Berlin, Boston, 1996

19. „Installation von Photovoltaikanlagen" TÜV Rheinland, Institut für Solare Energieversorgungstechnik (Hrsg.), TÜV Rheinland Verlag, Köln, 1991

20. „jetzt ERNEUERBARE ENERGIE nutzen", Bundesministerium für Wirtschaft und Technologie (Hrsg.), Berlin, 1999

21. „Lüftung in Wohngebäuden" Hessisches Ministerium für Umwelt, Energie und Bundesangelegenheiten Darmstadt, 1990

22. „Marktübersicht Solarmodule", Photon (Hrsg.), Photon-Ausgabe März-April 1998, Freiburg, 1998

23. „Modulare Systemtechnik netzgekoppelter Photovoltaik-Anlagen", W. Knaupp, Tagungsband 12. Symposium Photovoltaische Solarenergie, Staffelstein, 1997

24. „Photovoltaik – Ein Leitfaden für die Praxis", J. Schmidt, TÜV Rheinland Verlag, Köln, 1995

25. „PV-Wechselrichter – von der zentralen zur modularen Energieaufbereitung", BINE-Informationsdienst, Fachinformationszentrum Karlsruhe, Karlsruhe, 1996

26. „Richtpreisübersicht Motor-Heizkraftwerke", Umweltamt der Stadt Frankfurt, Frankfurt, 1997

27. Schlussbericht der Enquete-Kommission „Schutz der Erdatmosphäre" des Deutschen Bundestages Bonn, 1994

28. „SHK-Fachkraft Solarthermie – Lehrgangsunterlagen", ZVSHK (Hrsg.), St. Augustin, 1998

29. „Solarthermische Anlagen – Leitfaden für Heizungsbauer, Gas-/Wasserinstallateure, Elektriker und Dachdecker", DGS – Deutsche Gesellschaft für Sonnenenergie (Hrsg.), Berlin, 1995

30. „Taschenbuch für Heizung und Klimatechnik 2001" Recknagel, Sprengel, Schramek R. Oldenburg-Verlag, München, 2000

31. Vierter Bericht der interministeriellen Arbeitsgruppe „CO2-Reduktion" der Deutschen Bundesregierung Berlin, 2000

32. „Wohnungslüftung mit Wärmerückgewinnung – System- und Anbieterübersicht" VEW Energie Aktiengesellschaft (Hrsg.) Dortmund, 1999

33. Verordnung über einen energiesparenden Wärmeschutz bei Gebäuden, (Wärmeschutzverordnung – WärmeschutzV) vom 16. Aug. 1994

34. EG-Richtlinie für die Wirkungsgrade von mit flüssigen oder gasförmigen Brennstoffen beschickten Wärmeerzeugern – Heizkessel-Wirkungsgrad-Richtlinie Nr. 92/42/EWG vom 21.05.1992

35. Erste Verordnung zur Durchführung des Bundes-Immissionsschutzgesetzes (Verordnung über Kleinfeuerungsanlagen – 1. BImSchV) vom 20.03.1997
36. Verordnung über die allgemeine Bedingungen für die Versorgung mit Fernwärme (AVBFernwärmeV) vom 20.06.1980
37. Feuerungsverordnung (FeuVO) vom 08.12.1997
38. Niedersächsische Bauordnung (NBauO) vom 13.07.1995
39. Verordnung über energiesparenden Wärmeschutz und energiesparende Anlagentechnik bei Gebäuden (Energie(ein)sparverordnung – EnEV), Referentenentwurf, Juni 1999
40. DIN EN 442 – Teil 1 (1996) „Radiatoren und Konvektoren – Technische Spezifikationen und Anforderungen"
41. DIN EN 442 – Teil 2 (1997), „Radiatoren und Konvektoren – Prüfverfahren und Leistungsangabe"
42. DIN EN 442 – Teil 3 (1997), „Radiatoren und Konvektoren – Konformitätsbewertung"
43. DIN EN 779 (1994), „Partikel-Luftfilter für die allgemeine Raumlufttechnik – Anforderungen, Prüfung, Kennzeichnung"
44. DIN EN 1333 (1996), „Rohrleitungsteile – Definition und Auswahl von PN"
45. DIN 1056 (1984), „Freistehende Schornsteine in Massivbauart; Berechnung und Ausführung"
46. DIN 1786 (1980), „Rohre aus Kupfer für Lötverbindungen – Nahtlos gezogen"
47. DIN 1946 – Teil 1 (1988), „Raumlufttechnik – Terminologie und graphische Symbole", (VDI-Lüftungsregeln)
48. DIN 1946 – Teil 2 (1994), „Raumlufttechnik – gesundheitstechnische Anforderungen", (VDI-Lüftungstechnik)
49. DIN 1946 – Teil 6 (1998), „Raumlufttechnik – Lüftung von Wohnungen; Anforderungen, Ausführung, Abnahme" (VDI-Lüftungsregeln)
50. DIN 1986 – Teil 4 (1994) „Entwässerungsanlagen für Gebäude und Grundstücke – Verwendungsbereiche von Abwasserrohren und -formstücken verschiedener Werkstoffe"
51. DIN 2078 (1990), „Stahldrähte für Drahtseile"
52. DIN 2440 (1978), „Stahlrohre – Mittelschwere Gewinderohre"
53. DIN 2441 (1978), „Stahlrohre – schwere Gewinderohre"
54. DIN 2448 (1981), „Nahtlose Stahlrohre – Maße, Längenbezogene Massen"
55. DIN 2458 (1981), „Geschweißte Stahlrohre – Maße, Längenbezogene Massen"
56. DIN V 4108 – Teil 6 (2000), „Wärmeschutz und Energie-Einsparung in Gebäuden – Berechnung des Jahresheiz-wärme- und des Jahresheizenergiebedarfs"
57. DIN V 4108 – Teil 7 (1996), „Wärmeschutz im Hochbau – Luftdichtheit von Bauteilen und Anschlüssen; Planungs- und Ausführungsempfehlungen sowie Beispiele"

58. DIN 4261 – Teil 1 (1991), „Kleinkläranlagen – Anlagen ohne Abwasserbelüftung; Anwendung, Bemessung und Ausführung"

59. DIN 4261 – Teil 2 (1984), „Kleinkläranlagen – Anlagen mit Abwasserbelüftung; Anwendung, Bemessung, Ausführung und Prüfung"

60. DIN 4261 – Teil 3 (1990), „Kleinkläranlagen – Anlagen ohne Abwasserbelüftung; Betrieb und Wartung"

61. DIN 4261 – Teil 4 (1984), „Kleinkläranlagen – Anlagen mit Abwasserbelüftung; Betrieb und Wartung"

62. DIN 4701 – Teil 1 (1983), „Regeln für die Berechnung des Wärmebedarfs von Gebäuden; Grundlagen der Berechnung"

63. DIN E 4701 – Teil 1 (Norm-Entwurf, 1995), „Regeln für die Berechnung der Heizlast von Gebäuden – Grundlagen der Berechnung"

64. DIN 4701 – Teil 2 (1983), „Regeln für die Berechnung des Wärmebedarfs von Gebäuden; Tabellen, Bilder Algorithmen"

65. DIN E 4701 – Teil 2 (Norm-Entwurf, 1995), „Regeln für die Berechnung der Heizlast von Gebäuden – Tabellen, Bilder, Algorithmen"

66. DIN 4701 – Teil 3 (1989) „Regeln für die Berechnung des Wärmebedarfs von Gebäuden; Auslegung der Raumheizeinrichtungen"

67. DIN 4703 – Teil 1 (1999) „Raumheizkörper – Maße von Gliedheizkörpern"

68. DIN 4703 – Teil 3 (2000), „Raumheizkörper – Umrechnung der Norm-Wärmeleistung"

69. DIN 4705 – Teil 1 (1993), „Feuerungstechnische Berechnung von Schornsteinabmessungen – Begriffe, ausführliches Berechnungsverfahren"

70. DIN 4705 – Teil 1/A1 (2000), „Feuerungstechnische Berechnung von Schornsteinabmessungen – Teil 1; Begriffe, ausführliches Berechnungsverfahren; Änderung A1"

71. DIN 4705 – Teil 2 (1979), „Berechnung von Schornsteinabmessungen – Näherungsverfahren für einfach belegte Schornsteine"

72. DIN 4705 – Teil 3 (1984), „Berechnung von Schornsteinabmessungen – Näherungsverfahren für mehrfach belegte Schornsteine"

73. DIN V 4705 – Teil 3 (Vornorm, 1997), „Feuerungstechnische Berechnung von Schornsteinabmessungen – Teil 3: Berechnungsverfahren für Mehrfachbelegung"

74. DIN 4705 – Teil 10 (1984), „Berechnung von Schornsteinabmessungen; Näherungsverfahren für einfach belegte Schornsteine; Ausführungsart IIIa für Abgastemperaturen T_e = 140 °C, 190 °C und 240 °C, Ausführungsart I, II, III und IIIa für Abgastemperatur T_e = 80 °C

75. DIN 4708 – Teil 1 (1994), „Zentrale Warmwassererwärmungsanlagen – Begriffe und Berechnungsverfahren"

76. DIN 4708 – Teil 2 (1994), „Zentrale Warmwassererwärmungsanlagen – Regeln zur Ermittlung des Wärmebedarfs von Trinkwasser in Wohngebäuden"

Literatur- und Quellenverzeichnis 419

77. DIN 4708 – Teil 3 (1994) „Zentrale Warmwassererwärmungsanlagen – Regeln zur Leistungsprüfung von Warmwassererwärmern für Wohngebäude"
78. DIN 4751 – Teil 1 (1994), „Wasserheizungsanlagen – offene und geschlossene physikalisch abgesicherte Wärmeerzeugungsanlagen mit Vorlauftemperaturen bis 120 °C – sicherheits-technische Ausrüstung"
79. DIN 4751 – Teil 2 (1994), „Wasserheizungsanlagen – geschlossene, thermostatisch abgesicherte Wärmeerzeugungsanlagen mit Vorlauftemperaturen bis 120 °C – sicherheitstechnische Ausrüstung"
80. DIN 4751 – Teil 3 (1993), „Wasserheizungsanlagen – geschossene, thermostatisch abgesicherte Wärmeerzeugungsanlagen mit 50 kW Nennwärmeleistung mit Zwangumlauf-Wärmeerzeugern und Vorlauftemperaturen bis 95 °C – sicherheitstechnische Ausrüstung"
81. DIN 4757 – Teil 1 (1980), „Sonnenheizungsanlagen mit Wasser oder Wassergemischen als Wärmeträger, Anforderungen an die sicherheitstechnische Ausführung"
82. DIN 4757 – Teil 2 (1980), „Sonnenheizungsanlagen mit organischen Wärmeträgern; Anforderungen an die sicherheitstechnische Ausführung"
83. DIN 4795 (1991), „Nebenluftvorrichtungen für Hausschornsteine; Begriffe, Sicherheitstechnische Anforderungen, Prüfung, Kennzeichnung"
84. VDI 2067 – Teil 7 (1988), „Berechnung der Kosten von Wärmeversorgungsanlagen – Blockheizkraftwerke"
85. VDI 2078 (1996), „Berechnung der Kühllast klimatisierter Gebäude" (VDI – Kühllastregeln)
86. VDI 2083 – Blatt 5 (1996), „Rheinraumtechnik – Thermische Behaglichkeit"
87. VDI 3985 (1997), „Grundsätze für Planung, Ausführung und Abnahme von Kraft-Wärme-Kopplungsanlagen mit Verbrennungskraftmaschinen"
88. ISO/DIS 7730 (1994), „Gemäßigtes Umgebungsklima – Ermittlung des PMV und des PPD und Beschreibung der Bedingungen für thermische Behaglichkeit"
89. ATV-Arbeitsblatt A 251 (1998), „Kondensate aus Brennwertkesseln"
90. „Richtlinie für den Parallelbetrieb von Eigenerzeugungsanlagen mit dem Niederspannungsnetz des Energieversorgungsunternehmens", VDEW (Hrsg.), Frankfurt, 1991
91. „Technischen Richtlinien für Hausanschlüsse an Fernwärmenetze", Arbeitsgemeinschaft Fernwärme e. V., Frankfurt, 1998
92. „Brennstoffzellen – Technologie für das 21. Jahrhundert – Tagungsdokumentation", Energieagentur NRW (Hrsg.), Wuppertal, 1999
93. Kröhnke,O., Müllenbach, H., „Das gesunde Haus", Stuttgart 1902
94. R. Ahnert, K.H. Krause, „Typische Baukonstruktionen von 1860 bis 1960" Band I-III, Verlag Bauwesen, 6. Auflage, 2001

95. Geißler, A. Maas, G. Hauser „Leitfaden für die vor Ort Beratung bei Sanierungsvorhaben", Universität Gesamthochschule Kassel, Fachgebiet Bauphysik, Abschlussbericht, Kassel, Juni 2001

96. W. Eicke-Hennig, B. Siepe, „Die Heizenergie-Einsparmöglichkeiten durch Verbesserung des Wärmeschutzes typischer hessischer Wohngebäude", IWU, Darmstadt, 1997

97. W.H. Behse, „Die praktischen Arbeiten und Baukonstruktionen des Zimmermanns", Weimar, B.F. Voigt, 1887

98. F. Stade, „Die Holzkonstruktionen", Verlag von B. Voigt, 1904

99. F. Kress, „Der Zimmererpolier", Verlag O. Maier, Ravensburg, 1935

100. R. Ortner, „Baukonstruktion und Ausbau", Verlag Technik, Berlin, 1955

101. M. Mittag, „Baukonstruktionslehre, C. Bertelsmann Verlag, Gütersloh, 1956

102. Wikipedia, http://de.wikipedia.org/wiki/Flachdach

103. D. Kehl, „Energetische Klassifizierung von Fenstern", IWU, Darmstadt, 2000

104. T. Loga, R. Born, M. Großklos, M. Bially, „IWU-Toolbox", IWU, Darmstadt, 2001

105. Dipl.-Ing. W. Eicke-Hennig, „Die Gebäudehülle als Wohlfühlfaktor – mehr Gebäudequalität mit weniger Energie", Aufsatz, IWU

106. dena, „Energetische Bewertung von Bestandsgebäuden", dena, 2005

107. IWU, „Deutsche Gebäudetypologie", IWU, Dezember 2003

108. Dipl.-Ing. O. Hildebrandt, „Evaluation des Förderprogramms zur Altbausanierung der Stadt Münster", ebök, Heidelberg-Tübingen, März 2003

109. Dr. S. Hartmann, Umweltbeauftragte der Stadt Tübingen, „Wärmepass im Kreis Tübingen", Umweltzentrum Tübingen, Umweltforschungsinstitut Tübingen, Juli 2003

110. Initiative Arbeit und Klimaschutz, „Hamburger Gebäudetypologie", www.arbeitundklimaschutz.de, Hamburg, 2005

111. Dipl.-Ing. H. Böhmer, F. Güsewelle, „U-Werte alter Bauteile", Institut für Bauforschung e.V. Hannover, 2. überarbeitete Fassung, November 2003

112. T. Loga, Dr. N. Diefenbach, Dr. J. Khissel, R. Born, „Kurzverfahren Energieprofil", IWU, Darmstadt, 2005

113. T. Loga, „Nachweis, Label und Beratung – der Gebäudeenergiepass auf dem Weg ...", Dokumentation zur 43. Tagung des Arbeitskreises Energieberatung, Darmstadt, Mai 2005

114. OPTIMUS, „Handbuch zur Bestimmung von Außenbauteilen", DBU, 2005-11-25

115. Frank Essmann, Jürgen Gänßmantel, Gerd Geburtig, „Energetische Sanierung von Fachwerkhäusern", Frauenhofer IRB Verlag, 2005

116. DIN 10704.74 Bezeichnungen mit links und rechts im Bauwesen

117. DIN 1053 – 1   11.96   Mauerwerk, Berechnung und Ausführung

118. DIN 4102 – 1   05.98   Brandverhalten von Baustoffen und Bauteilen, Baustoffe, Begriffe, Anforderungen und Prüfungen

119. DIN 4102 – 2   09.77   Brandverhalten von Baustoffen und Bauteilen, Bauteile, Begriffe, Anforderungen und Prüfungen
120. DIN 4108 – 2   07.03   Wärmeschutz und Energie-Einsparung in Gebäuden – Mindestanforderungen an den Wärmeschutz
121. DIN 4108 – 3   07.01   Wärmeschutz und Energie-Einsparung in Gebäuden – Klimabedingter Feuchteschutz; Anforderungen, Berechnungsverfahren und Hinweise für Planung und Ausführung
122. DIN V 4108 –4   07.04   Wärmeschutz und Energie-Einsparung in Gebäuden – Wärme- und feuchteschutztechnische Bemessungswerte
123. DIN V 4108 –6   06.03   Wärmeschutz und Energie-Einsparung in Gebäuden – Berechnung des Jahresheizwärme- und des Jahresheizenergiebedarfs
124. DIN 4108 – 7   08.01   Wärmeschutz und Energie-Einsparung in Gebäuden – Luftdichtheit von Gebäuden, Anforderungen, Planungs- und Ausführungsempfehlungen sowie –beispiele
125. DIN V 4108 –10   06.04   Wärmeschutz und Energie-Einsparung in Gebäuden – Anwendungsbezogene Anforderungen an Wärmedämmstoffe – Werkmäßig hergestellte Wärmedämmstoffe
126. DIN 4108 Bbl. 2   01.04   Wärmeschutz und Energie-Einsparung in Gebäuden – Wärmebrücken – Planungs- und Ausführungsbeispiele
127. DIN 4109   11.89   Schallschutz im Hochbau, Anforderungen und Nachweise
128. DIN 4074 – 1   06.03   Sortierung von Holz nach der Tragfähigkeit, Teil 1: Nadelschnittholz
129. DIN 18195 –1   08.00   Bauwerksabdichtungen, Grundsätze, Definitionen, Zuordnen der Abdichtungsarten
130. DIN 18195 –2   08.00   Bauwerksabdichtungen, Stoffe
131. DIN 18195 –3   08.00   Bauwerksabdichtungen, Anforderungen an den Untergrund und Verarbeitung der Stoffe
132. DIN 18195 –4   08.00   Bauwerksabdichtungen, Abdichtung gegen Bodenfeuchte und nicht stauendes Sickerwasser an Bodenplatten und Wänden, Bemessung und Ausführung
133. DIN 18195 –5   08.00   Bauwerksabdichtungen, Abdichtung gegen nicht drückendes Wasser auf Deckenflächen und in Nassräumen, Bemessung und Ausführung
134. DIN 18195 –6   08.00   Bauwerksabdichtungen, Abdichtung gegen von außen drückendes Wasser und aufstauendes Sickerwasser, Bemessung und Ausführung
135. DIN 18195 –7   06.89   Bauwerksabdichtungen, Abdichtung gegen von innen drückendes Wasser, Bemessung und Ausführung
136. DIN 18195 –8   03.04   Bauwerksabdichtungen, Abdichtungen über Bewegungsfugen
137. DIN 18195 –9   03.04   Bauwerksabdichtungen, Durchdringungen, Übergänge, An- und Abschlüsse

138. DIN 18195 –10 03.04 Bauwerksabdichtungen, Schutzschichten u. Schutzmaßnahmen
139. DIN 18560 –1 04.04 Estriche im Bauwesen, Allgemeine Anforderungen, Prüfung und Ausführung
140. DIN 18560 –2 04.04 Estriche im Bauwesen, Estriche und Heizestriche auf Dämmschichten
141. DIN 18560 –3 04.04 Estriche im Bauwesen, Verbundestriche
142. DIN 18560 –4 04.04 Estriche im Bauwesen, Estriche auf Trennschicht
143. DIN 18560 –7 04.04 Estriche im Bauwesen, Hochbeanspruchbare Estriche (Industrieestriche)
144. DIN 68 365 11.57 Bauholz für Zimmerarbeiten, Gütebedingungen
145. Palandt, Bürgerliches Gesetzbuch, Kommentar, 65. Auflage, München 2006, Beck Verlag
146. Kurt Schellhammer, Schuldrecht nach Anspruchsgrundlagen, 6. Auflage, Heidelberg 2005, C.F. Müller Verlag
147. Klaus Lützenkirchen, AHB-Mietrecht, 2. Auflage, Köln 2003, Verlag Dr. Otto Schmidt KG
148. Kleiber Simon, Verkehrswertermittlung von Grundstücken, Kommentar und Handbuch, 5. Auflage, Köln 2007, Bundesanzeiger Verlag

Sachwortverzeichnis

A

Abnahme 232
  – vorbehaltlose 242
Abseitenwand 33
Allgemeine Geschäftsbedingungen 250
Änderung
  – bestehender Nichtwohngebäude .220
  – bestehender Wohngebäude 220
Anhydritestrich 105
Annahmeverzug 242
Anwendungsvorrang 192
Auftraggeber 231
Aufwendung 240
Aufwendungsersatz 249, 266
Aushangpflicht 221
Auskunfts- und Beratungsvertrag 230
Außenwand 33
Außenwandkonstruktion 160
Ausstellungsberechtigung 224
Ausweis
  – über die Gesamtenergieeffizienz
    eines Gebäudes 4
Ausweispflicht
  – Ausnahme von der 225

B

Bandmaß 35
Bau 258
Baualtersklasse 156, 160
Bauherr 221
Bauordnung 1
Baustoff 109
Bauteiltabelle 153
Bautyp 156
Bauzeichnung 35
Begründungspflicht 215
Behörde 258
Beratervertrag 230
Berechnungsmethode 202
Beschaffenheit
  – Fehlen einer vereinbarten 233
Beschaffenheitsvereinbarung 233
Besteller 231
Beton 110
Betondachstein 95
Bezugsgröße 176
Biogas 219
Blockheizkraftwerk 139
Brandschutz 103
Bundesrat 195
Bundestag 195
Bundsamt für Wirtschaft und
  Ausfuhrkontrolle 230
BVerfG 192

C

Celsius 29
CO_2-Problematik 125

D

Dach 33, 89
Dachbaustoff 93
Dachform 90

Dachhaut 94
Dachkonstruktion 92
Dachstein 95
Dachteil 91
Dachziegel 95
Dämmstoff 96
Dampfbremse 96
Dampfsperre 96, 97
Decke 98
Deponiegas 219
Dienstleistung
　– öffentliche 258
Dienstvertrag 229
Doppelverglasung 117
Durchdringung 173

E

Eigenschaft
　– Fehlen einer zugesicherten... 260, 261
Eigentum 254
Eigentümer 259
Einrichtung 258
Einscheibenverglasung 117
Ein-Zonen-Modell 39
EnEG
　– Inhalt 208
　– Zustimmungsbedürftigkeit 208
Energie
　– aus Biomasse 219
Energieausweis 104, 116, 227
　– Ausstellung 221
　– für Gebäude 4
　– Verwendung 221
　– Wegfall des Interesses 239
Energiebedarfsausweis 222, 227, 265

　– Berechnung 223
Energieberatervertrag 230
Energieeinspar-Gesetz (EnEG) 5
Energieeinsparung 116
Energieeinsparungsgesetz 2
Energieeinsparungsgesetz (EnEG) 207
Energieeinsparverordnung 10
Energiepass 227
Energieverbrauchsausweis 222, 265
　– Berechnung 223
Energieversorgungssystem
　– alternatives 220
EnEV 2007
　– Anwendungsbereich 219
　– Begriffsbestimmungen 219
　– Referentenentwurf 218
Erfolg 231
Erfüllungsgehilfe 251
Erneuerbare Energie 219
Ertragswert 272
Ertragswertverfahren 272
Estrich
　– auf Dämmschicht 107
　– auf Trennschicht 106
Estrichart 105
EU-Gebäuderichtlinie 191, 207
EuGH 192
EU-Richtlinie 201
Europäische Union 193
Europäischer Gerichtshof 192

F

Fachwissen 271
Fahrlässigkeit 255
Fenster 33, 117, 162

Sachwortverzeichnis

Fenster und Tür 116
Feuchteschaden.. 98
Firstpfette... 93
Fixgeschäft..239
Flachdach... 98
Flächenermittlung 38
Föderalismus..196
Freiheit 254
Fristsetzung
   – Entbehrlichkeit der........................239

G

Gebäude 4
   – gemischt genutztes........................225
   – Gesamtenergieeffizienz 202
   – kleines..222
Gebäudeabschluss
   – unterer... 34
Gebäudeklasse 157
Gebäudenutzfläche 219
Gebäudetechnik......................................121
Gebäudetrennwand 40
Gebäudetypologie 153
Geltungsvorrang.....................................191
Gemeinschaftsrecht................................191
   – primäres..197
   – sekundäres 197
   – Vorrang...196
Geothermie...219
Gesamtenergieeffizienz
   – Mindestanforderung......................202
   – von Gebäuden........................4, 202
Geschäftsbesorgungsvertrag.................231
Geschossdecke 33
Gesetzgebungskompetenz 207, 208

Gewaltenteilungsprinzip........................213
Gliedermaßstab 35
Gussasphaltestrich 105
Gutachten 231

H

Haftung...227
   – aus Werkvertrag 232
   – Ausschluss im Mietrecht 266
   – deliktische 227
   – deliktische des Ausstellers...........252
   – des Ausstellers...............................228
   – des Vermieters...............................259
   – des Verwenders.............................259
   – vertragliche 227
Haftungsausschluss 250
Handlung
   – unerlaubte 253
Heizestrich 107
Heizkörper 144
Heizperiodenbilanzverfahren 23
Hintermauerwerk...................................113
Holz..93
Holzbalkendecke...................................101
Hüllfläche 38
Hüttenstein...111

I

Industrieestrich.....................................107
Isolierverglasung...................................117

K

Kalksandstein 110
Kaufvertrag..267
Kehlbalkendach 92

Kelvin 29
Klärgas 219
Konterlattung 96, 97
Körper und Gesundheit 253
Kosten 235
Kraft-Wärme-Kopplung 139
Kündigung
   – fristlose 266
Kunstharzestrich 105
Kurzverfahren 14

L

Laser-Entfernungsmessgerät 35
Leasinggeber 259
Leben 253
Leichtbeton 110
Luftdichtheit 96, 116, 171
Luftfeuchtigkeit 148
Lufttemperatur 148
Lüftungstechnik 147
Luftwechsel 149

M

Maastricht-Vertrag 193
Mangel
   – arglistiges Verschweigen 250
   – äußere Einwirkung auf die
      Mietsache 260
   – bei Vertragsschluss 264
   – nach Vertragsschluss 265
   – öffentlich-rechtliche
      Gebrauchsbeschränkung 260
Mangelfolgeschaden 247
Mangelschaden 245
Massivbalkendecke 100

Mauermörtel 111
Mauerstein 109, 110
Mauerwerk
   – einschaliges 114
   – zweischaliges 114
Mauerwerksart 113
Mauerziegel 109
Mietminderung 264
Mietsache
   – Beschaffenheit 260
Mietvertrag 259
Mikroskopie
   – akustische 37
Minderung 243
Mindestwärmeschutz 2
Mineralwolle 97
Mittelpfette 93
Modernisierung 168
Modernisierungsempfehlung 223
Monatsbilanzverfahren 23

N

Nachbesserung 235
Nachbesserungsversuch 240
Nacherfüllung 235
   – angemessene Frist zur 238
   – Verweigerung der 239
   – wiederholte 240
Natursteinmauerwerk 115
Nettogrundfläche 219
Neuherstellung 235
Nichtvermögensschaden 248
Nichtwohngebäude
   – neues 220

Sachwortverzeichnis

O

Oberdecke 99
Ordnungswidrigkeit 226

P

Pfettendach 93
Phenolharz-Hartschaum 97
Photogrammetrie 36
Plattenbalkendecke 100
Polystyrolschaum
 – expandierter 97
 – extrudierter 97
Polyurethan-Hartschaum 97
Porenbeton 111
Primärenergie 123
Privatgutachten 274

Q

Qualitätssicherung 171

R

Raum
 – unbeheizter 34
Recht
 – sonstiges 254
Rechtsgutverletzung 253
Rechtsmangel 232
Rechtswidrigkeit
 – Ausschluss 255
Rechtverordnung 214
Regeln der Technik 225
Rohdecke 99
Rücktritt 241

S

Sachmangel 232, 260
Sachwert 272
Sachwertverfahren 272
Schadensersatz 243
 – Arten des 245
 – großer 246
 – kleiner 246
 – statt der Leistung 243
 – Umfang 246
Schallschutz 102
Schuldunfähigkeit 256
Sekundärrecht
 – Empfehlung 199
 – Entscheidung 199
 – Richtlinie 199
 – Stellungnahme 199
 – Verordnung 199
Selbstvornahme 238
 – sofortige 239
self-executing Norm 201
Sichtmauerwerk 113
Solaranlagen: 137
Sonderwissen 271
Sparrendach 92
Stahlbeton-Hohlplatte 100
Stahlbetonplatte 99
Stahlbetonrippendecke 101
Stahlsteindecke 100
stoffgleich 252
Strahlungsenergie 219
Systemgrenze 38
Systemlinie 44

T

Theodolit ... 37
Thermografie ... 186
Traglattung ... 96, 97
Transmissionswärmeverlust ... 102, 108
Trapezstahldecke ... 101
Tür ... 118

U

Umfassungsfläche ... 41
Umweltwärme ... 219
Unmöglichkeit
– objektive ... 236
– subjektive ... 236
Unterdecke ... 99, 101
Unterlassen ... 255
Unterspannbahn ... 96

V

Verbrauchskosten ... 205
Verbundestrich ... 106
Verfahren
– ausführliches ... 14
Vergleichswert ... 272
Vergleichswertverfahren ... 272
Verjährung ... 251
Verkauf ... 258
Verkehrssicherungspflicht ... 255
Verkehrswert ... 272
Verletzungshandlung ... 253
Vermieter ... 259
Vermietung ... 258
Vermögensschaden ... 248
Verordnungsgeber

– Handlungspflicht ... 217
Verpächter ... 259
Verrichtungsgehilfe ... 258
Verschulden ... 255
Vertrag
– mit Schutzwirkung für Dritte ... 252
Vertragsart ... 229
Vertragsschluss ... 228
Verwendung
– gewöhnliche ... 234
– vertraglich vorausgesetzte ... 234
Verwendungseignung
– Fehlen einer ... 233
Verzögerungsschaden ... 247
Verzugsschaden ... 243
Vollsparrendämmung ... 96
Vorlagepflicht ... 221
Vorsatz ... 255
Vorschuss ... 240

W

Wand ... 108
Wand-Definition ... 166
Wärmebrücke ... 96
Wärmedurchgangskoeffizient ... 104, 116, 117, 118
Wärmeenergieverbrauch ... 126
Wärmeerzeuger ... 128
Wärmeleitfähigkeit ... 94, 95, 97, 100, 103, 108, 109, 110, 111
Wärmepumpe: ... 135
Wärmeschutz ... 102
– im Hochbau ... 2
Wärmeschutzverordnung ... 2
Wärmeverteilsystem ... 146

Wasserdampfdiffusion 97
Werkvertrag 231
Wertermittlung 272
Wertermittlungsgutachten
   – Gutachter 273
Winddichtigkeit 172
Wohnfläche 219
Wohngebäude
   – neues 219

Wohnungs- oder Teileigentum............259

Z

Zementestrich 105
Zitiergebot..215
Zonierung...38
Zustimmungsgesetz...............................195
Zwischensparrendämmung...................96

Standardwerke bei Vieweg

Neufert
Bauentwurfslehre
Grundlagen, Normen, Vorschriften über Anlage, Bau, Gestaltung, Raumbedarf, Raumbeziehungen, Maße für Gebäude, Räume, Einrichtungen, Geräte mit dem Menschen als Maß und Ziel. Handbuch für den Baufachmann, Bauherrn, Lehrenden und Lernenden
38., vollst. überarb. u. akt. Aufl. 2005. X, 558 S. mit über 6900 Abb. u. Tab. Geb. EUR 144,00 ISBN 978-3-528-99651-2

Mutschmann, Johann / Stimmelmayr, Fritz
Taschenbuch der Wasserversorgung
bearbeitet von Heinz Köhler, Werner Knaus, Gerhard Merkl, Erwin Preininger, Joachim Rautenberg, Reinhard Weigelt, Matthias Weiß
14., vollst. überarb. Aufl. 2007. XLIV, 926 S. Mit 420 Abb. u. 283 Tab. Geb. ca. EUR 99,80 ISBN 978-3-8348-0012-1

Oswald, Rainer / Abel, Ruth
Hinzunehmende Unregelmäßigkeiten bei Gebäuden
Typische Erscheinungsbilder - Beurteilungskriterien - Grenzwerte
3., vollst. überarb. u. erw. Aufl. 2005. 163 S. Mit 186 Abb., davon 136 in Farbe Geb. EUR 74,90 ISBN 978-3-528-11689-7

vieweg

Abraham-Lincoln-Straße 46
65189 Wiesbaden
Fax 0611.7878-400
www.vieweg.de

Stand Januar 2007.
Änderungen vorbehalten.
Erhältlich im Buchhandel oder im Verlag.

Weitere Titel aus dem Programm

Stahr, Michael / Pfestorf, Karl-Heinz / Kolbmüller, Hilmar / Hinz, Dietrich
Bausanierung
Erkennen und Beheben von Bauschäden
3., akt. Aufl. 2004. XVI, 586 S. (Vieweg Praxiswissen) Geb. EUR 44,90
ISBN 978-3-528-27715-4

Timm, Harry
Estriche
Arbeitshilfen für Planung und Qualitätssicherung
3., vollst. überarb. Aufl. 2004.
IX, 183 S. Br. EUR 32,90
ISBN 978-3-528-11700-9

Schulz, Joachim
Sichtbeton-Planung
Kommentar zur DIN 18217
Betonflächen und Schalungshaut
3., erw. u. akt. Aufl. 2006. XIV, 202 S. mit 62 Abb. u. 24 Tab. Br. EUR 27,90
ISBN 978-3-8348-0203-3

Schulz, Joachim
Sichtbeton-Mängel
Gutachterliche Einstufung, Mängelbeseitigung, Betoninstandsetzung
2., neubearb. und erw. Aufl. 2004.
XII, 207 S. Br. EUR 25,90
ISBN 978-3-528-01761-3

Franz, Rainer / Schwarz, Eugen / Weißert, Markus
Kommentar ATV DIN 18 350 und DIN 18 299
Putz- und Stuckarbeiten
11. Aufl. 2006. VII, 210 S. mit 54 Abb. Br. EUR 49,90
ISBN 978-3-8348-0047-3

Keldungs, Karl-Heinz / Tilly, Wolfgang
Beweissicherung im Bauwesen
Grundlagen - Checklisten - Textmuster
2005. XII, 264 S. Geb. EUR 34,90
ISBN 978-3-528-03993-6

vieweg

Abraham-Lincoln-Straße 46
65189 Wiesbaden
Fax 0611.7878-400
www.vieweg.de

Stand Januar 2007.
Änderungen vorbehalten.
Erhältlich im Buchhandel oder im Verlag.

Baumängel erkennen, beheben, vermeiden

Oswald, Rainer / Abel, Ruth
**Hinzunehmende Unregel-
mäßigkeiten bei Gebäuden**
Typische Erscheinungsbilder -
Beurteilungskriterien - Grenzwerte
3., vollst. überarb. u. erw. Aufl. 2005.
163 S. Geb. EUR 74,90
ISBN 978-3-528-11689-7

Schulz, Joachim
Architektur der Bauschäden
Schadensursache - Gutachterliche
Einstufung - Beseitigung - Vorbeugung
2006. XI, 262 S. mit 381 Abb.
Br. EUR 29,90
ISBN 978-3-8348-0054-1

Schulz, Joachim
Sichtbeton-Planung
Kommentar zur DIN 18217
Betonflächen und Schalungshaut
3., erw. u. akt. Aufl. 2006. XIV, 202 S.
mit 62 Abb. u. 24 Tab. Br. EUR 27,90
ISBN 978-3-8348-0203-3

Schulz, Joachim
Sichtbeton-Mängel
Gutachterliche Einstufung, Mängel-
beseitigung, Betoninstandsetzung
2., neubearb. und erw. Aufl. 2004.
XII, 207 S. Br. EUR 25,90
ISBN 978-3-528-01761-3

Stahr, Michael / Pfestorf, Karl-Heinz /
Kolbmüller, Hilmar / Hinz, Dietrich
Bausanierung
Erkennen und Beheben von
Bauschäden
3., akt. Aufl. 2004. XVI, 586 S. (Vieweg
Praxiswissen) Geb. EUR 44,90
ISBN 978-3-528-27715-4

Oswald, Rainer (Hrsg.)
**Aachener
Bausachverständigentage 2006**
Außenwände: Moderne Bauweisen -
Neue Bewertungsprobleme
2006. VII, 192 S. mit 71 Abb.
Br. EUR 32,90
ISBN 978-3-8348-0204-0

vieweg

Abraham-Lincoln-Straße 46
65189 Wiesbaden
Fax 0611.7878-400
www.vieweg.de

Stand Januar 2007.
Änderungen vorbehalten.
Erhältlich im Buchhandel oder im Verlag.